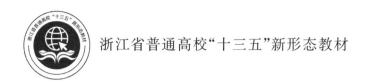
浙江省普通高校"十三五"新形态教材

园林花卉文化

主 编 顾翠花 季梦成 杨丽媛

U0211130

ZHEJIANG UNIVERSITY PRESS
浙江大学出版社

图书在版编目（CIP）数据

园林花卉文化 / 顾翠花，季梦成，杨丽媛主编. —杭州：
浙江大学出版社，2021.10
ISBN 978-7-308-20938-0

Ⅰ. ①园… Ⅱ. ①顾… ②季… ③杨… Ⅲ. ①花卉－
观赏园艺②花卉－文化－中国 Ⅳ. ①S68

中国版本图书馆 CIP 数据核字（2020）第 251209 号

园林花卉文化

主　　编　顾翠花　季梦成　杨丽媛

责任编辑	王元新	
责任校对	阮海潮	
封面设计	周　灵	
出版发行	浙江大学出版社	
	（杭州市天目山路 148 号　邮政编码 310007）	
	（网址：http://www.zjupress.com）	
排　　版	杭州好友排版工作室	
印　　刷	杭州宏雅印刷有限公司	
开　　本	787mm×1092mm　1/16	
印　　张	29.75	
字　　数	743 千	
版 印 次	2021 年 10 月第 1 版　2021 年 10 月第 1 次印刷	
书　　号	ISBN 978-7-308-20938-0	
定　　价	69.00 元	

浙江大学出版社市场运营中心联系方式：(0571) 88925591；http://zjdxcbs.tmall.com

编委会

前　言

　　从苏轼的"深深庭院清明过，桃李初红破"，到李清照的"晚风庭院落梅初，淡云来往月疏疏"，一方庭院，总能隔绝尘世喧嚣，明心见性；一丛花草，总能使人宁心静气，悠然忘我。

　　园林中花卉能照见生活的宁静与美好，是植物景观设计中不可或缺的要素之一，也为人们带来了不可缺少的艺术与文化之美。无论是梅花、桂花、水仙、菊花等传统意义上的十大名花，还是在现代科技社会发展过程中为满足人们不断增长的美好生活追求而涌现出的仙客来、蝴蝶兰等现代花卉产品，都极大地提高了人们的生活情趣。我国自古就有种花、赏花的习俗，造就了我国悠久的园林花卉栽培历史。从古至今，上至帝王国戚，下至平民百姓，爱花传统蔚然成风，代代相传。在这过程中人们积累了丰富的园林花卉栽培经验，文人雅士以园林花卉为载体寄托自己的感情和思想，出现了以诗歌、书法、绘画、神话传说及园林等为载体的，蕴涵丰富，寓意吉祥和形式多样的园林花卉文化现象。

　　本书通过对中国园林花卉悠久的栽培历史的追溯和相关社会背景及历史进程的分析，从四个历史阶段（秦汉时期、唐宋时期、元明清时期和近现代时期）分析园林花卉中代表性名花的诗词文化、书法、绘画、服饰图案与雕塑文化、插花与盆景文化、饮食健康与医药文化和园林文化。对中国园林花卉栽培历史与文化进行跨学科多方面的研究，融合了历史学、农学、美学、文学、园林等多个学科的知识，将中国园林花卉的文化内涵进行较完整的整理和叙述。

　　对中国园林花卉栽培历史以及花卉文化的研究，不仅反映了中国花卉文化的博大精深，同时对进一步开发利用中国园林花卉种质资源、丰富中国的花文化内涵具有重大的意义。本书对我国园林花卉栽培历史以及文化进行了全面系统的论述，对于探索和总结我国传统名花的发展历史、促进现代花卉产业健康发展都有很大的参考价值。此外，对于花卉文化的系统整理，对于推广传统花卉、丰富文化色彩、体现文化强国的民族气度和深厚的文化底蕴，都具有重要作用。

目　　录

1　迷人的园林花卉王国

1.1　中国园林花卉资源

"花"是指被子植物适应于生殖而产生的短缩变态枝,是植物的繁殖器官。"卉"是草的总称,"花卉"即是花草的总称。在植物界的系统发育过程中,形成了千姿百态、艳丽多彩、气味芬芳的花花草草,这些可用于观赏的花花草草,统称为"花卉"。花卉的狭义理解是指有观赏价值的草本植物;广义理解是指具有观赏价值的植物,包括草本和木本植物。园林花卉是指适用于园林与环境绿化、具有观赏价值的植物,包括观花、观叶、观枝茎、观芽、观果、观根的草本和木本植物。

观赏植物种质资源(germplasm resources of ornamental plants)是指能将特定的遗传信息传递给后代并有效表达的观赏植物的遗传物质的总称,包括具有各种遗传差异的野生种、半野生种和人工栽培类型。地球上已发现的植物约 50 万种,其中近 1/6 具有观赏价值。野生的观赏植物种质资源广泛分布于全球五大洲的热带、温带及寒带。据 Miller 及塚本氏的研究,全球共划分为七个气候型。在每个气候型所属地区内,由于特有的气候条件,形成了野生花卉的自然分布中心。如地中海气候型成为世界上多种秋植球根花卉的分布中心;墨西哥气候型成为一些春植球根花卉的分布中心;欧洲气候型是某些耐寒性一、二年生草花及部分宿根花卉的分布中心;热带气候型是不耐寒一年生花卉及热带花木类的分布中心;沙漠气候型中生长着多数沙漠植物,这里是仙人掌及多浆类的分布中心;而寒带气候型是耐寒性植物及高山植物的分布中心。中国气候型分温暖型和冷凉型。温暖型地区生长喜温暖的球根花卉,如百合、石蒜及中国水仙、马蹄莲、唐菖蒲,以及不耐寒的宿根花卉,如美女樱、非洲菊;冷凉型地区多生长较耐寒的宿根花卉,如菊属、芍药属等。

1.1.1　分类

中国幅员辽阔,地跨寒、温、热三带,山川秀美,园林花卉资源极为丰富,中国园林素有"世界园林之母"的美称。为了便于研究和利用繁多的观赏植物种质资源,可根据来源不同将其分为本地种质资源、外地种质资源、野生种质资源和人工创造的种质资源四种类型。

1. 本地种质资源

本地种质资源是指在当地自然条件和栽培条件下,经过长期培育和选择获得的园艺品种或类型。这类种质资源往往对自然条件有较高适应性、抗逆性,既可直接利用,也可通过改良再利用,或是作为育种的重要原始材料。

2. 外地种质资源

外地种质资源是指从国内外其他地区引入的品种和类型。正确选择和利用外地种质资源,不仅可以丰富本地观赏植物种质资源,还可为新品种培育提供重要亲本材料。

3. 野生种质资源

野生种质资源是指自然野生的、未经栽培的植物。这类种质资源具有丰富的抗性基因,但观赏性和经济性较差,往往是用作砧木的重要资源或育种工作中目的基因的携带者。

4. 人工创造的种质资源

人工创造的种质资源是指应用杂交、诱变等方法所获得的种质资源。因为在现有资源类型中,并不是经常有符合我们需要的综合性状,只从自然种质资源中进行选择,常得不到满意的结果,这就需要人工去创造,以期能得到基因重组或基因突变所产生的优良生物学特性和经济性状的新类型或新品种。

1.1.2 特点

中国是世界栽培植物最大的起源中心之一。中国原产的观赏植物种质,以种类繁多、分布集中、丰富多彩、特点突出而闻名于世。近两三百年来,西方国家及日本从中国引去大量观赏植物种质,很多已应用于全球园林中,并在花卉育种等方面起着至关重要的作用,为世界园林与花卉业做出了重要的贡献。中国观赏植物种质资源的特点如下:

1. 种类和品种繁多

中国原产的观赏植物,尤其是适合园林或家庭应用的花卉以及有潜在发展能力的观赏植物种质,在全球所占比重较大,如乔木、灌木中原产中国的,有 7500 种以上,松柏类、竹类尤为突出,这在世界上是罕见的。我国的园林花卉植物种质资源也十分丰富(见表 1-1)。

表 1-1   园林花卉 14 个属的中国原产种数占世界总种数比例

序号	名称	属名	中国原产种	世界总种数	所占比例/%	分布中心
1	蜡梅	*Chimonanthus*	6	6	100.0	
2	金栗兰	*Chloranthus*	15	15	100.0	
3	蜡瓣花	*Corylopsis*	21	30	70.0	长江以南
4	茶花	*Camellia*	195	220	88.6	西南、华南
5	兰	*Cymbidium*	30	50	60.0	
6	菊	*Dendranthema*	17	30	56.7	
7	百合	*Lilium*	40	80	50.0	
8	石蒜	*Lycoris*	15	20	75.0	
9	报春花	*Primula*	294	500	58.8	
10	李(樱、梅)	*Prunus*	140	200	70.0	
11	杜鹃花	*Rhododendron*	530	900	58.9	西南
12	绣线菊	*Spiraea*	65	105	61.9	
13	丁香	*Syringa*	26	30	86.7	东北至西南
14	紫藤	*Wisteria*	7	10	70.0	

中国栽培植物的品种数也是非常丰富的,如梅花品种有 300 个以上,牡丹品种约 500个,落叶杜鹃品种约 500 个,芍药品种约 200 个,月季品种约 800 个,菊花品种约 3000 个以上。

2. 特点突出

有许多植物是中国独有的,是举世无双的。如银杏科的银杏属,松科的金钱松属,木兰科的宿轴木属,瑞香科的结香属,蜡梅科的蜡梅属等,杉科的台湾杉属、水杉属、水松属,柏科的建柏属、穗花杉属,蓝果树科的珙桐属等,还有梅花、桂花、月季、南天竹等种。在栽培中,还培育出若干特点突出的品种类型,如牡丹属中的黄牡丹、绿牡丹,月季中的香水月季、大花香水月季、微型月季等。

3. 分布集中

很多著名观赏植物的科、属是以中国为世界的分布中心的(见表 1-1),在相对较小的地区内,集中着众多原产植物种类。

4. 丰富多彩

中国地域广阔、环境变化多,园林花卉资源丰富,驯化历史源远流长,栽培技术精湛,经长期的环境影响形成许多变异种类,植物的形态特征变化较大,同种植物不同品种在花形、花色、香气、树形姿态等方面多少有差异,使植物形成丰富多彩的观赏特性。如我国的梅花品种就有 300 个以上,牡丹品种约有 500 个,极大地丰富了各国的园艺世界。以常绿杜鹃亚属为例,植株习性、形态特点、生态要求和地理分布等差别极大,小型的平卧杜鹃高仅 5～10cm,巨型的如大树杜鹃高达 25m,径围 2.6m。常绿杜鹃的花序、花形、花色、花香等差异很大,或单花,或数朵,或排成多花的伞形花序;花朵形状有钟形、漏斗形、筒形等。花色有粉红、朱红、紫红、西香紫、玫瑰红、金黄、淡黄、白、斑点、条纹及变色等。在花香方面,有不香、淡香、幽香、烈香等。

1.2 中国花卉对西方的贡献

现在世界上各国广泛栽培的园艺作物许多起源于中国,有些是中国植物的直系后代,有些是与中国农家品种有着某种亲缘关系,而万紫千红的中国花卉品种更是对世界园艺做出了不可磨灭的贡献。

中国花卉在外国的应用首先应从世界各国最普遍栽培的蔷薇花谈起。蔷薇花在欧洲已有悠久的栽培历史。目前,蔷薇花品种多达数千个,通过研究西洋蔷薇花品种发展的过程,就可以看出中国蔷薇在西方园艺植物育种中所起的重要作用。在 1800 年以前,欧洲各国庭园栽培的都属于法国蔷薇类,开花期均在夏季,其包括三个主要种,即法国蔷薇(*R. gallica*)、突厥蔷薇(*R. damascena*)和百叶蔷薇(*R. centifolia*)。亨利博士于 1889 年在华南、西南发现了巨蔷薇(*R. giganiea*),1900 年在华中发现了四季开花的中国月季(*R. achinensis*),并将它们引入欧洲。其中最重要的 4 个中国月季品种是矮生红月季、宫粉月季、彩晕香水月季和黄花香水月季。这些品种的引进大大丰富了欧洲蔷薇园的色彩,并延长了蔷薇园的花期。

欧洲园艺工作者利用这些品种和波斯的麝香蔷薇(*R. moschara*)杂交形成了著名的努

瓦赛品种群(*Noisette*)，和突厥蔷薇杂交形成了波帮蔷薇品种群(*Bourbon*)，和法国蔷薇杂交回交形成了新型的杂交种常花月季群(*Hybrid perPetual*)和杂交种香水月季品种群(*Hybrid tea*)。这些杂交品种群从 1864 年起，直到今天一直是欧洲庭园中重要的观赏品种。

欧洲庭园花架上常见的攀缘蔷薇有三个来源：其一是多花攀缘蔷薇，来源于中国的野蔷薇(*R. multiflora*)和它的栽培变种；其二是维屈攀缘蔷薇，来源于中国和日本的光叶蔷薇(*R. wichuraiana*)；其三是茶香蔷薇的攀缘类型，这一类型的祖先为中国西南部的香水月季，因耐寒性较差，在北欧及北美栽培尚不普遍，但在澳大利亚已培育出许多新品种。现代月季品种多达 2 万种，但回顾育种历史，原产中国的蔷薇属植物起了极为重要的作用。

原产中国的野蔷薇(*R. multiflora*)和光叶蔷薇(*R. wichuraiana*)是欧洲攀缘蔷薇杂交品种的祖先，此外，还有木香(*R. banksiae*)、华西蔷薇(*R. moyesii*)、刺梗蔷薇(*R. setipoda*)、大卫蔷薇(*R. davidii*)、黄刺玫(*R. xanthina*)、黄蔷薇(*R. hugonis*)、报春刺玫(*R. primula*)和峨眉蔷薇(*R. omeiensis*)等都曾引入欧美栽培或进行种间杂交培育新品种。

在西方庭园中和蔷薇同享盛名的植物是茶花(*Camellia japonica*)。18 世纪初，在英国、法国和比利时，茶花是培植在温室内的珍贵树种，但目前茶花已经成为欧洲公私庭园中室外露地栽培的观赏花木了。山茶花原产东亚，最早由日本传入欧洲，以后有一些重瓣的园艺品种从中国沿海口岸传到西欧。两百余年来，在西方庭园中已经培育出山茶花的新品种三千余个。

但近年来在欧洲流行的是一种从中国云南省引入的怒江山茶(*C. salwinensis*)，它与山茶花的一些杂交种比山茶花耐寒，花朵较多，花期较长，比山茶花更为美丽，因而大受欢迎。

在茶花中最美丽的当推云南大茶花(*C. semiserrata*)，又名南山茶，花朵硕大，颜色鲜艳。但因南山茶不耐寒，扦插繁殖比较困难，所以在西欧尚未普遍栽培，而在气候较为温和的澳大利亚、新西兰和北美南部各地已享有很高的声誉。南山茶和山茶花的杂交虽没有成功，但南山茶和怒江山茶的杂交却出现了不少珍品。1948—1949 年曾经有十多个南山茶的优良品种，自昆明引种到北美栽培，从此南山茶的芳名便传播到欧、美、澳等地的庭园中。

茶属植物过去所知道的约有 82 种，其中 60 种产于中国。在观赏植物中，当然以山茶花、云南山茶、怒江山茶和茶梅四种最为重要，园艺品种极为丰富多彩。根据近几年中国植物学者调查研究，新种增加已近百种。欧美人士向往已久的黄色茶花，近年在广西和越南北部已发现有 20 种之多，预计在茶花育种工作中作用突出。

欧美庭园中珍贵的观赏树木，如银杏、水杉、珙桐、木兰、泡桐和多种松、柏、杉树种，它们的原种全部或大部分来自中国。特别是银杏、水杉和近年发现的银杉等，通称"活化石"，最受园林界重视。

观赏灌木中，有多属受到世界园艺工作者珍爱，如六道木、醉鱼草、金缕梅、八仙花、猬实花、山梅花、绣线菊、杜鹃花、丁香花、锦带花、牡丹、小檗、栒子、连翘、石楠、火棘等属，其中杜鹃花在我国有 600 余种，川、滇、藏为其分布中心，引种到欧美后培育大批新品种。国内引种栽培者主要为落叶杜鹃，近年也有重瓣、半重瓣等新品种出现。草木花卉如乌头、射干、菊花、飞燕草、石竹、龙胆、萱草、百合、绿绒蒿、报春花、虎耳草等属，它们的每一属中，都有许多种类原产中国，在西方庭园中有不少花卉品种是利用中国植物为亲本，杂交培育的新品种。

西方园艺学者称赞我国是"世界园林之母",绝非过誉。

我国花卉丰富的种源,对世界园艺发展做出了重要的贡献,但我国广阔的山林旷野中,还保存着许多野生植物,具有潜在的园艺价值和学术意义,值得我们深入调查研究、开发利用,并给予合理保护,以便永久利用。

中国的观赏植物种质资源一方面被世界各国广为引种,直接应用于园林绿化中;另一方面被作为培育新品种的原始材料,进一步发挥在园林应用中的重要作用。

据1930年统计,以英国丘园成功引种中国园林植物为例,发现原产华东地区及日本的树种共1377种,占该园引自全球的4113种树木的33.5%。据苏联统计,同时期在苏联栽培的木本植物中,发现针叶树种原产于东亚者40种,占总数的24%,阔叶树种原产于东亚者620种,占总数的34%,分布地区北自圣彼得堡,南到索契和巴图米。亚热带湿润地区的最重要果树、经济作物和绿化美化树种是由中国的乔灌木所组成的。这可以说明,中国木本植物在苏联园林中也占有极大的比重。英国爱丁堡皇家植物园拥有2.6万种活植物,据1984年夏统计,其中引自中国的活植物及变种就有1527种,如杜鹃属306种、枸子属56种、报春属40种、蔷薇属32种、小檗属30种、忍冬属25种、花楸属21种、樱属17种、荚蒾属16种、龙胆属14种、卫矛属13种、百合属12种、绣线菊属11种、芍药属11种、醉鱼草属10种、虎耳草属10种、桦木属9种、溲疏属9种、丁香属9种、绣球属8种、山梅花属8种等。大量的中国植物装点着英国园林,并以其为亲本,培育出许多杂种。因此,连英国人自己都承认,在英国花园中,如没有美丽的中国植物,那是不可想象的。正因为如此,在花园中常展示中国稀有、珍贵的树种,建立了诸如墙园、杜鹃园、蔷薇园、槭树园、花楸园、牡丹园、芍药园、岩石园等专类园,为公园增添了四季景观和色彩。

墙园渊源于引种抗性较弱的植物及美化墙面。丘园近60种墙园植物中有29种来自中国,其中重要的有紫藤(*Wisteria sinensis*)、迎春(*Jasminum nudiflorum*)、木香(*R. Aucklandiae*)、火棘(*Racantha fortuneana*)、连翘(*Forsythia suspensa*)、蜡梅(*Chimonanthus praecox*)、藤绣球(*Hydrangea peliolaris*)、狗枣猕猴桃(*Actinidia holomicta*)、木通(*Akebiaguinata*)、红花五味子(*Schisandra sphnanthera*)、凌霄(*Campsis grandiflora*)、绞股蓝(*Cynostemma Pentaphylla*)等。

丘园的牡丹芍药园中有11种及变种来自中国,其中5种木本牡丹全部来自中国。如紫牡丹(*P. delavayi*)、黄牡丹(*P. lutea*)、牡丹(*P. suffruticosa*)、波氏牡丹(*P. potaninii*)。草本珍贵种类如金莲花芍药、西藏芍药(*P. stermiana*)、川赤芍(*P. veitchii*)、草芍药等。

槭树园中收集了近50种来自中国的槭树,成为园中优美的秋色树种,如血皮槭(*A. griseum*)、青皮槭(*A. cappadocium*)、青窄槭(*A. davidii*)、疏花槭(*A. laxiflrum*)、茶条槭(*A. ginnala*)、地锦槭(*A. mono*)、桐状槭(*A. platanoides*)、红槭(*A. rubescens*)、鸡爪槭(*A. palmatum*)等。

英国公园的春景是由大量的中国杜鹃(*Rhododendron simsiiPlanch.*)、报春(*Primula malacoides*)和玉兰属植物美化的。如英国的苗圃可以提供14种原产中国的木兰属苗木,它们装点着英国园林的春、夏景色。它们的花期月份分别是:滇藏木兰(*Magnolia campbellii*)花期2—3月,白玉兰(*Magnolia denudata*)花期3—5月,朱砂玉兰(*Magnolia soulangeana Soul.-Bod.*)花期4—5月,紫玉兰(*Magnolia liliflora*)花期4—7月,圆叶玉兰(*Magnolia sinensis*)花期6月,厚朴(*Magnolia officinalis*)花期初夏,天女花(*M. sieboldii*)花期5—8月。冬天开花的木本观赏植物几乎都来自中国。如金缕梅(*Hamamelis mol-*

lis)花期 2—3 月,迎春(*J. nudiflorum*)花期 11—2 月,蜡梅(*C. praecox*)花期 12—2 月,香忍冬(*Lonicera fragrantissima*)花期 12—3 月,香荚迷(*Viburnum farreri*)花期 11 月—次年春初。

综上所述,难怪威尔逊在 1929 年写的《中国——花园之母》的序言中说:"中国确是花园之母,因为我们所有的花园都深深受惠于她所提供的优秀植物,从早春开花的连翘、玉兰,夏季的牡丹、蔷薇,到秋天的菊花,显然都是中国贡献给世界园林的珍贵资源。"

以下介绍一些西方国家引种中国园林植物资源史实:

16 世纪葡萄牙人首先从海上进入中国引走了甜橙;17 世纪英国人、荷兰人相继而来。最早来中国采集植物的是英国的外科医生詹姆斯·坎安宁,他收集了 600 份植物标本,并命名了杉木。

欧洲从 19 世纪开始专业引种。1803 年,英国皇家植物园丘园派汤姆斯·埃义斯引走了中国的多花蔷薇、棣棠、南天竹、木香及淡紫百合,并将此百合繁殖了 1 万个球。1815 年,英国决定在中国建立使馆,英国植物学家克拉克·艾贝尔和其助手引走 300 种植物种子,其中包括梅和六道木。罗夫船长引走了云南山茶和紫藤。这株紫藤于 1818 年栽于花园中,至 1839 年已长达 55m,覆盖 167m² 的墙面,一次开 67.5 万朵花,被认为是世界上观赏植物中的一个奇迹。从 1839 年起,英国多次派员来华收集园林植物资源,同时兼顾收集很多重要的经济植物资源,使我国很多珍贵、有价值的植物资源不断流向国外。其主要人员如下:

罗伯特·福琼由英国皇家园艺协会派遣,在 1839—1860 年曾 4 次来华调查及引种。协会命他引种野生或栽培的观赏植物及经济植物的种子,收集花园、农业和气象情报资料,并特别要他收集北京故宫御花园中桃的栽培品种、不同品质的茶叶、在香港的灯笼花生长环境,调查有无黄色重瓣月季、黄色山茶及蓝色芍药等,收集荷花的变种、佛手、金柑、食用百合及宣纸的原料植物,分析植被生长茂密处自然土壤的理化性质及适合山茶、杜鹃、菊花、灯笼花等植物生长的栽培土壤理化性质。福琼从中国引走了秋牡丹、梗、金钟花、枸骨、石岩杜鹃、柏木、阔叶十大功劳、榆叶梅、榕树、溲疏、12~13 种牡丹栽培品种、2 种小菊变种和云杜鹃。2 种小菊变种后来成为英国杂种满天星菊花的亲本。云锦杜鹃在英国近代杂种杜鹃中起了重要作用。1851 年 2 月,他通过海运,运走 2000 株茶树小苗,1.7 万粒茶树发芽种子,同时带走 6 名中国制茶专家到印度的加尔各答,促使目前印度及斯里兰卡茶叶生产兴旺发达。他将在中国的经历写成了四本书:《漫游华北三年》《在茶叶的故乡——中国的旅游》《层住在中国人之间》《益都和北京》。

亨利·威尔逊于 1899—1918 年 5 次来华采集、引种。

第一次来华是专为威奇安公司引种珙桐的。他走遍了鄂西北、滇西南、长江南北,回国时带回 906 份标本,305 种植物、35 箱球根、宿根花卉,其中有著名的巴山冷杉、血皮槭、猕猴桃、大卫安新妇、绛花醉鱼草、小木通、藤绣球、铁线莲、矮生栒子、木帚栒子、寻珙桐、双盾、山玉兰、湖北海棠、金老梅、喇叭杜鹃、粉皇杜鹃、红果树、皱皮荚蒾等。

第二次来华到了峨眉山、成都平原、川西北及甘肃的边界、鄂西,收集了很多草本观赏植物,尤其是绿绒蒿及鲜红色的榴叶山绒蒿,又引种了很多矮小植物种类,如湖北小檗、金花小檗、大叶杨、川西报春、维氏报春、带叶报春、大苞大黄、美容杜鹃、隐蕊杜鹃、黄花杜鹃、苏氏杜鹃、华西蔷薇、威茉蔷薇、西南荚蒾等。

第三次来华爬了峨眉山、华山、华武山气候潮湿的石灰岩三角地带,发现了大片繁茂的杜鹃,如向客杜鹃、银叶杜鹃、美容杜鹃、金顶杜鹃、石瓦杜鹃、宝兴杜鹃、绿点杜鹃、刺芒杜鹃、长毛杜鹃等,发现的乔灌木有青榨槭、猕猴桃、苍山冷杉、云南铁杉、峨眉蔷薇、威氏山梅花。回国时他带走了大量种子,如萨氏小檗、驳骨丹、连香树、四照花、散生枸子、铆叶枸子、湖北臭檀、绿柄白鹃梅、萨氏绣球、四川玉兰、毛肋杜鹃、圆叶杜鹃、卵果蔷薇、膀胱果和巴东荚蒾等的种子。

第四次来华从湖北石灰岩山地的植被调查到四川红色砂岩上的植被,引走了成千上万的王百合球根,还有高原卷丹、沙紫百合和云杉。

第五次来华是1918年,他从台湾引走了台杉、台湾百合、五爪金龙和台湾马醉木。1913年在英国首次出版他的著作《一个植物学家在华西》,1929年再版于美国,改名为《中国——花园之母》,书中介绍了中国丰富的园林植物资源及他采集、引种的工作经过,这对各国纷纷派员来华收集和引种园林植物资源起了很大的刺激和推动作用。

乔治·福礼士(George Forrest)于1904—1930年间曾七次来华,他花钱雇人采集标本,引走了穗花报春、多齿叶报春、紫鹃报春、紫花报春、垂花报春、橘红报春,福氏报春、指状报春、偏花报春、霞红报春、壬亭报春、报春花,两色杜鹃、云锦杜鹃、腋花杜鹃、早花杜鹃、鳞腺杜鹃、绵毛杜鹃、似血杜鹃、杂色杜鹃、大树杜鹃、夺目杜鹃、绢毛杜鹃、高尚杜鹃、黑红杜鹃、假乳黄杜鹃、镰果杜鹃、朱红大杜鹃、粉紫矮杜鹃、乳黄杜鹃、柔毛杜鹃、火红杜鹃及华丽龙胆等。

雷·法雷尔(Regina Farrer)热衷于引种岩石园植物。他从兰州南部、西宁、大同等地引走了杯花葱、五脉绿绒蒿、圆锥根老鹳草、法氏龙胆及轮叶龙胆等。

法·金·瓦特(Frank kingdon Ward)是来华次数最多、时间最长、资格最老的采集者。他于1911—1938年间多次来华,在大理、思茅、丽江以及西藏等地采集植物。他引走了滇藏槭、白毛枸子、棠叶山绒蒿、董香绿绒蒿,高山报春、缅甸灯台报春、中甸报春、美被杜鹃、金黄杜鹃、文雅杜鹃、羊毛杜鹃、大萼杜鹃、紫玉盘杜鹃、假单花杜鹃、灰被杜鹃、黄杯杜鹃及毛竹柱杜鹃等。

19世纪法国也同样派遣了很多植物学家来华采集、引种。

大卫(Pere Jean Pierre Armand David)首先在中国发现了珙桐。1860年到中国后,他从北京到重庆再沿长江到成都一路采集。1869年2月去茅坪,当时茅坪是一个小小的洲,住着藏族居民,他在高达4572m的红山顶山区搜寻植物的资源时,发现在山脊上集中长着各种杜鹃,在一个小小地区中就发现有16种杜鹃。此外,还有很多优秀的园林植物,如柳叶枸子、红果树、西南荚蒾、美容杜鹃、腺果杜鹃、大白杜鹃、茅坪杜鹃、刺芒杜鹃、宝兴掌叶报春、高原卷丹等。他向法国寄了2000多种植物的标本。

德拉维(Pere Jean Marie Delavay)1867年就到中国采集引种植物。他在云南大理东北部山区住了十年,主要在大理和丽江之间寻找滇西北特产的园林植物。每种植物都采有花、果,一共收集有4000种,其中1500种是新种。寄回法国20多万份蜡叶标本,这是一个惊人的数字。1895年12月30日在他死前几个月,还采集800种植物,可以说是鞠躬尽瘁了。他所发现和寄回法国的一些植物及种子与其他采集家相比更珍贵,更适用于花园中,有243种种子直接用于露天花园中,如紫牡丹、山玉兰、棠叶山绒蒿、二色溲疏、紫菀、山桂花、豹子花、偏翅唐松草、萝卜根老鹳草、睫毛萼杜鹃、露珠杜鹃、小报春、垂花报春、海仙报春。另外,还有108种优秀的温室观赏植物也被引回了法国。

法尔格斯(PauI Guillaume Farges)在1867年与德拉维同期到中国,1892—1903年活动

于四川的大巴山,采集有 4000 种标本。他幸运地引走了很多美丽的观赏植物,如喇叭杜鹃、粉红杜鹃、四川杜鹃、山羊角树、云南大王百合、大花角蒿、猫儿屎,后来在重庆因病才放弃植物采集工作。

苏利(Jean Andre Souliei)于 1886 年到西藏。十年中他收集了 7000 多种西藏高原的高山植物标本,其中有些植物是以他的名字命名的,如白碗杜鹃、苏氏报春、苏氏豹子花等。由于他长期生活在野外,故引种了大量对法国园林影响很大的观赏植物。

俄国人主要在我国西北部采集引种植物。波尔兹瓦斯(Nicolai Mikhailovich Prze-walzki)于 1870—1873 年来华,穿越了蒙右边界、西藏北部、亚洲中部、天山、塔里木河、罗布·诺尔、甘肃、山西等,1883—1885 年又到戈壁滩、阿尔卑斯、长江的源头——姆鲁苏河、大同等地采集有 1700 种植物,共 15000 份标本。其中有名的有榴叶山绒蒿、五脉绿绒蒿、甘青老鹳、银红金银花、麻花韭、唐玄特瑞香、蓝葱、甘肃葱等,都被引走了。

波塔宁(Grigori Nikolaevich Potanin)在华采集了大量的标本及种子。仅第三次就采集有 12000 份标本,约 4000 种,第四次采集有 2 万份标本,约 1000 种。

马克西莫维兹(Maxirnowizi)到峨眉山和打箭炉采集,引走了一些美丽的观赏植物,如桦叶荚蒾、红杉、轮叶龙胆和箭竹等。

美国的植物采集家也不甘落后,纷纷来华采集引种。

迈尔(FrankN Meyer)4 次来华。第一次于 1905—1908 年到了长江流域、北京、西藏、哈尔滨、青岛西部、五台山采集,引走了丝棉木、狗枣猕猴桃、黄刺玫、茶条槭、毛樱桃、七叶树、木绣球、红丁香、南丁香、翠柏等。以后分别于 1909—1912、1913—1915、1915—1918 年来华,在内蒙古、秦岭、山西、陕西、甘肃、汉口、宜昌等地采集。1918 年 6 月 1 日,他的尸体被发现于长江流域的安庆和芜湖之间,估计是淹死在去上海的途中。

洛克(Joseph J Roch)从西藏、内蒙古、云南引走了白扦、木里杜鹃等。在他的采集记载中写道:"在台布县找到各种绣球属、荚蒾属、槭属植物的一些大树,大量海棠属、花楸属、泡花树属植物。一株高 18.3m,径 0.6m,叶光滑淡灰绿色的稠李属植物,一种五加属的植物具有一下垂的总花梗,长着大量黑果,有些花序长达 0.3m。长在干旱地区美丽的丁香、茶藤子、山梅花属、溲疏属、锦鸡儿属、桦木属植物。此外,还有枸子类、桧柏属、卫矛属、樱属、忍冬属、素馨属、山楂属、花椒属、杜鹃属等。所有这些都与我们以前引回的种子不一样,当然还有杨属、柳属、蔷薇属、悬钩子属、小檗属和冷杉属、云杉属植物。这次植物采集调查证明了贫瘠的西藏东部可获得更多的植物种类,也证明了台布县林区的价值。"

1.3　中国民间花卉寓意

1.3.1　十二月花神

在漫长的花文化的演绎过程中,中国古人根据对各种花的崇拜程度和开花习性,逐渐塑造出了十二花神。所谓十二花神,是以农历划分的十二时令花卉的代表,并赋之于人格化和神话化。它们的命名及传说因地区不同而有所差异,即以一位神化的历史人物代表一个月份和此月开放的鲜花。当然,各历史时期与各地节令和风俗的不同,这"十二花神"说也有不同的版本。

花乃天地灵秀之所钟也,是天地大美之化身。赏花,若能因季节、时令的不同,掺之以古时传奇人物不同的气质与美感,则必将会把赏花文化推至一种绝美的精神境界。中国古人关于十二花神的多种说法中,我们且来欣赏其中"雅俗"的两种版本。

1. 文人墨客之"雅"版本

一月兰花神——屈原

成神理由:他"滋兰九畹,树蕙百亩",把爱国深情寄寓于兰花,不仅以诗赞兰花,还常自己佩戴兰花,令后人将兰花视为"花中君子"和"国香",把兰花作为高尚气节和纯真友谊的象征。屈原为兰花神,实至名归。

二月梅花神——林逋

成神理由:他终生无官、无妻、无子,隐居西湖孤山,植梅为妻,畜鹤为子。他的"疏影横斜水清浅,暗香浮动月黄昏",被赞为神来之笔。梅花被誉为"国魂"和"花魁",被视为"敢为天下先"的优秀品德的象征,逋翁功不可没。

三月桃花神——皮日休

成神理由:他在《桃花赋》中赞扬桃花为"艳中之艳,花中之花",并以古代许多美人作比拟,使人见了桃花,犹如见到美人,因此桃花常被作为吉祥美好、美满爱情的象征。以此人为桃花神,亦是名正言顺。

四月牡丹花神——欧阳修

成神理由:他遍历洛阳城中19个花园,寻觅牡丹佳品,写有我国第一部栽培牡丹的专著——《洛阳牡丹记》,牡丹花朵硕大,花容端丽,素有"花中王"之称,后人把它作为"繁荣富强,和平幸福"的象征。欧阳修公著书为牡丹扬名,胜过太白清平乐三章之功矣。

五月芍药花神——苏东坡

成神理由:芍药自古就是爱情和友谊的象征。他赞"扬州芍药为天下之冠",任扬州太守时,看到官方举办"万花会",损害芍药,滋扰百姓,便下令废除"万花会",受到百姓拥护。此公不为芍药神,更请何人。

六月石榴花神——江淹

成神理由:石榴"千房同膜,十子如一",成熟后微微绽开一点红唇,笑对人间,所以人们常以石榴作礼品,祝其子孙繁盛、前程无量,江淹写《石榴颂》云:"美木艳树,谁望谁待……照烈泉石,芳披山海。奇丽不移,霜雪空改",更把石榴之品格提高如许。成石榴花神,亦是正果。

七月荷花神——周敦颐

成神理由:周敦颐的《爱莲说》高度赞扬荷花曰:"出淤泥而不染,濯清涟而不妖,中通外直,不蔓不枝,香远益清,亭亭净植,可远观而不可亵玩焉。"莲花成为廉洁清正、不与世俗泥淖同流合污的道德楷模,荷花神,若舍此君,更有谁人?

八月紫薇花神——杨万里

成神理由:杨万里咏紫薇云:"谁道花无百日红,紫薇长放半年花。"道出了紫薇优于百花的特色,可谓紫薇千古知己。

九月桂花神——洪适

成神理由:我国人民向来用桂花表示友好、和平和吉祥如意,青年男女则以桂花表示爱慕之情。而洪适对桂花的情真意切,在其诗中的表达尤为超绝:"风流直欲占秋光,叶底深藏粟蕊黄。共道幽香闻十里,绝如芳誉亘千乡。"

十月芙蓉花神——范成大

成神理由:古人谓芙蓉妙在美而有德:美在照水,德在拒霜。民同亦视其为夫妻团圆之花。范成大晚年居故里苏州,随地就势筑亭建榭,遍植芙蓉,写有《携家石湖拒霜》《窗前木芙蓉》等诗赞美芙蓉,堪为芙蓉之世间仙侣。

十一月菊花神——陶渊明

成神理由:弃官归隐庐山后,种菊吟诗自娱。其写有千古名句"采菊东篱下,悠然见南山。"他还是第一位颂扬菊花为"霜下杰"的人。"一从陶令评章后,千古高风说到今。"菊花已成为志向高洁、不畏严霜的象征,菊神陶渊明,自是千古高风。

十二月水仙花神——高似孙

成神理由:古人本以水仙为"纯洁爱情"的化身,但宋人高似孙的《水仙花赋·后赋》这样描写:"仿佛睹一美人于水之侧……其状也,皓如鸥轻,朗如鹄停;莹浸玉洁,秀含兰馨……燕婉中度,不称不纤,非怨非诉;美色含光,轻姿约素;瑰容雅态,芳泽不污;素质窈窕,流晖娟娟;抱德贞亮,吐心芳蠋;婉缅幽静,志泰神闲……"此赋一出,后世诗人无不将水仙比作凌波美人、神仙妹妹矣。

2. 市井百姓之"俗"版本

正月梅花——花神:寿阳公主

雪花飘飘、岁寒早春的农历正月时,一般人都认为梅花是其代表花。其冰清玉洁之姿容气质,尤其为世人所仰慕。

梅花的花神,相传是宋武帝的女儿寿阳公主。在某一年的正月初七,寿阳公主到宫里梅花林赏梅,一时困倦,就在殿檐下小睡。正巧有朵梅花轻轻飘落在她的额上,留下五瓣淡淡的梅花痕迹。寿阳公主醒后,宫女都觉得原本妩媚动人的她,又因梅花痕而更添几分美感,于是纷纷效仿,以胭脂将梅花形印在额头上,称为"梅花妆"。后世人更传说公主是梅花的精灵变成的,因此,寿阳公主成了梅花的花神。

二月杏花——花神:杨贵妃

杏花属木本蔷薇科落叶树,花朵娇小可爱,而成片杏花林的景色更是奇丽。农历二月又称"杏月",正是杏花初放之时,朵朵杏花美若仙子下凡,其柔媚动人处非他花所具。杏花的花神相传是杨贵妃。杨贵妃虽然将唐玄宗的三千宠爱集于身,但在安史之乱时,玄宗不得不赐杨贵妃自尽。据说,杨贵妃是在佛堂前的一棵老杏树上自缢身亡的。平乱之后,玄宗派人取回妃子的尸骨移葬时,只见一片雪白的杏花迎风而舞。玄宗回宫后,命道士寻找杨贵妃的魂魄,发现此时的杨贵妃已在仙山之上司管二月杏花了……

三月桃花——花神:息夫人

同属木本蔷薇科的桃花,盛开在农历三月,所以三月又称"桃月"。桃花姿态雍容,花朵丰腴,色彩艳丽,被誉为美人。盛开时的桃林明媚如画,犹如仙境,故有"世外桃源"之说。

桃花的花神最早相传春秋时代是楚国息侯的夫人,息侯在一场政变中被楚文王所灭,楚文王贪图息夫人的美色,意欲强娶,息夫人不肯,偷偷出宫去找息侯。不料息侯自杀,息夫人随之殉情。此时正是桃花盛开的三月,楚人因感念息夫人对爱情的坚贞,遂立祠祭拜,尊她为桃花神。

四月牡丹——花神:李白

牡丹,开于农历四月,唐代人以其香浓色艳,爱其富贵之姿,称为国色天香。牡丹的花神传说众多,或说貂蝉,或说丽娟(汉武帝的宠妃),但以李白最为古人认可。

有一回,唐玄宗偕同杨贵妃在沉香亭赏牡丹,一时兴起,命李白进宫写了《清平乐》三章。其一:"云想衣裳花想容,春风拂槛露华浓,若非群玉山头见,会向瑶台月下逢。"其二:"一枝红艳露凝香,云雨巫山枉断肠,借问汉宫谁得似,可怜飞燕倚新妆。"其三:"名花倾国两相欢,常得君王带笑看。解释春风无限恨,沉香亭北倚阑干。"这三章解出牡丹深情,道尽牡丹风流。牡丹花神,舍李白其谁?

五月石榴——花神:钟馗

俗称农历五月为"榴月",五月盛开的石榴花,艳红之极,有着火一般的光艳,因此女子都喜欢将石榴花戴在云鬓之上,增添娇丽。

石榴花的花神,传说是钟馗。因为五月是疾病最容易流行的季节,于是民间就把"鬼王"钟馗请出镇魔禳灾。生前性情十分暴烈正直的钟馗,死后更誓言除尽天下妖魔鬼怪。其嫉恶如仇的火样性格,恰如石榴似火的刚烈性情,因此,把钟馗尊为石榴花的花神,也是顺理成章的事了。

六月莲花——花神:西施

农历六月俗称"荷月",荷生于碧波之上,以"出淤泥而不染"著称,且花大色丽,清香远溢,自古即深受人们喜爱。

莲花的花神相传是绝代美女西施。传说中,西施在助越灭吴之前,是卖柴人家之女,夏日荷花盛开时,常到镜湖采莲浣纱。她那美丽身影、清绝容貌无人能比,后为范蠡发现,他辅佐越王勾践巧设美人计,灭了吴王夫差,功成身退后的西施,和范蠡泛舟湖上,成为千古传诵的神仙眷侣,也许因为西施曾是六月时节的采莲女,于是民间就把她尊为莲花神了。

七月蜀葵——花神:李夫人

蜀葵,植株修长而挺立,开于夏末秋初,花朵大而娇媚,颜色五彩斑斓,其中,黄蜀葵又称"秋葵",诗经中"七月葵葵叔"中的葵,指的就是黄葵葵。秋葵是一种朝开暮落的花,一般人说的"明日黄花",就是以秋葵为写照的。

蜀葵花的花神相传是汉武帝的宠妃李夫人。李夫人的兄长李延年曾为她写过一首极其动人的歌而令她得宠:"北方有佳人,绝世而独立。一顾倾人城,再顾倾人国。宁不知倾城与倾国,佳人难再得。"后李夫人病重,至死都不肯让武帝见她一面,以使其美好形象保留在武帝心中,死后宗室得以继享安泰富贵。由于李夫人美丽却早逝,短暂而又绚丽的生命宛如秋葵一般,民间以她为七月蜀葵的花神,自有凄楚之美。

八月桂花——花神:徐惠

桂花,每生于岩间,花黄色或黄白色,香气极浓。八月桂花香,因此农历八月又称"桂月"。

桂花的花神,相传是唐太宗的妃子徐惠。徐惠生于湖州,自小聪慧过人,五个月时就会说话,四岁就能读《论语》,八岁就能诗文。一次,其父欲试其才,小小年纪的她居然咏出"仰幽岩而流盼,抚桂枝以凝想;将千龄兮此遇,荃何为兮独往"的诗句。荃,自古喻为君王。说千年前自己就与君王相约遇于此际……这样的神思当然令其父吃惊。自此文名远扬,终被唐太宗招入宫中,封为才人。太宗死后,徐惠哀伤成疾,24岁就逝去。后人便以这位传奇女子为桂花花神了。

九月菊花——花神:陶渊明

农历九月,正是菊花最艳之时,因此又称"菊月"。菊花有的端雅大方,有的龙飞凤舞,有的瑰丽如彩虹,有的洁白赛霜雪,但其冷傲高洁之格致更为世人认同。

菊花的花神,相传是陶渊明。菊花的凌霜怒放、独立寒枝,在群芳中备受"不为五斗米折腰"的陶渊明的喜爱,更为其写下"采菊东篱下,悠然见南山"的千古佳句。菊花的花神自然非他莫属了。

十月木芙蓉——花神:石曼卿

木芙蓉又名木莲,因其艳如荷花而得名。木芙蓉属落叶灌木,开在霜降之后,农历十月就可以在江水边看到她如美人初醉般的花容与潇洒脱俗的仙姿。

木芙蓉的花神相传是宋真宗的大学士石曼卿。据他好友欧阳修在《旧田录》中演绎:在虚无缥缈之仙乡,有一个开满红花的芙蓉城。石曼卿死后,有人在那里遇到他,石曼卿说自己已经成为芙蓉城的城主。

因为在众多传闻中,以石曼卿与芙蓉城的故事流传最广,后人就以石曼卿为十月芙蓉的花神。

十一月山茶——花神:白居易

山茶花开放在寒风细雨的农历十一月,花朵五彩缤纷,有大红、粉红、紫白、纯白等。白胜玉,红如火,万紫千红,为湿冷的南国增添了几分暖意。

山茶花的花神是唐代诗人白居易。"行来何处湿青衫?雨自飘零花自酣。沉醉东君呼不起,一枝红泪在江南。"此诗喻山茶及痴爱山茶的诗人,意境可谓高矣。

十二月水仙——花神:娥皇与女英

水仙别名"凌波仙子"。它开于蜡梅之后、江梅之前,为冬令时花。绿裙、青带,亭亭玉立于清波之上,花朵如玉琢出,真乃超凡脱俗的水中仙子。

水仙的花神,民间相传是娥皇与女英。据说,娥皇、女英是尧帝的女儿,二人同嫁给舜。姊姊为后,妹妹为妃,三人感情甚好。后来,舜在南巡时驾崩,娥皇与女英即双双殉情于湘江。上天怜悯二人的至情至爱,便将二人的魂魄化为江边水仙,因而古人将她们视为腊月水仙的花神了。

1.3.2　十二月花令

花令,又称花月令、花历,是一年中根据各种花的开放及凋谢时间所列出的历表,因通常按月分述,故称"花月令"。

> 正月:兰蕙芳,瑞香烈,樱桃始葩,径草绿,望春初放,百花萌动。
>
> 二月:桃夭,玉兰解,紫荆繁,杏花饰其靥,梨花溶,李能白。
>
> 三月:蔷薇蔓,木笔书空,棣萼韡韡,杨入大水为萍,海棠睡,绣球落。
>
> 四月:牡丹王,芍药相于阶;罂粟满,木香上升;杜鹃归,荼蘼香梦。
>
> 五月:榴花照眼,萱北乡;夜合始交,檐卜有香;锦葵开,山丹颖。
>
> 六月:桐花馥,菡萏为莲,茉莉来宾,凌霄结;凤仙降于庭,鸡冠环户。
>
> 七月:葵倾赤,玉簪搔头;紫薇浸月,木槿朝荣;蓼花红,菱花乃实。
>
> 八月:槐花黄,桂香飘;断肠始娇,白蘋开;金钱夜落,丁香紫。

九月：菊有英，芙蓉冷；汉宫秋老，芰荷化为衣。橙橘登，山药乳。

十月：木叶脱，芳草化为薪；苔苍桔，芦始秋；朝菌歇，花藏不见。

十一月：蕉花红，枇杷蕊；松柏秀，蜂蝶蛰；剪彩时行，花信风至。

十二月：蜡梅坼，茗花发；水仙负水，梅香绽；山茶灼，雪花六出。

1.3.3　二十四番花信风

"花信风"一词，最早出自《吕氏春秋》："春之得风，风不信，则其花不成。乃知花信风者，风应花期，其来有信也。"南朝宗懔《荆楚岁时记》沿用此说，又扩展成二十四番，占满了整个春季："始梅花，终楝花，凡二十四番花信风。"二十四番花信风作为春季赏花指南，一直被历朝历代的文人所尊崇。陆游《游前山》诗云："屐声惊雉起，风信报梅开。"明叶秉敬《书肆说铃》中记载："花信风自小寒起至谷雨，合八气，得四个月，二十四候，每候以一花之风信应之。"

花信风，顾名思义是应花期而来之风。春风守信，如期而来，催开百花，故称花信风。花信风是一种物候，是一种信息，是花卉随大自然的季节变化而相适应的一种节律。人们将其同节气联系起来，自古便产生了"二十四番花信风"。据宋吕原明《岁时杂记》载："一月二气六候，自小寒至谷雨，四月八气，三十四候。每候五日，以一花之风信应之。"即：花信自"小寒"算起，到谷雨止，共四个月，有八个节气，每五日为一候，计二十四候，每候应一种花信。每种花卉都会带来不同时令的信息。

小寒：一候梅花，二候山茶，三候水仙；

大寒：一候瑞香，二候兰花，三候山矾；

立春：一候迎春，二候樱桃，三候望春；

雨水：一候菜花，二候杏花，三候李花；

惊蛰：一候桃花，二候棣棠，三候蔷薇；

春分：一候海棠，二候梨花，三候木兰；

清明：一候桐花，二候麦花，三候柳花；

谷雨：一候牡丹，二候荼靡，三候楝花。

至于为何"二十四番花信风"从小寒算起？这是因为古人认为，冬至过后，逐渐夜短昼长，阴气渐去，阳气上升，小寒已处于春阳上升之时，为春阳之气。所以，小寒占"二十四番花信风"之首。而梅花冬季迎雪开放，最早报来春消息，故推梅花为"二十四番花信风"之首，先占天下春。

梁元帝《纂要》另有一年的二十四番花信风："一月二番花信风，阴阳寒暖，冬随其时，但先期一日，有风雨微寒者即是。其花则：鹅儿、木兰、李花、杨花、桤花、桐花、金樱、鹅黄、楝花、荷花、槟榔、蔓罗、菱花、木槿、桂花、芦花、兰花、蓼花、桃花、枇杷、梅花、水仙、山茶、瑞香，其名俱存。"

1.4 古代常见花卉相关的习俗

1.4.1 春节

春节是中国传统节日,用花也富有传统意味。古人画中有"出家除夕无他事,插了梅花便过年",宋代王安石也有诗句"爆竹声中一岁除,春风送暖入屠苏。千门万户曈曈日,总把新桃换旧符。"祈求新年兴隆,可选用富贵的牡丹、驱邪的桃花、报平安的竹、谐音"岁岁平安"穗稻以及春季的时令花材,借此烘托喜气洋洋、欢乐祥和的新年气氛。

在广州等地,人们春节过年时普遍都会买上几枝桃花回家,然后将家里一年才用一次的大瓷花瓶拿出来,摆在客厅最显眼的地方,把精心挑选的桃花插上;有的人还在花瓶口插上一些菊花、芍药花(俗称"花脚"),还有些人还会在桃花上挂上彩灯、红包等装饰。闽南漳州自古就是花乡,不仅有许多与花相关的民谣、谚语,还有许多有趣的花俗,最为典型的是龙海九湖镇百花村,每当婚事喜庆都会遵循一套优雅的花俗。结婚时,用百花结裹成龙凤放于客厅梁上,表示花团锦簇,高堂生辉;把菊花、万寿菊、大丽花置于大红漆盆摆在洞房里,表示幸福长寿,白头偕老;新娘子过门时以花掩脸,更添妖媚艳丽;婚后第 4 天小舅子探房,也要奉送桂花、石榴花以示庆贺。而在岁暮新春前,人们更有互赠水仙花贺新春的习俗,其寓意是向亲朋好友送去新春的祝福,祝新春吉祥如意。说起这一习俗,还有一个美丽的传说。

相传明朝景泰年间(1450—1456 年),龙海九湖的蔡坂村有一位在河南汲县当官的张光惠辞官返乡途中,路过洞庭湖时,在碧水连天的湖面上,忽然出现一片仙景:殿宇巍峨,亭阁错落,云霞缭绕,仙乐阵阵。身着白色、金黄色和素白淡黄色霓裳羽衣的仙女走出金碧辉煌的宫殿,翩翩向他们飞来。

张光惠一家人见此美景,不由同时揉起眼睛,怀疑自己是否眼花了。待定眼细看时,仙境已烟消云散,前面湖面上漂浮着两茎鲜花。张光惠急忙让船家赶去,从水中捞起这两茎美丽的鲜花,放在船上,芬芳扑鼻。细看,如亭亭玉立的仙女,美丽、端庄、可爱。张光惠一家回到故乡——漳州南郊圆山脚下的琵琶坂村(今蔡坂村),在合家团聚"围炉"守岁的除夕夜时,这两球茎又抽出新的花箭,开出鲜艳的花朵。来年,张光惠把这两个球茎种植在自家花园里,于是萌生出小球茎,越种越多。以后每年新春佳节前,张家就把这些花球分赠亲朋好友,并附上一首赠花诗,曰:"漳郡圆山穴鳌峰,花含仙露水流香。玉盘金盏仙祝酒,送给君家福寿堂。"人们问:"什么花?"张家人答:"这叫'水上花'。"因为年长月久,代代相传,"水上花"便叫成了"水仙花"。以后,张家的亲朋和邻居也学张家种花送花贺新春,这种习俗流传至今。

此外,在我国水仙花常常作为"岁朝清供"的年花,还有蝴蝶兰、大花蕙兰、国兰、富贵竹、蜡梅、银柳等,都是春节期间上好的摆花。

在唐宋时期,广府地区就出现了花卉买卖的市场。到了清代中晚期,岁暮年关将至时,买花过年为越来越多的人所喜爱,"年宵花"概念相应而生。"年宵花"指的是专门在春节前夕买卖的花卉。由于"年宵花"需求量很大,人们常把满足岁暮购花需求的花市称为"岁暮花市"。"岁暮花市"后来渐渐多了一些叫法,如"除夕花市"、"年宵花市",定型于民国时期。20世纪 20 年代,除夕花市的规模越办越大,花市开张时,一些民众穿上漂亮的衣裳,到沿街而设的花市上赏花、买花,感受春天的气息,迎接新年的来临,这就是所谓的"行花街"。中华人民共和国成立后,由政府搭台花农唱戏的迎春花市越办越兴旺,"岁暮花市"、"年宵花市"、"除夕花市"等叫法被统一为"迎春花市",大规模举办的迎春花市也为人们"行花街"活动提供了物质条件。一年一年延续下来,"行花街"逐渐从一种人人参与的活动演变成为一种深入人心的民俗。

"行花街",其实就是以花为媒,借之守岁,以之迎春。喜庆的花市与热闹的春节携手,使"行花街"民俗在广府地区传承下来。春节使花市凝聚大众,香飘四邻;花市令春节活色生香,平添喜庆。春节与花市的结缘,让行花街、品花香、解花语成为年夜狂欢的盛典。离春节尚余十多天,蛰伏在春天边缘的寒气慢慢消散,人们凝滞的神经产生轻微的骚动,车水马龙的交通让位给了封路搭棚的花市,隐约间人们对新年有了些许期盼。待到除夕夜,夜色下的花市,灯火通明,但见花街入口处矗立着一座巨型牌楼,随着彩灯闪耀,变幻出各色光芒,花市中央,十里长街,花棚橘摊绵延不绝,上千种繁花色彩斑斓,缤纷似锦。家家户户几乎是倾巢而出,同行花街,人们置身于欢乐的花花世界中,赏花、品花、买花,在花街中徜徉漫游,享受着一年一度与群芳同在的美好时光。

1.4.2 花朝节

"百花生日是良辰,未到花朝一半春,红紫万千披锦绣,尚劳点缀贺花神。"(清蔡云《花朝节》)

花朝节,由来已久,最早是踏春游赏的节日,后来成为百花生日。花朝节,是我国民间的岁时八节之一,也称"花神节",俗称"百花生日"。最早记载见于春秋的《陶朱公书》:"二月十二为百花生日,无雨百花熟。"晋人周处《风土记》记载:"浙江风俗,言春序正中,百花竞放,乃游赏之时,花朝月夕,世所常言。"花朝节的形成不晚于南宋中期,吴自牧《梦粱录》有记载:"仲春十五日为花朝节,浙间风俗,以为春序正中,百花争放之时,最堪游赏。"其实唐代赏花风气已盛,每当春时花发,士庶皆群从出游,赏名花,饮美酒。袁宏道《满井游记》有"花朝节后,余寒犹厉"的句子,大抵是说夏历二月,正是早春时节,乍暖还寒。论节气,这时正是在"惊蛰"到"春分"之间。此时春回大地,万物复苏,草木萌青,百花或含苞或吐绽或盛开。所以,各地的百姓,尤其是花农,都要祭百花以求庇佑,自是情理之中的有趣风俗。发展到宋代,就成为民间的一个节日了。

花朝节在我国的空间分布很广,地方志上记载较多的地区,有今天的东北、北京、河南、陕西、河北、安徽、山东、江苏、浙江、湖南、广东、四川、湖北、山西、台湾等。节日的时间有多种说法,主要有农历二月二、二月十二、二月十五等,日期因时因地而异。唐代多在二月十五,与八月十五中秋节相对应,称"花朝月夕"。宋代有十五、有十二,明清各地日期也不统一,集中在二、十二、十五。以二月二为花朝,多是与社日、二月二、中和等节日相互融合为一个节日,习俗也相混,中原地区多如此;十二取《陶朱公书》"二月十二为百花生日",当地多有祭祀花神活动,江浙一带最为明显,十五则取二八月半,花朝月夕之日,继承唐代传统。此外,还与各地气候、花信相关,如洛阳为二月二,牡丹花开日为花朝。

花朝节因地域分布广泛和长时间的传承发展,其民俗活动也因地而异,丰富多彩,大致有踏青游赏,主要有赏红、扑蝶等。这是花朝节自形成就存在的节俗。在饮食方面,有花朝酒和百花糕。

"扑蝶"与"赏红"

踏春游赏是花朝节最原始最基本的风俗,值花朝之日,"争先出郊,谓之探春。画舫轻舟,栉比鳞集"。舒頔《花朝雨》诗:"细细花朝雨,问花何日开。寻芳幽径去,拾翠曲堤回。"方回《二月十五晚吴江二亲携酒》:"今日山城好事新,客来夸说齿生津。喜晴郊外多游女,归暮溪边尽醉人。鲜笋紫泥开玉版,嘉鱼碧柳贯金鳞。一壶就请衰翁饮,亦与花朝报答春。"也是描写花朝日人们出外游玩宴饮的情形。士庶之家,置备酒肴,合家饮宴。或宴于郊野花圃之中,或宴于家园栽花之处,称为花朝宴。花朝节的踏春,除了有寻常踏春的欣赏百花春色、宴饮作乐外,还有其独特的节俗,最重要就是扑蝶和赏红。

南北朝时期的《荆楚岁时记》就记载说:"长安二月间,士女相聚,扑蝶为戏,名曰'扑蝶会'",这里只说在二月,未提及花朝,但时间基本上吻合。可见"扑蝶"之俗由来已久,这项习俗,直到明清之际依然盛行,春日繁花盛开,燕莺彩蝶飞舞,扑蝶会给人们的生活带来无限生机,许多文人还对此做了诗意的描摹,明代剧作家汤显祖的《花朝》诗云:"妒花风雨怕难销,偶逐晴光扑蝶遥;一半春残夜醉,却言明日是花朝。"《红楼梦》第二十七回在描写宝钗扑蝶、饯别花神等情节时就吸取了花朝节俗的内容,又做了诗意化的想象和整理。

"赏红"是花朝节又一代表性的风俗习惯。在这一日,于各类花树上的枝条系上各色绸缎,随风飘逸,美不胜收。这也是妇女孩童们于花朝节当日主要进行的活动。为了庆贺花王生日,人们把彩绸与五色纸剪成小旗(俗称"花旛"),或是剪成条状,各地花旛的形状各有所异,但其作用与意义是一致的,只是与原先的立旛之意已有所差异。如《嘉定县志》中有记载此俗,其云"二月十二日剪彩条,系花果树,云百花生日"。同样于江南地区的松江府也有同样的习俗。《松江府志》云:"二月十二日花朝,群卉偏系红彩,以祝繁盛。""赏红"也是贵族欢度花朝节的活动之一,徐珂在《清稗类钞》中有记载:"二月十二日为花朝,孝钦后至颐和园观剪彩。时有太监预备黄红各绸,由宫眷剪之成条,条约阔二寸,长三尺。孝钦自取红黄者各一,系于牡丹花,宫眷太监则取红者各树,于是满庭皆红绸飞扬。而宫眷亦盛服往来,五光十色,宛似穿花蛱蝶。"可见,在花朝节系旛赏红,不分贵族平民,亦是风行全国的风俗习惯。清人张春华在《沪城岁事衢歌》诗中亦云:"春到花朝碧染丛,枝梢剪彩袅东风。蒸霞五色飞晴坞,画阁开尊助赏红。"便是描绘花朝节遍于枝头上彩旛施纷飞缭乱的美景。每至花朝佳节,系于花纸上的彩旛随风起舞,成为花朝节期间特殊的美景之一。

吃花糕,饮花酒

中国的节日文化往往与饮食文化相结合,而花朝节的美食自然与花相关,即由花制成的百花糕与花朝酒。采百花和米捣碎蒸糕,就是花糕。花糕因其兼具花瓣与谷物的香气,受到人们的喜欢。《青浦县志》(清光绪四年刊本)卷二载:"二月十二日花朝,群卉遍系红彩,家食年糕可免腰疼,谓之撑腰糕。"

民间对百花酒赞誉有加,如"百花酒香傲百花,万家举杯誉万家。酒香好似花上露,色泽犹如洞中春。"《山东·曹县志》有关花朝节酿花酒的文献中有云:"春分为花朝,赏花酿酒。"又如《浙江新昌县志》所记:"二月十五日花朝,采百花醋饮,谓之赏花。"同治年间《瑞州府志》卷二《风俗》中有"采百花醋饮赋诗,各学徒争饮谒长,谓之花朝酒"记载。释智圆《寄隐者》中有:"瓶尽花朝酒,扃残寒夜棋。"良辰美景之迹,怎能缺酒?花朝酒亦是采百花酿制,花朝节赏百花,吃花糕,饮花酒,众人怡然闲适,花前月下,悠然自得,如此欢度佳节,可谓美哉。关于百花酒、百花糕的传说给花朝节增添了浓郁的人文色彩,用百花、谷物、水果酿制而成的芳香馥郁的饮食也体现了古代农业文化的特点。

1.4.3　观莲节

古代苏州、南京一带,有一个观赏莲花的专门性节日——观莲节,即农历六月二十四。此时正值莲花吐艳、叶如翠盖之时,人们都会到荷池边观赏,还要采折荷花以作为瓶插材料,在室中插上一瓶,可以驱除暑意,清雅宜人;有的还要吃荷叶粥等小吃。

1.4.4　端阳节

"五月五,是端阳。门插艾,香满堂。"在我国古代艾草一直是药用植物,它代表招百福避邪魔,可使身体健康。针灸里面就是用艾草作为主要成分的,将其放在穴道上进行灼烧来治病,另外民间也有在房屋前后栽种艾草求吉祥的习俗。端午节是我国的传统节日,正值夏季前后,天气比较炎热,需要消灭害虫和防止疾病,端午节的用花习俗就与驱毒避瘟有关。端午节民间在门口挂艾草、菖蒲(蒲剑)或石榴、胡蒜,通常是将艾、榕、菖蒲用红纸绑成一束,然后插、悬在门上。菖蒲因为剑形叶好似传说中钟馗的宝剑,插在门口用以驱邪避凶,后来则引申为"蒲剑"可以斩千邪。

1.4.5　七夕节

农历七月初七是七夕节,相传是牛郎织女在鹊桥上相会之夜。这一个美丽的节日,长久以来都是少妇、姑娘们的狂欢之期。在七月初七的晚上,当新月初起,牛郎星、织女星于银河两边遥遥相对时,女郎们要换上新衣,在自家庭院设陈瓶花、瓜果、化妆用品等,准备穿针引线,向织女乞巧。乞巧桌上,当然少不了插上一瓶鲜花。

1.4.6　中秋节

中秋节又名仲秋节,是中国的主要节日之一。人们要对着明月祭祀、观赏,合家欢聚。因相传月中的广寒宫里有桂树,所以人们总喜爱用采折的桂花插瓶,供设于室中。也用芙蓉萱草花等插瓶,渲染节日的欢乐气氛。每逢中秋月明,一树树桂花相继开放更送来淡淡幽香。在花好月圆之际,遥望皎洁的明月,品尝香甜的桂花,佐以桂花酒、桂花茶、桂花月饼等传统美食,追寻"嫦娥奔月""吴刚伐桂"的优美传说,实在是中国独有的良辰美景。也是天各一方的亲人或有情人遥寄相思的日子,例如,"海上生明月,天涯共此时。情人怨遥夜,竟夕起相思。"(唐　张九龄《望月怀远》)

1.4.7　重阳节(菊花节)

菊花黄,黄种强;菊花香,黄种康;九月九,饮菊酒,人共菊花醉重阳。

重阳节也叫菊花节、茱萸节等,与除夕、清明节、中元节统称中国传统四大祭祖节日。重阳节早在战国时期就已经形成,自魏晋重阳气氛日渐浓郁,备受历代文人墨客吟咏,到了唐代被正式定为民间的节日,此后历朝历代沿袭至今。1989年农历九月初九被定为老人节,倡导全社会树立尊老、敬老、爱老、助老的风气。2006年5月20日,重阳节被国务院列入首批国家级非物质文化遗产名录。

过去人们在重阳节用菊花辟邪,而后逐渐演变成为祈求长寿、登高怀乡的活动。到北宋,人们赏菊成风,连酒家都无一例外地以菊花装饰门面来招揽顾客;至清代,则有重阳朝廷宴赐百官的举动,吃菊花糕含义逐渐由辟邪、求高寿演化为"百事俱高"。饮菊酒则在文人中蔚然成风。人们在菊花生长季节采其茎叶,与黍米和在一起酿酒,再保留到第二年重阳节饮用。这种风俗自汉朝开始,到清代末年,一直盛行不衰。每到重阳来临,文人无不呼朋唤友,登高抒怀,饮酒赋诗,留下许多著名诗篇。"强欲登高处,无人送酒来。遥怜故园菊,应傍战场开。"(岑参《行军九日思长安故园》)尽管身处紧张的行军途中,诗人却仍念念不忘重阳节登高,不忘菊花酒和赏菊,甚至幻想菊花能开遍战场旁。可见,重阳赏菊饮菊酒的民俗在古代文人的意念中是何等根深蒂固,甚至"无菊无酒不重阳,不插茱萸不过节"。

古时福州,有寒食节开州园和重阳节登高饮菊两个花俗,但至今一存一失。据《三山志》记载,宋朝福州就有"寒食节开花园"的习俗。时州园建于北宋,位置在州衙之西,得名州西园,是福州最早的官家园林。园内有春来馆、春风亭、戏台、沽酒肆、秋千架等诸多名胜和一口神奇的大水塘,水塘之水能与潮汐相通起落。昔人程师孟叹春风亭道:"为报寻芳沽酒客,年年到此且徘徊。"州园专供官员士绅们游览,仅每年二月开放,纵民游赏,常阅一月,与民同乐也。北宋的蔡襄、曾巩、程师孟等,对该园都有所歌咏和描绘。其中最具代表性的当推蔡襄的《开州西纵民游乐二首》:

> 风日朝来好,园林雨后清。
> 游鱼知水暖,蝶戏见春晴。
> 草软迷行迹,花深隐笑声。
> 观民聊自适,不用管弦迎。
> 节候近清明,游人已踏青。
> 插花穿戟户,酤酒向旗亭。
> 日迥林光润,风回海气腥。
> 未知何处乐,归路已严扃。

然"州西园"在明代就已湮废,此俗也就无疾而终了。而"重阳登高"许多地方有之。但在福州,重阳节不仅要登高,还要饮菊花茶,传"饮菊花可以延年,茱萸以避恶气",即饮菊花可以延年,插茱萸可以躲避恶气。此习俗始于秦代,每年九月九,地方官员们都要率众人登高临赏。《旧记》中有"九仙山,亦名九日山。无诸王是日于此凿石樽以泛菊。石樽可盛三蚪,犹存"的记载。此后,代代相传,成为习俗。

通常重阳节有赏秋、登高、饮菊花酒、佩茱萸、祭祖、赏菊花6项活动。重阳节,落木萧萧下,群芳纷纷谢,此时只有菊花,盛放傲人娇姿,独揽天地秋意,所以,当中国文化中提起重阳的时候,就必与菊花紧密相连。比如孟浩然唐诗里写"待到重阳日,还来就菊花",与友人把盏对菊、共话重阳;而李清照的宋词写"佳节又重阳,玉枕纱厨,半夜凉初透。东篱把酒黄昏后。有暗香盈袖。莫道不消魂,帘卷西风,人比黄花瘦",清冷孤节,一人挨过,她也要把酒菊花丛,愁饮菊花香。所以,在独属于菊瓣长长的重阳深秋,菊花与重阳活动形影不离,重阳与菊香飘摇融为一体。

此外,我国自古民间还有春天折梅赠远、秋天采莲怀人等习俗,以及折柳赠别、萱草忘忧等传统,无不内涵丰富、寓意深刻。各地还有簪花、食花、面花等相关习俗。

2 赏花之道

春天总是诱人的,那万千花木,绿的绿,红的红,到处播撒着色彩缤纷的景象,洋溢着浓浓的春意,极易撩拨诗人的情怀。多少爱花惜春的文人骚客,用他们真挚的感情、细腻的笔触吟唱春花,留住了春色,写下代代传诵的佳作名篇,让人眼花缭乱、赞叹不已。

赏花是古代人生活中的一种雅兴。最早的赏花活动是到自然界中去寻找芳姿,观赏万物丛中的花色美景,并由此构成了游乐消遣的一项重要内容。随着人们对生活要求的提高,出现了人工培植的花卉和人造的花园,能工巧匠们利用人类的勤劳与智慧,把花类植物栽养得更加妖娆,为大自然再添无限美好的人工景致,从而给人们带来更多的观赏领域。

隋唐时代,人们已经把赏花视为游玩的一个主要项目,无论是自然界中的山花野葩,还是人工培育的国色天姿,都吸引着无数的观赏者。隋炀帝率领庞大的队伍直下扬州,除了其他因素之外,很重要的一个原因就是观看扬州的琼花。武则天时期,洛阳牡丹开始名扬天下,一代女皇对此格外垂爱,每值花开之际,都要举行一定的庆赏活动,宴饮歌赋,为之助兴。唐穆宗同样是一个花迷,据《王尘录》记载:"穆宗每宫中花香,则以重顶帐蒙蔽栏槛,置惜春御史掌之,号曰括香。"而穆宗本人就陶醉在花丛帐里,仔细嗅赏着鲜花的馨香。

唐代人在赏花过程中注入了多种情调,有人寻芳远去,醉饮花下;有人围栏移木,汇簇芳丛;更有人摘枝插花,闻香斗色。花卉世界的美姿芳容都被人们囊括到日常生活之中,感染着人们的一举一动。《开元天宝遗事》卷上记载:"长安侠少,每至春时结朋联党,各置矮马,饰以锦鞯金络,并辔于花树下往来,使仆从执酒皿而随之,遇好囿则驻马而饮。"这种赏花形式在当时极为流行,称为"看花马"。而一些豪贵人家,则全力制作精美的人工花景。上书又载:"杨国忠子弟,每春至之时,求名花异木植于槛中,以板为底,以木为轮,使人牵之自转。所至之处,槛在目前,而便即观赏,目之为移春槛。"杨氏贵戚又建造了奢华的赏花楼阁,"每于春时木芍药盛开之际,聚宾友于此阁上赏花焉"。南唐时,李后主命人采来许多鲜花,"梁栋窗壁,柱拱阶砌,并作隔筒,密插杂花,榜曰'锦洞天'"(《清异录》卷上)。人们用美丽的花木把生活环境装扮得绚丽夺目。

唐人还有"斗花"的习惯,大家争相拿出奇花异枝,斗比争艳。《开元天宝遗事》卷下就说:"长安王士安,春时斗花,戴插以奇花多者为胜,皆用千金市名花植于庭苑中,以备春时之斗也。"《清异录》卷上亦载:"刘鋹在国,春深,令宫人斗花,凌晨开后苑,各任采择,……普集角胜负于殿中。"为了取得斗花的胜利,人们想方设法搜索名贵花木,由此而带动了养花业的高度发展,养花、卖花以及花品交易成为固定行业。美丽的鲜花除了供人观赏之外,又显示出巨大的商品价值。

　　到宋朝时,赏花消遣之风已经弥漫于社会生活的各个角落,从环境的美化、居室的布置,以至宴饮的餐设、衣饰的佩戴,都离不开鲜花的点缀。而大型花圃更是遍布全国,并出现以地域为特色的花卉阵容,一花独秀亦可闻名全国。人们赏花的兴致一年高过一年,凡是鲜花盛开的地方,无论是野山峡谷,还是私家园林,都引来成群结队的游客,汇成浩浩荡荡的赏花大军。

　　洛阳自古为花卉中心,宋朝时姿色更艳。北宋王朝立都开封,每年都要从洛阳索取大量花木,用以装点;而洛阳成为当时全国最大的花卉供应地,绿枝红葩,屡屡输出,时称"洛阳贡花"。每当洛阳鲜花到达开封,赏花者还要举办各种庆祝活动,以致花街柳巷,为之倾动。在洛阳城内外,赏花风潮数月不退,能够持续相当一段时期。邵伯温《闻见前录》记载说:"洛中风俗,岁正月梅已花,二月桃李集花盛,三月牡丹开,于花盛处作园圃,四方伎艺集集,都人士女载酒争出,择园亭胜地上下池台间,引满歌呼,不复问其主人,抵暮游花市,以筠笼买花,虽贫者亦戴花饮酒相乐。"举城上下,全部沉醉在花山人海之中,尽情地领略鲜花给人们带来的美妙情趣。

　　杭州是南宋王朝立都之地,依山傍水,植被茂密,堪称江南最美的花卉世界。每值鲜花怒放,满山染色,居民们都要涌入绿茵红芳之地,戏赏游玩,就是私人园圃也免不了被万众践踵。《梦粱录》卷一说:"仲春十五日为花朝节,浙间风俗,以为春序正中,百花争放之时,最堪游赏。都人皆往钱塘门外玉壶、古柳林、扬府、云洞;钱湖门外庆乐、小湖等园;嘉会门外包家山王保生、张太尉等园,玩赏奇花异木。"秋季来临,菊花独展,人们又转而进行赏菊活动。上书卷五又载:每逢重阳之际,从皇帝到贵戚都要出门赏菊,而"士庶之家,亦市一二株玩赏",当时的菊花品种已达七八十种,甚得居人喜爱。

　　宋代人最喜欢观赏的花木品种是芍药和牡丹,这两种名花以扬州和洛阳为胜地,但也遍栽于全国各地,形成了众星拱月式的赏花群体。《吴郡图经续记》卷上说:苏州有"牡丹多品,游人是观,繁丽贵重,盛亚京洛"。《越中牡丹花品序》说:绍兴一带遍植牡丹,其绝丽者就有三十二种,"豪家名族,梵宇道宫,池台水榭,植之无间。来赏花者,不间亲疏,谓之看花局"。在四川彭州也有一处牡丹王国,那里的居民几乎都是花农,所业植者主要是牡丹,每值春暖花开,连畛相望,尽是芳菲。陆游《天彭牡丹谱》记载:"天彭之花,遂冠两川";"赏花者多集于此"。苏轼《玉盘盂》诗序有云:"东武旧俗,每岁四月,大会于南禅、资福两寺,以芍药供佛",当时聚花多达七千余朵,繁丽丰硕,景色动人。陈州芍药除了供当地人游赏之外,还曾大批入贡京城,三百里的交通线,日夜传芳,首尾相顾,一片馨香。除牡丹和芍药之外,宋人欣赏的花木还有梅花、桃花、海棠、玉兰、绣球,多达数百种。

　　明清时期,人们对花卉的欣赏投入了更大的兴趣,尤其是长期的人工培育已形成众多的花卉风景区,更加扩充了生活游乐的场所。在都城北京,赏花习俗大为高涨,人们成群结队,奔赴鲜花荟萃之地,纵情去观赏美丽的花景,借以抒发和寄托自己的生活向往。无论是哪一种花木,都曾博得京人的青睐。

　　人们欣赏花,不仅仅欣赏它的色、香、姿等自然美,更是综合自己对花的感受,赋予它一种风度、品格。自古就有"不清花韵,难入高雅境界"之说,人们现在赏花,更是神重于形。好兰者,好其高雅脱俗;好菊者,好其独立寒秋;好荷者,好其出淤泥而不染;好梅者,好其临寒斗雪。

　　中国古代赏花大有讲究:"茗赏者上也,谈赏者次也,酒赏者下也。"古人不仅动用视觉器官,还调动嗅觉、味觉、听觉等感官器官,进而达到一种"澄怀味象"的全身心的审美享受,因而还有茗赏、酒赏、琴赏、诗赏、香赏等种种讲究。此外,古代赏花特别重视"应时而赏",因而有"良辰、美景、赏心、乐事"之说。

唐代诗人齐己有《早梅》一诗:"万木冻欲折,孤根暖独回。前村深雪里,昨夜一枝开。风递幽香出,禽窥素艳来。明年如应律,先发望春台。"雪中"一枝开"点出了梅的不凡神韵,从色香着手写梅的幽姿雅韵,以"递""窥"二字传神。李商隐《花下醉》中"寻芳不觉醉流霞,倚树沉眠日已斜。客散酒醒深夜后,更持红烛赏残花。"表现了诗人对花爱怜备至,以至于陶醉其中。"流霞"也称美酒,但在这里也可以理解成诗人因沉迷花事而增添了醉意。宋代诗人苏轼在风雾烛月中欣赏海棠的风姿:"东风袅袅泛崇光,香雾空蒙月转廊。只恐夜深花睡去,故烧高烛照红妆。"苏轼把海棠比作月下美人,描绘了海棠花的娇媚。徐凝为牡丹写下诗句:"何人不爱牡丹花,占断城中好物华。疑是洛川神女作,千娇百态破朝霞。"以此来推崇牡丹华贵的仪态。唐代诗人白居易在《买花》中形容人人争相购牡丹的画面:"家家习为俗,人人迷不悟。"古人赏花赞花的诗句,令人心醉神迷并长传后世。

现代人赏花爱花之心不亚于前人,歌曲《红梅赞》,秦牧笔下的《十里花街》,朱自清的《荷塘月色》都表达出现代人的爱花情趣。随着人们生活水平的提高,人们爱花赏花的情趣日益上升,在各大城市有形式各异的花事活动,前去赏花买花的人络绎不绝,哪里有花哪里就充满生机。面对同一种花各人有不一样的感受。有人将春天的桃花作为青春的象征:"春天来了,桃花突然闯过来,粉的,白的,还有血一样红的颜色。它唱啊,笑啊,舒展着身子,千万张脸就是千娇百媚。"他们把春天里争先恐后开放的花比作势不可挡的青春。也有人觉得它们性格太急,把它们比作爱出风头的人。还有人认为绽放的桃花是一种勇敢的美,花儿落了还有叶子,拼尽了娇嫩,留下来的是果子。牡丹、玫瑰、郁金香、荷花、兰花、水仙、菊花美得各有不同,有的矜持,有的柔弱,有的高贵,有的娇艳,有的"清露风愁",有的"艳冠群芳",它们含蓄、典雅令人神往,让人回味无穷。现代人有"触目横斜千万朵,赏心只有两三枝"的高雅情趣,渴望生活在姹紫嫣红的花海之中,把花作为生活不可缺少的一部分。

中国古时的名门富户、文人逸士,他们生活富足,在闲暇时间观赏花卉,也是追求其悠闲自乐的主要生活内容。许多人士都精于此道,细心观察,勤于思索,乐于向莳养者询问,并提出独特见解。比如,林语堂在《论花与花的布置》中说:花的享受和树的享受一样,第一步必须选择高贵的花,以其地位为标准,同时,以其花与其情调和环境发生联系。第一,是香味,又有色泽、外观和吸引力等;第二,花和周围的环境及开花的季节更有着密切的联系。由此可见,观花的过程,也是一种复杂的审美活动,有其自身的特殊规律。需要花的知识、文化的积累、实践的往返过程。按照长期形成的习惯,一般多从花卉的色、香、姿、韵四个方面来观赏。

2.1 园林花卉的色彩美

花美主要表现在色彩上,五彩缤纷的花卉,把人们的生活装扮得更美丽,使人怡情悦意,精神焕发。我们生活在五彩缤纷的色彩世界里:在宁静的植物王国中,那鲜红的玫瑰、黄色的菊花、血红的杜鹃、洁白的玉兰、金黄的茶花、火红的石榴,还有那娇如粉面的桃花、灿若明霞的紫薇、万紫千红的月季、繁星点点的霞草……组成了一幅璀璨夺目、绚丽多彩的大自然图画。在花卉的审美要素中，色彩给人的美感最直接、最强烈，因而能给人以最难忘的印象。

因色彩能对人产生一定的生理和心理作用，所以当你进入百花园时，花色便带着各种不同的感情，竞相拥进你的眼帘，有的色彩使你平静，有的使你兴奋，有的还使你紧张，令你产生一种综合的感觉，或是愉快和舒畅，或是朴素和优雅，或是郁闷和愁思。由于，人们的视觉经验不同，在看到一种花色时，会联想起与其相关的事物，影响人的情绪，产生不同的感情。比如：

红色——常关联血和火，蕴藏着巨大的能量，充满活力，给人温暖，使人激动、兴奋，催人向上。

黄色——"一种愉快的、软绵绵的和迷人的颜色"（歌德）。黄色象征智慧，表现光明，带有至高无上的权威和宗教的神秘感；它还是丰满甜美之色。

绿色——大自然最宁静的色形，能使人联想起草地、树林，是生命、自由、和平与安静之色，给人以充实与希望之感。自然界中开绿色花的植物很少，只有某些花卉种类中的特殊品种是绿色的，如绿萼梅（见图 2.1）、绿牡丹、绣球花等。绿色主要是植物茎叶的颜色，用来衬托花的美丽。

蓝色——消极、冷酷的颜色，往往与平静、寒冷、阴影相联系。对西方人来说，蓝色意味着信仰；对中国人来说，则象征不朽。蓝色同时还带有肃穆的表情。

橙色——温暖、欢乐之色，使人联想到橘子、稻谷与美味的食品，带有力量、饱满、决心、胜利的表情，甜蜜而亲切。如金橘、乳茄、佛手等观果类植物。

紫色——神秘而沉闷之色，其在色相环上处于冷极和暖极之间，是一种较为平静的色彩，使人有虔诚和衰弱感。紫色在大自然中又是比较稀有的色彩，有高贵之感，如绣球花。

图 2.1　绿萼梅（余雨乐拍摄）

花朵的色彩是大自然中最为丰富的色彩来源之一，基本上可以囊括色相环中的每一色彩。现仅将几种基本颜色花朵的花卉种类列举如下：

红色系花：一串红、石腊红、虞美人、石竹、半支莲、凤仙花、鸡冠花、一点缨、美人蕉、睡莲、牵牛、茑萝、石蒜、郁金香、大丽花、荷包牡丹、芍药、菊花、海棠花、桃、杏、梅、樱花、蔷薇、玫瑰、月月红、贴梗海棠、石榴、红牡丹、山茶、杜鹃、锦带花、夹竹桃、合欢、紫薇、紫荆、榆叶梅、木棉、凤凰木、木本象牙红、扶桑等。

黄色系花：花菱草、金鸡菊、金盏菊、蛇目菊、万寿菊、秋葵、向日葵、黄花唐菖蒲、黄睡莲、黄芍药、菊花、迎春、迎夏、云南黄馨、连翘、金钟花、黄木香、金桂、黄蔷薇、棣棠、黄瑞香、黄牡丹、黄杜鹃、金花茶、金丝桃、蜡梅、金缕梅、黄花夹竹桃、云实等。

蓝色系花：鸢尾、三色堇、勿忘草、美女樱、藿香蓟、翠菊、矢车菊、葡萄风信子、耧斗菜、桔梗、瓜叶菊、凤眼莲、紫藤、紫丁香、紫玉兰、木槿、泡桐、八仙花、醉鱼草等。

白色系花:香雪球、半支莲、矮雪轮、石竹、矮牵牛、金鱼草、白唐菖蒲、白风信子、白百合、晚香玉、葱兰、郁金香、水仙、大丽花、荷花、白芍药、茉莉、白丁香、白牡丹、白茶花、溲疏、山梅花、女贞、白玉兰、广玉兰、白兰、珍珠梅、栀子花、梨、白鹃梅、白碧桃、白蔷薇、白玫瑰、白杜鹃、绣线菊、白木槿、白花夹竹桃、络石、日本雪球、木绣球、琼花等,

色彩与感情有如此复杂而又微妙的关系,所以在实践应用中,不是固定不变的,而是因时、因地、因人的情绪不同,有些差异。比如我国人民在习惯上把大红、大绿看作吉祥如意的象征,每逢节日、喜庆的日子,多用红色志喜,故此,红色、橙色等感情炽烈的暖色花卉在喜庆场合就特别受人青睐。一些文人雅士,大多喜欢清逸素雅的色彩,如梅花中的"绿萼梅"、菊花中的"绿牡丹"等品种,以此视为高贵上品。但就绝大多数人来说,还是喜欢色调绚丽、色泽鲜艳的花色。颜色的调和与互补,是美学的一部分,一般花色的美,会使人感觉精神愉快。如果美能诱发魅力,高尚的人则会品味不休,诗人、画家则会引发歌颂与赞美,用绚丽的诗、词,留下韵味十足的佳作。

对整个植株来说,花朵是色彩审美的主要对象,不但普通的花卉爱好者在看到新的花卉种类后最先关心的是"它开的花好不好看",就是那些具有文心诗眼的人们也都倾倒于花朵的色彩美,一直在用人类最美好的语言、用诗歌对它进行赞美,留下了许多千古佳咏。刘禹锡诗:"桃红李白皆夸好,须得垂杨相发挥",说桃、李的色彩;杨万里诗:"谷深梅盛一万株,千顷雪波浮欲涨",说梅花的色彩雪一样洁白;范成大诗:"雾雨胭脂照松竹,江南春风一枝足",又说岭上梅花红如胭脂;林逋诗:"蓓蕾枝梢血点乾,粉红腮颊露春寒",说杏花色似红靥;李商隐诗:"花入金盆叶作尘,惟有绿荷红菡萏",说荷花的叶绿花红……此外,还有石榴的火红,秋菊的鲜黄,梨花的洁白,几乎所有名花的色彩,都有许多赞美诗。不同的花卉种类具有不同的色彩,就是同　种花内的不同品种,其色的变化也足以构成一个"万紫千红"的世界。无论是具有一万多个品种的月季花,还是具有数千个品种的菊花,只要你光临纯月季花展或是纯菊花展,就能领略月季王国的色彩绚丽,或是菊花天地的五彩缤纷。即使同一品种,有的花瓣上还镶着金边、银边,有的同一花朵上嵌有不同的彩纹,这使得鹤望兰、美人蕉、菊花、月季、梅花、桃花、山茶等花卉中的一些品种显得格外美丽。另有清晨开白花、中午转桃红、傍晚变深红的"醉芙蓉";以及初开时为淡玫瑰红色或黄白色,后变为深红色的海仙花等。这些同一花朵在不同时间变换不同花色的品种,堪称不同凡响的"仙花"。可以说,花朵的色彩是大自然中最为丰富的色彩,可以囊括色相环中的每一种颜色。

花朵固然是观赏的主要部分,但也不能忽视枝叶的色彩。叶片的颜色,是由叶绿素和胡萝卜素的相对比例决定的。当叶片中的叶绿素含量占优势时,叶片的颜色就是绿色的。绿色是自然界的基本颜色。人们常说,好花还得绿叶扶,花朵即使再美艳,若没有绿色的衬托,也要逊色得多。就绿色本身来说,也有浓、淡、深、浅之分。故此,才可表现出不同的观赏效果。至于像红叶李、红枫的叶色,则更具美学意义,观赏价值也更高。一些叶片的色彩还会随季节的不同而发生明显变化,如山麻杆、石楠等嫩叶在春季时鲜红,羽毛枫(见图2.2和图2.3)在春季刚绽的新叶则像美丽的花朵一样;到了深秋,霜染的树叶变成鲜艳的金黄、橙红,飘落在草地上或碧波荡漾的水池里,最能表现秋天的美景,使人确有"霜叶红于二月花"的感觉,并真实地表现出了秋天之美。只可惜,年复一年,美丽的秋叶,并没有多少人去观赏,反而变成了冬季来临的预兆,带来悲凉伤感。

图 2.2　羽毛枫 1(尚林雪拍摄)

图 2.3　羽毛枫 2(尚林雪拍摄)

"一年好景君须记,正是橙黄橘绿时。"我们的古人在领略花、叶色彩美的同时,倒没有忘记果实的色彩。那累累硕果既有很高的食用价值,又有突出的美化作用,特别是那果实的颜色,有着更高的观赏价值。另外,植物果实具有花纹,且光泽、透明度等各有不同,有许多细微的变化,能产生不同的观赏效果,是装饰环境的好材料。例如,果实红色的火棘、荚蒾、琼花、樱桃、山楂、冬青、枸骨、枸杞、橘、柿、石榴、南天竹、珊瑚树等;果实黄色的银杏、木瓜、甜橙、佛手、金柑等;果实蓝紫色的女贞、沿阶草、葡萄、十大功劳等;果实白色的红瑞木、雪果等,不胜枚举。一个善于赏花的人,既要赏花、赏叶,更要善于欣赏果实的丰富色彩。

2.2　园林花卉的香味美

花色花姿之美,是视力的传导,而花香则是嗅觉的感受,飘香受风的传播,不受丘陵、溪川之阻,不见花身而能觅得花踪。

历代文人墨客都有脍炙人口的赞美花香的诗句,如宋代卢梅坡有"梅须逊雪三分白,雪却输梅一段香";宋代林逋有"疏影横斜水清浅,暗香浮动月黄昏";宋代陆游有"无意苦争春,一任群芳妒。零落成泥碾作尘,只有香如故"。

花卉的香味美包括"香"与"味"两个方面。很多园林花卉的花朵都具有香味,且其香味美往往难以言传,这只是一种感觉,却给人如梦似醉的美感。"由茉莉那种强烈而显著的香味到紫丁香那种温和的香味,最后到中国兰花那种洁净而微妙的香味。香味越微妙,越不易辨出是什么花,便越加高贵。"(林语堂《论花与花的布置》)

在中国的花卉中,最受大众喜爱的花要数桂花(见图 2.4)了。它虽没有硕大的花朵或鲜艳的色彩,自古至今却一直是我国人民公认的传统名花。究其原因,就在于桂花盛开时节,金粟万点,飘香溢芳,看花闻香,悦目怡情,给赏花者带来不尽的嗅觉美。"疑是广寒宫里种,一秋三度送天香";"亭亭岩下桂,晚岁独芬芳";"幽桂有芳根,青桂隐遥月"。纵观历代诗人的咏桂佳句,大多盛赞桂花的"天香"或"芬芳"。

乖小洁白的茉莉花,也以其馨香赢得众人的喜爱,仲夏夜里,香味伴随着月光流泻飘忽,宛若舒伯特的小夜曲,沁人心脾,妙不可言。在香水没有引进之前,茉莉花一直深受中国妇女的宠爱:早晨梳妆既罢,便摘几朵洁露的茉莉插于发上;到了黄昏纳凉之时,又把茉莉花插在两鬓或佩在襟前,所谓"茉莉新堆两鬓鸦";再加上床上挂的、案几上摆的,香随人转,朝夕萦绕,提神醒脑,炎暑顿消。难怪有人要说:"一卉能熏一室香。"

书载瑞香花,缘由庐山一道士打坐深山,因香刺鼻而乱神,乃循香踪觅得此花,取其吉祥如意之兆,名曰瑞香,象征富贵吉祥、繁荣昌盛的瑞香花,显得更加优雅高尚,它盛开的时候刚好在元旦和春节之间,只要有一盆安置在厅堂之上,便可使满室生香。因此,它赢得了诸多芳名,如"瑞兰""野梦花""夺香花""千里香"等,宋代《清异录》则称其为"睡香"和"瑞香"。缘其蕴含有瑞气生香、新春吉祥之意,因此,称其"瑞香"是最为恰当不过了。

在众香国里,最受文人雅士推崇的要数兰花(见图 2.5)的幽香了,兰花清雅、醇正、袭远、持久,号称"香祖""王者之香"。人们对其他花香或许各有偏爱,唯独兰花香型是世界人民都爱好的一个香型。据有关资料报道,有些花卉的香味是可以合成的,但兰花的香味却很难仿制。有位美学家叙述过一个饶有风趣的见闻,在公园的兰花展览会上,曾看见三位老人闭目静立,神态庄重,仿佛在等待着一个重要时刻。"来了!来了!"他们突然惊呼起来,同时深深地呼吸着,原来他们在恭候兰香。兰香散发的特点:一不定时,二不定量,三不定向,像幽灵一样,飘忽不定,难以捉摸,故称"幽香"。"幽香"的妙就妙在若有若无,似远忽近之间。"坐久不知香在室,推窗时有蝶飞来"(余同麓《咏兰》),正是说明了兰香的这一特色。

图 2.4　桂花(杜艳霞拍摄)　　　　　　　　　图 2.5　兰花(邵蕾拍摄)

从上面的例子中,不难看出,花香有不同的类型,而且不同的香型所带来的美感也是有区别的。例如,梅花的清香、含笑的浓香、桂花的甜香、兰花的幽香,以及别具特色的玫瑰花香、松针的香气等。

不同的花卉有不同的花香,不同的香型也给人带来不同的美感。比如,梅花的清香、桂花的甜香、兰花的幽香、含笑的浓香,还有别具一格的玫瑰花香、松香等,清香可以怡情,浓香可以醉人,甜香可以使人产生美好的回忆。花卉不仅有花香,还会结出甜美的果实,果实又可加工成各种饮料、食品,品味时可产生嗅觉之美。直接品味,无疑有味觉之美;望梅便可生津止渴,不是同样也使人产生一种甜酸隽永的美感吗?白玉兰的花瓣肥厚洁白,若蘸些面浆,油炸成"玉兰片",即是香甜可口的美味佳品。还有菊花、兰花、玫瑰、茉莉、槐花、金银花、桂花、桃花、荷花、米兰等许多花卉,均可制成饮料、甜食、菜肴等各式各样的美味食品,香甜可口,营养丰富,给人以别具一格的味觉享受。

2.3   园林花卉的姿态美

花朵开放得鲜艳夺目,香气浓郁,固然令人赞美,但"花开有时,花落无期"乃自然规律。而花卉的姿态却持久而又与季节无关,所以古人说:"花以形势为第一,得其形势,自然生动活泼。"(清·松年《颐园论画》)。此语虽是论画中花卉,可对于自然花卉的审美来说,亦同样适用。花姿不但包括花朵,还要品味它的枝干、叶片、果实以及树姿,更要细观生长、发育之中各种器官有趣的变化。这些细微的、变幻的动态,虽不及动物不停的动作,但同样具有活性,这也是花卉享有四季繁荣、兴衰与没落的动态美。自然的花卉,纵有丽色馨香,而无妍姿美态,便少风韵神致;若姿态美妙,娉婷婀娜,纵少色香,其韵也自生。花卉千姿百态,有立、卧、俯、仰、侧、依,在意念中的美又有端庄轻盈、凝重、潇洒、飘逸之别。如室内最普通的盆栽观叶植物吊兰,花色花香虽欠,但它根叶似兰,肉质青翠,花茎奇特,横伸倒偃,悬空凭虚,它那茎端昂生的新株,临风轻荡,却别具飞动飘逸之美;那叶色碧绿、枝片重叠的文竹,又是何等的纤秀文雅;而秀竹婵娟挺秀,虽然不艳不香,但其刚直的竹秆,飘逸的枝叶,摇曳的竹影,因不失潇洒清雅之致,而博得千古雅士赞美。可见,观赏植物的姿态美也是观赏植物审美中的一个重要因素。

就花木的自然形态来看,木本花木中有似亭亭华盖的龙爪槐、卵圆形的球桧、圆锥形的雪松、柱形的铅笔柏、匍匐形的铺地柏,以及独特的棕榈形、芭蕉形等,不同的树种都有不同的树形。草本花卉的株形就更为秀美了,除了吊兰、文竹,虞美人(见图2.6)的体态也惹人喜爱。且不说它那鲜艳的花色,就是那纤秀的植株、轻盈的花枝迎风轻舞,便显得分外妖娆,故人们不仅叫它虞美人,还给了它一个"舞草"的雅号。

图2.6   虞美人(洪思丹拍摄)

花木的叶片形态更是千变万化,难以言状。仅以其大小而论,大者如南美洲亚马孙巴西棕榈的叶片,长度可达20米;小者如柽柳、侧柏等的鳞叶,仅长几毫米。可以说,在自然界中找不到两片完全相同的叶子。而且,有些花木的叶形还相当奇特,如洒金榕的叶形就千变万化,有似狮耳的广叶种,像鸭脚的戟形种,如牛舌的长叶种,似蜂腰的飞叶种等,故而又称"变叶木"。蓬莱蕉的叶孔裂,极像龟背,因而亦叫"龟背竹"。它们都是观赏价值很高的植物。

园林花卉花、果的形状更为奇特,如鹤望兰的花形,橙黄的花萼、深蓝的花瓣、洁白的柱头、红紫的总苞,整个花序宛似仙鹤的头部,因而得名鹤望兰,又称极乐鸟;珙桐花序下的两片白色大苞片,宛似白鸽展翅,花盛开时,犹如满树群鸽栖息,被称为"中国鸽子树";琼花的花序由两种花组成,中间为两性小花,周围是八朵大型的白色不孕花,盛花之际微风轻拂,似群蝶戏珠,仙姿绰约;仙客来的花瓣反卷似兔耳;拖鞋兰的花瓣形似拖鞋;荷苞花的花冠状如荷苞;虾夷花的花冠酷似龙虾等。还有果实形状,如佛手的果实或裂纹如拳形,或裂开呈指状;槐树的果实如佛珠成串;秤锤树的果实似秤锤下垂;文旦的果实硕大无比,非常美丽。

就花木枝条的走势来看,一般的枝条均是直伸斜出的,而龙爪槐、垂柳、照水梅、垂枝桃等的枝条却是下垂的,甚至还有枝条是自然扭曲的,如龙游梅、龙爪柳等。可以说,花木的枝势中,横斜曲直,垂悬倒挂,无所不有。各类姿形各具其美:横姿恬静闲适,斜姿潇洒豪放,曲姿柔和婉约,直姿庄重威严,垂悬之姿轻柔飘逸。其中,斜姿、曲势还带有流动感,使植株于静态之中显出动态之美,从而更富盎然生机。在形意上,花卉又有俯、仰、侧卧、顾、盼、拜、醉、舞、跃等态。俯者含羞,仰者似歌,侧者像在掩口窃笑,卧者恍若高枕无忧,顾者仿佛蓦然回首,盼者恰如倚门而望,拜者谦恭姿态可掬,醉者欲倒又立,舞者翩然若仙,跃者当空而止。植物的种种风姿仪态在风中、雨后显得更为生动,"弱柳从风疑举袂,丛兰浥露似沾巾""夹道万竿成绿海,风来凤尾罗拜忙""翠叶纷披花满枝,风前袅袅学低垂"……这些形象的写照,读之跃然于纸,情态宛然。

面对花卉的千姿百态,古人留下了深深的赞美诗:"老龙半夜飞天下,蜿蜒斜立瑶阶里。玉鳞万点一齐开,凝云不流月如水。""翠盖佳人临水立,檀粉不匀香汗湿。一阵风来碧浪翻,珍珠零落难收拾。"诗人笔下这形式万千的花姿美,令人回味无穷。

2.4　园林花卉的风韵美

园林花卉的风韵美,又叫内容美、象征美,是除色彩美和形态美之外的一种抽象美。风韵美是花卉自然属性美的凝聚和升华,它体现了花卉的精神、气质,比起花卉纯自然的美,更具美学意义。它是由于植物在生态或形态上的某一特征,而在人们的心灵中引起的某种联想和共鸣,继而上升为某种概念上的象征,甚至人格化的一种抽象美。在不同的民族和地区、不同的文化和传统的人民中间,由于植物引起人们情感的不同,造成了不同的风韵美。

花卉的色彩美、香味美、姿态美,其实都是指花卉的自然属性之美——纯自然的美,而风韵美是人"外射"到花卉身上的主观情感——自然意态之美。植物的风韵美体现了植物的风格、神态、气质,比起植物纯自然的美,更具美学意义,赏花者只有欣赏到了这一风韵美,才算真正感受到了花卉之美。因为,自古以来,在千姿百态的花木上,人们赋予花以各种各样的精神意义,使花卉的风韵美具有许多丰富而深邃的内涵。被誉为"中国十大传统名花"之一的荷花,人们不仅赞赏它皎洁清丽的自然姿态,更歌颂它"出淤泥而不染,濯清涟而不妖"的高尚品格,还赋予它清白、纯洁的象征意义。

松枝傲骨铮铮,柏树庄重肃穆,且都四季常青,历严冬而衰。《论语》赞曰:"岁寒然后知松柏之凋也。"因此,在文艺作品中,常以松柏象征坚贞不屈的英雄气概;竹子坚挺潇洒,节间刚直,它"未出土时便有节,及凌云处更虚心"。因此,古人常以"玉可碎而不改其白,竹可焚而不毁其节"来比喻人的气节,苏东坡甚至到了"宁可食无肉,不可居无竹"的地步;梅,枝干苍劲挺秀,宁折不弯,它在冰中孕蕾,雪里开花,傲霜迎雪,屹然挺立。因此,古人称松竹梅为"岁寒三友",推崇其顽强的品格和刚直不阿的精神。

此外,人们还常以菊花表示清高,牡丹象征荣华富贵。棠棣比喻兄弟,兰花表示高尚。木棉表示英雄,桃花形容淑女。含羞草表示知耻,凌霄花表示人贵自立,而三国时的嵇康则在《养生论》中说:"合欢蠲忿,萱草忘忧。"认为合欢和萱草可以治疗情志不遂,令人欢乐无忧。但"风吹白杨叶飒飒",会增添人们的愁思,古人诗曰:"白杨多悲风,萧萧愁杀人!"

可见,不同的花卉有不同的风采,而因花撩起的缕缕情思,又使景物进入了诗画的境界。这样,在赏花时,把外形与气质结合起来,突出了花的神态和风韵,大大增强了它的艺术魅力。在此,花卉已不再是没有任何意念的自然之物,而是隐喻着人之品格、人之精神、人之情感、人之愿望。在大自然中最美丽的生命之花,是花与人、物与心的嵌合。

总之,丰富多彩的花木,蕴含着丰富多彩的情感,表述了无限的象征意义。对此古人有过惟妙惟肖的描绘:梅标清骨,兰挺幽芳,茶呈雅韵,李谢浓妆。杏娇疏雨,菊傲严霜,紫薇和睦,红豆相思,水仙冰肌玉骨,牡丹国色天香,玉树亭亭阶砌,金莲冉冉池塘,丹桂飘香月窟,芙蓉冷艳寒江。历史上的诗人,如林和靖爱梅,陶渊明爱菊,周敦颐爱莲,郑板桥爱竹,各有所爱,已成古今佳话。他们赏花统一的标准则在于花木的"气节":梅花的迎雪开花,菊花的傲霜屹立,莲花的出淤泥而不染,竹无花但有节,发人深省,韵味千古,这也是我国"花文化"之精髓。

3 园林花卉与中国文学

3.1 中国文学中园林花卉的意向

自然界中看似平常的花卉草木,不仅与人们的日常生活和身心健康有着密切的关系,也使无数人们深深受惠于其物质文化功用,与作为多种艺术基础的文学更是有着天作之合。

翻开中国文学史,从屈原佩兰示节、陶潜采菊东篱、李白醉卧花丛、杜甫对花溅泪、白居易咏莲吟柳,乃至林逋梅妻鹤子……中国竟有无数风流文人为花卉草木所倾倒,创造了许多以花卉为题材的千古佳作。

这些精彩的花卉文学作品,使自然的花花草草呈现出特有的情趣和艺术魅力,温暖、润泽着中国每一个文化人的心,甚至成为民俗化的理念。可以说,花卉与文学之间存在着双向作用的显著特征,有着千丝万缕的联系,相互依存又相互促进。

3.1.1 文学以花卉为描写对象

世界上没有文学不能描写的对象。文学作品的艺术形象不仅是指人物及人物生活的环境,同时也包括与人的生活有密切关系的日月星辰、风雨雷电、河海山林、鸟兽虫鱼、花草瓜果等自然物。

某些文学作品的形式,尤其是抒情文学作品中,并不一定出现人物形象,只是出现山水花鸟等景象、事物,而花卉也往往是构成文学作品的形象之一。有的作品只把花卉作为局部的形象或形象的组成因素,但也有相当数量的文学作品把花卉当作主要形象。

我国历代以花卉为题材的诗词歌赋、小说、戏剧等文学形式,多不胜数。在现代的诗歌、散文中,花花草草更是文人笔下的宠物,许多文人雅士亦因此与花卉草木结下了不解之缘。现代的著名文学家和园艺家周瘦鹃,就写过许多有关花卉盆景的散文短篇,出版的《花木丛中》一书便是很好的见证。我国现代的许多著名作家,都写下了有关《花》的篇章。

在中国的花卉文学作品中,数量最大、成就最高的要数咏花诗了。在我国最早的一本诗歌总集——《诗经》中,三百零五篇里提到的花花草草多达 132 种。在《楚辞》中,诗人屈原也运用大量的花木香草和丰富的想象,表现出积极浪漫主义精神,使其成为一朵灿烂的文学之花。

不过,无论是《诗经》还是《楚辞》,都仅仅是以片言只语借花草作为比兴寄托,并无以咏花为主的篇章。直到文学意识觉醒、声色大开的六朝时代,尤其到了何逊、痩信等人手里,才出现典型的咏花之作,咏花诗这一门类继田园诗、山水诗之后正式形成,从此便历久不衰,后来更扩充到词中。

刘禹锡有吟咏栀子、桃花、杏花的诗作;杜牧以杏花、荔枝花为题作诗;再如前面提及的李白、杜甫、白居易、林逋等,历代许多诗人的咏花名篇以及他们与花的佳话和轶事一直流传至今。如《全芳备祖》《广群芳谱》等就汇集了历代诗人有关花草的诗词文赋等作品,迄于清代,前人留给我们的咏花诗词,估计不下三万首。

有人将这些咏花诗词依所表现的诗境的不同层次分为以下四大类:

第一类是表现感官感受的"物境"。例如,白居易的《山石榴》诗云:"日射血珠将滴地,风翻焰火欲烧人",写杜鹃花的红艳。而韦庄的《白牡丹》则说:"昨夜月明浑如水,入门唯觉一庭香",表现素花溶化在月色中,不见其花、唯闻其香的特别感受,让人联想到白牡丹那皎洁芳美的幽雅神貌。这类咏花诗词,侧重于花卉色香形态的描述。

第二类咏花诗词的艺术境界由"物境"转为"意境",在创作上追求表现审美主体心灵感受的"韵味"。如陆龟蒙《白莲》诗云:"无情有恨何人觉,月晓风清欲堕时",体现一种特有的韵味,诗人借此表达芳洁自赏而又寂寞凄凉的心境。再如姜夔《暗香》写寒梅云:"竹外疏花,冷香入瑶席。"又说:"千树压,西湖寒碧。"皆是幽冷心境的意象表现,有"得意忘形"之趣。

第三类是通过移情作用,将自身内心情感托之于花卉形象表达出来,构成咏花诗词的另一境界——"情境"。如陈子昂《感遇》诗咏兰,以"岁华尽摇落,芳意竟何成",寄寓时不我与、美人迟暮之叹;宋徽宗《燕山亭》咏杏花,以"易得凋零,更多少、无情风雨",寄寓国破家亡、失身为虏之痛。这类咏花诗词,含蓄深沉,耐人寻味。

第四类咏花诗词主要表现"悟境"。如贺铸《踏莎行》咏莲所云"当年不肯嫁春风,无端却被秋风误";元好问《同儿辈赋未开海棠》所云:"爱惜芳心莫轻吐,且教桃李闹春风";李东阳《月桂》所云:"未须夸雨露,慎与藏冰雪"等,此类诗词中,花卉只是具有象征意味的原型意象,所表现的是诗人由物境引起内心触动后进而领悟到的人生哲理。

在上述四类咏花诗词中,仅物境一类侧重于表现花卉的客观自然审美特质;意境、情景和悟境三类则侧重于表现主观情感,佳作最多,艺术价值更高。当然,这诸多艺术境界,在咏花诗词中往往并不是非此即彼、截然分开的,情景交融、情理双兼的情况很常见。

除诗词以外,以花卉为题材的小说、戏剧作品也颇多名篇佳作。例如,明代汤显祖的名剧《牡丹亭》,剧中以花名作为唱词问答,多次提到了桃花、杏花、李花、杨花、石榴花、荷花、菊花、丹桂、梅花、水仙花、迎春花、牡丹花、玫瑰花等,其中《冥判》一折,涉及花名近40种。评剧《花为媒》中女主角张五可报的十二个月花名,就是脱胎于此折。

曹雪芹笔下的《红楼梦》,不仅以新奇而精湛的思想,细腻而传神的笔墨,使它成为一部脍炙人口、沁人心脾、给读者以巨大艺术享受的文学名著;而且,对小说、戏剧,对诗、词、曲、文,对绘画、园林等艺术形式,乃至医、药、茶、花等生活的艺术,都不同程度地、直接或间接地表达了自己的见解和主张。

曹雪芹继承和借鉴了以往诗词歌赋、小说、戏剧中经常出现的花木题材,并加以发展和妙用。作者以他那"生花妙笔",写了关乎各人个性气质的姿容品貌各异的花,诸如富贵的花、清幽的花、斗寒的花、迟谢的花、娇嫩的花、带刺的花;更把人带入了由那含苞的、盛开的花、结子的花、解语花、并蒂花、楼子花,以及鲜花着锦、浇花葬花、花魂默默等构筑成的情趣迥异的艺术境界。

作者别出心裁地将数十种名花佳木"配植"在大观园里,将数十首吟花诗词有机地统一于小说之中,以此作为展开故事情节的线索,表明人物性格的手段,表达作者感情的中介,喜则以花为戏,悲则以花治痛,出神入化地将花卉的自然美转化成了文学的艺术美。

以花名人、喻人,是《红楼梦》运用花卉形象的第一种艺术手法。曹雪芹常以为人物起名暗示人物性格,他起名的手法甚巧,有的以风云霞露,有的以莺燕鸳鸯,有的以珍珠翡翠,有的以福禄寿喜,而主奴名字中与花有关的将近 50 个。

在《红楼梦》的人物名称中,有直接以花命名的,如迎春、探春、葵官、藕官、佳蕙、文杏;有以花的品性命名的,如贾芳、袭人、翠缕、李纨;有的则以与花相应的事物命名,如扫红、锄药、扫花;而蘅芜君(宝钗)、阆苑仙葩(黛玉),又暗示着花木。

只要稍微了解《红楼梦》的读者,便可随口举出一大串以花喻人的事例,例如:牡丹——宝钗,芙蓉——黛玉,玫瑰——探春,海棠——湘云,桃花——袭人,兰花——晴雯,老梅——李纨,莲藕——香菱,蔷薇——龄官,榴花——元春,当然,曹雪芹的以花喻人手法,并非全是以一花一人"对号入座"的。

同一种花可以喻不同的人,或以不同的花喻同一人。比如,同是梅花,既与妙玉有关,在栊翠庵中斗寒怒放,使宝玉有"访妙玉乞红梅"之壮举;又与宝琴有缘,抱着红梅,立于雪中,博得"双艳"之赞。又如探春外号玫瑰花,又红又香只是刺手,喻其性格;掣花名签时又掣到杏花,寓其命运。黛玉固然是风露清愁的芙蓉,又何尝不像孤标傲世的秋菊;再读《桃花行》,分明是以易为风雨摧折的桃花自比了。

同样,花卉在不同作者的笔下可以比喻或象征不同的意义。例如:

卜算子 咏梅

陆 游

驿外断桥边,寂寞开无主。已是黄昏独自愁,更著风和雨。无意苦争春,一任群芳妒。零落成泥碾作尘,只有香如故。

卜算子 咏梅

毛泽东

风雨送春归,飞雪迎春到。已是悬崖百丈冰,犹有花枝俏。俏也不争春,只把春来报。待到山花烂漫时,她在丛中笑。

同样是咏梅,陆游是借梅花抒发他遭受投降派打击后无可奈何的幽愤和伤感以及孤芳自赏的心情;而毛泽东则是通过对梅花的高尚风格的赞颂,展示了作为一代伟人的昂扬斗志和远大理想。

可见,诗人笔下的咏梅不过是借花卉描写为手段,目的则是抒一己之"情"。另外,即使同一花种,同一作者,由于写作时间和心情的不同,也会创作出不同内容、感情的作品。

3.1.2 花卉因文学的描写而生辉

自然的花卉,通过文学家的生花妙笔,呈现出丰富多彩的风姿和细微末节的神态。花卉本身美的特点被文学家所挖掘、加工、表现,美化成为文学美的形象。如"东风若使先春放,羞杀群花不敢开"(宋·戴昺·咏牡丹)。

"花落花开无间断,春来春去不相关"(宋·苏轼·咏月季)。"疏影横斜水清浅,暗香浮动月黄昏"(宋·林逋·咏梅花)等。这些吟花的千古名句,亦是对花性的生动写照。总览现在为人们所公认的"十大"或"十二大"传统名花,它们的出名无不与文学的描写息息相关。

琼花的例子也是相当典型的。尽管唐朝时即有琼花栽培,但由于其花色并不鲜艳,香气也不惊人,因此,宋朝以前一直是无声无息的。宋朝初年,继著名官吏兼文人王禹偁题咏琼花后,骚人墨客趋炎附势,横加题咏。文豪欧阳修做扬州太守时,又在琼花株旁建了"无双亭"。

至此,琼花在文人们的赞颂下得以名噪天下。特别是小说《隋唐演义》将琼花与隋炀帝相联系,融进故事情节中后,使得扬州琼花在我国花卉史上成为"四海无同类""天下无双"的奇葩,"中国独特的仙花"。

文学作品对花卉的题咏甚至可以主宰花卉的沉浮。如现在被称为"花王"的牡丹花与"花相"芍药,早在二千多年前的《诗经·郑风》中即有"维士与女,伊其相谑,赠之以芍药"这一有关芍药的记载。而"牡丹初无名,依芍药得名,故其初曰木芍药。"(《广群芳谱》卷 32)牡丹之所以"初无名",唐朝的李德裕在其所作《牡丹赋》序言中叙述尤为明了:"余观前贤之赋草木者多矣。……惟牡丹未有赋者。"可见没有文人的讴歌、赞美,即使是荣华富贵的牡丹,也只能是"养在深闺人未识"。

唐朝以后,文人的题咏使牡丹"始有闻"。此后又"贵游竞趋","名人高士,如邵康节、范尧夫、司马君实、欧阳永叔诸公,尤加崇尚,往往见之咏歌",就使牡丹后来居上,跃为"花王",而反使"芍药为落谱衰宗云",屈居"花相"地位。

3.1.3　花卉文学与花卉审美

有关花卉的文学作品加深了对花卉的审美层次,同时丰富了对花卉的欣赏内容。文学是想象的艺术,它为欣赏者提供了广阔的想象天地。文学通过丰富的情感和想象,运用比喻、象征、联想、寓意等表现手法,来形象地渲染、夸张和集中花卉的美,熏陶感染人们的意识,使人们对花卉的审美态度和欣赏趣味随着这种影响和引导而变得日益丰富和多样化。

给花卉以艺术的比拟和象征,赋予它们以"观念形态的意义",给它们以意识即情感、想象上的"人化",从而使花卉美从它的色彩、形态、香味、质地等自然特性构成客观自然属性的美凝聚升华到主客观相统一的自然意态之美,亦即通常所讲的"风韵美",从而加深了对花卉的审美层次。

不仅如此,有关花卉的文学作品还同时丰富了对花卉的欣赏内容。对于一些特定的花卉来说,如果有关的诗词歌赋、历史传说等越多,那么供观赏者联想、想象的余地也就越宽广,就越具审美欣赏价值。

综上所述,可见花卉与文学历来有血缘关系。形形色色的花卉草木为文学创作提供了取之不尽、用之不竭的丰富题材。而花卉在文人的笔下更具有风采。这种被融进诗意和故事情节的"人化"、"情化"、"心化"了的花卉,又给人们带来更为丰富、更为崇高的美感。

3.2 《红楼梦》的花卉文化

3.2.1 《红楼梦》中的植物种类

《红楼梦》前八十回共提到植物 228 种,前四十回有 160 种,第四十一到第八十回新增 68 种。其中前四十回每回出现植物种类平均 11.2 种,后四十回平均每回出现 10.7 种,频率分布比较均匀。八十回中每回均有植物出现,其中出现植物最多的是第 17 回"会芳园试才题对额 贾宝玉机敏动诸宾",出现植物 55 种。其次是第七十八回"老学士闲征姽婳词 痴公子杜撰芙蓉诔",出现植物 39 种。

《红楼梦》中的两百余种植物分布于 92 科 183 属,可见曹雪芹的植物学功底是相当深厚的,对植物的认识范围相当广泛。在这 92 个科中,出现次数比较多的科(科内植物种数有 10 种以上)有四种:蔷薇科(11 属 18 种)、禾本科(13 属 15 种)、蝶形花科(11 属 16 种)和菊科(10 属 12 种)。

据原著分析可知,出现次数最多的蔷薇科植物均是常见的观赏性植物,这多是大观园中"种植"的植物,可见明清时期蔷薇科的植物已经广泛种植在园林中。蝶形花科植物出现较多有两方面原因:一是书中多次提到贾府中的紫檀类家具,这符合贾府富贵人家的身份;二是食用的豆类出现较多,这在书中多是出现在和刘姥姥有关的章节中,如第 41 回刘姥姥将怡红院的竹篱误认为是扁豆架,这完全符合刘姥姥乡村老妪的身份。禾本科的植物主要是竹类和粮食类的稻、麦等,因为大观园中有潇湘馆和稻香村。菊科的植物则比较分散。由此可以发现《红楼梦》中的植物不是随意为之,而是根据书中环境的需要和人物的身份选择合适的植物。

对电子版的《红楼梦》进行文字频率统计,可得出书中植物出现的频率。《红楼梦》中并非每种植物都对小说情节有重要影响或有重要的意义,故没必要对每种植物均进行频率研究。笔者重点研究了书中出现频率最高的五种植物,据此可知曹雪芹对某些植物的偏好,当然也反映了这些植物在书中的重要地位。这五种植物依次是:茶(412 次)、垂柳(186 次)、竹(76 次)、梅(74 次)、桃(62 次)。

1. 茶

茶(*Camellia sinensis*)是书中出现次数最多的植物,前八十回中仅有六回没有出现茶,有茶的回数约占总回数的 92.5%。茶出现频率如此之高,是因为喝茶是国人自古以来就有的传统习惯,唐诗、宋词、元曲、明清小说等历代文学作品中均不乏品茗佳句。尤其明清章回体小说中喝茶的描写尤为多,如《儒林外史》《西游记》等。因此,《红楼梦》中提到茶的频率如此之高,首先是因为它描写封建大家族的生活,不可避免地要出现喝茶的场景,另外这也是明清小说的一贯传统,不足为奇。

当然以曹雪芹渊博的知识,不会仅仅只提喝茶。据统计,《红楼梦》中提到的茶的种类至少有 8 种,包括枫露茶(第八回)、香茶(第二十二回)、暹罗茶(第二十五回)、六安茶(第四十一回)、老君眉茶(第四十一回)、杏仁茶(第五十四回)、普洱茶(第六十三回)、女儿茶(第六十三回)等,还有作者在第五回杜撰的"千红一窟茶"。此外,曹雪芹还在书中精致入微地描写了品茶之妙,尤其在第四十一回"贾宝玉品茶拢翠庵",详细描写了茶具之贵和选水之奇。诸如"海棠花式雕漆填金云龙献寿的小茶盘"、"成窑五彩小盖钟"、"一色官窑脱胎填白盖碗"、"绿玉斗"、"九曲十八环、一百二十节蟠虬整雕的湘妃竹根的大盒",个个都是稀世珍宝。泡茶的水更奇了,妙玉介绍说:"这是五年前我在玄墓蟠香寺住着,收的梅花上的雪,共得了那一鬼脸青的花瓮一瓮。总舍不得吃,埋在地下,今年夏天才开了。"曹雪芹还在其他回介绍了泡茶之法和敬茶之礼,可见他也是一位品茗大家,深得茶道"三昧"。

2. 垂柳

曹雪芹在大观园中种植了大量的垂柳(*Salix babylonica*),还设计了柳叶渚、柳堤等,可见其对垂柳的喜爱。

柳,尤其垂柳,由于其姿态优美潇洒,自古即受到人们的喜爱,堪称我国最重要的园林绿化树种,从漠北到岭南,从皇家御苑到百姓庭院,几乎都能看到青青柳色。垂柳在南北朝时期即被逐渐栽培至长江、黄河流域和其他地区。至隋唐,垂柳已遍布全国各地,深受各阶层人士喜爱。相传隋炀帝开凿济渠时,便命民工在堤岸上遍植垂柳。为鼓励民间多种垂柳,他还规定老百姓每栽活一株柳赏细绢一匹。清朝则有左宗棠在树木稀少的大西北大力推广垂柳,被后人称为"左公柳",清陕甘总督杨昌浚咏左公柳诗云:"上相筹边未肯还,湖湘弟子满天山。新栽杨柳三千里,引得春风度玉关。"

垂柳性柔弱,枝条长而软,有柔性之美,象征温柔谦逊。大观园种植大量垂柳,和它的性质(女性世界)是有关的。曹雪芹多次借书中人的视角突出园中的垂柳之盛,如第十一回"黄花满地,白柳横坡";第十七回"池边两行垂柳,杂着桃杏";第二十七回"(宝钗)只见那一双蝴蝶忽起忽落,来来往往,穿花度柳,将欲过河去了";第七十回"时值暮春之际,史湘云无聊,因见柳花飘舞,便偶成一小令"。

柳在古代还常被文人赋予其他意象,比如文人喜欢用柳叶描写女人眉毛,如第三回形容凤姐"两湾柳叶掉梢眉",第六十五回形容尤三姐"柳眉笼翠,檀口金丹"。晚春时节垂柳种子长成,上有毛绒,被称为柳絮、柳花、杨花。柳花随风飞舞,多比喻漂泊的人生。因此,第五回中说贾府的女性是"金闺花柳质,一朝赴黄粱";黛玉的《柳絮词》说:"叹今生谁拾谁收?嫁与东风春不管,凭尔去,忍淹留。"

柳后来衍生出一种负面的含义,形容吃喝嫖赌的纨绔子弟。如第四十七回形容少年柳湘莲"赌博吃酒,眠花问柳";第七十五回贾珍邀了一群"问柳评花"的公子在宁府饮酒作乐。

3. 竹

竹在中国文化史中占有重要地位,与松、梅共誉为"岁寒三友",又和梅、兰、菊统称为"花中四君子",可见竹在我国人民心中的地位。这大概是因为其竿挺拔秀丽、叶潇洒多姿,又四季常青,情趣盎然。漫步于青青翠竹之下时,一种无限舒适和惬意便会油然而生,故深得文人墨客的喜爱,苏东坡甚至说"宁可食无肉,不可居无竹"。曹雪芹本身是个极清高、豪放之人,喜爱竹是理所当然的。

《红楼梦》多次出现了竹,但是曹雪芹并非植物学家,所以在书中全部用"竹"统称所有的竹类,故我们无法确定他提到的竹究竟是哪种,有时只能根据上下文推测。如第二回贾雨村被革职后在林如海家(苏州)给黛玉做家庭教师,在郊外智通寺旁见"茂林深竹",这里的竹可能是苏州地区常见的慈竹(*Neosinocalamus affinis*);第九回贾府义学里群童打架,金荣拿的是毛竹大板;第七十五回贾珍中秋夜吹的是紫竹做的箫。其余章节如第四十九回"远远的是青松翠竹",第六十五回"那一片竹子单交给我"等可看作是竹的通称。当然《红楼梦》中最著名的竹就是潇湘馆的湘妃竹了。

4. 梅

中国人酷爱梅花（*Prunus mume*）（见图3.1），自古有之，其神、韵、姿、香、色俱佳，自古咏梅的诗词也是不计其数。古代文人常赋予梅花坚贞不屈、不畏严寒的高尚品格，对梅花的赞美也多和风雪有关。如"遥知不是雪，唯有暗香来"（王安石《梅花》）；"春入西湖到处花，裙腰芳草抱山斜"（苏轼《梅花》）；"雪月照梅溪畔路，幽姿背立无言语"（强至《渔家傲》）等。中国观赏梅花的兴起，大致始于汉初，至明清时代，园林中梅花已极为盛行。如扬州的梅庄，南京瞻园的

图3.1　梅花（王楠楠拍摄）

"岁寒亭"，上海猗园的"梅花厅"，苏州狮子林的"问梅阁"等。这些梅花景观往往是亭阁前植梅，环以青竹，屋后松林，俨然一幅岁寒三友图。因此，曹雪芹对梅花的喜爱，应该是受了这种时代背景的影响。

《红楼梦》中共有24回提到梅花，可谓是书中最重要的花木之一了。书中提到的梅花不仅是指园中种的梅，还有器物、形容词或诗词中的文句，这也说明曹雪芹对梅花的喜爱。原著第五回就提到了宁府中梅花盛开，贾珍之妻邀请贾母等赏花。第四十九回写雪中梅花："（宝玉）于是走至山坡之下，顺着山脚刚转过去，已闻得一股寒香拂鼻。回头一看，恰是妙玉门前拢翠庵中有十数株红梅如胭脂一般，映着雪色，分外显得精神，好不有趣。"第五十回列出了邢岫烟、李纹和宝琴的"吟红梅花"诗。而宝玉"访妙玉乞红梅"元宵夜宴"击鼓传梅"的描写非常精彩。《红楼梦》还提到了梅花的药用价值，第七回宝钗吃的"冷香丸"就有冬天白梅的花蕊。梅花也是曹雪芹笔下重要的装饰图案，第三十五回提到贾府盛汤的银模子就有梅花，丫鬟金莺则能用丝线巧结攒心梅花络，李纨在第六十三回抽花签时抽到的也是梅花。因此，梅花已成为《红楼梦》的重要道具，对小说的环境和情节的开展起着不可替代的作用。

5. 桃

桃（*Prunus persica*）（见图3.2）原产我国西北部和西部，栽培史达三千年。早在《诗经》中就有对桃花的赞美："桃之夭夭，灼灼其华。"桃是历代园林中都不可或缺的植物。最早晋代的华林苑，据说就有桃树738株，白桃3株，侯桃3株。唐长安宫苑有"桃花园"，历代皇帝常在园中开筵，据说有千株桃花盛开。清朝圆明园中的"武陵春色"就采用了陶渊明的典故，种的正是桃花。

对《红楼梦》而言，桃也是一种重要的植物，甚至是关键植物，因为许多精彩的情节都与桃有关。如第二十三回宝黛共读《西厢记》："正看到落红成阵，只见一阵风吹过，把树上桃花吹下一大半来，落得满身满书满地皆是。"之后林黛玉的七言歌行《葬花吟》和《桃花行》都是以桃花为主题的，也是黛玉将"海棠社"改为"桃花社"。这一切既说明了林黛玉和桃花的密切关系，也说明了桃花在《红楼梦》中的重要性。

曹雪芹选择桃作为黛玉的象征，自然是有深刻的文化背景的。桃花的季节意识最强，如

古诗有"竹外桃花三两枝,春江水暖鸭先知"(苏轼《惠崇春江晚景》),可以说桃花是春天的象征,时光的化身。曹雪芹选取桃花,可能是因为桃花具有较强的季节意识,即表示具有较强的时间意识和生命意识。而书中对时光和生命最为敏感的人,非黛玉莫属了。此外,古人咏花的诗歌中以咏桃的最多,第七十一回宝钗曾说"从来桃花诗最多",曹雪芹正是以桃花表现黛玉的诗才。曹雪芹还常用桃花形容黛玉,既用来赞扬黛玉的美貌,也突出两者的关系。第三十四回写道:"林黛玉还要往下写时,觉得浑身火热,面上作烧,走至镜

图 3.2 桃花(申丽晓拍摄)

台揭起锦袱一照,只见腮上通红,真合压倒桃花……"用桃花形容黛玉的腮红,不禁使人联想到"人面桃花相映红"的诗意。

另外,桃木一直被中国人看成神木,《典术》云"桃乃西方之木,五木之精,仙木也。味辛气恶,故能厌伏邪气百鬼"。古代常在门上用桃符、桃板辟邪。第五十三回说除夕两府换门神、对联,门上的桃符也重新油漆了一遍,可见贾府也用桃符辟邪。

3.2.2 《红楼梦》中的植物典故

"引经据典"是古人写作常用的手法,《红楼梦》自然也不例外。曹雪芹在书中引用典故无数,显示了他极渊博的文史知识。这其中就有许多典故和植物直接相关,值得研究。

1. 贱荆

见第三回:如海道:"天缘凑巧,因贱荆去世,都中家岳母念及小女无人依傍教育……"

贱荆是对自己妻子的谦称,也叫拙荆、山荆等。语出于《列女传》:"梁鸿妻孟光,荆钗布裙。"即以荆枝作钗,粗布为裙,形容妇女装束朴素。梁孟的生活条件虽差,但夫妻恩爱,白头到老。他们的故事得到后人的敬仰,流芳千年。

荆指黄荆,马鞭草科牡荆属植物。

2. 燃藜图

见第五回:宝玉抬头先见一幅画贴在上面,画的人物固好,其故事乃是"燃藜图",也不看系何人所画,心中便有些不快。

"燃藜图"说的是汉代刘向勤学的故事。刘向在天禄阁校书,有黄衣老人手持青藜杖叩门而入,吹杖头出火照明,传授"五行洪范"之文,后来刘向果然成为大学者。后人以"燃藜"喻勤学苦读,而藜就是杖藜。杖藜还经常出现在诗词及章回小说中,如杜甫《冬至》诗"杖藜雪后临丹壑,鸣玉朝来散紫宸"。由于持杖者多为老人,诗人有时以"杖藜"自称,如杜甫的《白帝城最高楼》诗"杖藜叹世者谁子? 泣血迸空回白头"。

3. 浮萍

见第九回:偏那薛蟠本是浮萍心,今日爱东,明日爱西,近来又有了新朋友,把香、玉二人又丢开一边。

浮萍(*Lemna minor*)为小型水生草本,根弱,常随水而流,故常用来比喻根基不实或到

处漂泊。如第四十七回宝玉道:"我也正为这个要打发茗烟找你,你又不大在家,知道你天天萍踪浪迹,没个一定的去处。"第七十二回司棋说:"俗话又说,浮萍尚有相逢日,人岂全无见面时。倘或日后咱们遇见了,那时我又怎么报你的德行?"

4. 椒房

见第十六回:因此二位老圣人有下旨意说,椒房眷属入宫,未免有国体仪制,母女尚不能惬怀。

椒原指花椒,秋季结实,味辛香。第十七回宝玉陪贾政及清客逛大观园时引《蜀都赋》中的异草,提到的丹椒即花椒。根据唐代的颜师古注:"椒房,殿名,皇后所居也。以椒和泥涂壁,取其温而芳也。"

椒房原指汉朝皇后所居之宫殿,后代以之统称后妃住处或后妃代称。第16回中提到的椒房即指元春,第十九回等则以椒房代表元春住处。第50回众姑娘在芦雪广争联即景诗,黛玉所联之"香粘壁上椒"亦与椒房有关。

5. 榧子

见第十六回:宝玉笑道:"给你个榧子吃!我都听见了。"

榧子又名香榧(*Torreya grandis* Merrillii),高大乔木,分布于浙江、福建、安徽、江西、湖南等地。不过其中宝玉送给黛玉的榧子是不能吃的,而是用榧子比喻一个动作——打响指。这是苏皖一带对别人讲话出错时的戏弄动作。

6. 湘妃竹

《红楼梦》中多次提到潇湘馆中种的湘妃竹。如第三十七回探春和黛玉开玩笑说:"当日娥皇、女英泪洒在竹上成斑,故今斑竹又名湘妃竹。"这里引用的是湘妃哭舜帝的故事。传说尧的女儿娥皇和女英同嫁舜为妻,后来舜帝听说湖南九嶷山卜有九条恶龙危害百姓,便去除害,不料舜帝斩除了恶龙,自己也累死了。二妃前去寻找,悲痛欲绝,哭死在舜帝墓前。她们的眼泪则洒在了九嶷山的竹子上,竹秆上呈现出点点泪斑,便是"湘妃竹"。

另第十七回贾政、宝玉与众客游大观园时,一清客给潇湘馆题匾为"淇水遗风",一个题"睢园雅迹"。"淇水遗风"出自《诗经》。《诗经·卫风·淇奥》云:"瞻彼淇奥,绿竹猗猗。有匪君子,如切如磋,如琢如磨。"意思是看那淇水的曲岸,绿色竹子多茂美。文采风流的君子,像切牛骨磋象牙,像琢美玉磨宝石。这里以"淇水遗风"题匾照应潇湘馆的千杆翠竹,同时称颂屋主人有诗中"君子"那样的文采风度。

"睢园雅迹"的睢园是汉梁孝王刘武营建的游赏廷宾之所,故址在商丘市梁园区,又叫梁园、兔园。《史记索隐》载:"如淳注:'(平台)在梁东北,离宫所在'者,按今城东二十里临新河,有故台址,不甚高,俗云平台,又一名修竹苑。"这里所谓"在梁东北",指在梁国的东北,也就是睢阳。修建在平台一带的兔园应是睢阳最大的一处宫苑,也叫东苑。《古今图书集成·考工典》引《九域志》:"东苑中又有修竹园。枚乘赋曰'修竹檀栾夹池水'是也。"修竹园也可能是兔园内的一处"园中之园",以种植大片竹林作为成景之主调。清客们从翠竹景物,联想及潇湘馆主人如梁园主人般好客风雅,故用了"睢园"之典。《滕王阁序》中"睢园绿竹"一句,亦用此典。

7. 采芹人

见第十七回:新涨绿添浣葛处,好云香护采芹人。

"采芹"出自《诗经·鲁颂·泮水》:"思乐泮水,薄采其芹",泮水,是指泮宫之水,泮宫就是学宫。后人往往将考中秀才入学宫称"入泮"或"采芹",并且赠芹以示祝贺。因此"采芹人"是指读书人。据说古人中了秀才便去孔庙祭拜,都在大成门边的泮池采些水芹菜插在帽上。而第一回甄士隐邀请贾雨村吃饭时说的"不知可纳芹意否?"则是水芹的引申义,语出《列子·杨朱篇》,说古时有人认为芹菜很好吃,就向富贵人家称赞,别人尝后,却觉得很难吃。芹意即价值较小而略表敬意。后人常用"献芹"或"芹意"等作为送礼和请客的谦辞。

8. 百合

见第十八回:园内各处,帐舞蟠龙,帘飞彩凤,金银焕彩,珠宝争辉,鼎焚百合之香,瓶插长春之蕊,静悄无人咳嗽。

这里的百合不是植物百合,而是指百合香,古时富贵人家会把多种熏香原料混合在一起焚烧,称为百合香。

百合香最常见的原料为"沉檀龙麝",沉是云南沉香,檀是白檀,龙是龙脑香,麝是麝香木。这里面以云南沉香最为上品,麝香木的原植物已不可考。合香之道要使众味合一,不让香味各自为政。比如八份檀香和两份沉香配成的线香烧出之味,使檀香中带有淡淡的沉香,比单纯的檀香气味更香。而八份沉香和两份檀香烧出后则几乎全是沉香味,檀香味极少,但沉香之味则要柔和些。

明清时期百合香应用十分广泛,《红楼梦》中也多次提到了百合香,如第四十一回刘姥姥睡了宝玉的床,"(袭人)忙将鼎内贮了三四把百合香,仍用罩子罩上";第五十三回说贾母的正室之中"每一席旁边设一几,几上设炉瓶一事,焚着御赐的百合香。"

9. 蕉叶覆鹿

见第三十七回:黛玉笑道:"古人曾云'蕉叶覆鹿'。她自称'蕉下客',可不是一只鹿了?"蕉叶覆鹿典出《列子·周穆王》,说郑国有个樵夫打死了一只鹿,恐人看见,就急忙把它藏在一个没有水的池塘里,用芭蕉叶盖好,非常高兴。后来他忘了藏的地方,还以为是做了一场梦。后人常用"蕉鹿"比喻世事变幻。这里只是用蕉叶下有鹿的字面意思来打趣探春。

10. 樗栎

见第五十一回:汉家制度诚堪叹,樗栎应惭万古。羞樗栎在中国古代是臭椿和白栎的合称,常比喻无用之才,也叫"樗材",多用于自谦之辞。

11. 斗草

见第六十二回:大家采了些花草来兜着,坐在花草堆中斗草。

斗草是古时孩童们常玩的游戏。一般是每人采集一大把花草,各自拿出一根,相互勾搭,如同拔河一样使劲拉,草断者输,不断者赢。这样相互斗草直到扯光为止。斗草之戏,周代已行。到了南北朝,斗百草在南方已演变成为端午节的风俗,这是因为古俗认为五月为恶月、毒月,必须采集百草来解厄,因此斗草在民间尤其妇女和孩童之间逐渐流行起来。唐至五代十国时,甚至在宫中也兴起了斗草之风。清代宫廷画家金廷标有一幅《群婴斗草图》,有乾隆的题诗及落款,提供了儿童从采集到斗草的全过程,可见在清朝斗草之风依然很流行。

斗草有武斗与文斗之分。武斗即要动手或用力拉扯。如有种称作"劈豆腐块"的斗草游戏,取香附子(*Cyperus rotundus*)茎一根,两人各持一端,扯为两半,至中心点后交换一股,再向两边撕拉。若劈成"H"形,预示将来生"男孩";若劈成"◇"形,预示将来生"女孩";若不成形,则预示男孩、女孩都没有。又有玩"牛打架"一法,夏天采天名精(*Carpesium abrotanoides*)的头状花序柄,它与花盘成钩状。两人将花盘勾住后向自己方向拉,花盘拉断者为输,再用新的一枝勾住又拉,直到一人全部输光。文斗就是双方像吟诗答对一样互对草名,当一人报出草名,别人对不上时,就算赢了,如"鸡冠花"可对"狗尾草",唐人王建有一首描绘文斗情景的《官词》曰:"水中芹叶土中花,拾得还将避众家。总待别人般数尽,袖中拈出郁金芽。"从这里对斗草的具体描写看,她们的斗草为文斗,其植物名要对称,如观音柳对罗汉松、君子竹对美人蕉等。

大观园里的女孩子们是经常玩斗草的游戏的。第二十三回就有"(宝玉)每日只和姊妹丫头们一处,或读书,或写字,或弹琴下棋,作画吟诗,以至描鸾刺凤,斗草簪花……"

12. 明开夜合

见第七十六回:湘云道:"幸而昨日看历朝文选,见了这个字,我不知是何树,因要查一查。宝姐姐说不用查,这就是如今俗叫作明开夜合的……"

明开夜合即合欢,古时成楷,湘云联诗"庭烟敛夕楷"中的楷。自古以来,合欢便被誉为吉祥之树,所谓"春色不知人独自,庭前遍开合欢花"。合欢树叶昼开夜合,相亲相爱,代表忠贞不渝的爱情,夫妻之间可互赠合欢花。

13. 萱草

见第七十六回:黛玉笑道:"虽如此,下句也不好,不犯着又用'玉桂'、'金兰'等字样来塞责。"因联到:色健茂金萱。蜡烛辉琼宴……

萱草在我国有几千年栽培历史,又名谖草,谖就是忘的意思,《诗经·卫风·伯兮》说:"焉得谖草,言树之背。"《博物志》说:"萱草,食之令人好欢乐,忘忧思,故曰忘忧草。"

现代人以康乃馨为母亲花,但我国古代的母亲花却是萱草。古人用萱堂代指母亲。游子远行前,要在北堂种萱草,希望母亲看见萱草以减轻对孩子的思念,忘却烦忧。唐朝孟郊的《游子诗》中写道:"萱草生堂阶,游子行天涯。慈母倚堂门,不见萱草花。"

14. 其他典故

见第七十七回:宝玉叹道:"……若用大题目比,就有孔子庙前之桧坟前之蓍,诸葛祠前之柏,岳武穆坟前之松。……就是小题目比,也有杨太真沉香亭之木芍药,端正楼之相思树,王昭君冢上之草,岂不也有灵验?……"

(1)孔子庙前之桧。桧即桧柏,相传是孔子生前所种,会随时代的兴衰而死亡和复活。明朝谢肇《五杂俎》卷十三:"孔庙中桧,历周、秦、汉、晋几千年,至怀帝永嘉三年而枯。枯三百有九年,子孙守之不敢动,至随恭帝义宁元年复生。生五十一年,至唐高宗乾封三年再枯。枯三百七十四年,至宋仁康定元年复荣。至金宣宗贞祐二年兵火摧折,无得孑遗。后八十二年,为元世祖三十一年,故根复发于东庑颓址之间,遂日茂盛,翠色葱然。至我太祖洪武二年己酉,凡九十六年,其高三丈有奇,围四尺许。至弘治己未,为火所焚。今虽无枝叶,而直干挺然,不朽不摧,生意隐隐,未尝枯也。圣人手泽,其盛衰关于天地气运,此岂寻常可得思议乎?"

(2)坟前之蓍。蓍草相传是草类中寿命最长者,蓍草丛下潜伏着神鬼。蓍草还可以用来占卜,《博物志》言:"蓍千岁而三百茎,其本已老,故知吉凶。本品常为占卜之用,故得此名。叶如栉齿状深裂,形似而以蜈蚣喻之。"

(3)诸葛祠前之柏。诸葛亮是三国时期著名的政治家,相传他祠堂前的柏树在唐末开始枯萎,应唐末乱世之兆,到了宋初又重新繁荣。

(4)岳武穆坟前之松。岳飞是南宋的抗金名将,杭州岳飞坟前古木参天,有松有杉。关于这些松柏,历来多有各种传说。明代蔡汝南《岳王墓》诗,其中有句:"落日松风起,犹闻剑戟鸣。"明代田汝成《西湖游览志》中记载,岳飞"墓上之木皆南向,盖英灵之感也"。

(5)杨太真沉香亭之木芍药。杨太真即杨玉环,木芍药即牡丹,沉香亭是唐代长安皇家园林建筑。五代王仁裕《开元天宝遗事·花妖》载:"初有木芍药,植于沉香亭前。其花一日忽开一枝两头,朝则深红,午则深碧,暮则深黄,夜则粉白;昼夜之内,香艳各异。帝谓左右曰:'此花木之妖,不足讶也。'"这些异于常态的奇花异木,被人们疑为不祥之兆。

(6)端正楼之相思树。端正楼在华清宫,乃杨贵妃梳洗之所。宋朝乐史的《杨太真外传》卷下云:"华清宫有端正楼,即贵妃梳洗之所,有莲花汤,即贵妃澡沐之室。"又说:"上发马嵬,至扶风道,道旁有花;寺畔见石楠树团圆,爱玩之,因呼为端正树,盖有所思也。"由此可见,相思树可能就是石楠树。

(7)王昭君冢上之草。王昭君为西汉元帝的宫人,为与匈奴和亲远嫁呼韩邪单于,死后葬在呼和浩特市南大黑河岸,史称"青冢"。宋乐史的《太平寰宇记》卷38记载说:"青冢在金沙县西北,汉王昭君葬于此。其上草色常青,故曰青冢。"塞外冬季严寒,所有草不是枯死萎黄就是变白,只有昭君墓上的草一年四季都长青不萎,因此也被称为"长青草"。

3.2.3　《红楼梦》中的人和花

《红楼梦》是一个花的世界,是一部名副其实的"群芳谱",书中塑造了众多美丽出众的女子,在这些形象的塑造中,作者处处以花喻人,以花写人,花是人的映衬。

《红楼梦》中不乏以"花"书写。回目就有"埋香冢飞燕泣残红""林潇湘魁夺菊花诗""琉璃世界白雪红梅""糖泡云醉眠芍药褟""林黛玉重建桃花社""史湘云偶填柳絮词""痴公子杜撰芙蓉诔"。大园中的女子们又都有着闭月羞花之貌。黛玉是"闲静时如名花照水""腮上通红,自濒压倒桃花";凤姐是"俏丽若三春之桃,清素若九秋之菊",这里的人栽花、赏花、论花、眠花、赠花、葬花,真可谓"花影不离身左右"。书中的每种"花"又以自己独特的美衬托着人物的个性。如妙玉门前的红梅,衬托出她的孤傲;李纨住处的杏花,"佳疏菜花",则构造出一幅清新明朗的乡野风光,衬托了李纨的与世无争。其余像潇湘馆的梨花与竹,暖阁之中的单瓣水仙,秋爽斋中的白菊,都较好地与人物个性相契合。

此外,《红楼梦》的第六十三回"寿怡红群芳开夜宴"是曹雪芹系统运用"以花写人"传统手法的一个重要章节,这一章中他对几个主要女性的"花格"进行了定位。为庆贺宝玉生日,裙钗齐集怡红院行"占花名儿"的酒令。这回中共写了八位女子,即宝钗、探春、李纨、湘云、麝月、香菱、黛玉、袭人抽取花签的情形,每支令签上都画着一枝花并注有一句唐宋人的诗。这些签上的花及咏花诗,都象征着每位人物的性情与结局。如李纨掣的老梅,无论是花名还是文句,都与李纨的形象相符,清雅淡泊,无欲无求。湘云掣的是海棠,海棠花色艳丽,正与湘云活泼的颇具男子气概的性格相合。桃花的美艳则衬托出了袭人的美貌。此外,黛玉的芙蓉、宝钗的牡丹、探春的杏花,这些花的"花格"都无不与她们的品格相类,映衬着她们高尚的人格。

1.《红楼梦》"以花喻人"花谱

《红楼梦》"以花喻人"的魅力,早在道光年间就已有学者有了清楚的把握与了解。所以,学者们将红楼群芳比成众花,列出一人对一花,一一对应的红楼群芳谱。但是,由于《红楼梦》"以花喻人"的复杂性、多样性,即一人对多花、多人对一花、一人对一花的对应关系,以及学者们各自理解的差异性,历代学者在论及红楼梦"以花喻人"现象时,所列红楼群芳谱都各有不同。

(1)诸联《红楼评梦》群芳花谱

诸联在道光元年刊印的《红楼评梦》一书中所列的诸芳主花喻,如下:

> 园中诸女,皆有如花之貌。黛玉如兰,宝钗如牡丹,李纨如古梅,熙凤如海棠,湘云如水仙,迎春如梨,探春如杏,惜春如菊,岫烟如荷,宝琴如芍药,李纹、李绮如素馨,可卿如含笑,巧姐如荼蘼,妙玉如簷萄,平儿如桂,香菱如玉兰,鸳鸯如凌霄,紫鹃如蜡梅,莺儿如山茶,晴雯如芙蓉,袭人如桃花,尤二姐如杨花,三姐如刺桐梅。而如蝴蝶之栩栩然游于其中者,则怡红公子也。

在这些花喻中,如"牡丹、兰、古梅"等花卉都是人们常见常知的品种,但是这些花卉中,仍然有部分是读者不熟悉、不了解的,如素馨,簷萄等。素馨,别名素英,属木犀科常绿灌木,春季开花,花冠高脚碟形,有黄、白二色,有香气。簷萄,梵语,意译为郁金香。诸联的比喻中,有一些是小说中早有定论,然后诸联直接拟出,如宝钗之牡丹,李纨之古梅,晴雯之芙蓉,袭人之桃花,还有一些应该是诸联根据自己的理解与感悟而拟出的。清代张潮《幽梦隐》曾云:"梅令人高,兰令人幽,菊令人野,莲令人淡,春海棠令人艳,牡丹令人豪,蕉与竹令人韵,秋海棠令人媚,松令人逸,桐令人清,柳令人感。"虽各家各派关于花的意蕴理解有所差别,但"同质异构"关系下,人们对花的象征意义还是有着共通之处的。如兰花比黛玉之幽,荷花比岫烟之淡,海棠比熙凤之艳,杨花比尤二姐之轻浮。而梨花比迎春,大概是迎春误嫁中山狼,归宁哭诉,而古诗恰有一句"梨花一枝春带雨"或与迎春相类,故比之。这些是诸联以比德于花的方式,为书中诸女所作的定评,和作书人对书中人的品格定位不一定吻合,并给人牵强之感,但是诸联把她们比作不同色泽、香味、形状的花卉,还是恰当的。"她们在整体上确如一幅万紫千红、争芳斗艳的群芳谱与百花图。"

(2)王希廉《石头记评赞》群芳花谱

刊行于道光二十二年,由王希廉评点汇集的《石头记评赞》一书载《石头记评花》一文,以各花喻红楼人物,并各附一句简评,其名花人物之喻抄录如下:

> 警幻仙姑:凌霄;贾宝玉:紫薇;林黛玉:灵芝;薛宝钗:玉兰;秦可卿:海棠;元春:牡丹;迎春:女儿花;探春:荷花;惜春:曼陀罗;史湘云:芍药;薛宝琴:梅花;邢岫烟:野薇;妙玉:水仙;李纨:梨花;李绮:兰花;王熙凤:妒妇花;尤氏:含笑花;尤二姐:桃花;尤三姐:虞美人;夏金桂:水木樨;傅秋芳:琼花;巧姐:牵牛花;娇杏:杏花;佩凤:凤仙;偕鸳:青鸳花;香菱:菱花;平儿:夹竹桃;鸳鸯:女贞;袭人:刺;晴雯:昙花;紫鹃:杜鹃;莺儿:樱桃;翠缕:翠梅;金钏:金丝桃;玉钏:玉竹;彩云:金丝荷药;彩霞:向日葵;司棋:夜合花;侍书:玫瑰;入画:淡竹药;雪雁:雁头花;麝月:茉莉;秋纹:蓼花;碧痕:碧桃;柳五儿:夜来香;小红:月季;春燕:燕尾草;四儿:借香;宝蟾:杨花;傻大姐:荠菜;万儿:万寿菊;文官:丁香;龄官:孩儿莲;芳官:素馨;藕官:蝴蝶花;蕊官:玉蕊;药官:白药;葵官:蜀葵;艾官:艾花;豆官:红豆;刘姥姥:醉仙桃……

该花谱共列出62位人物,不仅包括红楼女儿诸花喻,还将宝玉与刘姥姥纳入进来。比之诸联的花谱,这62个花语似乎与红楼文本花喻体系有着更大的出入,诸联的宝钗、袭人、晴雯等人的花喻仍依文本拟出,而王希廉的花喻体系无一人与《红楼梦》花喻体系相同。可以说,王希廉是以自己的理解另创了一套"红楼"人物花语系统,而他的理解则是《石头评花》每一人物花语之外的那一句简介,如黛玉"多愁多病身",故用灵芝这一珍贵药材救其命,宝钗"全不见半点轻狂",故用端庄玉兰喻之;元春是"一个仕女班头",故用花中之王的牡丹喻之……以此而类,62 人,人人花喻,皆有所本。但是,从《红楼梦》文本揣度曹雪芹的用意,王希廉的理解虽有可取之处,但与红楼人物是不相适应的。

(3)戴敦邦、陈诏《红楼梦群芳图谱》

戴敦邦,当代著名画家;陈诏,当代著名红学家。《红楼梦群芳图谱》出版于 1987 年 6 月,以图文并茂的方式展现了大观园儿女的花容月貌及花一般的性情。

> 黛玉:芙蓉;宝钗:牡丹;李纨:梅花;袭人:桃花;湘云:海棠;探春:杏花;麝月:荼蘼;香菱:并蒂;妙玉:梨花;王熙凤:罂粟;紫鹃:杜鹃;贾元春:昙花;尤三姐:虞美人;巧姐:牵牛花;迎春:迎春花;惜春:曼陀罗;荷花;晴雯:蔷薇;龄官:蔷薇;金钏:水仙;鸳鸯:女贞;薛宝琴:芍药;平儿:凤仙;尤二姐:樱花;邢岫烟:兰花;小红:含笑花;司棋:柱顶红;芳官:玫瑰;娇杏:凌霄花;秦可卿:仙客来……

该图谱花与人物在画中水乳交融,相映成趣。戴敦邦作为大家,其画技行云流水,图谱具有浓厚的古典仕女画的画韵色彩,而陈诏则对每位女儿的每一种花喻进行了简要分析。黛玉至香菱八人花喻,本自第六十三回掣花签,妙玉取梨花之喻乃从洁之意,王熙凤取罂粟花之喻乃从恶之意,紫鹃取杜鹃花之喻乃从悲之意,元春取昙花之喻乃从瞬息无常之意,尤三姐取虞美人之意乃从烈之喻,巧姐牵牛花取巧姐后嫁给农家刘板儿之意,迎春花取"浪得世上名"之意,惜春曼陀罗取佛教之意,晴雯荷花取"出淤泥而不染"之意,龄官蔷薇出自画蔷情节等,但图谱文字尚有很多疏漏之处,如前说《红楼梦》中出现的"芙蓉"均是木芙蓉,又在后言水芙蓉属晴雯花喻,自相矛盾。

(4)方明光、丁丽莎《红楼女儿花》

此书出版于 2006 年 6 月,从目录看,该书将红楼女儿与各种名花相喻,列出了既有颜色又有花卉的"红楼群芳谱",但在行文过程中,该书并未分析红楼女儿个人形象与花卉的相类似处,只是对人物进行个人形象研究,作者所列花谱可以说是有名无实。

> 林黛玉:粉红芙蓉;薛宝钗:雪白牡丹;贾元春:金黄榴花;贾探春:绯红玫瑰;史湘云:嫣红海棠;妙玉:绛红梅花;贾迎春:嫩绿蒲柳;贾惜春:淡紫丁香;王熙凤:殷红罂粟;贾巧姐:洁白茉莉;李纨:苍白老梅;秦可卿:紫红芍药;薛宝琴:鲜红冬梅;尤二姐:淡粉樱花;尤三姐:紫红虞美人;香菱:素白菱花;晴雯:青白兰花;袭人:玫红桃花;平儿:鹅黄菊花;紫鹃:火红杜鹃;麝月:黄白荼蘼;芳官:野百合;龄官:红蔷薇;藕官:白莲花

(5)刘世彪《红楼梦植物文化赏析》群芳花谱

该书出版于 2011 年 3 月,其所列人物花喻均出自第六十三回"寿怡红群芳开夜宴死金丹独艳理亲丧",群芳所掣花签花喻,是该花谱的全部来源,共计八人,作者未作任何修改,也未增加任何内容。该书虽只用了近十页的篇幅来阐述红楼梦群芳谱,篇幅较短,但是作者却分析了曹雪芹何以用此花喻此人的用意,将花喻意象的内涵与人物性格、命运进行了分析研究。

薛宝钗:牡丹;探春:杏花;李纨:梅花;史湘云:海棠花;麝月:荼蘼花;香菱:并蒂花;林黛玉:芙蓉花;袭人桃花

（6）李万青《花影魅红楼——〈红楼梦〉花文化鉴赏》群芳花谱

该书出版于 2016 年 6 月,花谱花喻大多是在红楼文本花喻的基础上拟出的,如薛宝钗、探春、黛玉等八人花喻出自第六十三回掣花签花喻,元春榴花花喻出自判词,妙玉红梅花喻出自第五十回宝玉访妙玉乞红梅,惜春莲花花喻乃是因为其所居之处号"藕香榭",其诗社别号亦为"藕榭"。至于王熙凤的凤凰花喻,盖因王熙凤名字中带有"凤"字,其性格泼辣,故用似火球般燃烧的凤凰花喻之。巧姐的稻花之喻,以巧姐最终结局将嫁作农妇,故喻之。秦可卿的桂花之喻,是因可卿淫丧天香楼,认为本自唐代诗人宋之问"桂子月中落,天香云外飘"的诗句,认为天香为桂花,故秦可卿当为桂花。

薛宝钗:牡丹;探春:杏花;李纨:老梅;麝月:荼蘼;香菱:并蒂花;黛玉:芙蓉;袭人:桃花;妙玉:红梅;惜春:莲花;元春:榴花;王熙凤:凤凰花;巧姐:稻花;秦可卿:桂花;晴雯:芙蓉花

2.《红楼梦》各花谱喻人举例

（1）莲花,菱花——香菱（王希廉《石头记评赞》群芳花谱）

荷花又名莲花、水芙蓉等。是莲属多年生水生草本花卉。花单生于花梗顶端,花瓣多数,嵌生在花托穴内,有红、粉红、白、紫等色,或有彩纹、镶边。

该书开篇第一回中提到"甄士隐……膝下无儿,只有一女,乳名唤作英莲……"英莲便是以后的香菱。曾经有学者将"英莲"谐音为"应怜",预示其将来的命运坎坷,应当怜惜。这是一个很不错的解释,还有一点我们不能忽视的是莲这种植物也是香菱形象的代表。在第五回中的十二钗诗写道:"根并荷花一茎香,平生遭际实堪伤。自从两地生孤木,致使香魂返故乡。"莲花生于污泥里,出淤泥而不染,周围环境的恶劣并没有使其堕落,它仍纯洁依然。香菱就是这朵生长在污泥里的莲花,她不知道自己的出身,从记事起就被人贩子转手数十次。对于这些她没有抱怨什么,始终憨憨地生活着,纯真地做着自己的诗,平静而谦卑地与人相处,浑身散发着夏风吹过荷塘的清幽香气。

香菱也是一朵柔弱的菱花。菱,一年生水生草本植物,花呈白色,花气清新,飘在水面之上,没有固定的根系,随着水流波浪四处飘荡。香菱也是这样飘荡的菱,身世飘零,无所依靠,把一切交给了水流,终有一天会飘逝而去。

（2）迎春花——迎春（戴敦邦、陈诏《红楼梦群芳图谱》戴敦邦）

迎春花是木犀科的落叶灌木。先花后叶,小枝细长有角棱,纷披下垂,舒展如带。花冠通常六裂,形似喇叭,开放后呈金黄色。由于它耐寒性、适应性强,常在早春带雪冲寒开花,故名"迎春"。迎春花多,花期长,缺少香气。与那些争奇斗艳的牡丹、月季、菊花相比,显得是那么平庸。不张扬,不喧嚣,没有个性也许就是她的个性。

贾府里二小姐迎春,她是贾赦之女。第三回写她的外貌:"肌肤微丰,合中身材,腮凝新荔,鼻腻鹅脂,温柔沉默,观之可亲。"正如迎春花般温柔动人。可是她的性格却懦弱麻木。正如兴儿所说:"二姑娘的诨名是'二木头',戳一针也不知'哎哟'一声。"迎春花是园中最早开放的花朵,迎春也恰恰是大观园里最早出阁的闺女。可惜她迎来的不是明媚的春光,却是冷风萧瑟的晚秋。

（3）梨花——妙玉（戴敦邦、陈诏《红楼梦群芳图谱》戴敦邦）

《红楼梦群芳图谱》前八回都是依据第六十三回掣签内容写成的。但《红楼梦》里众多女子,写了八个人八枝花,似乎余意未尽,尚嫌单薄,因而想续写若干篇,姑妄拟之,以求证于《红楼梦》研究者和爱好者。

妙玉是大观园里的一个特殊人物,她本是苏州人氏,出身于读书仕宦之家,自小多病,不得已皈依佛门,带发修行。贾府知道她是官宦小姐,精通文墨,特下帖子请她进来,寄居于栊翠庵。

正如邢岫烟所说,妙玉为人孤僻,不合时宜。她的最大特点是爱洁成癖,自命清高。刘姥姥因为在栊翠庵喝了一口茶,妙玉嫌脏,一只成窑五彩小盖盅就不要了。甚至连宝玉、黛玉都要遭她奚落,被斥为俗人,可见其放诞怪僻,目中无人,不近情理。

明明生活在大观园这个花花世界之中,却要追求一尘不染的清净地;明明心中燃烧着青春的火焰,却要自称为外人、畸人,装扮出心如槁木、冷若冰霜的样子,这是这位姑娘与现实之间不可克服的矛盾,也是她内心世界不可克服的矛盾。

第五回的一首判词写她:欲洁何曾洁,云空未必空。可怜金玉质,终陷泥淖中。

气质美如兰,才华馥比仙。天生成孤僻人皆罕。你道是啖肉食腥膻,视绮罗俗厌;却不知太高人愈妒,过洁世同嫌。可叹这,青灯古殿人将老;辜负了,红粉朱楼春色阑。到头来,依旧是风尘肮脏违心愿。好一似,无瑕白玉遭泥陷;又何须,王孙公子叹无缘。

这是对她非常中肯的批评,物极必反。妙玉最后命运如何?续作者写她遭强盗劫持,另有一个抄本的脂批说她后来流落到瓜洲渡,被人胁迫,终于屈从,这都符合人们的想象。总之,她沦落风尘,陷于泥淖中了。

那么,妙玉应该比喻什么花?鄙意以为可以比作梨花。梨花靓艳寒香,洁白如雪;唯其过洁,也最容易受污。每当春暮,雨打梨花,飘落尘埃,常使人有西子蒙尘的联想。元好问有《梨花》一诗,十分形象地刻画了梨花的品格,也可以说是对妙玉一生的写真:

梨花如静女,寂寞出春暮。春色惜天真,玉颊洗风露。素月谈相映,肃然见风度。恨无尘外人,为续雪香句。孤芳忌太洁,莫遣凡卉妒。

（4）牡丹——宝钗（诸联《红楼评梦》群芳花谱）

在占花名儿中宝钗抽到的是一枝牡丹,题着"任是无情也动人"。牡丹,国色天香,一直被国人视为富贵、吉祥、幸福、繁荣的象征。牡丹统领群芳,地位尊贵,是中国固有的特产花卉。其花大、形美、色艳、香浓,为历代人们所称颂,具有很高的观赏和药用价值,从唐代起,牡丹就被推崇为"国色天香"。

宝钗,这位无论是相貌还是气质均为魁首的小姐,是红楼中最为闪亮的人物之一。她身形丰腴,肌肤雪白,面如满月,有着几分杨贵妃的形态。牡丹也自然而然成为她的代表。宝钗也不愧为群花之首:唇不点而红,眉不画而翠,脸若银盆,眼如水杏。一幅端庄雍容、矜持稳重的贵族淑女的形象总能赢得贾府上下的喜爱。她的才华更是高超绝伦,在诗社里作诗屡屡夺魁。她同样有着超越常人的审美观:以素为美。第四十四回提贾母等人来到蘅芜苑"只觉异香扑鼻,进了屋雪洞一般,一色玩器全无"。

虽说是花中之王,在举手投足间总带着几分做作,华贵娇艳的有时让人不敢凝视。她因为过于完美而失去了真实自我。那位惜花人最终没有选择她，原因也在于此吧。

(5)梅花——妙玉(方明光、丁丽莎《红楼女儿花》)

在第五十回中宝玉踏白雪取红梅。红梅自然与妙玉联系到了一起。

梅花，落叶小乔木，多无梗或具短梗，有芳香，在早春先叶而开，花瓣5枚，常近圆形。梅花是我国人民及养花爱好者普遍喜爱的珍贵花卉之一。由于梅花姿态优美，不畏严寒，具有花开在群芳之先、倒雪而盛开的独特而坚强的品格，深得历代名人学士的厚爱。梅花的形象孤寂与雅逸，幽独与清冷互渗，体现着它的孤芳自赏、幽洁自持、雅逸自赏的个性

妙玉从小离开父母，生长在与世近乎隔绝的道观里，养成了她清冷、孤傲、超然脱俗的性格。然而，这只是妙玉的表面，她还深藏着另一面，那便是年轻人的活力与激情，还有对外面世界的向往。同红梅一样，她有着高洁之志与孤寂之感交渗一体的双重感情取向，有着虚与委蛇而又不甘孤清与落寞的心态。正如苏轼那首咏梅词一般："素面常嫌粉涴，洗妆不褪唇红。高情已逐晓云空，不与梨花同梦。"

(6)海棠花——湘云(戴敦邦、陈诏《红楼梦群芳图谱》)

苏轼的海棠诗："东风袅袅泛崇光，香雾空蒙月转廊。只恐夜深花睡去，故烧高烛照红妆。"十分形象地把海棠比喻成了美人。当月华再也照不到海棠的芳容时，诗人顿生满心怜意：海棠如此芳华灿烂，怎忍心让她独自栖身于昏昧幽暗之中呢？湘云就是这朵海棠。

海棠，别名梨花海棠，蔷薇科落叶小乔木，树皮灰褐色，光滑。叶互生，椭圆形至长椭圆形。海棠花姿潇洒，花开似锦，自古以来是雅俗共赏的名花，素有"花中神仙"、"花贵妃"之称，在皇家园林中常与玉兰、牡丹、桂花相配植，形成"玉棠富贵"的意境。因为海棠妩媚动人，雨后清香犹存，花艳难以描绘，又被用来比喻美人。

湘云——贾母的侄孙女。在大观园的众女儿当中最具男儿气概。她从小父母双亡，然而心直口快，开朗豪爽，从不瞻前顾后，甚至喝醉酒后躺在石凳上睡大觉。她胸怀坦荡，从未将儿女私情萦于心上。从她大口喝酒、大口吃肉的行为中，我们可以看到她身上所包含的古代文人豪放不羁的性格。后嫁与卫若兰，婚后不久，丈夫即得病而亡，史湘云真正成为朵孤寂的海棠。

(7)芙蓉——黛玉(戴敦邦、陈诏《红楼梦群芳图谱》)

第六十三回黛玉抽到的是一枝芙蓉，题着"风露清愁"四个字，并系有一句诗"莫怨东风当自嗟"。此句源自唐代高蟾："天上碧桃和露种，日边红杏倚云栽。芙蓉生在秋江上，不向东风怨未开。"可见，在这里曹雪芹是把黛玉比为芙蓉的。芙蓉原是荷花的别称，前面已有介绍。芙蓉作为花中的高洁之士，屡屡出现在文学作品之中。屈原《楚辞》有"采薜荔含水中，擘芙蓉兮木末"。白居易有"花房腻似红莲朵，艳色鲜如紫牡丹"。极言芙蓉的芳艳清丽。《广群芳谱》中称此花清姿雅质，独殿众芳。秋江寂寞，不怨东风，可称俟命之君子矣。

黛玉是潇湘妃子，住在潇湘馆，黛玉爱哭，潇湘又泛指水，《山海经·中山径》言湘水"帝之二女居之，是常游于江渊。澧沅之风，交潇湘之渊"。黛玉有着水的灵动："行如弱柳扶风"，黛玉又有着水般清澈的灵魂：她倔强而叛逆的个性，藐视世俗，如不食人间烟火的仙子一般穿梭于众女孩间。水芙蓉风清玉露，是人间仙品，黛玉就是这朵不同凡俗的奇葩。

"惜花"这一情感本身，即是对生命情怀的感叹。当花的开落拨动了作者的生命情丝时，缘于生命本身的复杂内涵而构成的复杂的人生观，也会伴随着作者情感的涌动而抒发出来。花是自然界的精华，是美好生命的象征。红楼一书是女儿们的天地，是花的海洋。我们通过

赏花鉴花,可以更好地理解这部作品。

3.2.4　《红楼梦》中的海棠花文化

《红楼梦》中写花虽多,要论其中最重要的花,当推海棠花;最为作者所寄情的花,仍是海棠花! 海棠花从第五回秦可卿屋内所悬《海棠春睡图》开始出现,到第九十五回,黛玉不知怡红院中的海棠冬日开花,"主好事呢",还是有"不吉之事",全书一百二十回共有二十回写到海棠。本书仅对其中的海棠种类进行讨论。

《红楼梦》中有二十回写到海棠,但这二十回中的"海棠"并不是同一种海棠。植物学对海棠的定义是蔷薇科苹果属,果实直径小于等于 5cm 的植物。但人们平常所说的海棠,所含种类甚多,不只是苹果属的植物,还包括蔷薇科木瓜属的木瓜海棠、贴梗海棠,秋海棠科的植物有时也被笼统地称为海棠。《红楼梦》中所涉及的海棠就包括了蔷薇科苹果属的西府海棠、木瓜属的木瓜海棠以及秋海棠科的秋海棠。

1.《红楼梦》中的海棠植物种类

（1）西府海棠

《红楼梦》第十七回贾政带领宝玉等人游览大观园,第一次对怡红院的外部环境进行了描写,也是全书对怡红院环境描写最集中、最细致的一处。"院中点衬几块山石,一边种着数本芭蕉,那一边乃是一棵西府海棠,其势若伞,丝垂翠缕,葩吐丹砂",怡红院的这棵海棠,书中对其有形态描述,并明确是一棵西府海棠。西府海棠（*Malus micromalus*）,蔷薇科苹果属,花期 3—4 月,花色浅红,果实红色,径 1～1.5cm,又叫小果海棠,是自古以来常用的园林树种。这棵西府海棠是怡红院中唯一的红色花,暗合怡红院"红色花"主题。怡红院最初题名是"红香绿玉",元妃归省时改为"怡红快绿","怡红院"从此定名,以致宝玉在海棠诗社里的名字也叫"怡红公子"。宝玉和元妃是大观园景点的主要命名人,在命名时注重名称与景物的名实相符,彰显植物特色。从大观园各处的名称,可看出大观园的造景以植物造景为主,各主要景点有其独特的植物材料,如潇湘馆的竹子,蘅芜苑的芳香植物,怡红院的海棠和芭蕉,其他景点如蓼风轩、紫菱洲、藕香榭等也突出了植物造景。

此外,全书在以下各回提到这棵西府海棠:第二十五回,宝玉"见西南角上游廊底下栏杆上似有一个人倚在那里,却恨面前有一株海棠花遮着,看不真切";第五十九回,麝月在海棠下晾手巾;第七十七回,宝玉道:"这阶下好好的一株海棠花,竟无故死了半边,我就知有异事,果然应在他（晴雯）身上";第七十八回,宝玉祭奠晴雯所作《芙蓉女儿诔》中有"艳质将亡,槛外海棠预老";第九十四回,"怡红院里的海棠本来萎了几棵,……忽然今日（十一月）开得很好的海棠花"。以上各回里提到的海棠,所涉及的海棠都是第十七回里描写过的怡红院的那株西府海棠,前八十回一直按照十七回的描写,即怡红院只有"一棵"西府海棠,到第九十四突然变成了"几棵"海棠,这不能不说是后四十回的一处疏忽。

另外,书中还提及棠与沙棠。第四十回贾母等游苓叶渚所坐船称为棠木舫;第四十五回、四十九回提到了宝玉在雨雪天外出脚上穿着棠木屐或沙棠屐,均用沙棠木制作。对沙棠最早的记载见于《山海经·西山经》:"昆仑之丘……有木焉,其状如棠,黄花赤实,其味如李而无核,名曰沙棠,可以御水,食之使人不溺。"《吕氏春秋》有"果之美者,沙棠之实。"

《述异记》云:"汉成帝与赵飞燕游太液池,以沙棠木为舟。其木出昆仑山。人食其实,入水不溺。"上述典籍都提到了沙棠,但沙棠究竟为何种植物,说法不一,有说是杜梨（*Pyrus* betulifolia)，也有说是苹果属的沙果，又叫林檎、花红(*Malus asiatica*)，果实成熟时黄红色，味道酸甜。

（2）木瓜

《红楼梦》中描写木瓜(*Chaenomeles sinensis*)共有两次，第一次是第五回描写秦可卿房中的摆设，"盘内盛着安禄山掷过伤了太真乳的木瓜"。太真即杨贵妃，安史之乱前，玄宗宠信安禄山，杨贵妃认安禄山为养子，两人关系暧昧。这里的掷瓜伤乳，掷与指同音，瓜与爪形似，是用杨玉环与安禄山的暧昧关系，来暗示秦氏与公公贾珍的不正当关系。但对这一点，曹雪芹处理得很含蓄，直至第七回，焦大酒醉后大骂"爬灰的爬灰"，"爬灰"方言是指公公与儿媳妇私通，才较明确地透露秦氏与贾珍的不正常关系。第二次出现是在第六十四回，雪雁说黛玉不喜点香薰衣物，素日只在屋内摆设新鲜花果木瓜。木瓜海棠的果实称为木瓜，木瓜果熟期 8～10 月，熟时果黄色，有香气，常陈列于室内供观赏、闻香气。

（3）秋海棠

《红楼梦》中出现的第三种海棠是白海棠。第三十七回探春提议成立诗社，贾芸给宝玉送来两盆白海棠，并附帖一张，提到"因忽见有白海棠一种，不可多得。故变尽方法，只弄得两盆。……因天气暑热，恐园中姑娘们不便，故不敢面见。奉书恭启"。从贾芸所奉书帖我们得知：①白海棠乃是珍贵难得之物；②贾芸送花时，也即白海棠开花时（否则怎知花是白色的），天气暑热。且第七十回中，湘云说到，起诗社（海棠诗社）时是秋天，更可推知此海棠的开花时间在初秋。可是蔷薇科苹果属的植物，并不存在秋季开白花的海棠，扩大到蔷薇科木瓜属，虽存在开白花的贴梗海棠和倭海棠，但花期在 3～5 月间，与暑热天气不符。暑热天气又开白花的海棠，就只有秋海棠科秋海棠属(*Begonia*)的植物了。在中国，秋海棠（见图 3.3）是分布最广泛的植物之一，北至北京，南达云南、广西，全国大部分地区均可栽培。《红楼梦》中其余各

图 3.3 秋海棠（洪思丹拍摄）

处提到的白海棠实际都是指秋海棠的白花品种。秋海棠又称八月春、相思草、断肠红，夏秋季开花，花色多为红色，也有白色。传说"昔有妇人，怀人不见。恒洒泪于北墙之下，后洒处生草。其花甚媚，色如妇面。其叶正绿反红，秋开，名曰断肠花。即今秋海棠也"。秋海棠渐渐衍生出苦恋的花语，据说宋代大诗人陆游与唐婉离别时，赠秋海棠留念，十年后陆游和唐婉在沈园重见，陆游有感于此，写下了著名的《钗头凤》。

2. 海棠花文化在《红楼梦》日常生活中的存在

海棠是曹雪芹在《红楼梦》中最寄情的花，不仅表现在《红楼梦》一书涉及海棠种类繁多，而且表现在曹雪芹行文时处处不忘海棠，看似不经意的细节中蕴藏深意，流露出对海棠的深情。

（1）海棠花文化展现在《红楼梦》家居生活中

第五回宝玉随贾母等人到宁府游玩，一时倦怠，欲睡午觉，被引到秦可卿房中，"入房向壁上看时，有唐伯虎画的《海棠春睡图》"。"海棠春睡"的典故出自北宋乐史《杨太真外传》："上皇登沉香亭，召太真妃，于时卯醉未醒，命力士使侍儿扶掖而至，妃子醉颜残妆，鬓乱钗横，不能再拜，上皇笑曰，岂妃子醉，是海棠睡未足耳。"此典故以海棠代指杨玉环，后来渐渐演绎出以海棠花来比喻娇艳女子的海棠花文化。在第十一回又提到了这幅《海棠春睡图》，贾宝玉瞅着《海棠春睡图》，听秦可卿说自己这病未必熬得过年去，只觉得万箭攒心。海棠图依旧，可美人却将不久于人世，怎不让人心痛！

第四十回里贾母等人榻前的雕漆几，"也有海棠式的，也有梅花式的，……其式不一"。第四十一回刘姥姥二进大观园，贾母带她在园子里见识见识，来到栊翠庵，"妙玉亲自捧了一个海棠花式雕漆填金云龙献寿的小茶盘，里面放一个成窑五彩小盖钟"献茶。这两回都提到了海棠（花）式，海棠（花）式是我国传统装饰纹饰的一种，是由海棠花演变出来的艺术图案，不同于五出数的梅花式，多为左右对称的四出型图案，后人将此种形状的器具称为海棠花式的器具，将器具上装饰的图案称为海棠纹。海棠花式还出现在漏窗、园门、铺装、吉祥纹样等处。

第五十八回写到"芳官只穿着海棠红的小棉袄"。海棠红这种色彩不仅用在服装上，而且在陶瓷史上也是赫赫有名。宋代五大名窑之一的钧瓷，善调此色，通过在釉中加入铜金属，经高温产生窑变，使釉色以青、蓝、白为主，兼有玫瑰紫、海棠红等，色彩斑斓，美如朝晖晚霞。

（2）海棠花文化蕴含在《红楼梦》的休闲娱乐活动中

第三十七回大观园里成立诗社，宝玉说要起个社名，探春道："俗了又不好，特新了，刁钻古怪也不好。可巧才是海棠诗开端，就叫个海棠社罢。虽然俗些，因真有此事，也就不碍了。"之后，大家开始酣畅淋漓地作诗，吟完海棠诗又赛菊花诗，诗事层出不穷，屡出新意，诗情荡漾在大观园的各个角落。海棠结社，为大观园众才女雅人展露诗才提供了舞台，见证了大观园里最繁盛美好的时光，令后人无限向往。笔者认为，曹雪芹在创作小说时选用海棠作为诗社名称绝不是一时兴起，并不真如探春所言只是"可巧"了，而是有其深刻寓意。海棠花姿绰约而花期短暂，而贾芸所送的秋海棠又有苦恋的花语，与太虚幻境薄命司所收录的园中女子的命运相契合。这里以海棠为社名，象征了园中女子青春易逝，年华难再。

第六十三回宝玉生日，怡红院夜宴祝寿，众人聚在一起占花名儿。该湘云抽签时，"湘云笑着，揎拳掳袖的伸手掣了一根出来。大家看时，一面画着一枝海棠，题着'香梦沉酣'四字，那面诗道是：只恐夜深花睡去。"花签上这句话，引自北宋文学家苏东坡的《海棠》，全诗如下："东风袅袅泛崇光，香雾空濛月转廊。只恐夜深花睡去，故烧高烛照红妆。"同样，第十七回贾政的请客提议蕉棠对植处题名为"崇光泛彩"的灵感也来自此诗。第十八回，宝玉所作《怡红快绿》一诗中有"红妆夜未眠"，把海棠比喻为睡美人，是化用了此诗。

（3）海棠花文化体现在《红楼梦》中的神秘隐喻

上面提过第七十七回海棠枯萎应在晴雯身上，宝玉心有所触，认为天下有情有理的东西，极有灵验，像孔庙前的桧树，诸葛祠前的柏树，岳武穆坟前的松树，于乱世枯萎，治世茂盛，怡红院这株海棠，应人之预亡，故先就死了半边。

第九十四回，西府海棠本应在三月开花，怡红院的海棠突然在十一月盛开，众人议论纷纷,总体分为两派,以贾母为首的一派认为此乃吉兆,以贾赦为首的一派认为是花妖作怪。从后文的安排来看,海棠的反常开花真如花妖作怪,先是宝玉失玉,元妃薨逝,接着贾府遭查抄,"忽喇喇似大厦倾"。

自然界中海棠冬日开花虽不正常,但也不罕见,如 2006 年 11 月下旬,南京就有多处海棠花受忽高忽低气温的影响,出现果实与花朵同争艳的现象;园艺学家已掌握了让海棠反季节开花的催花技术,理论上可以使海棠在任何季节开花。即使在清代,贾母也认识到,应着小阳春天气和暖花开是有的。总体看来,前八十回作者对海棠死了半边的处理尚合情理,后四十回作者对海棠开花这一自然现象的处理似有有意妖魔化的倾向。前八十回里,海棠是通情理有情义的,后四十回,不知怎的这海棠成了兴风作浪的花妖,同一植物在同一部书中存在如此大的差异!

(4)《红楼梦》中《咏白海棠》诗六首艺术特色的赏析

《红楼梦》一书有二十回涉及海棠花文化,但最集中的一回是第三十七回。大观园里成立海棠诗社,结社后的第一次活动是咏白海棠,宝钗、黛玉、探春、宝玉各依所限韵脚做七言律诗一首,次日湘云也来到大观园,和诗两首。这组咏海棠诗共六首,写得都很含蓄,言在此而意在彼,表面上看都是在描写白海棠,实际上借物抒情,歌以言志。具体来说,这组诗都是借歌咏白海棠抒发个人的思想、品格、追求和情感,并可从各人诗中窥得个人将来的情形。原因是《红楼梦》中出现的诗、词、曲、赋都是曹雪芹代小说中各人物所拟,曹雪芹从书中人物的性格、遭遇出发,使诗词与人物形象相契合,诗词也成为刻画小说人物的一种方法。不仅如此,曹雪芹还善于利用诗歌因语言的凝练所造成的语义的歧义,来暗示人物未来的命运,透露故事的走向。

结合人物的性格与思想对这组《咏白海棠》诗的分析,可以在一定程度上反映曹雪芹为小说人物安排的命运与结局,再辅以第五回"金陵十二钗"的判词和《红楼梦》前八十回各人物的遭遇,分别剖析探春、宝钗、黛玉、宝玉的《咏白海棠》和湘云的《白海棠和韵》二首。

咏白海棠(贾探春)

斜阳寒草带重门,苔翠盈铺雨后盆。

玉是精神难比洁,雪为肌骨易销魂。

芳心一点娇无力,倩影三更月有痕。

莫道缟仙能羽化,多情伴我咏黄昏。

探春这首诗是她本人的写照。首联描写秋天景色和秋海棠的生长环境,第二联是探春判词"才自精明志自高"的同义语。探春是一个精明果断又志趣不凡的人,王昆仑认为"大观园中唯一具备政治风度的女性是探春",探春具有"坚毅明敏、有胆有识、言行中肯的政治风度"。最后两联文风陡转,可惜芳心无力,结合探春判词中断线风筝的画面,透露探春离家远嫁的结局。

咏白海棠(薛宝钗)

珍重芳姿昼掩门,自携手瓮灌苔盆。

胭脂洗出秋阶影,冰雪招来露砌魂。

淡极始知花更艳,愁多焉得玉无痕。

欲偿白帝宜清洁,不语婷婷日又昏。

　　宝钗作为豪门闺秀,恪守妇德,保持身份。她这首咏白海棠诗,写得雍容华贵,将白海棠拟人为端庄矜持的豪门千金。首联白天掩门独处,自提手瓮浇灌,都是示其自珍自重;颈联洗去胭脂,冰雪为魂,具有"山中高士"的高洁;颔联包蕴哲理,与宝钗的洞明世事、藏愚守拙的处世哲学一致;尾联,于花,是描绘花的晶莹如雪;于宝钗,却是凄冷孤寂命运的暗示,宝钗品格端庄,才华出众,最终却被封建礼教所毒害至毁灭。

咏白海棠(林黛玉)

半卷湘帘半掩门,碾冰为土玉为盆。
偷来梨蕊三分白,借得梅花一缕魂。
月窟仙人缝缟袂,秋闺怨女拭啼痕。
娇羞默默同谁诉?倦倚西风夜已昏。

　　正如己卯本第三十七回批语,黛玉的诗也"不脱落自己"。诗的首联,院中湘帘半卷,院门半掩,土如冰,盆如玉,写出花的生长环境;颈联,黛玉以白海棠自比,有梨花的洁白,有梅花的馨香,表现黛玉的清高和超拔;最后两联,既颓丧又惹人怜惜。满腹的心事无人倾诉,只好在西风落叶的季节,凄凉地送走寂寞黄昏。黛玉多愁善感、任情任性,她的诗也哀婉动人,句句含情、溢于言外。

咏白海棠(贾宝玉)

秋容浅淡映重门,七节攒成雪满盆。
出浴太真冰作影,捧心西子玉为魂。
晓风不散愁千点,宿雨还添泪一痕。
独倚画栏如有意,清砧怨笛送黄昏。

　　贾宝玉笔下的白海棠有杨贵妃的风姿、西施的灵性,但也有凉风冷雨、清砧怨笛给她们的生活平添的淡淡哀愁。"出浴太真冰作影,捧心西子玉为魂",巧妙嵌入和他关系最密切的两个人:宝钗和黛玉。"出浴太真"暗指宝钗,宝钗长得"肌肤丰泽",书中第三十回宝玉曾说过"怪不得他们拿姐姐比杨妃,原来也体丰怯热";"捧心西子"暗咏黛玉,黛玉行动如"弱柳扶风",第三回宝玉送黛玉的"颦颦"的称呼,就是"捧心而颦"的意思。

白海棠和韵(其一)(史湘云)

神仙昨日降都门,种得蓝田玉一盆。
自是霜娥偏爱冷,非关倩女欲离魂。
秋阴捧出何方雪,雨渍添来隔宿痕。
却喜诗人吟不倦,肯令寂寞度朝昏。

白海棠和韵(其二)(史湘云)

蘅芷阶通萝薜门,也宜墙角也宜盆。
花因喜洁难寻偶,人为悲秋易断魂。
玉烛滴干风里泪,晶帘隔破月中痕。
幽情欲向嫦娥诉,无奈虚廊夜色昏。

第一首诗首联用神仙种玉喻白海棠,在这丰富的联想中,可见湘云之活泼性格。"自是霜娥偏爱冷"一句,庚辰本曾有批注"又不脱自己将来形景",暗示湘云将来的结局也类似嫦娥。最后收结的三、四联说海棠如秋阴雪,细雨润泽,诗人吟咏不倦,海棠并不寂寞。第二首首联字面意思是描写海棠生长环境、栽种容易,若结合湘云从小父母双亡、寄人篱下的身世,从"也宜墙角也宜盆"可见其"英豪阔大宽宏量"、洒脱豪放的性格。而后两联是湘云将来的写照,所暗示内容与第一首类似,再结合"湘江水逝楚云飞"、"云散高唐、水涸湘江"等判词更说明了她虽觅得如意郎君却早寡或与丈夫长期分居两地的凄惨结局。

第三十七回中,湘云凭《白海棠和韵》二首压倒"诗才横溢"的林、薛二人的情节,是曹雪芹的有意构思,以突显湘云与海棠的紧密联系。这种安排全书有多处,另一处是第十七回描写西府海棠时用到"丝垂翠缕"一词,而巧合的是湘云的丫鬟就叫翠缕。第六十二回湘云多唱了几杯酒"醉眠芍药茵",众人寻到时已经"香梦沉酣"了,这里的"香梦沉酣"暗合湘云占花名时得到的题字。最明显的一处是第六十三回群芳夜宴占花名,湘云所占花名是海棠。占花名的"占"是占卜的意思,占花名既是酒令游戏,更是通过各人所抽之花及花语来象征各人的命运,湘云抽到的象征其命运的花正是海棠花。这些巧合都是作者的有意安排,目的是强调海棠之于湘云的特殊意义。曹雪芹在《红楼梦》全书中,采用了中国传统的以花喻人的艺术手法,比较明确的如"芙蓉"代表黛玉、"牡丹"喻指宝钗、"荷花"比喻香菱、"桃花"指袭人,而湘云则与"海棠花"有着不解之缘,用周汝昌先生的话说海棠花是湘云的"花影身"。

3.2.5 《红楼梦》植物象征的艺术效果

《红楼梦》种类繁多的植物不仅显示作者植物知识渊博,热带亚热带植物芭蕉、薜荔、豆蔻、藿香等与牡丹、西府海棠、蔷薇等温带植物共同出现在大观园中,混淆了故事发生地,更能达到"朝代年纪,地舆邦国却失落无考"的创作目的。丰富的植物象征更对小说的艺术性起到重要作用。植物作为文学作品中的象征符号,所指已经不在词语的字面之上,而在于词语所唤起的想象中,在于词语的象征义。

1. 预示人物命运

小说第五回宝玉梦游太虚幻境,所见的金陵十二钗判词,引出重要人物的命运走势。判词中出现的植物多数预示了人物命运。袭人判词画中一簇鲜花,一床破席,判词写道"王子温柔和顺,空云似桂如兰。堪羡优伶有福,谁知公子无缘",即预示袭人封建思想顽固,而终遭宝玉厌弃,下嫁伶人蒋玉菡的命运。而香菱判词画中一株桂花,池沼中莲枯藕败,判词写道"根并荷花一茎香,平生遭际实堪伤,自从两地生孤木,致使香魂返故乡",以莲叶象征香菱,两地孤木象征金桂。预示香菱被新来薛家的夏金桂迫害致死的命运。判词"玉带林中挂,金钗雪里埋"则预示薛林二人命运。元春判词中的"二十年来辨是非,榴花开处照宫闱"以石榴花盛开使宫闱生色,预示元春被选入风藻宫封为贤德妃。李纨判词画中有——盆茂兰,旁有一位凤冠霞帔的美人,象征李纨因儿子贾兰考取功名而荣达。判词"桃李春风结子完,到头谁似一盆兰。如冰水好空相妒,枉与他人作笑谈",却预示李纨虽然早年守寡,为儿子操心一辈子,死守封建节操,品行如冰清水洁,希望能晚年享福,似不料儿子飞黄腾达之时,自己已经"昏惨惨,黄足路近",只不过成为人们的笑谈。

在袭人的花签中,是一枝桃花,签上有字"武陵别景",签上题诗"桃红又见一年春"。对于这一象征,历来颇有争议。自秦朝以来,桃花被用于象征美人,袭人容貌美丽,温柔贤惠。

判同说袭人"枉自温柔和顺,空云似桂如兰。堪羡优伶有福,谁知公子无缘",即说明袭人性格温和,也说明其外貌美丽,纵使这样一个典型的传统美女,一切努力皆是枉然,最后还是不能得到主人的好感,而与喝戏的人结合。判词"枉自"、"空云"、"堪羡"、"谁知"等措辞,有很明显的嘲讽意味,但脂砚斋在判词侧批"骂死宝玉,却是自悔",这样就与判词相互抵牾。可见对于袭人的人品一直就存在争议。桃花虽然用于象征美女,但因其花色艳丽,花期短,而又有轻薄的恶名,是红颜命薄的典型。杜甫诗《绝句漫兴九首》有"颠狂柳絮随风去,轻薄桃花逐水流"句。袭人虽然温柔贤惠,一幅正经模样,但曾与宝玉初试云雨情,全无妇道操守。背地里还经常向王夫人汇报怡红院众丫头的言行,终将四儿、晴雯逼上绝路。

2. 揭示人物性格

人类与自然长期共处,相互影响、相互依赖,形成人与自然的和谐家园。人们在与自然的长期交往中,强化了对自然的了解,也逐渐产生了对自然的热爱。人们因生存和审美需要,不断选择和改造自然,形成具有个性的生活环境。反过来,人们生活的环境又折射出人们的生存需要和审美取向。历史上因对某种植物的偏爱而成为这一植物代表的故事并不少见。因喜爱竹子而隐居于山野的竹林七贤;因喜爱菊花而在房舍四周种植菊花、写菊花诗的陶渊明;因迷恋梅花终身不娶,以梅妻鹤子传为佳话的林和靖等。俗话说"近朱者赤,近墨者黑",对植物的喜好,同样可以揭示一个人的性格。

曹雪芹以植物揭示人物性格主要通过以下几种形式:一是人物所居住的小院周围的植物;二是人物自白中对某一植物的喜好;三是别人以植物形容某人。

《红楼梦》通过多种渠道刻画人物性格,除了一贯的人物言行,还通过让环境说话的手法,利用人物居住环境的植物衬托人物性格,使分布于房前屋后日夜陪伴主人的植物成为人物的化身,以植物的习性和特点揭示人物性格。如林黛玉潇湘馆周围的竹子,便是林黛玉性格最好的代言人。白居易《养竹记》称赞竹子"竹似贤,何哉?竹本固,固以树德,君子见其本,则思善建不拔者。竹性直,直以立身;君子见其性,则思中立不倚者。竹心空,空似体道;君子见其心,则思应用虚者。竹节贞,贞以立志;君子见其节,则思砥砺名行,夷险一致者。夫如是,故君子人多树为庭实焉。"《红楼梦》中,林黛玉无疑具有这种君子一般不偏不倚、刚正不阿的高风亮节。另外,由于这些竹子是斑竹,除了具有竹子的一般特点外,还具有影射娥皇、女英泪洒绿竹而殉情的结局。林黛玉本为绛珠仙草还泪而来,两个故事因洒泪而重叠,正是林黛玉性格最真实的写照。

薛宝钗所居蘅芜苑外观简朴,无芬芳艳丽的开花木本植物,多种草本和藤本植物,只有薛荔、紫芸、杜若、藤萝、石帆、水松等,这些植物多数是香料和中草药,表面上清淡无味,实则香草云集,苑内异香扑鼻。且居室"雪洞一般,一色玩器全无",连贾母都说"年轻的姑娘们,房里这样素净,也忌讳",而嗔怪凤姐"这样小气",不舍得给她摆设。薛宝钗为人一贯低调,城府很深。这种遍布藤萝香草、不事张扬的环境,正是一个冷静自律、品格端方、贞静娴雅的冷艳少女的写照。她居住的环境如此淡雅朴素,而实际上却是位待选才人的富商之女,"唇不点而红,眉不画而翠;脸若银盆,眼如水杏。罕言寡语,人谓藏愚;安分随时,自云守拙"。

所谓"言为心声",即对话同样可以表现人物性格,塑造人物形象。作者通过人物自己说出对植物的偏好,揭示人物性格。林黛玉选定潇湘馆,但难以启齿。当宝玉问她:"你住哪一处好"时,林黛玉正心里盘算这事,笑着说:"我心里想着潇湘馆好,爱那几竿竹子隐着一道曲栏,比别处更觉幽静。"作者用黛玉喜欢幽静的竹林,揭示林黛玉好静的个性。第四十回,陪着贾母坐船游大观园,宝玉盼咐人把可恨的惨败荷叶拔去,林黛玉说:"我最不喜欢李义山的诗,只喜他这一句:'留得残荷听雨声'。偏你们又不留着残荷了。"宝玉道:"果然好句,以后咱们就别叫人拔去了。"破败的荷花呈现一片萧瑟的景象,致使宝玉游兴骤减,因而觉得可恨,林黛玉天生的悲观主义,落花风声都会引动愁绪,她视残荷为人生必经过程,尤其是女子红颜易老,终有一天人老色衰,终不免遭人厌弃。对于日常聚散,林黛玉往往也比别人想得悲观,认为人"有聚就有散,聚时欢喜,到散时岂不清冷?既清冷,则生伤感,所以不如倒是不聚的好。"比如,那花开时令人爱慕,谢时则增惆怅,所以倒是不开的好。"因而人以为喜之时,她反以为悲。林黛玉在万物逢春时作《桃花行》,落英缤纷时作《葬花吟》,秋雨绵绵时作《秋窗风雨夕》,都是她心灵的写照。这一多愁善感的性格从象征她的菊、湘妃竹、桃花中便可得到答案。

贾探春作为贾府庶出的三小姐,历来备受争议,被认为"近于践扈"、"自以为能,遇事从刻"、"趋炎附势,骄傲正直",甚至"不顾其母,真无人心"。曹雪芹自己以"敏"字概括探春性格,在第五十六回回目中称为"敏探春兴利除宿弊",又于判词中写道"才自精明志自高,生于末世运偏消"。探春曾说:"我但凡是个男人,可以出得去,我必早走了,立一番事业,那时自有我一番道理。"可见,探春聪明大方,具有才华抱负,连王熙凤也承认:"我说她不错。只可惜她命薄,没托生在太太肚里。"对于植物,探春在起诗社取雅号时说:"我最喜芭蕉,就称'蕉下客'罢。"引得黛玉一阵取笑,要"牵了她去,炖了脯来吃酒"。兴儿说她是"玫瑰花又红又香,无人不爱的,只是有刺戳手",在花签上探春为杏花。因此,芭蕉、玫瑰、杏花成为探春品格的象征植物。芭蕉的名称源于"蕉不落叶,一叶舒则一叶焦"之句。芭蕉叶如巨扇,神态悠然,有仙风道韵,得雅兮"扇仙"。芭蕉体形高大,蕉叶却碧翠似锡,玲珑入画。《群芳谱》说"书窗左右,不可无此君"。芭蕉或种植在墙角,或者栽于天井,院落四周雅秀清凉。杨万里《芭蕉》写道"芭蕉得雨便欣然,终夜作声清更妍。细声巧学蝇触纸,大声鏦若山落泉"。芭蕉叶面宽阔平展,雨滴敲击叶面,滴滴答答,"隔窗知夜雨,芭蕉先有声",形成了我国园林的传统特色"蕉窗夜雨"的意境。芭蕉象征探春才智精明,却因庶出而壮志未酬,以"清明涕送江边望"远嫁和番结局。

《红楼梦》人物性格有时候通过第三者的介绍来体现,其中有几次用植物比喻人物。第三回林黛玉初进贾府,贾母向她介绍王熙凤时,说她是南方所称的"辣子"。第六十五回贾琏向尤二姐建议把尤三姐嫁出去,说三姐"玫瑰花儿可爱,刺太扎手",同一回兴儿向尤氏姐妹介绍大观园里的女子,说迎春的诨名是"二木头",探春的诨名是"玫瑰花","又红又香,无人不爱的,只是有刺戳手"。

在整部小说中,利用植物揭示人物性格的方式灵活多样,增强了植物象征的艺术效果。

3. 建构生活环境

王国维在论诗的艺术性时说"一切景语皆情语",文学创作追求情景交融,环境描写为人物性格、情节发展、展示主题服务。在小说中环境的描写首先为了故事发生发展提供场所,其次为刻画人物形象服务。《红楼梦》的生活场景主要是大观园内有山有水,园林景观植物品种齐全。在描写个人住处时,植物极具象征意义,使生活于其中的人物成为周围植物的主人和代表。从生物进化过程来看,适者生存是不二法则。这种人物对环境的适应,同时也是人对环境的选择。大观园各院子的植物与人物成为一个整体,人物代表植物,植物也代表人物。此外,丰富的植物使大观园又展示了曹雪芹的园林造景理念,并为众多与植物相关的情节建构了环境。曹林娣正确地指出"怡红院、潇湘馆、蘅芜苑、秋爽斋、紫菱洲、稻香村、栊翠庵等无论是院馆建构、花木配置,还是室内陈设,莫不表现出人物的气质性格"。

贾宝玉生前的生活场地是赤瑕宫,赤即红。在大观园内,仍有爱红的毛病,宝黛初会时,穿大红袖箭、厚底大红鞋,平日里喜欢制胭脂、吃胭脂。他所生活的院子取名怡红院,院内种植碧桃、蔷薇、宝相、玫瑰、月季、垂柳、海棠、芭蕉、松树、金银藤等,以鲜艳的红色为主,与林黛玉的潇湘馆的翠竹形成怡红快绿两个色调。其余个人的居所与周围植物如表3.2所示。

表 3.1　《红楼梦》人物住所与特色植物表

人物	雅号	住所	特色植物	习性特点	象征
黛玉	潇湘妃子	潇湘馆	斑竹	斑点,有节	多愁善感、刚直不阿
宝钗	蘅芜君	蘅宪苑	藤萝	单调、无香	守拙、清贫
探春	蕉下客	秋爽斋	色蕉、梧桐	雨打芭蕉	豁达、凄怆
迎春	菱洲	紫菱洲	蓼、菱	软弱	寥落失意
惜春	藕榭	蓼风轩	蓼	软弱冷清	失意孤独
李纨	稻香老农	稻香村	蔬菜稻黍	平淡	清净无为
妙玉	槛外人	栊翠庵	红梅	傲雪独艳	高洁、傲世
宝玉	怡红公子	怡红院	松树,海棠	岁寒三友	坚定不屈

4. 推动情节发展

如果没有植物,红楼梦的故事将失去很多趣味性,其中与植物有关的情节比比皆是。从故事开头,作者便以神瑛侍者浇灌绛珠仙草,绛珠仙草立志还泪为缘由,引出其余情节。可以说,这是最早最宏大的植物象征。此后大观园内的众女子无非是各类名称不同的植物而已。此外,大观园内时常因植物而引发事端,推进了故事情节发展。

贾芸领了差在大观园监管种树,而捡到小红的手帕,几经周折与红玉相遇,情投意合。这种因植物而发展的姻缘为后面"滴翠亭杨妃戏彩蝶"一回留下伏笔,该回中,小红因此相思无着,与坠儿在滴翠亭倾诉心事,为追赶蝴蝶的薛宝钗偷听,为了避免嫌疑,薛宝钗急中生智,装作寻着林黛玉的假象,引出林黛玉,从而引出旁人对林黛玉和薛宝钗两人的印象。红玉说:"若是宝姑娘听见还倒罢了。林姑娘嘴里又爱刻薄人,心里又细,她一听见,倘或走漏了风,怎么样呢?"薛宝钗这一金蝉脱壳的计谋,无疑又给林黛玉树立了两个对手。另外,贾芸因植树而得常常进入大观园,与院内众人接触,并认宝玉为干爹,送宝玉白海棠,更引发探春发起海棠诗社,众人撰写海棠诗。直至第九十四回"宴海棠贾母赏花妖"中,枯萎的海棠重新开花,引起众人阵阵猜疑,呈现出不祥之兆。贾赦坚持叫人砍去,贾政坚持见怪不怪其怪自败,众人意见纷纷,惹得贾母不高兴。这种异兆,导致贾宝玉丢失通灵宝玉,预示贾府败落。这一系列情节都与海棠的象征不无关系。而贾芸、红玉两人的姻缘,为后面贾府遭查抄,贾芸营救小红并照顾贾宝玉埋下伏线。这种种情节,紧密相连,一波接着一波,正如脂砚斋所评"草蛇灰线,伏脉千里"。

另外,"敏探春兴利除宿弊"一回中,王熙凤因小产,休息在家不能理事,请探春主持大观园事务。探春便让几个婆子收拾料理院子的花草,实行责任制,从而为第五十九回的"柳叶渚边嗔莺咤燕"引发春燕与她母亲、姑妈等的一场大闹,并激化了夏婆子、赵姨娘与芳官等人的矛盾,最终导致探春与亲生母亲的冲突。

除了上述几次利用植物为情节设伏笔外，小说还通过几次花事，展现植物在大观园众人生活中的重要性。其中包括史湘云醉眠芍药花，黛玉葬花、芒种节祭奠花神、结海棠社、桃花社，做菊花诗，宝玉踏雪寻梅等。离开植物，这些情节都不可能存在，没有植物象征，这些情节也将落入平淡。因此，植物象征对情节的发展起着重要作用。

《红楼梦》中植物象征的作用不限于预示人物命运、揭示人物性格、建构生活环境、推动故事情节几个方面。其实，从象征的角度来看，离开了植物象征，整部小说的艺术性将受到极大的影响，甚至可以说没有这些象征性植物，《红楼梦》就不可能有如此大的艺术魅力。

3.3　《诗经》的花卉文化

作于春秋时期的《诗经》是古代劳动人民智慧的结晶，它包含了人们日常生活中的方方面面，有着对大自然较为广泛和丰富的展示，在它最早最本色的歌唱中，体现着先民对大自然的基本感受，而植物这绿色生命的群体，则成了《诗经》篇章中不可缺少的组成部分。清人顾栋高《毛诗类释》对《诗经》中记载的植物加以注释，其包括：谷类 24 种、蔬菜 38 种、药物 17 种、草 37 种、花果 15 种、木 43 种。在潘富俊的《诗经植物图鉴》中，指出《诗经》中的草木蔬果共有 134 种，可分为乔木、灌木、藤本植物、草本植物、水生植物、蕨类植物等。本书将对《诗经》中的观赏植物进行阐释分析。

3.3.1　《诗经》中的植物种类

当远古先民食物得以饱腹，衣物得以御寒，基本的物质条件及生活需求都得到满足，人们便需要一些美好的事物来满足精神上的需求。而一些植物由于其外形美丽、花香芬芳，给人以视觉感观上美的享受，常被作为观赏植物栽培。这类植物有：荷、芍药、舜（木槿花）、鹝（绶草）、谖草、唐棣等，还有一些在前面提到的木瓜、桃等食用植物，因为其在开花时花色艳丽，也被用来当作观赏植物栽培。这些观赏植物在《诗经》中多用来比喻女子美好的容貌和品德，如舜（木槿花）在《郑风·有女同车》中指女子美丽的容颜，而芍药则通常用于男女离别之时相赠，表达缔结良约的意思。

1. 萱草

萱草（*Hemerocallis fulva*），又名黄花菜、忘忧草、疗愁、鹿箭、川草花等，是一种多年生宿根植物。萱草对环境具有较强的适应能力，性强健而耐寒，喜湿润也耐旱，喜阳光又耐阴，因而在全国各地均有分布。萱草的根呈纺锤形，茎短而粗壮，叶子窄细；花朵橙黄色、金黄色、淡红色和红色，形态与百合花极为相似，花丝细长如针，因此又称"金针菜"。萱草花色鲜艳，成丛绿叶也极为美观，

多丛植于园林中供行人观赏。此外，萱草也具有非常高的药用价值，能够清热、利尿利水和凉血止血，对腮腺炎、黄疸、膀胱炎、尿血、小便不利、乳汁缺乏、月经不调和水肿等病症都有一定效果。在《诗经》中，萱草又称为"谖草"。"谖"即忘却的意思：

考槃在涧，硕人之宽。独寐寤言，永矢弗谖。

——《卫风·考槃》

《卫风·考槃》描写了一位山野隐士的情怀。品德高尚的隐士在山涧中结庐而居,面对着广阔的天地,他的心胸也变得格外的宽广。虽然每天孤独度日,但是自己心中高洁的理想却永远不会忘记。这一作品充分展现了隐士在自然景色中悠然自得、心中自有丘壑的状态。而"矢"和"谖"的运用,也表达出隐士坚定不移的信念。

> 其雨其雨,杲杲日出。愿言思伯,甘心首疾。
> 焉得谖草,言树之背。愿言思伯,使我心痗。
>
> ——《卫风·伯兮》

随着艺术创作的升华,谖草在"忘却"的基础上又延伸出"忘忧"的含义。描写思妇想念丈夫的《卫风·伯兮》中就提到了谖草忘忧的说法。妇人期盼一场大雨从天而降,天上却偏偏艳阳高照。她想念身在远方的丈夫,每天辗转难眠、头痛欲裂,但也心甘情愿。到哪里去找能够使人忘忧的谖草呢?她想寻来种在房屋的北面。一心想着夫君,已是魂牵梦绕,满心伤悲。妇人思念丈夫的心情,由头痛到患心病,感情层层加深,以至于她想要寻找忘忧草来减轻自己的痛苦,其对丈夫的思念之情可见一斑。

萱草不仅可以"忘忧",也是我国传统文化中代表母亲的种草木。在我国古代,由于地域辽阔,交通不便,出一次远门动辄数载。因此,游子在远行之前,都会在母亲的房前种满萱草,希望母亲能够减少对自己的担忧和思念。源于此,人们又将母亲住的房子称为"萱堂"。游子在思恋母亲的时候,经常将萱草作为歌颂的题材。如唐代孟郊《游子诗》曰:"萱草生堂阶,游子行天涯。慈母倚堂门,不见萱草花。"诗句以萱草表达了对母亲的思念和愧疚之情:萱草长满堂前的台阶,远游的儿子行走于天涯之外;慈祥的母亲靠在门前,却不见儿子归来。

2. 木槿

木槿(*Hibiscus syriacus*),别名木棉、荆条等,是一种锦葵科木槿属的灌木花种,主要分布于河北以南较为温暖的地区。木槿整体似塔状,枝丫从较低的位置分离出来,有黄色的星状绒毛。木槿的叶子呈三角状卵形。花朵从花基部分的深红向外淡化,从白色、粉色到紫色都有。木槿花形容秀丽,植株上花苞繁多,因而一树花常开不败,表现出旺盛的生命力,被韩国和马来西亚定为国花。木槿是重要的观花灌木,可作庭园点缀、室内盆栽和花篱。木槿花的营养价值极高,其花汁具有止渴醒脑的作用。中医也将木槿的果、根、叶和皮入药,用来防治病毒性疾病。

关于木槿,有一个美丽的传说。相传在上古时期,有舜华、舜英、舜姬三位木槿花神,生长于历山脚下。一天,号称"四凶"的"混沌""穷奇""梼杌"和"饕餮"途经历山,见木槿花美不胜收,都想将这三棵美丽的木槿占为己有。可是当它们费尽心思将木槿挖出来之后,木槿花瞬间就凋败了。它们只好无功而返。此时,恰巧在附近的舜知道了这件事情,他急忙赶到山脚,重新栽种衰败的木槿,救活了三位木槿花神。当天夜里,三位花神就托梦给舜,说明原委。为感谢舜的救命之恩,取舜之讳为姓。因此,木槿花又被称为"舜",如《郑风·有女同车》中就赞美女子容颜为"舜华"和"舜英"。

> 有女同车,颜如舜华。将翱将翔,佩玉琼琚。彼美孟姜,洵美且都。
> 有女同行,颜如舜英。将翱将翔,佩玉将将。彼美孟姜,德音不忘。
>
> ——《郑风·有女同车》

《郑风·有女同车》叙述了一对贵族情侣外出踏青之事。小伙子爱慕心爱的姑娘,虽然车外的风景如诗如画,他却把全部心思都放在了姑娘身上。"有女同车,颜如舜华。"心爱的姑娘坐在身边,那美丽的容颜,温婉而淡雅的眉目,仿佛夏日里怒放的木槿花。"将翱将翔,佩玉琼琚。"腰间的美玉是两人爱情的见证,在阳光的照耀下,反射出晶莹的光彩,衬托得姑娘更加娇媚动人。"彼美孟姜,洵美且都。"世上公认的美女孟姜也不及心上人的美貌,这样的姿容确实极为罕见。诗篇反复咏唱,展现了深坠爱河的小伙子,沉溺在心上人的美丽和德行中不可自拔。其中,颜如舜华、颜如舜英的比喻,形象地赞美了姑娘的美貌。由于古人经常用木槿架篱墙,人们看到木槿自然而然也会联想到茅舍槿篱的隐士生活。因此,文人墨客赋予了木槿洁身自好、不同流俗的气节。如明代舒颐的《白槿花》写道:"素质不自媚,开花向秋前。澹然超群芳,不与春争妍。"赞美了木槿高洁、淡雅、孤傲的品质。又有人见木槿花朝开暮落,日日不绝,于是赋予了木槿生生不息、坚韧永恒的文学形象。如李白《咏槿》赞叹道:"芬荣何天促,零落在瞬息。岂若琼树枝,终岁长翕赩。"满园的春色都抵不过木槿的美丽动人,而且花草易逝,能够坚贞不屈、努力活下来的只有那玉树之枝。

3. 梅

梅(*Prunus mume*)(见图 3.4),是我国特有的一种蔷薇科落叶小乔木,已有 3000 多年的栽培历史,主要分布于长江以南地区。梅的树干表面粗糙,呈褐紫色或淡灰色,枝丫细长舒展,叶片呈卵形或椭圆形。花朵一般以白色和淡红色居多,花期为冬春季节。梅树姿态苍劲,梅花幽香贞丽,诗人林逋描绘它"疏影横斜水清浅,暗香浮动月黄昏",具有极高的观赏价值。除此之外,梅花和梅树结出来的果实都可以食用。梅的花、叶根和种仁具有较高的药用价值,对于止咳止泻、生津止渴、郁闷心烦、化痰解毒等都有一定效果。

图 3.4　梅花(王楠楠拍摄)

以梅入诗,追根溯源,还是《诗经》。但在先秦时期,梅斗寒傲雪、高雅清香的独特气质尚未成为文学作品的表现对象,而是仅仅作为一种制作调料出现。如《秦风·终南》中的"终南何有? 有条有梅",《陈风·墓门》中的"墓门有梅,有鸮萃止",以及《曹风·鸤鸠》中的"鸤鸠在桑,其子在梅",都有梅的身影,但作者并没有赋予梅清高坚韧的艺术形象。比较特殊的是,当时这种梅制成调料,在《召南·摽有梅》中成为爱情和婚姻的象征。

> 摽有梅,其实七兮。求我庶士,迨其吉兮。
> 摽有梅,其实三兮。求我庶士,迨其今兮。
> 摽有梅,顷筐墍之。求我庶士,迨其谓之。
>
> ——《召南·摽有梅》

作品里的女子正在采摘酸梅,她睹物思情,以坠落的梅子起兴:"摽有梅,其实七兮。求我庶士,迨其吉兮。"梅子黄熟之后纷纷坠落在地上,树上还余下好多,想求娶我的男子,不要耽误了这美好的时光。可是随着光阴流逝,树上的梅子越来越少,"摽有梅,其实三兮",想求娶我的男子,不要再等待了。等到梅子纷纷落地,女子更加着急,"求我庶士,迨其谓之",想求娶我的男子,赶紧开口吧!随着梅子越来越少,光阴无情逝去,文章也营造出了女子害怕自己年华老去、渴望出嫁的迫切心情。而眼前坠落的梅子,一种说法是象征着女子逐渐成熟的身体;还有一种说法,认为"摽有梅"的意思是抛梅子。抛梅子为当时的一种习俗,用于男女之间求爱。不管是哪种说法,梅都成为当时的人们向往婚姻和爱情的一种寄托之物。

由于梅树傲雪凌霜,形态孤傲清高,拥有极为独特的气质,逐渐被人们诠释成为清高脱俗、贞洁自爱的君子形象。欧阳修《和对雪忆梅花》中形容梅花:"穷冬万木立枯死,玉艳独发陵清寒。鲜妍皎如镜里面,绰约对若风中仙。"在万木枯败的隆冬时节,梅花却凌寒盛开、鲜艳娇媚,仿若风中仙子,其不惧寒霜之特性可见一斑。陆游《卜算子·咏梅》写道:"驿外断桥边,寂寞开无主。已是黄昏独自愁,更著风和雨。无意苦争春,一任群芳妒。零落成泥碾作尘,只有香如故。"驿站外面的断桥旁边,一株梅花在黄昏中独自开放着,任风吹雨打。梅花开在百花之首,不屑于同百花争享春光。即使是花瓣飘落在尘土中,被碾作尘泥,也依然将芬芳留在人间,香气如故。诗词以清新、细腻的笔调歌颂了梅花傲然不屈的精神,成为咏梅文章中的绝唱。

4. 荷花

荷花(*Nelumbo nucifera*)(见图 3.5),又名莲花、芙蓉、芙蕖、菡萏等,是一种睡莲科多年生水生草本花卉,分布于我国各个省份。荷花是人类历史上起源最早的植物之一。我国第一部辞书《尔雅》载:"莲,芙蕖,其茎茄,其叶蕸,其本蔤,其华菡萏,其实莲,其根藕,其中的,的中薏。"荷花的根茎生长于水底的淤泥之中,形态肥厚有节,内有许多通气孔道。荷花叶子生于水面之上,呈圆盾状。荷花的花期在6—9月,花瓣嵌生在花托穴内,有红、粉红、

图 3.5　荷花(林琳拍摄)

白、紫等颜色。荷花果实为椭圆形或卵形的莲蓬,果皮坚硬,其种子(即莲子)为卵形或椭圆形,是一种非常美味的食物。荷花具有极高的药用价值。根据《本草纲目》记载,荷的所有成分都可入药,而且莲子、莲衣、莲房、莲须、莲子心、荷叶、荷梗、藕节等不同的部位还有不同的药效。例如,荷叶可以减脂排瘀,荷花能够清热解毒,莲子能够养心补肾等,可谓浑身是宝。

在《诗经》中,诗人常将荷花美丽挺拔的形象与曼妙女子、英俊青年相联系,来表达爱情这一永恒的主题,从而丰富了荷花的文化内涵。

> 山有扶苏,隰有荷华。
> 不见子都,乃见狂且。
>
> ——《郑风·山有扶苏》

《郑风·山有扶苏》是一首动人的情诗。山上的桑树郁郁葱葱,幽静而富有生机的池塘里荷花开得正好,美艳动人。没有见到像子都一样的美男子,偏偏遇见了一个狂徒。诗句以物起兴,借景抒情。而桑树和荷花也并不是单纯的景色描写。在当时,人们习惯将树木比作男子,将花草比作女子。因此,桑树在这里指的是高大挺拔的小伙子,而池塘中的荷花则指容貌美丽、身材高挑的姑娘。姑娘对于心上人各种俏骂,尽显小女儿心态,诗人将青年男女

那种亲密无间、喜不自禁刻画得入木三分。

> 彼泽之陂，有蒲与荷。
>
> 有美一人，伤如之何。
>
> 寤寐无为，涕泗滂沱。
>
> ——《陈风·泽陂》

在《陈风·泽陂》中，荷的运用与《山有扶苏》如出一辙。"彼泽之陂，有蒲与荷。"诗篇以景色起兴，主人公在池塘边看到微波中相互依偎的蒲草和荷，触景生情，情不自禁地想到心上人。"有美一人，伤如之何？"荷花在荷叶间挺拔美丽的身姿，就好似心上人一样，对于她的想念，如影随形。"寤寐无为，涕泗滂沱。"寂寞的夜晚，久久无法入睡，那入骨的相思最终都化成思念的泪水。

自《诗经》之后，人们就经常将荷当作爱情的象征，如南朝乐府民歌《西洲曲》载："开门郎不至，出门采红莲。采莲南塘秋，莲花过人头。低头弄莲子，莲子青如水。置莲怀袖中，莲心彻底红。"女子没有等到情郎，便出门采摘红莲。在秋天的池塘中，莲花已经长得高过人头。女子低下头拨弄洁净的莲子，而将莲子藏在袖子后，那莲心也彻底红透。诗句借"出门采红莲"表达了女子对情人的思念，借"莲心彻底红"比喻爱情的赤诚坚贞。另一首南朝乐府民歌《江南》曰："江南可采莲，莲叶何田田。鱼戏莲叶间，鱼戏莲叶东，鱼戏莲叶西，鱼戏莲叶南，鱼戏莲叶北。"诗歌将荷与水中欢快戏水的鱼联系起来，以鱼和莲叶的嬉戏互动来形容爱人间亲密甜蜜的美丽景象。此外，晋代《子夜歌四十二首》中的"雾露隐芙蓉，见莲不分明"，孟郊《怨诗》中的"试妾与君泪，两处滴池水。看取芙蓉花，今年为谁死"等诗句，也都是用荷来表达爱情主题。除了爱情的文学意象，荷花还被赋予更为丰富的含义。人们认为，荷花圣洁高雅，是祥瑞的象征。早在先秦时期，荷花就和龙线、仙鹤等形象一起被雕刻在器物上，薄意吉祥、平安，佛教也认为荷花超脱世俗，圣洁高贵，因此将荷花作为佛教的圣花，并将佛教文化与荷花的象征精神融合到一起。此外，荷花还被人们用来比拟品行高洁的君子。这种意象始于中国第一部浪漫主义诗歌总集《楚辞》。在《楚辞》中，屈原赞颂道："制芰荷以为衣兮，集芙蓉以为裳。不吾知其亦已兮，苟余情其信芳。"屈原以荷花装饰自己，用荷的独特气质来比喻自己的高洁之志，奠定了荷花"花中君子"的形象。自此之后，荷花引发了文人墨客的创作热情。北宋周敦颐在《爱莲说》中写道："予独爱莲之出淤泥而不染，濯清涟而不妖，中通外直，不蔓不枝，香远益清，亭亭净植，可远观而不可亵玩焉。"精辟总结了荷花坚贞不屈、洁身自好、遗世独立的人格特点，是歌颂莲花的经典之作，将荷花品行高洁的文学意象推向了高峰。南宋包恢在《莲花》中写道："暴之烈日无改色，生于浊水不染污。疑如娇媚弱女子乃似刚正奇丈夫。有色无香或无食，三种俱全为第一。实里中怀独苦心，富贵花非君子匹。"寥寥数语，将荷花的刚直不屈和凛然大义描绘得格外生动。

5. 桃

桃（见图 3.6），是一种落叶小乔木，主要集中于华北、华东各省。桃的树皮为暗红褐色，叶子油绿繁茂。桃的花期一般在三四月份，颜色多为粉色，也有白色，具有很高的观赏价值。桃的果实如拳头大小，颜色粉黄，有红色晕染，除了油桃之外都有均匀的白色绒毛。桃子鲜嫩多汁，营养丰富，因此有"寿桃""仙桃"的美称。桃木由于质地细腻，气味清香，被认为是一种神木，有趋吉避凶的功能。《典术》记载："桃者，五木之精也，故压伏邪气者也……制百鬼。"因此桃木又被称为"降龙木"和"鬼怖木",经常被人们用来做成桃符和桃木剑。而且桃木所分浸出来的桃胶,既能食用,也可入药。

桃在我国古代文学中频繁出现,可谓遍地开花。一方面,这与桃优越的生物形态是分不开的,绚烂繁盛的花朵、甜美多汁的果实、细腻清香的桃木都深受人们的喜爱。另一方面,由于桃在我国,尤其是中原地区分布广泛,是随处可见的一种植物,而且开发、利用的历史非常漫长,深入广泛地渗透到了人们生活的方方面面。因此在文学创作上,桃

图3.6   桃花(申丽晓拍摄)

拥有其他植物没有的先天优势。在文学领域,无论是有关桃的作品,还是桃的文学意象都是非常丰富的。提到桃,人们首先想到的是桃花。美丽妖娆的桃花,自古以来就常被用来比喻女子的美貌,而这一文学意象最早始于《诗经》中的《周南·桃夭》。

> 桃之夭夭,灼灼其华。之子于归,宜其室家。
> 桃之夭夭,有蕡其实。之子于归,宜其家室。
> 桃之夭夭,其叶蓁蓁。之子于归,宜其家人。
>
> ——《周南·桃夭》

《周南·桃夭》是一首女子出嫁时唱的歌。作品以桃起兴"桃之夭夭,灼灼其华",用桃花茂盛而艳丽的形态,比喻出嫁女子美丽娇美的容颜。"桃之夭夭,有蕡其实。"桃树硕果累累,象征女子婚后早生贵子。"桃之夭夭,其叶蓁蓁。"形容桃树枝繁叶茂的样子,祝福新嫁女家族繁荣兴盛。诗篇虽然只有三章,却以桃的花果层层渐进,将出嫁女子的才貌双全描绘得淋漓尽致,让一个面容姣好、品德高洁、精明能干的出嫁女形象跃然眼前。同时,这首诗也通过对桃树枝繁叶茂的描写,营造了当时热闹浓烈的喜庆氛围和对女子真挚的祝福之情。这样拥有妇容、妇德的女子完全符合当时人们对完美妻子的要求,于是得出结论"之子于归,宜其室家"。假如女子嫁到夫家,一定能够使家庭团圆美满、家族兴旺。作品表达的价值取向至今仍然受到人们的肯定,在一些地区,每逢婚嫁就必须要吟唱此诗,可见其影响之深远。不仅如此,《周南·桃夭》还奠定了桃花美人的文学意象。人们常用桃来形容女子的容貌,如樱桃小口、桃腮杏面、桃羞李让等。而以桃花形容美人的作品更是层出不穷。曹植《杂诗》中的"南国有佳人,容华若桃李";温庭筠《碌碌古词》中的"春风破红意,女颊如桃花"等诗句,都是对"桃之夭夭,灼灼其华"的延伸。因此,《周南·桃夭》也被后人称为"开千古辞赋咏美人之祖"。桃的花期非常早,在乍暖还寒的初春,桃花就已经盛开了,有"占尽春光第一枝"的美誉。因此,许多文人通过描写桃花来象征春天的到来。苏轼《惠崇春江晚景》载:"竹外桃花三两枝,春江水暖鸭先知。"竹林外的桃花长初蕾,鸭子在回暖的江水中嬉戏。初绽的桃花和江水中的鸭子,都向人们展示了春天的到来。此外,袁枚《题桃树》中的"二月春归风雨天,碧桃花下感流年"和白居易《大林寺桃花》中的"人间四月芳菲尽,山寺桃花始盛开",都将桃花盛开作为春天到来的一种标志性景色。由于桃花盛开时那么灿烂,花期却又那么短,因此桃

花凋谢的时候也容易引起人们的伤感,从而在一些文学作品中成为悲剧的象征。李贺《将进酒》中的诗句:"况是青春日将暮,桃花乱落如红雨。"将桃花的凋谢与年华流逝联系在一起,哀伤之情溢于言表。

3.3.2 《诗经》中的"花语"

《诗经》是中国最早的一本诗歌总集,流传下许多优美的篇章,其中就有大量的植物意象,并隐含着丰富的文化意蕴。在这些作品中提到花草的达130多种,其中借花拟人、以花喻事、借花达意、诉说生命多达三十篇,使得《诗经》中的"花语"内涵丰富,意味深长,使作品充满了魅力。千百年来,花一直是浪漫的象征,美丽的代表。花的美丽得益于外在的色彩,而花的内在本质进一步增添了花的美丽。花进入了文学的领域,使文学中的"花语"更加丰富多彩。中国是花的国度,也是诗的国度,《诗经》给我们的文学留下的不仅仅是艺术的宝库,也是精神财产,同时也是一座花卉的园林,促使花根植于中国文化之中,在《诗经》中充分体现出来。花令我们的文学更加摇曳多姿,也给我们生活添加了乐趣,聆听《诗经》中的"花语",感受花的审美艺术,陶冶人的情操。

1. 借花拟人,表达美好情意

花外在的美丽,抒发着浪漫的情怀。它的精细、柔嫩、敏感、漂亮都和女人一样,让人觉得花就是女人,女人就是花。以花喻女子,借花拟美女,在《诗经》中就有直接的表现。《郑风·有女同车》里就有"有女同车,颜如舜华"。舜即木槿花,直接把鲜花比作美女,写出了女子的美丽,使男子难以忘怀。《郑风·出其东门》也有"有女如荼"的比喻。荼就是茅花,颜色洁白、轻巧可爱,写了姑娘美丽可爱,但男子并不为所动,突出男子对自己的爱妻不离不弃,表达出了对爱人忠贞不渝的感情。诗中把美丽的花儿比作美丽的女人,让人陶醉;也比作忠贞不渝的爱情,让人感动。所以,人们把美丽的花看成美丽的人、美好的事,自然也代表了人类许多美好的情感。

花的美丽不仅给人以喜悦,同时也给人以伤感,外在的美往往会联系到自身、社会。《郑风·山有扶苏》中描写道:"山有扶苏,隰有荷华。""山有乔松,隰有游龙。"其中荷华就是荷花,游龙即水荭。诗人直接点出扶苏与荷华相配,乔松与游龙相合,意指君子与美女匹配,但天不遂人愿,不幸嫁给了一个品行不端的丈夫;用"荷华"与"游龙"来比喻女子的美丽高洁,通过对比表达一种不幸的婚姻和其内心的痛苦。再如《小雅·苕之华》也写道:"苕之华,芸其黄矣。心之忧矣,维其伤矣。苕之华,其叶青青。知我如此,不如无生!"苕,就是凌霄花。诗人看到凌霄花的凋谢、老黄,也联想到自己慢慢老去,心中不由伤悲;又看到凌霄花长势茂盛,生机盎然,而对照自己落魄,流离失所,更加痛不欲生。所以身处乱世,感物伤怀。

因此,当人的感情融入花中之后,花与人的命运就紧紧联系在一起。在《小雅·白华》首句写道:"白华菅兮,白茅束兮,之子之远,俾我独兮。""白华"被认为"菅草",用白茅草来捆它,代替它,从而使自己失宠受疏远,使我孤独。《毛诗序》解释说:"白华,周人刺幽后也。幽王娶申女以为后,又得褒姒而黜申后,故下国化之,以妾为妻,以孽代宗,而王弗能治,周人为之作诗也。"白华正是申后的自况,被视为菅草而受疏远,受冷漠,白华的高贵、玉洁此时全无,心中的忧伤、哀怨、凄凉油然而生,与花的命运紧紧联系在一起。

《诗经》中往往把花比作美人,比作美好的事,以此来诉说自己内心的感情,用景语来表达内心喜悦或不平,所以,把花的外在美和内在美相结合,以花喻人,花格和人格相联系,传达出内心的心声。花开花落,情感起伏不定,在对花的审美感受过程中,往往会自觉或不自觉地把自己内心情感表达出来。

2. 以花喻事,歌颂优良品质

美丽的花儿代表了人类许多的情感,尤其是爱情。爱情是一个永恒的主题,在《诗经》中有许多描写爱情的篇章,运用丰富的语言描绘了一幅幅优美的爱情画面。《郑风·溱洧》描写郑国的风俗,每年三月三在溱、洧举行盛大集会:"士与女,方秉蕑兮,女曰:'观乎?'士曰:'既且!''且往观乎?洧之外,洵且訏乐。'"这首用愉悦、轻松的笔调,写一对青年男女相约河边游玩的情景,并用一束兰花和一把芍药把他们情意联在一起,采兰赠药比喻男女互赠礼物以示相爱。可以看出当时人们对花的推崇和喜爱,因为芍药是中国最古老的花卉品种之一,在先秦时为第一名花。兰又叫香草名,菊科,亦名兰花,江南人以之为香祖,青年男女游春时,手执兰草,既有避不详之意,又象征自己品德芬芳如兰。诗中用采兰赠药一事来表达两相取悦,生动、活泼又意味深长。花的美丽往往赋予吉祥如意的意愿,看到美好的花儿这种感情更为强烈,表达出的情感也更为真诚。

花是美的象征。形、色、香集于一体,同时又充满了无限的生机和活力,因而博得人类的青睐。人们把花比作美人,但也比作有才能、品德高尚的人。《魏风·汾沮洳》里有"彼其之子,美如英,美如英,殊异乎公行。"《毛诗序》:"《汾沮洳》刺俭也。其君子俭以能勤,刺不得礼也。"这首诗为了"刺俭"而作,但诗中没有刺意,也没有提倡节俭之意。陈子展先生的《诗经直解》引魏源《诗古微·魏唐答问篇》:"盖叹沮洳之间,有贤者隐居在下,采疏自给,然其才德高乎在位公族、公行、公路之上。古曰虽在下位而自尊,超然其有以殊乎也。"说此诗是赞颂处于下位的人,倒有高尚品德,远胜于处于上位的贵族世禄的子弟。"美如英"就是美得像花英,而花英正是指有才能、有品德的人。这里将花英比作君子,以花喻人,赞扬高尚品德的人,是对品才兼备的人的肯定。花谢花落,不免带上伤感的情怀,自我价值得不到肯定,心中有说不完的悲伤。《小雅·四月》中写道:"山有嘉卉,侯栗侯梅。废为残贼,莫知其尤。"写出山有繁花,红梅凋谢,我心伤悲之情。方玉润《诗经原始》:"四月,逐臣南迁也。""愚谓当时大夫,必有功臣后裔,遭害被逐,远谪江滨者,故于去国之日作诗以志哀云。"写出了自己身为功臣后裔,被逐南方,红梅凋谢,意含自己不被重用,逐去远方,自我才能、价值无法实现的怨愤之情,把红梅花落化作自我遭遇不幸,用"花语"来诉说不满之情。然而红梅的桀骜、不屈、向上的性格也表达出自己积极向上的性格,提升了自己的品德。

繁盛的花往往也被比喻成盛大的场景,如《召南·何彼秾矣》中描写齐侯嫁女的盛大场面:"何彼秾矣?唐棣之华。曷不肃雝?王姬之车。何彼秾矣?华如桃李。平王之孙,齐侯之子。"

《诗三家义集疏》:"三家说曰:'齐侯嫁女,以母王姬始嫁之车远送之。'"点出齐侯嫁女时,用郁李花和桃李花的繁盛,来比喻车辆服饰富丽而堂皇,装饰奢华,以花喻事,但婚礼车辆服饰侈丽和齐侯女的"肃雝"不够形成强烈的对比,起到了讽刺的作用,以此来揭示礼制开始分崩。由此来教导统治者为君之道,重合于礼仪,提倡礼仪制度。

3. 以花喻理,咏赞生命主题

花是大自然的精灵,是生机盎然的生命象征,花的短暂是生命的延续,开花就是为了结果,能延续下一代,代代不息。因为植物有着强大的生命力,让人们为之感叹,植物一年一度开花结果,叶片无数,有着无限的生命力,古人很自然对它们产生了崇拜的心理。《周南·桃夭》中描写道:"桃之夭夭,灼灼其华。之子于归,宜其室家。"《毛诗序》解释为:"《桃夭》,后妃之所致也。不妒忌则男女以正,婚姻以时,国无鳏民也。"不过,方玉润在《诗经原始》中认为:"《桃夭》不过取其色以喻'之子',且春华初茂,即芳龄正盛时耳,故以为比。"用桃花的盛开来暗指女子的青春美貌,是最理想的新娘,会给全家带来美满兴旺,借用桃花揭示了繁衍的生命主题。

青春蕴含着生命与活力,就是我们经常把青春比喻为花季年华,也是最佳的延续后代的时节,所以处在青春年华的女子对爱情充满了希望与憧憬。不过也是一个短暂的时节,所以花的短暂也揭示了容颜易失、青春难保之情,《召南·摽有梅》中写道:"摽有梅,其实七兮。求我庶士,迨其吉兮。"梅花落,梅子黄,无人采的感伤心情;女子正在焦急等待着意中人来求,可是青春流逝的无情,佳偶难等的心情跃然而出,这首诗歌直指了追求生命延续的主题。梅花的凋落,无意中人追求,感叹生命流逝的无奈的感伤心情,从梅花到梅子,每处都诉说着生命的意识。

《诗经》中的"花语"常常点出时令,进一步诉说着生命。如《小雅·采薇》描写道:"彼尔维何?维常之华。彼路斯何?君子之车。"维常就是棠棣花。这是一首写士兵爱国与思家的复杂心态,有久戍不归的悲伤,棠棣花点出了时间。棠棣花在春天开花,使他们发出了又是一年之始的感叹,久戍不归的伤感油然而生,思家之情更为强烈。春天是万物生长的季节,对家的思念正是对自己亲人的一种期盼,也是一种担心:担心他们现在的生活以及将来的前途。戍守边疆就是为了有一个更好的生存环境,保大家就是为了小家,春天也是孕育着希望,有希望才有奋斗的动力,所以棠棣花也是一种希望之花、生命之花。所以,"花语"点出时令,从另一方面诉说着生命的主题,使诗文更具感染力。

《诗经》中对花具有一种特殊的怜爱,其实是对植物一种崇拜的心理,植物有其内在的特点和生存空间,不过它的形象已经被赋予了文学的色彩,并不单单是自然的植物,而是有着文化的内涵,是一种民族的意识,成了大自然的灵魂。

花融入《诗经》的文学作品中,其中借花拟人、以花喻事、借花达意,让人感受到花的美丽;而花的外在美和内在美的结合,使花的品质更为高雅,这正是君子品德的表现,表达出的情感更为真切,同时也引出对生命的思考。所以,诉说着无限的花语,让花根植在中国文化之中,为后来中国文学的花文化更添光彩。把人品与花格联系在一起,人格寄托于花格,花格依附于人格,形成中国文学特有的一种花的文化内涵。

4 中国传统园林名花——梅花文化

梅花（*Prunus mume*）是中国传统的名贵花木，其栽培历史已经有几千年。在漫天飞雪、万花纷谢时，唯有梅花傲然挺立，梅与松、竹同具抗严寒，斗冰雪的特性，被誉为"岁寒三友"。梅花的神、韵、姿、色、香俱佳，开花独早，花期甚长，用途广泛，品种繁多。自古以来，深受人们喜爱。此外，梅花与诗歌、文学、绘画、音乐一样有着丰富的文化底蕴，称为"梅文化"。中国古老而伟大的梅文化，显示着中华民族的精神风貌，象征着中国人民的愿望与向往。另外，梅花因其独特的生物特性和观赏特性成为中国园林中最具特色、不可或缺的植物造景材料之一，在中国古典园林中发挥了重要的作用。在现代园林植物造景中，梅花更以其特有的艺术风格为现代园林带来了无限的诗情画意。

自 20 世纪 40 年代，我国著名学者曾勉、汪菊渊、陈俊愉等就已开始研究梅花起源、种质资源、栽培品种、栽培与育种以及梅花文化等。陈俊愉将我国古代梅花栽培史分为 4 个时期，自汉初至南北朝为艺梅初盛时期，自隋初至五代为渐盛时期，宋元为兴盛时期，明清为昌盛时期。

中国梅文化的历史源远流长，梅文化深厚的意蕴对梅花造景的产生和发展起了很大的推动作用。梅花与园林要素结合，可形成"情"、"意"、"景"、"趣"交融的环境；此外，梅花与雪、月、鸟禽等结合，更能烘托梅花的清新明艳，提高园林审美情趣。在现代园林中，梅花应成为植物造景的一个重要内容。现代园林造景中应借鉴和发扬古典园林中梅花造景的优良传统及其艺术手法。

在梅花名园或专类园方面，梅花学者们研究了古代梅花名园的历史地位和文化意义，对古代最早的"三大梅花名胜"、"五大梅花名胜"等进行了考证、分析和比较，努力寻找和分析构成我国传统赏梅文化中核心的记忆载体。梅花事业的不断发展壮大，极大地丰富了我国梅花风景旅游资源，推动了传统梅花专类名胜名园旅游事业的发展。在对梅花文化和梅花精神的研究方面，前人赋予了梅花很多优良的品质，如韵胜格高，坚韧不拔，玉洁冰清，傲雪而开等意境深远的特点。今天我们重温前人从不同侧面研究我国古典梅园名胜的起源与发展，对传承和发扬梅花文化精神、发展梅花产业仍具有十分重要的历史意义和现实意义。

4.1　梅花名考和栽培历史

4.1.1　梅花名考

梅,是蔷薇科(*Rosaceae*)李属(*Prunus*)梅(梅子、青梅)或花(梅花)。今通行英译为Plum,西方人最初见梅,不知其名,以为是李,且认为来自日本,故称Japanese Plum(日本李)。我国梅花园艺学大师陈俊愉先生主张用汉语拼音,译作Mei。梅花品种繁多,花色绚丽,耐寒性极强,是我国人民自古即喜爱的园林植物。梅原产于我国西南部,东南亚的缅甸、越南等也有自然分布,朝鲜、日本等东亚国家最早引种,近代以来逐步传至欧洲、大洋洲、美洲等地。

梅花由野生杏演化而来。约3000年前,我国人民把野生杏培育驯化成家杏,或仅作赏花的品种,后者有一支迁到湖北西部和四川东部,又经培育驯化,发展成为傲视冰雪的梅花品种。梅核的遗物曾在战国墓和秦墓中被发现。

关于梅名称的由来,追溯史乘,有大量的文献记载。如《诗经·召南》:"摽有梅,其实七兮。"《书经·说命》:"若作和羹,尔惟盐梅。"——均指梅子。至于观赏为主的梅花栽培,约自西汉始。《西京杂记》记载:"汉初修上林苑,远方各献名果异树,有朱梅、胭脂梅。"又记载:"汉上林苑有侯梅、同心梅、紫蒂梅、丽友梅。"

中国境内有一些历史悠久、比较为人所知的古梅。其中有代表的是楚梅、晋梅、隋梅、唐梅和宋梅,有五大古梅之说。楚梅:在湖北沙市章华寺内,据传为楚灵王所植,如此算起至今已历2500余年,可称最古的古梅了。晋梅:在湖北黄梅江心寺内,据传为东晋名僧支遁和尚亲手所栽,距今已有1600余年。冬末春初梅开两度,人称"二度梅"(还有一个说法,因整个花期历冬春两季而得"二度梅"之名)。原木已枯,现存为近年后发的新枝。隋梅:在浙江天台山国清寺内。相传为佛教天台寺创始人智者大师的弟子灌顶法师所种,距今已有1300多年。唐梅:现在有两棵古梅并称"唐梅"。一在浙江超山大明堂院内,相传种于唐朝开元年间。一在云南昆明黑水祠内,相传为唐开元元年(公元713年)道安和尚手植。宋梅:在浙江超山报慈寺。一般梅花都是五瓣,这株宋梅却是六瓣,甚是稀奇。

4.1.2　梅花栽培历史

1. 萌芽期——秦汉至魏晋时期

梅花是中国的传统名花,在我国至少有3000年的栽培历史。不过我国古人最初植梅,不是为了观赏,而是为了食用。如《书经·商书·说命》载:"若作和羹,尔惟盐梅。"说明早在商代,我国古人已将梅子作为调味品。我国最古老的诗歌总集《诗经》多次提到梅,其中有一首《召南·摽有梅》的诗,虽是情诗,却反映出我国春秋前后梅树栽培是比较普遍的。其全文见前面3.3.1。

其中"摽有梅,其实七兮。求我庶士,迨其吉兮",是说树上的梅子已经成熟,不断掉落,数量越来越少,求婚的男士要抓紧行动,不要错过时机。

先秦是梅文化的发展初期。据考古发现及秦代文献,我国先民对梅的开发利用历史最早可以追溯到七千年前的新石器时代。这一时期梅的分布远较今天广泛,黄河流域(即当今陕西、河南、山东)一带,都应有梅的生长。上古先民主要是采集和食用梅实,又将梅实作为调味品,烹制鱼、肉。出土文物中,商、周以来铜鼎、陶罐中梅与兽骨、鱼肉同在,就是有力的证据。相应地,这一时期的文献记载也表现出对果实的关注。《尚书·说命》有"若作和羹,尔惟盐梅",以烹饪作比方,称宰相的作用好比烹调肉汤用的盐和梅(功能如醋),能中和协调各方,形成同心同德、和衷共济的社会氛围。人类对物质的认识总是从实用价值开始的,梅的花朵花色较为细小平淡,先秦时人们尚未注意。这两个典故寓意不同,却都是着眼于梅的果实,代表了梅文化最初的特点,称作梅文化的"果实实用期"。

梅花作为观赏花卉,大致起于汉代。与先秦时期有所区别,人们开始注意到梅的花朵,欣赏梅的花色花香,欣赏早春花树盛开的景象,相应的观赏活动和文化创作也逐步展开,称之为梅文化的"花色欣赏期"。如《西京杂记》载:"汉初修上林苑,远方各献名果异树,有朱梅、胭脂梅。"又载:"汉上林苑有候梅、同心梅、紫蒂梅、丽友梅。"可见当时梅花已有初步的品种分类。西汉扬雄《蜀都赋》、东汉张衡《南都赋》都写到城市行道植梅,人们所着意的仍主要是果实,并非花色。梅花引起广泛注意是从魏晋开始的。魏晋以来,梅花开始在京都园林、文人居所栽培。在晋代,梅花很常见,晋孝武帝的太极殿的梁就是用梅木做的,并命名"梅梁殿",也自这一时期,梅花成了友情的象征。据《荆州记》载:"陆凯与范晔交善,自江南寄梅花一枝诣长安与晔,并赠诗云:折花逢驿使,寄与陇头人,江南无所有,聊赠一枝春。"此后,"一枝春"便成为梅花的别号。南宋杨万里《洮湖和梅诗序》有一段著名的论述,说梅之起源较早,先秦即已知名,但"以滋不以象,以实不以华",到南北朝始"以花闻天下",说的就是梅文化发展史上这一划时代的转折。西晋潘岳《闲居赋》:"爰定我居,筑室穿池……梅杏郁棣之属,繁荣藻丽之饰,华实照烂,言所不能极也。"东晋陶渊明《蜡日》诗:"梅柳夹门植,一条有佳花。"居处都植有梅树,并有明确的观赏之意。南北朝更为明显,梅花成了人们比较喜爱的植物,观赏之风逐步兴起。乐府横吹《梅花落》开始流行,诗歌、辞赋中专题咏梅作品开始出现。如梁简文帝萧纲《梅花赋》中的"层城之宫,灵苑之中。奇木万品,庶草千丛……梅花特早,偏能识春……乍开花而傍崄,或含影而临池。向玉阶而结采,拂纲户而低枝",铺陈当时皇家园林广泛种植梅树的情景。此时,梅花图案也开始利用。东晋谢安修建宫殿,在梁画梅花表示祥瑞。每当花期,妇女们都喜欢折梅妆饰,《金陵志》云:"宋武帝女寿阳公主,人日(即正月初七)卧于含章殿檐下,梅花落于额上,成五出花,拂之不去,号'梅花妆',宫人皆效之。"这些都表明,人们对梅花的欣赏热情高涨。

这一时期,各地广为栽培梅花,有关梅花的诗文、韵事也很多。南朝诗人何逊酷爱梅花,他的咏梅诗精巧清新,轰动当时,被视作文人咏梅之祖。他曾在故居南京宴请文人学士一道赋诗赏梅,即"东阁赏梅",一时传为佳话。在南北朝时,梅花"始以花闻天下"(宋代杨万里)。此时,梅花的栽培技术有了很大的提高。在当时的名著《齐民要术》中记载了种梅、杏之法,并指出梅、杏栽种与桃、李相同。这4种植物同科同属,有许多相似的性状和习性,这个道理,早在1400余年前的南北朝,我国先人就已经知道了。

2. 发展期——隋唐时期

隋唐沿此发展,梅花在园林栽培中更为普遍,无论是园林种植、观赏游览,还是诗歌创作都愈加活跃。中唐以来,梅花开始出现在花鸟画中,显示了装饰、欣赏意识的进一步发展。隋开皇时人赵师雄在罗浮山中的大梅树下有过"罗浮梦",后来诗文中便以"罗浮梦"喻指梅花,语之成典。唐代国泰民安,梅花盛产于长江流域,以江浙一带最有名,如苏州的邓尉、杭州西湖孤山等地都有规模较大的梅园,成为当时植梅赏梅的胜地。著名诗人白居易在《忆杭州梅花》中赞道:"三年闲闷在余杭,曾为梅花醉几场,伍相庙边繁似雪,孤山园里丽如妆。"唐代咏梅之作在数量和质量上较以前都大有提升。杜甫、李白、韩愈、杜牧、柳宗元、白居易、张九龄、李商隐等名家,均有咏梅的诗篇,并且诗的含意也由南北朝哀怨缠绵的基调过渡到赞扬梅花的品格。例如,来鹄的"占得早芳何所利? 与他霜雪助威棱";齐己的"万木冻欲折,孤根暖独回"等,都歌颂了梅花傲霜斗雪的风姿。相传唐玄宗时贤臣宋璟,少年时两度应试未中,一度沮丧消沉。一日见墙隅古梅,冒寒而放,由此启迪立志奋发,终于名扬天下。唐代在梅花品种方面,除江梅、宫粉梅外,又培育出了朱砂梅。明朝的俞宗本,很懂得遵循科学规律种树,并把自己的经验撰成《种树书》一书,其中介绍了一种移栽大梅树之法,此法我们至今还在运用。

3. 繁盛期——宋元、明清时期

与前一阶段不同的是,人们对梅花的欣赏并不仅仅停留在花色、花香这些外在形象上,而是开始深入把握其个性特色,发现其品格神韵。甚至人们并不只是一般的喜爱、观赏,而是赋予其崇高的品德、情趣象征意义,视作人格的"图腾"、性情的偶像、心灵的归宿。梅花与松、竹、兰、菊等一起,成了我们民族性格与传统文化精神的经典象征和"写意"符号。正是考虑这些审美认识和文化情趣上的新内容,我们将这一阶段称为梅文化的"文化象征期"。

开创这一新兴趋势的是宋真宗时期文人林逋(967—1028)。他性格高洁,隐居西湖孤山数十年,足迹不入城市,种梅放鹤,人称"梅妻鹤子"。他有《山园小梅》等咏梅作品八首,以隐者的心志、情趣去感觉、观照和描写梅花,其中"疏影横斜水清浅,暗香浮动月黄昏"等名句,抒发梅花"暗香""影"的独特形象和闲静、疏淡、幽逸的高雅气格,形神兼备,韵味十足,寄托着山林隐逸之士幽娴高洁、超凡脱俗的人格精神。稍后苏轼特别强调"梅格",其宦海漂泊中的咏梅之作多以林下幽逸的"美人"作比拟,所谓"月下缟衣来扣门","玉雪为骨冰为魂",进一步凸显了梅花高洁、幽峭而超逸的品格特征。这一由林逋开始,由清新素洁到幽雅高逸,由物色欣赏到品格寄托的转变,是梅花审美认识史上质的飞跃,有着划时代的意义,从此梅花的地位急剧提高。

相应的文化活动与思想认识,也进入鼎盛状态,体现在园艺、文学、绘画、日常生活等许多领域。此时梅诗、梅文卷帙浩繁,梅画、梅书盛极一时。北宋已有《梅苑》总集出现;南宋诗人陈曦颜搜集前人咏梅诗有800首之多。爱国诗人陆游所作的咏梅诗可供查考的就有130余首,他爱梅如痴如醉,曾发出"何方可化身千亿,一树梅花一放翁"的痴语。宋时梅花品种在唐代品种的基础上,又培育出玉蝶梅、绿萼梅、杏梅等。南宋诗人范成大是位赏梅、咏梅、艺梅、记梅的名家,曾在苏州石湖辟范村搜集梅花品种,而且编写了一部《梅谱》。该谱是中国乃至世界上最早的梅花科技专著,其中介绍了梅花品种性状及嫁接梅花的方法,并指出梅与蜡梅的不同。

南宋可以说是梅文化的全面繁荣阶段。京师南迁杭州后,全社会艺梅爱梅成风,不仅皇家、贵族园林有专题梅花园景,一般士人舍前屋后、院角篱边三三两两的孤株零植更是普遍,加之山区、平原乡村丰富的野生资源,使梅花成了江南地区最常见的花卉,也逐步上升为全社会的最爱:"呆女痴儿总爱梅,道人衲子亦争栽","便佣儿贩妇,也知怜惜"。梅花被推为群芳之首、花品至尊,"秾华敢争先,独立傲冰雪。故当首群芳,香色两奇绝","梅,天下尤物无问智贤愚不肖,莫敢有异议。学圃之士,必先种梅,且不厌多。他花有无多少,皆不系轻重",在咏梅文学热潮中,梅花的人格象征意义进一步深化,人们不仅以高雅的"美人"作比喻,而且以"高士"有气节、有风骨的"君子"来比拟。梅花成了众美毕具、至高无上的象征形象,奠定了在中国文化中的崇高地位。

元代虽遇兵乱,但艺梅、咏梅之风未衰。梅花被引种到了元大都即今北京地区,改变了燕地自古无梅的格局。梅花品格象征中气节意识进一步加强,理学思想进一步渗透,梅花被更多地与易经、太极、太极图、阴阳八卦等理论学说联系在一起。元代的王冕,爱梅成癖,隐居九里山,植梅上千株,自题居室为"梅花屋",他的墨梅画及墨梅诗均名扬天下。杨维桢的"万花敢向雪中出,一树独先天下春"历来脍炙人口。此外,诗人赵孟頫、谢宗可等皆有咏梅的名作。在昆明曹溪寺有一株元代种下的梅树,经考证,该古树确系 700 余年,由此可见元代植梅的普及。

明清两代是高潮后的凝定期,主要表现为对传统的继承和发扬,不仅艺梅规模有所扩大,而且技术水平也有提高,特别是梅花的新品种大量涌现,这均反映在书、文、诗、画中。如明代王象晋的《群芳谱》就记载梅花品种约 20 个,各附记载简单。书中对梅花的栽培、繁殖等项,亦各有若干论述。在此前后,周文华的《汝南圃史》、徐光启的《农政全书》,皆列记若干梅花品种。至清代梅花栽培益盛,品种增多,绘事尤繁。清代陈淏所撰的《花镜》,记载梅花品种 21 个,其中台阁梅、照水梅乃前所未有。梅花的栽培区域以江南为重心进一步拓展,新的野生梅资源不断被发现,梅花成了广泛分布的园艺品种。随着人口的增加,梅的规模种植增加,产生了不少"连绵十里"的梅海景观。文学艺术中的梅花题材创作依然普遍,尤其是绘画中,梅花作为"四君子"之一广受青睐。以琴曲《梅花三弄》为代表的音乐广泛流行。而清朝的"扬州八怪"中,以咏梅、画梅著称者,不乏其人,其中的金农、李方庸等即是以善于画梅而名扬四海。普通民众对梅花的喜爱不断增强,红梅报春、梅开夺魁、古梅表寿等吉祥寓意大行其道,成了各类装饰工艺中最常见的图案。这些都进一步显示了梅文化的普及和繁荣。可见明清时期,梅花在人们心目中的地位。

4. 成熟期——近现代

我国梅文化的悠久传统在现代社会得到了继承和发展,梅文化影响深入人心。辛亥革命之后,梅花栽培又有新发展,品种也有所增添。如《华阳县志》记有成都梅花品种 8 个。这时沪、宁、苏、杭、扬、(无)锡、渝、穗、汉、昆等私家园林中植梅颇多。北伐战争胜利后,南京国民政府曾创议梅花为"国花",并正式通令全国作为徽饰图案,最终被当时社会公认为"国花"。这一时期不少著名画家都特别钟爱梅花。吴昌硕为晚清遗老,爱梅成癖,题梅画诗云"十年不到香雪海,梅花忆我我忆梅",去世后葬在风景名胜杭州超山十里梅海之中。齐白石将住所命名为"百梅书屋",张大千自喻"梅痴",他们都留下了许多梅花题材的画作。京剧表演艺术家梅兰芳姓梅亦爱梅,取姜夔《疏影》中"苔枝缀玉"句,将自己在北京的居室命名为"缀玉轩"。汪菊渊、陈俊愉 1945 年拟定了中国梅花各类品种检索表,以成都 20 个品种为例,进行了中国梅花品种科学分类的首次尝试。1947 年 2 月,在沪举行了我国第一届梅花展览会。

中华人民共和国成立后,受到无产阶级革命思想和传统道德品格意识的潜在熏陶,人们对梅花的喜爱和推崇都要远过于其他花卉。因此,梅花栽培的规模与技术有了飞跃发展,品种也迅猛增加。从 1958 年起,除特殊情况外,每年春节在武汉东湖风景区均会举办梅花展览会。近年南京、无锡、上海、合肥等城市亦常组织梅花展,受到群众的热烈欢迎。毛泽东主席特别爱好梅花,有《卜算子·咏梅》(风雨送春归)等词作,产生了巨大的社会影响,咏梅、红梅、玉梅、冬梅、笑梅、爱梅之类的人名、店名、地名、商标风靡全国。与古人重视白色江梅不同,由于我国红色革命的政治思想传统,人们热情颂美多种红梅,这也可以说是特有的时代色彩。梅花曾一度是硬币装饰图案,1992年,我国发行的金属流通币装饰图案,一元是牡丹,五角是梅花,一角是菊花。这都反映了我国人民对梅花作为民族精神和国家气节之象征的高度认同。

同时,我国人民对梅花的科学研究和文艺创作也取得了不少的成就。早在1942年园艺学家曾勉就发表了《梅花——中国的国花》,对我国梅艺历史、梅花主品种、品种分类体系等进行专题论述。北京林业大学陈俊愉院士对梅花的热爱既在于专业研究的责任,更有几分品格情趣的契合。他用几十年心血研究梅花,在梅花品种分类、品种培育和"南梅北移"等方面做出了杰出的贡献,主要有《中国梅花品种图志》《梅花漫谈》等著作。他长期担任中国花协梅花蜡梅分会会长,1997年当选中国工程院院士,人称"梅花院士",1998年被国际园艺学会任命为梅品种国际登录权威,这是中国首次获得国际植物品名登录殊荣。画家于希宁(1913—2007)别号"梅痴",斋号"劲松寒梅之居",精通诗、书、画、篆刻之道,擅长画花,尤擅画梅,曾多次赴苏州邓尉、杭州超山、天台国清寺等地写生,所作墨梅多以整树入,古干虬枝盘曲画面,繁简兼施,并自觉融会草书篆刻、山水皴擦、赭青渲染诸法,意境生动而个性鲜明,为当代画梅大家,有《于希宁画集·梅花卷》《论画梅》等著作。古琴演奏家张子谦也爱梅花,其《梅花三弄》是根据清代《蕉庵琴谱》打谱的广陵派琴曲,将梅花迎风摇曳、坚韧不拔的品格表现得淋漓尽致,曾自赋《咏梅》诗云:"一树梅花手自栽,冰肌玉骨绝尘埃。今年嫩蕊何时放,不听琴声不肯开。"其爱梅可见一斑。这些名流对梅花的热忱是我国人民爱梅风尚的缩影,他们卓越的科学研究和文艺创作成就对梅文化的传播和弘扬无疑又是有力的表率和促进。

4.2　梅花的诗词和歌曲

4.2.1　梅花诗词

1. 南北朝、唐、五代
谢燮

早梅

迎春故早发,独自不疑寒。
畏落众花后,无人别意看。

庾信

梅花

当年腊月半,已觉梅花阑。
不信今春晚,俱来雪里看。

树动悬冰落，枝高出手寒。
早知觅不见，真悔著衣单。

谢朓

咏落梅

新叶初冉冉，初蕊新霏霏。
逢君后园谶，相随巧笑归。
亲劳君玉指，摘以赠南威。
用持插云髻，翡翠比光辉。
日暮长零落，君恩不可追。

萧纲

雪里觅梅花

绝讶梅花晚，争来雪里窥。
下枝低可见，高处远难知。
俱羞惜腕露，相让道腰羸。
定须还剪彩，学作两三枝。

陆凯

赠范晔

折花逢驿使，寄与陇头人。
江南无所有，聊赠一枝春。

卢照邻

横吹曲辞·梅花落

梅岭花初发，天山雪未开。
雪处疑花满，花边似雪回。
因风入舞袖，杂粉向妆台。
匈奴几万里，春至不知来。

李峤

梅

大庾敛寒光，南枝独早芳。
雪含朝暝色，风引去来香。
妆面回青镜，歌尘起画梁。
若能遥止渴，何暇泛琼浆。

杨炯

梅花落

窗外一株梅，寒花五出开。

影随朝日远，香逐便风来。

泣对铜钩障，愁看玉镜台。

行人断消息，春恨几裴回。

沈佺期

横吹曲辞·梅花落

铁骑几时回，金闺怨早梅。

雪中花已落，风暖叶应开。

夕逐新春管，香迎小岁杯。

感时何足贵，书里报轮台。

张说

正朝摘梅

蜀地寒犹暖，正朝发早梅。

偏惊万里客，已复一年来。

张九龄

庭梅咏

芳意何能早，孤荣亦自危。

更怜花蒂弱，不受岁寒移。

朝雪那相妒，阴风已屡吹。

馨香虽尚尔，飘荡复谁知。

张谓

早梅

一树寒梅白玉条，迥临村路傍溪桥。

不知近水花先发，疑是经冬雪未销。

王维

杂咏

已见寒梅发，复闻啼鸟声。

心心视春草，畏向阶前生。

杜甫

江梅

梅蕊腊前破，梅花年后多。

绝知春意好,最奈客愁何?

雪树元同色,江风亦自波。

故园不可见,巫岫郁嵯峨。

白居易

新栽梅

池边新栽七株梅,欲到花时点检来。

莫怕长洲桃李妒,今年好为使君开。

忆杭州梅花,因叙旧游,寄萧协律

三年闲闷在余杭,曾为梅花醉几场。

伍相庙边繁似雪,孤山园里丽如妆。

蹋随游骑心长惜,折赠佳人手亦香。

赏自初开直至落,欢因小饮便成狂。

薛刘相次埋新垄,沈谢双飞出故乡。

歌伴酒徒零散尽,唯残头白老萧郎。

刘禹锡

庭梅咏寄人

早花常犯寒,繁实常苦酸。

何事上春日,坐令芳意阑?

夭桃定相笑,游妓肯回看!

君问调金鼎,方知正味难。

柳宗元

早梅

早梅发高树,迥映楚天碧。

朔吹飘夜香,繁霜滋晓白。

欲为万里赠,杳杳山水隔。

寒英坐销落,何用慰远客。

元稹

赋得春雪映早梅

飞舞先春雪,因依上番梅。

一枝方渐秀,六出已同开。

积素光逾密,真花节暗催。

抟风飘不散,见睍忽偏摧。

郢曲琴空奏,羌音笛自哀。

今朝两成咏,翻挟昔人才。

朱庆馀

早梅

天然根性异，万物尽难陪。

自古承春早，严冬斗雪开。

艳寒宜雨露，香冷隔尘埃。

堪把依松竹，良涂一处栽。

杜牧

梅

轻盈照溪水，掩敛下瑶台。

妒雪聊相比，欺春不逐来。

偶同佳客见，似为冻醪开。

若在秦楼畔，堪为弄玉媒。

和凝

望梅花

春草全无消息，腊雪犹馀踪迹。

越岭寒枝香自坼，冷艳奇芳堪惜。

何事寿阳无处觅，吹入谁家横笛。

李煜

梅花

殷勤移植地，曲槛小栏边。

共约重芳日，还忧不盛妍。

阻风开步障，乘月溉寒泉。

谁料花前后，蛾眉却不全。

失却烟花主，东君自不知。

清香更何用，犹发去年枝。

李煜

清平乐·别来春半

别来春半，触目柔肠断。

砌下落梅如雪乱，拂了一身还满。

雁来音信无凭，路遥归梦难成。

离恨恰如春草，更行更远还生。

王适

江上梅

忽见寒梅树，花开汉水滨。

不知春色早，疑是弄珠人。

崔道融

梅花

数萼初含雪，孤标画本难。

香中别有韵，清极不知寒。

横笛和愁听，斜枝倚病看。

朔风如解意，容易莫摧残。

蒋维翰

梅花

白玉堂前一树梅，今朝忽见数花开。

几家门户寻常闭，春色因何入得来。

2. 宋

鲍照

梅花落

中庭多杂树，偏为梅咨嗟。

问君何独然？

念其霜中能作花，露中能作实。

摇荡春风媚春日，念尔零落逐风飔，徒有霜华无霜质！

欧阳修

蝶恋花·帘幕东风寒料峭

帘幕东风寒料峭。

雪里香梅，先报春来早。

红蜡枝头双燕小。

金刀剪彩呈纤巧。

旋暖金炉薰蕙藻。

酒入横波，困不禁烦恼。

绣被五更春睡好。

罗帏不觉纱窗晓。

王安石

与薛肇明弈棋赌梅花诗输一首

华发寻春喜见梅，一株临路雪倍堆。

凤城南陌他年忆,香杳难随驿使来。

苏轼

再和杨公济梅花十绝

长恨漫天柳絮轻,只将飞舞占清明。
寒梅似与春相避,未解无私造物情。

苏轼

赠岭上梅

梅花开尽百花开,过尽行人君不来。
不趁青梅尝煮酒,要看细雨熟黄梅。

苏轼

红梅

年年芳信负红梅,江畔垂垂又欲开。
珍重多情关令尹,直和根拨送春来。

黄庭坚

次韵中玉早梅二首(一)

梅蕊争先公不嗔,知公家有似梅人。
何时各得自由去,相逐扬州作好春。

黄庭坚

次韵中玉早梅二首(二)

折得寒香不露机,小窗斜日两三枝。
罗帷翠幕深调护,已被游蜂圣得知。

黄庭坚

刘邦直送早梅水仙花四首(一)

簸船繉缆北风嗔,霜落千林憔悴人。
欲问江南近消息,喜君贻我一枝春。

黄庭坚

刘邦直送早梅水仙花四首(二)

探请东皇第一机,水边风日笑横枝。
鸳鸯浮弄婵娟影,白鹭窥鱼凝不知。

黄庭坚

虞美人·宜州见梅作

天涯也有江南信。
梅破知春近。
夜阑风细得香迟。
不道晓来开遍、向南枝。

玉台弄粉花应妒。
飘到眉心住。
平生个里愿杯深。
去国十年老尽、少年心。

3. 元
王冕

白梅

冰雪林中著此身，
不同桃李混芳尘。
忽然一夜清香发，
散作乾坤万里春。

陶宗仪

题画墨梅

明月孤山处士家，
湖光寒浸玉横斜。
似将篆籀纵横笔，
铁线圈成个个花。

王冕

梅花

三月东风吹雪消，
湖南春色翠如浇。
一声羌笛无人见，
无数梅花落野桥。

王冕

墨梅

吾家洗砚池头树，
个个花开淡墨痕。
不要人夸好颜色，
只留清气满乾坤。

4．明

道源

早梅

万树寒无色，
南枝独有花。
香闻流水处，
影落野人家。

方孝孺

画梅

微雪初消月半池，
篱边遥见两三枝。
清香传得天心在，
未话寻常草木知。

赵友同

宋徽宗画半开梅

上皇朝罢酒初酣，
写出梅花蕊半含。
惆怅汴宫春去后，
一枝流落到江南。

陈道复

画梅之一

竹篱巴外野梅香，
带雪分来入醉乡。
纸张独眠春自在，
漫劳车马笑人忙。

陈道复

画梅之二

梅花得意占群芳，
雪后追寻笑我忙。
折取一枝悬竹杖，
归来随路有清香。

5. 清

汪士慎

题梅花

小院栽梅一两行，
画空疏影满衣裳。
冰华化雪月添白，
一日东风一日香。

项圣谟

咏梅

横窗惊见一枝枝，
清影纷披月上时。
坐到黄昏看到老，
不知吟就几多诗。

郑燮

山中雪后

晨起开门雪满山，
雪晴云淡日光寒。
檐流未滴梅花冻，
一种清孤不等闲。

4.2.2 梅花文化相关典籍节选

咏梅《诗经》国风·召南·摽有梅

摽有梅，其实七兮。求我庶士，迨其吉兮。
摽有梅，其实三兮。求我庶士，迨其今兮。
摽有梅，顷筐塈之。求我庶士，迨其谓之。

译文：

梅子落地纷纷，树上还留七成。有心求我的小伙子，请不要耽误良辰。
梅子落地纷纷，枝头只剩三成。有心求我的小伙子，到今儿切莫再等。
梅子落地纷纷，收拾要用簸箕。有心求我的小伙子，快开口莫再迟疑。

《眉山诗集》卷一·惜梅赋

唐伯虎

阆中县庭有梅树甚大，正当庭中。出入者患之，有劝予以伐去者，为作《惜梅赋》。

县庭有梅株焉，吾不知植于何时，荫一亩。其疏疏，香数里；其披披。侵小雪而更繁，得胧月而益奇。然生不得其地，俗物涸其幽姿。前胥吏之纷挐，后囚系之嘤咿。虽物性之自适，揆人意而非宜。既不得荐嘉实于商鼎，效微劳于魏师。又不得托孤根于竹间，遂野性于水涯。恨驿使之未逢，惊羌笛之频吹。恐飘零之易及，虽清绝而安施？客犹以为妨贤也，而讽余以伐之。嗟夫！吾闻幽兰之美瑞，乃以当户而见夷。兹昔人所短顾，仁者之不为。吾迁数步之行，而假以一席之地，对寒艳而把酒，嗅清香而赋诗，可也。

译文：

在县衙庭院中有一株不知何时栽植的梅花，生长得十分的繁茂。它的树冠遮盖面积稀稀疏疏大约有方圆一亩；花开时它的花香飘动起来要传几里路远。越是雪花飘飘寒冷的时候，它的花开得越繁茂；在明月当空的夜晚梅花会显得更加神奇美妙。然而遗憾的是这株梅花生长的地方不好，在它四周堆满的杂物使梅花幽雅的姿态也受到了玷污。在它的前面不时会传来县衙上衙役们拘拿犯人的吆喝声；在它的后面又不时地会传来犯人们低声的呻吟和哭泣。虽然梅花的物性能适宜环境而生长，然而如果按照我们人的心意去揣度，这样的环境是并不适宜它的生长的。生长在这样的环境里，梅花既不能结出好的果实用来献祭庄严隆重的大典，也不能以望梅止渴这样微小的功效来激励魏国的军队；但是它又不能将自己寄托在竹林之间，也不能顺着自己的本性生长在溪水的边上。在这里我深深地怅恨还没有遇上梅花开放的时节，反而被那频频传来的悲凉的羌笛声所惊悚。我担心梅花一旦开放也会很快败落飘零啊，虽然梅花的花瓣是那样的清丽幽绝，但又有什么地方能用来安置它们呢？有来访的客人认为它有可能妨碍有贤德人，因而劝我将它砍掉。唉！我听说即使是幽美祥瑞的兰花，也会因为它对着门户而被铲除。这都是过去那些具有浅薄顾虑的人所干的事，作为有仁德的人是不会去这样做的。我宁愿绕行数步，给它以一席之地来让它生长，这样我随时都有机会面对着清艳孤傲的梅花，端着酒杯来赏花饮酒，嗅着梅花的清香来吟诗作赋，这难道不是一桩很好的雅事吗？

《齐东野语》卷十五·玉照堂梅品

张　镃

梅花为天下神奇，而诗人尤所酷好。淳熙岁乙巳，予得曹氏荒圃于南湖之滨，有古梅数十散缀，地十亩。移种成列，增取西湖北山别圃红梅，合三百余本，筑堂数间以临之，又挟以两室，东植千叶缃梅，西植红梅，各一二十章，前为轩楹如堂之数。花时居宿其中，环洁辉映，夜如对月，因名曰玉照。复开涧环绕，小舟往来，未始半月舍去。自是客有游桂隐者，必求观焉。顷者太保周益公秉钧，予尝造东阁坐定，首顾予曰："一棹径穿花十里，满城无此好风光。"盖予旧诗尾句。众客相与歆艳。于是游玉照者又必求观焉。值春凝寒，反能留花，过孟月始盛。名人才士，题咏层委，亦可谓不负此花矣。但花艳并秀，非天时清美不宜，又标韵孤特，若三闾、首阳二子，宁桥山泽，终不肯颉首屏气，受世俗湔拂。间有身亲貌悦，而此心落落不相领会，甚至于污亵附近略不自揆者，花虽眷客，然我辈胸中空惆，几为花呼叫称冤，不特三叹而足也。因审其性情，思所以为奖护之策，凡数月乃得之。今疏花宜称、憎嫉、荣宠、屈辱四事，总五十八条，揭之堂上，使来者有所警省，且示人徒知梅花之贵而不能爱敬也，使与予之言传布流诵亦将有愧色云。

花宜称，凡二十六条：

为澹阴；为晓日；为薄寒；为细雨；为轻烟；为佳月；为夕阳；为微雪；为晚霞；为珍禽；为孤鹤；为清溪；为小桥；为竹边；为松下；为明牎；为疏篱；为苍崖；为绿苔；为铜瓶；为纸帐；为林间吹笛；为膝上横琴；为石枰下棋；为扫雪煎茶；为美人澹妆簪戴。

花憎嫉，凡十四条：

为狂风；为连雨；为烈日；为苦寒；为丑妇；为俗子；为老鸦；为恶诗；为谈时事；为论差除；为花径喝道；为对花张绯幙；为赏花动鼓板；为作诗用调羹驿使事。

花荣宠，凡六条：

为烟尘不染；为铃索护持；为除地镜净、落办不淄；为王公旦夕留盼；为诗人阁笔评量；为妙妓澹妆雅歌。

花屈辱，凡十二条：

为主人不好事；为主人悭鄙；为种富家园内；为与俺婢命名；为蟠结作屏；为赏花命猥奴；为庸僧牎下种；为酒食店内插瓶；为树下有狗矢；为枝下晒衣裳；为青纸屏粉尽；为生猥巷秽沟边。

梅品终。

文章大意：

第一部分是序，谈及作者购地植梅造园的过程，梅园建得相当出色，用他自己的诗句来描绘，便是"一棹径穿花十里，满城无此好风光"，竟招引来赏梅客人络绎不绝，更有名人才士题咏风雅，然而，在客人当中也有品梅不得要领，缺乏赏梅的基本文化素养，"胸中空洞"，"而此心落落不相领会，甚至于污亵附近，略不自揆者"。为了使客人们更好地品玩梅花那高洁淡雅、"标韵孤特"的脱俗神韵，特别是使那些"徒知梅花之贵而不能爱敬"的庸俗之辈"有所警省"，他特列出品梅的 58 条基本标准，高高地张贴在梅园的主体建筑"玉照堂"当中。

第二部分是正文。

第一个是"花宜称"26 条。"宜称"，合适，相称。"花宜称"的意思是：对于赏梅品梅最合适、最相称的条件。这 26 条分别是：淡阴，晓日，薄寒，细雨，轻烟，佳月，夕阳，微雪，晚霞，珍禽，孤鹤，清溪，小桥，竹边，松下，明窗，疏篱，苍崖，绿苔，铜瓶，纸帐，林间吹笛，膝上横琴，石枰下棋，扫雪煎茶，美人淡妆簪戴。

第二个是"花憎嫉"14 条。"憎嫉"，厌恶，憎恨。"花憎嫉"的意思是：对于赏梅品梅来说最令人厌恶和憎恶的事情：狂风，连雨，烈日，苦寒，丑妇，俗子，老鸦，恶诗，谈时事，论差除，花径喝道，花时张绯幕，赏花动鼓板，作诗用调羹驿使事。

第三个是"花荣宠"6 条。"荣宠"，光荣，荣耀，尊崇，恩宠。"花荣宠"意思是：对于赏梅品梅来说，最使梅花感到荣耀和尊宠的事情：烟尘不染，铃索护持，除地径净，落瓣不测，王公旦夕留盼，诗人搁笔评量，妙妓淡妆雅歌。

第四个是"花屈辱"12 条。"屈辱"，委屈和耻辱。"花屈辱"意思是：对于赏梅品梅来说最使梅花感到委屈和耻辱的事情：主人不好事，主人悭鄙，种富家园内，与粗碑命名，蟠结作屏，赏花命猥奴，庸僧窗下种，酒食店内插瓶，树下有狗屎，枝上晒衣裳，青纸屏粉画，生猥巷秽沟边。

《范村梅谱》

范成大

梅，天下尤物。无问智贤愚不肖，莫敢有异议。学圃之士，必先种梅，且不厌多。他花有无多少，皆不系重轻。余于石湖玉雪坡，既有梅数百本，比年又于舍南买王氏僦舍七十楹。尽拆除之，治为范村。以其地三分之一与梅。吴下栽梅物盛，其品不一，今始尽得之，随所得为之谱，以遗好事者。

江梅

遗核野生，不经栽接者，又名直脚梅，或谓之野梅。凡山间水滨荒寒清绝之趣，皆此本也。花稍小而疏瘦，有韵，香最清，实小而硬。

早梅

早梅胜直脚梅，吴中春晚二月始烂漫，独此品于冬至前已开，故得早名。钱塘湖上亦有一种，尤开早。余尝重阳日亲折之，有"横枝对菊开"之句。行都卖花者争先为奇。冬初折未开枝，置浴室中，熏蒸令拆，强名早梅，终琐碎无香。

余顷守桂林。立春梅已过，元夕则尝青子，皆非风土之正。杜子美诗云："梅蕊腊前破，梅花年后多。"惟冬春之交，正是花时耳。

官城梅

吴下圃人以直脚梅择他本花肥实美者接之，花遂敷腴，实亦佳，可入煎造。唐人所称官梅，止谓"在官府园圃中"，非此官城梅也。

消梅

花与江梅官城梅相似，其实圆小松脆，多液无滓。多液则不耐日干，故不入煎造，亦不宜熟，惟堪青噉。北梨亦有一种轻松者名消梨，与此同意。

古梅

会稽最多，四明、吴兴亦间有之。其枝樛曲万状，苍藓鳞皴，封满花身。又有苔须垂于枝间，或长数寸，风至，绿丝飘飘可玩。初谓古木久历风日致然。详考会稽所产，虽小株亦有苔痕，盖别是一种，非必古木。余尝从会稽移植十本，一年后，花虽盛发，苔皆剥落殆尽。其自湖之武康所得者，即不变移。风土不相宜，会稽隔一江，湖苏接壤，故土宜或异同也。凡古梅多苔者，封固花叶之眼，惟鑢隙间始能发花。花虽稀而气之所钟，丰腴妙绝。苔剥落者，则花发仍多，与常梅同。

去成都二十里，有卧梅，偃蹇十余丈，相传唐物也，谓之梅龙。好事者载酒游之。清江酒家有大梅如数间屋，傍枝四垂，周遭可罗坐数十人。任子严运使买得，作凌风阁临之。因遂进筑大圃，谓之盘园。余生平所见梅之奇古者，惟此两处为冠。随笔记之，附古梅后。

重叶梅

花头甚丰，叶重数层，盛开如小白莲，梅中之奇品。花房独出，而结实多双，尤为瑰异。极梅之变，化工无余巧矣。近年方见之。蜀海棠有重叶者，名莲花海棠，为天下第一，可与此梅作对。

绿萼梅

凡梅花跗蒂皆绛紫色，惟此纯绿，枝梗亦青，特为清高。好事者比之九疑仙人萼绿华。京师艮岳有萼绿华堂，其下专植此本。人间亦不多有，为时所贵重。吴下又有一种，萼亦微绿，四边犹浅绛，亦自难得。

百叶缃梅

亦名黄香梅，亦名千叶香梅。花叶至二十余瓣，心色微黄，花头差小而繁密，别有一种芳香，比常梅尤秾美，不结实。

红梅

粉红色。标格犹是梅，而繁密则如杏，香亦类杏。诗人有"北人全未识，浑作杏花看"之句。与江梅同开，红白相映，园林初春绝景也。梅圣俞诗云："认桃无绿叶，辨杏有青枝。"当时以为著题。东坡诗云："诗老不知梅格在，更看绿叶与青枝。"盖谓其不韵，为红梅解嘲云。承平时，此花独盛于姑苏。晏元献公始移植西冈圃中。一日，贵游赂园吏，得一枝分接，由是都下有二本。尝与客饮花下，赋诗云："若更开迟三二月，北人应作杏花看。"客曰："公诗固佳，待北俗何浅耶？"晏笑曰："伧父安得不然。"王琪君玉，时守吴郡，闻盗花种事，以诗遗公曰："馆娃宫北发精神，粉瘦琼寒露蕊新。园吏无端偷折去，凤城从此有双身。"

当时罕得如此。比年展转移接，殆不可胜数矣。世传吴下红梅诗甚多，惟方子通一篇绝唱，有"紫府与丹来换骨，春风吹酒上凝脂"之句。

鸳鸯梅

多叶红梅也。花轻盈，重叶数层，凡双果，必并蒂，惟此一蒂而结双梅。亦尤物。

杏梅花

比红梅色微淡，结实甚圖，有斓斑色，全似杏味，不及红梅。

蜡梅

本非梅类，以其与梅同时，香又相近，色酷似蜜脾，故名蜡梅。凡三种，以子种出不经接，花小香淡，其品最下，俗谓之狗蝇梅。经接，花疏，虽盛开花常半含，名磬口梅，言似僧磬之口也。最先开，色深黄，如紫檀，花密香秾，名檀香梅，此品最佳。蜡梅香极清芳，殆过梅香，初不以形状贵也，故难题咏。山谷、简斋但作五言小诗而已。此花多宿叶，结实如垂铃，尖长寸余，又如大桃奴，子在其中。

后序：

梅以韵胜，以格高，故以横斜疏瘦与老枝怪奇者为贵。其新接稚木，一岁抽嫩枝直上，或三四尺，如酴醾、蔷薇辈者，吴下谓之气条，此直宜取实规利，无所谓韵与格矣。又有一种粪壤力胜者，于条上苗短横枝，状如棘针，花密缀之，亦非高品。近世始画墨梅，江西有杨补之者，尤有名。其徒仿之者实繁。观杨氏画，大略皆气条耳。虽笔法奇峭，去梅实远。惟廉宣仲所作，差有风致。世鲜有评之者，余故附之谱后。

译文：

梅花是天下公认最美好的事物，无论聪慧贤明，还是愚笨不才的人，都不会对此抱有不同的看法。学习园林圃艺之人，一定得先学会种植梅花，而且数量不厌其多，其他花卉有无栽种和数量多少，反而显得无足轻重了。我在石湖玉雪坡已种有数百株梅花，近年来又在房子南边买了王氏用来租赁的房屋七十间，将它们全部拆除，翻建为"范村"，并拿出三分之一的地方来种梅。苏州地区栽种梅花十分兴盛，品种也形形色色，这次才搜集齐全，我根据搜集所得撰写了这部梅花专谱，留给爱好园艺和赏梅的人浏览。

江梅，是遗留种核落地自然生长，没有经过嫁接和栽培的品种，又叫作直脚梅，有的称其为野梅，但凡在山谷间水溪边，荒凉清幽地方开放的，都是这种梅花。花朵稍小但清瘦且有姿韵，芳香最是清雅，果实小而坚硬。

早梅的花要胜过直脚梅。苏州一带春天来得晚，到二月春花才开始绚丽多彩，唯有该品种梅花在冬至前就已绽放，因此得名"早梅"。钱塘湖上也有一种早梅，开花特别早，我曾经在重阳节那天亲手采摘，并赋有"横枝对菊开"的诗句。杭州的卖花人争相以先得早梅为奇，刚入冬便折下还没开放的枝条，放在洗澡的内室，用热气蒸腾，催它开花，强行称作早梅，但终归细小而无香味。我不久前出任桂林地方官时，当地立春时梅花就已经开败，元宵节时则品尝梅子，这些都不能算是正常风土下梅花的花期。杜甫的诗中写道："梅蕊腊前破，梅花年后多。"这是说梅花的骨朵在腊月前开苞，年节过后花越开越多。只有冬春交替之际，方才是梅花绽开的时节。

官城梅，是由江苏一带的园艺花匠用直脚梅作砧木，再选取花朵肥大、果实甘美的品种嫁接而成的，因此官城梅的花朵盛大，果实也佳，可以煎水熬汤，加工利用。唐代人所说的官梅，仅是指栽种在官府园林花圃中的梅花，并不是这里所说的官城梅。

消梅的花与江梅、官城梅的花相似。它的果实形圆，小而酥脆，多汁液没有渣滓。汁液较多则不耐晒干，因此不用于煎熬加工，也不宜煮熟食用，只能够新鲜生食。北方的梨中也有一种果大而质地松脆的，名叫消梨，取意与此相同。

古梅，以会稽地区最多，四明、吴兴也偶有分布。古梅的枝干弯曲虬盘，峥嵘多变，苍青色的苔藓有如鳞片一般密密麻麻地贴满梅树的全身。又有一些苔须在枝间垂下，有的可长达数寸，当轻风摇曳，绿丝飘拂，十分有趣。刚开始以为古树久经风吹日晒才导致如此，待详细研究了会稽所产的古梅后，方知道即便是幼龄小株也有苔痕，应该是独特的一个品种，不一定是生长年久才会这样。我曾经从会稽移种了十株，一年后花虽然开得很繁盛，但苔藓都剥落得差不多了。那些从湖州武康移植过来的，就不会变。换了地域就不相适应了，会稽与此隔了一江，而湖州和苏州是接壤的，因此在土质方面可能存在着差异。大多苔藓的古梅，花叶的气孔被封死，只在苔隙间才能发花，花朵虽然稀少，但都是灵气聚集的产物，因此开的花茂盛且美艳绝伦。那些苔藓剥落多的则开的花也多，与一般的梅花相同。距成都二十里，有一棵卧梅，高耸十余丈，传说是唐代的古物，号称梅龙，喜好风雅者常带着酒前去游赏。清江酒家的一棵大梅树，有几间房屋般庞大，侧枝四处垂笼，周围可以环坐几十个人。任姓盐运使买下它后，在其旁建造了临风阁。随后更筑了座大花园，称为"盘园"。我平生所见过的梅花中，最奇绝苍古的就要属这两处了，随笔记下，附在"古梅"后。

重叶梅，花朵十分繁盛，花瓣可以重叠好几层，盛开时如同小白莲，真是梅花中的珍品啊。花朵虽单一但结果却多成双，尤其瑰丽珍奇。重叶梅极尽了梅花花瓣的变化，造化极致，再没有比它更妙的了。可惜近年才得以见到。蜀中的海棠有重瓣的，称为"莲花海棠"，是天下第一的海棠品种，它可以与重叶梅相媲美。

绿萼梅。大多梅花的花萼都是绛紫色的，只有此种绿萼梅的花萼是纯绿色，枝和茎也是青绿色，显得特别清雅高洁。好赏花的人将它比拟为九疑山女仙人萼绿华。汴京的艮岳建有萼绿华堂，堂下专门种植绿萼梅，这个品种非常罕见，特为当时文人所珍重。江苏苏州一带另有一种梅花，花萼微绿而边缘浅绛色，也是很难得的品种。

百叶缃梅，也称黄香梅，又叫千叶香梅。花瓣多至二十余片，花蕊稍黄，花朵较小但开花数量繁多且紧凑，特有一种芳香，比寻常的梅花更加茂盛艳丽，不结果实。

红梅，粉红色。其外表和神韵虽然是梅，但花的繁密程度和香味都同杏差不多，以致诗人写有"北人全未识，浑作杏花看"的诗句。若与"江梅"同时开放的话，红白两色交相辉映于园林之中，真可谓初春绝美的景致啊。梅尧臣的诗写道："认桃无绿叶，辨杏有青枝。"是说把红梅认作桃花却无绿叶，把红梅视作杏花却又有青枝，抓住了红梅花近似桃、杏，又相区别的特征，当时人们以为非常切题，而苏东坡的诗却说："诗老不知梅格在，更看绿叶与青枝。"大概是说石延年没体会到红梅的神韵，故而特为红梅辩解。在承平时，红梅只流行于苏州一带，是晏殊首先将红梅移植到汴京的西冈花圃中的。一天，一位游人贿赂了园官，偷得一枝红梅回去接种，于是京城才有了第二株。晏公曾经与客人在花下饮酒赋诗："若更开迟三二月，北人应作杏花看。"得意地说如果红梅再晚开花两三个月，北方人一准会把它当作杏花看待。客人说道："晏公诗固然很好，但未免将北方人看得太肤浅了吧？"晏殊笑答道："粗野村夫怎么不会这样(肤浅)呢。"王君玉当时为苏州地方长官，听说了偷花一事后，写了首诗送给晏殊："馆娃宫北发精神，粉瘦琼寒露蕊新。园吏无端偷折去，凤城从此有双身。"告诉他苏州以北已经有了红梅，汴梁的红梅也不仅仅是西冈花圃一株了。当时红梅竟然稀少到如此地步。近几年经过各地之间相互移接种植，红梅已经多到数不清了。世间流传着苏州一带很多题咏红梅的诗句，只有方子通的一首堪称绝世之作，其诗中有"紫府与丹来换骨，春风吹酒上凝脂"之句。

鸳鸯梅，是一种多叶红梅。花朵纤柔轻飘，有几层花瓣。但凡结双果的必定花蒂相连，只有此品梅花一个蒂结双果，也算是世间珍奇美物了。

杏梅，花比红梅的颜色稍淡，结的果实很扁，梅子颜色多样，味道与杏子差不多，但不如红梅果的好。

蜡梅，本不属于梅花一类，因为与梅花的花期相近，香味又类似，颜色酷像蜂房的蜡黄色，因此得名蜡梅。总共有三个品种：第一种以种子长成且没有经过嫁接的，花小香味淡，品质最差，俗称为"狗蝇梅"。第二种是经过嫁接过的，花朵稀少，即使在盛开之时花姿也是半含半露的，叫磬口梅，大意指其形状如同佛寺铜磬的缘口。第三种蜡梅最先绽开，花色深黄，如同紫檀花的颜色，花繁密香气浓郁，故称为檀香梅，该种蜡梅品质最佳。蜡梅花极其清香芬芳，几乎超过梅花的香味。本来也不是因为外形而受到雅重的，所以很难题诗咏赞，黄庭坚、陈与义等人也仅赋有五言小诗罢了。蜡梅花多有老旧不落的花瓣，结的果实如垂落的铃铛，形状尖长，有一寸多，很像大个儿瘿桃，种子藏在里面。

后序：

梅花以韵味取胜，以格调受重，因此外形"横斜疏瘦"和"老枝怪奇"的被视为珍贵品种。至于新嫁接的小枝幼梅，一年可以笔直地抽长三到四尺，很像酴醾、蔷薇一类植物，苏州一带称为"气条"(只抽长枝)。这只是追求实用和功利的结果，谈不上什么韵味和格调。还有一种梅花依靠粪肥催生，在枝条上长出又短又横的侧枝，形状如同荆棘的芒刺，花朵繁密纷乱地点缀其上，也称不上是高贵的品种。近世才开始有人画"墨梅"，江西有位杨无咎，非常有名，他的很多徒弟都模仿他的画风。依我看杨氏的墨梅，画的大多只是枯长的梅枝罢了。尽管笔法雄健，但与真正的梅花孤傲奇古的品格相差甚远。只有廉布所画梅花，稍微还算有点风格韵调，只不过世人少有对其画作发表评论的，我因此将它附写在梅谱之后。

4.3 梅花的传说

4.3.1 寿阳公主与"梅花妆"

相传南朝宋武帝刘裕的女儿寿阳公主有一次睡在含章殿檐下,一阵风过,一朵梅花偶然落在公主的额头上,怎么揭都揭不下来。几天之后,梅花好不容易被清洗下来了,可是寿阳公主的额头上却留下了五片花瓣的印记。宫里的女子见到那梅花的印记,都觉得十分美丽,于是争相效仿,将梅花贴在额上,一时成为一种新的时尚,时人称之为"梅花妆"。世人便传说公主是梅花的精灵变成的,因此寿阳公主就成了梅花的花神。

4.3.2 林逋与"梅妻鹤子"

林逋(林和靖)(967—1024 年),字复,浙江黄贤(今奉化市)人,出生于儒学世家,北宋著名诗人。早年曾游历于江淮等地,后隐居在杭州西湖孤山,终身不娶不仕,埋头栽梅养鹤。传说他"以梅为妻以鹤为子",被人称为"梅妻鹤子"。他对梅花体察入微,曾咏出"疏影横斜水清浅,暗香浮动月黄昏"的诗句,为后人广为传诵。

4.3.3 赵师雄与"梅花树"

隋代赵师雄游罗浮山时,夜里梦见与一位装束朴素的女子一起饮酒,这位女子芳香袭人,又有一位绿衣童子在一旁笑歌欢舞。天将发亮时,赵师雄醒来一看,自己却睡在一棵大梅花树下,树上有翠鸟在欢唱。原来梦中的女子就是梅花树,绿衣童子就是翠鸟。这时,月亮已经落下,天上的星星也已横斜,赵师雄独自一人惆怅不已,后被用为梅花的著名典故。

4.4 梅花的书法绘画邮票等

4.4.1 梅花与书法、绘画

在数千年的梅文化的发展过程中,历代的名人与书法家用真、草、隶、篆书写出了各种风格迥异的"梅"字,如毛泽东用他那如椽的巨笔给后人留下了许多咏梅绝句。例如:

风雨送春归,飞雪迎春到。已是悬崖百丈冰,犹有花枝俏。俏也不争春,只把春来报。待到山花烂漫时,她在丛中笑。

一九六一年十二月

我国历史上也不乏以梅花为主题的绘画作品,如元代王冕的《墨梅图》《南枝早春图》;南宋徐禹功的《雪中梅竹图》;南宋马远的《梅石溪凫图》等,这些作品均描绘出了梅花的神态与气韵,梅花的生机与活力跃然于纸面,是我国古代描绘梅花的不可多得的传世佳作。

《墨梅图》与王冕以往的作品有所不同,不是以繁密取胜,而是以疏秀简洁见长。笔意简逸,枝干挺秀,穿插得势。构图上仅选取梅花半枝,梅影清风便扑面而来。用墨浓淡相宜,花朵的盛开、渐开、含苞都显得清润洒脱,生机盎然。笔力挺劲,勾花创独特的顿挫方法,虽不设色,却能把梅花含笑盈枝,生动地刻画出来。不仅表现了梅花的天然神韵,而且寄寓了画家高标孤洁的思想感情,画上作者自题诗:吾家洗砚池头树,个个花开淡墨痕。不要人夸好颜色,只留清气满乾坤。此画诗情画意交相辉映,加上作者那首脍炙人口的七言题画诗,使这幅画成为不朽的传世名作。

《南枝早春图》是王冕繁花似雪的代表作。这幅画梅枝自右下方向左上方挑出,以飞白法画枝干,自下而上,一气呵成。用笔挺劲峭拔,老干新枝前后左右交错向上,豪放不羁。昂扬向上的枝条间繁花似雪,千姿百态,尽显梅花的傲骨峥嵘、劲峭冷香、清雅高逸的精神风韵。《南枝早春图》从右下方出枝,在"S"形的下部转折处,用一组梅枝以破主干,增添画面的生气。这种"S"形构图法,已成为王冕墨梅图的标志。

《雪中梅竹图》由辽宁省博物馆收藏。此画中,前部以南宋徐禹功《雪中梅竹图》卷为主体,此卷后有杨补之"柳梢青"词十首,赵孟坚跋二则,元人张雨"柳梢青"和韵一首。此图画野梅横空而出,修竹两竿,节叶纷披虬枝疏梅半压积雪,铁干嶙峋,俱以水墨烘晕出凌雪傲霜之姿,用笔生动老劲。竹节上书,"辛酉人"款。意境清幽朦胧,充满诗情画意。画上有乾隆皇帝及董邦达、梁诗正等人的题诗。

《梅石溪凫图》由北京故宫博物院收藏。此画便是将山水与花鸟结合在一起的典范。图中绘梅枝斜出石上,水中有群凫飞集浮泳。剪裁、构图新巧。所绘梅枝刚劲曲折,极有力度。用焦墨勾勒的树干,显得"瘦硬如屈铁"山石用大斧劈皴,坚实、有力。水波荡漾,溪流幽幽,群鸭嬉戏,动静结合,十分动人。

4.4.2 梅花与邮票

我国邮电部于 1985 年 4 月 5 日发行了一套梅花特种邮票 T103,共 6 枚,同日还发行一枚梅花小型张,由程传理设计。邮票图案选用的 8 种梅花,是我国著名梅花专家陈俊愉教授从 200 多个梅花品种中精选出来的最有代表性的类型。其中有绿萼、垂枝、龙游、朱砂、洒金、杏梅、台阁、凝香。画面采取中国传统的工笔重彩,充分展现了梅花傲霜斗雪的铁骨精神。恰如清朝名画家李方膺为画梅题诗所写:"触目横斜千万朵,赏心只有两三枝。"

第一枚是"绿萼",面值为 8 分。绿萼梅花,因花萼绿色而得名,是梅系中的直脚梅类,花色白色泛绿,素雅清净,香气浓郁,最能令人体味到"暗香浮动月黄昏"的意境。以四川成都的"金钱绿萼"为好。

第二枚是"垂枝",面值为 8 分。垂枝梅花是梅系中的垂枝梅类,枝条下垂,在水边或草坪栽植,可有花影照水、楚楚动人的效果。

第三枚是"龙游",面值为 8 分。龙游梅花是真梅系中的龙游梅类,枝条自然扭曲,大有铁干虬枝、古雅遒劲的风格,为罕见的珍贵品种。

第四枚是"朱砂",面值为 10 分。朱砂梅花是真梅系中的直脚梅类。花紫红色,是梅花中比较艳丽的一类。

第五枚是"洒金",面值为 20 分。洒金梅花是真梅系中的直脚梅类,在同一花枝上,同时开几种颜色的花,有白花、红花和红白相间的花,也有白色花瓣上生着红色条纹或红色斑点,可谓情趣横生。

　　第六枚是"杏梅",面值为 80 分。其属于杏梅系中的杏梅类。花朵繁茂,花蕾丰满,花色水红。

　　T103M 为梅花小型邮票,名为"台阁、凝馨"。台阁,是梅花里面的一种,它的花瓣中心部位较大,就像是盘碟型,也有浅一些的浅碟型,花瓣颜色为粉红色且瓣多为重瓣。在盛开的梅花花朵中心位置,还会长有一个新生长的幼嫩的花蕾,含苞待放的模样,就好像层层的楼台,也仿佛是一位母亲怀抱着娇嫩的婴儿,因此这种梅花还被称为"红怀抱子"。台阁这个种类的梅花花期比较早,它的味道甜并且清香扑鼻,是梅花中非常名贵的一种。凝香也是梅花的名品之一,着花繁密,花朵硕大,花蕾淡粉红色,盛开后近白色,为宫粉型中的优良名品。邮票以数量较多盛开极其热烈的台阁梅花为主要背景,以比较清香淡雅的凝馨作为台阁的衬托,有主要也有次要,浓艳的颜色与淡丽的颜色掺杂交映在一起,使它们彼此的优点更加凸显,也让冬日里迎贺新春的梅花林更加曼妙迷人。

4.4.3　梅花与服饰图案

　　早在唐代,梅花就成为许多金银镶嵌工艺的重要装饰。在新疆出土的唐代织绣品中及敦煌莫高窟的唐代彩塑和供养人所穿服装上,以单朵正面形的梅花作装饰花纹较为普遍。宋代,梅花更为文人雅士所喜爱,流传至今的宋代缂丝、刺绣作品,很多以梅为题材。南宋时期,画家马远以梅花、竹子、松树相配,画成《岁寒三友图》。此后,这一艺术主题被广泛移植于织绣、家具、建筑、日用器皿等方面。明代,织物中常见"岁寒三友"纹样,出土于各地明墓和定陵的丝织品以及故宫所藏大量织绣品,都可见以梅为装饰纹样的。清代,在织绣纹样上,梅花除了单独使用外,也常与其他纹样组合,表达各种吉祥寓意,如梅花与竹子组成纹样,比喻夫妻间恩爱和谐,寓意"青梅竹马",也可寓意"春报平安";梅花与喜鹊组成纹样,寓意"喜报早春"或"喜报春先";梅花树梢立一喜鹊,名为"喜上眉梢",寓意"喜事临门"或"喜报早春"、"喜报春先";梅花、竹子、喜鹊组成纹样,名"齐眉祝寿",寓意"夫妻长寿";梅花、兰花、竹子、菊花组成纹样,寓意"四君子"。梅花、竹子、兰花、菊花、莲花组成纹样,寓意"五友";梅花、竹子、松树、水仙、月季组成纹样,寓意"五清"等。

　　清代的绛色江绸彩绣折枝梅花衣绣球棉袍。衣长 134 厘米,袖长 62 厘米,腰宽 78.5 厘米,下摆宽 117 厘米。圆领,大襟右衽,袖长及肘。绛色江绸袍面绣大朵折枝绣球花,整个图案设色柔和恬淡,纹样逼真。领、袖、襟边镶绛地织金缎,袖内饰蓝绸三蓝绣花卉衬袖,衬袖内衬月白绸里,衬袖镶蓝织金缎边。使用平针、套针、缠针、戗针等针法刺绣,变换灵活,针脚平齐,凸显花朵的灵秀与立体感。袍内衬月白色素纺绸里,内絮薄丝棉。襟缀铜鎏金錾花圆铜扣 5 枚是国家二级文物。

　　清代月白缂丝正枝梅花夹坎肩。身长 65.5 厘米,肩宽 39 厘米,下摆宽 78 厘米。圆立领,无袖,大襟右衽,左右开裾。衣料及立领为蓝地彩缂正枝盛开梅花。随形缂织金回文边 1 周,缂工考究。坎肩镶黑地缂金银卷叶纹宽边,襟缘黑地织金梅花纹、寿字缎边。面料用金捻制匀细,提花清晰。大量金线及织金缂边装饰,凸显高贵华丽的皇家气派。内衬雪青色素纺绸里。立领钉缀黑缎盘花扣 1 枚,襟缀圆银扣 1 枚,余为光绪元宝银币式铜扣 4 枚。

　　清代黄绸彩绣竹梅镶边夹袍。身长 137.8 厘米,中腰宽 65.5 厘米,下摆宽 116.6 厘米,袖长 52.6 厘米,袖口宽 30 厘米。圆领、大襟右衽。黄绸料制成,其上以蓝色、藕荷色丝线彩绣折枝梅花,以绿、白色丝线绣折枝竹子。领、袖、襟镶边 3 道,由外至内分别为蓝缎地"卍"

字织金缎,黑缎彩绣竹梅,蓝缎织花绦。领口錾花圆铜扣1枚,襟缀机制扁圆铜扣4枚。

　　清代的蓝缎钉冰梅纹荷包。径11厘米。荷包口为皮制,褶状折叠,贯以明黄色丝绦。于蓝缎地上贴绫梅花,花蕊以赭、绿色绣线绣成,梅花间以黑白色绣线钉线绣冰裂纹。明黄色丝绦上部缀绿药珠二粒。冰梅纹,为传统装饰纹样。以短材斜角拼接成的一种纹饰,形似纵横交错的冰纹之上分布盛开的梅花,取梅与冰的不畏严寒、清白高洁之吉祥寓意。除用作织绣纹样外,在建筑、雕刻、瓷器以及工艺品上也有使用,明清时期流行。

　　清代同治湖色缎绣梅蝶纹衬衣、杏黄色缎绣二元花卉纹坎肩。本组为衬衣配坎肩一套,样式与搭配在晚清宫廷女眷照片之中较为常见。衬衣圆领,大襟,淡黄色缎绣花蝶纹宽挽袖。湖色素缎底面通身绣折枝白梅,枝头玉蝶流连。坎肩圆领,对襟,缀铜镏金錾花盘扣。坎身以杏黄素缎为底面,上绣荷花、海棠、佛手等吉祥纹饰。衬衣领、袖口与坎肩衣缘皆装饰玄地三蓝绣花卉纹镶边。绣工精良,配色和谐柔丽,给人素雅之美,为晚清宫廷女装上品。

　　清代同治时期的氅衣与女褂一套。氅衣圆领,大襟右衽,藕荷色花卉仙鹤纹挽袖。淡黄色素缎袍身满绣蓝白双色玉梅,梅间装饰彩蝶,行走间随衣翩翩舞动,颇有“路尽隐香处,翩然雪海间”之境。衣缘滚镶月白色素缎与三蓝绣四季花卉纹缎边。女褂圆领,琵琶襟,两侧开裾。石青色缎褂身以打籽针法绣玉瓶牡丹、水仙、寿桃、佛手、石榴等纹饰,寓意“富贵平安”与“福寿三多”。领、襟、裾及下摆前后镶五彩花卉纹缎边。此套女服氅衣精巧别致,而配石青花卉纹小褂,颜色对比鲜明,典雅大方。

　　清代光绪年代的圆领,大襟右衽,宽挽袖,鎏金錾花盘扣的淡黄色绸绣梅蝶纹氅衣。淡黄色素绸衣面绣折枝梅花,其间玉蝶翩跹。衣缘则装饰玄色地彩绣梅蝶纹镶边。左右开裾处装饰如意云头。此衣绣工精细,纹饰素雅别致,寓意吉祥而高洁。

　　清代晚期圆领,大襟,双袖平直的绿色绸绣梅蝶纹衬衣。红色素绸里衬,绿色素缎衣身。通身绣折枝寒梅,枝头彩蝶流连。领、袖口与下摆装饰黑色素缎、玄色缎绣花蝶纹与粉色花绦三重滚镶边。梅开五瓣,寓意“福、禄、寿、喜、财”五福,配以托领处花蝶喜相逢纹饰,以表和谐美满。镶滚繁复,配色明艳俏丽。

　　清代晚期圆立领,大襟右衽,袖口平直的红色缎绣梅蝶纹皮氅衣。内缀皮毛,下摆出锋。红色素缎为面,衣身满绣玉色素梅与彩蝶。梅开五瓣,借其表“福、禄、寿、喜、财”五福,彩蝶翩跹其中,以寓和谐美满。领、袖口与下摆装饰黑色素缎、玄色缎绣梅花纹与白色缎绣花竹纹三重滚镶边,繁复精巧,配色浓艳喜庆。

　　清代红地粤绣喜鹊登梅绣片,其色彩艳丽华美,梅花朵朵,喜鹊欢快的飞绕在梅枝间。牡丹、菊花、蝴蝶翩跹。红地暗花纹隐隐在花草树木下,更增加了此幅绣片的意境。

4.5　梅花的饮食与医药文化

4.5.1　梅花与美容

　　中国传统的“梅”文化历史悠久,根据《神农本草》记载,梅的果、花、叶、枝、根在医药上都有良好的功效。青梅花是早春开放最早的花朵之一,其花苞于严寒中孕育,于春雪中盛开。不同于在舒适环境中成长的花朵。正如《本草纲目》中所述:“梅花开于冬而熟于夏,得木之全气。"

　　研究发现,青梅花是植物多酚类化合物的优良资源,具有良好的抗活性氧自由基和抗脂质氧化活性。青梅花提取物则拥有比维生素 C、维生素 E 更强的自由基清除效果,稳定或活泼的自由基都能清除,有实验数据显示其抗氧化效果明显。

　　肌肤老化有一系列的外在表现,比如肌肤干燥,胶原蛋白与弹性蛋白减少导致的皱纹,而肤色不均匀也会加重衰老的外在表现。有实验数据显示,青梅花提取物对透明质酸酶有特殊的抑制作用,能有效抑制酪氨酸酶活性和黑色素生成,具有均匀肤色、提亮肤色的良好功效。此外,青梅花提取物还含有多种有机酸,具有加快老化角质脱落、促进表皮细胞分化、促进屏障脂质和天然保湿因子合成的功效。因此,青梅花提取物是一种安全高效的提亮肤色、抗衰老护肤功能成分。

4.5.2　梅花与茶酒

【梅花茶】

采摘鲜白梅花或红梅花,用清水清洗后沥干或控干,与绿茶一起冲泡即成。

【梅子绿茶】

　　材料:绿茶 3 克,青梅 1 颗,冰糖适量。

　　做法:①将绿茶放入杯中,倒入开水冲泡。②滤出茶汤,加入青梅、冰糖。③温饮即可。

　　功效:增强食欲、帮助消化,并有杀菌、抗菌的作用。青梅中含有的丰富有机酸,可以刺激肠道,活化肠的蠕动。

【乌梅茶】

　　材料:乌梅 8 枚,冰糖适量。

　　做法:①把买回的乌梅清洗干净后,放到锅中,加入两碗水浸泡大约 30 分钟;②开火,用大火煮沸,之后调至小火再煮 20 分钟左右;③用滤茶器把茶汤滤出,放入冰糖调味,温凉后即可饮用。

　　功效:乌梅本身就带有酸味,自然会有开胃、助消化的功效。另外,它的酸味还可以刺激唾液腺分泌唾液,轻松解决口渴多饮的症状。不仅如此,当遇到吃坏肚子出现腹泻的情况时,可以请乌梅茶来帮忙。另外,乌梅汤也是夏季不错的饮用对象。

【山楂乌梅茶】

　　材料:乌梅 5 枚、山楂 15 克、甘草 3 片、洛神花 3 朵,冰糖适量。

　　做法:①把山楂、乌梅、甘草、洛神花一起放入锅中,并向锅中加入 5 碗清水;②打开炉灶,煮至沸腾,调至小火再煮 5 分钟;③关火后,再加盖浸泡 5 分钟,之后用滤茶器滤出茶汤,加冰糖调匀即可饮用。

　　功效:山楂能够消食、开胃,再加上乌梅助消化的作用,可谓是双管齐下。同时,此茶还具有降血脂、降血压的功效,血脂和高血压患者的茶饮佳品。不仅如此,工作之余,喝上一杯还能让你振奋精神。

【紫苏梅子茶】

　　材料:紫苏叶 2 克、青梅 2 颗。

　　做法:①将紫苏叶放入花茶杯中,倒入沸水冲洗一下;②把清洗干净的紫苏叶和青梅一同放入花茶杯中,倒入沸水浸泡 3～5 分钟即可饮用。

功效:香气独特的紫苏,不仅能让人精神大振,还能增强肠胃动力,让人食欲大开。另外,当口渴难耐时,冲泡一杯还能起到生津止渴的功效。

【金盏花乌梅茶】

材料:金盏花、玫瑰花、枸杞子、杭白菊各 5 克,乌梅 5 粒。

做法:将全部材料放在一起,倒入适量的开水冲泡后,加盖闷泡 10 分钟后即可饮用。

功效:金盏花中含有丰富的矿物质磷和维生素 C 等物质,具有发汗、利尿、排毒的功效;而乌梅气味芬芳,酸甜可口,富含的维生素 E、维生素 C、果酸、铁等营养物质有健胃、滋养肌肤的功效。

【梅子茶酒饮】

材料:红茶 1 包,梅子 500 克,砂糖 1000 克,乌梅酒 10 毫升,冰糖 1 小匙。

做法:①将梅子与砂糖拌匀腌渍 1 星期后备用;②取糖渍梅子 5 颗与原汁一起加水适量放锅内,煮沸,再加入冰糖 1 小匙,搅匀;③加入乌梅酒、红茶,倒入冲茶器即成。

功效:本品香醇微酸,生津止渴,甜美可口。

【乌梅消暑饮】

材料:乌梅 15 克,石斛 10 克,莲子心 6 克,竹叶卷心 30 根,西瓜翠衣 30 克,冰糖适量。

做法:石斛入砂锅先煎,后下诸味共煎取汁,调入冰糖,代茶频饮。

功效:清热祛暑,生津止渴。

【梅酒】

很早,日本就模仿中国,以炭火熏黑梅子制成乌梅,当汉药使用。以后又把梅子以盐浸泡,加入红紫苏叶而成红色醃梅。直至 17 世纪才开始酿造梅酒,如今日本人家里都备有梅酒,女子餐前几乎都有喝梅酒的习惯。而我国早在《神农本草经》中就有"有梅花香味之酒元日服梅花酒却老"的记载,意即在春节里喝一口梅酒可以不长年龄,因为青梅中含有的有机酸能起到杀菌作用。青梅是一种碱性食品,它果肉内富含碱性金属钾、碱性食品有净血、防止细胞老化等作用。每天喝一杯梅酒,还能加快肠子的蠕动,保证肠道通畅,有助于美容。它和美食配合还是冬天食用的暖身料理。今日重庆梅园生产的梅酒,每年销往日本达几十吨。

【梅花酒】

用白梅花和红梅花作为一种添加原料酿酒或直接把梅花浸泡在白酒中,即成"梅花酒"。在乍暖还寒的早春季节制梅花酒时,"母酒"可选用现成的"醪糟",但必须将酒糟沥去,只用酒液。将此酒液烧沸,投入洁净的梅花朵,煮上片刻,再稍稍放凉,趁温热时饮用,不仅暖心和胃,还能补气健脾。

【冰露梅苏药酒】

出处:太医院秘藏膏丹丸散方剂卷一。

组成:柿霜 4 两,乌梅 12 个,苏叶 2 两,檀香 1 两,葛花 1 两,葛根 1 两,薄荷 3 两,白糖 1 斤,泡酒 25 斤。

主治:此酒善治三焦有热,口燥舌干,时常作渴,或远行劳倦,或饮酒无度,或过用炙煿、面食、辛热,则燥盛而阴气衰,致令咽喉燥渴而津液短少。此药酒能凉心清肺,降火润燥,生津止渴,并解酒毒化痰。每日饮一二小盅,妙难尽述。

4.5.3 梅花与膳食

【梅花肉圆】

食材:梅花10朵,肥瘦猪肉500克,胡萝卜20克,白萝卜20克,青萝卜20克,红萝卜20克,水发海参20克,鸡蛋10只,葱15克,姜10克,湿淀粉25克,番茄沙司150克,蛋清2只,香叶1片,葡萄酒25毫升,精盐、味精各少许。

做法:①梅花去蒂,洗净,摘瓣,入盘。②肥瘦猪肉去皮,切成绿豆大小的丁;鸡蛋煮熟,去壳。③胡萝卜、白萝卜、青萝卜、红萝卜洗净,去皮,切成4厘米长的细丝。④水发海参切丝;葱、姜切末。⑤肉丁加葱姜末、2只蛋清、葡萄酒、精盐、味精、湿淀粉、5朵梅花瓣,拌匀,做10个大肉圆,按扁后每个肉圆嵌进一个熟鸡蛋,滚上拌匀的5种萝卜丝、海参丝,成绣球。⑥炒锅置火化猪油,烧二成热时,逐个放入梅花绣球,煎上色捞出,滤油。⑦取大鱼盘,先放入葱姜末、香叶垫底,再放入绣球,加鸡清汤、番茄沙司、葡萄酒、胡椒粉、味精,入蒸锅蒸20分钟,取出。⑧滤出原汁,加鸡清汤,余下的番茄沙司和5朵梅花瓣片,烧开,煨浓,浇在肉圆绣球上,即成。

功效:疏肝理气,健脾开胃。

【梅子蒸猪排】

食材:梅子10粒,猪排骨500克,葱、精盐、味精、白糖、番茄酱、香油、料酒、淀粉、清水各适量。

做法:①排骨洗净,切小块,与梅子、精盐、味精、白糖、番茄酱、料酒、淀粉加清水拌匀,腌30分钟。再放在蒸盘中,旺火蒸50分钟左右取出。②葱段排于肉面上,淋上香油即成。

功效:适合老少孕弱者补钙。

【梅花牛肉扒蛋】

食材:梅花6朵,牛肉200克,鸡蛋2只,炸土豆条75克,葱末15克;煮胡萝卜条30克,煮红菜头30克,黄油10克,牛奶20毫升,生菜油200毫升(实耗约20毫),肉汁25毫升,精盐、胡椒粉各少许。

做法:①梅花去蒂,洗净,摘瓣。②牛肉洗净,去筋膜,剁成泥片,与葱头末、1只鸡蛋液、牛奶、梅花瓣、胡椒粉、精盐拌匀,挤成球,蘸鸡蛋,牛肉球压成宽12厘米、厚5毫米的圆饼。③煎盘置火上,放入生菜油,下入肉饼,在旺火上煎上色,出生菜油,放入黄油稍煎,入炉烤熟。④小煎盘放入生菜油烧热,另1只鸡蛋打入煎盘,随煎随撩油,避免蛋黄破裂。肉汁倒入煎盘烧开。⑤牛肉扒浇上原汁,上放炸鸡蛋,周围配上煮胡萝卜条、煮红菜头、炸土豆条即成。

用法:佐餐当菜。

功效:疏肝除烦。

【梅花羊肉生菜海】

食材:梅花10朵,羊肉500克,生菜600克,柠檬汁25毫升,香叶2片,茴香籽5克,面粉50克,精盐、味精、胡椒粉各少许。

做法:①梅花去蒂,洗净,摘瓣。②羊肉洗净,切块;生菜洗净,切段。③羊肉与生菜、梅花,按一层生菜、一层梅花瓣、一层羊肉码好,每层都撒些面粉、精盐、胡椒粉、茴香籽、香叶及适量水,旺火烧开,再用小火焖熟,入盘即成。

功效:开胃疏肝。

【梅花白汁就鱼】

食材:梅花 10 朵,水发鱿鱼 300 克,白汁 200 毫升,鸡清汤 500 毫升,精盐、味精、胡椒粉、麻油各少许。

做法:①梅花去蒂,洗净,摘瓣。②水发鱿鱼放入清水浸泡 1 小时,用清水冲净,去头尾,切成 4 厘米宽、2 厘米长的鱼块,再平片成均匀又极薄半透明的片,用五成热的水淘洗,再用清水浸泡,使鱿鱼呈白色、透明、质软。③白汁兑入鸡清汤稀释,入炒锅,烧开后,放入鱿鱼片,烧熟,放精盐、胡椒粉、味精,调好口味,撒入梅花瓣,淋入麻油,出锅入汤盘即成。

功效:疏肝理气,健脾开胃。

【梅花鲫鱼火锅】

食材:梅花 50 克,鲫鱼 750 克,鸡胸脯肉 200 克,猪腰子 250 克,鸡肫 250 克,炸花生仁 25 克,大白菜嫩叶、菠菜心、粉条、馓子各 100 克,葱、姜、油、精盐、料酒各适量。

做法:①梅花去蒂,洗净,摘瓣,入盘。②鱼肉、鸡胸脯肉、鸡肫、腰子洗净,切成薄片,入盘。③花生仁剁碎,大白菜、菠菜、粉条、馓子各洗净入盘。④鱼头、鸡骨熬汤,注入火锅。

功效:疏肝理气,健脾开胃。

【梅花虾仁鸭片】

食材:梅花 15 朵,虾仁 100 克,鸭胸脯肉 75 克,鸡蛋清半只,水发木耳 10 克,油 500 毫升(实耗约 50 毫升),清汤 30 毫升,料酒 25 毫升,淀粉 25 克,湿淀粉 15 克,精盐、味精、米醋、麻油、葱末各少许。

做法:①梅花去蒂,洗净,摘瓣。②虾仁洗净;鸭胸脯肉洗净,切成片;水发木耳撕开。③虾仁、鸭片加鸡蛋清、精盐、料酒、淀粉拌和。④葱末、料酒、味精、米醋、清汤、湿淀粉兑制芡汁。⑤锅置火上,放入油烧至四成热,倒入虾仁、鸭片滑熟后,捞出控净油。⑥原锅复置火上烧热,倒入滑好的虾仁、鸭片,加梅花瓣、水发木耳,烹入兑好的芡汁,快速翻炒均匀,上麻油,出锅即成。

功效:止渴,收敛,生津,适用于治疗肝胃气痛、食欲不振等症。

【梅花烩豌豆】

食材:梅花 25 克,鲜豌豆 100 克,荸荠 75 克,湿淀粉 25 克,清汤 250 毫升,熟猪油、熟鸡油、料酒、精盐、味精各适量

做法:①梅花去蒂,洗净,摘瓣。②豌豆剥皮;荸荠削皮,切成小丁。③锅置火上,放熟猪油烧至四成热,倒入豌豆、荸荠丁煸炒 2 分钟。加入清汤、料酒、精盐、味精,用中火煮 3 分钟,放入梅花瓣推匀。④用湿淀粉勾芡,撇去浮沫,淋入熟鸡油,出锅即成。

功效:清热,明目,除烦,适用于治疗头昏目痛、食欲不振等症。

【梅花水果色拉】

食材:梅花 15 朵,苹果、鸭梨、橘子、香蕉各 1 个,菠萝半个,色拉油适量。

做法:①梅花去蒂,洗净,摘瓣。②苹果、鸭梨、橘子、香蕉、菠萝去皮核,切成 4 厘米长、5 毫米厚的片。③倒入梅花和色拉油拌匀即成。

功效:开胃生津。

【梅花鸡块汤】

食材:梅花 30 克,鸡块 500 克,豌豆 50 克,鲜汤 1000 毫升,精盐、味精、胡椒粉各适量。

做法:①梅花去蒂,洗净,摘瓣。②鸡块、豌豆洗净,入锅加水,加精盐、精、胡椒粉,置火上煮汤。③汤煮开时,撒入梅花瓣即成

功效:疏肝理气,健脾开胃。

【梅花番茄汤】

食材:梅花 10 朵,番茄 400 克,番茄酱 250 克,面粉 100 克,鸡清汤 2000 毫升,炸面包丁 150 克,黄油 50 克,精盐、味精各少许。

做法:①梅花去蒂,洗净,摘瓣。②黄油入锅,烧至七成热,下入面粉,随炒随搅拌,成黄色时下入番茄酱,炒出红油,倒入少许鸡清汤,拌成状,然后慢慢将鸡清汤全部倒入,随倒随搅,放入味精、精盐,调好口味。③番茄洗净,用开水烫一下,去皮、籽,切成小丁,放入汤内,微开,放入梅花瓣,稍煮即成。

功效:和胃消食。

【乌梅粥】

食材:乌梅 15～20 克,粳米 100 克,冰糖适量。

做法:①乌梅煎取浓汁,去渣。②粳米淘洗干净,加入乌梅汁煮粥,熟时加少许冰糖即成。

功效:乌梅是典型的碱性食品,有中和尿酸的特殊效果,治痛风。

【梅花汤团】

食材:梅花 10 克,红糖汤团 10 个,白砂糖 20 克。

做法:①梅花去蒂,洗净,摘瓣。②汤团煮熟,加白糖和梅花瓣,稍煮即成。

功效:健脾和胃,适用于治疗脾胃虚弱、腹胀泄泻、食欲不振等症。

【鸡汤梅花饼】

食材:白梅花 10 克,面粉 150 克,鸡汤 300 毫升,檀香粉、精盐各适量。

做法:①梅花去蒂,洗净,摘瓣,与檀香粉一起用水浸泡 1 小时。②面粉用上述浸泡的水和匀擀成薄饼,切成梅花状,放入鸡汤向效中煮熟即成。

功效:补气健脾,适用于治疗脾胃虚弱、食欲不振、泄泻乏力等症。

4.5.4　梅花与医药

梅的种类繁多,其中用于医药方面的主要有以下三个品种:①生梅、青梅:酸、平、无毒。②乌梅,即青梅熏黑者:酸、温、平涩、无毒。③白梅、盐梅、霜梅(即青梅用盐汁渍者,久则上霜):酸、咸、平、无毒。

【喉痹乳蛾】

将青梅 20 枚、盐 12 两,腌 5 天,取梅汁,加明矾 3 两,桔梗、白芷、防风各 2 两,猪牙皂角 30 条,一起研成末,拌梅汁和梅,收存瓶中。每取一枚,噙咽津液。凡中风痰厥,牙关不开,用此方擦牙,很有效。

【泻痢口渴】

将乌梅熬汤代茶喝。

【赤痢腹痛】

将陈白梅同茶、蜜水各半煎服。

【霍乱吐泻】

将盐梅熬汤慢慢饮服。

【蛔虫上行,出于口鼻】

将乌梅熬汤频饮,并含口中。

【久咳不已】

将乌梅肉微炒,罂粟壳去筋膜蜜炒,等份研成末状,每次服用二钱,临睡时蜜汤调下。

【伤寒头痛】

将乌梅十四枚,盐五合,加一升水煮取半升,一次服下取吐,吐后须避风。

4.6 梅花旅游、经济和市花文化

4.6.1 梅花与旅游

1. 林城梅花节

长兴县林城镇是全国重要的梅花基地和中国青梅之乡。林城梅花园主要由长兴县林城镇的周吴介村、连心村、上狮村、太傅村、新星村、石英村、畎桥村、永丰村、新华村、方山窑等十个村组成,现拥有梅花品种 60 多个,总量达 40 多万株,每年销往各地的梅花仅红梅一项就有 10 万株,产值 6000 万元。目前,红梅总面积达到 10800 亩,青梅总面积达到 16800 亩,年产值超亿元。拥有以红梅为主的梅花基地 6 个,分别为梅花坞基地、山泉红梅基地、新山红梅园基地、路东香雪海基地、太傅西姑奄基地和石英龙四百鸟坞基地。

长兴县林城镇梅花历来以青梅为主,是长兴“果木三宝”中的一宝,在全国也颇有名气。近年来,林城镇通过积极引导,全镇的梅花种植产业得到了长期发展。特别是从 2001 年开始,每年在上海世纪公司举办梅花节。浙江长兴东方梅园有限公司的梅花在上海展览时还获得了金奖。林城梅花名气逐年上升,产品深受各地欢迎。现主要品种有美人梅、朱砂梅、墨梅、绿梅、垂枝梅等近十种,已生产出大小梅苗、整形苗、大盆景、精品小盆景等多种类型的观赏梅产品,主要销往上海、杭州、武汉、长沙、南昌、苏州、南京、合肥等城市,可谓林城梅花香飘万里。

这里特别吸引游客的是总面积达到 10800 亩的红梅。自以“游红梅香雪海、领春天百花开”为主题的长兴县首届梅花节(2006 年 2 月 26 日至 3 月 2 日)在林城镇举行起,至 2019 年已经举办了十四届。每年红梅盛开时吸引着大量的市民和游客前来观赏,乍看万亩梅园的梅花竞相开放,满山姹紫嫣红、暗香阵阵。红梅片片如红霞;白梅朵朵如飘雪,清丽雅致,美不胜收。红梅香雪海壮观的景色打动着每一位游客的心,令前来观赏的游客纷纷在梅海前驻足欣赏。

梅花是中国传统名花,红梅还是长兴县的县花。每年成功举办的梅花节已日益成为展示林城经济社会发展的一张“金名片”,有力提升了林城的美誉度和知名度。同时,通过梅花节的举办,也为当地梅农谋求了更大的市场利益,拓宽了增收渠道,加快了致富步伐。

2. 上海海湾国家森林公园·优倍首届上海梅花节

2014 年 2 月 22 日—3 月 23 日期间,上海海湾国家森林公园·优倍首届上海梅花节。

首届梅花节 30 天共接待游客超 40 万人次,最高日接待 7.9 万人。说起国内的四大梅园,南京梅花山梅园、武汉东湖磨山梅园、无锡梅园和上海淀山湖梅园,大家早已耳熟能详。若论建园历史,无锡梅园始建于 1912 年,已有百年历史;若论品种,武汉东湖梅园有世界上品种最优、最全的"中国梅花品种资源圃",是梅花品种国际登录的重要基地;若论知名度,南京梅花山被称为"天下第一梅花山"、"中国第一梅花山"。面对各大名园名品,海湾森林梅园如何胜出?海边无际的森林便是它的最佳依托了。该梅园占地 2000 亩,是目前国内最大的赏梅佳处。梅花节的主展区梅园是上海海湾国家森林公园里的园中园。海湾森林公园位于上海市南端的海湾,奉贤区海湾镇五四农场境内,国家 4A 级旅游景区,也是上海四座国家级森林公园之一。海湾国家森林公园于 1999 年由光明食品集团与上海城投总公司共同出资建造,2004 年国家林业总局正式命名项目为"上海海湾国家森林公园"。

3. 南京国际梅花节

南京国际梅花节的主会场在梅花谷景区的梅花山梅园。南京植梅始于六朝,唐宋元明清以及民国相沿不衰。梅花是南京市市花,市民素有爱梅、植梅、赏梅的习俗。南京国际梅花节自 1996 年开始,每年 2 月中下旬至 3 月举办,被国家旅游局列为国家级的旅游节庆活动项目。

首届梅花节自 1996 年 2 月 28 日至 3 月 18 日,吸引中外游客 30 万人次,梅花节期间举办了以"梅"为主题的各类活动,不仅丰富了南京市民的文化旅游生活,也激发了全社会办旅游、全民参与大旅游的意识,《人民日报·海外版》、香港《文汇报》等都作了报道,取得了较为满意的社会和经济效益。梅花节发展至今已形成由一个主会场——梅花山,十多个分会场——古林公园、溧水等,以及梅花节系列活动共同组成的集赏花、休闲、旅游、商贸和城市营销于一体的大型旅游庆典活动。每年梅花节期间,主会场梅花山的游客多达 40 余万,带动了整个南京游客量的增长。

与其他梅园相比,梅花山梅园在地理位置、植梅规模和文化内涵等方面都具有优势。梅花山地处国家首批 5A 级景区"中山陵园风景名胜区"内,紧邻世界文化遗产——明孝陵,周边还有灵谷寺、紫金山天文台、中山植物园等一系列知名景点,这些景区景点促使梅花山在梅花节期间吸引了 40 余万游人,其中外地游客占了近五成。梅花山南扩后,梅花山赏梅景区一直延伸至著名的明孝陵石象路、中山陵陵园大道以及沪宁高速连接线,并与明城墙风光带、前湖等景点接壤,让赏梅基地由一座山头——梅花山变为整个紫金山西南部山谷——梅花谷,面积由原先的 513 亩增加到 1533 亩。可观赏梅由原来的 1.5 万株增加到 3.5 万株,品种从 230 多种增加到 330 多种,其中不少还属于新培育品种。无论是从数量、种类还是面积上,梅花谷可被誉为"天下第一梅园"。此外,梅花山原名孙陵岗,三国时孙权与步夫人均葬于此,其悠久的历史、独特的人文内涵吸引了越来越多的海内外游人,逐渐成为全国的梅文化中心。

4. 其他梅花旅游风景区

除了以上介绍的著名梅花节外,还有成都幸福梅林、广东梅州、苏州梅圃、广州流溪河、成都草堂祠、台湾雾社梅峰、杭州超山、上海淀山湖和莘庄公园等许多梅花旅游胜地。与此同时,许多城市纷纷利用现有的梅花种质资源,通过建设梅花专类园、梅花研究中心等形式,发展梅花旅游,带动梅花产业发展,宣传梅文化,弘扬梅花精神。目前我国以赏梅为主要旅游资源的景区有:南京梅花山、武汉磨山梅园、杭州植物园灵峰探梅、无锡梅园、昆明黑龙潭梅园、苏州邓尉"香雪海"等。

4.6.2　以梅花为省（州）花和市花的地区

1. 以梅花为省（州）花的地区

梅花之所以能被选为湖北省的省花，有几个比较重要的原因。

（1）梅花具有傲霜斗雪、凌寒绽开的风骨——湖北省位居华中腹地，是中华文明的重要发祥地之一。先秦时期，从哲学到文学，产生了老子、庄子、屈原，历经 800 年，楚国创造了灿烂的楚文化。湖北还具有光荣的革命传统，从武昌辛亥首义到中华人民共和国成立，为中国革命胜利做出了重要贡献。新民主主义革命时期，湖北有 70 万革命英雄献出了宝贵生命。由此可见，梅花足以表现湖北人民的高尚品格。

（2）湖北的梅花研究水平，特别是武汉的梅园规模和研究水平都在全国名列前茅——东湖梅园（武汉东湖磨山梅园），既是中国梅花研究中心所在地、中国梅文化馆所在地，又是全国著名的赏梅胜地。东湖梅园创建于 1956 年，目前面积已扩大到 800 余亩，定植梅树 2 万余株。梅园位于湖北省武汉市东湖风景名胜区磨山景区南麓，三面临水，回环错落，自成一体，周围有劲松修竹掩映，自然成为"岁寒三友"景观，是我国梅园胜地之一。

（3）湖北自古就是梅花的故乡。秦汉时，野生梅就散见于大江两岸，并用于医药。隋唐时，其食用药用价值就受到人们重视。南宋时期，武汉一带居民栽培梅花已很盛行。明清时，卓刀泉、梅子山都是赏梅的佳处。以前洪山一带一直有种植梅花的民间习俗，称为"瓶插梅花迎新春"。

2. 以梅花为市花的地区

在我国的主要梅花栽培地区，许多城市将梅花定为市花，如江苏南京、无锡、泰州，湖北武汉、丹江口、鄂州，广东梅州，安徽淮北，台湾南投等。

1982 年 4 月 19 日南京市第八届人大常委会第八次会议讨论决定，确定梅花为南京市市花。南京有梅园新村、梅花山等富有历史意义的梅花胜地。梅花具有与雪松相似的经受风雪严寒考验的品格。早春二月，大地尚未完全复苏，梅花绽放，最早迎接春天的到来。南京人赏梅、爱梅，南京市将梅花与雪松作为南京的市花、市树可谓珠联璧合。南京植梅盛自六朝，明、清对梅花的记述众多。中华人民共和国成立后，南京植梅更为普及。据 1982 年统计，全市露地植梅 9000 余株。1983 年，举办南京首次梅花展览会，此后，每年早春皆有梅展举行。南京还在市花市树选出后，将两条主干路更名为"梅花路"和"雪松路"，以此来宣扬市花市树。1992 年 2 月 25 日至 3 月 25 日，南京市人民政府联合中国花卉协会梅花蜡梅分会共同主办了国际梅花展览会。新时期的南京人民对梅花更是钟爱有加，并逐步推向国内外，南京国际梅花节已举办了 20 多届，成为南京市走向世界的一大舞台。

1993 年，梅花被梅州市人民评选为梅州市市花。梅州自古就多植梅花，地名就由梅而来。古时梅江两岸遍地梅花，被誉为"十里梅溪"。现在梅州仍保留有许多百年以上的古梅树。梅州人爱梅花，最爱的是梅花质朴无华的气质和坚韧不拔的品格，它体现了客家先民南迁时披荆斩棘、忍辱负重、不怕挫折、艰苦奋斗的精神。所以，梅州人选梅花为市花有着深远的寓意。梅花作为梅州市市花，被民间作为传春报喜的吉祥象征，亦代表梅州客家人梅花香自苦寒来的坚毅进取精神。

1984 年 2 月 18 日，武汉市人大常委会第七次会议通过以梅花作为武汉市市花的决议。

武汉植梅的历史悠久,早在唐代,黄鹤楼附近即有梅林。隋唐以后,武汉地区更是普遍栽种梅花,可以赏梅之处颇多。如汉阳怡园十景中的"曲登古梅"、凤凰山的"梅岩"、中山公园的"梅花长廊"、解放公园的"梅花岭"。南宋时期,武汉一带居民栽培梅花已很盛行。明清时,武汉黄鹤楼、卓刀泉、梅子山都是赏梅的佳处。以前洪山一带一直有种植梅花的民间习俗,称为"瓶插梅花迎新春"。如今,东湖磨山的梅花品种已达百余种,其中有不少品种如"骨红照水"、"白须朱砂",堪称稀世珍品。每逢梅花盛开,世人争先恐后,尽情欣赏。

1995 年 3 月 13 日,淮北市第十一届人民代表大会第 16 次会议通过了梅花为淮北市市花的决议。在梅花定为淮北市的市花后,淮北市建委园林局积极响应市委、市人大、市政府的号召,认真宣传、贯彻、执行市人大常委会的决定,积极开展栽植、推广市树市花活动,1997年在相山公园内开市树市花园,其中栽植梅花 200 余株,在市区其他的公园广场、主要道路大面积栽植市树市花,使市花在淮北市得到推广和普及。每逢春节,淮北市民必不可缺的活动就是去相山公园欣赏美丽的梅花。

1983 年 2 月 2 日,无锡市人民政府确定无锡市市花为梅花、杜鹃花。无锡自明清以来,市民庭园喜种梅花,但以果梅为主。现存的无锡梅园始建于 1912 年,原为荣氏私家园林。中华人民共和国成立后梅园进行扩大,现占地 81 亩,种植梅树 4000 多株,盆梅 2000 多盆,收品种 50 多个,成为我国江南四大梅园之一,是赏梅的旅游胜地。

4.7　梅花的园林文化

4.7.1　梅花在我国古代的园林栽培应用

追溯史乘,可知梅之始由野生状态引入栽培,系以生产果实供加工食用与药用为目的。例如,《诗经·召南》:"摽有梅,其实七兮。"《书经·说命》:"若作和羹,尔惟盐梅。"均指梅子。至以观赏为主的梅花栽培,约自西汉始。《西京杂记》载:"汉初修上林苑,远方各献名果异树,有朱梅、胭脂梅。"又载:"汉上林苑有侯梅、同心梅、紫蒂梅、丽友梅。"除属江梅类之单瓣梅花外,其中或已出现一些重瓣观花品种,可能属宫粉梅类。稍迟,杨雄(前 53 年至 18 年)著《蜀都赋》有"被以樱梅,树以木兰"之句。这表示距今 2000 年前,梅已供城市园林绿化之用了。魏、晋期间梅花仅稍有栽培。到了南北朝,宋之陆凯通过驿使由荆州附诗寄赠梅花一枝给当时在长安的朋友范晔,一时传为佳话。稍后,梁之何逊常在梅花树下赋诗,萧纲(梁简文帝)作《梅花赋》,陈之阴铿有《咏雪里梅花》等诗,足见梅花栽培渐多,且逐步为文士所欣赏,"梅于是时始以花闻天下"。

至隋、唐、五代,梅花栽培渐盛,品种亦有增加。这就引起了诗人更多的重视,纷纷用它作为创作的主题。反过来,这又提高了梅花的声誉,促进了艺梅的兴趣。像唐代名臣宋璟在东川官舍中见梅花盛开于榛莽之中,归而作《梅花赋》,有"独步早春,自全其天"及"贵不移于本性,方有俪于君子之节"等赞语。这对以后梅花栽培规模之扩大,是起了一定作用的。据《华阳县志》载:五代初王建据蜀称王,曾在成都辟梅苑。孟知祥在成都称王时,别苑中有老梅卧地,称为梅龙。可见早在唐代,不论在华东或华西,都已经栽种了很多的梅树,且以杭州和成都为其栽培中心。根据诗文记载看来,这时所种的梅花品种在华东似多属江梅类、宫粉梅类,在华西恐多属江梅类、宫粉梅类和大红梅类。又据《全唐诗话》载:"蜀州郡阁有红梅数株。"按蜀州即今四川省崇庆县县志,红梅当属朱砂梅类。故可推测朱砂类梅花也可能在唐代便已出现于川中。

宋和元代是古代栽培、欣赏梅花的兴盛时期,形成了中国古代艺梅高潮。这个时期不仅有许多如林逋、王安石、陆游、陈亮、文天祥、杨维桢等诗人对梅花写诗作画。甚至有的人对梅花进行系统研究,如范成大编写了梅花第一部专著——《梅谱》。它的出现,把梅花品种分类排序,有递次之分,当时被称为"梅之有专谱,也以本书为第一部"。从现在看来,《梅谱》一书是我国也是全世界第一部记梅花品种为主的专著。张镃1194年著有《梅品》,他在临安南湖建梅园,植梅300余株。在园中赏梅、品梅数月,最后写出巨著《梅品》,也是世界上欣赏梅花的唯一专著。南宋末年宋伯仁专心研究梅开花八个物候期,编修了《梅花喜神谱》,并画出梅花图百幅,属梅花物候图谱方面的一个重大突破。南宋三大梅书《梅谱》《梅品》《梅花喜神谱》的问世,反映出宋代艺梅、赏梅之盛况空前。

明、清之时,王象晋(1621)《群芳谱》中关于梅花记有:"种类不一,白者有绿萼梅、重叶梅、消梅、冠城梅、玉蝶梅、时梅、早梅、冬梅,红者有鹤顶梅、千叶红梅、鸳鸯梅、双头梅、杏梅,异品有冰梅、墨梅。他如侯梅、紫梅、同心梅、紫蒂梅尚多。"书中不仅介绍了梅花品种达19个,还将它们分属白梅、红梅、异品三大类。陈淏子(1688)《花镜》中记梅花品种21个(绿萼梅、千叶梅、玉蝶梅、冠城梅、消梅、照水梅、鸳鸯梅、黄香梅、品字梅、红梅、杏梅、墨梅、丽枝梅、冰梅、鹤顶梅、冬梅、九英梅、朱梅、江梅、台阁梅、榔梅);汪灏(1708)著有《广群芳谱》等,可见梅花新品之多、种艺发达、赏梅之盛。特别是《花镜》一书,是对当时种梅、养梅的技术总结,它系统地阐述了土、水、肥、气环境诸因素的利害关系,也阐述了南、北梅的不同特点,种养时,在顺应大环境的自然条件之下,局部可适当利用因势利导的办法,巧妙驯化梅花的技艺。

4.7.2　梅花在近现代园林中的栽培应用

1. 梅花专类园

我国以赏梅为主的园林早在唐、宋时期就有。唐代时杭州西湖的孤山集中栽植梅花,可为梅园之始。民国以来,梅园的建设进入了新的时代,取得一定的成就。江苏无锡梅园由我国民族资本家荣宗敬、荣德生兄弟于1912年创建,标志着我国现代专类梅园的出现,并在中华人民共和国成立后正式捐献给人民政府,完成了从豪门私园到人民公园的彻底转型。梅文化深厚的历史底蕴对梅花造景的产生和发展起到了很大的推动作用。这种文化的发展与梅花的栽培造园相互衬托,梅花与园林要素及雪、月、鸟、禽等自然因素结合可以形成独特的审美情趣。通过建设专类园的形式能加强人们对梅花的认知和欣赏,同时对中国梅文化的发展也能起到一定的推广作用。

(1)南京梅花山

南京植梅、赏梅历史悠久,自六朝至今不衰。明末徐渭画《钟山梅花图》,绘出"龙盘胜地,春风十里梅花"之景观。明朝期间灵谷寺东南一里有一处赏梅胜地,叫梅花坞,是明代宫廷专设的梅园,其间植梅不下千株。20世纪30年代初,当时的总理陵园管理委员会将梅花山一带辟为中山陵园植物园的蔷薇花木区,开始植梅,1944年这里正式被称为梅花山。南京梅花山是国内唯一一处位于世界文化遗产景区内的赏梅胜地,与苏州邓尉、无锡梅园、浙江超山并称"江南四大梅山"。如今,梅花山景区内新建了梅花谷,面积扩大到 1533 亩,植梅 3 万余株,品种增加到 330 多种,其中 40 年以上树龄的梅树就有 3000 株,是名副其实的"天下第一梅山"。每当梅花盛开时节,繁花满山似海,暗香浮动,前往探梅、赏梅者多达四五十万人。

（2）武汉磨山梅园

位于武汉东湖旅游风景区内的磨山梅园,是我国梅花研究中心所在地,创建于 1956 年,占地 700 多亩,有 262 个梅花品种,5000 株梅树。其还建立了世界上品种最优最全的"中国梅花品种资源圃",是梅品种国际登录的重要基地。磨山梅园三面临水,有苍松、翠柏、丹桂、绿茶环绕,自然景观秀丽。以"冷艳亭"为制高点,梅花开放时,翘首亭前,极目远眺,繁花似锦,暗香四溢,来此赏梅、画梅、摄梅的游人川流不息。

（3）无锡梅园

无锡梅园位于无锡西郊的东山和浒山南坡,距市区 7km。园内遍植梅树,是江南著名的赏梅胜地之一。梅园遥临太湖,北倚龙山,淡泊清幽。梅园内精心布置了天心台、香雪海、宝塔三个步步登高的观赏点,错落有致,别具一格。早春,山坡群梅冲寒怒放,山翠梅艳,风光旖旎,是典型的江南园林式赏梅佳处。

无锡梅园始建于 1912 年。中华人民共和国成立前曾是红色资本家荣毅仁的私家花园,后赠予政府经营。其建设时间与建设经验,当为近代中华梅园中之最早者。该园现有面积 812 亩,其中梅林占 56 亩。园中有梅树 5000 多株,梅桩 2000 多盆,品种近 40 个,多为果梅,花梅有"银红"、"假朱砂"、"骨里红"、"素白台阁"、"小绿萼"等。

（4）杭州植物园灵峰探梅

灵峰探梅是西湖三大赏梅处之一,于 1986 年重建,1988 年正式对外开放,1994 年又建成了品梅苑。景区以植物造景为主,山峦松竹叠翠,四野"梅"族花木荟萃,林间小径蜿蜒,呈现一派江南自然风光。梅树按花色、花期成群成丛布置,树间布置草坪,可供游人在梅树下赏憩。整个梅园占地 $10hm^2$,位于桃源岭、灵峰山与玉泉山夹岭的一片山林之间。梅园收集了梅花品种 45 个,植梅 6000 余株。每年初春,满山梅树竞相开放,灿若云霞,一片烂漫,吸引了众多的游人,成了杭州早春的旅游热点。迄今为止,灵峰梅园接待游客已超过数百万人次。近几年杭州植物园与气象局合作推出了气象与梅花开花指数的信息预报,更是深受市民欢迎。

（5）昆明黑龙潭龙泉梅园

昆明北郊黑龙潭公园内的"龙泉探梅"山水梅园是西南地区最大的赏梅胜地和梅花研究基地。梅园占地 600 亩,种有梅花 130 多个品种,地植梅花万余株。置精品古梅桩 3000 多盆,收藏梅文化作品数百幅。古梅和梅桩盆景多是该梅园的特色。清代满族诗人硕庆曾写对联一副:"两树梅花一潭水,四时烟雨半山云。"短短十四个字就精确地概括了黑龙潭的主要景色及自然景色。从 1994 年起,黑龙潭公园连续举办了 20 多届新春梅展,并且举办过两次全国性梅展,是昆明市民和外地游客休闲旅游、赏梅探梅的好去处。

（6）苏州邓尉"香雪海"

位于苏州西南 30km 的邓尉山,素有"邓尉梅花甲天下"的美名,是江南探梅赏景的绝佳去处。每当冬末春初,梅花凌寒开放,舒展冷艳的姿色,倾吐清雅的馨香,令人怡情陶醉。

梅花在光福邓尉山一带,蔓延 30 余里,一眼望去,如海荡漾,若雪满地。清初江苏巡抚宋荦触景生情,题下千古绝名"香雪海",其石刻今存吾家山崖壁。光福种梅历史可追溯到秦末汉初。2000多年来,不仅经久不衰,而且还扩展到周边地区。明人姚希孟曾在《梅花杂咏》序中写道:"梅花之盛不得不推吴中,而必以光福诸山为最……"可见,那时已"邓尉梅花甲天下"了。清康熙帝玄烨先后3次到邓尉山探梅。乾隆帝弘历先后6次到邓尉山探梅。两位皇帝在光福共写了13首梅花诗。今已刻字成碑,陈列在香雪园中,供游人观赏。

(7)北京国际梅园

为了展示国际登录梅花的风采,推动抗寒梅花研究工作的开展,北京林业大学于2003年开始在北京西部的鹫峰建设梅品种登录国际精品园(简称"国际梅园"),建设项目的总负责人为陈俊愉先生。该园的建园宗旨是把"北国"变成江南梅品种国际登录精品园,成为寓教学、科研、科普、生产、推广、开发、旅游等于一体的京郊观光基地,也为国内外梅苗、梅切花、梅盆景、果梅等多种加工产品(话梅、陈皮梅、脆梅、梅酒、酸梅汤等)的销售与交流提供良好的窗口和媒介,必将对梅的产业化及梅花在国内外的推广产生重要影响。

规划的国际梅园将设置"问梅"、"品梅"、"咏梅"、"古迹"和水景观赏区(即梅溪水景区)5个主要景区,通过介绍梅花特有的品质和价值,以及梅的栽培技术和应用等知识,展现梅花几千年的古韵,展示梅文化。同时,用地栽园林方式展示优良梅花品种约200个,并设有梅花室内基因库、组培室和超低温花粉贮藏室等,为科学研究提供材料,形成重要的教学科研基地。室外的游客服务区有"品梅屋",让游客品尝梅果的多种滋味,了解梅的多种用途和经济价值。游人也可以在这里挥毫泼墨、赋诗咏词,抒发赏梅情怀。

2.城镇道路绿化

在城镇道路绿化方面,梅既可以乔木也可以灌木的形态出现,应用灵活。如南京的北京西路因以梅等为主要绿化树种而被称为"梅花路"。

3.室内休憩环境

建筑室内封闭或半封闭的环境中,观赏梅多以盆景、桩景以及切花形式出现,体量较小,但观赏效果突出,人文气息浓厚,已成为节庆及年宵花中最受欢迎的花卉之一,装点室内环境有助于营造清幽雅静、意蕴悠长的氛围。

4.7.3　中国现存的梅花古树名木

梅花是我国传统名花中最长寿的花木之一。所谓"名梅",是指在历史上具有特殊的纪念意义,或由历史名人手植的梅树,或具有科学及文化艺术价值者,其树龄应是百年左右或百年以上。有些古梅并非名梅,而名梅不一定都称得上古梅,也确有一些古梅即名梅,名梅即古梅。在实际考察中,在讨论古梅、名梅时,常将两词并提连用。

目前幸存在中国大陆上的古梅、名梅,仍在百株以上。经过20多年的考察,已探明者仅75株,分布于浙江、安徽、湖北、广东、四川、云南、江西等地,东起浙江天台县,西达云南永平县,北至四川平武县,南迄广东梅州市。

1.元梅3株

扎美寺古梅植于云南省西北部宁蒗县永宁乡开基村的扎美寺北山脚下,土壤微酸性,海拔2780m,是目前发现的屹立在最高海拔上的一株古梅。伴生树有桃、核桃、桑树等,古梅生长势中等,树干较直立,高6m,离地15m处直径达115cm,树冠扁圆,植株雄伟高大,为世间罕见的"梅树王"。树从离地2.75m处分桠为双干,1995年调查时,北干直径80cm,南干

70cm,2004年勇满然先生调查时发现北干已折断,仅存的南干,主干木腐中空,树洞直径50～80cm,对穿透光,基部多处出现树瘤。树皮较完整,黑褐色,粗糙,多呈片状剥落,纵裂沟深,树皮被苔藓包裹且有菌类寄生。侧枝平垂,盘拐下垂。小枝较密,长短不等。属果梅,当地称"杏梅"年年结实。2008年春季李庆卫至该寺采得花枝标本,经主编陈俊愉鉴定,见其花托膨大应属杏梅品种群,当系全球现存之最古杏梅,据元史《地理史十三》介绍,其为13世纪佛教传人永宁建寺时所植,距今约730年。

盘龙古梅单植于云南省昆明市晋宁县东峤山盘龙寺大殿前东侧的白石围台中,西侧树坛有柏木伴生。干直立,树台上50cm处直径98cm,高10m。树冠主干树皮黑褐色,粗糙,纵裂沟深,地衣、瓦韦等寄生。主干分桠,有苔藓,地形成东西两干,均扭曲。西干则向后余伸。主干及西干左半壁大面积皮破木腐,各大侧枝均扭曲,聚集若干大的树瘤,全树3～4级分枝盘拐下垂,小枝密集细弱且短。花枝疏收在树的顶梢,着花较少,因植株常年受寺庙香火的熏染,其生长势逐年减弱。品种为红怀抱子,盘龙寺系元朝至正七年(1347)莲峰禅师所建,梅树为建寺之初僧人所植,树龄约660年。

普照古梅树在云南省永平县目目洞乡花桥小学(原普照寺)院内,土质属微酸性砂壤,伴生树有白兰花(缅桂)、桂花、柏木等,树基上堆土围石。古树树身较完好,无明显虫蛀,生长健旺,但主干疙瘩密集、凸凹不平。树干成45°向东南倾斜,圆各扭曲,胸径77cm,高7m,树冠略扁圆。树皮茶褐色,呈片状剥落,粗糙且纵裂沟深,阳面多处被践踏磨光,明面有苔藓,地衣寄生,主干上部成大小四支干,各分枝斜上,极度扭曲并盘拐下垂。小枝稠密,绿色,略带古铜玄冬,长5～27cm不等。花繁密,花时部分叶未落,叶特大,长宽分别为9.0(8.5～9.5)cm和6.2(5.5～7.0)cm,极为罕见,品种"单桃粉",可结实。此梅古利、苍劲、婆娑多姿、宛若巨型梅桩盆景。据《永平县志稿》载,普照寺庭前有元梅一株,奇曲苍劲,遍生薛苔。每当岁首,花枝盛开,相传此梅植于元朝大德年间(1298—1307),距今约710年。

2. 明梅10株

黑龙潭古梅3号树在昆明黑龙潭公园紫极玄都观梅碑亭左侧院内,伴生树有梅、柏木、紫薇等,古梅植于石砌四方台中,上分为3干,中间干朽断;东干较直立,直径16cm,略扭曲直上,木质已腐,部分皮层上萌生枝叶,构成一侧微小树冠;西干亦较直立而富生机,直径155cm,上部留3侧枝形成主要树冠,树高55m。两干下部树皮破损,黄褐色,苔藓封身,纵裂沟极深。小枝中长或短,稠密,盘拐下垂,老梅枯荣并存,铁骨矍铄,生长势中等,着花甚繁,品种为台阁绿萼,树龄约390年。

回龙古梅树在云南剑川县甸南乡回龙村东山脚下,土质红壤,伴生树有梅、梨、杉、楸等。树干扭转后直上,主干有心腐,纵裂沟深,外皮较完整,黑褐色,胸径85cm,高10m,树冠椭圆,干上分4侧枝盘拐上升或呈下垂状。树势较弱,屹立地头,潇洒飘逸。着花中密,品种为"一盐梅"花单瓣,极淡粉红色,年产鲜果200kg左右。据树主赵富有称,此树系他先祖于明弘治年间(1488—1505)从四川迁入时所植,1990年云南林业部门调查时用生长锥实测树龄为500年。

南大坪古梅1号树在云南洱源县三营乡南大坪付西坡地上,海拔2370m,有中、幼年梅树伴生,离地0.3m处干径82cm,高7m,树冠扁圆。主干略扭曲,呈形北向斜上。树皮八面纵向隆起,沟"S"极深,长有树瘤。干上分生若干侧枝,粗细不等,交错叠合。小株密集,盘拐下垂,有苔藓,地衣寄生,繁富老态,但生长势较强,花繁果密。品种为苦梅,此树系该村最老梅树之一,参照回龙古梅推算,树龄约 400 年。

　　南大坪古梅 2 号树在南大坪村西南田埂,左右皆有梅树伴生。胸径 72.9cm,高 8m,树冠如伞。主干直立,树皮纵向朝外凸突,裂沟深。一边破损,虽有树洞,生长势仍强。上分 4 侧枝,分枝低密,左右盘拐,外缘小、枝下垂。花繁密,花时全标寸,宛若雪球盖地。品种为苦梅,以单株产果 250～300kg 而冠全县。与 1 号古梅为同时物,树龄约 400 年。1988 年,曾有科研人员在这一带发现长梗梅。

　　南大坪古梅 8 号树在南大坪村一农舍附近缓坡边,有幼龄梅树伴生。胸径 60cm,高 8m,树冠圆形顶平,主干直立左旋,树皮褐色,呈带状凸突纵裂,沟特深,貌若多干合抱,从纵沟可见木腐秆上分生粗细不等的五支干,各支干又分生侧枝,或盘拐直上,或平伸下垂,似游龙翻腾。上部小枝更是左右弯曲下垂,百般老态,却雄浑矫健。品种为"盐梅",树龄约 400 年。

　　南大坪古梅 14 号树在南大坪村一农舍断墙前孤植。主干直立,向左略扭,胸径 70cm,高 10m。树皮灰褐色,纵裂沟特深,多处外突,被苔藓包裹,似多干贴合,主干分桠后又分生 7～8 分枝,交错盘拐斜上,生出 3～4 级分枝,弯曲下垂。下部侧枝有的贴地,构成馒头形树冠。小枝密集,花繁。品种为"盐梅",树龄约 400 年。

　　南大坪古梅 18 号树在村前田埂上,有幼龄梅树伴生。胸径 67cm,高 7m,树冠伞状,主干直立,树皮黑褐色,粗糙,有苔藓寄生,纵裂沟深,多处呈不规则凸突。干上簇状分枝十余根,使树身膨胀,粗过基干;各分枝多外倾,弯曲旋上,交错散叠向四面平伸下垂。古梅支干虽多,但分布合理;枝条虽稠密,但透光。树形完美,但婆娑多姿,生机勃勃,老当益壮,品种为"盐梅",树龄约 370 年。

　　南大坪古梅 19 号树在村前田间沟边,东西两侧均种有梅树。胸径 82cm,高 7m,树冠近圆形。干直立左旋,树皮褐色,纵裂凸突,沟深,被苔藓包裹主干,分桠为四,各枝桠又不断分生侧枝,错落蟠虬,扭曲直上或斜出下垂。大枝、枝均稠密,着花甚繁,生长健旺,雄伟苍劲。品种为"盐梅",树龄约 400 年。

　　标楞古梅,据勇满然先生在 2004 年 1 月 9 日的调查,生长在云南洱源县茈碧乡永兴村标楞寺门前左侧,生于杂灌之中。从地面分为大小两干。大者胸径 50cm,高 10m,大干端直略外倾,左旋向上,分枝点高,出各扭曲上旋,间断凸突树瘤,致使树身粗细不匀,有上重下轻之感。小干斜出,分枝点亦高。两干之间中部空隙较大,显露内侧枝残桩。两干上部枝条交错合成较完整的树冠。树皮部分破损,黑褐色,有苔藓等寄生,生长势中等。品种为"苦梅",树龄约 380 年。

　　潮塘古梅树孤植于广东梅县城东潮塘岗一农舍前坪台边坡坎上,梅园中学罗一阛仁老师最早报道(1992),有月桂、台湾相思伴生。树干微倾,被埋入土约 1m,从坡坎至坪台处分成 2 干,分桠处直径 70cm。树高 8m,树冠扁圆,开张。两干左右斜上,主干下部暴露于坡坎外侧,有白蚁危害树干,中上部完好,树皮破损,暗褐色,纵裂,密布苔藓,地衣无枝刺。两干再分桠斜上,4 级分枝中密,略盘拐 3 下垂。花小而繁密,多着生于短花枝上。花重瓣,极淡红色,具浓香,品种为潮塘宫粉,由王其超 1993 年定名。生长势中上,树姿苍劲挺拔,树龄约为 460 年。

3. 清梅 6 株

　　"隋梅"因树在浙江省台州市天台山隋代古刹国清寺,相传为章安大师(561—632 年)手植,故有隋梅之称。1960年史学家郭沫若兴游天台山,题诗一首:"塔古钟声寂,山高月上迟。隋梅私自笑,寻梦复何痴!"植于大殿东侧梅亭小院靠墙的花台里,黄墙壁上嵌有石碑篆刻隋梅二字。古梅胸径38.6cm,高75m,树冠椭圆形。树依墙而卧,蛀孔遍体,老干早枯,朽木残存。现主干是由22条直径12～3.8cm的根状茎交错叠合,紧缠一枯干而成,貌似一体,离地3m始分桠,树皮黑褐色,上有苔藓、地衣、贯众、爬行卫矛等多种植物寄生。1966年前,名梅几被烟熏死,后僧人将阴面悬挂的不定根,涂抹沟泥贴附在枯干上,引伸至基泥土中摄取营养。经几年护理,复壮成现存的特殊新干,名梅生长势强,现树干靠墙庇荫处仍长须状不定根,随风飘扬,树上小枝细软婆娑,稍显占风。品种为江梅,宋陈景沂《全芳备祖》描述一古梅枝满扭曲万状,苍藓鳞皴,封满花身。又有苔须垂于枝间,或长数寸,微即惢绿,与现实的隋梅风织近似,从树的朽木和老态辨识,绝非隋代原本就是多代分本,树龄不至200年。

"宋时梅"树在安徽和县丰山乡杜村。相传为宋时诗人杜默所植,原有6株,清《直隶和州志》(1901)载,默手植梅花犹存,每春深作花游人如织。至20世纪80年代梅树仅存一株,堆围石保护。名梅胸径40cm,高5.5m,树冠卵圆形,主干分为4大侧枝,或直上,或斜伸,四级分枝重叠、枝更稠密。杜家后人以为是祖宗遗物,不许修剪致使树的中度堂积压枯枝太多,通风透光极差,着花稀少,生长势中等。常遇某年树冠外缘一边着花,次年另一边着花,视为奇树,讹传为半枝梅。品种"江梅",该名梅乃根际萌蘗更新的分本,树龄约140年。

"欧梅"(琅玡古梅)即所谓"欧阳修手植梅"。树在安徽滁县琅玡山下醉翁亭景区内,植于方形树坛中,一边镶有碑石,题字"花中巢许",以赞扬北宋大文豪欧阳修的逸世傲骨情操。滁县《醉翁亭简介》载:"世传欧阳修手植梅已萎,现树为后人补植。"树有两干,大者基径40cm,高6.4m,上分3桠,各支干弯曲斜上,侧垂支或直立,或平伸弯垂,树冠卵圆形。小枝疏密有致看花繁密,品种为'江梅',"该树生长健旺,刚劲挺探不显老态"。经推测树龄约120年。

"唐梅"(即黑龙潭古梅1号)树在云南昆明市黑龙潭公园紫极玄都观内,曾以"唐梅"盛名于世。据《云南名木古树》(1995)载:唐人曾在龙泉观三清殿前植有两株梅树,道光十年(1830)一株死去,1923年另株树干又枯萎,翌春从基部萌发新枝。《道光云南通志》当时的那株唐梅是原树的"孙株"。1943年重修龙泉观时,此梅由三清殿移至祖师殿前。现公园为这株刊、唐梅设树坛围栏,置假山石托伏二卧干,其中一干死去;另一干是原干基部余出的大侧枝,直径178cm。亦以石撑着。干上再分生二枝,伸的一枝亦死去。存活的一枝直径13.3cm,生长极弱,总之,名梅全株苍老衰颓,幸喜存活的卧干基部萌发新枝,为延年益寿带来了希望。这一名梅树皮极为粗糙,多反翘剥落。全株着花寥寥,蕾仅绿豆大小,亟待抢救。"唐梅"为多代分本,品种为"红怀抱子",现植株地上部之老态,表明树龄不足百年;按移植时的,"唐梅"树龄约300年。

"九峰双艳"名梅在浙江台州黄岩九峰公园米筛井边围墙内,树龄160年,树高105m,冠幅8.0m,干径46.5cm,分两大枝,芳名"双艳",1991年2月陈俊愉发现并记载。因其系我国半野生大梅树中少数幸存者,又在名园之内,故列为中华名园中少数代表性名梅之一品种"大青梅"系果梅中之名品。

"九峰独艳"名梅产地及品种同"九峰双艳",约150年生,因系独干向上,故名"独艳",品种及地点同双艳。

4.7.4　我国梅花的主要园林应用形式

梅花种植形式主要有：

(1)孤植。孤植主要突出梅花个体美，一般选择寿命长、树姿优美的梅花品种。对孤植梅要特别注意的是"孤树不孤"，孤植梅要与周围建筑、草坪、水体等相配合，形成统一的整体，要求梅花的体量、姿态、颜色与周围景物既有对比又有联系，共同构成整体构图。

(2)对植。对植是将高度和大小相近、形态优美的 2 株同一树种，种植在轴线两侧。在梅花专类园中的主要建筑、大门两侧、广场入口处或某些桥头进行对植，可加强纵深感、仪式感，衬托主景。例如，南京梅花山建筑前道路两旁梅花的对植。

(3)列植。列植是指树木顺应道路等园林要素呈带状行列式种植。梅花列植时既可以是单个品种，也可以是多个品种，甚至是与其他树种混合，以一定韵律节奏栽植。无锡梅园与南京梅花山都有在道路旁列植梅花的做法，道路尺度与梅花栽植方式不同，形成了不同的空间感受。

(4)丛植。丛植是由 2～3 株至几十株树木按照一定的构图方式组合栽植，其林冠线相互连接，外轮廓形成一个整体。三株梅花搭配树木的大小、姿态要有对比、有差异。三棵一丛，大的一棵为主树，另外两棵为丛树，宜两棵相近栽植，另一棵远离，三棵树忌等边或直角栽植，宜形成不等边三角形。丛植形式也可以是梅花与其他树种搭配，如前面所述的"岁寒三友"、"花中四君子"及梅柳等的搭配。例如，朱砂梅和青松翠竹组合，植于粉墙之前，红绿相对且粉白相映，协调美观；垂枝梅植于水边，以垂柳为背景，长枝披垂，映于水面，花影相称。由几十株甚至上百株梅花搭配种植形成梅林，梅花由于其先花后叶的自然特性，大面积种植后花开之际景观效果壮观。梅林品种应早晚品种分区栽植，中期品种大面积分色栽植。

(5)盆梅。盆梅一般经历多年修剪、培育方能成型，所以需要制作者具备一定的艺术素养及审美能力，是梅花专类园中体现梅花意境较为直接的地方。它适合在梅花节等重要活动中摆放在重要景点，也可作为展销产品，既能促进梅文化的传播，又能增加梅花专类园的经济收入。

5 中国传统园林名花——杜鹃花文化

杜鹃花（*Rhododendron simsii*）是中国十大传统名花之一，又是我国三大天然名花之首花，是极具中华民族特色的观赏植物。我国人民自古就有种杜鹃、赏杜鹃的习俗，造就了杜鹃花悠久的栽培历史。在这一过程中，人们积累了丰富的杜鹃花栽培经验。文人雅士以杜鹃花为载体寄托自己的感情和思想，出现了以诗歌、书法、绘画、神话传说及园林等为载体的、蕴涵丰富、寓意吉祥和形式多样的杜鹃花文化现象。

随着现代科学技术的发展，杜鹃花的应用渗透到社会的各个方面，如杜鹃花的观赏价值、药用价值、经济价值和园林价值等，这些应用价值对于社会经济的发展有着极其重要的意义。但是，现代人对杜鹃花的了解还是很少，缺乏对杜鹃花栽培历史和文化的全面了解，一般文献中对于杜鹃花栽培历史的介绍多有年代上的断层，对杜鹃花文化的介绍也非常不全面。因此，对杜鹃花的栽培历史和文化内涵进一步丰富和完善就显得尤为重要。本书首先对杜鹃花的栽培历史进行了整理和论述。通过追溯中国杜鹃花悠久的栽培历史和分析相关社会背景与历史进程，将中国杜鹃花栽培的起源和发展划分为四个阶段：秦汉时期、唐宋时期、元明清时期和近现代时期。在此基础上又分析了杜鹃花的诗词文化、杜鹃花的旅游经济市花文化、杜鹃花的书法绘画雕塑文化、杜鹃花的插花与盆景文化、杜鹃花的饮食与医药文化和杜鹃花的园林文化。对杜鹃花栽培历史与文化进行了跨学科多方面的研究，融合了历史学、农学、美学、文学、旅游、园林等多个学科的知识，将杜鹃花的文化内涵进行了较为完整的整理和叙述。

对杜鹃花栽培历史以及文化的研究，不仅从一个侧面反映了中国花卉文化的博大精深，同时对进一步开发利用杜鹃花种质资源，丰富中国的花文化内涵，具有重大的意义。对我国杜鹃花栽培历史以及文化进行全面系统的论述，对于探索和总结我国传统园艺技术和生产经验及中国名花的发展历史，以及促进现代花卉产业健康发展，都有很大的参考价值。此外，研究杜鹃花栽培历史以及文化还扩大了园林学科的研究领域，同时也更有利于相关历史学者、观赏园艺学者、园林从业者、文学工作者和旅游工作者参考与借鉴。

5.1　杜鹃花名考和栽培历史

5.1.1　杜鹃花名考

杜鹃花名称来源于我国古时传说,我国流传着"杜鹃啼处血成花"、"杜鹃花与鸟,怨艳两何赊。疑是口中血,滴成枝上花"、"映山花红柳河荫,杜鹃知时劝农勤"等诗句,从这些诗句中我们可以隐约了解到杜鹃花花名来历。春夏季节,杜鹃鸟彻夜啼鸣,啼声凄凉哀怨,凑巧杜鹃鸟高歌之时,正是杜鹃花盛开之际,人们见杜鹃花色鲜红似血,便把这种颜色说成是杜鹃鸟啼的血,即为杜鹃啼血。关于杜鹃啼血,民间流传有多个版本的传说,唐代李商隐《锦瑟》诗中"望帝春心托杜鹃"说的就是其中一种。

关于杜鹃花名称的由来,还有一个比较著名的传说,据《蜀本纪》及《太平寰宇记》记载:相传古时周朝末期,蜀王杜宇,号望帝,在位期间,他是一个勤政爱民的好帝王,禅让王位于治水立功的鳖灵后,杜宇退隐于深山之中。但是,杜宇在退隐之后仍然时刻记挂着他的国家和人民,无法自拔。死后他的身体化为杜鹃鸟,到了每年春天种植季节,便徘徊飞翔在空中,不断地叫着"布谷、布谷",蜀人闻之曰"我望帝魂也"。鸟儿在天空中不断徘徊飞翔,直到口吐鲜血也呼唤不止,鲜血洒在大地,幻化为鲜艳美丽的红色杜鹃花。人们为了纪念杜宇,就把这种鸟叫杜鹃鸟(又名:子规鸟、布谷鸟),把鲜血幻化成的花叫"杜鹃花",故杜鹃花有时称为"杜宇花"。实则杜宇既不可化鸟,杜鹃鸟亦不啼血,花名杜鹃,则是因着听闻杜鹃啼鸣之时,杜鹃花恰逢初开,这才成就了花鸟同名。植物界有杜鹃花,动物界有杜鹃鸟。花、鸟同名,这在所有的花卉中恐怕是绝无仅有的。

宋代杨万里在《晓行道旁杜鹃花》中写"泣露啼红做么生?开时偏值杜鹃声",宋代杨巽斋在《杜鹃花》中写"鲜红滴滴映霞明,尽是冤禽血染成",宋朝郭祥正在《追和李白秋浦歌》中写"水有锦驼鸟,山多杜宇花。扁舟投夜泊,来自长风沙"。这些诗词作品中都有对杜鹃花名称的文学描述。诗文中出现的杜鹃,必须以前后文来判定是鸟或花。例如,唐朝诗人张乔《送蜀客》中"单宵行客语,明月杜鹃愁"借用杜鹃鸟啼血的典故来比喻离情,所言为鸟;而晚唐司空图《漫书》中"莫怪行人频怅望,杜鹃不是故乡花",提到的杜鹃毫无疑问是花。

自古以来杜鹃花有很多别名,如羊踯躅,闹羊花,羊不食草,马缨花,红踯躅(《洛阳花木记》),虫鸟花,报春花(《江西草药》),山踯躅,山石榴(《本草纲目》),山丹花,石岩花,紫踯躅,谢豹花,映山红(《本草纲目》),艳山红(《分类草药性》),满山红、清明花(《江西民间草药验方》),艳山花,山归来(《贵州民间方药集》),红柴花、灯盏红花、山茶花(《浙江民间草药》),迎山红(《烟台医药》),杜鹃(《广群芳谱》),山鹃,格桑花(藏语),金达莱(朝鲜语),清明花。其中黄杜鹃又称羊踯躅、黄踯躅、闹羊花、惊羊花、老虎花、玉枝、羊不食草等。其中名为"羊踯躅"的杜鹃,开黄色花。这种杜鹃植物体中普遍含有剧毒,本来善于在陡坡行走的羊不慎误食叶子后会导致无法正常步行,所以才有"羊踯躅"之名(行走时,身子颠簸不平衡谓之"踯躅")。

杜鹃类植物超过800种,在植物分布上称二型叶且叶小型的种类为"杜鹃类"(Azalea);而一型叶且叶大型的种类为踯躅类(Rhododendron),但诗文中都不加区分,所谓的"踯躅"

未必指"羊踯躅",而泛指杜鹃类,如贾岛《酬栖上人》中"东林有踯躅,脱屦期共攀"诗句中的"踯躅"可能是指杜鹃类,也可能是指"羊踯躅"。但宋朝韩维的《同曼叔游高阳山》中"不见踯躅红,西岩向人碧"所说的"踯躅",则是指开红花的杜鹃,而非羊踯躅。所以古诗词中的红踯躅、山踯躅、闹羊花和羊不食草是否指同一种类尚有待考证。

近代植物学上杜鹃的拉丁属名系瑞典植物学家林奈于 1753 年建立,由希腊文"Rhodon"(意为蔷薇色,玫瑰花)和"Dendron"(意为树木)两字合成,中文译意为"玫瑰树",即中国所通称的杜鹃花。在中国,杜鹃既是花名也是鸟名。在东北地区的朝鲜族称为金达莱,意为"永久开放的花"。在西南彝族和藏族语言中,杜鹃花被称为"索玛花"和"格桑花",意为美丽的花朵。在中国很多地方称杜鹃花为映山红,因农历三四月间,此花便如火如荼地怒放,映得满山都红,故得此名。所以,广义上的映山红泛指开红色花朵的杜鹃属植物。

5.1.2　杜鹃花栽培历史

杜鹃花是现代世界名花,被誉为"世界上最美丽的花卉",拥有悠久的栽培历史和丰富的文化内涵。有关杜鹃的历史记载,大多是关于其药用价值、观赏价值、栽植养护技术及应用的。

1. 萌芽期——秦汉时期

中国历史上关于杜鹃花的记载出现较早,在汉代《神农本草经》中第一次出现了关于杜鹃花的记载。书中记载:"踯躅(即杜鹃花),味温辛,主贼风在皮肤中,淫淫痛,温疟。恶毒,诸痹。"由此可见,最早关于杜鹃的记载是以"羊踯躅"这个别名出现的,且多数记载是描述其药用价值尤其是其毒性的。关于"羊踯躅"这个别名的由来,西晋崔豹所著《古今注》有"羊踯躅,黄花,羊食即死,见即踯躅不前进,故名羊踯躅"的说法;492 年,梁代陶弘景在《本草经集注》中也有类似的说法:"羊踯躅,羊食其叶,踯躅而死,故名。"这里提到的羊踯躅即黄花杜鹃,它是一种落叶杜鹃,花黄,具有很高的观赏价值和药用价值,其花、根、茎、叶和果均可入药。但是从两部古籍里的描述来看,杜鹃被列为有毒植物。就像李时珍《本草纲目》中所说:"曾有人以其根入酒饮,遂至于毙也。"现代医学也表明,黄杜鹃叶含黄酮类、羊踯躅毒素和死帕拉沙酚,全株有剧毒,切忌乱用。而红杜鹃则无毒,这是需要加以辨别的。《广群芳谱》记载:"有红者紫者五出者千叶者,小儿食其花,味酸无毒。"其他文献中也记载了杜鹃花可作药用,如"一名玉支(杜鹃别名),花黄,生太行山谷及淮南山地,三月采花阴干,可入药。(汉末《名医别录》)","羊踯躅花,神农雷公辛有毒,生淮南,治贼风恶毒诸邪气(魏晋吴普著《吴普本草》)"和"踯躅,味辛温。主贼风在皮肤中,淫淫痛,温疟。恶毒,诸痹。生川谷(《神农本草经》)"。从中可以看出,将三月采到的杜鹃花阴干可用来治温疟及其他病症以及预防贼风侵袭。这一时期关于杜鹃的观赏价值及人工栽植的描述并未出现。

五代十国时,后蜀韩保昇《蜀本草》对羊踯躅植株作了形态学的描述,他指出这种植物系小树,高 2 尺,叶似桃叶,花黄似瓜花,三四月采花,日干可入药。

2. 发展期——唐宋时期

到了唐宋时期,相比之前,有了很大发展,开始出现观赏和种植杜鹃花的记载。

杜鹃花花色艳丽,花繁叶茂,绮丽多姿,种植于山野,妆点于园林,自古以来就深得人们的欢心。宋张翊《花经》评踯躅为七品三命,评杜鹃为八品二命。姚宽《西溪丛语》称踯躅为山客,程荣《三柳轩杂识》称杜鹃为仙客。唐代大诗人白居易尤其喜爱杜鹃花;是一名"花痴"。其所著《山石榴·寄元九》中说"山石榴，一名山踯躅，一名杜鹃花，杜鹃啼时花扑扑……闲折两枝持在手，细看不似人间有。花中此物似西施，芙蓉芍药皆嫫母。"诗人赞美杜鹃，觉得拿在手中的杜鹃花不是人间所有，把杜鹃花比作花中西施，而把芙蓉芍药比作丑女。当时白居易在九江做官，对庐山杜鹃花的赞美达到了无以复加的地步。白居易对杜鹃花情有独钟，这对于当时崇尚牡丹的世风是一种鲜明的挑战。"好差青鸟使，封作百花王（《山石榴花》)"，在"花痴"白居易眼里，"千丛相面背，万朵互低昂"的杜鹃花是百花之王、花中西施，与杜鹃相比，桃李无颜，芙蓉失色。徐凝《玩花五首》诗云"朱霞焰焰山枝动，绿野声声杜宇来。谁为蜀王身作鸟，自啼还自有花开"；"谁家踯躅青林里，半见殷花焰焰枝。忆得倡楼人送客，深红衫子影门时"，诗人徜徉在这鲜艳生动、姹紫嫣红的杜鹃花的海洋里，早已心醉神迷。李绅的咏杜鹃花诗《望鹤林寺》："鹤栖峰上青莲宇，花发江城世界春。红照日高殷夺火，紫凝霞曙莹销尘"，则是赞赏杜鹃花开花时的自然美景。杜牧所写"似火山榴映小山，繁中能薄艳中闲。一朵佳人玉钗上，只疑烧却翠云鬟"，道出了杜鹃花装点江山、美人之妙。韩偓的《净兴寺杜鹃花》："一园鲜艳醉坡陀，自地连梢簇蒨罗。蜀魄未归长滴血，只应偏滴此丛多"也道尽了杜鹃花的风情。

　　杜鹃花和杜鹃鸟常常唤起人们多种思考，对于文人墨客来说，杜鹃花更是成为他们咏物抒情的对象。唐代大诗人李白在《宣城见杜鹃花》诗中有云："蜀国曾闻子规鸟，宣城还见杜鹃花。一叫一回肠一断，三春三月忆三巴。"李白在宣城时，看到那"鲜血"染红的杜鹃花，触景生情，想到早年在故乡四川常见的子规鸟，仿佛听到那一声声"不如归去"的鸣叫，引发对故地的深深眷念，所以写了这首诗来表达悠悠思乡之愁，由于杜鹃花与蜀国故事有关，可推知当时杜鹃产地以蜀中较为闻名。元稹所著诗《紫踯躅》中有云："乐踯躅，我向通州尔幽独。可怜今夜宿青山，何年却向青山宿。山花渐暗月渐明，月照空山满山绿。山空月午夜无人，何处知我颜如玉。"诗人以杜鹃花为题，将杜鹃花比作卓文君新寡不能春风得意，来写自己生不逢时，又怀才不遇，期盼早日能得到提拔，表达了遭贬后的忧郁心情。施肩吾的《杜鹃花词》是杜鹃花诗中的名篇："杜鹃花时夭艳然，所恨帝城人不识。丁宁莫遣春风吹，留与佳人比颜色。"杜鹃花艳丽动人，可恨满京城人都不赏识它。诗人劝春风不要吹落它，以便留下来与佳人比比到底谁更美。诗人拿杜鹃花自比，抒发自己颇有诗名，却应试不第，难免心生悲愤之情。此诗以杜鹃花喻己，手法自然，令人赞叹。宋朝的诗人真山民也曾写过一首《杜鹃花》："愁锁巴云往事空，只将遗恨寄芳丛。归心千古终难白，啼血万山都是红。枝带翠烟深夜月，魂飞锦水旧东风。至今染出怀乡恨，长挂行人望眼中。"全诗由愁生恨，写云愁、花愁、人愁、心愁，从杜鹃鸟啼血，杜鹃花如血，行人泣血，到人之乡愁，层层深入，所有对家乡的思念都寄托在满山的杜鹃花中，虽有不甘却无能为力。文天祥有诗《旅怀》："昨夜分明梦到家，飘摇依旧客天涯。故园门掩东风老，无限杜鹃啼落花。"诗文的强烈渲染，使人将杜鹃鸟与杜鹃花，同游子思归、眷念家乡等愁绪联系起来，成了互为因果。杜鹃花凄楚、愁怨的情调，长期影响到后人对杜鹃花的审美观。

　　映山红是杜鹃花中最常见的一种，春天的南方，映山红漫山遍野开放，一团团，一簇簇，开得非常热烈绚丽，民间最有赞美，宋代杨万里写道："何须名花看春风，一路山花不负侬；日日锦江呈锦祥，清溪倒照映山红"。该诗颂扬了映山红于山间的旺盛生命力。

　　唐宋时期，把杜鹃花引入宫廷、寺庙、庭院中栽植，已成为时尚。南宋洪迈写的《容斋随笔》中有："物以希见为珍，不必异种也。长安唐昌观玉蕊，乃今场花，又名米囊，黄鲁直易为山矾者。润州鹤林寺杜鹃,乃今映山红,又名红踯躅者。二花在江东弥山亘野,殆与榛莽相似。"其道出了杜鹃花开时那种典型的壮观场面。洪迈又说:"而唐昌所产,至于神女下游,折花而去,以践玉峰之期;鹤林之花,至以为外国僧钵盂中所移,上玄命三女下司之,已逾百年,终归阆苑。是不特土俗罕见,虽神仙亦不识也。王建宫词云:'太仪前日暖房来,嘱向昭阳乞药栽。救赐一窠红踯躅,谢恩未了奏花开。'其重如此,盖宫禁中亦鲜云。"说明虽然杜鹃有在宫廷中种植,且深受人们喜爱,但却极其罕有。

　　当时寺庙中多栽植杜鹃花,且盛况非常。这一时期较为有名的是江苏镇江黄鹤山鹤林寺里的杜鹃。实际上,杜鹃花从山野移植到庭院栽培,始于唐德宗贞元年间(785年前后)。据南唐沈汾《续仙传》记载:"鹤林寺在润州,有杜鹃花高丈余,每至春月烂漫,僧相传云,贞元中,有僧自天台移栽之其后。"润州在今江苏省镇江市,这也是有案可稽的最早栽培杜鹃花的记录。何绍章、冯寿镜于清光绪五年所著《丹徒县志》中记载镇江鹤林寺中有杜鹃花:"鹤林寺杜鹃花,……相传唐贞元元年(785年)有外国僧自天台钵盂中以药养根来种之,……后因兵火焚寺,根株不存,宋咸淳八年(1272年)寺僧庆清,移以踯躅补其旧……"记载了鹤林寺栽种杜鹃花的情形,由于鹤林杜鹃的脱俗内涵,所以历来被传为美谈。据考证,鹤林寺僧人所栽杜鹃花当为江浙一带山区广泛分布的映山红和满山红等。对此,唐代诗人李咸用在《同友生题僧院杜鹃花》一诗中有"鹤林太盛今空地,莫放枝条出四邻"的生动写照。宋朝著名诗人苏轼有诗《游鹤林寺》:"郊原雨初霁,春物有馀妍。古寺满修竹,深林闻杜鹃。睡馀柳花堕,目眩山樱然。西窗有病客,危坐看香烟。"描述了鹤林寺栽种杜鹃的盛景。除了鹤林寺有栽植杜鹃,晚唐诗人韩偓《净兴寺杜鹃花》:"一园鲜艳醉坡陀,自地连梢簇蒨罗。蜀魄未归长滴血,只应偏滴此丛多。"则是描述了净兴寺栽植的杜鹃,寺中杜鹃鲜艳美丽。菩提寺也有栽植杜鹃的记载,如南宋潜说友《咸淳临安志》记载:"杜鹃,钱塘门处菩提寺有此花,甚盛,东坡有南漪堂杜鹃诗,今堂基存,此花所在山多有之。"宋苏颂《图经本草》指出,羊踯躅所在有之,但在岭南、蜀道山谷遍生的植株皆开深红色花,如锦绣状,此种植物则不入药。显而易见,苏颂描述的是与羊踯躅形态相似的映山红之类植物。宋诗人王十朋在杜鹃岩诗注中说,乐清县(现浙江)有杜鹃岩,岩在戏丝岩之东,顶平,因岩山多杜鹃花故名,当地杜鹃花,一名岩花花。

　　虽说我国是杜鹃花的原产地之一,但到了唐代,野生杜鹃花才被引种到城中去,并引起世人尤其是文人的注意。这个时期,杜鹃已经应用于园林、庭院中,丰富了园林植物,为唐宋时期的园林增添了不少色彩。大历十年(776年)进士王建作宫词多首,其中一首曰:"前日暖房来,嘱向朝阳乞药栽。救赐一案红踯躅,谢恩未了奏花开。"说明长安宫中已种植红杜鹃,且得到了皇帝的青睐。又有江苏镇江鹤林寺的杜鹃花,《丹徒县志》载:"相传唐贞元年(785年)有外国僧人自天台钵盂中以药养根来种之。"后来苏东坡在诗中曾几次提及此事:"当时只道鹤林仙,能遣秋光放杜鹃。"说明天台山附近的野生杜鹃被僧人先以钵盂培养的方式,再带到了镇江移植于鹤林寺内。后有东都洛阳城外平泉庄的四时杜鹃花。李德裕在《平泉山居草木记》中说他于"己未岁又得……稽山之四时杜鹃。"己未岁,即唐开成四年(839年),平泉庄是唐相李德裕在洛阳城外二十里苦心经营的"别业",文中说的杜鹃是他从会稽(今浙江绍兴)移植来的,也获得了栽培上的成功。

　　在这段时间,最值得一提的是著名诗人白居易对杜鹃花表现出的前所未有的巨大热忱。极爱杜鹃的白居易不但写下了许多赞美杜鹃花的诗句,而且还亲自移植栽培于庭院中。白居易被贬到江州(今江西九江)期间,闲暇之时,常一人去山中欣赏无人青睐的漫山遍野的杜鹃花。在他的一首《咏杜鹃》诗中写道:"玉泉南涧花奇怪,不似花丛似火堆。今日多情唯我到,来年无故为谁开。宁辞辛苦行三里,更与留连饮两杯。犹有一般辜负事.不将歌舞管弦来。"在这首诗中,白居易使用的完全是一种与杜鹃花对话的口吻:"鲜艳火红的杜鹃花啊,要说你是花丛,倒不如说是一堆火焰吧。今日开得这样灿烂,是因为我来看你吗? 可是观者不是天天都有,那么每年你都为了谁而盛放呢? 我辛辛苦苦地赶了许多路来这里看你,只为了能和你对饮几杯,说说心事。不过,有那么一件事我对不住你,没带歌舞管弦来与你共赏,真是抱歉啊。这样的语言,浅显直白却情深意切,恐怕只有爱花之人才能如此"痴",如此"傻",才能如此浪漫吧! 他因观赏不过瘾,于是把杜鹃花移植于厅前,对杜鹃花进行人工栽培,小小的杜鹃花寄托了他无限的喜怒哀乐。后来他被调到四川忠州(今四川忠县),还不辞劳苦地将庐山杜鹃花带去,以便继续选育和栽培。由于第一次移植未成活,诗人很是懊恼,写下了"争奈结根深石底,无因移得到人家";在公元820年终于移植成活,大喜,又作诗曰:"忠州州里今日花,庐山山头去年树,已怜根损斩新栽,还喜花开依旧数。"移种中,根虽有损,却经裁剪后,又茂盛如初,怎不令他惊喜。"本是山头物,今为砌下芳"(《山石榴花十二韵》)写出了诗人将杜鹃栽植于庭院中的喜悦与骄傲。他嗜爱杜鹃,作有杜鹃诗多首,除以上外还有《山石榴花》《戏问山石榴》《题孤山寺山石榴花》《山石榴花十二韵》《玉泉寺南三里涧下多漫红踯躅繁艳殊常感惜题诗以示游者》等。而最能体现他的感受的是《山石榴寄元九》中的"细看不似人间有。芙蓉芍药皆嫫母。"意思是说,与杜鹃相比,芙蓉和芍药只不过是丑妇而已。从此,杜鹃花便争得一个"花中西施"的美名。唐政治家、文学家李德裕(787—850年)所著《平泉山居草木记》中就提到了"木之奇者……金陵之珠柏、栾荆、杜鹃",说明居住处已经栽植有杜鹃。到了宋代,诗人王十朋曾移植杜鹃花于庭院:"造物私我小园林,此花大胜金腰带(此处金腰带指连翘)。"杜鹃花丰富了诗人的庭院美景,比连翘花还要美。此时,杜鹃花开始成为园林植物配置的材料。

3. 繁盛期——元明清时期

到了元明清时期,杜鹃花栽植达到了繁盛期。关于杜鹃花的记载已经不仅限于对其药用价值和观赏价值的描述了,在这个时期,人们开始对杜鹃花的分类、形态特征、栽培、养护和繁殖方法等进行系统而全面的探讨和论述,甚至对野生品种亦有了编谱。

和唐宋时期相比,这个时期描述杜鹃花的诗词歌赋并不那么丰富,但也不乏佳作。明朝诗人苏世让酷爱杜鹃花,写下了《初见杜鹃花》:"际晓红蒸海上霞,石崖沙岸任欹斜。杜鹃也报春消息,先放东风一树花。"诗人写的是清晨石崖沙岸遍布杜鹃,它们像海上红霞一样,迎风开放,向人们报告春天到来的消息。诗人不仅描写花的鲜艳美丽,更歌颂花报春的美德。明代杨慎(1488—1559年)《滇海曲》:"海滨龙市趁春畬,江曲鱼村弄晚霞。孔雀行穿鹦鹉树,锦莺飞啄杜鹃花。"描绘了傍晚时分江边生动活泼的美景,让人感觉温暖平和。

俗话说"唐诗、宋词、元曲、明清小说",这个时期关于杜鹃花的诗作可能不多,但元曲和明清小说中出现的杜鹃花相关描述,甚至人物形象则弥补了该时期杜鹃文化的空缺。元朝散曲家、剧作家张可久(约1270—1350年)所著《红绣鞋·天台瀑布寺》:"绝顶峰攒雪剑,悬崖水挂冰帘。倚树哀猿弄云尖。血华啼杜宇,阴洞吼飞廉。比人心,山未险。"写登天台瀑布寺时的险要。曲中"血华啼杜宇"即"杜宇啼血华",华,同"花","血华"说的就是火红的杜鹃花,该句表现的即是杜鹃开放,可知时节已是春天,但全诗不见半丝温馨之意,占据他心头的感受就只有一个"险"字。清代作家曹雪芹创作的《红楼梦》中黛玉的侍女紫鹃,就以杜鹃花名命名,有啼血杜鹃的寓意,名字因杜鹃花之艳丽而甚美,因杜鹃啼血而甚悲,杜鹃花的火红印证了紫鹃对黛玉的热情,但杜鹃花的愁的意蕴也使得紫鹃这一人物间接预示着黛玉的悲剧命运。《桃花行》最后二句"一声杜宇春归尽,寂寞帘栊空月痕"更加突现了紫鹃名字的隐喻之意,由杜宇哀鸣来体现黛玉的落寞愁苦。黛玉死后,紫鹃也选择出家为尼,在这一方面,紫鹃正是和杜宇一样日夜悲啼,为着自己的知心姐妹哀鸣。

在这个时期,关于杜鹃花药用价值的描述,相比之前更加详尽、具体、实用,包括杜鹃花药效、功效及其毒性。药学经典论著、明朝医学家李时珍(1518—1593 年)所著《本草纲目》草部第十七卷·草之六·羊踯躅篇说道:"韩保升所说似桃叶者最的。其花五出,蕊瓣皆黄,气味皆恶。苏颂所谓深红色者,即山石榴名红踯躅者,无毒,与此别类。此物有大毒,曾有人以其根入酒饮,遂至于毙也。主治贼风在皮肤中淫淫痛,温疟恶毒诸痹。"书中还附上了治疗风痰注痛、痛风走注、风虫牙痛以及诸风瘫痪,筋骨不收(草部第二十卷·草之九·自龙须篇)的处方。

元明清时期相较之前,对于杜鹃花的记载,更多是表现在对杜鹃品种、栽培养护、繁殖上。明代的云南学者张志淳《永昌二芳记》中卷记载云南保山杜鹃共有 20 种,"大多花性喜阴畏热,不畏霜雪,种用山泥,拣去粗石,羊矢浸水浇之,更置树下阴处,则花叶青茂。有用豆饼浸水,候黑色浇之,更妙"。可见当时已经有较为系统的杜鹃花品种的整理和归纳,也有养护措施的记载。李元阳(1497—1580 年)纂修的《大理府志》称:"杜鹃谱有四十七种",可见当时就已有人将山野所产杜鹃花分类编谱。王世懋(1536—1588 年)在《学圃杂疏》中说:"花之红者杜鹃,叶细、花小、色鲜、瓣密者曰石岩,皆结数重台,自浙而至,颇难畜,馀干、安仁间偏山如火,即山踯躅也,吾地以无贵耳。"对石岩杜鹃即钝叶杜鹃和山踯躅做出了描述。李时珍也在《本草纲目》中从形态和毒性入手对杜鹃不同种类做了描述:"处处山谷有之。高者四五尺,低者一、二尺。春生苗叶,浅绿色。枝少而花繁,一枝数萼。二月始开花如羊踯躅,而蒂如石榴花,有红者、紫者、五出者、千叶者。小儿食其花,味酸无毒。一名红踯躅,一名山石榴,一名映山红,一名杜鹃花。其黄色者,即有毒羊踯躅也。"

古诗中还有对杜鹃花的产地进行了记载,如高濂《草花谱》记有"杜鹃花出蜀中者佳,谓之川鹃,花内十数层,色红甚",说明蜀地(现四川)的杜鹃之所以出名,是因为它花瓣堆叠,色红如血,特色鲜艳,故号为"川鹃";《草花谱》中又说"出四明(今浙江四明山)者,花可二、三层,色淡",四明是古代对浙江宁波府的别称,因境内有四明山而得名。这里说的四明杜鹃,是江南的名品,然而从色态的描述上看,显然远不及川鹃。这部著作对不同产地的杜鹃进行了形态描述。清代陈维岳的《杜鹃花小记》云:"杜鹃产蜀中,素有名。宜兴善权洞(今称善卷洞,在江苏宜兴西南面,是著名的游览胜地)杜鹃,生石壁间,花硕大,瓣有泪点,最为佳本,不亚蜀中也。"提到该地的杜鹃花瓣大而有斑点。陈诗教的《灌园史》曰:"自初夏至深秋宜日以河水灌之。一种山鹃,花大,叶稀,先开一日,一名石矗,然寔非也。石矗,先敷叶,后著花,其色丹如血。杜鹃,先著花,后敷叶,色差淡。润州鹤林寺有杜鹃花,相传正元中,外国僧自天台钵中以药养其本,来植此寺,人或见女子红裳佳丽游于花下。殷七七能开非时之花,女子谓七七曰:欲开此花乎,吾为上帝所命下司此花,在人间已逾百年,非久即归阆苑去,今与道者共开之,来日花果盛开,如春夏间,数日,花俄不见,亦无落花在地。宋培桐曰:石矗乃日颜,石矗则讹字也。杜鹃、春鹃、日颜非一种,因花之相似,故人皆误称其为杜鹃耳。竟不知杜鹃长止尺许,春鹃长有丈许,其枝干盘圆五六台者曰颜,枝叶若黄杨之状,盘圆大如轮,花茂如锦,价甚贵。"这里讲述了杜鹃花不同品种(杜鹃、春鹃、日颜)的形态以及花的珍贵。明代朱国祯(1558年—1632年)的《涌幢小品》卷37记载:"杜鹃花以二、三月杜鹃鸟鸣时开,有两种,其一先敷叶后著花(先叶后花)色丹如血;其二先著花后敷叶(先花后叶)色淡,人多结缚力盘盂翔凤之状。越州法华山奉圣寺佛殿前者特异。树高与殿檐等。而色尤红。花正发时。照耀楹桷墙壁皆赤。每岁花苞欲拆时。寺僧先期以白郡。府守率郡僚往燕其下。邦人亦竞出往观。无虚日。寺僧厌其扰。阴戕之。盖宋时已雕枯矣。郡斋有杜鹃楼。天衣、云门、诸刹皆有之。又上虞钓台山上双笋石。其顶有杜鹃花。春夏照烂。望之若人立而饰其冠冕者。齐唐记宋太祖、太宗、真宗、遏密之时。花枯瘐。三载乃复。上虞志又谓。仁宗崩。三年不荣。高宗崩。花忽变白。孝宗崩。三年若枯。既而复茂。嘉泰志云。近时又谓先敷叶。后着花者。为石岩以别之。然乡里前辈。但谓之红踯躅。不知石岩之名起于何时。今江南在在皆称石岩。"这里记载了奉圣寺杜鹃花的独特之处,以及花生长物候。地理学家徐霞客(1587—1641年)在《徐霞客游记》中记载:"滇中花木皆奇,而山茶、杜鹃为最,⋯⋯山鹃一花具五色,花大如山茶,闻一路迤西,莫盛于大理、永昌境。花红,形与吾地同,但家食时,疑色不称名,至此则花红之实,红艳果不减花也。"其所著《徐霞客游记·滇游日记》记录了马缨花、山鹃、杜鹃等杜鹃花属植物的不同种,"十三日与何君同赴斋别房,因遍探诸院。时山鹃花盛开,各院无不灿然",记载了云南山寺之外杜鹃盛开的美景。

　　根据植物学家的调查,我国的杜鹃以长江以南种类较多,长江以北则很少,而以云南最多,西藏次之,四川排第三,距离此中心越远,种类就相应递减。明清时期,有关云南杜鹃的介绍开始多起来,这主要是因为古代西南之地,交通不便,内地人对其情况不甚了解,以至于长期以来,云南风物多所忽略,并非云南杜鹃花后来昌盛。明成化二十年,张志淳在云南所作《永昌二芳记》中记载杜鹃花有20种。清代吴应枝《滇南杂记》中提到滇中杜鹃花种类甚繁,当地常称为山丹花。乾隆朝时的《云南通志》:该省"杜鹃有五色,双瓣者,永昌,蒙化多至20余种"。乾隆年间人张弘在《滇南新语》中记下了滇西特有的蓝色杜鹃:"⋯⋯楚雄,大理等均产杜鹃,种分五色,有蓝色者,蔚然天碧。"他对杜鹃大加赞赏,称是"诚宇内奇品,滇中亦不多见"。此外,檀萃在《滇海虞衡志》中也描述了滇山大片的野生杜鹃林。明清时除了对滇中的杜鹃有大量的记载外,对岭南的杜鹃也有记载。明代王世懋在《闽部疏》中提到"闽中大多气暖,春花皆先时放。方二月下旬已见踯躅。"清代屈大均在《广东新语》中记载广中诸山杜鹃,如西樵山有大粉红者、青者和千叶者;罗浮山多蓝紫者、黄者,香山和凤凰山则有五色者。《闽产异录》中写有:福建有紫杜鹃,又名紫踯躅,产福鼎,凡山石干燥带土者皆生此花,又有红、白、黄等种类。浙江栽培杜鹃花的历史也很早,据乾隆年间《浙江通志》记载,雁荡山一带,杜鹃有开花绯红、粉红、蓝、碧各色者,唯碧者不多见。江南人把产自浙南花千瓣、色深红的杜鹃称为浙鹃,而将花叶俱狭长,先叶后花,花单瓣,朱砂红色,内一瓣有湘妃泪纹者,称为川鹃。明代万历年间,川鹃自四川引入浙江温州。天台山、会稽山多产杜鹃花,当地人称之为谢豹花。四明山也产,有人将重台者称为石岩花,也有人将先长叶后著花者称为石岩花。

　　此外,明清时期各地有名的杜鹃不胜枚举,如明代《庐山记事》提到庐山香炉峰顶,有大盘石,垂生的山石榴,三月中作花,色似石榴花而小,淡红,敷紫萼。顺治年间《庐山通志》提到庐山杜鹃花,按颜色分有五种,分别为深红、紫艳、淡红、浅青、纯白,白色者多生于溪涧边。

康熙年间《黄山志》提到,安徽黄山云外峰有杜鹃花,绕峰而生。《湖广志》等提到湖南衡山巾紫峰,生长杜鹃花。黔阳山谷有野生者,千叶红花。楚北各地,花色兼备,千叶者、单花者不一而足,牛羊践踏,死而复生。在湖北,映山红一名红踯躅;羊踯躅一名黄踯躅,俗名闹羊花;各种杜鹃花处处有之。咸丰年间《应城县志》提到该县伍家山,三月间映山红遍开如锦,生长尤为繁茂。此外,北方也多有杜鹃栽培,如光绪年间《盘山志》提到北京一带,将踯躅类植物高者称为杜鹃花,小灌木称为映山红,开黄花者称为黄踯躅,而映山红遍山有之,与南方生长者比较,其花色呈微紫。

综上所述,古代杜鹃花种类很多,由于自然杂交和芽变,故常能出现变异植株,在长期的自然选择与人工选择下,一些富于观赏价值的变种与品种时有出现。据清劳大兴《欧江逸志》(17世纪中叶)记载:平阳尉王顺伯,曾于九月行村野间,见一棵杜鹃花,十分高大,花开数千朵,色如渥丹,照人面皆赤,讶其开花非时。当地村民俱说,此种只出此山谷,一岁四开,春秋独盛。这即是有关四季杜鹃的最早报道,四季杜鹃为花芽容易分化的类型。除《广东新语》提到当地产五色杜鹃外,乾隆年间的《瑾县志》提到四明山也产五色杜鹃。看来,这是杂色、复色和易于变色的类型。康熙年间的《江南通志》记述徽州府产香杜鹃,这种植物高干浓香,迥异凡种。《滇南新语》也记述滇中有杜鹃"高柯撑云,浓香浮谷"。另提到该地曾发现蓝杜鹃,花色蔚然天碧,十分罕见,为宇内奇品。上面曾经提到,浙南山区也有蓝杜鹃,以及碧杜鹃。《秋园杂佩》介绍江苏宜兴著名旅游胜地善卷洞,所产杜鹃生石壁间,花硕大,瓣有泪痕,十分可爱。然而,杜鹃花较难栽培,故育成的品种虽也不少,但毕竟不及牡丹、菊花那样繁多。大约在唐代,中国的杜鹃花传入日本,开始在寺院种植,后盛栽于各地。英法等国植物学家将中国大量杜鹃种质采集回国,经杂交选种,育成大量现代杜鹃品种。近来,不少具有中国杜鹃花血缘的西洋杜鹃回归神州大地,博得广大群众的喜爱。当今,英国爱丁堡植物园和美国ARNOLD树木园收集许多杜鹃的变种和品种,而我国尚无成熟的收集中心,杜鹃育种工作和英、美、日等国有较大差距。

历史上关于杜鹃花栽培技术的论述很少。从杜鹃花有记载开始,就对其栽培养护管理要领进行描述。顾长佩《花史》云:"杜鹃花有大红、粉红二色。春初扳枝著地,用黄泥覆之,俟生根截断,来年分栽。"又云:"浙人分杜鹃,用掇法,以竹管套于枝上,肥土填实,俟生根鬚,截下栽之。"这里详细讲述了分栽法栽植杜鹃的方法。清代陈淏子于1688年著《花镜》一书,该书涉及对杜鹃花的花历、生态环境、栽培施肥等的研究,具体如下:"杜鹃,一名红踯躅。树不高大,重瓣红花,极其烂漫,每于杜鹃啼时盛开,故有是名。先花后叶,出自蜀中者佳。花有十数层,红艳比他处者更佳。杜鹃花性最喜阴而恶肥,每早以河水浇置之于树荫下,则叶青翠可观,亦有黄白二色者,春鹃亦有长丈余者,须种以山黄泥,浇以羊粪水,宜豆汁浇。"这里提及杜鹃可行嫁接,挖掘树苗时尽量带土,否则根断易猝死。种时须用山黄泥,植株性喜阴而恶肥,生长期间宜施豆汁,切忌粪水,干旱时早晚以河水浇灌,并置之树荫下,则叶密翠可爱,道出了杜鹃喜淡肥忌重肥的栽培要点。"杜鹃正月宜压条,二月宜分栽,四月杜鹃啼血。"这里则是按时间写出了栽植要点。在"课花十八法浇灌得宜法"中写道:"六、七月花木发生已定,皆可轻轻用肥,至小春时便能发旺。若柑橘之类,又不宜肥,肥则皮破脂流,隆冬必死。杜鹃、虎刺,尤不可肥。"这里记载了杜鹃花施肥的注意事项。汪灏的《御定广群芳谱》中载有:"杜鹃花,一名红踯躅,一名山石榴,一名映山红,一名山踯躅。处处山谷有之,高者四五尺,低者一二尺。春生苗叶浅绿色,枝少而花繁,一枝数萼。二月始开花,如羊踯躅而叶,如石榴花有红者紫者五出者千叶者。小儿食其花味酸无毒。"这里对杜鹃花形态、物候做了记录。1848年清吴其濬的《植物名实图考》记载有:"羊踯躅,本经下品,南北通呼闹羊花,湖南谓之老虎花,俚医谓之搜山虎。种蔬者渍其花以杀虫。又有一种大叶者附后。"这里写出了杜鹃花可作杀虫剂用。

此时,杜鹃不仅深得文人的青睐,亦受到百姓的欢迎。徐似道的诗句:"牧童出卷乌盐角,越女归簪谢豹花",便生动地反映了这一事实。《草花谱》说:每当映山红生满山顶时,当地农民认为是预示着当年庄稼将获丰收,于是高兴得竞相登上山冈采之。嘉泰《会稽志》提到,今绍兴一带居民,常将杜鹃花种于花坛和盆钵中,采用结缚手法,将植株蟠曲,使其成为翔凤之状,置于庭槛间,作为春夏间美丽的花卉观赏。

4. 成熟期——近现代

在不同时期,杜鹃花在诗词戏文中所表达的意义也不同。在近现代中国革命的艰苦岁月中,成仁志士以杜鹃花热情、蓬勃、顽强的精神,鼓励革命斗志。近代革命家秋瑾(1875—1907年)有《杜鹃花》:"杜鹃花发杜鹃啼,似血如朱一抹齐。应是留春留不住,夜深风露也寒凄。"第一次革命战争失败后壮烈牺牲的江西帅开甲烈士临刑前写道:"记取章江门前血,他年化作杜鹃红。"1977年毛岸青和邵华所写的《我们爱韶山的红杜鹃》一文,通过反复咏赞韶山的红杜鹃,热情洋溢地表达了对伟大领袖毛主席以及其他革命先烈的无限怀念和崇敬之情。

现代人仍然喜欢以杜鹃寓意悲情故事,电视剧《危情杜鹃》,是一部视角独特、情节惊险的悬疑剧。故事讲述的是一场没有硝烟的情感战争,突然降临在夫妻双方均是著名电视节目主持人的恩爱家庭,丈夫被一名女大学生所暗恋,对方居然处心积虑、用网名"啼血杜鹃"在网上与男主人互通电子邮件,最后还以保姆的身份打入其家庭,最终导致他婚姻破裂。当男主角有意想与前妻重修旧好,爱得太深的"小保姆"用尽各种极端方式纠缠,最终痴迷到把自己送进了精神病医院。这名偏执又美貌的女大学生的结局也应验了"啼血杜鹃总哀鸣"的宿命;而在剧中,也有"小保姆"为主人家赠送许多杜鹃花的片段,预示她的前途叵测。

但在近现代,杜鹃花的文化意蕴主流不是以"愁"为主。现代文学家叶圣陶赞赏云锦杜鹃填词蝶恋花写作《蝶恋花·云锦杜鹃》:"五月庐山春未尽。浓绿丛中,时见红成阵。耀眼好花初识认,杜鹃佳品云锦。攒叶圆端苍玉润,拖出繁英,色胜棠樱嫩。避暑人来应怅恨,芳时未及观娇韵。"诗词中一扫愁云,正可谓现代欣赏杜鹃花的主流。另外,还有周瘦鹃先生的《杜鹃枝上杜鹃啼》,这是一篇颇具影响力的文章,文章一改凡写杜鹃,必须花鸟相联系,并且笔调凄凉的陈习旧制,无论是切题还是立意都焕然一新。作者首先从"杜鹃"一名这个新鲜话题入手,又讲述自己的名字周瘦鹃与杜鹃鸟的缘分,并解释其含意是"我是一只哀啼的瘦弱杜鹃"。杜鹃悲啼,"我"诉哀情,两者非常相似。这笔名虽是偶得,却得的好,也证明了作者与杜鹃鸟确实有缘。后面说杜鹃是"天地间愁种子"、"其悲哀可知"。然而,周瘦鹃却笔锋一转,避开"悲哀"话题,提起了波兰民歌《小杜鹃》,并推想那曲调一定是欢愉而悦耳的。看似不经意,却对有关杜鹃的古老传说表示了小小的否定。仿佛诗中有画,画中藏诗,让人完全忘记杜鹃的哀鸣。接着,作者又谈杜鹃鸟了。对这鸟的外形与习性做了介绍,增长了读者的见识。而谈的重点则是它"分明是一头益鸟"。至于它鸣声的哀切,那是出于对催促"农耕"的挚诚,是怕农家误了农事而焦迫得"垂涕而道"!多好的一种鸟,也隐含着认为古代传说并不确切。

在近现代,国内极其注重植物资源的引种与栽培。闭关锁国政策结束后,我国加强了与国外植物资源的交流,我们开始从国外引进杜鹃花,在 20 世纪二三十年代,国外一些优良杜鹃品种开始进入沿海城市。江苏无锡有园艺爱好者每年向日本的"蔷薇园""百花园""横滨植木式会社"等处邮购杜鹃花苗木。道光年间的《桐桥倚棹》中提到"洋茶、洋鹃、山茶、山鹃"的记载,说明此时中国已引入国外杜鹃栽培。

这之后,杜鹃花花圃开始陆续建立起来,开始了对杜鹃花资源调查、引种驯化、分类研究、栽培繁育、应用开发等方面的探索和交流。辛亥革命后黄岳渊先生建立的花木场——上海真如黄园,面积约 7 公顷,是国内收集和种植杜鹃花品种最多的花圃,共计有毛鹃 30 余种,东鹃 500 余种,夏鹃 700~800 种,西鹃近 100 种。

20 世纪 80 年代以来,庐山、无锡、杭州、昆明、四川等地陆续建立了一批杜鹃专类园。由中国科学院植物研究所和四川省都江堰市市政府联合创立的都江堰"华西亚高山植物园",现已成为我国最大的杜鹃引种繁育基地。园中共收集了保育原始杜鹃种类 400 余种,其中高山常绿杜鹃品种 300 余种,是我国乃至亚洲最大的杜鹃花原种保存园。2007 年,杜鹃园正式被命名为全国首家"中国杜鹃园"。"中国杜鹃园"的建设,结束了我国作为杜鹃花野生资源大国却无与此相称的国家级杜鹃资源保育、品种展示专类园的历史,对我国乃至世界杜鹃资源的保育、研究、应用和开发都有积极的作用。

此外,在其他地区,杜鹃花的品种培育也在不断开展。其中无锡市杜鹃花专类园共建有 60 亩的杜鹃花园艺品种种质资源库,保存了杜鹃花园艺品种 300 多个。"两镇一城"(宁波柴桥镇、福建永福镇、辽宁丹东市)是我国杜鹃花的生产繁育中心。宁波北仑区柴桥镇有"中国杜鹃花之乡"的美称,在那里栽培了春鹃、夏鹃、西鹃、东鹃等 50 多个品种。福建省漳平市永福镇杜鹃花种植面积达到 8000 亩。辽宁丹东市"丹东杜鹃城"等生产机构和单位有后来居上的趋势,无论是杜鹃花产量还是生长品质都接近世界一流水平。

近现代关于杜鹃花的论著更加丰富和全面,1988 年冯国楣的《中国杜鹃花》出版,标志着已基本摸清了中国野生杜鹃花资源的分布和种类,同时也显示了我国杜鹃花资源的丰富程度及分类研究的水平。

5.2 杜鹃花的诗词和歌曲

历代关于杜鹃花的传说和诗文的渲染,是中国特有的文化传统,即在欣赏杜鹃花的同时,会引发出或热烈,或振奋,或哀怨,或悲壮,或远游,或思归等情调,尤其对东方人来说,杜鹃花文化中的这种潜在的感情色彩是非常浓烈的,这为园林绿化提供了丰富的文化内涵。

杜鹃花广泛被引入宫廷、寺庙、园林、庭院中栽植,成为时尚,并被文人墨客作为咏物抒情的对象,如"本是山头物,今为砌下芳""回看桃李都无色,映得芙蓉不是花""好差青鸟使,封作百花王"(唐·白居易)"园林莫道香飞尽,嫩绿枝头不用多"(宋·易富言)"造物私我小园林,此花大胜金腰带"(宋·宋十明)等。

在不同的时期,杜鹃花具有不同的文化寓意。在古代,杜鹃花具有思乡之意和对仙葩的寄寓;在革命时期,杜鹃花象征着革命的胜利,是"红色文化"的一部分;而现在,杜鹃花的花语是爱的喜悦,满山杜鹃花开放象征着幸福降临。在赵祥云等人编著的《花坛·插花及盆景艺术》中记载有：中国花语：杜鹃花——思念家乡（赠别国际友人及海外同胞）；英国花语：杜鹃花——节制、克制；日本花语：白杜鹃花——这太让我高兴了。

5.2.1   杜鹃花诗词

杜鹃花被称为"木本花卉之王"，其历史源远流长。早在公元 192 年，南北朝时就有《本草经集注》记录了杜鹃花，唐宋以来，更是多有诗词题咏。由于杜鹃花的广泛分布和受人喜爱，上自唐朝大诗人白居易、王维、杜牧，宋朝苏东坡、辛弃疾，下自明清时代杨升庵等都有赞誉杜鹃花的佳作名句。

杜鹃花盛开的季节，恰逢杜鹃鸟啼叫之时，古人感怀于此，留下了众多诗歌和美丽的故事，并留下了不少与杜鹃花有关的节日和习俗。除此以外，杜鹃花在历史上也出现在众多诗文之中，而且许多是借用杜宇亡国变鸟啼血的典故，但凡心中哀伤、悲痛时，往往会借杜鹃鸟来表达。杜鹃花和杜鹃鸟也因此成为古诗词中难以分割的意象组合。宋晏几道有"杜鹃花里杜鹃啼"之句，明杨慎也作有"杜鹃花下杜鹃啼"，唐成彦雄更是直接道出杜鹃花与杜鹃鸟的缠绵缘分："杜鹃花与鸟，怨艳两何赊。疑是口中血，滴成枝上花。"雍陶亦言："碧竿微露月玲珑，谢豹伤心独叫风。高处已应闻滴血，山榴一夜几枝红。"在这里"谢豹"也是杜鹃鸟的别名，诗中描述了杜鹃鸟在黑夜中孤单地鸣叫着，从高处滴下鲜红的血液，一夜之间染红了几枝山石榴（杜鹃花）。白居易抒发贬官左迁之苦、人生不如意之八九的长诗《琵琶行》里，就有"其间旦暮闻何物？杜鹃啼血猿哀鸣。"其情景凄苦万状。李商隐《锦瑟》中隐晦不明地讲："庄生晓梦迷蝴蝶，望帝春心托杜鹃。"秦少游的《踏莎行》也有："可堪孤馆闭春寒，杜鹃声里斜阳暮。"意境也颇为清冷。南宋诗人华岳敢于犯颜直谏，却一生坎坷。他十分担心国家的命运，在一首写杜鹃花的诗中感叹道："残日照愁人病酒，好风吹梦客思家。欲知亡国恨多少，红尽乱山无限花。"南宋末年的民族英雄文天祥被俘后，被押往南京市，路过建康，在驿站写下《金陵驿》一诗，末尾两句："从今别却江南路，化作啼鹃带血归"，充满了他壮志未酬身先死的悲壮气概。李白在《宣城见杜鹃花》中写道："蜀国曾闻子规鸟，宣城还见杜鹃花。叫一回肠一断，三春三月忆三巴。"写这首诗的时候，李白已是迟暮之年。他被朝廷判流夜郎，遇赦归来后，此时正流落江南，寄人篱下。这首诗描写了作者由宣城的杜鹃花想起家乡的杜鹃鸟，耳边仿佛又听到杜鹃鸟"不如归去"的悲鸣，思乡之情油然而生。

以上古诗多是捡拾杜鹃啼血滴而成花的典故，而在南宋王朝建立那年出生的杨万里，对政局的动乱给人民带来的灾难深有感触，在他的《晓行道旁杜鹃花》中云："泣露啼红作么生？开时偏值杜鹃声，杜鹃口血能多少，恐是征人泪滴成。"诗人一反传统，绕过杜鹃鸟，直接道出了杜鹃花红的悲伤气息，将红艳的杜鹃花比喻为由戍守边地的征人思乡的眼泪滴成，将她喻为烈士魂魄的代表，寓意更加深沉。杜鹃泣血的说法，原本是从红杜鹃生发出来的，血红与花红的共同点才有花鸟贯通的可能。而清陈至言《白杜鹃花》中的诗句"蜀魄何因冷不飞？空山一片影霏微。那须带血依芬树．自可梳翎弄雪衣。细雨春波愁素女．清风明月泣湘奴。江南寒食催花侯，肠断无声莫唤归"，描写了白色的杜鹃花挂在枝头上，空寂的初春山岭，一片迷蒙。杜鹃花雪白的花瓣没有了血迹，若化作鸟儿自可梳理那洁白的羽毛了。纯洁的白杜鹃花，就像寂寞的嫦娥在细雨春波之中徘徊，又像孤独的湘妃在清风明月之中哭泣。全诗至此，已是十分悲戚，诗人又在末尾点出"肠断"二字，更添几分惆怅。该诗吟诵的对象是白杜鹃，但作者巧妙地运用设问的语气，描绘出了这种杜鹃花的素淡雅白。唐代著名诗人王维的《送梓州李使君》中描写到"万壑树参天，千山响杜鹃"，勾画出一幅壮美的春山图，既有视觉形象，又有听觉感受，读来宛如身临其境，大有耳目应接不暇之势。杨万里的《明发西馆晨饮蔼冈》有："何须名苑看春风，一路山花不负侬。日日锦江呈锦样，清溪倒照映山红。"锦江位于四川，蜀地正是出产杜鹃花的名所，那里的杜鹃花植株高、颜色好。如此色彩艳丽的杜鹃花绽放满山，何须特意去那所谓的名苑赏花呢？走在山路上，一路山花的美好绝对不会辜负你我的期许。日日繁花似锦，处处火红烂漫，娇艳的花朵倒映在清澈的溪水之中，真是一幅令人心情爽朗的风景画。这首诗中诗人以欢快的心情描写了漫山遍野的杜鹃花开放时所欣赏到的美不胜收的风景。而宋代高僧择璘《咏杜鹃花》一诗的开首两联，则如一幅春日杜鹃图跃然纸上："蚕老麦黄三月天，青山处处有啼鹃。断崖几树深如血，照水晴花暖欲然。"三月时节，正是蚕老麦黄，一片明媚春光。青山之中，处处都有啼叫着的杜鹃鸟；而断崖处，几树深红如血的杜鹃花正迎风绽放，花朵鲜艳得仿佛要燃烧起来一样，让人从心底感到阵阵温暖。这正是杜鹃鸟与杜鹃花交相辉映的绝佳描绘。

在这些诗人中，以白居易为最，香山居士白居易对杜鹃花情有独钟，曾多次从山上挖掘杜鹃移植到庭院，诗句"忠州州里今日花，庐山山头去年树。已怜根损斩新栽，还喜花开依旧数"，所描绘的就是他移栽杜鹃成活的情景。白居易在《山石榴寄元九》中写道："日射血珠将滴地，风翻火焰欲烧人。闲折两枝持在手，细看不似人间有。花中此物似西施，芙蓉芍药皆嫫母。"诗中描述了阳光下，杜鹃花鲜红欲滴。一阵风过，花瓣随风摆动，好似火焰，简直就像要燃烧起来一样。诗人细细端详手中的杜鹃花，这样美丽的花啊，真不像是人间该有的。白居易将心爱的杜鹃花比作美人西施，相比之下，那些芙蓉、芍药之流，全都黯然失色了。这是对杜鹃花美艳姿色的赞颂，而之后的"商山秦岭愁杀君，山石榴花红夹路"，则开始借杜鹃花之意转入自己感情的抒发，也就有了结尾处的"忆君不见坐销落，日西风起红纷纷"。在杜鹃花海中抒发无限人生感慨。唐代诗人方干也借由杜鹃花表达自己壮志未酬的人生感慨。"未问移栽日，先愁落地时。疏中从间叶，密处莫烧枝。郊客教谁探，胡蜂是自知。周回两三步，常有醉乡期。"方干虽有才华，却始终不得志，终生未仕。诗歌开首即点出"愁"字，而所用典故皆是曲高和寡之意。诗人徘徊在杜鹃花前，借酒消愁，"咀嚼"着自己人生的不幸。而花虽无言，却能以自己的美丽给诗人带来一丝安慰。

由于望帝啼血的传说深入人心，与"蜀帝"相关的一些词汇和典故也多次出现在吟咏杜鹃花的作品中。如明人袁秦在《自柳至平乐道中书事》中将杜鹃花直接称为"蜀帝花"："屋覆湘君竹，山开蜀帝花。"而最浅显易懂的当属徐凝之《玩花》："朱江焰馅山枝动，绿野声声杜宇来。谁为蜀王身作鸟，自啼还自有花开。"杜鹃花之色与杜鹃鸟之声，相互应和。"自"字说的就是花鸟同名，难分难解，十分有趣。又如唐人韩偓的《净兴寺杜鹃》，再次提及啼血之事："一园红艳醉坡陀，自地连梢簇倩罗。蜀魄未归长滴血，只应偏滴此丛多。"而在唐吴融的《杜鹃花》中，蜀帝的魂魄化作杜鹃鸟啼叫还不够，更要凭借杜鹃花鲜艳的色彩来倾诉心意，真是执着非常："冬红始谢又秋红，息国亡来入楚宫。应是蜀魂啼不尽，更凭颜色诉西风。"

杜鹃花花色艳丽，在古代文学作品中常以观赏花木的形式出现。杜鹃花在园林中作为花木栽培始于唐朝。根据《草木缘情》对中国古典文学作品中灌木类的植物统计结果知：唐诗中44次提到杜鹃花，26次提到踯躅；宋诗宋词中19次提到杜鹃，5次提到踯躅；元诗元词和元曲中12次提到杜鹃，11次提到踯躅；明诗词和曲中61次提到杜鹃，7次提到踯躅；清诗词曲中30次提到杜鹃，15次提到踯躅，即从唐朝到清朝，杜鹃出现在古诗词曲中的频次为

165 次,踯躅出现在古诗词曲中的频次为 64 次。下面按照历史顺序对有关杜鹃花的诗词进行汇总整理。

1. 唐、五代十国

白居易

山石榴寄元九

山石榴,一名山踯躅,一名杜鹃花。

杜鹃啼时花扑扑。

九江三月杜鹃来,一声催得一枝开。

江城上佐闲无事,山下斫得厅前栽。

烂熳一栏十八树,根株有数花无数。

千房万叶一时新,嫩紫殷红鲜麹尘。

泪痕浥损燕支脸,剪刀裁破红绡巾。

谪仙初堕愁在世,姹女初嫁娇泥春。

日射血珠将滴地,风翻火焰欲烧人。

闲折两枝持在手,细看不似人间有。

花中此物似西施,芙蓉芍药皆嫫母。

奇芳绝艳别者谁? 通州迁客元拾遗。

拾遗初贬江陵去,去时正值青春暮。

商山秦岭愁杀君,山石榴花红夹路。

题诗报我何所云? 苦云色似石榴裙。

当时丛畔唯思我,今日栏前只忆君。

忆君不见坐销落,日西风起红纷纷。

咏杜鹃

玉泉南涧花奇怪,不似花丛似火堆。

今日多情唯我到,每年无故为谁开。

宁辞辛苦行三里,更与留连饮两杯。

犹有一般辜负事,不将歌舞管弦来。

琵琶行

我从去年辞帝京,谪居卧病浔阳城。

浔阳地僻无音乐,终岁不闻丝竹声。

住近湓江地低湿,黄芦苦竹绕宅生。

其间旦暮闻何物? 杜鹃啼血猿哀鸣。

春江花朝秋月夜,往往取酒还独倾。

杜牧

山石榴

似火山榴映小山，繁中能薄艳中闲。
一朵佳人玉钗上，只疑烧却翠云鬟。

杜甫

杜鹃

西川有杜鹃，东川无杜鹃。
涪万无杜鹃，云安有杜鹃。
我昔游锦城，结庐锦水边。
有竹一顷馀，乔木上参天。
杜鹃暮春至，哀哀叫其间。
我见常再拜，重是古帝魂。
生子百鸟巢，百鸟不敢嗔。
仍为喂其子，礼若奉至尊。
鸿雁及羔羊，有礼太古前。
行飞与跪乳，识序如知恩。
圣贤古法则，付与后世传。
君看禽鸟情，犹解事杜鹃。
今忽暮春间，值我病经年。
身病不能拜，泪下如迸泉。

李白

宣城见杜鹃花

蜀国曾闻子规鸟，宣城还见杜鹃花。
一叫一回肠一断，三春三月忆三巴。

泾溪东亭寄郑少府谔

我游东亭不见君，沙上行将白鹭群。
白鹭行时散飞去，又如雪点青山云。
欲往泾溪不辞远，龙门蹙波虎眼转。
杜鹃花开春已阑，归向陵阳钓鱼晚。

李商隐

锦瑟

锦瑟无端五十弦，一弦一柱思华年。
庄生晓梦迷蝴蝶，望帝春心托杜鹃。
沧海月明珠有泪，蓝田日暖玉生烟。
此情可待成追忆？只是当时已惘然。

元稹

酬乐天武关南见微之题山石榴花诗

比因酬赠为花时，不为君行不复知。
又更几年还共到，满墙尘土两篇诗。

2. 宋

艾可翁

金山寺前泛舟西下

机春坎坎水潺潺，曲折舟行乱石间。
无数水禽飞不起，杜鹃花满夕阳山。

韩元吉

桐柏观三井龙潭下为瀑布

一水赴壑如奔雷，两山壁立坚谁开。山高石限水不去，万古斗怒何袤豗。
盘涡散作钟与釜，往往石上相萦回。泓渟岁久深莫测，人言海眼良可猜。
不知蛟龙底无用，局促石窦直穷哉。未能九土霈一雨，尚与千里清炎埃。
往时金虬坠玉简，中使奉诏从天来。百年旧事今寂寞，但有雪浪飞崔嵬。
杜鹃花开兰正发，双阙万丈晴云堆。寒声彻耳心骨爽，凌风一上吹笙台。

洪咨夔

小雪前三日钟冠之约余侍老人行山舟发后洪入

溪流转处两三家，落落疏林浅浅沙。
可是小春风物早，檐头一束杜鹃花。

华岳

杜鹃

残月照愁人病酒，好风吹梦客思家。
欲知亡国恨多少，红尽乱山无限花。

李时可

杜鹃花

杜鹃踯躅正开时，自是山家一段奇。
莫据眼前看易厌，帝城只卖担头枝。

刘萧仲

子规

深藏密叶人难见，断送春光梦一空。
啼后血流成底事，只应都作映山红。

刘敞

杜鹃花

嫩红轻紫仙姿贵，合是山中寂寞开。
九陌风尘肯相顾，可怜空使下山来。

陆游

杂题

湖堤疏瘦水杨柳，村舍殷红山石榴。
推户本来随意入，乞浆因得片时留。

梅尧臣

再送正仲

拟君杜鹃花，发当杜鹃时。
朱袍照白日，光彩生路岐。
自比青鼠爪，中心如乱丝。
丝乱复不理，况复远别离。
倾觞恨不深，立马恨不迟。
千山从此隔，三岁或前期。
尔后各寄书，空识满纸辞。
非如笑言乐，但有牵怀悲。
念昔苏与李，徘徊问何之。

九月十八日山中见杜鹃花复开

山中泉壑暖，幽木寒更华。
春鸟各噤口，游子未还家。
云谁未及还，对此重兴嗟。
何必因啼血，颜色胜曙霞。

苏轼

菩提寺南漪堂杜鹃花

南漪杜鹃天下无，披香殿上红氍毹。
鹤林兵火真一梦，不归阆苑归西湖。

王安石

送黄吉父将赴南康官归金溪三首其一

柘冈西路白云深，想子东归得重寻。
亦见旧时红踯躅，为言春至每伤心。

王令

送春

三月残花落更开，小檐日日燕飞来。
子规夜半犹啼血，不信东风唤不回。

王镃

白杜鹃

雪玉层层映翠微，蜀王心事此花知。
染红不到枝头上，想是啼鹃血尽时。

辛弃疾

定风波·赋杜鹃花

百紫千红过了春，杜鹃声苦不堪闻。
却解啼教春小住，风雨。空山招得海棠魂。
恰似蜀宫当日女，无数。猩猩血染赭罗巾。
毕竟花开谁作主，记取。大都花属惜花人。

晏几道

鹧鸪天

陌上濛濛残絮飞，杜鹃花里杜鹃啼。
年年底事不归去，怨月愁烟长为谁。
梅雨细，晓风微。倚楼人听欲沾衣。
故园三度群花谢，曼倩天涯犹未归

杨公远

白杜鹃花

从来只说映山红，幻出铅华夺化工。
莫是杜鹃飞不到，故无啼血染芳丛。

杨巽斋

杜鹃花

鲜红滴滴映霞明，尽是冤禽血染成。
羁客有家归未得，对花无语两含情。

杨万里

晓行道旁杜鹃花

泣露啼红作么生，开时偏值杜鹃声。
杜鹃口血能多少，不是征人泪滴成。

雨后田间杂纪五首

正是山花最闹时，浓浓淡淡未离披。

映山红与昭亭紫，挽住行人赠一枝。

明发西馆晨饮蔼冈四首其一

何须名苑看春风，一路山花不负侬。

日日锦江呈锦样，清溪倒照映山红。

姚勉

次韵诸友游云居

又是东风柳絮时，催春尚喜杜鹃迟。

雨晴蔓绿侵高木，风定残红阁旧枝。

眼底好山娱意思，耳边幽鸟话心期。

云居见说郊行乐，不得骑驴背锦随。

易士达

杜鹃花

轻剪梢头薄薄罗，子规溅血恨难磨。

园林莫道香飞尽，嫩绿枝头不用多。

于石

白杜鹃花

蜀帝魂销恨不穷，野花开落倚东风。

吻干无复枝头血，几度啼来染不红。

元绛

映山红慢

谷雨风前，占淑景、名花独秀。露国色仙姿，品流第一，春工成就。罗帏护日金泥皱。映霞腮动檀痕溜。长记得天上，瑶池阆苑曾有。

千匝绕、红玉阑干，愁只恐、朝云难久。须款折、绣囊剩戴，细把蜂须频嗅。佳人再拜抬娇面，敛红巾、捧金杯酒。献千千寿。愿长恁、天香满袖。

袁甫

映山红

山花无数笑春风，临水精视迥不同。

唤作映山风味短，看来恰惟映溪红。

赵师侠

醉桃源/阮郎归

杜鹃花发映山红。韶光觉正浓。水流红紫各西东。绿肥春已空。

闲戏蝶,懒游蜂。破除花影重。问春何事不从容。忧愁风雨中。

3. 元、明、清

苏世让

初见杜鹃花

际晓红蒸海上霞,石崖沙岸任欹斜。

杜鹃也报春消息,先放东风一树花。

徐渭

杜鹃花

烟雨艳阳天,山花发杜鹃。

魂愁数叶暗,血渍一丛鲜。

正色争炎日,重合沓绛笺。

春风几开落,遗恨自年年。

杨慎

滇海曲

海滨龙市趁春畬,江曲鱼村弄晚霞。

孔雀行穿鹦鹉树,锦莺飞啄杜鹃花。

袁褧

自柳至平乐道中书事

远触苍梧瘴,初乘漓水槎。

蚺蛇晴挂树,射蝛昼含沙。

屋覆湘君竹,山开蜀帝花。

夷坚收未尽,博物待张华。

陈至言

白杜鹃花

蜀魄何因冷不飞,空山一片影霏微。

那须带血依芳树,自可梳翎弄雪衣。

细雨春波愁素女,轻风明月泣湘妃。

江南寒食催花候,肠断无声莫唤归。

程之鵕

云外峰

飘渺离奇峙碧空,浑疑云外复云中。

杜鹃开向春光后,烧遍峰头万树红。

屈大均

浣溪沙杜鹃

血洒青山尽作花,花残人影未还家。声声只是为天涯。

有恨朱楼当凤阙,无穷青冢在龙沙。催还不得恨琵琶。

杨瑾华

夺锦标杜鹃花

新绿成阴。啼鹃声里。恰好繁花似锦。折向吟窗赏玩。娇妒榴裙。艳过珊枕。念韶光易晚。恐春去、顿添新恨。属东君、护惜芳华。莫使雨风吹损。

开遍枝头浓润。一片丹霞。又记鹤林仙境。烂漫千房挹露。宫烛凝光。晓阳留影。愿朱颜久驻。占年年、三春好景。更朝来、掩映晶帘。暗助玉台新咏。

曹雪芹

葬花吟

花谢花飞花满天,红消香断有谁怜?

游丝软系飘春榭,落絮轻沾扑绣帘。

闺中女儿惜春暮,愁绪满怀无释处。

手把花锄出绣帘,忍踏落花来复去。

柳丝榆荚自芳菲,不管桃飘与李飞;

桃李明年能再发,明年闺中知有谁?

三月香巢已垒成,梁间燕子太无情!

明年花发虽可啄,却不道人去梁空巢也倾。

一年三百六十日,风刀霜剑严相逼;

明媚鲜妍能几时,一朝漂泊难寻觅。

花开易见落难寻,阶前愁杀葬花人,

独倚花锄泪暗洒,洒上空枝见血痕。

杜鹃无语正黄昏,荷锄归去掩重门;

青灯照壁人初睡,冷雨敲窗被未温。

怪奴底事倍伤神? 半为怜春半恼春。

怜春忽至恼忽去,至又无言去未闻。

昨宵庭外悲歌发,知是花魂与鸟魂?

花魂鸟魂总难留,鸟自无言花自羞;

愿侬此日生双翼,随花飞到天尽头。

天尽头,何处有香丘?

未若锦囊收艳骨,一抔净土掩风流。

质本洁来还洁去,强于污淖陷渠沟。

尔今死去侬收葬,未卜侬身何日丧?

侬今葬花人笑痴,他年葬侬知是谁?
试看春残花渐落,便是红颜老死时;
一朝春尽红颜老,花落人亡两不知!

4. 近现代

秋瑾

杜鹃花

杜鹃花发杜鹃啼,似血如朱一抹齐。
应是留春留不住,夜深风露也寒凄。

王国维

玉楼春

西园花落深堪扫,过眼韶华真草草。
开时寂寂尚无人,今日偏嗔摇落早。
昨朝却走西山道,花事山中浑未了。
数峰和雨对斜阳,十里杜鹃红似烧。

叶圣陶

蝶恋花·云锦杜鹃

五月庐山春未尽,浓绿丛中,时见红成阵。耀眼好花初识认,杜鹃佳品云锦。
攒叶圆端苍玉润,托出繁英,色胜棠樱嫩。避暑人来应怅恨,芳时未及观娇韵。

5.2.2　国外诗人

爱默生

杜鹃花有人问,花从哪里来?

五月,当海风刺穿我们的孤独,
一丛清新的杜鹃让我在林间停驻。
无叶的花朵在潮湿的角落里铺开,
荒野和迟缓的溪流也感觉到了爱。
紫色的花瓣,飘坠在池塘里,
给幽暗的水面增添了几分明媚,
红雀兴许会来这里梳理羽翼,
即使花儿让心仪的它自惭形秽。
杜鹃啊! 如果智者问你,这样的景致
为何要留给不会欣赏的天空与大地,
告诉他们,若神是为了看而造双目,
那么美就是自己存在的缘故:
你为什么在这里,玫瑰般迷人的花?

我从未想过问你,也不知晓答案;

可是,无知的我有一个单纯的想法:

是引我前来的那种力量引你来到世间。

5.2.3　杜鹃文化相关典籍节选

《徐霞客游记》滇中花木记
明　徐弘祖

滇中花木皆奇,而山茶、山鹃杜鹃为最。

山茶花大逾碗,攒合成球,有分心、卷边、软枝者为第一。省城推重者,城外太华寺。城中张石夫所居朵红楼楼前,一株挺立三丈余,一株盘垂几及半亩。垂者丛枝密干,下覆及地,所谓柔枝也;又为分心大红,遂为滇城冠。

山鹃一花具五色,花大如山茶,闻一路迤西,莫盛于大理、永昌境。

花红,形与吾地同,但家食时,疑色不称名,至此则花红之实,红艳果不减花也。

译文:

云南省的花木都奇特,而山茶、山鹃最引人注目。山茶的花比碗还大,花瓣层层聚集,团成球形,有分心、卷边、柔枝,是上品。省城昆明所推重的,是城外太华寺的山茶。城中张石夫所居住的朵红楼前,一棵山茶树挺立,有三丈多高;另一棵山茶树盘旋垂盖,几乎遮住半亩地。垂着的这一棵枝干丛生稠密,往下一直盖到地,就是所说的柔枝;又是分心、大红色,于是被誉为省城中的山茶之冠。

山鹃有五种颜色,花朵像山茶一样大,听说滇西一带,什么地方的山鹃都比不上大理府、永昌府境内的繁丽。

花红的形状和我家乡的相同,只是在家乡吃花红时,对果子的颜色与名称不符有怀疑,到云南花红才名副其实,红艳艳的果子不亚于红花的颜色。

《本草纲目》
明　李时珍

杜鹃花一名红踯躅,一名山石榴,一名映山红,一名山踯躅,山谷有之,高者四五尺,低者一二尺,春生苗,叶浅绿色,枝少而花繁,一枝数萼。二月始开,花如羊踯躅而蒂如石榴花,有红者、紫者、五出者、千叶者,小儿食其花,味酸无毒。

译文:

杜鹃花又名红踯躅、山石榴、映山红,多数生长在山谷中,高的有四五尺,矮的有一二尺,春天新长出的叶色浅绿,分支少,花多开在一枝上,萼片数枚。二月初开花,花瓣如羊踯躅的花瓣而花蒂如石榴花的花蒂,花有红的、紫的、五瓣的、重瓣的,花的味道酸,无毒,小儿可食用。

5.3　杜鹃花的传说

杜鹃花作为中国十大传统名花之一,以花繁叶茂、绚丽多姿著称,古人把杜鹃花誉为花中西施,白居易有诗曰:"闲折两枝持在手,细看不是人间有。花中此物似西施,芙蓉芍药皆嫫母。"杜鹃花历来具有极高的观赏价值,同时古人将其与民生联系在一起,从而流传下许多有关杜鹃的传说。

5.3.1　杜鹃与谢豹

杜鹃和谢豹为结拜兄弟,谢豹因无意中伤了人被判死罪,关进死牢,杜鹃带了酒菜去看他,谢豹诡称要理发,让杜鹃代他坐一会牢,杜鹃欣然同意,哪知谢豹一去不回。杜鹃伤心地哭了三天三夜,第四天就被推出去斩首了。杜鹃死后变成一只冤鸟,从这山哭到那山,想找谢豹,却徒劳无功。日复一日,年复一年,啼出的血泪洒在山间,滴到之处便长出小树,春天一到,更开出了血红色的花。这就是杜鹃花的由来。

5.3.2　舜帝南巡

传说一次舜帝南巡,来到了九嶷山一带视察;听闻这里的姑娘都长得十分秀丽,就像红杜鹃花那般讨人喜欢,可是她们的命运却灾难重重,爱民如子的舜帝决定查个明白。这天,风和日丽,舜帝沿着母河左岸走上九嶷山,只见桃红李白,柳翠竹绿,鸟雀呼晴,红色的杜鹃花遍野开放,舜帝看到如此景象,心里十分高兴。可是,当舜帝过了凉伞坳,来到一个叫小桑塘的村子里,却只见百姓们吃的是麦糠饼,喝的是苦菜汤,住的是茅草屋,穿的是破衣裳,而沿途村落的情况亦是一样,他心里十分难过。舜帝又走到小桑塘村隔壁的大桑塘村,来到一位老爹家,只见老爹沉默寡言,老婆婆双眼失明,舜帝更难过了,问老爹:"怎么没有人照顾你们呢? 你们的儿女呢?"两老一听,随即老泪纵横。舜帝一看,更加不解,于是追问原因,老爹只好呜咽地说出了始末。原来,他们原本有六个秀丽聪明的女儿,女儿们都会织布绣花,养猪喂羊喂,但三年前,部落里的酋长来到乡间视察,见他们的女儿个个长得美丽,便强行逼婚,但她们宁死不屈,被凶残的酋长送到六个山头喂了老虎。老婆婆伤心地足足哭了七天七夜,泪流成河;山神深受感动,便将那六座山峰变得高大奇秀,十足有六位姑娘生前的风姿。老婆婆见到那些山峰,便大声哭唤着自己的女儿:"你是朱明峰,你是石城峰,你是石楼峰,你是箫韶峰,你是杞林峰,你是桂林峰。"叫唤完了,她的双目亦因流泪过度而失明。后来,这六座山峰老是云遮雾蔽,只因六个姐妹不想看见母亲悲呼的惨象;这六座山峰又时常风声呼呼,正是六姐妹在控诉酋长的凶残。舜帝十分难过,他一向爱民如子,知道酋长这样凶残,百姓的日子这样艰辛,实在心如刀割。于是他沿着母河右岸下山时,不禁放声痛哭,他的泪水洒落在杜鹃花上,花就变成白色了。从此,杜鹃花红白对开,人们便称这些杜鹃花为哭笑花。

5.3.3　望帝啼血

相传,古代的蜀国是一个和平富庶的国家。那里的人们丰衣足食,无忧无虑,生活得十分幸福。可是,无忧无虑的富足生活,使人们慢慢地懒惰起来。他们一天到晚,醉生梦死,纵情享乐,有时搞得连播种的时间都忘记了。蜀国的皇帝,名叫杜宇。他是一个非常负责且勤勉的君王,看到人们乐而忘忧,心急如焚。为了不误农时,每到春播时节,他就四处奔走,催促人们赶快播种。可是,如此地年复一年,反而使人们养成了习惯,杜宇不来就不播种了。终于,杜宇积劳成疾,离开了人世。但他的灵魂化为了一只小鸟,每到春天,就四处飞翔,发出声声的啼叫:快快布谷,快快布谷,直叫得嘴里流出鲜血。鲜红的血滴洒落在漫山遍野,化成一朵朵美丽的杜鹃花。

5.3.4　杜姐与绢花

相传在很久很久以前,浙西大明山上住着一对姐妹,姐姐叫杜姐,妹妹叫鹃花。她们长得非常漂亮。当鹃花长到十多岁时,父母不幸去世了,还给她们留下了一大笔欠债。自此以后,姐妹俩既要还债,又要生活,日子过得相当艰苦。为了早日还清欠债,姐妹俩没日没夜地纺纱织布。日子一天一天过去,姐妹俩手上的老茧也一天天增多,眼睛也布满了血丝。可辛苦一年,不但老债未还清,利加利,息滚息,欠债越来越多。

又一个年关到了,财主老爷带着一班狗腿子上山来向她们逼债。姐妹俩苦苦哀求财主老爷,乞求财主老爷开开恩,放宽期限。财主老爷看到姐妹俩像仙人一样标致的容貌,眼珠一阵转动,起了歹心,厚着脸皮嘻嘻一笑说:"我看你们俩实在拿不出钱还债,那……办法倒也有一个,只要杜姐肯嫁给我,你们俩的欠债就一笔勾销。怎么样?"姐妹俩受到这样的耻辱,气得浑身发抖,嘴里不断地骂:"不要脸,不要脸!"财主老爷哼了一声说:"要么还钱,要么嫁人。你们不要敬酒不吃吃罚酒。"说完,带着一班狗腿子下山去了。

当天夜里,大约三更时分,财主老爷的抢亲队伍就上山来了。来到姐妹俩居住的地方,踢开了她们的家门,一班狗腿子一拥而上,不由分说就把杜姐拖进了花轿。

花轿抬到了半山腰,杜姐在花轿里拼命地叫:"停下,让我再看看我的家,看看我的妹妹!"狗腿子心想谅她也逃不掉,就停了轿。杜姐一下轿,就朝山上跑。一直跑到山崖上,仰天长呼一声:"地主老财,你不得好死!"就纵身跳下了悬崖。

这下可吓坏了狗腿子们,回家怎么向主子交代呢?呆了好一会儿,一个狗腿子说:"我们去把她妹妹抬去,反正也长得很漂亮。"于是,一班人重新来到杜姐家,对她妹妹说:"我们老爷很想你,你到了老爷家,穿得是绫罗绸缎,吃的是山珍海味,有享不尽的荣华富贵,怎么样?"鹃花止住了泪,细细一想,自己是个弱小孤女,硬来是不行的。她就装着笑脸说:"嫁给你家老爷倒是可以,不过要答应我一个条件!"狗腿子一听,马上说:"好说,好说,只要你答应,什么条件都可以。"鹃花头一甩说:"让我去看一眼亲姐姐,给她叩个头。""行,行!"说着,狗腿子跟着鹃花上山去了。

鹃花一步一步来到了姐姐跳崖的地方,看狗腿子们站在身边不便,就故作跪下叩头,一跪一叩头,接着一个翻身纵入了悬崖中。顷刻,崖下飞上来一对美丽的小鸟,叫着"姐妹苦,姐妹苦……"向林中飞去,那叫声如哭如诉,听了叫人毛发直竖。叫啊叫,嘴唇叫破了,滴下了滴滴鲜血,撒遍了满山。可真奇怪,凡是沾上鲜血的树丛,立刻开出了一朵朵鲜红的花,小鸟飞到哪里,那里便是红花一片。后来,人们为了怀念这两个美丽又倔强的姐妹,就把这种鸟叫作"杜鹃鸟",这种花叫作"杜鹃花"。

5.3.5　刘义与杜鹃花王

从前,韶山冲有个采药的独身老人,名叫刘义,他乐善好施,经常周济穷人。

有一天,刘义上韶峰山采药,发现一棵杜鹃,有大篮盘那么大,花开得特别鲜艳。刘义听前辈讲过,韶峰山上有个生长千年的杜鹃了花王,有缘的人才能见到。见到的人只要在周围撒尿,即可把它圈住。刘义立即依法将花王圈住。就在这时候,只见大杜鹃花叶一晃,变成一个漂亮的姑娘,站在刘义面前。刘义又惊又喜:"哎呀!果真是杜鹃花王!"

杜鹃花王躬身施礼道："老人家，念我千年修行，求您放了我吧！"刘义心善，弯腰拍拍姑娘的头："姑娘，你走吧！"杜鹃花王说："老人家，您把我圈住了，我出不去啊！"刘义想到自己用尿圈住了花王，使她走不出去，心里很是羞愧，不由得落下泪来。泪水洒在杜鹃花王的身上，这时花王说："好了，您这泪水一洒，把尿给解了，我就能出去了。"杜鹃花王见刘义人好心善，手往空中一伸，取来一串杜鹃花递给刘义："这串花您收下吧，今后有什么难处，你就登上山头，把这花向前一伸，连叫三声，'杜鹃花王，有事快帮忙'，我就会来。"杜鹃花王说后，施了一礼，就飘然而去了。

刘义一路下山，浑身添了精神。从此，刘义头上白发变黑，脸上皱纹平展，红光满面，神采奕奕，返老还童，俨然变成一个20来岁的小伙子。山下常和他打交道的药店掌柜很惊奇，问他吃了什么灵丹妙药，刘义不会说谎话，漏出了花王的事。药店掌柜心想，早听说韶峰山上有杜鹃花王，果然如此，刘义日后定会大福大贵。药店掌柜便托人说媒，把自己的女儿嫁给了刘义。

刘义成亲后，小两口十分恩爱。可是不久刘义妻子生了一场大病，吃药无效。刘义猛想起了杜鹃花王，便登上山头，求杜鹃花王给他药。果然，妻子吃了杜鹃花王给的药，病全好了。妻子好奇，一再追问刘义是怎样见到杜鹃花王的，刘义便把前前后后的事儿都讲了。谁料妻子嘴快，把这事漏了出去。于是，山上山下，冲里冲外，到处都传开了。

消息传到潭州，被武则天派来的钦差大臣知道了。钦差大臣心理打起了鬼主意："我若把韶峰山的杜鹃花王弄到手，献给女皇，定会得到她的欢心。到时候，定然高官得做，骏马能骑。"于是，钦差大臣带上人马来到了韶山冲。两名公差把刘义带下山，要刘义献出杜鹃花王，答应赏给刘义黄金千两。刘义不愿做这没良心的事，无论如何不肯答应。钦差很狡猾，一面把刘义关起来，一面派人把刘义妻子叫了来。刘义妻子一听只要献出杜鹃花王，不仅可以救出丈夫，还可以升官发财，就满口答应钦差的要求。

刘义妻子跑到山上按照丈夫说的，手持杜鹃花连呼三声："杜鹃花王，有事快帮忙！"花王现身对刘妻说："恩人受难，理应帮忙。"她从头上摘下一朵杜鹃花交予刘妻说："你把这花献去，这够钦差大臣一辈子花销了。"说完，眨眼便不见了。

刘义妻子跑下山，把花献给了钦差。钦差一听这只是花王头上的小花，又逼刘妻再次上山，一定要抱回花王。到那时，答许他们夫妻有享不尽的荣华富贵。

刘妻一听，感到很为难。她忽然想起刘义用尿圈住花王的事，回家准备了一罐尿，再次登上山头，连呼三声："杜鹃花王，有事快帮忙！"喊声一停，一个美丽动人的姑娘来到了她的跟前："你是我恩人的妻子，又有什么事要帮忙？"刘妻默不作声，冷不防从怀里掏出一罐尿，"哗"地泼了姑娘满身。那姑娘身子一下缩到土里，立刻变成一株又红又大的杜鹃花王，刘妻忙用衣服包了抱下山来。

刘妻抱住杜鹃花王，送到关押刘义的地方，刘义隔窗望见妻子，忙问："你抱的是什么？""我抱的是杜鹃花王，只要把她献给钦差，你就可以出狱，并可进京受赏。"刘义听了大吃一惊，他发疯似的一下就把一根窗棂打断，伸出手来："快！快给我看看。"这一看，可把刘义心疼坏了。他再也忍不住，哭着对花王道："杜鹃花王，是我害了你。"滚滚热泪落在杜鹃花王身上，一会儿，一个漂亮的姑娘又回到面前："恩人，谢谢你再次救了我。"说完，对刘义身上吹了一口气，便不见了。

就在这时，两名差人打开牢门，发现里面关的不是刘义，而是一个白发老人，不知怎么回事。刘义知道是杜鹃花王使他又返童回老,马上见机地说:"刚才有两个公差押走了一个年轻人,把我拖进来关了。"两名差人一听,眼睛一瞪,马上出门紧追,刘义趁机逃出了牢门。

钦差大臣闻听刘义跑了,连忙派人把关守卡,四处追查。忙了很久,各路人马都是空手而归。钦差大臣气得咬牙切齿,命人把刘义妻子推下悬崖,摔得粉身碎骨。

好心的刘义再也没有上山采药了,后来有人看见,刘义仍然是一个年轻的后生,他与杜鹃花王在山里云游,到处散播花种。从此,刘义与杜鹃花王所到之处,遍开满了鲜红的杜鹃花。

5.4 杜鹃花的歌曲

5.4.1 《可爱的杜鹃花》

词:朱玛、王玉民 曲:王酩 演唱:李谷一

杜鹃啊杜鹃可爱的花呀
杜鹃啊杜鹃可爱的花呀
红如火艳如霞
撒满山谷香满崖
你放异彩不争春
专为祖国吐芳华
哩……哩……
专为祖国吐芳华
啦……啦……啦……
啦……啦……啦……
专为祖国吐芳华
杜鹃啊杜鹃可爱的花呀
杜鹃啊杜鹃可爱的花呀
蜂儿蜜蝶儿恋
鸟儿见了忘了家
你放异彩不争春
专为祖国吐芳华
哩……哩……
专为祖国吐芳华
啦……啦……啦……
啦……啦……啦……
专为祖国吐芳华

5.4.2 《啊,杜鹃花》

词曲:李谷一　演唱:李谷一

满山的杜鹃花如海
阵阵呀花香飘天外
花为山川增秀色
人与花影共徘徊
啊
美丽的杜鹃花呀
愿你在我们心中永远盛开
杜鹃花常开春常在
采花的人儿情满怀
青春如同花样美
生活更比花多彩
啊
鲜艳的杜鹃花呀
愿你在我们心中永远盛开
啊来啊

5.4.3 《撒落一路杜鹃花》

词曲:邱晨　演唱:包美圣

我采下满怀的杜鹃花
撒在你门前小路上
你一步又一步轻轻走
我默默无言相送
请你戴一朵杜鹃花
请你停下来擦我眼泪
撒落一路的杜鹃花
你我匆匆分手
我采下满怀的杜鹃花
撒在你门前小路上
你一步又一步轻轻走
我默默无言相送
请你戴一朵杜鹃花
请你停下来擦我眼泪
撒落一路的杜鹃花
你我匆匆分手
请你戴一朵杜鹃花
请你停下来擦我眼泪

撒落一路的杜鹃花

你我匆匆分手

5.4.4　《杜鹃花开》

作词:安华　作曲:刘亦敏　演唱:汤非

那一片雾轻舞婆娑

那一片云蓝天上高挂

那一串串清露欲滴把谁润

那一朵朵含苞待放的杜鹃花

梦里的故事全是个她

春天的脚步为她留下

走进这迷人的天堂

最美还是在雾里看花

那一眼绿弥漫山崖

那一片红醉美了人家

那一段段思念绵绵为谁牵

那一朵朵春天盛开的杜鹃花

火红的生命印染朝霞

娇艳的身躯伴在脚下

踏上这红色的土地

就会被她深深地融化

5.4.5　《杜鹃花》

作词:张逢康　作曲:何云舟　演唱:寒香

杜鹃花杜鹃花

满山遍野红花花

子归啼血染红了天涯

一滴一滴催人泪下

杜鹃花杜鹃花

满山遍野红花花

子归啼声里呼唤着他

一朵一朵想念他

付出的是真心

谁能还我这个代价

许下的是诺言

我只要一个回答

都说真情是无价

我用今生做筹码

啼出的是血泪

留下的只是段佳话

杜鹃花杜鹃花

满山遍野红花花

子归啼声里呼唤着他

一朵一朵想念他

5.5　杜鹃花的盆景与插花文化

5.5.1　杜鹃花盆景

杜鹃花属杜鹃花科杜鹃属，可分为常绿杜鹃、落叶杜鹃；它融观花、赏干、看根、品行四者于一身，是制作盆景的良好素材。杜鹃盆景具有根干苍劲、叶片稠密、开花娇艳的优点，因而深受人们喜爱。杜鹃花多为 2~3 月开放，在盆景生产中常应用促成栽培的方法将花期提前至圣诞节、元旦和春节，此时人们可以购买杜鹃花盆景装点居室或馈赠亲朋好友。

1. 杜鹃盆景记载

唐代李群玉的《山榴》诗云："洞中春气蒙笼喧，尚有红英干树繁，可怜夹水锦步障，羞数石家金谷园。"这里写干树红英，如同锦绣制的步障，令富豪石崇的金谷园也比之逊色。南宋刘松年的《十八学士图》是描绘盆景花卉的杰作，图中精心描绘了十八种花卉，杜鹃花亦是其中之一，此图使我们对宋代盆景艺术的真实形象有了深刻印象。明末龙溪县学士陈正学的《灌园草木识》记有："花千叶，朱红。根甚绵细，难培，只浇以清水，无别宜者。小园屡植屡薨，曾见三山居亭一株甚茂，植之盆中，安置不甚向阳，抑地气然与。"将杜鹃花栽于盆中，有了盆景的雏形，这之后，则有更多关于杜鹃盆景应用的记载。明代张谦德《瓶花谱》品花篇将踯躅、杜鹃列为七品三命（依据《花经九命升降》，以九品九命次第之）。朱国祯（1558—1632年）的《涌幢小品》记有："杜鹃花以二三月杜鹃鸟鸣时开，有两种，其一先敷叶后著花（先叶后花）色丹如血；其二先著花后敷叶（先花后叶）色淡，人多结缚力盘盂翔凤之状。"书中已经有了杜鹃盆景造型的记载。清代（1644—1911 年）盆景，尤以乾隆、嘉庆年间最为盛行，对杜鹃花的栽培已有一整套经验，记载也多，如《花镜》《广群芳谱》《盆玩偶录》等。《花镜》课花十八法·种盆取景法："果木之宜盆者甚少，惟松、柏、榆、榆、枫、橘、桃、梅、茶、桂、榴、桂、凤竹、虎刺、瑞香、金雀、海棠、黄杨、杜鹃、月季、茉莉、火蕉、素馨、拘祀、丁香、牡月、平地木、六月雪等树，皆可盆栽。但须剪裁有致。"这里专门述及杜鹃作为盆景用树的特点和经验。嘉庆年间，五溪苏灵所著的《盆玩偶录》，将许多可以制作盆景的植物品种分成了"四大家""七贤""十八学士"三类，而杜鹃花在"十八学士"类中名列第六位。由此可见，杜鹃花已经成为盆栽桩景艺术品的著名植物材料。

目前正在发展的杜鹃盆景如丹东的树兜杜鹃盆景、麻城杜鹃等新风格、新品种和新流派，嘉善著名的造型杜鹃，以及威海石岛园艺场人工嫁接出的一株能开十几种颜色的杜鹃等。

2. 杜鹃盆景的特点及派别

盆景可分为树木盆景、树桩盆景、微型盆景、山水盆景、水旱盆景。树木、树桩盆景式样分为直干式、双干式、悬崖式、合栽式、根连式、卧干式、斜干式、枯干式、露根式、石附式。杜鹃为树桩盆景中的根连式,特点为:从根部萌发出许多新枝连接生长在主根上,造型易于模仿自然界一片树木景色,雅趣横生。

有人把我国盆景概括为两大派:南派与北派;也有人将我国盆景分为五大流派:扬派、苏派、川派、岭南派和海派。

杜鹃是扬州树桩盆景中常见的树种之一。其风格特点是层次分明、严整平稳,采用以扎为主的造型手法,贵在自小培养,尤其讲究功深,犹如绘画的"工笔细描",兼有北方之雄壮和南方之秀丽。

杜鹃也是四川树桩盆景中常见的观花类树种。中华人民共和国成立以来,四川盆景界人士不满足于旧有的程式,奋起突破创新,迅速发展了一种自然型的树桩盆景。杜鹃属自然型树桩盆景中的一本多干丛林式树桩盆景,取法自然,有法无式,力求创新,不拘一格。川派树桩盆景讲究根干枝叶花果齐美,尤以根悬露、枝有骨、时间长、功力深为上品,其以杜鹃、乌柿、海棠等为主导树种。

大杜鹃是广西桩景选取的材料之一,广西树桩盆景以老桩头为主景,在风格上讲究古、老、劲、秀,特别强调树姿自然流畅,树干苍劲有力。

在日本盆景中,杜鹃则属于杂木类中的一种。有人借用杜鹃的枯桩不易腐化可经久保存的特点,用于日本相当流行的附木盆景中。附木盆景在日本的《盆景大词典》中被解释为"在枯萎、树姿优美的舍利干上,添附幼苗,并让人看上去有整体的盆栽风格"。

曹明君在《树桩盆景实用技艺手册》中介绍盆景树种选择时谈到,能满足盆景树多种选择的树种很少。有的树种虽然叶好但干不老、体态不大,有的花果好,树形却不好,有的根干较佳,但叶太大,而杜鹃则是诗味重,移栽性能却不好,成活困难。但是,在室内耐阴观花果盆景树中杜鹃为首选。他谈树种优劣时写到,杜鹃材质坚硬不易腐朽,能抵抗一定外力,枝条有硬度,显得很有骨气。具体谈到重庆豆瓣杜鹃(石岩杜鹃)作盆景的特点:①叶小色深,萌发力强,四季常绿,耐修剪。②花朵密集,花色粉红,盛花时极其艳丽,花期可达一个半月。③干性变化曲折,枝条苍劲有力,长度适宜,自然收头较好。杜鹃为小灌木,枝条不易长得很长,喜欢弯曲生长,天生的弯曲常可利用。④小枝多而密集,主干缠绕在一起后能较快愈合成一体。⑤根爪虬曲四周辐射,向下深扎,形态有力,苍古雄劲,用以维持生长的毛细根多而紧凑,向外伸展的面积不大,不占盆盎,适于地貌处理,尤其是经过翻栽的植物,根系紧缩在树基周围,地下部分小于地上部分,移栽上盆,换盆十分方便,移栽性能较强,换盆不影响生长。⑥生长速度中等,保持形状和构图比例较容易,尤其适合一般人栽种。⑦栽培容易,适应性强,无严重病虫害发生。

3. 常见观花盆景的杜鹃种类及变种

可用于制作盆景的杜鹃种类很多,尤其是近年来不断有很多新的发现,这里就简单介绍一下彭春生等人在《盆景学》中介绍的几种常见的观花盆景的杜鹃种类及变种。

(1)杜鹃花(映山红)(*Rhododendron simsii*):江南山野常见,花玫瑰红色。4—5 月开放。

(2)满山红(*R. mariesii*):枝叶毛少,花紫色,常 3~4 枝集生枝端,产于我国长江流域及福建、台湾。花期 4—5 月。

(3)云锦杜鹃(*R. fortune*):天目杜鹃,常绿,花粉红色,集生枝顶,花大而芳香,5 月开放。

（4）白花杜鹃（*R. mucronatum*）：多分枝，芽鳞外有黏胶，白花芳香，1～3朵簇生枝端，产于日本及我国湖北、浙江。变种有玫瑰紫杜鹃（*var. ripens*），花玫瑰紫色，重瓣；紫杜鹃（*var. plenum*），花紫色，半重瓣。

（5）黄杜鹃（*R. molle*）：又名羊踯躅、闹羊花，叶较大，叶面微皱，花金黄色，4—5月开放，产于我国中部及东部，植株有毒。

（6）马银花（*R. ovatum*）：常绿灌木，枝叶光滑无毛，芽绿白色，叶革质，花单生，淡紫色，产于我国广东等地。

（7）黄山杜鹃（*R. anhweiense*）：常绿灌木，花白色至淡紫色，产于我国安徽、江西等地。

（8）锦绣杜鹃（*R. pulchrum*）：半常绿灌木，枝有扁平，叶长椭圆形，花大，鲜玫瑰红色，欧洲庭园多栽培，品种很多，我国常以盆栽观赏。

（9）石岩杜鹃（*R. obtusum*）：又名石岩春鹃，朱砂杜鹃植株矮小，有时呈平卧状，花橙红至亮红色，4—5月开放，产于日本，品种多，我国上海、杭州等地用于盆栽观赏。

（10）马醉木（*Pieris polita*）：马醉木属，小枝多沟棱，花下垂，花冠卵状坛形，3—4月开放，产于我国福建、江西和安徽，叶有剧毒。

（11）灯笼花（*Enkianthus chinensis*）：吊钟花属，落叶灌木或小乔木，生枝轮，叶纸质，花下垂，呈伞形总状花序，肉红色，5～6月开放，产于我国江南区，本种花形玲珑，秋叶红艳，可作为观花、观叶盆景材料。

此外，目前市场上的盆栽杜鹃大多属于西鹃，西鹃为杜鹃四个类型中花型和花色最美的一类，其植株矮小、枝叶繁茂、花色艳丽、花大多姿、五彩缤纷，十分诱人，如"粉珍珠"等。

4. 杜鹃花盆景展

2009年4月3日，由安徽省风景园林学会举办的首届杜鹃盆景展在合肥裕丰花鸟市场展览馆隆重开幕，此次共展出近300盆杜鹃盆景，代表了安徽省杜鹃盆景最新的发展水平，体现了杜鹃盆景的艺术价值和市场价值。

浙江嘉善于2007年4月首次举办杜鹃花展，据碧云花园副总经理蔡海燕介绍，嘉善至今已连续举办了十三届杜鹃花展。嘉善是杜鹃之乡，其造型杜鹃发展历史悠久。嘉善造型杜鹃在历届全国杜鹃花展上荣获金奖12个、银奖20个、铜奖32个，成为我国观花盆景的典型代表之一。嘉善杜鹃栽培历史最早可追溯到清乾隆年间，至今已有200多年历史，而最早的造型杜鹃也有100多年历史。嘉善以造型杜鹃闻名，最早的造型杜鹃可以追溯到18世纪末。20世纪70年代，美国总统尼克松访华途经杭州，有关部门选用了嘉善县的19盆杜鹃盆景用以布置接待，嘉善杜鹃从此名扬全国。2014年4月19日，中国嘉善杜鹃花展共展出春鹃、西鹃两大类80多个品种的两万多盆悬崖式、云片式、孔雀开屏式、宝塔式、花篮式等杜鹃盆景，数十万株杜鹃盆花。此外，民间高手精心培植的200多盆精品杜鹃盆景也亮相花展。2015年展出300多盆造型杜鹃精品和10万多盆盛开的杜鹃，它们争奇斗艳，姹紫嫣红，一片云蒸霞蔚。它们中既有大体量作品，壮观大气，也有冠幅较小的小型盆景，造型精巧玲珑，意境古朴清远，更有两盆已栽培100多年的杜鹃老桩盆景，至今仍生机盎然，花繁叶茂。近年来，嘉善县的嘉兴碧云花园、阿昌花卉盆景场、魏塘杜鹃盆景园、魏塘银都花圃等花卉企业依托栽培育种优势，着力打造嘉善杜鹃品牌。目前嘉兴碧云花园已拥有杜鹃80万盆，阿昌花卉盆景场有造型杜鹃盆景上千盆，而魏塘银都花圃也有杜鹃盆景5000盆。嘉善杜鹃在第七届中国杜鹃花展借鉴了扬派盆景"云片"的造型手法,形成了自己独特的艺术风格,在国内杜鹃花行业中独树一帜。

井冈山杜鹃花既有灌木又有乔木,尤以高大乔木型杜鹃最具特色,还有猴头杜鹃、云锦杜鹃、鹿角杜鹃等名贵品种。2016 年 4 月 16 日,第七届井冈山杜鹃花节在江西井冈山开幕。在现场的杜鹃花展上,除本土的井冈杜鹃外,还有来自美国、日本、德国、比利时、越南、朝鲜等国家的杜鹃花 100 余种。此次杜鹃花展分为四个展区,即江西省(井冈山杯)盆景精品展区、井冈山杜鹃花盆景展区、井冈山野生杜鹃花品种展区、国外杜鹃花品种展区。

5. 杜鹃花盆景制作与养护

(1)取材

人工繁殖:可用播种、扦插、嫁接、分蘖等方法,一般以扦插为主,但需注意的是,无论用播种还是扦插繁殖的苗木制作盆景,都需 8～10 年的时间才能成型。

山野采掘:采用野生杜鹃老桩,再嫁接优良品种,用此方法制作盆景只要 3～5 年即可成型。

(2)上盆

选盆:杜鹃一般采用椭圆形、长方形或圆形透气性较好的紫砂陶盆或釉陶盆,不宜选用瓷质花盆。花盆的色彩要与鲜艳的花色形成对比,但盆上最好不要有花饰,防止喧宾夺主,看上去杂乱。例如,悬崖式杜鹃科选用深签筒盆,提根式杜鹃科选用稍浅的椭圆形盆,用于突出根部的盘根错节。

用土:杜鹃可选用肥沃疏松的腐叶土或松林中的山土,也可直接使用落叶阔叶林下的腐殖土;盆栽也常用晒土、冻松的泥塘土或稻田土,可掺拌适量沙土,也可自行配制,腐殖土:山泥:河沙＝3:5:2,pH 在 4.5～6.5。

栽种:杜鹃栽种时间为初春,或落花后。如采挖山地野生树桩时,由于极不服盆,需先在山上分次截去四周多余主根,促发新根后适季带土及时栽种,盆地放置基肥,枝叶也需酌量修剪。

(3)造型

加工:杜鹃苗木上盆后,一般 3～4 年即可开始加工,由于枝条脆弱,不宜过度蟠扎,仅针对主干或大枝做适度吊扎,用棕丝攀扎较好,其他枝条进行修剪即可。蟠扎时选春天生长期进行,此时枝条柔软利于弯曲。修剪时逐步进行调整,壮枝重剪,弱枝轻剪。

造型:杜鹃的枝干造型难度较大,其枝休眠期坚硬而脆,容易断裂,生长期稍韧,造型需分步到位,或加缠丝保护,或开口锯截,才能做较大枝的弯曲,小枝金属丝蟠扎即可。杜鹃常见的树型有直干型,曲干型,斜干型,可以加工成露根式造型、悬崖式造型、附石式造型、连根式造型等。

(4)花期控制

促花技术:春鹃可用 40～50 天的短日照处理,促使花芽分化,提前开花。入秋后,植株进入休眠期,一般采用 $1000～1500\mathrm{mg \cdot L^{-1}}$ 的赤霉素溶液打破休眠,摆放于 16～20℃ 的条件下,喷雾增湿,促使开花。为延长花期,可将其放在 10～15℃ 阳光微弱环境中。

延缓开花:2011 年古都金陵第九届中国杜鹃花展览时,由于南北温差较大,长江以南不少地方的杜鹃盆景花在参展前半个月就已绽放,因而无法参展,所以控制花期是参展者首要考虑问题。将杜鹃盆景移入阴凉通风处降温,或采用制冰加薄膜套强制降温的方法,将温度控制在 9～11℃,可以有效地延迟花期。

(5)养护管理

①放置场所。由于杜鹃花喜凉喜光忌强光直射,可将其置于阴面阳台处,也可用于布置厅堂、会场等,既通风又荫蔽。如遇夏季强光,需搭荫棚保护。明代文震亨《长物志》记载:"花极灿漫,性喜阴畏热,宜于树下荫处,花时,移置几案间。"

②浇水。杜鹃喜湿忌涝,春季花芽萌发,花蕾显色,花朵绽放时需多浇水;夏季新枝生长更应保证足够水分,故早晚要喷洒叶面,同时也应盆土浇水;秋季酌情减少浇水量,防治抽生秋梢,影响第二年花芽的形成。冬季要控制水量,盆土不干不要浇水,从某种意义上说,杜鹃花长的好与坏关键在于浇水。

③施肥。杜鹃花喜肥,但根细不宜施浓肥,要薄肥勤施,早春开花前多施利于花色鲜艳,炎热夏季少施肥,8～9月进入花蕾生长后期应一周一次,冬季要少施肥,肥料多少根据植株的大小适量掌控。所施肥料,应选含氮磷钾三要素。如发现叶尖枯焦,多为肥大所致,应立即除肥换土,用大水冲洗几次,以减少肥量,之后一段时间内无需施肥。

④修剪。一般杜鹃盆景以观花为目的,以枝的顶芽孕花,且秋孕春开,顶芽修剪过多就不能观花。此外,杜鹃在春和夏初萌发力强,在树干的下部能萌发新枝,多而杂乱,而且影响花的质量。为保持树形优美,应依据造型有所选留和废弃,只取造型好、生长健壮的枝条,余皆剪除,留枝宜单不宜双,而且改善通风透光条件,能促进生长,提高开花质量。注意在开花后最好将花蒂全部去掉,减少养分消耗。修枝在休眠期进行,剪去交叉枝、直立枝、倒枝、内向枝、对生枝等要调整枝幅,以显示优美造型。

⑤换盆。杜鹃富有细根,移植力强,除盛夏、严冬以外,随时可以换盆,通常在花落后,便可换盆,如须根剪得多,那么在梅雨时换盆最为安全。换盆时杜鹃多细根且易活,用竹签将旧土全部剔去,然后加新土栽种。

⑥病虫害防治。杜鹃的虫害主要有红蜘蛛、军配虫、粉蚧,可用乐果稀释液等喷杀,或在嫩叶上采取灭卵块和幼虫的方法。常见的叶斑病、锈病等可用代森锌或波尔多液进行防治。冬季喷施 30 倍石灰硫磺石试剂,预防效果较好。

5.6　杜鹃花的书法绘画和雕塑

由于杜鹃花的广泛分布和受人喜爱,从古至今有很多关于杜鹃花的书法绘画作品,更有一些雕塑专门以杜鹃为主题进行创作。

5.6.1　杜鹃花的书法

杜鹃花不仅为古人所喜爱,许多现代文人也非常喜欢它,中国书法名家陈德琪于 2014年 4 月 6 日自诗的《杜鹃花》:"暮春三月暖风天,绿野丛中啼杜鹃。滴血溅花红艳丽,犹如霞彩染花鲜。"描述了暮春三月杜鹃花盛开时节,杜鹃鸟啼血染红杜鹃花的悲壮场面,表达了诗人对杜鹃花开放场面的感触。中国硬笔书法家协会会员何海霞的书法《帝月杜鹃》,其上所书"啼月杜鹃喉舌冷,眠花蝴蝶梦魂牵。"诗句出自宋代诗人王安石之笔,描述了月下杜鹃鸣叫至口舌变冷,蝴蝶怀念凋谢的花朵的场景。

5.6.2　杜鹃花的雕塑

自明朝开始,李之阳的《大理府志》中记载杜鹃花47品,并且开始了杜鹃盆景的造型。随着时代的发展,经过几百年的传承,已经发展成一个独特的文化产业。除盆景造型外,杜鹃花的树根还常常被艺术家当成制作花台,雕塑等的原材料,工匠们通过复杂的工艺程序将野生的杜鹃花根制成花台以及雕塑等,既美观有实用花台作品马回头,又名:一马当先,由雪峰山上的杜鹃花根制作成型,作品匠心独运,顺应杜鹃花根原有肌理,传神制作,形神兼备,展现了"一马当先"的气势;由杜鹃花根制成的根书作品"天道酬善",作品拙中见奇、古朴典雅、自然流畅、柔中有刚、刚柔相济;价值万千的青田石雕刻作品"杜鹃花",该作品栩栩如生,惟妙惟肖,将杜鹃花的花形完美地展现出来。除此之外,杜鹃花的外形还常被用于浮雕刻画,以杜鹃花为主角的浮雕,运用浮雕典型姿态中的"绝对的侧面"的方式,通过线性的变化以及凹凸处理,将杜鹃花的形象惟妙惟肖地展现出来。

5.6.3　杜鹃花绘画及相关工艺品

杜鹃花除了在悠久的历史长河中被赋予了种种文化价值,其本身作为优秀的创作素材与灵感来源,也是艺术家们展现自己才华技艺的表现对象。最常见的杜鹃花艺术作品,是以杜鹃花为主题的国画作品居多。中国温州现代中国画研究院院长叶玉昶在其著作《杜鹃花,太平鸟》中"怎样画杜鹃花"一章里详述了杜鹃花的花、叶和枝干的画法。在古代杜鹃花也经常成为画家笔下的常客。杜鹃在元代时期就开始成为主要的国画植物。中国著名花鸟画家刘开云大师以绘画花鸟见长,其所作的《韶山杜鹃》用色饱满,画面丰富,生动传神地将杜鹃花的红艳表现得淋漓尽致;中国当代著名国画家王晋元大师所作的花鸟画不同于传统的文人雅致,更多地表现出自然中的壮阔与生机勃勃,其所作的《井冈杜鹃红似火》中的杜鹃花怒放于纸上,既表现出了杜鹃花的盎然生机,又寓指了革命的薪火熊熊燃烧,表达出浓浓爱国之情。

现代著名国画大师陈永锵的作品——《杜鹃》,以田园大自然风物为主要表现素材,以讴歌生命为主要内容,表现手段以中国绘画传统为基础,吸纳西方印象派和表现主义等艺术养分,构成具有民族意识、时代生活气息以及鲜明个性特色的艺术风格,其风格主要体现为饱满、丰厚、沉雄、强烈和充满律动美感。此作品以自然花草为表现素材,构图饱满,色彩丰润,具有浓烈的生命感。

清代书画家汪镛的《杜鹃百合图》,纵103厘米,横38厘米,意境幽远隽永,笔墨淡雅秀润,设色清新明丽,上写奇石一方,嶙峋突兀,瘦硬坚贞,浑穆古朴,呈玲珑剔透、重峦叠嶂之姿。石前有百合二株,白花翠叶,高洁明艳,正争奇斗放,婀娜多姿;石上有杜鹃枝条似从画外伸来,枝叶间花团锦簇,娇红如绯颜,正傲然竞放,灿烂多姿;石下有兰竹一丛,兰则自由奔放,竹则聚散相依,气韵生动,一片生机。此图虽只写假山之一角,但草木争奇,花儿斗艳,新春气息浓郁,表现了阳春三月的美好景色。

当代著名工笔花鸟画家喻继高的作品——《白杜鹃花》,继承了中国花鸟画鼎盛时期雍容华贵的高雅传统,吸收了"宋代院体画"的营养,用高文化素养尤其是诗一般的情感和笔墨,为花鸟画开辟了清新典雅、温馨生动、情趣盎然的新意境,形成了构图严谨、用笔工细、技法高超、设色明丽、主次分明的"继高式"祥花瑞鸟风格,其作品典雅秀丽,繁盛充盈,光彩照人,泱泱大度,曲高和众,雅俗共赏,富有时代气息。

浙江省水彩画家协会会员刘沉鹏所画的油画——《杜鹃花》,纵 50 厘米,横 60 厘米,画中所画为江南的白色杜鹃花,江南红色杜鹃花常见,白色少见但却更美,作品布局合理,形象传神,描绘出白色杜鹃花的魅力。

1991 年 6 月 25 日,中国邮政以中国传统十大名花之一的杜鹃花为题材,发行了 T. 162《杜鹃花》特种邮票,全套 8 枚,小型张 1 枚,将我国较为名贵的 9 种杜鹃花绘入邮票。8 枚邮票图案分别为"马缨杜鹃"、"黄杜鹃"、"映山红"、"棕背杜鹃"、"凝毛杜鹃"、"云锦杜鹃"、"大树杜鹃"和"大王杜鹃",小型张是"黄杯杜鹃"。邮票图案设计者为中国科学院昆明植物研究所教授级画家曾孝濂先生,他采用中国画工笔重彩技法描绘设计这 9 种杜鹃花,由于设计印刷精美,《杜鹃花》特种邮票被评为"1991 年全国最佳邮票"。这套《杜鹃花》特种邮票,选取的是我国杜鹃花中的名贵品种,设计者采用中国花鸟画中折技的形式构图,花叶的轮廓以中国工笔画的技法用墨线勾勒,在着色上又运用西洋画的明暗对比方法,使画面层次分明,富有立体感,较好地反映出杜鹃花的风貌。第一枚图案"马缨杜鹃",为杜鹃花科杜鹃花属的一种,常绿灌木至小乔木,花冠钟状,红艳夺目;第二枚图案"黄杜鹃"为杜鹃花科羊踯躅,因叶较大,密被灰白色微柔毛及疏刚毛,是既可供观赏又可制作麻醉剂和农药的剧毒树种;第三枚图案"映山红",是杜鹃花中常见的一种,因其花开时映得满山皆红而得名,素有"木本花卉之王"的美称,古今中外的文人墨客作了许多赞诵映山红的美文诗句,如宋代杨万里的"何须名苑看春风,一路山花不负侬。日日锦江呈锦样,清溪倒照映山红。"颂扬了映山红质朴、顽强的生命力;第四枚图案"棕背杜鹃",花显著,形小至大,通常排列成伞形总状或短总状花序,属中国特有品种;第五枚图案"凝毛杜鹃",为杜鹃花科杜鹃属下的一个变种,花冠漏斗状钟形;第六枚图案"云锦杜鹃",为杜鹃属的一个植物种,灌木叶厚革质,长圆形至长圆状椭圆形,花冠漏斗状钟形,粉红色,淡雅似云霞;第七枚图案"大树杜鹃",属濒危种,是原始古老类型,世界上最高大、寿命最长的杜鹃花之王;第八枚图案"大王杜鹃",为杜鹃属中较原始种类,是世界著名的木本花卉。

杜鹃花的木材、根兜生长奇特,质地细腻、坚韧,可制碗、筷、盆、钵、烟斗、家具等日用工艺品。譬如大程瓷器杜鹃花赏瓶,便是将杜鹃花的纹样描绘于瓶身之上所制作出来的花瓶摆件;还有利用将杜鹃花绣于绢布之上,制成屏风、摆件等工艺品;水杯的杯身、扇子的扇面、衣服的纹样几乎都出现过杜鹃花的踪迹,甚至首饰也出现了杜鹃花的样式,如陕西金叶珠宝店就曾以中国十大名花为题材,制作了一套百花纯金系列珠宝,其中有一组"映红簇鹃",利用木本花卉之王杜鹃花,用团簇盛放的映山美景色讲述着"永远属于你"的誓言。云霞艳艳引人悦,火焰燃燃舒人心。似喧腾,似缤纷,表现了美丽的杜鹃花用最自我的风格诠释着对爱的喜悦。

5.7　杜鹃花的饮食与医药文化

杜鹃花作为传统十大名花,不仅具有观赏作用,还有食疗和药疗的作用。杜鹃花在我国用于中医药的历史由来已久。南北朝时的陶宏京在《名医别录》中提及:羊踯躅又称为玉支、花黄,生长在太行山的河谷之地以及淮南的山地之中,采其三月开的花阴干,可以用来入药,主治"邪气鬼疰、蛊毒"。在《本草纲目》《中华本草》等医药典籍中,记载有山踯躅、红踯躅、映山红、山石榴、艳山红、艳山花、满山红、山归来、山茶花等名录。如映山红,全株具有药用价值,主要治疗妇科类病害,常用来医治月经不调、闭经、崩漏以及跌打损伤、鼻出血、吐血等症状。

杜鹃花有的叶花可入药或提取芳香油,有的花可食用。杜鹃花性甘微苦、平、清香,能去风湿,调经和血,安神去燥,长期饮用有美白和祛斑之功效。杜鹃花可药用,有些亦可食用。用羊踯躅的枝、叶、花浸泡沤制,可作杀虫农药;兴安杜鹃等,可制药。杜鹃树有些种类的树皮、树叶含丰富的胶质,可提取烤胶。

5.7.1　杜鹃花与美容

鲜花用于沐浴、药浴、美容由来已久,鲜花美容是鲜花疗法中较为时髦、简便且实用的一种疗法。鲜花的药浴疗法是指以中医辨证施治(把人体的内在联系与疾病的发展变化规律联系起来)为指导原则,选择合适的花卉,水煎取汁或鲜花剪碎倒入浴盆泡浴,以防止、治疗疾病;美容疗法则是取合适花卉制成面膜,敷面以治疗面部皮肤疾病或美容。

5.7.2　杜鹃花与茶酒

花草茶——以植物干燥后为原料而泡制的饮品,在 20 世纪末进入市场。虽然花草茶是一种新鲜事物,但已经有一批忠实的消费者。我国市场上花草茶品种繁多,包括玫瑰、千日红、勿忘我、黄菊花、杜鹃花等。花草茶不仅有美丽的外表和花草本身迷人的香气,而且还有较好的保健功能。不同的花草茶有不同的功效,在饮用之前应当事先了解花草茶的功效,购买时应留意是否有权威部门对它的功效进行实验验证,防止错误饮用不适当的花茶而引起身体不适。

5.7.3　杜鹃花与膳食

屈原在《离骚》中写道"朝饮木兰之坠露兮,夕餐秋菊之落英",晋干宝在《搜神传》中也常提到"食其葩实焉",由此可见花作为一种食品应该有很长的历史了。许多作者在散文中写道怀念儿时随手摘一把杜鹃花吃的乐趣,称赞杜鹃花口感极佳,为山中珍品。在"植物王国"——云南有句民谚"鲜花当蔬菜",可见鲜花已经具有膳食功能了,杜鹃花的食疗保健也成为一种新时尚。杜鹃花可入肺、脾、肝经,有清热解毒、化痰止咳、除湿止痒、祛风止痛的功效,可以提取相应的药理提取物制作养生保健品,也可以直接用于膳食的制作。

云南大理白族地区被誉为"杜鹃花王国",杜鹃花品种繁多,白族人认为颜色越深的杜鹃花毒性越大,因此偏爱食用白杜鹃。杜鹃花在白族可煮、可炒、可腌,是白族人民待客、举办宴席的佳品。杜鹃花的食用不局限于云南地区,骆颖俊和李泸在《三种亟待开发的食花木本野菜》中指出,白花、苦刺花和棠梨花是亟待开发的野菜。在该报告中共指出三种杜鹃花的花可食:大白花杜鹃、粗柄杜鹃和锈叶杜鹃。其食用方法:在花蕾期(开花期)采摘花朵,沸水煮后清水浸泡漂洗,可炒食。

1. 杜鹃花提取物含片

吴荣书等(2006)从玫瑰花、百合花、桂花、月季花、金银花、菊花、杜鹃花、苦刺花、攀枝花、茉莉花、梅花、石竹花、荷花、勿忘我、槐花、薰衣草、雪莲花中提取了一种花卉提取物,以蔗糖粉、麦芽糖、果糖等为辅料,添加适量的功能因子如核酸、维生素、氨基酸等制成花卉提取物含片,具有较高的营养保健价值。

2. 杜鹃花养生汤

(1)美容养颜甲鱼汤。

金玉刚(2014)发明的甲鱼养生汤,具有降血脂、补肝健胃、美容养颜、延缓衰老的功效。做法是将甲鱼、鹰嘴豆、番木瓜、莲藕、核桃仁、水芹、桃胶、花生芽、芦笋、银耳、紫甘蓝汁、首乌藤、杜鹃花、满山香、褚实子、炒鸡内金、双肾参、黑糖、米醋、盐等食材按照一定的流程熬煮而成。

(3)映山红鲫鱼汤

主要功效:活血祛瘀、健脾利湿,并且对妇女产后瘀血和奶水不足有一定的疗效。

食材:鲫鱼、映山红鲜花瓣约30g、鸡汤、葱白、生姜、黄酒、盐、胡椒粉。

制作方法:去除鲫鱼内脏洗净;洗净杜鹃花花瓣;在锅中加入适量油,待油热后放入生姜、葱白煸炒出香味;将鲫鱼放入锅中煎至金黄色;加入鸡汤、黄酒、映山红花瓣和适量水熬煮;最后放入适量盐和胡椒粉调味即可。

3. 杜鹃花药膳

(1)映山红粥

主要功效:活血化瘀、祛风止痛,并且对月经不调、痛经、产后崩漏等有一定的疗效。

食材:新鲜的映山红花瓣约30g,粳米,红糖。

制作方法:将映山红花瓣洗净切丝;洗净粳米,加水熬煮;粥快熬好时加入映山红花瓣和红糖稍煮即可。

(2)杜鹃花银杏炒芦笋

主要功效:润肺止咳、活血祛瘀。

食材:新鲜映山红花瓣30g,银杏果50g,芦笋100g,鸡汤、盐、味精适量。

制作方法:映山红花瓣洗净后在开水中焯一下,控水;银杏果煮熟,剥去外壳;芦笋洗净切段;锅中倒入适量的油加热,油热时倒入芦笋和银杏翻炒,最后放入映山红花瓣,用鸡汤、盐、味精调味。

(3)映山红豆腐羹

主要功效:润肺理气、护肤美容和抗衰老。

食材:新鲜的映山红花瓣30g,豆腐250g,竹笋尖适量,火腿,青豆,鸡汤,盐,味精、淀粉、胡椒粉适量。

制作方法:映山红花瓣洗净后切丝,在开水中焯一下;竹笋尖切丝备用;豆腐切成宽条备用;火腿蒸熟后切丝;青豆煮熟;将豆腐、竹笋、火腿、青豆和映山红花瓣倒入锅中,加入适量鸡汤共煮;用适量盐、味精和胡椒粉调味;最后加入淀粉调羹。

(4)杜鹃花卷

主要功效:温中益气、润肺补肾、养颜美容、抗衰老

食材:新鲜的大白杜鹃花,鸡胸肉适量,虾仁适量,香菇,竹笋尖,蛋清,面粉、盐、味精、胡椒粉、沙拉酱。

制作方法:大白杜鹃花瓣洗净,开水焯后挤干水分;香菇、鸡胸肉、虾仁、竹笋尖一起剁成馅后加入适量盐、味精、胡椒粉拌匀;面粉调成稀面糊;将肉馅包入杜鹃花瓣中,在面粉糊中

滚一下,放入温度适合的油中炸至金黄色摆盘;最后淋上适量的沙拉酱。

（5）杜鹃花烧茄条

主要功效:和血止血、消肿止痛、祛风散瘀、通络调经。

食材:茄子400g,三七粉适量,新鲜杜鹃花瓣30g,韭菜花15g,盐、蒜米、味精、淀粉、鸡汤适量。

制作方法:将茄子洗净后削去蒂托,切成条备用;杜鹃花洗净;炒锅内放油,油热后下蒜米、茄条翻炒几下,加入鸡汤、盐、三七粉,茄子即将烧熟时,放入杜鹃花瓣,淀粉勾芡后,放入适量味精、韭菜花。

4. 杜鹃花小食品

（1）糖渍杜鹃花

食材:新鲜杜鹃花瓣、白糖。

制作方法:花瓣在盐水中浸泡后洗净,捞出控干备用;取一个大小适合的干燥容器,一层花瓣一层白糖放进容器中,密封于冰箱中3～4天。

食用方法:可以直接食用,也可以用来制作西点。

（2）杜鹃花煎饼

食材:新鲜红色杜鹃花瓣、鸭蛋一个、面粉150g。

制作方法:将鸭蛋打入面粉中,加入适量水和盐调至可以流动的面糊备用;杜鹃花瓣洗净后撕碎放入面糊中拌匀;煎锅烧热后,加入适量面糊摊匀,中火煎熟。

煎饼可以按食用者的口味搭配千岛酱、沙拉酱、番茄酱等。

（3）杜鹃花麦芬

食材:低筋面粉100g、泡打粉5g、杜鹃花干40g、鸡蛋25g、牛奶80g、食盐1.5g、白糖20g、植物油30g。

制作方法:鸡蛋打散成蛋液备用;牛奶称量后倒入碗中,加入30g的植物油和打散的蛋液;杜鹃花干切碎后和低筋面粉、泡打粉、盐、糖混合均匀,倒入牛奶蛋液中;搅拌至材料全部湿润且有点粗糙为止;装入模具中,装1/3～1/2满;放入180℃预热的烤箱中,中层上下火烤20分钟。

5.8 杜鹃花旅游、经济和市花文化

在花的世界里,杜鹃花以美闻名。随着我国改革开放和旅游事业的发展,杜鹃花文化掀起新的高潮,许多地区在发展旅游事业的同时,用杜鹃花资源打造自己的品牌,一些省（区、市）不仅将杜鹃花作为省花、市花,还出现丰富多彩的杜鹃花节。杜鹃花在我国经济发展中正在发挥愈来愈重要的作用。

5.8.1 杜鹃花与旅游

我国丰富的杜鹃花资源,造就了丰富的杜鹃花文化。由于杜鹃花文化内涵的日益丰富和升华,杜鹃花的使用频率不断上升,在文化活动和庆典活动中的作用也越来越大,也促进了中外文化交流和相关学术论坛的举办和相关学科知识的交流。

　　旅游界、园艺界及一些地方政府逐渐认识到当地杜鹃花资源的重要性,杜鹃花"墙内开花墙外香"的历史已一去不复返。每年春夏之交,我国一些著名风景名胜区和自然保护区都举办杜鹃花节,吸引了大量游客前往驻足欣赏。

　　杜鹃花在我国具有悠久的历史文化,从古籍的记载中可知,在古时,杜鹃花的栽培地区以四川、云南、广东、福建、江西、浙江、湖南、湖北、安徽、江苏、河南、陕西、河北等为主。现在很多地方依旧分布有大面积的杜鹃花,这些地方以杜鹃花为载体,举办杜鹃花文化旅游节,极大地促进了当地经济的发展。

1. 贵州省

　　贵州西部黔西县与大方县交界处有一个名叫"百里杜鹃"的地方,是延绵五十公里的一片野生杜鹃林,那里被称为"地球的彩带、世界的花园、索玛的故里"(索玛是当地彝语对杜鹃花的称呼)。这里于 2008 年开始举办杜鹃花文化节,至今已成功举办 9 年。主景区百里杜鹃林带呈新月状分布,延绵 50 余 km,宽 1~5km,总面积达 125.8km²,现已查明的杜鹃花品种有马缨、团花、露珠、迷人等 41 种,占世界杜鹃花 5 个亚属中的 4 个。百里杜鹃林带由于海拔高度不同,气候条件差异,土壤成分多样,形成了共性中彰显个性的特殊景观。景区的白马山上,有一棵高约 7m,树干粗 242cm,露根大约 80cm 的杜鹃花树,树龄有 1000 多年,是世界杜鹃王国当之无愧的"杜鹃花王"。百里杜鹃的唯一性、不可复制性,有着极其重要的自然生态、历史文化和科教审美价值。2007 年,贵州省政府将其列为"贵州省自然保护区"。

2. 西藏民族自治区

　　世界杜鹃花的自然分布中,色季拉山杜鹃花种类繁多、数量巨大,世界上很少有景区能与之匹敌。每年五六月份,色季拉山漫山遍野都是杜鹃花。从山脚到山顶依次开放,尤其是进入 6 月份,整座山上的杜鹃花全部绽放,黄色、白色、紫色、大红色、浅红色、粉红色等,延绵1000 多 km。在彝族和藏族地区,杜鹃花分别被称为索玛花和格桑花,格桑花在藏语里是"通往幸福之路"的意思。

3. 云南省

　　黑龙潭公园依龙泉山麓建成的"杜鹃谷"占地 250 余亩,有杜鹃 30 余个品种,数量高达35 万余株,是西南地区面积最大的庭园栽培杜鹃花游览区。该园的杜鹃山以锦绣杜鹃和映山红为主,形成了连天连片的杜鹃花海,其特有的杜鹃花海盛景和丰富的花卉资源,每年都吸引了大批游客。整个杜鹃花观赏区分为上下两段(以公园内的主要游览路线为界),上段为"杜鹃山",下段为"杜鹃谷",都是观赏杜鹃花的最佳地点。"杜鹃谷"杜鹃花的花期通常从3 月下旬至 5 月初。

　　此外,云南省昭通小龙洞回族彝族乡宁边村的万亩杜鹃花是昭阳区的宝贵资源,杜鹃花观赏节作为打造小龙洞乡旅游品牌的主推项目,将有力推广小龙洞乡独具特色的回族、彝族、苗族文化,提升小龙洞乡的整体旅游形象,使旅游品牌尽快产生经济效益和社会效益。

4. 四川省

　　峨眉山有"杜鹃王国"之称,4—6 月是观赏杜鹃花最佳时节,海拔 500m 的报国寺到海拔3099m 的万佛顶都有生长,且种类繁多,目前已经发现的种类就多达 30 种,如黄色杜鹃,宝新杜鹃,花色深红、枝上长满刚毛的芒刺杜鹃,开白红花的无腺杜鹃,花白色或蔷薇色、内有深红点的美容杜鹃等。其中,"峨眉光亮杜鹃""波叶杜鹃""无腺波叶杜鹃""峨眉银叶杜鹃"为峨眉山独有的种类。

四川省巴中市 830km² 光雾山景区,29 种乔木杜鹃和灌木杜鹃绵延数百里,形成 500 余km² 观赏区,有香炉山、铜厂垭、十八月潭、大小兰沟等十多个杜鹃花精品观赏景点。由于海拔高度不同,气候条件差异,土壤成分多样,形成了光雾杜鹃共性中彰显个性的特殊景观,杜鹃花次第开放,形成百花闹春的壮观场面。

四川达古冰山景区地处川西北高山与高原的过渡地带,水量充沛、气候温凉,有万亩之多的杜鹃花,分布于海拔 2600～3800m,且种类多、观赏性强。

龙肘山杜鹃林面积达 1.1 万亩,有"万亩杜鹃"之说。杜鹃林呈密集状生长,植株间几无隙地,形成树冠高、枝干纵横交错、密布空间的神秘景观,且杜鹃花花大色艳,多达 50 多种,包括云锦杜鹃、大王杜鹃、绿色杜鹃、长蕊杜鹃、团叶杜鹃和美容杜鹃等。龙肘山杜鹃花海,现已列入会理县自然保护区,随旅游事业的发展,龙肘山的旅游前景非常可观。

甘孜州处于第二阶梯到第三阶梯的过渡地带,最有利于杜鹃花繁育,因此,甘孜州的杜鹃花从低到高垂直分布,成为世界杜鹃花分布最为集中的地区之一,境内杜鹃花种类多达89 种。此外,四川省观赏杜鹃的地方还有广元剑门关、成都西岭雪山等。

5. 湖北省

麻城龟峰山风景区保留有 10 万亩原生态古杜鹃群落,有着"中国面积最大的古杜鹃群"之称,自 2008 年始,当地政府开始举办杜鹃花文化节,酝酿打造杜鹃花旅游品牌。"人间四月天,麻城看杜鹃"的口号随着旅游文化节的成功举办响彻大江南北,之后更是把旅游基础建设和杜鹃花及当地文化相结合,凸显"麻城杜鹃花"的独特性。杜鹃花文化节对当地旅游事业和经济收入有很大的提高。此外,当地政府注重知识产权保护,着力打造地方品牌,并将杜鹃花列为麻城市花。

6. 湖南省

自 2009—2019 年,湖南浏阳大围山国家森林公园已成功举办十一届杜鹃花节。杜鹃花是十大自然名花之首,被誉为花中西施,更是长沙市市花。大围山目前已查明的杜鹃花有30 多种,许多种为大围山独有,主要有映山红、鹿角杜鹃、云锦杜鹃、猴头杜鹃和红毛杜鹃。

7. 陕西省

陕西商洛市镇安县木王森林国家公园是西北最大的杜鹃花观赏区,现有杜鹃花面积1333hm²,以美容杜鹃、头花杜鹃和秀雅杜鹃闻名。由于种类及分布的海拔不同,花期从 3月下旬一直延续到 6 月底,观赏时间很长。春末夏初,杜鹃花开,十分壮观,为西北一绝。据专家介绍,杜鹃花一般生长在长江以南的部分高山区,在长江以北的陕南地区发现如此大规模的杜鹃花带实属罕见。

陕西牛背梁森林公园的高山杜鹃花一直以来都很有名,5 月上旬,高山杜鹃花进入盛花期,有粉色、白色、红色等。该森林公园主要有六尺岭杜鹃园、南天门杜鹃园和牛背梁高山杜鹃园。

陕西西部蓝田县王顺山国家森林公园,在海拔 2160m 的马岗子景区发现了数百亩野生高山杜鹃林,其中一株树围 175cm、树径 60cm 的杜鹃树树龄已千年,树种为太白杜鹃,属于秦岭山脉中少有的珍品,被誉为"杜鹃树王"。蓝田县已成功举办多届杜鹃花节,并将武术、秧歌、腰鼓、街舞、秦腔等融入杜鹃花节中,吸引了众多游客。

8. 河南省

河南洛阳市汝阳县西泰山景区,每年四五月份都会举行杜鹃花节,此时,近十万公顷野生杜鹃花海为盛,杜鹃花廊,花团锦簇。

河南南阳市西峡县银树沟景区杜鹃花面积大、品种多、花期长和环境优美,每年都会举行杜鹃花节,吸引各方游客前来观赏。此外,老界岭自然保护区和养子沟景区都因杜鹃花而闻名。

9. 江西省

井冈山国际杜鹃花节至今已成功举办七届。花节通过重点面向媒体、旅行社、企业推介井冈山杜鹃花的形式展示生态井冈山的魅力,拉动旅游消费,促进大井冈山旅游发展。在杜鹃花节上,除本土的井冈杜鹃外,还有来自日本、美国、比利时、德国、越南、朝鲜等国家的杜鹃花 100 余种,结合青砖、黛瓦等元素,突出庐陵风格,令杜鹃花盆景更具观赏性。

10. 浙江省

浙江温州市矾山镇的鹤顶山及相邻的笔架山上,有数千亩野生杜鹃花,每年 4 月中旬,向阳的鹤顶山杜鹃花开放,至五月上旬,背阳的笔架山杜鹃花再度绽放,在鹤顶山—笔架山形成"云海、石海、花海"的独特景观。当地政府还在鹤顶山引进了天湖户外拓展中心项目,让人们在观赏杜鹃花的同时,能够参与攀岩、仿真 CS、野营篝火等户外活动,拓展中心内还有两株从云南引进的 600 百多年树龄的高山杜鹃花王,其形状和树龄均为全国之最。

在浙江天目山海拔 1200 多米的溪谷间,栽植有"云锦杜鹃"。植株比一般映山红高出一倍,枝条粗壮,十朵花集成一簇,花瓣外粉红而内黄绿,娇丽宛如云锦。这里杜鹃花的名种之一,别名"云锦花",因它在天目山一带较多,故又名"天目杜鹃"。

11. 其他

青海省互助土族自治县、浙江天台山、河北省张家界市慈利县、福建省古田县等许多地方也有丰富的杜鹃花资源,他们将其与当地文化、旅游相结合,充分展现当地风土民情,宣传当地旅游事业,进一步提升了当地人民的收入。

5.8.2　以杜鹃花为国花、省(州)花和市花的地区

杜鹃花以其丰富的多样性成为园林界最重要的观赏花卉,造就了丰富的杜鹃花文化。凡有杜鹃花分布的国家,人们都会用最美的语言赞美它的美丽,很多国家将杜鹃花作为国花,以表达人民对它们的喜爱。在我国国花票选活动中,著名植物学家冯国楣以"杜鹃花开时正值春暖时节,红艳艳的花朵挂满枝头,真是春意盎然,象征一年的吉祥"为由建议将其列为国花。著名园林学家陈有民也指出杜鹃花不同于梅、兰和牡丹,其独特的平民性格以及极强的适应力和生命力,受到多个民族的喜爱。虽然至今我国国花尚未定论,但不少省、市已经将杜鹃花作为自己的省花、市花。

1. 以杜鹃花为国花、州花的国家

(1)朝鲜:金达莱,即我国北方尤其是东北地区广泛分布的迎红杜鹃(*R. mucronulatum*),其朝鲜语之意是"永久开放的花",朝鲜人民以它象征长久的繁荣、吉祥、喜悦和幸福。朝鲜冬季比较长,每年有四五个月处于冰天雪地的严冬,春季来临时,金达莱是田野中开放的第一朵花,朝鲜人认为金达莱是春天来到的标志,金达莱红艳艳的花朵缀满枝头,火红一片,象征民族不屈的时代强音。

"金达莱,金达莱,满山遍野开不败,幸福生活万万代"。这是 20 世纪 60 年代在朝鲜广为流传的一首歌曲。

(2)尼泊尔:树形杜鹃(R. *arboreum*)。杜鹃花在尼泊尔称"拉里格拉斯"。树形杜鹃是杜鹃花属中开花较早的种类之一。每年 2 月份,树形杜鹃在高山上仍是皑皑白雪时就绽放出火红的花朵。尼泊尔人把杜鹃花视为美好的象征、吉祥的预兆,并经常把它们绘制在一些装饰物上,还绘制在国徽上。树形杜鹃是引入欧洲园林最早的高山常绿杜鹃花种类之一。自被引入西方园林后,引起西方人对亚洲植物的疯狂猎集,因此中国杜鹃花在西方园林中大量出现。20 世纪初,出现以树形杜鹃为母本的杂交种,如今杂交种后代已遍及欧洲园林。

(3)美国西弗吉尼亚州:大杜鹃(R. *maximum*)。大杜鹃原产于北美东部,从北美的佐治亚州到加拿大的新斯科舍省均有分布,因其花相对较小,园林栽培并不普遍。

(4)华盛顿市:加州杜鹃(R. *macrophyllum*)。加州杜鹃原产于北美西部的西海岸,1850 年引入欧洲栽培,是杜鹃花较早的杂交亲本之一。

(5)瑞士:高山玫瑰杜鹃(R. *ferrugineum*)。高山玫瑰杜鹃是原产于阿尔卑斯山的一种有鳞类杜鹃花。1753 年林奈建立的杜鹃花属就是以此种为模式的。

2. 以杜鹃花为省花、市花的省、市

我国除新疆和宁夏外,各省(区、市)都有杜鹃花的分布,而以云南、西藏、四川、贵州、广西和广东分布最为集中。从宝岛台湾到大兴安岭,从东海之滨到青藏高原,到处都有它的倩影。尤其是贯穿滇、藏、川的横断山脉地区,种类最为集中,被称为"世界杜鹃花的天然花园"。因其生长环境多样,形成的种类繁多,形态差等极为悬殊。如陕西秦岭太白山靠近雪线的杜鹃仅几厘米,匍匐于岩石之上,花小得几乎不能见,而分布于云南高黎贡山的大树杜鹃,竟高达 20 余米,绣球似的花序直径达 20 厘米。五彩缤纷的杜鹃花,唤起了人们对美好生活的热爱,它也象征着国家的繁荣富强和人民的生活幸福。如今,杜鹃花成为各大城市推崇的花卉,江西、安徽、贵州以杜鹃花为省花,定为市花的城市多达 22 个,如长沙、韶关、无锡、大理等。迎红杜鹃被定为延边朝鲜族自治州州花。

3. 以杜鹃花为省花的省

(1)江西省:映山红(R. *simsii*)。我国著名植物学家俞德浚提出建议将杜鹃花作为江西省的省花。江西省是老革命根据地,1927 年毛泽东率领秋收起义的部队路经五指峰,五指峰即当年的"杜鹃山",到达井冈山,开始井冈山斗争,战火纷飞,杜鹃花的原始丛林起到掩护革命战士的作用;另春夏之交,花色鲜红至深红,缀满枝头,覆盖大地,在井冈山上十分壮观。因此,选定为省花可以纪念老革命根据地的光荣历史。

(2)安徽省:黄山杜鹃(R. *anhweiense*),分布于海拔 1000 至 1600m 高山地带。植物采集学家威尔逊(Wilson)最早在安徽黄山发现,其是安徽特有的珍贵杜鹃种类。在 1985 年 6 月 5 日至 7 月 10 日安徽省评选省花、省鸟活动中,杜鹃花得票 5356 张,得票数遥遥领先。1986 年 3 月,安徽省人大六届大常委会二十次正式将其定为安徽省省花。此后,杜鹃花在安徽受到人们越来越多的重视。作为旅游资源的一个重要组成部分,目前杜鹃花在黄山清凉峰、牯牛降、鹞落坪以及天堂寨自然保护区、天柱山森林公园等地都有大片分布。

4. 以杜鹃花为市花的市

(1)江西省:20 世纪 80 年代,井冈山市人民选定杜鹃花为市花,以表达对旧时战场上革命先烈的缅怀。井冈山的杜鹃花,既有灌木又有乔木,尤以高大乔木型杜鹃最有特色,有云锦杜鹃、鹿角杜鹃、猴头杜鹃等,其中最为著名的就是当地独有的井冈山杜鹃。位于 5A 级风景名胜区井冈山南大门的笔架山景区内的"十里杜鹃花长廊"是当地花季的一个旅游亮点。此外,吉安市和赣州市也将杜鹃花作为市花。

(2)辽宁省:1984年3月,经丹东市九届人民代表大会二次会议审议通过,杜鹃花被正式选为丹东市市花,象征着丹东人民勇敢、坚强、自信的特性。丹东栽培杜鹃花历史悠久,特殊的气候资源与水质土壤条件为杜鹃花的生长发育创造了得天独厚的自然条件,并形成了丹东杜鹃的独特种群。丹东市被誉为杜鹃城,而又以盆栽杜鹃闻名。20世纪20年代,丹东就开始了盆栽杜鹃,多年来培育了不少优良品种,大约有6个色系,270多个品种。盆栽杜鹃生产之多为全国之冠。目前丹东市是我国大规模栽培杜鹃花的城市之一,从事杜鹃花生产的花农有2000多户。杜鹃花栽培面积3000多亩,主要集中在振兴区,振安区以及元宝区三个交通相对便利的地区。丹东市年产盆花3000多万盆,商品花1000多万盆,是我国市场上杜鹃花的主要供源之一。在各种全国性花卉博览会上,丹东杜鹃多次被评为金奖,成为国务活动的上乘花卉。

(3)黑龙江省:1985年8月,伊春市人大常委会第十五次会议审议通过,将兴安杜鹃(R. dauricum)作为市花。兴安杜鹃开花时以自己嫩姿丽质向林区人民发出春的信息,昂首怒放的色质,同林区工人粗犷、豪爽、正直、倔强的性格相吻合,代表着艰苦奋斗、不畏艰险的伊春精神。

(4)吉林省:2008年,经市民投票确定"金达莱"为延吉市市花,也就是在东北地区广泛分布的迎红杜鹃(R. mucronulatum)。金达莱的素雅朴实和顽强宽厚,使人们感受到一个民族的不屈与奋进,被延边各民族人民视为民族团结进步的象征。

(5)湖南省:1985年11月30日,长沙市八届人大常委会第十四次会议通过,杜鹃花为长沙市市花。长沙地区的气候和土壤十分适合杜鹃花的生长,且品种花期长、色彩丰富,象征祖国大好河山的壮美及万紫千红的繁荣景象。长沙市民酷爱杜鹃,喜欢春天去岳麓山欣赏漫山遍野的杜鹃花,在清同治《长沙县治》34卷记载有朱滋丹的《岳麓山赋》,其中描写岳麓山的四时景物时,写下了"岩花艳吐,崖树荫浓,树岭飘红,松峦积素"的诗句,其中吐艳的岩花即是杜鹃花。此外,湖南娄底市也把杜鹃花作为市花,并在2017年首次举办了杜鹃花文化节。

(6)湖北省:湖北麻城古杜鹃种群总面积达100万亩,成片的有10万亩,生长周期达百年以上,现存树龄均在200年以上,其面积之大、年代之久、数量之多、密度之高,实为世界所罕见。每年初夏花开时节,景观非常壮观,堪称中国杜鹃花一绝。麻城市第三届人民代表大会第三次会议,一致通过《关于将杜鹃花定位麻城市市花的议案》,至此,生长周期达百年的麻城古杜鹃花被正式确定为麻城市市花。

(7)江苏省:1994年镇江市市政府将杜鹃花定为镇江市市花。镇江市南郊的鹤林寺是有文字记载以来引种栽培杜鹃花最早的寺庙之一。《鹤林志》载:"杜鹃花高丈余,春日花开,倾城游赏。"现在杜鹃花在鹤林寺等地广泛种植,谷雨前后,是观花最佳季节。1983年2月2日,无锡市人民政府确定:无锡市市花为梅花、杜鹃花。杜鹃花在无锡具有生长适应性广、栽培历史悠久及数量品种众多等优势。全国为数不多的"中国杜鹃花品种资源基因库",就设立在锡惠公园内的杜鹃园。目前该园已有毛鹃、西鹃、冬鹃、夏鹃、四季杜鹃以及高山野生杜鹃等各类名贵杜鹃花400余个,具有极高的观赏价值,在栽种面积、品种数量及养护管理水平等方面均居全国之最。

(8)浙江省:浙江的天台华顶山有散生云锦杜鹃2000余亩,百年以上老树3000株,从史料可知,这片杜鹃古树林始于明代,与华顶山古寺兴衰有关。浙江的清凉峰、松阳和龙泉凤阳山都是高山杜鹃的主要观赏地。但在浙江把杜鹃定为市花的只有嘉兴市和余姚市。嘉兴市市花有两种,分别为石榴和杜鹃花。目前杜鹃花在嘉兴市的种植已十分普及,且为嘉善县县花。据初步统计,嘉兴市已有约 200 个栽培品种,种质资源较为丰富。杜鹃花在嘉兴市的栽培史已有 40 余年,近几年栽种已较为普及。杜鹃花色彩绚丽,花期从 3 月至 6 月,长达 4 个月之久,深受市民的喜爱。杜鹃花作为市花,将以她独特的风格——出类拔萃,象征着新嘉兴欣欣向荣、锦上添花。在余姚市,文学作品的奖项很多被命名为"杜鹃花奖",可见杜鹃花在当地人心中的地位。

(9)云南省:云南省有杜鹃花 300 多种,是中国杜鹃花原生地。它和山茶花、报春花一起被称为云南省的三大名花。1981 年,云南科学工作者在云南腾冲高黎贡山发现大花杜鹃王种群,最大的一株高 25m,树龄在 500 年以上,单花直径 7cm,花序长 25cm,为世界最大的大花杜鹃。云南大理市有丰富的植物资源,被誉为"植物宝库"。这里的杜鹃花也因多、盛、奇、艳而被国际植物学界誉为"杜鹃花的故乡"。马缨杜鹃(R. delavayi)是大理市的市花,这是一种大型的常绿灌木或小乔木,花鲜红似火,由于其花束形状与云南山间马帮领头马头上所系的红缨相似而得名,民间称其马缨花。

(10)贵州省:遵义市市花为映山红(R. simsii),在遵义市海龙囤风景区,映山红广有分布,象征着国家的繁荣富强和人民的生活幸福。

(11)广东省:1986 年,经群众投票,选定杜鹃花为韶关市市花,其象征着人们自强不息,生命力坚韧顽强。

(12)福建省:杜鹃花是三明市市花,象征着三明市人们对生活的激情和追求,也预示着三明市人民多姿多彩的幸福生活。

(13)台湾省:台北市和新竹市将杜鹃花作为市花。台北市普遍栽种杜鹃花,主要因为杜鹃花花名优雅,有忠贞与催归之寓意。在台北市,最常见到的有洋紫杜鹃、粉红杜鹃、九留米杜鹃等。另外,台湾部分原种如金毛杜鹃、乌来杜鹃、红点杜鹃等也有少量栽植。

5.8.3　杜鹃花与我国现代经济

杜鹃花是我国传统名花,是举世公认的名贵观赏花卉,被誉为"世界之花",也是国内"十大名花"之一。在世界经济越来越趋于一体化,国内外旅游事业、花卉园艺事业正以蓬勃之势发展的今天,杜鹃花文化掀起新的高潮。中国传统名花杜鹃花将会凭借自身诸多优势,在市场客观需求下,不断繁育新品种,提升品质,扩大杜鹃花市场规模,从而在经济发展中发挥愈来愈重要的作用。

1. 杜鹃花有利于经济发展的自身优势

我国被称作是世界园林之母,这是经英国的学者亨利·威尔逊切身考察并在其著作《中国·园林的母亲》中提出的。年轻时的威尔逊曾两次造访中国并先后从中国采集了上百种的杜鹃花新种。作为杜鹃花种质大国,我国拥有近 570 种杜鹃花,除新疆和宁夏两地外其余各省(区、市)均有杜鹃花分布,约占世界杜鹃花资源的 57%。由此可见,杜鹃花有较强的适应能力,在一定程度上拓展了发展杜鹃花花卉业的空间。并且,杜鹃花在我国分布范围广泛,栽培历史悠久,且树形多样,花色、花型丰富各异。此外,杜鹃花具有花期长、耐贮存、耐运输、耐修剪的优点,说明杜鹃花是非常理想的盆花花材。唐代诗人白居易更是给予了杜鹃花非常高的评价,称其为"花中西施"。杜鹃花在历史上走红以后,曾与龙胆和报春花一起被称为我国天然"三大名花",而杜鹃花名列其首。20世纪80年代,被评为中国十大名花之一,中国的很多城市如长沙、无锡、大理、丹东、韶关等都以杜鹃花为市花。1986年5月在昆明成立了中国杜鹃花协会,这是我国第一个专类花卉的学术团体。所有这些,足以证明人们对杜鹃花的喜爱。因此,无论是从科研应用还是从民间接受度来看,杜鹃花均具有极高的普及性。

近年来,随着人们生活水平的提高,对生活环境美的追求越来越强烈,杜鹃花园艺品种越来越多,应用价值也越来越大,杜鹃花已成为我国节日和年宵花卉的主要品种之一,同时成为家庭莳养广为流行的花卉之一,因此杜鹃盆花走进千家万户,销量节节上升。同时,杜鹃花在城乡园林绿化工程中,作为地被植物和色块的应用越来越大。其生产已进入一个大发展时期,"中国杜鹃花之乡"——宁波市北仑区柴桥镇、福建省漳平市永福镇和辽宁省丹东市是杜鹃花品种主要生产基地。国内专营高山杜鹃的红梅园艺是中国园艺界第一个在德国成功并购农场的企业,它掌握了从幼苗、盆花至大树型杜鹃的种质资源,拥有了从研发育苗到成品花的生产以及市场物流等全套产业链,是高山杜鹃的专业生产商。通过将丰富的品种和专业的技术引入中国,结合高山杜鹃主题公园设计,在中国高山杜鹃资源稀缺的情况下创造了独树一帜的品牌。山东威海七彩生物科技有限公司也主营杜鹃花,目前已经成功驯化10多个品种,部分已经出口韩国。但是,我国杜鹃花的原种开发、育种、高新品种生产还远远不能满足市场的需求,更谈不上参与国际市场的竞争。因此杜鹃花生产潜力很大,发展前景十分广阔。

2. 杜鹃花市场发展的努力方向

近几年,国内花卉市场唱"主角"的是进口花卉,且盆花存在"种类少,品种单一老化"等问题,杜鹃是有丰富文化内涵的我国传统名花,迫切需要加强特色花卉的开发利用,组织开发性批量生产和包装上市,使得盆花产业长盛不衰,不仅在国内市场唱主角,也要在国际市场上唱主角,真正实现我国传统名花的国际化。

中国是世界上杜鹃花种类最为丰富的国家,拥有繁多的特有种类,在中国最长的国道318国道沿线就有杜鹃花160余种,其中70%以上的种类为中国特有物种。陕西的秦岭地区也拥有丰富的野生杜鹃花属植物资源,共分布有野生杜鹃花属植物28种,分属于4个亚属,大部分具有较高的观赏价值和园林应用价值。首先,树型多变,从大乔木、小乔木、大灌木、小灌木直至附生亚灌木皆有分布。其次,花色丰富,包括淡紫色、紫红色、浅粉、白色和黄色;最后,开花时间跨度较大,从4月至7月,花期跨越了春、夏两季,这些都是育种的重要基因资源。各地科学工作者对我国云南大树杜鹃林、四川华西高山杜鹃林、湖北麻城古杜鹃林和浙江天台山云锦古杜鹃林的生态环境、种群、树龄及规模进行调查与发掘发现,我国野生杜鹃花资源丰富。应充分利用中国丰富的野生杜鹃花资源,大力开展引种、驯化、杂交和新品种选育研究,不断增加商品杜鹃花的种类,同时兼顾新颖别致、质量优异、品位高雅、色香俱佳、便于搬运等优秀商品花卉的属性,杜鹃花的发展才能顺应市场需求变化,为中国的盆花生产和年宵花生产提供丰富的资源。

国内杜鹃花栽培基本上是"不讲规格、地块零星、管理粗放",导致品质较差。因此,大力倡导规范化种植,制定杜鹃花商品化的标准。江泽慧在《中国杜鹃花园艺品种及应用》中明确指出:若要规划盆花苗圃就要选"株矮、根短,成化率高"的杜鹃花进行集中规范种植;同时要选"花梗挺直、花型别致、花色艳丽"的杜鹃花进行分品种、分花色种植;要快速繁育新、优盆花品种,就要选定市场流行的品种,进行组织培养,然后进行大面积推广。充分利用气候、海拔条件,达到周年供花。杜鹃花作为现代盆花家族新秀,当前面临广大农村产业结构调整的有利时机,只要抢抓时机,规模化、产业化地发展杜鹃花花卉业,就能产生较好的经济效益和生态效益,也必将成为国际、国内花卉市场的热门货,在一定程度上促进繁荣,丰富我国花卉市场。

5.9　杜鹃花的园林文化

在中国,至少是在20世纪80年代以前,很少能够在我国的园林之中欣赏到中国杜鹃花的优美姿色,除了少量的原产自中国的映山红类的园艺栽培品种之外,大量的应用品种均为国外引入的栽培品种。进入20世纪末,我国的园林事业稳步发展,蒸蒸日上,杜鹃花在我国园林中的应用价值也日趋得到重视

5.9.1　杜鹃花在我国古代的园林栽培应用

相比于其他花草名木,杜鹃花的观赏价值在唐代开始得到重视。在当时,杜鹃花又被称作山石榴,又因其状似羊踯躅,亦被称作红踯躅或紫踯躅,宫苑之中、私家宅邸、寺观庙宇之中均有其绽放的一隅。大历十年(775年),进士王建作数首《宫词》,其中一首言及杜鹃花:"太仪前日暖房来,嘱向朝阳乞药栽。敕赐一窠红踯躅,谢恩未了奏花开。"从中可一窥当时皇帝对于杜鹃花的重视程度。《广群芳谱》引《续仙传》提及,润州(今江苏镇江)鹤林寺,有杜鹃花高丈余,每至春月烂漫,据僧相传,唐贞元年间(785—805年)有僧自浙江天台移来。唐武宗时宰相李德裕建私人山庄平泉山庄,著《平泉山居草木记》,山庄内集众多珍木、奇石,其中珍木中即包括了从浙江稽山移栽来的四时杜鹃。

在宋代,杜鹃花的栽培得到了一定程度的发展。《全芳备祖》刻本中有较为详细的杜鹃花特性、应用、栽培等方面的记载。南宋王十朋曾移栽杜鹃花于庭院,诗云:"造物私我小园林,此花大胜金腰带。"南宋嘉泰在《会稽志》中提到,会稽一带,居民常将杜鹃花栽于花坛和盆钵内,通过各种结缚之法,将植株盘曲,或使其成翔凤之状。而在南宋都城临安,亦有杜鹃花栽培的记载。《咸淳临安志》有云:"杜鹃,钱塘门处菩提寺有此花,甚盛,东坡有南漪堂杜鹃诗,今堂基存,此花所在山多有之。"

时至明清时期,杜鹃花的栽培引种渐渐普遍起来。明成化二十年(1484年),张志淳在云南作《永昌二芳记》,书中记载杜鹃花20余种。明代文人高濂《草花谱》指出,杜鹃花产蜀中者佳,通常称为川鹃,花内十数层,色红甚。而明代《庐山纪事》中提到庐山香炉峰顶有大盘石,垂生山石榴,三月中作花,色似石榴而小,淡红,敷紫萼,炜炜可爱。在《本草纲目》《徐霞客游记》等刻本中,均有不同程度的关于杜鹃花的品种、习性、分布、应用、育种、盆栽等记载。在《大理府记》中,记载杜鹃花谱有多达47个品种,大理的崇圣寺、感通寺等寺院已栽种山杜鹃,并育成五色品种。文震亨在《长物志》中写道:"杜鹃,花极烂漫,性喜荫畏热,宜置树下荫处,花时,移至几案间。"据清代檀萃《滇海虞衡志》所述:"尝行环州乡,穿林数十里,花高几盈丈,红云夹舆,疑入紫霄,行弥日方出林。"在《花镜》《广群芳谱》《滇南新语》《盆玩偶录》

等文献中,也有了一整套关于杜鹃花栽培应用的经验方法。如陈淏子在《花镜》中记述:"杜鹃花性喜荫恶肥,每早以河水浇,置之树荫之下,则叶青翠可观。亦有黄白两色者,春鹃亦有长丈余者,须种以山黄泥,浇之羊粪水方茂,若用映山红接者,花不甚佳,切忌粪水,宜豆汁浇之。"道光年间的《桐桥倚棹》中有"洋茶、洋鹃"的记载,表明此时国内已经开始从国外引种杜鹃品种了。另外,在光绪年间的《畿辅通志》引《盘山志》提到北京一带将踯躅类植物高者称为杜鹃花,低矮者称为映山红,开黄花者称为黄踯躅,而映山红遍山有之,与南方生长者相较,其花微紫。由此可见,杜鹃花在我国北方的园林中亦有运用。

在大多数的古典园林中,杜鹃花多以园艺盆栽为主,或成丛栽种在庭院之中。丛植时,杜鹃花相互映衬,既体现出团块状的整体美,又因彼此间的差异而彰显出个体独特的韵味。当与其他园林植物搭配时,杜鹃花常用于中层的观赏绿化,其上层多为红枫、桂花等叶色明丽或花美芬芳的小乔木,其下配以丰茂的灌草略作遮掩,形成优美的景观意象。杜鹃花亦能与建筑或小品形成绝佳的搭配。例如在苏州的古典园林中,与白墙黛瓦相佐时,几株杜鹃可以很好地营造诗画般的意境氛围,与山石驳岸相呼应时,则能体现自然的韵律之美。

5.9.2　杜鹃花在近现代园林中的栽培应用

由于杜鹃花种类繁多,在中国南北各地广为分布,无论是在九华山、黄山、天目山、天台山、武夷山或者是在云贵高原,春夏两季,在众多的山峦中,远望万紫千红,星星点点,镶嵌于碧绿丛中,色彩艳丽,无比妖娆。杜鹃花使许多山谷成为美丽的天然花园,按美化祖国江山的功绩言,恐怕没有哪一种花卉能与杜鹃花相比。同时,因其姿态婀娜,色泽丰富,且春鹃、夏鹃相继开花,花期很长,故是美化环境的佳品,最适于园林景区、街心绿岛和庭院栽培。低矮类型的杜鹃花可盆栽或攀扎造型、制成盆景以装饰阳台和后室。春夏之际,杜鹃花又是良好的插花植物。

杜鹃花在长江流域以及南方各地均能露地栽培观赏,目前在园林中应用的主要是杜鹃花园艺品种,主要包括冬鹃、毛鹃、西鹃和夏鹃四个类型。冬鹃主要包括来自日本的石岩杜鹃及其变种。毛鹃,俗称毛叶杜鹃,包括锦绣杜鹃、白花杜鹃及其变种。西鹃俗称西羊杜鹃,最早在荷兰和比利时育成,系皋月杜鹃,由映山红和白花杜鹃等反复杂交而成。夏鹃,花期5~6月,故名,原产印度和日本,枝叶纤细,分枝稠密,树冠丰满;花冠漏斗状,花色紫红粉多变;有单瓣、重瓣等,在城市公园的草坪、花坛和假山旁都能成景。在城市道路的两边花坛种上毛鹃和夏鹃等,春夏开花不断,火红一片。如上海的延中绿地就有成片成片的杜鹃花栽培,景观非常壮观。目前,无锡、成都、重庆、昆明、贵阳和杭州等地都建有杜鹃花专类植物园,而庐山植物园和华西亚高山植物园还建有杜鹃花品种园,都是杜鹃花的游览胜地。

5.9.3　我国的杜鹃花专类园

20世纪二三十年代,国外的杜鹃花品种陆陆续续进入中国,为我国的园林发展添砖加瓦。在当时,无锡有园艺爱好者每年向日本的"蔷薇园""百花园""横滨植木式会社"邮购杜鹃花苗木。清宣统元年(1909年),园艺行家黄岳渊先生于上海真如镇桃浦三千里村创建了黄氏畜植场。园内有毛鹃30余种,东鹃500余种,夏鹃700~800种,西鹃近100种,是当时国内收集与种植杜鹃花品种最多的花圃。

中华人民共和国成立后,我国的园林事业得到了一定程度的发展,园林绿化工作蒸蒸日上,杜鹃花在我国园林当中的观赏栽培也变得更加普遍,其地位越发高涨。一些国内知名园林将杜鹃花细致栽培并作为主景,进行专类专项地观赏设计,取得了可喜的景观效果。在1982年,中国杜鹃花协会成立,相应的,杜鹃花专类园也于这一时期同步兴起,并在20世纪末21世纪初逐步壮大。

1. 杭州植物园

槭树杜鹃园坐落于杭州植物园内,始建于1958年,是中华人民共和国成立后建立的最早的杜鹃花专类园。该园是一座以展示槭树和杜鹃花两类植物所构成的多样景观为主的植物专类园,以"春观杜鹃花、秋赏霜叶红于二月花"为主题,以杜鹃花和槭树类植物作为主要的种植种类,栽有30多种的槭树类植物以及10多个品种的杜鹃花。槭树杜鹃园造景重点为多样植物景观的搭配,根据植物的生态学习性,以山毛榉科的常绿乔木作为上层冠层、槭树科的小乔木作为中层背景、不同品种的杜鹃花作为下层花带,在整体空间上创造出了高低起伏、变化丰富的视觉艺术效果。另外,槭树的树形美观,杜鹃花的花色艳丽,两者组合在一起时,红枫下栽种毛白杜鹃,青枫下栽种映山红,构成了不同的色彩搭配,形成了一幅幅绝佳的画面。

2. 上海滨江森林公园

位于上海浦东新区高桥镇高沙滩的滨江森林公园,是全上海境内森林绿化覆盖率最高的郊野题材的森林公园。滨江森林公园的杜鹃花类景观观赏展示主要以杜鹃花专园为依托,向游客展示30多种近4000株的杜鹃属植物,游人在园中还能欣赏到20年树龄以上的珍稀杜鹃花景观。滨江森林公园里的杜鹃花专园内还营造了独特的杜鹃山,占地约100亩,山上栽植有高山杜鹃、毛鹃、春鹃、夏鹃等四大杜鹃品系,姹紫嫣红,尽显盎然春意。

3. 无锡锡惠公园

无锡锡惠公园的杜鹃园位丁映山湖西南,旁为华彦钧墓,占地2公顷。1978年,因地制宜辟作杜鹃花专类园,成为锡惠公园的"园中园"。每当杜鹃花盛开季节到来,各色杜鹃与绿树灰瓦相映衬,煞是美艳,构成一幅"千丛相面背、万朵互低昂,照灼连朱槛、玲珑映粉墙"的绚丽图画。

4. 庐山植物园

庐山植物园的杜鹃园是我国建设得比较早且有全面规划设计的杜鹃花专类园。1989—1993年,先后由著名园林规划设计师李泽椿教授、园林专家余树勋教授以及园林设计专家李正教授、夏泉生高级工程师进行总体规划和专项设计,形成了"二园二区"的建园方案,即由杜鹃分类园、国际友谊杜鹃园、杜鹃景观区、杜鹃自然生态区四部分共同组成杜鹃园。四大园区相互呼应,互为补充,共同形成庐山植物园的杜鹃花专类园特色与杜鹃花的特色景观。

5. 华西亚高山植物园

华西亚高山植物园隶属于中国科学院植物研究所,位于川西平原向青藏高原过渡地带的都江堰市西北30公里的龙池地区,园内收集、保存有大量珍稀植物。植物园内设有杜鹃专类园,即"中国杜鹃园",占地40余公顷,收集保育原始杜鹃种类400余种,20余万株,整个园区分为杜鹃花展示区、杜鹃花回归区、杜鹃花森林景观区与杜鹃花实验苗圃及服务区等功能区。"中国杜鹃园"为我国乃至亚洲地区原始杜鹃花属植物最大的迁地保育研究基地与展示中心,是华西园的主要特色与核心,无论是科学研究的角度还是参观游览的角度均具有极高的意义与价值。此外,华西亚高山植物园"中国杜鹃园"的建成为我国作为杜鹃花种质资源大国却无相称的国家级杜鹃花资源保育、展示专类园的历史画上了句号,对我国以及世界杜鹃花资源的保育、科普研究和开发事业做出了积极的贡献。

6. 羽西杜鹃园

羽西杜鹃园是中国科学院昆明植物研究院与欧莱雅(中国)有限公司旗下"羽西品牌"合作共建、独具云南高原特色的杜鹃专类园。羽西杜鹃园占地 2 公顷,以游道和人工溪流分割成多个自然和谐、色彩艳丽的杜鹃花展示区。根据园区地形、杜鹃花的生态生物学特性及观赏特性进行植物定植,充分体现了"杜鹃花自然美与园林艺术的充分糅合"。

5.9.4 杜鹃花在国外的专类园营造和园林栽培

杜鹃花除了在我国受到重视,在园林中得到广泛应用外,在国外也同样是重要的园林花卉植物,有着相当高的地位与价值。西方国家对于杜鹃花有着极高的痴迷和热情。20 世纪初,西方国家屡次派人前往云南、四川,采走了大量的杜鹃花标本和种苗,其中不得不提的就是三位英国"植物猎人":威尔逊(Ernest H. Wilson)、傅礼士(George Forrest)和金顿—沃德(Frank Kingdon-Ward)。威尔逊在 1899—1918 年来华 5 次,其中有 3 次到四川西部和西康东部(现并入四川)采集植物,由他带回英国和美国的杜鹃花有大白杜鹃、山光杜鹃、美容杜鹃和宝兴杜鹃等。傅礼士在 1904—1932 年来华 7 次,主要是到云南西北部和西部横断山区,他尤为注意采集杜鹃花,他这 7 次旅行的后 3 次就是由英国杜鹃花协会资助的。由他带回英国的杜鹃花品种有 200 多种,包括似血杜鹃、凸尖杜鹃、朱红大杜鹃等,以及用他的姓氏命名的紫背杜鹃(*Rhododendron forrestii*)。傅礼士还把在云南见到的一株高达 25 米、胸径 87 厘米、树龄已有 280 年的大树杜鹃的树干锯下运回英国,陈列在大英博物馆里,公开展出,轰动了世界。当时英国爱丁堡皇家植物园的负责人、爱丁堡大学教授包尔弗认为,正是傅礼士从中国进行的园艺植物引进,给英国的园林带来了革命性的影响;同时此举也使爱丁堡植物园成为世界上研究杜鹃花植物的中心和收种杜鹃花最多的植物园,该园现有我国产的杜鹃花 300 余种,据说有些种类在我国已经找不到了。采集时间最晚的是金顿—沃德,他在 1911—1935 年来华 8 次,主要活动于横断山区和西藏地区。他总共采集了 100 种新的杜鹃花,包括毛柱杜鹃、假单花杜鹃、白喇叭杜鹃以及用他的名字命名的黄杯杜鹃(*Rhododendron wardii*)等。

那些从喜马拉雅和横断山脉等地引入的杜鹃花在西方园林中绽放后,为西方园林展现出了别样的美丽景观。在 19 世纪中期,引种杜鹃花成为欧美植物园的热点。据我国杜鹃花科植物专家冯国楣对英国的考察,几乎每一个庭院都有杜鹃花;而且不管国家还是私人花园的栽培,往往都有几到十几公顷。美国在 19 世纪也曾经出现过"杜鹃热",来自中国喜马拉雅地区的杜鹃几乎要取代美国原有的植物群。当时有人统计过,说美国在杜鹃花上的投资用于偿还国债都绰绰有余。直到现在,美国一些地方仍存在类似情况,如华盛顿国家树木园中,就栽有 7 万多株。在东方,日本有着 1000 多年的杜鹃花栽培历史,其对杜鹃花的引种栽培时间仅次于我国。除了对本土杜鹃花的栽培应用外,据资料记载,18 世纪日本同样从我国引种低山地区的映山红类杜鹃花,与本地品种杂交后培育出大量品种,并广泛运用于庭园景观中。

现今,国外的一些杜鹃花园经历了几代人的养护与栽培,已经颇具规模和观赏价值,为世人呈现出不同于东方古典园林的独特美感。来自中国的杜鹃花,为全世界的杜鹃花育种做出了杰出而巨大的贡献。可以说,世界各地栽培的杜鹃花绝大多数是中国杜鹃花的后代。因此,我们可以当之无愧地说:中国杜鹃甲天下。也就是说它不但开遍了中国大地,也装扮着整个地球。

1. 德国布莱梅花园

德国布莱梅杜鹃花园位于德国布莱梅市郊,占地 52 公顷,建于 1936 年,由植物园和杜鹃花园组成。杜鹃花园园路两侧的杜鹃花与挺拔的行道树相互映衬,花间树下,尽是一团团的姹紫嫣红,在婆娑的树影之中显得格外迷人。

2. 英国爱丁堡植物园

英国的爱丁堡植物园从 19 世纪末开始就成了杜鹃花的研究中心,园区内收集了世界上相当丰富的杜鹃花种类。该园引种栽培杜鹃花约 450 种,其中 360 种引自中国。在春夏时节,徘徊在园中,随意的一次驻足都能欣赏到杜鹃花的曼妙姿色;不经意从路边穿行,也能与树形杜鹃来一次美丽的邂逅。此外,爱丁堡皇家植物园 3 个下属分园中的道伊克植物园和杨格植物园同样也是当地著名的杜鹃花引种栽培园,分别从我国引种栽培了 200 余种杜鹃花。

3. 英国邱园

英国另一座栽培有大量杜鹃花的园林是邱园。这座园林始建于 1759 年,原是一所私人皇家植物园,经过 200 多年的发展与扩建,已经成为一座规模巨大的世界级植物园。邱园内建有 26 个专业花园:水生花园、树木园、杜鹃园、杜鹃谷、竹园、玫瑰园、草园、日本风景园、柏园等。杜鹃谷原名为山谷步道,原始地形为卵状马蹄形,为使地形富于变化,进行了挖湖造山和地形改造,重新调整为杜鹃谷,栽培有 700 余株各种杜鹃。在山谷坡处既可俯瞰满坡盛开的杜鹃花,又能远眺泰晤十河,创造出了极富空间变化感的园林佳景。

4. 英国格林兰园

格林兰园是英国一个仅 10 公顷的小型植物园,该园最大限度地利用土地,栽培了各种杜鹃花。从春天一直到 6 月中旬,园中均能欣赏到杜鹃花绚丽的绽放。栽培于园中心的一株生长了 150 多年的杯毛杜鹃,至今仍保持着引种栽培杜鹃花单株最大、生长年限最长的世界纪录。

5. 英国的克瑞园

克瑞园是一座私人园林,园内引种并栽培有大量来自世界各地的杜鹃花类植物。英国人认为该园是欧洲的"喜马拉雅",这是因为这座园林内的气候条件与喜马拉雅地区的气候条件甚为相似,且该园内引种栽植了大量喜马拉雅地区的杜鹃花植物。这座园林还引种保存了源自我国的多达 220 余种及 200 余种杂交品种的杜鹃花,保存品种相当丰富。

6. 美国阿诺德树木园

美国阿诺德树木园是美国哈佛大学所属的植物学综合研究机构,以引种栽培乔、灌木植物著称。阿诺德树木园从 19 世纪末开始引种中国杜鹃花,共引种 100 多种杜鹃花,其中 50 多个是新种。园中的杜鹃花大多自然成丛生长,开花时富有野趣。

7. 美国杜鹃花物种植物园

美国杜鹃花物种植物园位于美国西海岸华盛顿州,其不同于其他树木园或植物园,该园更注重杜鹃花种质资源的收集和保存。园内通过从野外和世界各地的一些主要杜鹃花园引种,现已收集保存杜鹃花 300 余种。

8. 美国阿斯蒂库杜鹃花园

阿斯蒂库杜鹃花园由小洛克菲勒资助,建立于 1956 年,园林的设计者 Charles Savage 是一名日本园林的爱好者,所以建这个花园时格外注意把自然和人工的建筑合理搭配在一起,并且将东方园林与西方园林的景观意象巧妙地结合起来,使游人在园中欣赏杜鹃花的同时,还可以感受到东、西方园林所带来的双重美感。此外,园中的杜鹃花与其他植物群落的组合既自然又极具观赏性,园林景观构成丰满,富有情趣。

9. 澳大利亚国立杜鹃花园

澳大利亚国立杜鹃花园位于墨尔本市以西,园区内栽培了大量的开花植物,但以引种栽培杜鹃花为主。园区内现已引种栽培有 300 多个园艺品种,作为澳大利亚地区杜鹃花引种最多、最好的一个植物园,每年春夏之交都会吸引大量游客前往参观。园中景色别致,鸟儿欢唱,极具自然的气息。

10. 日本根津神社

位于日本东京的根津神社是著名的杜鹃花胜地,每年 4 月中旬到下旬都会有约 100 种 3000 株杜鹃花竞相开放。园中小坡上,杜鹃花被修剪成成片的花球,满坡姹紫嫣红,活泼可爱。在这一时期,神社内会举办杜鹃花祭等活动,大量游客进入园区参观,游客身着的和服与灿烂开放的杜鹃花相互呼应,生动而美丽。

除了这些景色优美的植物园、花园外,杜鹃花更广泛地见于城市绿地、家庭庭院之中。可以说,杜鹃花在园林绿化中的广泛栽培与应用,为外国园林的发展起到了极大的促进作用,在美化环境、营造景观、渲染氛围等方面展现了其应有的价值。

5.9.5　我国杜鹃花的主要园林应用形式

在园林绿化的运用中,杜鹃花造景主要依靠的是其形态、花朵和叶片所营造的独特景观氛围。从杜鹃花的形态上看,杜鹃花是花木中个体类型最丰富的一种,从树干高度 20 余米的大乔木,到 20 厘米左右的匍匐型小灌木,中间还包括小乔木、大灌木、小灌木及常绿、落叶、半常绿、附生等各种生态类型。故在园林绿化造景中,杜鹃花所构成的景观意象既可以是高大挺拔的雄伟气概,也可以是浓密丰满、低矮纤巧的秀丽典雅;既可以是四季常青,彰显生机与活力,也可以是季相分明,体现时节更替。因此,杜鹃花在园林绿地中可以用来塑造形态各异、姿态万千的植物景观。杜鹃花以多花、多彩著称。对于一株杜鹃花而言,花朵是杜鹃花最突出的部位,也最吸引人。常绿杜鹃往往好几朵或数十朵聚成球状花序,开花时,各色花朵镶嵌在浓绿的树冠周围,花色鲜艳,对比强烈。落叶杜鹃开花时,总是先开花后发叶,稠密的花朵几乎布满整个树冠,花团锦簇,美不胜收。杜鹃花的花色有红、黄、白、粉、蓝、紫、绿等以及各种中间色,几乎各色齐备。园艺品种的杜鹃花花色更加绚丽多彩,并具有丝绸般的光泽,显得分外亮丽,花朵的形状、大小,也远远超出筒状花的原型,种类多样不胜枚举,可以为园林绿化提供丰富的色彩景观。杜鹃花的叶片,绝大多数四季常青,而叶片形状、大小、色泽的多样性,也是杜鹃花魅力的体现。乔木型的杜鹃花叶片宽大、挺括,显得潇洒。灌木型的杜鹃花枝叶近于轮生,显得紧密、丰满、厚重。凸尖杜鹃的叶片,形如枇杷,宽厚而叶脉凸出,叶面油亮,叶片长达 70 余厘米;云南的大叶杜鹃,叶长 90 厘米,十分少见;而紫蓝花杜鹃等的叶片,竟比瓜子黄杨的叶片还小,细巧精致。叶色的深浅、叶质的厚薄、抽梢时或经霜后叶色的变化也同样体现出杜鹃花枝叶的观赏特色。如大叶杜鹃、凸尖杜鹃的叶背均为银白色,鳞腺杜鹃叶片为鲜绿色,绣红杜鹃叶背有橙色毡毛层,假乳黄杜鹃和大果杜鹃的新叶、新梢均呈棕红色,串珠杜鹃、耳叶杜鹃花序下有艳丽的红色苞片,如同二次开花。虽说红花还需绿叶相衬,但观赏这些杜鹃花的独特叶片姿色,又有一种别样的风情。

杜鹃花在我国园林绿化中运用广泛,除了相关专类园的建设外,杜鹃花还有多种园林应用形式。塑造出的园林景观或是生动自然,或是缤纷多彩,或是诗情画意。从运用形式上来说,杜鹃花可以成丛成群栽种,展现群体的壮观之美;可以修成花篱,展现线条的流畅美;可以制作成盆景,展现匠心的神韵美等。这些多样的运用手法和技巧,在丰富园林景象,尤其是在杜鹃花专类园的景观表达中,往往能起到锦上添花的作用。

1. 花篱

杜鹃花花篱是将一株株的杜鹃花紧密栽种在一起,形成一行或多行的条带状篱墙的形式。通常选用的是耐修剪、株型紧凑、花期统一的常绿杜鹃,布置于院子的路边、建筑周围,或做花坛、草坪的镶边。就目前而言,杜鹃花园艺品种中的毛鹃、东鹃和夏鹃完全可以作为杜鹃花绿篱的营造素材。东鹃、夏鹃本身株型苗条紧密,可塑造成较低矮的花篱;毛鹃株型较大,可修剪成 1~2m 高的花篱。

2. 花球

杜鹃花花球一般选用较为耐修剪的常绿杜鹃作为素材,通过人为的整理修饰,将其塑造成一个个半球形、球形的具有整齐外观的灌丛。这些球形的杜鹃花灌丛或是三五成群,或是连绵成片,表现出人工匠心的端庄之美。可作为花球素材的杜鹃花品种主要以花叶娇小、叶片具有光泽感的春鹃居多。在日式庭院之中,杜鹃花花球的运用较为普及,特别能彰显园艺师塑造景观的精湛技巧。

3. 孤植

杜鹃花兼具灌木型和乔木型两种树形,大多花多而鲜艳,其中乔木型和大灌木型杜鹃花可单独栽种或两三株成组栽种。作为独赏景观时,要控制其观赏点及观赏视距保持在一个合适的位置;在起点景作用时,要保证其观赏的突出性,能起到画龙点睛的作用;发挥指示功能时,应将其布置在路的转折处或出入口附近,方能起到指引的作用。通常选用冠形丰满、姿态优美或开花繁茂的种类作为孤植,如鹿角杜鹃、马缨杜鹃、美容杜鹃等。

4. 片植

在园林绿化造景中,杜鹃花是非常优秀的绿化造景材料。绿化造景时通过利用不同花色的杜鹃花按区域进行片植,可以表现出百花争艳的繁华景象。在进行杜鹃花片植造景的同时,也应注意杜鹃花彼此之间的色彩、疏密、高低等要素的补充搭配,以及背景林、地被植物的选择和应用。例如,杭州植物园的槭树杜鹃园,选择具有叶色变化的槭树作为杜鹃花的造景搭配,空间和视觉上均有较高的观赏价值。片植中常用到的杜鹃花有锦绣杜鹃、满山红、映山红等。

5. 花山

杜鹃花山景观的布置是在山坡或谷地内依地势大片栽种杜鹃花,形成大面积花海般的景象,相比杜鹃花的片植更为壮观。部分生长环境位于中低海拔的野生优势种的杜鹃花片群,因为距离城市不远,相对于深山内或高海拔的杜鹃花片群,更容易被开发成旅游风景区。这一类杜鹃花片群通常具备相对良好的系统稳定性,所以维护其园林景观的经济成本也相对较低。把握好开发量,控制好资源区的旅游开发强度,实现景观与生态的可持续发展利用,尽可能减少人为干预,这些天造地设的杜鹃花花山,亦能作为自然园林景观中的一大亮点,展现自然的神韵之美。在杜鹃花花山景观中运用的杜鹃花往往是那些耐粗放管理、能成片成群开放的种类,常见的有映山红、马缨杜鹃、露珠杜鹃等。

6. 岩石园布置

岩石园是通过园艺塑造、布置,用来展现高山山地植物、岩生植物等特殊生境的一类植物专类园。在岩石园中以杜鹃花作为配景,或将其作为主要表现的园林景观意向,一方面可以烘托出岩石景观的独特意境,展现出岩生植物群落的粗犷之美;另一方面又可以表现杜鹃花的自然野性与勃勃生机。例如兴安杜鹃,其本身根系发达,具有很好的水土保持能力,且耐寒性强;弯柱杜鹃,适应性强,耐干旱瘠薄,均是岩石园极佳的造园布置的植物材料。

7. 盆景

盆景从分类上看可分为山水盆景、水旱盆景、微型盆景、树木盆景、树桩盆景。杜鹃花的盆景属于树木盆景和树桩盆景,其式样又分为直干式、双干式、枯干式、卧干式、斜干式、合栽式、根连式、悬崖式、露根式、石附式等。可作为盆景制作素材的杜鹃花种类很多,如云锦杜鹃、黄山杜鹃、马银花、白花杜鹃及其变种等。在园林中,杜鹃花盆景可以在建筑周围或景观节点处连续摆放,例如参考拙政园杜鹃花节时,众多盆景一并展出,一片姹紫嫣红,形态万千,甚是壮观;亦可参考虎丘盆景园中整齐的陈列方式,表现出端庄、典雅,又透出一股禅意。

5.9.6　杜鹃花在园林应用中存在的一些问题与建议

想要将一种植物作为景观材料完美地运用到园林建设中,最主要的也是最根本的一点是对于该种植物生态习性的认知与掌握。杜鹃花属种类多,习性差异大,但多数种产于高海拔地区,喜凉爽、湿润气候,不耐酷热干燥;要求富含腐殖质、疏松、湿润及 pH 值在 5.5～6.5 的酸性土壤。部分品种及园艺品种的适应性较强,耐干旱、瘠薄,土壤 pH 值在 7～8 也能生长,但在黏重或通透性差的土壤上生长不良。杜鹃花对光有一定要求,但不耐曝晒,夏秋应有落叶乔木或荫棚遮挡烈日,并经常以水喷洒地面。最适宜的生长温度为 15～20℃,气温超过 30℃或低于 5℃则生长停滞。许多公园绿地中的杜鹃花上层植物稀少,或者种植过密。上层植物稀少,会导致夏季时节杜鹃花受高温胁迫危害,且容易引起病菌繁殖;而太过遮荫则会导致冬季阳光不足、过于寒冷,植株生长缓慢、发育推迟,影响正常开花,甚至不会开花结果。这些由于对植物本身生态习性不了解而造成的漏洞往往会大大影响园林景观的品质,对植物材料本身来说也是一种灾难。

从园林意境及景观效果的角度来看,杜鹃花植物景观的营造过程中,往往缺少地域特色与文化的融入,各地杜鹃花植物景观千篇一律,其植物景观效果也如出一辙。杜鹃花植物景观常采用春季开花繁密或春秋两季色叶优美的植物材料,从而达到春、秋两季突出的季相景观效果。而夏、冬两季,其特殊观赏效果的种类较为缺乏,且应用较少,往往导致夏冬两季季相景观相对单调。在此提出一些杜鹃花景观营造的建议。

1. 掌握杜鹃花的生态习性,合理构建生态景观

长期以来,虽然杜鹃花在各地遍布山野,可是栽之于园林、庭院和盆钵并不多见。究其原因,除个别人受杜鹃泣血之说的影响不愿栽培以外,多数人则因杜鹃花难于养护而苦于栽培无方。如清谢墍在《春草堂集》中讲起杜鹃苗,购之甚难,尤其是植株在人工栽培环境下,水土往往难以适应。

杜鹃花性喜冷凉、湿润气候，以及富含有机质的酸性土壤，城市栽培常因夏季干热或土质不宜，而使植株长势渐趋衰弱以致枯萎，故常见杜鹃花栽培有一年引种、二年开花、三年枯死的局面。因此，在使用杜鹃花作为园林绿化材料时，需充分了解其生态习性，选择合理的杜鹃花种类以及上层、下层的配景植物，做到因地制宜、因情制宜，使植物对周边环境产生高度适应性，以保证其生态群落的稳定。

2. 科学与艺术并重，将杜鹃花文化与景观的营造相结合

杜鹃花作为我国传统观赏植物，在我国的栽培历史悠久，具有很高的文化艺术价值和极高的精神、文化内涵。这些文化价值及艺术价值相较于直观的观赏价值而言，给人以精神上的享受与提升，是能够让观赏者思考、感悟的一种心理体验。充分发掘杜鹃花的文化艺术价值，对于杜鹃花景观的品位提升具有很大的意义。在不同的地域，杜鹃花的种类、栽培手法、运用形式、文化传承不尽相同，这些都可以作为杜鹃花的地方特色进行开发利用。可在杜鹃花专类园或公园设计时，应用各种富有地域特色的杜鹃花种类，配以富有地域特色的其他植物材料，加以历史文化的传承，共同形成具有地域特色的杜鹃花植物景观，营造出感同身受的园林意境。还可以专设文化推广区，重点打造当地特色的杜鹃花文化，推广杜鹃花的文化、观赏价值，并将其文化、经济价值以纪念品的形式在该区域销售。当然，植物景观结合历史文化的工作并非能一蹴而就，这需要对当地传统文化、民俗风情、宗教历史等内容进行深度的挖掘和提炼，以及对当地自然条件、生态条件和地域性植被的系统掌握作为基础，才能最终营造出具有可识别性与特色性的园林意象。

我国是园林大国，杜鹃花又贵为十大名花之列，其本身又具有非常优秀的景观营造能力和深厚的文化意蕴。因此，随着园林事业的不断进步，将会有更多的杜鹃花园林被营建出来，人们也将能更深入更广泛地了解杜鹃花这一美丽的园林植物。

6 中国传统园林名花——牡丹文化

6.1 牡丹名考和栽培历史

6.1.1 牡丹名考

牡丹(*Paeonia suffruticosa*)是中国的传统名花,也是我国特产的世界著名花卉,在中国的栽培历史已有两千余年。

牡丹为芍药科芍药属亚灌木,《神农本草经》载:"牡丹味辛寒,一名鹿韭、一名鼠姑,生山谷"。但"鹿韭""鼠姑"之名流传并不广泛;据宋·郑樵《通志》记载:"牡丹初无名,依芍药得名,故其初曰木芍药",说明牡丹在秦汉以前原本无名,由于其枝叶、花形均与芍药相似,为同属植物,只是一为木本,一为草本,因而被称为"木芍药"。

牡丹本名的得来是古人根据牡丹可无性繁殖,且花为红色而称之。明·李时珍在《本草纲目》中述:牡丹者,因它"虽结籽而根上生苗,故谓牡,其花红色,故谓丹。"中国人历来把牡丹作为富贵的象征,古时有"牡丹名品,千金难买"之说,故牡丹在民间又叫"富贵花""百两金"。此外,在中国,由于牡丹最早栽培中心是洛阳,后来在各地引种后,习惯叫牡丹为"洛阳花"。据传,早在 8 世纪的唐朝,即日本奈良时代圣天皇在位期间(724—749 年),由中国高僧空海把牡丹带入日本,花朵无比硕大,日本人称谓"唐狮子",意为中国花。

6.1.2 牡丹栽培历史

两千多年来,特别是隋唐以来 1300 多年的岁月长河中,牡丹的发展经历了一个曲折然而却辉煌的历程,不仅栽培范围日渐扩大,品种逐渐增多,变异愈加丰富,而且与社会各阶层的关系越来越密切,并开始集中应用于园林栽培中。

1. 隋、唐、五代时期

在隋以前,牡丹几乎没有人工栽培的记载。隋代时期的隋炀帝在洛阳称帝时,"辟地周二百里为西苑……诏天下境内所有鸟兽草木驿至京师……易州(今河北易县)进二十箱牡丹"(宋·刘斧《青琐高议》)。从此,牡丹由乡间进入城市,由民间进入皇家园林,使得它的命运发生了重大转变,也就是所谓有记载的牡丹开始人为栽培。

唐代,牡丹经过初唐百余年的发展,逐渐以其富于变化且雍容华贵的色香姿韵而赢得上流社会的关注、赏识。首先是武则天的重视。唐·舒元舆《牡丹赋·有序》云:"天后之乡,西河也,有众香精舍,下有牡丹,其花特异。天后叹上苑之有阙,因命移植焉。由此京国牡丹,日月寝盛。"皇宫中有了牡丹,也就开始了赏牡丹的活动。唐高宗曾宴群臣赏"双头牡丹"(唐·王铚《龙城录》)。到唐玄宗时,长安牡丹的发展已有一定的规模。"开元时,宫中及民间竞尚牡丹。"(《事物纪原》)在兴庆池东沉香亭前,唐玄宗有这样一段赏牡丹的趣事。《摭异记》写道:"开元中,禁中初重木芍药,即今牡丹也。得四本,红、紫、浅红、通白者,上因移植于兴庆池东沉香亭前。会花方繁开,上乘照夜白,召太真妃以步辇从,诏特选梨园弟子中尤者,得十六色。李龟年以歌擅一时之名,手持檀板押众乐,前欲歌。上曰:'赏名花,对妃子,焉用旧乐词为?'遂命李龟年持金花笺宣翰林学士李白进清平调三章……"这是盛唐时期一次空前的牡丹盛会!当时有皇帝李隆基及其爱妃杨玉环,有诗圣李太白,有歌乐大师李龟年等。李白的诗誉牡丹为"名花",与杨贵妃"倾国"美貌并重,描绘出一幅光彩照人的画面,可谓千古绝唱。

此后,牡丹由禁苑及皇亲国戚之宅、达官显贵之第,逐渐遍及寺庙道观,最后进入寻常百姓之家。"开元末,裴士淹为郎官,奉使幽冀回,至汾州众香寺,得白牡丹一棵,植于长安私第,天宝中为都下奇赏。"这是私宅种植牡丹的最早记录。"至德中,马仆射总镇太原得红紫二色者,移于城中。"(《酉阳杂俎》)唐代并重佛道,寺庙道观遍及长安各坊,有寺观即有牡丹,寺观把牡丹带到了长安的各个角落。"慈恩寺浴堂院有花两丛,每开,及五六百朵,繁艳芬馥,绝少伦比。"(唐·康骈《剧谈录》)"兴唐寺有牡丹一株,元和中着花一千二百余朵。"(《酉阳杂俎》)到中唐贞元、元和年间,赏牡丹已演变成王公卿士及平民百姓广泛参与的游赏活动。"长安三月五日,两街看牡丹,奔走车马。"(钱易《南部新书》)"帝城春欲暮,喧喧车马度。共道牡丹时,相随买花去。"这种风尚竟达到了"家家习为俗,人人迷不悟"(白居易《买花》)的地步。"花开花落二十日,一城之人皆若狂。"(白居易《牡丹芳》)"惟有牡丹真国色,花开时节动京城。"(刘禹锡《牡丹》)唐敬宗(825—827年在位)时期又有李正封"国色朝酣酒,天香夜染衣"的咏牡丹诗句,朝野传唱,牡丹遂有"国色天香"之誉。"落尽残红始吐芳,佳名唤作百花王。竞夸天下无双艳,独占人间第一香。"(皮日休《牡丹》)由此可见,唐代长安人们对牡丹的栽培与欣赏几乎达到了狂热的地步。用现在的话来说,牡丹花开时节就成了唐人的"狂欢节"。唐人厚爱牡丹,故自唐高宗以来,天下奇异新种,逐渐集中于长安。与此同时,牡丹身价也不同寻常。"人种以求利,一本有值数万者。"(《国史补》)白居易也说:"一丛深色花,十户中人赋。"(《买花》)刘禹锡在描写牡丹的诗句中曰:"惟有牡丹真国色,花开时节动京城。"由此反映出唐代人们钟爱牡丹的热情。唐代牡丹能如此迅速发展,长安人民喜爱牡丹如痴如狂,与唐代政治、经济、文化的发展有着密切关系。唐自贞观之治至安史之乱前百余年间,社会安定,经济繁荣,造就了文化发展的肥沃土壤。生活基调的热烈使唐代长安人喜欢一切暖色调的事物。牡丹花朵硕大,雍容华贵,正迎合了大唐盛世人们的心态。同时,帝王显贵、文人雅士带头喜爱牡丹,更形成了深厚的牡丹文化氛围,不断掀起观赏牡丹、咏吟牡丹的热潮。从武则天时代到唐开元年间,以及中唐贞元、元和年间,是中国牡丹发展史上的一个黄金时代,奠定了中国牡丹文化的坚实基础,并使牡丹处于国花的地位,有了"国色天香""百花之王"的定评。一个国家、一个民族如此钟情于一种花卉,这在中国乃至世界文明史、审美文化史上可谓空前。

唐代国都长安牡丹兴盛,逐渐波及其他地方。洛阳牡丹得到进一步的发展。"自唐则天以后,洛阳牡丹始盛"(宋·欧阳修《洛阳牡丹记》),并遍及民间,花色、品种增多。安史之乱后,洛阳宫殿园林多遭破坏,直到五代,后唐庄宗明宗年间才有所恢复。后唐庄宗(923—926年在位)曾在洛阳建临芳殿,殿前植牡丹千余本(宋·陶谷《清异录》)。

长安牡丹也南下杭州。唐·范摅《云溪友议》记载:"白乐天(即白居易)初为杭州刺史(约821—824年),令访牡丹花,独开元寺僧惠澄近于京师得之,始植于庭,阑围甚密,他处未之有也。"

此外,唐代东北牡丹江一带也曾有过牡丹栽培。当时,这里是以粟末靺鞨人为主体建立的民族政权——渤海国,与唐朝交往甚密,中原文化对渤海国有着深远影响。据史籍记载,当时渤海国号称"海东盛国",其都城上京城(今黑龙江省宁安市境)有10万住户。上京龙泉府宫城北为禁苑,牡丹、芍药及奇花异卉遍植苑内。另据《松漠纪闻》记载:渤海富室安居逾两百年,往往为园池,植牡丹,多至二三百本,有数十干丛生者,皆燕地所无。

唐及五代,四川成都牡丹也开始繁盛。据《蜀总记》记载,前蜀后主王衍(919—925年在位)的舅父徐延琼自秦州(今甘肃天水一带)一僧院购得一株年代久远的牡丹,历千里移至成都新宅,这是蜀中宫廷内外最早引入的北方牡丹。后蜀后主孟昶(935—974年在位)也引种了许多牡丹,"于宣华苑广加栽植,名之曰牡丹苑……蜀平(指宋统一全国),花散落民间,小东门外有张百花、李百花之号,皆培籽分根,种以求利,每一本获数万钱"(宋·胡元质《牡丹谱》)。

2. 两宋时期

宋代特别是北宋时期是中国牡丹发展史上又一个辉煌时期。此时,洛阳牡丹为全国之冠,可谓处处皆园林,园园皆牡丹。宋建都开封,政治中心自然在开封。洛阳虽然是陪都,但由于其建都历史悠久,除了政治中心之外,仍然是中国最大的经济中心和文化中心,其城市规模甚至超过了京都汴京城,这在中国的发展历史乃至世界的发展历史上都是非常罕见的。当时洛阳经过恢复和发展,特别是经过宋真宗、宋仁宗时期数十年相对平稳的"承平岁月",种牡丹、赏牡丹之风又在洛阳兴盛起来。

洛阳牡丹发展有三个明显特点:

一是从情感上,洛阳人对养牡丹、赏牡丹十分狂热,牡丹栽培十分普遍。这可能与帝王和上层社会对牡丹的热爱有关,所谓"上有所好,下必效焉"。欧阳修说,牡丹出"洛阳者,为天下第一也"。洛阳人对牡丹不呼其名,"直曰花。其意谓天下真花独牡丹"(《洛阳牡丹记》),犹如人们对黄河也不呼其名而直曰"河"一般,由此可见牡丹在洛阳人心中独特的地位。此外,欧阳修还谈道:"洛阳之俗,大抵好花。春时,城中无贵贱皆插花,虽负担者亦然:花开时,士庶竞为游邀。往往于古寺废宅,有池台处为市井,张幄帟,笙歌之声相闻。"(《洛阳牡丹记》)李格非《洛阳名园记》专记北宋盛时洛阳名园,在记述洛阳天王院花园子时说:"洛阳花甚多种,而独名牡丹曰'花王'。凡园皆植牡丹,而独名此院曰'花园子'。盖无他池亭,独有牡丹数十万本。凡城中赖花以生者,毕家于此。至花时,张幕帟,列市肆,管弦其中。城中士女,绝烟火游之。"政和二年(1112年)时,园户牛氏一株牡丹花开,色如鹅雏而淡,花径一尺三四寸,花瓣约千枚,甚至人们需付千钱,方可入观。

二是从技术上,培育牡丹的技艺提高,新品种迭出。由于牡丹较易产生芽变,当时的洛阳人掌握牡丹习性,管理得法,在播种繁殖的同时,还用嫁接方法固定新变异,新品种不断出现。无怪乎欧阳修曾惊呼"四十年间花百变"。与此同时,洛阳牡丹栽培技艺也达到了前所未有的水平。当时洛阳民间已有不少种牡丹的能手。欧阳修曾记述一花工善嫁接,复姓东门,人称门园子,富家无不邀之,请去嫁接牡丹名贵品种(《洛阳牡丹记》)。南宋初年,温革所撰《分门琐碎录》已提到用芍药根嫁接牡丹的方法。此外,宋时已有了牡丹切花保鲜。

三是从文献成果上,这一时期涌现了许多有关牡丹的谱录。欧阳修曾在洛阳做西京留守推官三年,饱览了洛阳名胜,体察了风俗民情,对洛阳牡丹印象尤深,遂就其所见,于景祐元年(1034年)写下了《洛阳牡丹记》。书中用"洛阳地脉花最宜,牡丹尤为天下奇"诗句起首为洛阳牡丹总结性地定论,并列举牡丹名品24种,总结了牡丹栽培、育种经验,记述了洛阳人种花、赏花习俗。这是世界上第一部具有重要学术价值的牡丹专著。10余年后,欧阳修写下的《洛阳牡丹图》诗也是一篇重要的文献。此后又有周师厚著《洛阳牡丹记》,对欧谱作了增补,记述牡丹5种。在这个基础上,他还写了《洛阳花木记》,列举牡丹109种、芍药41种,还有其他许多重要花木。宋哲宗元祐年间(1086—1093年),张峋深入民间,遍访花农,又撰《洛阳花谱》三卷,列牡丹119种(《曲洧旧闻》)。当时,洛阳留守钱惟演曰:"人谓牡丹为王","姚黄'真可为王,而"魏花乃后也。"总之,宋代谱录在牡丹品种来源、命名、分类及繁殖(特别是嫁接)与栽培管理等方面已形成较为完整的体系,在中国植物学、园艺学发展史上,留下了相当宝贵的财富,代表着当时花卉园艺的世界水平。

北宋后期,陈州(今河南淮阳)也种植了大量牡丹,虽是由洛阳引种,栽培面积却比洛阳还大许多。"洛阳牡丹之品见于花谱,然未若陈州之盛且多也,园户植花,如种黍粟,动以顷计"(宋·张邦基《陈州牡丹记》)。

北宋时,江南牡丹也有较大发展,僧人仲休于雍熙三年(986年)撰《越中牡丹花品》,序言中曾谈道:"越之好尚惟牡丹,其色丽者三十二种,豪家名族,梵宇道宫,池台水榭,植之无间。赏花者不问亲疏,谓之看花局。泽国此月多有轻雨微云,谓之养花天。"另有李英《吴中花品》(1045年)记牡丹品名42种,都是吴地(今苏州一带)特有的,如"真正红""红鞍子"等。苏轼任杭州通判时,曾与知州陈襄(字述古)一起赏过冬日牡丹,并有诗"一朵妖红翠欲流,春光回照雪霜羞"(宋·吴自牧《梦粱录》)。从北宋到南宋,描写与赞扬江南一带牡丹秋冬开花的诗词不下四五十首,诗人们将牡丹与梅花相比,认为牡丹气节又胜过了梅花,如刘才邵《冬日牡丹五绝句》说:"百花头上有江梅,更向江梅头上开。""芳丛不遣雪霜封,已是青腰独见容。更况春风重着意,行看梯槛露华浓。"过去人们常常赞扬梅花傲雪而开,不畏严寒,不怕冰霜,品格坚强,气节高尚,请你们来看看比梅花开得更早的冬日牡丹吧!从而进一步肯定了牡丹"不特芳姿艳质足压群葩,而劲骨刚心尤高出万卉"的优秀品格。另据宋·范成大《吴郡志》记载,北宋末年,朱勔家圃在苏州阊门内,竟植牡丹数千万本,以彩画为幕,弥覆其上,每花身饰金为牌,记其名。此事也表明当时苏州一带牡丹栽培之盛。

宋室南渡后,偏安江南,是为南宋,定都临安,即今杭州。自此,杭州花事得到发展。《梦粱录》载:"是月(三月)春光将暮,百花尽开,如牡丹、芍药、棣棠、木香、酴醾、蔷薇,种种奇绝,卖花者以马头竹篮盛之,歌叫于市,买者纷然。"另据宋·周密《乾淳起居注》与《乾淳岁时记》记载,南宋皇宫中常有各种瓶花摆设,专供帝王观赏。如淳熙六年(1179年)3月15日,帝至御苑"锦壁"赏牡丹千余丛,并赏瓶花。

南宋时,成都附近的天彭(今四川彭州市)牡丹享有盛名。天彭牡丹种植始自唐代。北宋后期,天彭牡丹已有较大发展。宋·陆游《天彭牡丹谱》(以下简称《陆谱》)记述:"牡丹在中州,洛阳为第一;在蜀,天彭为第一。""崇宁中(1102—1106年)州民宋氏、张氏、蔡氏,宣和中(1119—1125年)石子滩杨氏,皆尝买洛中新花以归,自是洛花散于人间,花户始盛,皆以接花为业,大家好事者皆竭其力以养花,而天彭之花遂冠两川。"陆游还记述了天彭赏花时的盛况:"天彭号小西京(北宋以洛阳为西京),以其俗好花,有京洛之遗风,大家至千本。花时自太守而下,往往即花盛处,张饮帟幕,车马歌吹相属。最盛于清明、寒食时。"可见,南宋时蜀人喜爱牡丹,花时狂欢的情景不亚于洛阳。《陆谱》记述了洛花以外的蜀花34种。还有今重庆垫江一带的粉根牡丹,也有一定的发展。

除上面谈到的情况外,在中国牡丹发展史上,宋代牡丹文化的繁荣也特别值得一提。北宋洛阳风行的赏牡丹花会,不仅继承了唐人赏花的狂热,平民的广泛参与甚至为唐代所不及。此后,南宋京城临安(杭州)、西南的天彭也有大型赏花活动。宋代除有多部高水平的牡丹谱录外,吟咏牡丹的诗词更是多达2000余首,盛况空前。北宋,牡丹在"国色天香""百花之王"的基础上,又具体指出"姚黄"为王,"魏紫"为后。后来又赋予牡丹"富贵花"的称号。而在南宋,牡丹更是故国家园、北国大好河山的象征,牡丹与国家、民族的命运更加紧密地联系在一起。

3. 辽、金、元时期

自两宋以来,中国北部的少数民族政权迅速崛起,并先后建立了几个与汉人统治对峙的独立王朝,如916年契丹人建立的辽政权、1115年女真族建立的金政权等,先后与北宋、南宋处于对峙状态。然而,政治上的对立并没有割断文化上的渗透与融合,游牧民族自觉或不自觉地接受着先进的农业文明的熏陶,包括吸收自唐及北宋发展起来的牡丹文化。辽曾设有五个京城,即上京临潢府、中京大定府、东京辽阳府、南京析津府、西京大同府。其中南京析津府即今北京市,在城内西南隅建有宫城,宫城内植有牡丹,并有赏花活动。据《辽史·圣宗本纪》记载:"统和五年(987年)3月癸亥朔,(圣宗)幸长春宫赏花钓鱼,以牡丹偏赐近臣,欢宴累月。"明《北京考》亦记载圣宗于统和十二年(994年)3月去长春宫观赏牡丹。女真族是生活在我国黑龙江地区以狩猎为主的少数民族,12世纪初期兴起,随后发动了反对辽国奴役的战争,公元1125年灭辽后又南侵北宋。1126年冬攻陷汴京(今开封),从此建立了对北部中原长达120年之久的统治。女真政权以武功立国,文化很落后,入主中原后,注意吸收汉族文化,并取得可观成就。金文化实际上是汉文化的一种延伸和继续。在金朝中叶以后,战端暂息,社会稳定,经济文化繁荣,金也注意到了牡丹的发展。如金章宗完颜璟的《云龙川太和殿五月牡丹》诗:"洛阳谷雨红千叶,岭外朱明玉一枝。地力发生虽有异,天公造物本无私。"这反映当时东北一带的牡丹栽培。农历五月还有牡丹开花,应是开得很晚的了。同期还有一些大臣的"牡丹应制诗",是陪皇上赏花的诗作,一如北宋的宫廷赏花情景。金代文学家元好问、段克己的几首《江城子》词,也描写了在洛阳赏牡丹的欢愉。金代诗人王郁于,金哀宗正大年间(1224—1231年)举进士不第,遂游洛阳。在其《阳翟(今河南禹州)赠李司户国瑞》诗中有"洛阳赏尽牡丹春"句,说明金代中期以后,洛阳牡丹又有了恢复和发展。今甘肃临夏、兰州一带虽无金代牡丹栽培的记述,但从一些墓葬的砖雕上仍可看到牡丹文化的深刻影响。如1980年在临夏市南龙乡王闵家村发现的金大定十五年(1175年)进义校尉王吉砖饰墓,四周皆以雕刻和压模花砖装饰,其中有不少牡丹砖雕图案。此外,1953年在兰州市城关区发掘的金明昌年间(1190—1195年)墓葬中,除棺座中央平铺着牡丹花砖雕四块外,墓壁四周也有牡丹花雕。这些习俗与当地牡丹发展有着密切联系。

宋、金之后的元朝,是蒙古族建立的全国性政权,这是我国历史上一个特殊的发展阶段。整个元代,牡丹发展处于低潮,但有以下几点值得注意:一是元大都宫苑内有不少牡丹栽培。

元世祖即位之初,建都于开平(今内蒙古多伦县),1264 年奠都燕京,称为大都。1271 年改国号为元。有史籍记载,元大都皇宫内"四处尽植牡丹百余本,高可五尺"(《大都宫殿考》)。二是据姚燧记述的中统元年(1260 年)以来 29 年间在中原一带 6 次观赏牡丹的情况。当时在燕京(今北京)、长安(今西安)、洛阳、邓州(今属河南)一带虽然牡丹园规模不大,品种较少,但仍然有栽培(姚燧《序牡丹》)。三是吴中(今苏州一带)仍好牡丹花。据陆友仁《吴中旧事》载:"吴俗好花与洛中无异,其地土亦宜花,古称长洲茂苑,以苑目之,盖有由矣。吴中花木不可殚述,而独牡丹、芍药为好尚之最,而牡丹尤贵重焉。旧寓居诸王皆种花……今之风俗虽不如旧,然大概赏花则为宾客之集矣。"元代,吴中一带赏花仍然习为风俗。四是全国性观赏中心不复存在,但民间蕴藏着牡丹发展的潜力,不少宋代牡丹品种得以保存下来,就是因为民间有着爱好牡丹的不可低估的力量。

4. 明清时期

明代中期以后,牡丹在全国范围内有一个较大发展,栽培中心转移到安徽亳州。与此同时,山东曹州,北京,江南的太湖周围,西北的兰州、临夏等地,牡丹也开始繁盛起来。

明代牡丹品种已发展到 360 多个。明末清初,牡丹发展受到影响,到清康熙年间又逐渐恢复。清宫廷从康熙帝起即开始将牡丹花的观赏和应用列入日常活动或重要活动,如高士奇在《金鳌退食笔记》中将清宫牡丹应用情况记述如下:"南花园,立春日……于暖室烘出牡丹芍药诸花,每岁元夕赐宴之时,安放乾清宫,陈列筵前,以为胜于剪彩……每年三月,进……插瓶牡丹;四月,进……插瓶芍药。"

清康熙、雍正、乾隆三朝在历史上称为"康乾盛世",牡丹在全国各地有较广泛发展,栽培中心转移到山东菏泽。从康熙到咸丰的 200 年间,是牡丹又一个昌盛时期。清代牡丹品种已有 500 多个。

5. 现当代时期

1949 年 10 月,中华人民共和国成立,历史掀开了新的一页。历经几十年的发展,特别是自 1978 年改革开放以来,全国范围内又形成了牡丹的发展高潮。新时期牡丹的发展具有新的特点:

一是牡丹的发展正在形成产业,它不仅生产物质财富,也在创造精神财富。目前全国主产区牡丹栽培面积已达 18 万亩,洛阳、菏泽以及兰州、重庆等地,出现了面积几百亩到上千亩的牡丹园。2011 年,洛阳市委市政府就大胆规划在伊滨新区发展牡丹一万亩。每年牡丹花会期间,像洛阳王城公园、菏泽曹州牡丹园等,游人多时每天可达 25 万至 30 万人次,可谓盛况空前。洛阳牡丹花会的规模从洛阳市级花会,晋级到河南省级花会,2011 年又晋级到国家级花会。

二是牡丹的发展与科技紧密结合,从而为牡丹发展提供了重要支撑和动力。中华人民共和国成立初期全国牡丹品种不过 500 多个,目前品种已经有千余个,此外还引进了许多日本、美国、法国等国外优良品种。不同花期的品种合理搭配使得洛阳等地牡丹花期可延续40 多天,比唐代"花开花落二十日"提高了一倍。而牡丹花期调控技术日臻成熟,又使牡丹周年开花成为现实。

三是牡丹文化日渐繁荣,传统名花体现新的时代特征。目前牡丹栽培日益广泛,除海南、香港、澳门外,全国各省(区、市)均有露地牡丹栽培。全国各地均有牡丹应用,如牡丹花展、牡丹盆花切花销售等。牡丹国色天香,雍容华贵,雅俗共赏,是国家兴旺发达、繁荣昌盛的象征。全国人民在党的领导下努力，奔向共同富裕，而牡丹花正体现着全国人民建设富强、民主、文明、和谐的社会主义的理想、愿望和追求。

6.2　牡丹的诗词

中国是诗的国度，也是花的国度。在中国尽管名花繁多，历代名人所爱不同。诸如屈子滋兰九畹，陶令采菊东篱，白傅咏莲吟柳，林逋子鹤妻梅。然而，更有老杜对花溅泪，谪仙醉卧花阴，这里的"花"正是指牡丹，"牡丹花下死，做鬼也风流"。历代文人墨客在咏叹百花诗中，惟咏牡丹诗词者最多。

中国牡丹作为观赏植物，其花色艳丽，花朵硕大，花姿端庄，品种繁多，乃花中之王，是富贵吉祥、繁荣昌盛的象征。综观中国花谱，佳葩三百六十余种，无一可与牡丹伦比。古往今来，多少文人骚客对牡丹情有独钟。以花咏诗，以花言志，以花抒情，写下了无数脍炙人口、千唱不绝的牡丹诗篇，成为中国文化史和牡丹栽培史上一道绚丽的风景线。

雍容华贵的牡丹，用诗词的形式反映出来，无愧于诗与花两者完美的结合。由于中国历代诗人对牡丹的偏爱，故牡丹之诗，浩若瀚海。每逢牡丹盛开时节，文人墨客，蜂拥蝶聚，赏花漫游、饮宴集会、引吭高歌、酬唱赠答。或描写牡丹怒放时的繁华景象，或吟咏牡丹的娇媚香艳；他们以牡丹自况借物喻志，直叙胸中对美好憧憬的情怀，抒发对家国之思的志趣。从不同角度，用不同笔法，勾勒出中国牡丹姹紫嫣红、绮丽绚烂的"繁华图卷"。

6.2.1　牡丹诗词节选

1. 唐朝
王维

红牡丹

绿艳闲且静，红衣浅复深。
花心愁欲断，春色岂知心。

李白

清平调词一

云想衣裳花想容，春风拂槛露华浓。
若非群玉山头见，会向瑶台月下逢。

清平调词二

一枝红艳露凝香，云雨巫山枉断肠。
借问汉宫谁得似？可怜飞燕倚新妆。

清平调词三

名花倾国两相欢，长得君王带笑看。
解释春风无限恨，沉香亭北倚阑杆。

杜甫

花底

紫萼托千蕊,黄须照万花。

忽疑行暮雨,何事入朝霞。

恐是潘安县,堪留卫阶车。

深知好颜色,莫作委泥沙。

元稹

和乐天秋题牡丹丛

敝宅艳山卉,别来长叹息。

吟君晚丛咏,似见摧颓色。

欲识别后容,勤过晚丛侧。

牡丹

簇蕊风频坏,裁红雨更新。

眼看吹落地,便别一年春。

牡丹

繁绿阴全合,衰红展渐难。

风光一抬举,犹得暂时看。

赠李十二牡丹花片因以饯行

莺涩馀声絮坠风,牡丹花尽叶成丛。

可怜颜色经年别,收取朱阑一片红。

刘禹锡

赏牡丹

庭前芍药妖无格,池上芙蕖净少情。

唯有牡丹真国色,花开时节动京城。

李贺

牡丹种曲

莲枝未长秦蘅老,走马驮金剗春草。

水灌香泥却月盆,一夜绿房迎白晓。

美人醉语园中烟,晚华已散蝶又阑。

梁王老去蜀衣在,拂袖风吹蜀国弦。

归霞帔拖罗帐昏,嫣红落粉罢承恩。

檀郎谢女眠何处,楼台月明燕夜语。

2. 五代
徐寅

牡丹花二首

一

看遍花无胜此花，剪云披雪蘸丹砂。
开当青律二三月，破却长安千万家。
天纵秾华刿鄙吝，春教妖艳毒豪奢。
不随寒令同时放，倍种双松与辟邪。

二

万万花中第一流，浅霞轻染嫩银瓯。
能狂绮陌千金子，也惑朱门万户侯。
朝日照开携酒看，暮风吹落绕栏收。
诗书满架尘埃扑，尽日无人略举头。

尚书座上赋牡丹花轻字韵其花自越中移植

流苏凝作瑞华精，仙阁开时丽日晴。
霜月冷销银烛焰，宝瓯圆印彩云英。
娇含嫩脸春妆薄，红蘸香绡艳色轻。
早晚有人天上去，寄他将赠董双成。

忆牡丹

绿树多和雪霰栽，长安一别十年来。
王侯买得价偏重，桃李落残花始开。
宋玉邻边腮正嫩，文君机上锦初栽。
沧州春暮空肠断，画看犹将劝酒杯。

依韵和尚书再赠牡丹花

烂银基地薄红妆，羞杀千花百卉芳。
紫陌昔曾游寺看，朱门今在绕栏望。
龙分夜雨姿娇态，天与春风发好香。
多著黄金何处买，轻桡挑过镜湖光。

郡庭惜牡丹

肠断东风落牡丹，为祥为瑞久留难。
青春不驻堪垂泪，红艳已空犹倚栏。
积藓下销香蕊尽，晴阳高照露华干。
明年万叶千枝长，倍发芳菲借客看。

追和白舍人咏白牡丹

蓓蕾抽开素练囊，琼葩薰出白龙香。

裁分楚女朝云片，剪破嫦娥夜月光。

雪句岂须征柳絮，粉腮应恨帖梅妆。

槛边几笑东篱菊，冷折金风待降霜。

惜牡丹

今日狂风揭锦筵，预愁吹落夕阳天。

闲看红艳只须醉，谩惜黄金岂是贤。

南国好偷夸粉黛，汉宫宜摘赠神仙。

良时虽作莺花主，白马王孙恰少年。

裴说

牡丹

数朵欲倾城，安同桃李荣。

未尝贫处见，不似地中生。

此物疑无价，当春独有名。

游蜂与蝴蝶，来往自多情。

皮日休

牡丹

落尽残红始吐芳，佳名唤作白花王。

竞夸天下无双艳，独立人间第一香。

卢士衡

题牡丹

万叶红绡剪尽春，丹青任写不如真。

风光九十无多日，难惜尊前折赠人。

李中

柴司徒宅牡丹

暮春栏槛有佳期，公子开颜乍拆时。

翠幄密笼莺未识，好香难掩蝶先知。

愿陪妓女争调乐，欲赏宾朋预课诗。

只怨却随云雨去，隔年已是动相思。

捧剑仆

题牡丹

一种芳菲出后庭，却输桃李得佳名。

谁能为向无人说，从此移根近太清。

刘兼

再看光福寺牡丹

去年曾看牡丹花，蛱蝶迎人傍彩霞。

今日再游光福寺，春风吹我入仙家。

当筵芬馥歌唇动，倚槛娇羞醉眼斜。

来岁未朝金阙去，依前和露载归衙。

殷益

看牡丹

拥毳对芳丛，由来趣不同。

鬓从今日白，花是去年红。

艳色随朝露，馨香逐晚风。

何须待零落，然后始知空。

窦梁宾

雨中看牡丹

东风未放晓泥干，红药花开不奈寒。

待得天晴花已老，不如携手雨中看。

归仁

牡丹

三春堪惜牡丹奇，半倚朱栏欲绽时。

天下更无花胜此，人间偏得贵相宜。

偷香黑蚁斜穿叶，觑蕊黄蜂倒挂枝。

除却解禅心不动，算应狂杀五陵儿。

齐已

题南平后园牡丹

暖披烟艳照西园，翠幄朱栏护列仙。

玉帐笙歌留尽日，瑶台伴侣待归天。

香多觉受风光剩，红重知含雨露偏。

上客分明记开处，明年开更胜今年。

王贞白

看天王院牡丹

前年帝里探春时，寺寺名花我尽知。

今日长安已灰烬，忍随南国对芳枝。

白牡丹

谷雨洗纤素，栽为白牡丹。

异香开玉合，轻粉泥银盘。

晓贮露华湿，宵倾月魄寒。

家人淡妆罢，无语依朱栏。

孙鲂

牡丹

意态天生异，转看看转新。

百花休放艳，三月始为春。

蝶死难离槛，莺狂不避人。

其如豪贵地，清醒复何因。

3. 宋朝

潘阆

维杨秋日牡丹寄六合县尉郭承范

绕栏忽见思傍徨，造化功深莫可量。

稼艳算无三月盛，残红更向九秋芳。

万家珠翠还争赏，一郡笙歌又是狂。

惆怅东篱下黄菊，有谁来折泛瑶觞。

书璠公房牡丹

寺中闻说牡丹花，多少人争耳傍夸。

潦倒参军来看晚，数枝已谢病僧家。

寇准

奉圣旨赋牡丹花

栽培终得近天家，独有芳名出众花。

香递暖风飘御座，叶笼轻霭衬明霞。

纵吟宜把红牋襞，留赏惟将翠幄遮。

深觉侍臣千载幸，许随仙杖看秾华。

忆洛阳

金谷春来柳自黄，晓烟晴日映宫墙。

不堪花下听歌处，却向长安忆洛阳。

张咏

劝酒惜别

今日就花始畅饮，座中行客酸离情。

我欲为君舞长剑，剑歌苦悲人苦厌。

我欲为君弹瑶琴,淳风死去无回心。
不如转海为饮花,为幄赢取片时乐。
明朝匹马嘶春风,洛阳花发胭脂红。

洛中

翠辇西巡未有期,玉楼烟锁凤参差。
可怜三月花如锦,狂杀满城年少儿。

王安石

后殿牡丹未开

红幞未开如婉娩,紫囊犹结想芳菲。
此花似欲留人住,山鸟无端劝我归。

黄庭坚

效王仲至少监咏姚花用其韵四首

映日低风整复斜,绿玉眉心黄袖遮。
大梁城里虽罕见,心知不是牛家花。
九嶷山中萼绿华,黄云承袜到羊家。
直荃虫蚀诗句断,犹托馀情开此花。
仙衣襞积驾黄鹄,草木无光一笑开。
人间风日不可奈,故待成阴叶下来。
汤沐冰肌照春色,海牛压帘风不开。
直言红尘无路入,犹傍蜂须蝶翅来。

4. 金朝
元好问

紫牡丹三首

一

金粉轻粘蝶翅匀,丹砂浓抹鹤翎新。
尽饶姚魏知名早,未放徐黄下笔亲。
映日定应珠有泪,凌波长恐袜生尘。
如何借得司花手,偏与人间作好春。

二

梦里华胥失玉京,小阑春事自升平。
只缘造物偏留意,须信凡花浪得名。
蜀锦浪淘添色重,御炉风细觉香清。
金刀一剪肠堪断,绿鬓刘郎半白生。

三

天上真妃玉镜台,醉中遗下紫霞杯。

已从香国偏薰染,更惜花神巧剪裁。

微度麝薰时约略,惊移鸾影却低回。

洗妆正要春风句,寄谢诗人莫浪来。

赵秉文

五月牡丹应制

好事天工养露芽,阳和趁及六龙车。

天香护日迎朱辇,国色留春待翠华。

谷雨曾沾青帝泽,熏风又捲赤城霞。

金盘荐瑞休嗟晚,犹是人间第一花。

曹伯启

观牡丹

辛亥三月陪马克脩治书谒天游,孙真人方丈阶前牡丹盛开,厄酒同玩,座中范提点索诗

拉友寻佳致,琳宫引兴长。

服膺思酒圣,拭目待花王。

逝水年华急,行云世态忙。

无因驻清景,春色又斜阳。

郝俣

应制状元红

仙苑奇葩别晓丛,绯衣香拂御炉风。

巧移倾国无双艳,应费司花第一功。

天上异恩深雨露,世间凡卉漫铅红。

情知不逐春归去,常在君王顾盼中。

5. 元朝

李孝光

牡丹

富贵风流技等伦,百花低首拜芳尘。

画阑绣幄围红玉,云锦霞裳蹋翠裀。

天上有香能盖世,国中无色可为邻。

名花也自难培植,合废天工万斛春。

钱选

画牡丹自题

头白相看春又残,折枝聊助一时欢。

东君命驾车何迟,犹有余情在牡丹。

沈禧

一枝花套咏白牡丹

不将脂粉施,自有天然态。
羊脂轻捻就,酥乳砌成来。
夹叶重台。
妖红冶艳都难赛。
素质檀心可喜煞。
水晶球无贬无褒。
白玉瓣不宽不窄。

胡天游

牡丹

相逢尽道看花归,惭愧寻芳独后时。
北海已倾新酿酒,东风犹锁半开枝。
扫空红紫真无敌,看到云仍未可知。
但愿倚栏人不老,为公长赋谪仙诗。

宋犖

朝元宫白牡丹

瑶圃廓落昆仑高,霓旌豹节凌旋飙。
东门偷种来尘嚣,开云镂月百千瓣。
雪痕冰璺辞锼铧,重台复榭玉版白。
湿露拥出青霞娇,琼娥爱春受春足。
香腴酥腻愁风消,人间洛阳红紫妖。
紫霞滟滟吹秦箫,青鸾望极何当招。

都城杂咏

流珠声调弄琵琶,韦曲池台似馆娃。
罗袖舞低杨柳月,玉笙吹绽牡丹花。
龙头泻酒红云滟,象口吹香绿雾斜。
却笑西邻蠹书客,牙签缃帙费年华。

6. 明朝
张淮

牡丹百咏

一

胭脂为骨晕生神,不许绯桃更逼真。
疑谪艳阳天上质,绝胜佳丽水边人。
染来香骨蔷薇露,点破红腮柳絮尘。
莫向花时不惧赏,人生能见几番春。

二

芳兰气味海棠神,并作庭前锦样真。
风叶似来遗佩女,露腮如遇泣珠人。
数枝宿艳欺山日,百岁浮生栖草尘。
正是及辰君不赏,莫教春去却怀春。

董其昌

冯元成第观牡丹

名园占领艳阳多,未以沉冥废啸歌。
坐竹兴仍修禊后,看花愁奈送春何。
窗前散绮摇书带,台畔凝香乱钵罗。
莫向花丛问姚魏,年来蝶梦不曾过。

冯琢庵

牡丹

数朵红云静不飞,含香含态醉春晖。
东皇雨露知多少,昨夜风前已赐绯。

李东阳

浪淘沙

春去有余春,且付花神。
天香满地不沾尘,报道夜来新雨过,
雨过还新。
芳意比佳人,谁写花真。
碧云为盖草为茵。
刚道花王谁不信,疑是前身。

题画牡丹

彩毫和露写名花,紫艳分明出魏家。
应是洛阳归梦远,缁尘红土半京华。

俞大猷

咏牡丹

闲花眼底千千种,此种人间擅最奇。
国色天香人咏尽,丹心独抱更谁知。

徐笃

牡丹

不负东君用意栽,今年尤胜去年开。

金倾嫩萼粘花絮,低压柔枝映绿台。
漫道名花来洛下,浑如神女下阳台。
写真那借丹青手,细把新诗为尔裁。

眭石

咏牡丹

绣幄拥花王,称姿斗艳阳。
枝枝承日彩,片片引天香。
托植依余地,含清逐后行。
独怜春殿里,歌舞侍瑶觞。

冯梦龙

玉楼春

名花绰约东风里,占断韶华都在此。
芳心一片可人怜,春色三分愁雨洗。
玉人尽日恹恹地,猛被笙歌惊破睡。
起临妆镜似娇羞,近日伤春输与你。

7. 清朝

汪应铨

雾中花

名花笼雾认难真,道是还非梦里身。
仿佛汉家官殿冷,隔帷遥见李夫人。

李秋

宴溪亭玩牡丹感旧歌者

去年清宴此花前,一串歌珠粒粒圆。
今日花前追往事,空留白发照婵娟。

周淑履

绿牡丹和韵

平台冉冉黛初匀,不逐邻园斗丽春。
金谷荒凉成往事,风前犹想坠楼人。

周巽

题海昌女吏李是奄水墨牡丹

元舆赋里识芳姿,玉篆牌悬第几枝。
想见深闺多逸韵,金毫不用买胭脂。

张锡祚

牡丹

深院东风入,开帘香气清。

名花愁采摘,独立殿残春。

格贵谁求价,庭空欲避人。

玉台今寂寞,对尔觉伤神。

赵新

豆绿

群芳卸后吐奇芬,高挽香鬟拥绿云。

谢绝人间脂粉气,远山眉黛想文君。

冰清

铅华洗净著清风,独抱冰心样不同。

写绝无须朱点染,肖形真个玉玲珑。

梨花雪

如广寒宫见丽华,娉婷月下一枝斜。

梨花白雪工摹拟,从此休将玉色夸。

掌花案

火珠闪烁映丹霞,艳到如斯更莫加。

若使移教端节放,居然斗大石榴花。

8. 近、现代
张大千

故乡牡丹

不是长安不洛阳,天彭山是我家乡。

花开万萼春如海,无奈流人两鬓霜。

楚图南

题曹州牡丹

绿艳红香烂彩霞,春回大地绽奇葩。

须是富贵仙乡种,已是人间自由花。

6.2.2 牡丹文化相关典籍节选

《洛阳牡丹记》宋欧阳修
花品叙第一

牡丹,出丹州、延州,东出青州,南亦出越州,而出洛阳者,今为天下第一。洛阳所谓丹州花、延州红、青州红者,皆彼土之尤杰者。然来洛阳,才得备众花之一种,列第不出，以下不能独立与洛花敌。而越之花以远罕识不见齿。然虽越人，亦不敢自誉，以与洛花争高下。是洛阳者，果天下之第一也。

洛阳亦有黄芍药、绯桃、瑞莲、千叶李、红郁李之类，皆不减他出者。而洛阳人不甚惜，谓之果子花，曰某花云云。至牡丹则不名，直曰花，其意谓天下真花独牡丹，其名之著不假曰牡丹而可知也。其爱重之如此。

说者多言洛阳于三河间古善地，昔周公以尺寸考日出没，测知寒暑风雨乖与顺于此。此盖天地之中草木之华得中气之和者多，故独与他方异。予甚以为不然。夫洛阳于周所有之土，四方入贡，道里均，乃九州之中，在天地昆仑磅礴之间，未必中也。又况天地之和气，宜遍四方上下，不宜限其中以自私。夫中与和者，有常之气，其推于物也，亦宜为有常之。形物之常者不甚美，亦不甚恶，及元气之病也，美恶隔，而不相和入，故物有极美与极恶者，皆得于气之偏也。花之钟其美，与夫瘿木痈肿之钟其恶，丑好虽异，而得一气之偏病则均。洛阳城围数十里，而诸县之花莫及城中者，出其境则不可植焉，岂又偏气之美者，独聚此数十里之地乎？此又天地之大不可考也已。

凡物不常有而为害乎人者曰灾。不常有而徒可怪骇不为害者曰妖。语曰"天反时为灾，地反物为妖"。此亦草木之妖，而万物之一怪也。然比夫瘿木痈肿者，窃独钟其美而见幸于人焉。

余在洛阳四见春。天圣九年三月，始至洛。其至也晚，见其晚者。明年，会与友人梅圣俞游嵩山少室、缑氏岭、石唐山紫云洞，既还，不及见。又明年，有悼亡之戚，不暇见。又明年，以留守推官岁满解去，只见其早者，是未尝见其极盛时。然目之所瞩，已不胜其丽焉。

余居府中时，尝谒钱思公于双桂楼下，见一小屏立坐后，细书字满其上。思公指之曰："欲作花品，此是牡丹名，凡九十余种。"余时不暇读之。然余所经见而今人多称者才三十许种，不知思公何从而得之多也。计其余，虽有名而不著，未必佳也。故今所录，但取其特著者，而次第之：

姚黄／魏花／细叶寿鞓红（亦曰青州红）／牛家黄／潜溪绯
左花／献来红／叶底紫／鹤翎红／添色红／倒晕檀心
朱砂红／九蕊真珠／延州红／多叶紫／粗叶寿安丹州红
莲花萼／一百五／鹿胎花／甘草黄／一撷红／玉板白

花释名第二

牡丹之名，或以氏，或以州，或以地，或以色，或旌其所异者而志之。姚黄、牛黄、左花、魏花以姓著，青州、丹州、延州红以州著，细叶、粗叶寿安、潜溪绯以地著，一撷红、鹤翎红、朱砂红、玉板白、多叶紫、甘草黄，以色著，献来红、添色红、九蕊真珠、鹿胎花、倒晕檀心、莲花萼、一百五、叶底紫皆志其异者。

姚黄者，千叶黄花，出于民姚氏家。此花之出，于本未十年。姚氏居白司马坡，其地属河阳。然花不传河阳，传洛阳。洛阳亦不甚多，一岁不过数朵。

牛黄亦千叶，出于民牛氏家，比姚黄差小。真宗祀汾阴还，过洛阳，留宴淑景亭，牛氏献此花，名遂著。

甘草黄单,叶,色如甘草。

洛人善别花,见其树,知为某花云。独姚黄易识,其叶嚼之不腥。

魏家花者,千叶肉红。花出于魏相仁溥家。始樵者于寿安山中见之,斫以卖魏氏。魏氏池馆甚大,传者云此花初出时,人有欲阅者,人税十数钱,乃得登舟渡池至花所。魏氏日收十数缗。其后破亡,鬻其园。今普明寺后林池,乃其地,寺僧耕之,以植桑麦。花传民家甚多,人有数其叶者,云至七百叶。钱思公尝曰,人谓牡丹花王,今姚黄真可为王,而魏花乃后也。

鞓红者,单叶深红花出青州,亦曰青州红。故张仆射齐贤有第西京贤相坊,自青州以骆驼驮其种,遂传洛中。其色类腰带鞓,谓之鞓红。

献来红者,大,多叶浅红花。张仆射罢相居洛阳,人有献此花者,因曰献来红。

添色红者,多叶花,始开而白,经日渐红,至其落乃类深红。此造化之尤巧者。

鹤翎红者,多叶花,其末白而本肉红,如鸿鹄羽色。

细叶、粗叶寿安者,皆千叶肉红花。出寿安县锦屏山中,细者尤佳。

倒晕檀心者,多叶红花。凡花近萼色深,至其末渐浅。此花自外深色,近萼反浅白,而深檀点其心。此尤可爱。

一撮红者,多叶浅红花。叶杪深红一点,如人以三指撮之。

九蕊真珠红者,千叶红花。叶上有一白点如珠,而叶密,聚其蕊为九丛。

一百五者,多叶白花。洛花以谷雨为开候,而此花常至一百五日,开最先。

丹州延州花者,皆千叶红花,不知其至洛之因。

莲花萼者,多叶红花。青跌三重,如莲花萼。

左花者,千叶紫花。叶密而齐如截,亦谓之平头紫。

朱砂红者,多叶红花,不知其所出。有民门氏子者,善接花以为生。买地于崇德寺前治花圃,有此花。洛阳豪家尚未有,故其名未甚著。花叶甚鲜,向日视之如猩血。

叶底紫者,千叶紫花。其色如墨,亦谓之墨紫。花在丛中,旁必生一大枝,引叶覆其上,其开也比他花可延十日之久。噫,造物者亦惜之耶? 此花之出,比他花最远。传云唐末,有中官为观军容使者,花出其家,亦谓之军容紫,岁久失其姓氏矣。

玉板白者,单叶白花。叶细长如拍板,其色如玉而深,檀心。洛阳人家亦少有,余尝从思公至福严院见之,问寺僧而得其名,其后未尝见也。

潜溪绯者,千叶绯花,出于潜溪寺。寺在龙门山后,本唐相李藩别墅。今寺中已无此花,而人家或有之。本是紫花,忽于丛中时出绯者,不过一二朵。明年,移在他枝,洛人谓之转(音篆)枝花。故其接头尤难得。

鹿胎花者,多叶,紫花。有白点如鹿胎之纹,故苏相珪禹宅今有之。

多叶紫,不知其所出。

初,姚黄未出时,牛黄为第一;牛黄未出时,魏花为第一。魏花未出时,左花为第一。左花之前,唯有苏家红、贺家红、林家红之类,皆单叶花,当时为第一。自多叶、千叶花出后,此花黜矣,今人不复种也。

牡丹初不载文字,唯以药载《本草》,然于花中不为高第,大抵丹、延以西及褒斜道中尤多,与荆棘无异,土人皆取以为薪。自唐则天以后,洛阳牡丹始盛,然未闻有以名著者。如沈、宋、元、白之流，皆善咏花草，计有若今之异者，彼必形于篇咏，而寂无传焉。唯刘梦得有《咏鱼朝恩宅牡丹》诗，但云"一丛千万朵"而已，亦不云其美且异也。谢灵运言永嘉竹间水际多牡丹，今越花不及洛花甚远。是洛花自古未有若今之盛也。

风俗记第三

洛阳之俗，大抵好花。春时，城中无贵贱皆插花，虽负担者亦然。花开时，士庶竞为游遨，往往于古寺废宅有池台处为市，并张幄帟，笙歌之声相闻，最盛于月陂堤、张家园、棠棣坊、长寿寺东街与郭令宅，至花落乃罢。

洛阳至东京六驿，旧不进花，自今徐州李相迪为留守时始进御。岁遣牙校一员，乘驿马，一日一夕至京师。所进不过姚黄魏花三数朵，以菜叶实竹笼子藉覆之，使马上不动摇，以蜡封花蒂，乃数日不落。

大抵洛人家家有花，而少大树者，盖其不接则不佳。春初时，洛人于寿安山中斫小栽子卖城中，谓之山篦子。人家治地为畦塍，种之，至秋乃接。接花工尤著者一人，谓之门园子，豪家无不邀之。姚黄一接头，直钱五千，秋时立券买之，至春见花，乃归其直。洛人甚惜此花，不欲传。有权贵求其接头者，或以汤中蘸杀与之。魏花初出时，接头亦直钱五千，今尚直一千。

接时须用社后重阳前，过此不堪矣。花之本去地五七寸许，截之，乃接。以泥封裹，用软土拥之，以蒻叶作庵子罩之，不令见风日，惟南向留一小户以达气，至春，乃去其覆。此接花之法也。（用瓦亦奇）

种花必择善地，尽去旧土，以细土用白蔹末一斤和之，盖牡丹根甜，多引虫食，白蔹能杀虫。此种花之法也。

浇花亦自有时，或用日未出，或日西时。九月旬日一浇。十月、十一月三日、二日一浇。正月，隔日一浇。二月一日一浇。此浇花之法也。

一本发数朵者，择其小者去之，只留一二朵，谓之打剥，惧分其脉也。花才落，便剪其枝，勿令结子，惧其易老也。春初既去蒻庵，便以棘数枝置花丛上，棘气暖，可以辟霜，不损花芽。他大树亦然。此养花之法也。

花开渐小于旧者，盖有蠹虫损之，必寻其冗，以硫黄簪之其旁。又有小穴如针孔，乃虫所藏处，花工谓之气窗，以大针点硫黄末针之。虫既死，花复盛，此医花之法也。

乌贼鱼骨，用以针花树，入其肤，花树死。此花之忌也。

译文：

牡丹产于丹州、延州，往东则有青州，南面的越州也产牡丹。而洛阳的牡丹，现在是天下第一。洛阳所说的丹州花、延州红、青州红等，都是那些地方培植的最好的品种，可是到了洛阳，这些花才不过充得上众多牡丹中的一种，排列次序，不会超出三等以下的范围，哪一种也不能与洛阳牡丹分庭抗礼。而越州牡丹因产地远，很少见，当然更不为人所重视，而即便是越州人也不敢自夸，拿来和洛阳牡丹一争高下。这样洛阳牡丹就稳稳地享有了"天下第一"的美誉。

洛阳的花也有黄芍药、绯桃、瑞莲、千叶李、红郁李之类，都不比其他地方出产的差，但洛阳人并不特别看重,称为果子花,或叫什么花、什么花,而到牡丹则不称名称,就直接叫"花"。这意思就是说天下真正的花就洛阳牡丹一种,它的名声无人不知,不借称说牡丹的名称就知道说的是它。洛阳人对洛阳牡丹的爱就到了这种程度。

说(洛阳牡丹之所以特别好的原因)的人大多认为洛阳处于三河之间,自古就是善地,古时候周公凭借精密计量考察太阳的出没,在这里测知寒暑变化和风雨调顺与不调顺的规律,因而这里是天地的中央,草木开花得到天地中正平和之气最多,所以洛阳牡丹独与其他地方不同。我对这种说法很不以为然。洛阳在周朝所拥有的地域里,四方诸侯来纳贡,道里远近差不太多,是九州的中央,可是在广大无比的天地之间,洛阳未必处在正中。又何况天地平和之气,应当是遍布四方上下的,不应是局限在某一地区之中而偏私于谁的。所谓中正平和,是一种普遍、一般之气,它推及各类事物,这些事物也应是普遍、一般的形态。事物的一般形态,是不甚美也不甚恶。到了事物内在之气出了问题,美与恶两种因素的正常转换被阻隔,就导致事物呈现极美与极恶的不同形态,这都是缘于内在之气偏离平和。花卉集中地表现美,瘤子肿块集中地表现恶,在丑与好方面虽然很不相同,但都源于内在之气偏离常态,这点却是一样的。

牡丹花的命名,或用姓氏,或用州县,或用地区,或用颜色,或显示其作为标志的某种特色。姚黄、牛黄、左花、魏花,是以培植者的姓氏著名;青州、丹州、延州红,是以所产州县著名;细叶、粗叶寿安、潜溪绯,是以产地著名;一捻红、鹤翎红、朱砂红、玉板白、多叶紫、甘草黄,是以颜色著名;献来红、添色红、九蕊真珠、鹿胎花、倒晕檀心、莲花萼、一百五、叶底紫,都是标志其某种特色。叫作"姚黄"的,特点是千叶黄花,出于民间姚氏之家。这种牡丹问世,到今天不到十年。姚氏住在白司马坡,那地方属河阳地区,但这种花不在河阳流传,却在洛阳流传。洛阳流传的也不多,一年不过几朵而已。魏家的花,是千叶肉红花,出于当过宰相的魏仁溥家。起初是樵夫在寿安山中发现这种牡丹花,后砍下来卖给魏家。魏家池塘馆阁甚大,据说这种牡丹初面世时,有想去看一眼的,每人得交十数钱,才让登舟渡池到养花的地方去看,魏家每天可收到上万钱。后来魏家破亡,卖掉了那个园子。现在普明寺后的林木池塘就是魏家养花的地方。寺僧在那里耕作,植桑种麦。这种牡丹流传到老百姓家的很少。有数过花瓣的,说一朵多到七百叶。钱思公曾说:"人们说牡丹是花中之王,现在千叶姚黄真可以算作'王'了,而魏花是'后'。"

牡丹花最早不见于文字记载,只作为药记载在《神农本草经》上,但在花里面没有很高地位,与荆棘没大差别,当地人砍来当柴禾用。自唐代武则天以后,洛阳牡丹开始兴盛,但还没有凭特殊名目著称的。唐代如沈佺期、宋之问、元稹、白居易等人都善于吟咏花草,推想如有像今天这种独具特色的牡丹,那么他们一定会在诗作中予以表现,可是他们并没有这类诗作流传。只刘梦得有《咏鱼朝恩宅牡丹》一诗,但也只写"一丛千万朵"而已,没有写出什么美且特异的地方。谢灵运说永嘉竹林中、水流边牡丹很多,但现在看到南方的牡丹比洛阳的差得很远,这足以说明洛阳牡丹自古以来没有像现在这般兴盛过。

洛阳百姓的习俗,是大多喜欢花,一到春天,城里不分贵贱都要插花,即便是挑担子卖苦力的也不例外。花开的时候,士大夫和一般百姓都争着游春赏花。往往在有亭台池塘的古庙或废宅处,形成临时街市,搭上帐幕,笙歌之声远近相闻。最热闹的要数月坡堤、张家园、棠棣坊、长寿寺东街与郭令宅等几处。要到花落,街市才会撤掉。洛阳到京城有六个驿站,原先洛阳并不向京城进献牡丹花。自徐州李相迪任"留守"时,才开始向京城进献牡丹。每年派衙校一员,乘驿马,一天一夜赶到东京。所进献的不过是姚黄、魏花三数朵。用菜叶在竹笼子里面垫好、盖好,使花在驿马上不动摇,用蜡把花蒂封好,就可让花几日不落。

一般洛阳人家家有牡丹,而很少有大树的,原因是牡丹要嫁接才好,不嫁接品种会退化。初春时,洛阳人到寿安山中砍小枝子到城里卖,称小枝子为山篦子。人们在家里把园中土地整成一小块一小块的,栽下去,到秋天才嫁接。精通嫁接的工人,被称作"门园子",有钱人家都要邀请这样的人。姚黄一个接头值到五千钱,秋天时立下契约买定,嫁接好,到春天见到开花才付给工钱。洛阳人特爱惜这种花,不愿意公开其中的技术秘密,有位权贵想买姚黄接头(了解其中秘密),有人于是用开水把接头烫死卖给那位权贵。魏花起初一个接头也要值到五千钱,现在也还值一千钱。

6.3 牡丹的传说

6.3.1 炎帝神农氏与牡丹

牡丹被我们的祖先炎帝神农氏发现,是它生命中无数第一次中的第一。

牡丹属原始被子植物,其原始种群起源于中国,出现在白垩纪,距今至少已有上亿年的历史。在如此漫长的时间里,牡丹一直生活在山野,一年仅开花十数日,花开时虽烂漫繁盛,红火一时,"可是山中无人到,花开花谢总不知",随后就陷入漫长的沉寂之中,任凭风吹雨打,无人问津,也无人怜悯。美丽的牡丹难道就这样在深山中永远沉默下去吗?其实命运难测。在忍受了无边的孤寂之后,终于有那么一天,一个人来到了它的身边,开始关注它,这个人就是我们的祖先炎帝。

炎帝是中华民族的农业之神。《山海经》记载,传说当时有丹雀衔九穗禾飞过炎帝头顶,正好掉落了几颗,炎帝将这几颗稻谷拾起来,在合适的季节种在田中,等禾苗成熟后又将其分给百姓,并教他们耕种的方法,从此人间有了农耕,于是人们称炎帝为神农。

人类远古对于物种的认识大多是因为生存的需要,人们为了改变生吞活杀,茹毛饮血的原始生活,开始尝试了解各种植物,以便为自己所用。但是野生植物许多是有毒的,弄不好会出人命,怎么办?炎帝不仅懂得要知道梨子的滋味就要亲口尝一尝的道理,而且还是一位敢于牺牲自己的好"领导",对于这样危险的事他决定亲自去做,于是他开始遍尝所有的植物。传说,他准备了两个袋子,尝试后好吃的东西放进左边的袋子,不好吃但能治病的东西就放在右边的袋子。《山海经》说,神农氏的肚子是透明的,能看到吃进去的东西在肠胃里的变化。神农氏经常采集野生植物,吃后就观察它们在肚子里的变化,逐渐了解了各种植物的食性与毒性。

据西汉初年的《淮南子》记载:"神农尝百草之滋味,一日而遇七十毒。"有一天,神农氏尝了一种有毒的草,顿时感到口干舌麻,头晕目眩,只好坐下来,靠着一棵大树休息。这时,恰好有一阵风吹来,树上落下几片绿油油的叶子,神农习惯性地捡起来放进嘴里嚼起来。没想到过了一会,头不晕了,舌头也不麻了,原来这是能治病的树叶,后来人们把这种树叶叫作茶,这是炎帝发现茶的记载和传说。但是,炎帝对于百草的尝试和发现绝大多数都无记载。炎帝发现牡丹及其药用,也是因为炎帝尝试了牡丹。炎帝的氏族生存栖息在广大的河洛地区,这里的邙山、锦屏山、万安山、嵩山都有野生牡丹生长。炎帝发现了这奇异的花卉,并加以尝试,从而发现了它的药用价值。

后人把神农氏一生尝百草的经验全部记录了下来,取名《神农本草经》。《神农本草经》共载药物 365 种,详述了其性味、功用和主治。该书将药分为三品,无毒性者称上品,毒性小者称中品,毒性剧烈者称下品。《神农本草经》记载,牡丹具有治疗寒热中风、除瘀血、安五脏的功能,并把它列为中品。

《神农本草经》对牡丹的记述是炎帝尝过牡丹,并了解了它的药性的最有力的证明。如果炎帝没有尝过牡丹,并在氏族中反复地试用,他怎么会知道它的治疗功能呢?牡丹正是因为它的药用价值被炎帝发现才得以进入人类的视野,开始和人类的亲密接触。

炎帝之后,牡丹越来越受到民众的重视和喜爱。到了夏代,牡丹已经由民间进入夏朝宫廷的后苑。《古琴疏》载:"帝相六年,条谷贡桐芍药。帝命羿植桐于云和,命武罗植芍药于后苑。"如果说条谷贡的芍药就是牡丹,那牡丹这时已经成为最初的贡品。帝相也非常重视,令人植于宫城之中。这说明,这时的牡丹已经不是炎帝发现时长在山间无人问津的野花,它和人类已经有了更多的接触,并且有人把它作为一种珍贵的花卉献给帝王。可见,牡丹有文字记载的历史已有 4000 年。

6.3.2　姚黄源出邙山姚家

在牡丹的世界里,姚黄称王,魏紫称后,俨然是一个独立的社会。这使人们产生了强烈的好奇:姚黄、魏紫来自哪里,有着怎样的身世和经历,这给了它们怎样的品格和理念?姚黄和魏紫何以称王称后,它们真是花中的夫妻吗?

关于姚黄的身世和经历,欧阳修在《洛阳牡丹记》中说:"姚黄者,千叶黄花,出于民姚氏家,此花之出,于今未十年,姚氏居白司马坡。"也就是说,姚黄出于邙山上的白司马坡,是由姚家培育的。"白司马坡地属河阳,然花不传河阳,传洛阳。"欧记的《洛阳牡丹记》作于宋天圣九年(1031 年),按此计算,姚黄约出于宋天喜五年(1021 年)。姚黄一出,姚家门前车水马龙,众人争睹,个个称奇,遂进御给皇上。皇上大悦,赞曰:"真乃天下第一也。"姚黄从此被称为花王。

明代李珮所著的《姚黄传》详尽地介绍了姚家的历史。内容如下:"高阳国王讳黄字时重,姓姚氏,舜八十一代孙。先世居诸冯姚墟,舜子商均出娥皇,数传至中央王于汉。至晋,子姓蕃衍,富者贵者馨名上苑名园,五传而黄生。思本娥皇,易皇为黄,重出也。黄为天下正色,祖中央也。黄美丰资,肌体腻润,拔类绝伦,游西京,术者相之,谓其有一万八千年富贵。杨勉见而奇之,曰'此皇王之胄,奇种也'。开元初,荐为先春馆上宾……命李白赋诗美之,所谓'解释春风无限恨,沉香亭北倚栏杆。'盖实录也……娶魏国公紫英,相传魏本丹朱后,名紫者,从朱也。当时有姚黄、魏紫、奕叶重华之谶。"

民间对姚黄也有很多传说,并且赋予姚黄以及它与魏花的关系以神话的色彩。这样的传说很多,我们在这里介绍其中的一个版本。

话说,洛阳附近的牡丹山里住着一个没爹没娘的穷孩子,因为没人养活只好靠打柴为生。由于谁也不知道他的姓名,人们就称他樵童。樵童生在牡丹山,长在牡丹山,从小酷爱牡丹。一年四季在山中砍柴,他什么柴都砍,却从没砍过牡丹。砍过柴的人都知道,牡丹开过花后,木本的枝干就成了一堆干柴,特别是那焦骨牡丹砍下来不用晒,沾火就着,可樵童就是没有砍过一枝牡丹。

不知道从什么时候起山坡上出了个石人,樵童自从打柴以来,上山下山,都要路过石人身边。樵童没爹没娘,见了石人备感亲切,所以,他每天都在石人身边歇息、喝水、啃干粮,还自言自语地和石人说说笑笑,在这寂静的大山里,这个没有亲人的孩子把石人当作了自己唯一的亲人。

一转眼,樵童已经长到了十七八岁。一天,他打完一担柴,担到石人跟前,坐下来歇脚。这时,一位年轻漂亮的姑娘突然从石人背后闪出,飘飘然来到樵童面前。樵童一惊起身要躲,那姑娘却羞答答地说:"我叫花女,孤苦一人,无家可归,愿与樵童结为百年之好。"樵童哪里见过这样的事,一听吃惊不小,连连摇头:"大姐,我是个砍柴的,哪能养活得了你,再说咱萍水相逢,一无媒,二无证,这怎么能行?"花女说:"面前的石人为媒,脚下的牡丹山为证,不行吗?"樵童一听更加吃惊:"石人不会说话,哪能作媒呢?"他话音刚落,谁知石人却开口说道:"老弟,你知道我是谁?我是这牡丹山上的护花仙翁,今天我就给你俩当媒人,你就答应吧!"说着,拿出了一颗明晃晃的珠子,"这是一件宝物,名叫长生珠,拿去可作信物。"樵童又惊又喜,一下蒙了,再看那姑娘穿着虽破烂,长得却是天仙一般,不禁低下头说:"石人哥说话啦,我听……"

他们拜过石人,石人把长生珠交给他说:"这颗宝珠,你每天都要嘬在口中一个时辰。但切记不能咽下去。"樵童觉得奇怪:"石人哥,每天嘬它干啥呀?"石人说:"一百年后再来问我吧!"说罢,再不答话了。

冬去春来,花开花落,一百年过去了。樵童和花女都成了白发苍苍的老人。一天,樵童上山打柴,石人忽然开口对他说:"仙丹已经在你口中百年,我想也快化完了,现在你把仙丹咽进肚子里,咽下去你就什么都明白了,去吧,赶快照我说的去做。"

樵童回家把仙丹填到口中咽了。顷刻,樵童变成了仙童,与花女夫妻二人飘飘荡荡,升上了云天。

原来,花女是牡丹山上的紫花仙子。紫花仙子看着樵童天天上山砍柴,十分辛苦,却从不去砍近在眼前的牡丹作柴,有时还为牡丹浇水培土,心想这是一个多么勤劳善良的人啊!于是,她渐渐爱上了樵童,并想把他变成一个牡丹仙童,两人共度百年。怎样才能把樵童变为仙童呢?她想了一个办法,那就是让樵童吃下她炼的仙丹。于是她带着仙丹找到护花仙翁,让他作媒并把仙丹交给樵童嘬含。她知道仙丹需要百年以上的时间才能把樵童化作仙童,但她宁愿在人间苦等百年,也要超度樵童。

樵童随花女飞去后,从空中飘下一黄一紫两方手帕,落在他们住过的屋门前面,立即化作两棵牡丹。一棵开黄花,一棵开紫花,花朵奇美,国色天香,人们都说他们是樵童和花女的化身。这一黄一紫两株牡丹就是后来的姚黄和魏花。

这个来自民间的传说,把勤劳、善良、忠贞赋予了樵童和紫花仙子。同时,也把"善有善报""有情人终成眷属"等美好愿望交给紫花仙子,让她以神的力量去加以实现。从此,勤劳、善良、忠贞就成为姚黄和魏紫最重要的品格和精神内涵。

6.3.3　魏紫乃魏花后代变异

关于魏花的身世,宋代的欧阳修和周师厚都有记载。周师厚在《洛阳牡丹记》中的记述是:"魏花,千叶肉红花也。本出晋相魏仁溥园中,今流传特盛。然叶最繁密,人有数之者,至七百余叶,面大如盘,中堆集碎叶,突起圆整,如覆钟状,开头可八九寸许,其花端丽,晶彩莹洁,异于众花。洛人谓姚黄为王,魏花为后,诚为善评也。"可见花后就是出于魏府的魏花。

魏花的身世以及它与魏府的关系也有一个传说:

相传,在洛阳南边不远的地方,有一座美丽富饶的万安山。山下住着一位憨厚善良的青年后生,人们叫他姚郎。姚郎只身一人,经常上山砍柴,下山卖柴,过着贫困的日子。

一天,姚郎上山打柴时,发现了一棵半人高的牡丹,因为干旱枝叶枯萎,已经奄奄一息。善良的姚郎立即用竹筒取来山泉,给牡丹浇水。此后,姚郎经常为它浇水施肥,牡丹渐渐恢复了生机。一次浇完水,劳累的姚郎躺在花边歇息,竟睡着了……只见牡丹丛中走出了一位亭亭玉立、面容娇丽的女子。他上前对姚郎施礼道:"小女子叫紫花,大哥常来浇水施肥的牡丹就是我。多谢大哥的救命之恩,容当来日相报……"说完,一转身就在花丛中消失了。

姚郎醒来,方知他浇水的牡丹乃是牡丹仙子。于是他将牡丹挖出抱回家中,栽植在院子里,精心管理。来年春天,牡丹渐渐抽枝长叶,枝端也孕育了一个个花蕾。一天夜里,姚郎被一阵阵的奇香熏醒,只见牡丹绽开了一个个花蕾,开出了鲜艳的花朵……

姚郎家有一棵奇异的牡丹的消息传遍了邻里,人们纷纷前来观看。一天傍晚,姚郎上山砍柴归来,发现牡丹没了。村人告诉他,是城里魏大官人家的家丁听说后,前来挖走了。姚郎一听,焦急万分,丢下柴担,立即连夜跑到魏府去讨要紫花。可是,魏府的家丁把他挡在了门外,他又冲又闯,结果被家丁们打得头破血流,也没进得魏府半步。姚郎奄奄一息却不肯离开……

这魏大官人非同小可,他不是别人,乃是后周宰相魏仁溥。周师厚在《洛阳牡丹记》中说:"本出晋相魏仁溥园中。"其实,魏仁溥在后晋时只是枢密院的一个刀笔小吏,并非宰相,后来成为郭威的心腹。据载,他"教(郭)威盗用留守司印",重写诏书,力助郭威黄袍加身,建立了后周,是为周太祖。郭威临终前嘱咐柴荣"勿使魏仁溥离枢密院",所以柴荣继位为周世宗后升任魏仁溥为枢密院副使。高平之战,在后周军阵溃败的关头,魏仁溥劝世宗出阵死战,击败了北汉之军,为柴荣统一中国奠定了基础。于是,立了大功的魏仁溥升任枢密使,后又晋升宰相兼枢密使。所以,魏仁溥不是晋相,而是后周宰相。

后来,魏府的牡丹也惊动了京城。皇上闻讯后,也前来观赏,因它长在魏府就赐它为"魏花"。

但是,关于魏花还有一种说法。欧阳修在《洛阳牡丹记》中的记载是:"魏花者,千叶肉红,花出自魏相仁溥家。始樵者在寿安山中见之,斫以卖魏氏,魏氏池馆甚大。传者云:此花初出时,人有欲阅者,人税十数钱,乃得登舟渡池至花所,魏氏日收十数缗。其后破亡,鬻其园,今普明寺后林池乃其地,寺僧耕之,以植桑麦。花传至民家甚多,人有数其叶者,云至七百叶。"

按照欧阳修的记载,魏花不是魏府家丁抢去的,而是从砍柴人那里买的。欧阳修说:"春初时,洛人于寿安山中斫小栽子卖城中,谓之山笆子。"这说明,那时牡丹已经进入了商品市场,可以拿来卖钱了。而且,当时洛阳四周的山上都长有牡丹,其时牡丹又盛行,所以砍柴人经常上山寻找好看的牡丹,把它拿来卖钱。魏府的魏花是抢的还是在市场上买的,我们不必认真,魏府抢了姚郎的牡丹只是民间的一种说法,这个传说融入了民众对豪强的仇视和反抗。

且说魏家在洛阳有一处很大的私家园林,位于邙山脚下的魏坡村,这里有山有水,人称魏家池馆,是当时洛阳的名园。这魏仁溥虽然一生为官,却十分喜爱牡丹,甚至到了痴迷的程度,只要听说哪里有好牡丹,就要去买。他的园里已经栽植了不少名贵的牡丹,但他仍不满足。一天,一个砍柴人从寿安山中挖回了一株肉红色牡丹,花瓣繁多,亮丽耀眼,正在街上叫卖,被在此经过的魏仁溥发现,他立刻上前观赏,暗暗称奇,不惜以重金买回,栽在园里,加以精心培育,很快就轰动了洛阳,就连皇上也前来观赏,并赐予了"魏花"的称号。

魏花一火,人们争相观赏,皆欲一睹为快。面对蜂拥的人群,魏大官人意识到魏花的观赏价值可以拿来赚钱。魏府规定谁要入园观赏魏花,每人需交"十数钱",然后才能登舟坐船来到池馆观看,魏府卖门票,一日可收十数缗。

当时,牡丹已经进入商品市场,嫁接这一人工繁育技术也进入了市场,但"赏花"却未成为商品,此前没有任何文字记载过卖门票的事。不仅中国,就连西方这时也未出现"门票"这个新生事物。

这就是魏花成为花后的经历。既然,欧阳修、周师厚在文字中都记载魏花是花后,后来人们为什么又称花后为魏紫呢?

多年来,人们都称姚黄为花王,魏紫为花后,其实严格来说是错的,花后应是魏花,那为什么会出现这样的错误呢?

魏花为后时,尚无魏紫。周师厚在《洛阳牡丹记》中"魏花"条目下即写有:"近年又有胜魏、都胜二品出焉。胜魏似魏花而微深,都胜似魏花而差大,叶微带紫红色。意其种皆魏花之所变歟?岂寓于红花本者,其子变为胜魏;寓于紫花本者其子变为都胜耶?"这就告诉我们,在魏花之后又出现了胜魏和都胜两个品种,它们都是魏花的后代且发生了变异。

魏花传入民间,也传到各地。上面谈到的"寓于紫花本者其变为都胜"的都胜传入曹州后,渐被命名为魏紫。《曹州牡丹谱》对魏紫有清楚的记载:"魏紫紫胎……花紫红。"而且特别指明,它"乃周记(周师厚《洛阳牡丹记》简称)所载'都胜'……盖钱思公称为花之后者,千叶肉红,略有粉稍,则魏花非紫花也。"就是说,魏紫就是魏花变异出的两个品种之一"都胜",而非魏花,而花后之称始自钱思公。

关于魏紫名称的由来,在宋代牡丹谱录中,包括欧阳修的《洛阳牡丹记》在内,均未提及,一直到清代余鹏年《曹州牡丹谱》才出现魏紫,并明确魏紫不是魏花。但在宋诗中是欧阳修最早提出魏紫,他在景祐五年的《县舍不种花……》中即有"魏紫姚黄照眼明"之句。以后姚魏也常在诗中作为洛阳牡丹的代名词出现,而且还有魏花、魏家红、魏红的称呼。可见魏紫与魏花显然不是一回事。魏花还有吗?目前,在洛阳王城公园牡丹阁西侧的花坛之中,有一株花被标以"洛阳魏花"。花初开时,偏紫红;随着花朵的开放紫色渐变为肉红色。该花花期长,花径约 18 厘米,皇冠型,与周师厚所记魏花特征无二。由此可见,魏紫就是"都胜",它是魏花变异的后代。

6.3.4 李白——醉卧花丛咏牡丹

唐玄宗年间,李白与唐玄宗、杨贵妃在长安兴庆池沉香亭前演绎的"醉咏牡丹"的故事,是一个令人津津乐道的赏花经典。这个故事虽然传递了 1200 多年,但至今人们说起它来,仍然雅兴不减,意趣盎然。李白这番"吟花弄月"最初博得了唐玄宗和杨贵妃的欢心,最终却又导致他退出仕途,离开了长安。

当年唐玄宗给了李白很高的礼遇。史书记载,唐玄宗"降辇步迎,如见园绮",就是说坐在辇上的唐玄宗看见李白时如见到园中美景,欣喜异常,立即从辇上走下来,迎上前去,两人携手并坐在七宝床上。然后,玄宗又亲自"御手调羹,让李白喝汤",这样的礼遇不能说不高。

这次,玄宗封李白为"翰林供奉"。这个"翰林供奉"就是一个在宫廷里为皇上献诗作赋的官。29岁时,李白曾来长安求官未得,如今李白已经四十有二,才混了这个官职,虽不尽意,却也是在皇上身边,又得皇上如此礼遇,李白也就作起了这个"翰林供奉"。

李白醉卧花丛咏牡丹的故事就发生在这个时候。

前面说过,开元中的某一日,兴庆池沉香亭边上数本红紫通白牡丹盛开,唐玄宗带领杨玉环等嫔妃和李龟年的宫廷乐队,一起来到沉香亭赏花。到了沉香亭唐玄宗雅兴大发立即传旨奏乐,于是李龟年指挥乐工奏乐助兴。可是玄宗听着这些旧词老调,渐渐感到索然寡味,了无兴致,怎么办呢?玄宗突然想起了那位"翰林供奉"李白,李白是一个善作歌词、颇有新意的诗人,何不叫李白前来填写歌词,以助其兴呢?于是玄宗向李龟年下旨:"速召翰林学士李白进宫为朕填词"。

李龟年带人匆匆来到翰林院,却不见李白,人们说李白去喝酒了。想起"李白斗酒诗百篇,长安市上酒家眠",李龟年就到街上酒肆中寻找。长安酒肆很多,李白究竟在哪里喝酒呢?李龟年正在作难之时,忽听一家酒楼上,有人正在狂歌:"三杯通大道,一斗合自然。但得酒中趣,莫为醒者传。"这不是李白吗?兴奋的李龟年赶紧跑上楼去,心想终于找到李白了,不然如何向皇上交代。可是一看却傻了眼,原来李白已经喝得酩酊大醉,正在醉吟狂歌。李龟年只好上前大声宣诏:"奉旨宣李学士速至沉香亭见驾。"醉意朦胧的李白听旨后仍未从酩酊中醒来,只含糊地说了一句:"我醉欲眠卿且去",就又呼呼睡去。李龟年无奈,只好让人把李白搀下酒楼,扶上马背,抬进了沉香亭,这时的李白已经醉成了一摊烂泥。

唐玄宗见李白烂醉如此,却见怪不怪,并未降罪于他,因为他知道李白醉后必有好诗。唐玄宗命人在沉香亭铺上毯子让李白休息,又亲自为他抹去嘴角的涎水,杨贵妃也命人端来冷水,为李白搽脸醒酒,经过这一番忙活之后,李白才慢慢睁开眼睛。唐玄宗见李白已醒,笑着说:"朕召你前来并无别事,是要你为这满园的牡丹写些新词,为朕一助雅兴,谁知卿竟酒醉如此。"李白忙答:"我醉无妨,就请皇上命题。"

唐玄宗说,就以牡丹为题,填写《清平调》如何?李白一边说:"好,好",一边却端起了一杯御酒,一饮而尽。然后略加思索,于醉眼朦胧中抓起笔来,即刻吟出了一首《清平调》,云:

云想衣裳花想容,春风拂槛露华浓。若非群玉山头见,会向瑶台月下逢。

唐玄宗接过一看,知道这是以花喻人,赞美杨贵妃的诗,很是高兴。细读起来,顿觉此诗"风流旖旎,绝世丰神",华美无比。在李白的笔下,美丽的牡丹与杨贵妃交织在一起,花即人,人亦即花。你看见天上飘动的彩云,就想起了杨贵妃的霓裳羽衣,你看见艳丽的牡丹,就想起了杨贵妃娇媚的容颜。春风吹拂着挂着露珠的牡丹,花的色彩愈加浓艳。这哪里是花,分明是天宫瑶台里的仙女下了凡,变成了牡丹,变成了杨玉环。杨玉环听李白在赞美自己,心里非常高兴。

唐玄宗正啧啧称奇之时,李白说:"臣还有诗,请皇上赐酒。"玄宗说:"再饮还能赋诗否?"

李白说:"臣向来是,酒渴思吞海,诗狂欲上天。只有喝醉了酒才能写出好诗。"玄宗听了哈哈大笑,忙又赐酒给李白。李白一饮而尽,随即又吟出:

一枝红艳露凝香,巫山云雨枉断肠。借问汉宫谁得似,可怜飞燕倚新妆。

唐玄宗一看,这一曲清平调又赞美杨贵妃的美丽超过了巫山神女,就连汉代最著名的美人赵飞燕也只有穿上新妆才敢与她媲美。杨玉环知道赵飞燕是何许人,李白竟说这样的大美人也只有穿上新妆才能和自己相比,心里乐得像开了一朵花。可是,站在一旁的高力士却皱起了眉头。

李白写完了第二首,又向玄宗讨酒,玄宗知他还有好诗,又命赐酒。于是,李白又吟出了第三首:

名花倾国两相欢,常得君王带笑看。解释春风无限恨,沉香亭北倚栏干。

唐玄宗看了李白的三首清平调欣喜异常,他命李龟年立即谱曲吟唱,自己亲自指挥乐班演奏,杨贵妃则长袖起舞,沉香亭立即仙乐飘飘,仿佛人间仙境。

就在人们欢歌狂舞,意兴阑珊之时,高力士来到杨贵妃身边,悄声说:"贵妃明鉴,李白的清平调那里是在赞美你? 他是把您比作了汉代的赵飞燕,谁不知道赵飞燕淫乱宫闱,与燕赤凤私通被汉成帝杀死的事,李白真是居心叵测,您不能不防。"原来,高力士见李白受宠,心中忌嫉,于是向杨贵妃进了谗言,杨贵妃从此记恨李白,杨国忠也想向李白问罪。

可见,牡丹与政治的关联是多么密切,美丽的花儿与美丽的女人一样,很容易和政治捆在一起。武则天登上帝位,想以牡丹镇服群臣,而大唐的旧臣则编造了一个真真假假的"武则天贬牡丹"的故事,攻讦武则天。牡丹从走进帝王的宫苑起,时而被作为工具,时而被作为媒介,时而被赤裸裸地拿来说事,总是与政治摆脱不了干系。如今,李白以牡丹喻杨贵妃,醉吟《清平调三首》,欲讨唐玄宗的欢喜,却被高力士抓住了莫须有的辫子加以利用,牡丹又被无端地扯了进来,陷于尴尬的境地。不知美丽到底是一种幸运,还是一种罪过?

李白后来知道了这件事,但李白是何等人"安能摧眉折腰事权贵",还未等他们前来问罪,李白却抓住了一个机会,向高力士回以颜色。

天宝三年(743年)夏,一番邦遣使来唐递交了一封国书,但满朝文武无人能识此番文。玄宗听说李白能识,即派人满城去找,终于把正在喝酒的李白找回。

李白回宫一看番文,说:"这有何难。"玄宗大喜,让李白立刻译出。李白却说:"臣刚在外面喝了酒,心中焦躁,快让高力士为我脱靴。"高力士不得不为李白脱靴。李白翻译了番书,对玄宗说:"番书说,咱们大唐占了高丽,又逼近他们,他们要大唐退出他们的城池,不然就要起兵攻唐。"玄宗问:"那该如何?"李白说:"我可起草答番书,以平此事。"

玄宗命李白起草答番书,李白说:"请国舅杨国忠为我研墨。"玄宗立即命杨国忠研墨,杨国忠百般不愿,但不能不研。李白写了几个字,又说背上痒痒,让高力士为他搔痒,高力士羞愧难当,但也不得不为。次日,李白用这份义正词严、气势夺人的答番书打发了番使。后人诗赞:"干戈不动远人服,一纸胜于十万师。"这次,李白既解了气,又好不风光了一回,可却更加得罪了杨国忠、高力士这伙人。

李白沉香亭畔醉咏牡丹好不风光,成了千古美谈。从此"醉倚香亭北""沉香亭子勾栏畔""半如醋酒成狂"等词句,作为典故不断走进赏花的辞章。

6.3.5 小说《葛巾》奇幻诡异

牡丹文学除了众多的诗词和民间文学以外,尚有小说、散文、戏曲等。牡丹小说中比较著名的有明代冯梦龙的《灌园叟晚逢仙女》,清代蒲松龄的《香玉》《葛巾》等。《葛巾》是一部经典的牡丹小说,讲了一个洛阳人常大用与曹州牡丹仙女葛巾的爱情故事。

蒲松龄,字留仙,一字剑臣,别号柳泉居士,山东淄川人。他累代书香,只是蒲松龄出生在清初大乱之时,家道中落,生活艰难。蒲松龄一生勤奋好学,但却屡试不第,只好在乡间作塾师以艰难度日。于是,他将满腔的郁闷寄托在《聊斋志异》这部长篇巨著之中。

清代康熙年间,在山东淄川(今为淄博)蒲家庄村口的一株高大的老树下,出现了一个茶摊,简陋的茶桌上摆了一个粗茶缸和几只粗瓷大碗,让人纳闷的是旁边还搁着笔墨纸砚、文房四宝。摆茶摊的是一位三十多岁着粗布衫的清瘦汉子。人们不解,茶摊上为何摆着文房四宝,这岂不是不伦不类?卖茶汉又不像个粗人,这又是为何?原来,这个汉子就是蒲松龄,这个茶摊并不是全为讨生计,而是在为《聊斋志异》搜集天下故事。

《聊斋志异》中的故事来源非常广泛,神怪鬼异,无奇不有,许多都出自民间传说。为了搜集四方传闻轶事,蒲松龄就在路边设了这个大碗茶摊,让人们在这里歇脚聊天,饮茶乘凉,边喝茶边神聊,这时一些奇闻轶事就跑出来了。蒲松龄还立了一个规矩,哪位行人说出一个故事,茶钱分文不取。这虽然算不了什么奖励,却引出了许多故事。

《葛巾》就是蒲松龄在茶摊上听来的。一天,一位来自曹州的牡丹花客途经茶摊,由于天热口渴,就坐下来喝口茶。蒲松龄和正在饮茶的人听说他来自曹州又是种牡丹的,就来了兴致,请他讲讲曹州牡丹。原来,唐宋时期,洛阳牡丹甲天下,明代以后就传向了安徽亳州和山东曹州。清代时,曹州牡丹已名闻天下,盛极一时。蒲松龄为他端上了一碗新冲的茶,这位曹州的花客也就侃侃谈起了曹州牡丹的奇闻轶事。他说,有一个洛阳青年,听说曹州牡丹比洛阳牡丹更美,心中向往,就借机来到曹州,住在一位达官贵人的花园里,等待牡丹花开,却不期与一位艳丽女郎相遇,于是顺理成章地发生了一段美丽动人的爱情。蒲松龄被这个故事感动,从而演绎出了小说《葛巾》。这部小说叙述了以下这个委婉的爱情故事:

洛阳人常大用,癖好牡丹,他听说曹州牡丹甲于齐鲁非常向往,就借机来到曹州,住在达官贵人徐家的花园里。当时正是二月牡丹未开,他只好徘徊在园中等待。为了排遣时光,他作了许多牡丹诗,没几天牡丹开始含苞。

一天凌晨,他想看看花苞是否绽放,又来到园里,却看见一老妪和一位艳丽女郎,两人对视,相顾失惊。老妪怒斥大用,然后与女郎离去。这个常大用也真痴情,匆匆的邂逅和偶然的一瞥,艳丽女郎的影子却深深印在了心里。从此,大用日日思念,大病不起,憔悴欲死。深夜,老妪持瓯而入,曰:"我家葛巾娘子,亲作鸩汤,令你速死。"大用大惊,但饮后益觉清爽,大病遂愈。翌夜,葛巾前来告诉大用:"深夜可用花梯越墙,四面红窗即是我的居室。"是夜,大用缘梯逾墙,果然看见了红窗,但室内有下棋之声。近窗窥之,见一素衣女子(玉板)正与女郎下棋,只得返回。往复了三次,天已渐亮。第二天晚上,大用又逾墙而过,见红窗里只有女郎一人独坐,遂进入室内,与美人相抱。正在此时,那位素衣女子说笑向屋内走来,大用只好藏在床下。原来,这素衣女子是来找女郎去下棋的,美人以困惰拒之,素衣女子却不依,硬将女郎拉走,常大用无奈只好再次返回,在思念中苦苦等待。也合该他交了桃花运,又等了一天,美女终于只身来到大用的住舍相会。

就这样,常大用经过了无数磨难,终于与葛巾结为连理,一起回到洛阳。不久,又由葛巾做媒,把她的妹妹玉板许给了大用的弟弟。兄弟二人皆娶妻生子,过上了幸福的生活。

按说,生活如此美满,常大用可以没事偷着乐了。但常大用乐中有忧,因为他心中始终有一个疑团,那就是妻子的来历。葛巾曾告诉他:自己姓魏,母亲是曹国夫人。常大用却想:曹州并无魏姓世家,而且如果妻子真是大户人家的闺女,她怎么能悄悄跟自己私奔?常大用这个书生越想越加疑惑。于是,便偷偷前往曹州暗防。他先拜访了曾经借住过的徐家,偶见徐家壁上挂着一幅《赠曹国夫人》的诗作,便问主人曹国夫人是谁。主人将他领到后花园,指着一棵高大的紫牡丹说:"这便是'曹国夫人',因其花艳丽无双,为曹州第一,人们便给它起了这个绰号。"常大用听后十分惊愕,他断定妻子定是一个花妖。

常大用回到洛阳家中,当着葛巾的面,装作无意地把《赠曹国夫人》的诗吟诵了一遍,葛巾即闻之变色。又呼出玉板抱儿而至,对常大用说:"三年前,感君之思念,遂以身相许,今即见疑,怎能再生活在一起!"葛巾说完,与玉板一起举起儿子掷于地上,两人飘逸而去。常大用悔之不迭,只能望空兴叹。几天后,堕儿处生出二株牡丹,当年开花,一紫一白。紫者人们称为葛巾紫,花圆正而富丽;白者人们称为玉板白,单叶白花,叶细长如拍板。于是,洛阳牡丹又增添了两个奇异的品种。

6.4 牡丹的书法绘画邮票等

6.4.1 牡丹的书法

书法是文字的艺术表现形式,牡丹书法虽然不像牡丹绘画那样有着独立的体系和专门的分支,但也有着较为悠久的历史和不少传世的珍品佳作。

广袤浩繁的牡丹诗文歌赋为牡丹书法奠定了坚实根基,牡丹从野生到栽培,从药用到观赏,既是牡丹进化的生物之旅,也是牡丹文化的发展之旅。这其中的诗文歌赋,可谓数不胜数。因此,自隋唐开始,便有了以诗词歌赋为内容的牡丹书法艺术。

在所有的牡丹书法艺术品中,最为珍贵的当数宋徽宗赵佶留下的墨宝《牡丹诗帖》,宋徽宗在书法方面的才能是特别高超的,不管是行书、楷书还是草书,他创作出来的作品都有一定的造诣,尤其是他自己所创的瘦金体,更是让后世不断去临摹。

《牡丹诗帖》这幅作品就是宋徽宗用瘦金体写出来的,他的前半部分内容是对牡丹的介绍,采用的并不是诗词,只是当时的记叙形式。这个介绍的大致内容是:牡丹花的枝干是一样的,但是开出来的花却是两种,一般是红色,但红的程度不一样,所以人们根据牡丹不同的红,把它分为叠罗红和胜云红两种,都是尊贵花草的象征。

祝允明应友人所请写了《牡丹赋》,此文运用了行草的写法,字体清秀有光泽,高雅不浅俗,洒脱自然,神采飘逸,是祝允明 65 岁时所作。现在收藏于故宫博物院。

祝允明,字希哲,明代书法家,他的仕途坎坷,擅长诗文,尤善书法,其中狂草和楷书最为有成就。狂草,提笔、按笔、转笔之间的相互交换使用,行距之间比较紧凑,气势豪放,潇洒自如。楷书写得比较严谨,有着古典风味的气息。

6.4.2 牡丹与书法、绘画

牡丹,国色天香,花中之王。她雍容华贵,美艳绝伦,一直被中国人视为富贵、吉祥、幸福、繁荣的象征。牡丹是历代艺术家描绘的重要题材之一。在绘画上,最早的记载是东晋人顾恺之,其画《洛神赋图》中有牡丹。此后,唐代边鸾画牡丹、五代徐熙画《牡丹图》、明代徐渭用泼墨法画牡丹、清代恽寿平画牡丹,这些作品,或润秀清雅,或泼辣豪放,都是中国艺术宝库的奇葩。到了近代,著名画家王雪涛曾画了大量的牡丹画,神态各异,生机勃勃。绘画大师齐白石画的牡丹画,用笔简练,常是寥寥数笔,却生机盎然。

6.4.3 牡丹与邮票

1894 年,为纪念慈禧 60 岁大寿,清王朝发行了我国第一套纪念邮票,并于 1897 年再版。纪念邮票共有 9 枚,其中 3 枚有牡丹图案。

1964 年 8 月 5 日,邮电部发行了《牡丹》邮票一套,共 15 枚,同时还发行小型张一枚,这是名花票中的第一枚小型张。其中囊括了盛丹炉、昆山夜光、葛巾紫、赵粉、姚黄、二乔、冰罩红石、墨撒金、朱砂垒、蓝田玉、御衣黄、胡红、豆绿、魏紫、醉仙桃及小型张中的状元红、大金粉共 17 个品种的名贵牡丹。由著名花鸟画家田世光作画,以工笔画手法,用双勾重彩描绘盛开的牡丹,表现出了牡丹雍容华贵的风范,1980 年被评为"建国三十年最佳邮票"。

《花卉》邮票第一枚中有一朵牡丹花,邮票采用装饰画风格,构图简洁,票型小巧,用色素雅。这套邮票的票幅仅为 18 毫米×20 毫米,是植物题材邮票中票幅最小的一套邮票。

2004 年 7 月 31 日,国家邮政局发行的《花开富贵》"祝福"系列个性化服务专用邮票也选用牡丹花为图案,非常符合我国人民的心理需要,达到了祝福的目的。在我国发行的其他邮票中也经常会出现牡丹花。

2005 年 4 月 6 日,山东省集邮公司推出了《中国菏泽》牡丹邮票珍藏册。这套由山东省集邮公司精心策划和设计的珍藏册,封面牡丹图使用压凸、局部 UV 等工艺,内附国家集邮总公司审批印制的 8 枚菏泽牡丹邮票和众多名贵花卉邮票、型张。同时汇集了众多的名贵牡丹图画、诗词,集中介绍了地处苏、鲁、豫、皖四省交界处的菏泽的区位优势、投资环境和基础设施,集中体现了牡丹之乡、武术之乡、戏曲之乡、书画之乡菏泽的历史文化和风土人情。

2005 年 9 月 28 日,《洛神赋图》邮票在洛阳举行首发式,值得关注的是,《洛神赋图》邮票采用了我国最早的名画,即顾恺之的《洛神赋图》作蓝本,这幅名画中出现了牡丹花。

2006 年 4 月 10 日,洛阳中国国花园因第 24 届洛阳牡丹花会的开幕式和《千枚牡丹》个性化邮票的首发仪式成了欢乐的海洋。《千枚牡丹》个性化邮票采用 12 枚版式,即每版发行 12 种牡丹,发行 16 版 192 枚,另有小本票 8 枚,共 200 枚。特别是"花中之王"小本票,更是该套邮票的经典之作。它精选了 8 种极品牡丹,彰显了牡丹为"花中之王"的风采与魅力。《千枚牡丹》个性化邮票由中国邮票首席设计家、国家邮票印制局主任设计师王虎鸣担纲设计。全套邮票总计 1000 枚,分 5 年连续发行,逐年选取最新牡丹品种纳入方寸,首创了个性化邮票分组发行模式。

2006 年 10 月 19 日,《黛眉山世界地质公园》个性化邮票在河南省新安县首发,该邮票是《魅力新安》个性化邮票珍藏册中的一版,主题为"旅游",主图是由口衔如意的凤凰和牡丹花构成的"吉祥如意"图,副图为新安各色美景。

6.4.4 牡丹与服饰图案

牡丹图案作为装饰语言,具有浓郁的民族气息。这些图案包含有不同的象征和隐喻意义,为人们常用和喜爱,而且已约定俗成,世代相传,变成了民心民意。如缠枝纹牡丹组图,传统吉祥纹样,又名"万寿藤",因结构连绵不断,表示"生生不息"之意;凤凰与牡丹组图,凤凰是"百鸟之王",牡丹是"百花之王",寓意天下太平,繁荣昌盛;牡丹与梅花、海棠组图,这三种花又称"春花三杰",寓意物华天宝,人杰地灵;牡丹与枸橼组图,"橼"与"缘"同音双关,牡丹盛开,枸橼结子,寓意姻缘美满,夫贵妻荣;牡丹与公鸡组图"公"与"功"同音双关,鸡鸣报晓,"鸣"与"名"同音双关,寓意功名利禄全有;牡丹与玉兰花、海棠组图,因玉兰花和海棠简称"玉棠",与"玉堂"同音双关,寓意荣华富贵满堂;牡丹与竹组图,因中国农历新年以竹竿除邪恶保平安,寓意富贵平安;牡丹与月季组图,由于月季又名长春花,寓意富贵长春;牡丹与蔓草结合,蔓草为中国古人心中的吉祥草,"蔓"与"万"谐音双关,寓富贵万代;牡丹与芙蓉花组图,"芙"同"富""蓉"同"荣",寓意福禄双全,荣华富贵;牡丹与白头翁组图,白头翁为长寿鸟,寓意夫妻白头偕老,富贵长命。

中国是世界上有名的衣冠王国、礼仪之邦。清朝龙袍袍身图案中经常出现祥云、牡丹、梅花等纹样,寓意富贵吉祥。历代戏剧的服装里多有牡丹,象征美丽、端庄。我国民间服饰和被面也绣印牡丹的花样。

牡丹也是瓷器图案装饰制作的重要题材。8世纪,原来叫"拓跋"的党项部落,被大唐王朝赐姓为"李",成为名义上的皇族,并获得银、夏、绥、有和近五州为领地,就是今天的陕北绥德及米脂等地。此后,一个以夏州为中心的地方割据势力逐步形成,至北宋时建立了西夏政权,建都兴庆(宁夏银川)。与汉族文化的密切接触,使党项人学会了耕种、冶炼和制作瓷器,而牡丹和海棠花是西夏瓷器中最常见的花纹。

宋代有"牡丹梅花瓶",元代有"青花缠枝牡丹纹罐",明代有"牡丹双鹤盘",清代有"雄鸡牡丹瓶"、"青花牡丹孔雀盘"、"青花牡丹凤凰盘"、"青龙牡丹唐草盘"、"剔红牡丹孔雀盘"等。各地保存有牡丹图案的瓷器。北京有"剔红双楷牡丹山石纹盆"、"剔红牡丹瓷盖碗",青海有"影青刻龙凤牡丹纹瓷罐"、"剔花牡丹纹瓷罐",洛阳有"唐三彩凤嘴牡丹尊"、"唐三彩牡丹枕"等。

6.5　牡丹的饮食文化

6.5.1　牡丹与茶酒

1. 牡丹花茶

牡丹花适合单泡,也适宜搭配绿茶。

(1)牡丹花茶

冲泡方法:取牡丹花3g、白糖或蜂蜜适量,沸水冲泡,焖泡5min即可饮用;适宜搭配玫瑰花、绿茶等饮用。

(2)牡丹薄荷绿茶

材料:牡丹花5朵、薄荷叶4片、冰糖或蜂蜜适量、勿忘我8朵、绿茶5g。

冲泡方法:将牡丹花、勿忘我用水清洗干净备用;将原料与绿茶混合,放于花草壶中,用95℃左右的水冲入,浸泡5min;待茶汤温热后,调入适量的蜂蜜或冰糖即可。

6.5.2　牡丹与膳食

牡丹是我国特产名花,在我国的栽培已有1500多年的历史,其种类繁多,花色丰富,花姿美,花大色艳,高贵典雅,素有"国色天香""花中之王"的美誉。自古以来,我国人民把它作为幸福、美好、繁荣昌盛的象征。随着科学技术的发展,牡丹花开随人意,一年四季都有花。

牡丹除作欣赏之外,还有较高的食用和药用价值。我国食用牡丹花的历史悠久。据史料介绍,从我国宋代就开始了。到了明清时期,人们已经有了较为完美的原料配方和制作方法。据清《养小录》记载:"牡丹花瓣,汤焯可,蜜浸可,肉汁烩亦可。"其意是:无论滑炒、勾芡,还是清炖,牡丹花那浓郁的香气终不改变。菜谱中就有牡丹花银耳汤、牡丹花溜鱼片、牡丹花里脊丝和牡丹花瓣酒。这些以牡丹花为主的菜肴,不仅味美清爽细嫩,而且都有食疗的作用。

(1)牡丹银耳汤

牡丹花 2 朵,银耳 30 克,清汤,精盐、味精、料酒、白胡椒面各适量。先将白牡丹花瓣洗净;把银耳放入盆内用开水浸泡膨胀,择洗干净控干备用。将清汤倒入净锅内,加入精盐、料酒、味精、白胡椒面,烧沸撇去浮沫。然后把银耳放入碗内,倒入调好的清汤,上笼蒸至银耳发软入味时,取出撒上鲜白牡丹花瓣即可。

(2)牡丹花粥

牡丹花 20g(干品 6g),粳米 50g,红糖适量。将牡丹花脱下花瓣,漂洗干净;粳米淘洗干净。取锅放入清水、牡丹花,煮沸约 10 分钟,滤去花瓣,加入粳米,煮至粥成,再加入红糖调味后食用。

(3)牡丹酱

采集新鲜牡丹花瓣后,首先分拣花瓣,挑选去除花瓣中的花托、花蕊、花粉等,挑出花瓣中的腐烂或萎凋花瓣;将花瓣称重后,放入锅内进行翻搅数次,捞出花瓣至另一锅中,进行漂洗,干净后,进行脱水;将漂洗干净的花瓣加入搅拌机器中,加入白砂糖和食盐、脱氢醋酸钠、白酒;将混合均匀的酱料,盛放在容器内,加盖密封;研制 15 天后,上加白砂糖覆盖,防止花瓣裸露;3 个月后可以食用。通过此法制作出的牡丹花酱,口感味美,营养丰富,成本低。此牡丹酱可直接佐餐食用,亦可加入糕点中作为馅料,制成美味可口的牡丹糕点。

(4)牡丹糕点

牡丹花瓣(干品 75g 或鲜品 300g),牡丹叶子汁(可食用)100g,牡丹酒 53g,拌和面粉(标粉或精粉)10kg,适量泉水(自来水)搅拌后,醒面加入奶油 300g、白砂糖(糖尿病患者不加糖)、果仁 500g、果脯 500g、红绿丝 300g、食用调和油 500g,在搅拌机的搅拌桶中均匀搅拌至软硬适度。用模具制作好样式,表面涂抹适量食用调和油放入可调温的烤箱中,上火温度调至 130～150℃,下火温度调至 150～10℃,烘烤 35～40mm,即制成牡丹糕点。

6.6　牡丹旅游、经济和市花文化

6.6.1　牡丹与旅游

改革开放后,在牡丹的主要栽培地区都举办了不同规模、形式多样的花会(节)活动,将牡丹观赏和当地的旅游资源有机整合,构筑了每年春季牡丹花会(节)的旅游产业,形成了我国"五一"前后全国性的牡丹旅游热,给当地带来了巨大的社会效益和经济效益。反过来,花会旅游业又有力地带动和刺激了牡丹产业的快速发展。

1. 河南省

洛阳市"以花为媒,广交朋友,花会搭台,经贸唱戏"的办会宗旨,已使牡丹花扮演了洛阳

"外交大使"、"城市名片"的大角色。从 1983 年起,洛阳市每年举办牡丹花会,至 2020 年已成功举办 37 届,共吸引 6000 万海内外人士到洛阳观光旅游、洽谈投资。各类经贸洽谈和技术协作项目资金累计成交总额达 1220 亿元,实际利用外资 21.6 亿美元。25 年来,洛阳人以牡丹为名片,以花会为平台,招商引资,发展旅游,不仅促进了经济的全面发展,也把"洛阳牡丹花会"的金字招牌擦拭得越来越亮。特别是近几年,洛阳市采取增加牡丹种植面积、延长牡丹花期、延长牡丹花会举办时间等措施,更加凸显了花会的品牌效应,洛阳牡丹花会的形势一年比一年火,人气一年比一年旺,已经形成了独特的"洛阳牡丹花会现象",不仅使其成为全国四大旅游节会活动之一,也使其成为洛阳市最富吸引力的旅游品牌之一。牡丹花会为洛阳市的城市建设和经济发展做出了巨大贡献,经贸发展又促进了牡丹产业的兴盛。至 2006 年底,洛阳牡丹品种已达 1100 多个,观赏牡丹面积 4000 余亩,商品牡丹面积 2 万余亩。

从 2006 年第 24 届河南省洛阳牡丹花会起,会期延长与"五一黄金周"连为一体,形成"黄金旅游月",花会期间共签订各类对外经济技术合作合同、项目 214 个,投资总额 352.7 亿元,其中,外资项目 28 个,投资总额 5.6 亿美元。花会期间,全市共接待境内外旅游者 938.82 万人次,旅游总收入 36.8 亿元。花会拉动了相关产业市场。市主要旅游景区共接待游客 754 万人次,接待自驾车游客 103 万人次,旅行社团队 1.07 万个 36.61 万人次,商务客人 77 万人次。游客在洛停留时间,由以往的 1.5 天延长到 2.5 天,旅游创汇 1600 万美元。花会期间,洛阳市丹尼斯百货、大张量贩、洛百大楼、王府井百货、润峰广场、金鑫珠宝城营业额累计 1.1 亿元。真不同饭店、洛阳酒家、雅香楼酒店、凯旋门大酒店营业额累计 1081 万元,铁路、公路、民航共发送 19.82 万(班)(车)次,运送旅客 633 万人次,客运总收入达 6814.37 万元。网通、移动、联通、电信 4 家电信企业收入达 1.73 亿元。其他相关行业收入均比平时增长 20% 以上。各项指标,都有不同程度的攀升。

2. 重庆市

重庆垫江牡丹花节始于 2000 年,该县以药用兼观赏牡丹品种"太平红"为主,结合县内特有的 2 万亩牡丹资源,开发出太平湖牡丹精品园、白灵山牡丹园、恺之峰牡丹精品园、楠竹山森林公园和金山原始丛林风景区,至今已圆满举办 20 届"垫江县牡丹节"。每逢仲春时节,牡丹花迎风绽放,明月山麓清香沁人。为一睹国花芳容,四川、湖南、湖北、云南、贵州和河南等地甚至国外的"花客"纷至沓来。更可喜的是,牡丹产业链条不断拉长,开发了牡丹系列深加工产品,吃农家菜、干农家活的田园农家乐餐饮娱乐业,年创产值数千万元。牡丹作为退耕还林后续产业,实行林、药、花、果间作,使林区农民年人均纯收入显著增长。牡丹产业的兴起,不仅解决了该县农村剩余劳动力就业问题,还带动了一方经济。更重要的是,以牡丹为媒,搭建了对外开放平台,扩大了对外影响力,促进了对外交流与合作,引进了资金和技术,招商引资成效明显。如成功签约了玻璃生产基地、林产品综合加工、绿色中药材基地、石材机械化开采等项目,协议引资 2.3 亿元,为全县经济的发展注入了新的活力。

其他规模较大的牡丹花会(节、展)有:四川彭州牡丹花会、甘肃临夏牡丹花会、甘肃榆中和平牡丹花会、太原市人民公园牡丹节、安徽铜陵牡丹花会、陕西延安万花山牡丹花会、河北柏乡县牡丹节、江苏盐城枯枝牡丹花会、云南武定狮子山牡丹花会等。另外,还有北京中山公园、杭州花港观鱼牡丹园、上海植物园等每年都举办牡丹花展。

6.6.2 以牡丹为省(州)花和市花的地区

1. 以牡丹为省花的地区

山东省以牡丹为省花。山东菏泽是全世界面积最大、品种最多的牡丹生产基地、科研基地、出口基地和观赏基地,山东菏泽古称曹州,素有"雄峙烈郡""一大都会"之誉。这里物华天宝,人杰地灵,史不绝书,曹州牡丹种植已有数百年历史。自明开始,种植中心移至曹州。发展至今,菏泽已有上百个品种,数千亩牡丹田,每年谷雨前后,曹州牡丹连阡接陌,艳若蒸霞,蔚为壮观,堪称中华之最。

2. 以牡丹为市花的地区

选牡丹作为市花的城市有河南洛阳、山东菏泽、四川彭州、安徽铜陵。

(1)河南洛阳:1982 年,洛阳市人大常委会正式将牡丹定为市花。

洛阳种植牡丹始于隋朝,隋炀帝在洛阳建西苑时就有种植。到了唐朝,长安、洛阳一带,朝野牡丹园甚多。美于武则天贬牡丹至洛阳,虽然只是一个有趣的民间传说,却道出了洛阳牡丹之盛。北宋文人欧阳修在洛阳为官时,写有一部《洛阳牡丹记》,介绍了当时的"姚黄""魏紫"牡丹花品种,并赋诗:"洛阳牡丹名品多,自谓天下无能过",自此洛阳牡丹甲天下延续至今。

自 1983 年起,洛阳人按照历史习惯每年 4 月 15—25 日举办牡丹花会,并且成立了专门的"洛阳市牡丹协会"和牡丹研究室。2010 年第 28 届洛阳牡丹花会盛况空前。现在,洛阳牡丹收集品种多达 1036 种,种植面积达万余亩,建起了国家牡丹基因库,是我国最大的牡丹园游览胜地。由此可见,选定牡丹为洛阳市市花是相当符合牡丹在洛阳的发展趋势的。

(2)山东菏泽:1982 年,山东省政府拨专款,建设曹州牡丹园、古今园、百花园,并扶持牡丹生产。菏泽市市政府随即把牡丹定为市花,并决定每年举办牡丹花会,同时将一个主要的产地命名为牡丹区。菏泽亦有"中国牡丹之乡"之称。

菏泽市牡丹栽培历史悠久,菏泽古称曹州,早在宋时已有栽种牡丹,时至明代已负盛名。当前,菏泽市牡丹种植面积已达 5 万亩,品种 600 余个。随着市场经济体制的建立,菏泽成立了牡丹研究所、天下第一香学会,通过系统研究、开发、利用牡丹资源服务于当地的经济建设。自 1992 年起,菏泽市举办了"以花为媒、广交朋友、文化搭台、经贸唱戏、开发旅游振兴经济"为宗旨的"菏泽国际牡丹花节",是继洛阳牡丹花会后的全国第二大牡丹花会。牡丹产业已成为一方经济的支柱产业,花随人意,四季常开,美化和融入了人们的生活,并远销世界 20 多个国家和地区。牡丹已成为菏泽人的骄傲,并为菏泽的经济发展开辟了广阔的前景。目前菏泽牡丹有黑、红、黄九大色系、1053 个品种获得国家质检总局源产地标记注册认证。

(3)四川彭州:1985 年,全市人民推荐将牡丹定为彭州市市花。

在彭州丹景山和彭州园,每年清明节前后,都要举行规模盛大、品种繁多的彭州牡丹花会。彭州种牡丹始于唐代,迄今已有上千年历史。彭州牡丹别具特色,尤以花大瓣多、面可盈尺、郁郁清香、繁丽动人深受人们喜爱。唐代诗人陆游在"天彭牡丹谱"中称:"牡丹在中州,洛阳为第一,在蜀,天彭为第一。"杜甫慕名天彭牡丹,专程来观赏,怎奈被水阻于中途,只得怅然而返,留下《天彭看牡丹阻水》诗。民间赏花的风俗,唐代已很盛行。

每当春暖花开,丹景山上的牡丹园,牛心山下的古花村,都有四方游客聚花竞胜,登高眺望,灿若锦堆。特别是州城西郊的花街(今丽春镇),每年清明时节,都要举行一次牡丹赏花会,摆出牡丹花供人观赏品评。场内张灯结彩,载歌载舞,游人如云。

彭州牡丹在明末清初,由于战乱频繁而衰败。中华人民共和国成立后,天彭牡丹重获生机。近年来,更从山东菏泽、河南洛阳等地引进了大批种苗,全市目前牡丹种植面积已达390多亩,总苗数已过200万株。彭州牡丹的品种极为丰富,1997年参展的已达200多万株。其中,红色花有丹景红、大叶红、西瓜瓢、种生红、火炼金丹、石榴红6个品种;紫色花有五州红、藏枝红、竹吟球紫红争艳等42个品种;粉色花有舍腰楼、客满面、鲁粉、冰棱子、桃花红等28个品种;白色花有白鹤卧雪等5个品种;黄色花有桃黄娇客三变3个品种;绿色花有豆绿(欧碧)、三变玉、绿绣球等3个品种;蓝色花有迟蓝、专心蓝、雨后风光、冰兰罩玉等22个品种。

彭州有如此丰富多彩、千姿百态的牡丹花,真可谓"牡丹之乡"。从改革开放到2020年,彭州牡丹花会已举办了36届。赏花者络绎不绝,满山遍野,热闹非凡,蔚为壮观。

(4)安徽铜陵:1989年2月28日,安徽省铜陵市第十届人大常委会第八次会议听取和审议了铜陵市人民政府《关于请求审定市树、市花的报告》,决定泡桐、广玉兰为市树,牡丹、桂花为市花。据《铜陵县志》记载,铜陵栽培牡丹已有1600多年历史。铜陵牡丹为我国特有的花卉和药用植物栽种而闻名。现有品种几百个,分属中原牡丹、紫斑牡丹和江南牡丹三大类。铜陵牡丹属江南品种群。其根皮入药具镇痛、解热、抗过敏、消炎、免疫等作用,经检测,丹皮所含的化学成分有芍药苷、丹皮苷、丹皮多糖、苯甲酸、甾醇、挥发油等,其中丹皮酚含量高低是检验丹皮品质优劣的主要指标。《中药大辞典》记载着:安徽省铜陵凤凰山所产丹皮质量最佳。据考,在明崇祯年间凤凰山地的牡丹生产发展到相当规模,已成为全国著名的丹皮生产地,而今铜陵牡丹丹皮的年产量在1000吨左右。

据报道,2016年铜陵市牡丹开发研究中心成立,占地400多亩,建于铜陵凤凰山区。开发研究项目包括:①收集整理江南牡丹品种,并优先发展;②发展鲜切花及催花业务;③培育新品种;④发展凤丹小苗;⑤建立牡丹观赏园。由此可见,铜陵传统牡丹产业得到进一步综合开发。

6.7　牡丹的园林文化

6.7.1　牡丹在我国古代园林的栽培应用

在我国古典园林中,初无"牡丹"之名,依芍药之属而称"木芍药"。据《神农本草经》记载的"牡丹味辛寒,生山谷",开始是作为药用植物被世人所知的。隋朝之前,几乎没有牡丹在园林中应用的记载,东晋诗人谢灵运诗中的永嘉水际竹间见到过牡丹,大画家顾恺之在画中描绘过庭院中栽植的牡丹,晋代牡丹仅作为一般植物来栽植。隋唐之前,牡丹大多"盖遁于深山,自幽而芳,不为贵者所知"(舒元舆《牡丹赋》)。自隋炀帝在洛阳"辟地周二百里为西苑,诏天下境内所有鸟兽草木驿至京师,时易州进二十箱牡丹"(《隋炀帝海山记》)。牡丹首次大规模地进入皇家园林,自此在我国古典园林中得到广泛应用,兴盛于唐,极盛于宋,明清时更被冠以"国花"进入成熟期。

唐朝皇家园林,规模较大,气势恢宏。自唐代初期武则天"叹上苑之有阙,因命移植焉"

开始,"京国牡丹日月渐盛"。唐朝前期,由于受栽培技术的限制,长安牡丹还十分的稀有珍贵,主要是在皇家园林中应用。唐开元年间,兴庆宫以牡丹花盛而闻名京华长安。兴庆宫龙池之北偏东堆筑土山,上建沉香亭,沉香亭周围的土山上遍植牡丹花,成为兴庆宫内的牡丹观赏区。兴庆宫牡丹在开元天宝之际已有相当规模,杨贵妃特别喜欢牡丹花,唐玄宗常和杨贵妃在沉香亭赏牡丹。大诗人李白作千古传诵的《清平调》三章,其中"名花倾国两相欢,常得君王带笑看;解释春风无限恨,沉香亭北倚阑杆"为皇家园林中观赏牡丹的一时之极致。皇家园林中牡丹的应用形式是多个品种大面积地种植在坡地上,同时在牡丹园中建造观花用的亭阁。这种坡地种植牡丹的方式,排水良好,符合牡丹喜燥向阳的习性,同时又便于多个角度进行观赏。待到春日牡丹花开,就形成姹紫嫣红的景致。

此后牡丹开始风靡长安,"自禁闼送泊官署,外延士庶之家,弥漫如四渎之流,不知其止息之地。每暮春之月,遨游之士如狂焉。亦上国繁华之一事也"。于是,牡丹在私家园林和寺庙园林中开始大量栽植应用。大批的文人参与造园,运用诗画的表现手法,把意境情趣引入园林,将牡丹种植在建筑物的附近,单独组成一个景区。由于牡丹稀少珍贵,所以种植的方式主要以少数几棵群植为主,周围加以围栏,采取花圃的应用方式。牡丹花开时节,诗人题咏不绝。唐代佛教和道教兴盛,长安是寺、观集中的大城市,几乎每一座寺、观内均栽花植树,繁花似锦。由于寺、观进行大量的世俗活动,所以成为城市公共交往的中心,文人们都喜欢到寺、观以文会友、吟诗、赏花。寺、观园林绿化也适应世俗趣味,开始模仿私家园林,兴植牡丹。慈恩寺尤以牡丹最为著名,文人们到慈恩寺赏牡丹成为一时风尚。

终唐一代,牡丹的应用遍及全国。然而受当时园艺技术的限制,牡丹应用的地域主要是在当时的首都长安和洛阳。"自唐则天以后,洛阳牡丹始盛"。"此花南地知难种",江南几乎还见不到牡丹的应用。唐朝牡丹栽培技术有了较大的提高后,出现了半重瓣、重瓣的品种,花色也大为丰富起来,还产生了早晚变化的品种。对新移栽的牡丹,"上张幄幕庇,旁织笆篱护,水洒复泥封,移来色如故"(白居易《买花》),能做到"百处移将百处开"(白居易《移牡丹栽》)。牡丹品种培育的技术和移栽栽培的技术的发展,更加促进了牡丹在唐朝园林中的应用,以至于全社会竞赏牡丹,长安城内"欲知前面花多少,直到南山不属人"。唐朝赏花风气盛行,围绕牡丹展开了一系列园林花事活动。"唯有牡丹真国色,花开时节动京城"。

宋代以文靖治国,重视文化事业,提倡文化学理,使宋代在文化事业上呈现出空前的繁荣。宋人追求淡泊宁静、皈依自然、弃绝俗念、视功名利禄如弊履的精神气质,带着高逸淡远的气质、冷然朴澹的追求,极纤细而尽精微,在一种婉约幽隽、澄澈如秋日天宇的宁静中表现出充满理性的思辨精神。

宋代的皇家园林规模有所缩小,却是为历代中最有文人气息的。在北宋都城东京和南宋都城临安的皇家园林中,对牡丹的应用记载较少。艮岳是北宋皇家园林的代表,应用花木达七十多种,却没有记载对牡丹的应用,这与东京气候条件不利于种植牡丹有关。南宋临安的皇家园林宫苑中牡丹繁盛,周密(1232—1298 年)在《武林旧事》中说:"淳熙六年,幸聚景园,三面漫坡牡丹约千余丛。"将一些丛植的牡丹命名为"伊洛传芳"(《南渡行宫记》),颇具意境。皇家园林中还是大规模地将牡丹种植在地势高燥、易于排水的坡地,避免了因地势低、水位过高而受涝;而且适当稀植成丛,有利于通风透光、降温,使地处江南的皇城依旧有"国色天香"。

北宋应用牡丹最盛的地方是洛阳的私家园林。宋时洛阳人对牡丹的热爱丝毫不亚于唐朝,以至于"洛阳花甚多,而独名牡丹为花",形成"春时,城中无贵贱皆插花,虽负担者亦然"。北宋洛阳私家园林的一个显著特点是运用树木成片栽植构成景区。归仁园是洛阳城内最大的一座私家园林,园内"北有牡丹、芍药千株",这显然与牡丹的栽培种植技术发展促进牡丹的普及有关。私家园林内时常可见"植牡丹数千万本",牡丹在私家园林中也已经能大规模群植,以形成欣赏花时的牡丹群体美。

宋代继魏晋之后又一次掀起了在山野风景地建置寺观的高潮,形成了"天下名山僧占多"的局面。城市寺观园林多为"四时花木,繁盛可观"。如"吉祥院,旧传地广袤,最多牡丹"(南宋·潜说友《咸淳临安志》)。吉祥寺中"僧守之圃,圃中花千本",可见寺观中牡丹的种植规模也颇大。"天王院"盖无他池亭,独有牡丹数十万本,每到花时,"张帷幄,列市肆,管弦其中,城中仕女绝烟火游之",在寺观中观赏牡丹的风气续唐依旧。

宋代的园艺技术十分发达,在牡丹的新品种培育上,已开始用芽变和株选的方法选育牡丹新品种,并运用嫁接技术固定新奇变异,同时也注意到从天然授粉种子育出的实生苗中选育新品种的方法。这样,北宋形成一个牡丹品种选育的高潮,以致大文豪欧阳修发出"四十年间花百变"的惊叹,牡丹的品种由唐代的二十多个增加到接近两百个,使牡丹在园林中的应用有了更多的选择。尤其值得一提的是,在唐朝牡丹还"归到江南无此花",而随着栽培措施的进步,如采取"上张碧油绢幕"(《武林旧事》)、"以缯彩为幕,弥覆其上"(《吴郡志》)等遮阳措施,可以避免牡丹被过强的直射阳光的高温导致早期落叶。

宋时牡丹在江南也广为应用,如"越中好尚惟牡丹,始乎郡斋,豪家名族,梵宇道宫,池台水榭,植之无间"。宋朝是牡丹应用的全盛期,出现了花台的应用形式,与建筑的结合也更加紧密。如于园林中结合起伏的地形在坡地上大面积群植各色牡丹,园路蜿蜒于其间,在坡地高处设置亭阁。这种应用方式符合牡丹的"喜燥恶湿"的生性,谷雨时节,牡丹花开,远观可赏花间楼阁簇拥如诗画。游人在亭、阁间驻足,牡丹的雍容华贵便可以细细品赏。

宋王朝是一个"郁郁乎文哉"的时代。文人园林成为私家园林的主流,并影响着皇家园林和寺观园林,造园思想开始从写实向写意转型。宋代是最注重植物造景的朝代之一,园林植物的栽培技术突飞猛进。许多文人和工匠热衷于研究花木种植,出现了大批的园艺专著,园林植物配置从品种选择到配置手法都形成了自身的风格。受文化审美观的影响,宋代种植设计不再强调绚丽的色彩,而向强调姿态、韵味的方向发展,整体上趋于淡雅、简约和空灵;种植技术也由"土宜之法"的写实变为"诗意追求和细节真实同时并举的写意风格",诗情画意和营造意境融入其中。受此影响,牡丹的种植,宋代比唐代更注重文化内涵。

元代政治不稳定,战乱不断,是整个中国古典园林发展的低潮,也是牡丹园林艺术发展的低潮。牡丹品种数量急剧减少,好品种屈指可数。

这一时期牡丹在园林中的应用见诸文字者极少,仅于皇宫中有些许牡丹的应用。"于紫禁城之西华门。入门,殿后药栏花圃,有牡丹数百株"(清·韩雍),可见牡丹的应用形式类似于"圃地"。"国运昌时花运昌",唐宋盛世造就的园林中普遍应用牡丹的局面不复见。

据史记载,北京"自辽、金建新都于此,牡丹栽培即日渐盛"。皇家园林规模趋于宏大,在植物选择上,为求等级威严,多为名贵的花木和松柏等。明清皇帝大多喜爱牡丹,牡丹在皇家园林中应用十分普遍,寓意十足。明朝时"金殿内外尽植牡丹",故宫御花园内虽将牡丹植于花台之上,采用自然式配置,有的与石、竹相配,有的衬以山石和爬山虎,然参差有致,相互辉映,宛如一幅幅有生命的立体画卷。有的将牡丹与太平花植于花池内,寓意富贵太平。颐和园乐寿堂内三五株牡丹丛植于路旁,建筑前对植有玉兰和海棠,后面有山石相配,取植物名字的谐音和寓意,体现"玉、堂、春、富贵"。畅春园内"牡丹异种开满阑槛内,国色天香,人世罕睹,在长轩一带,碧棂玉砌,掩映名花"。圆明园中的名景之一镂月开云又称牡丹台,殿前植牡丹数百本,利用名花、奇石作为造景主题,当年康熙、雍正、乾隆三代皇帝都曾在此赏花。颐和园国花台是清朝慈禧观花的场所,台阶式的花台层层高起,它用土石等材料砌成,露出土面的山石高低错落、有起有伏。台中等距离栽植各色牡丹,并在花台边缘栽植矮小灌木,且以松柏作为深色背景,象征着富贵吉祥的牡丹与青砖绿瓦、雕梁画栋的古建筑群相配,极为调和。古建筑为牡丹提供了理想的环境和背景,而牡丹亦使古建筑群更为豪华壮丽。

私家园林虽局限在狭小的庭院天井,有时只有隙地一弓,花坛一方,但受宇宙观的支配,以小求大,可获得"入狭而得境广"的园林效果;其中运用植物材料,以写意的方式创造出一个壶中天地。拙政园玲珑馆坡地,将牡丹依次列植;艺圃博雅堂前坡地,长方形石砌花坛中,牡丹与玲珑石笋相配置,春季花开如锦绣图画,花姿雍容,与宽敞的明式厅堂相辉映,一派富贵华丽,构成了华丽活跃的空间。留园长方形的青石花坛几丛牡丹,石质细腻皎洁,与东北角沿墙处的修篁相远映,景色如画。影园内"岩上植桂,岩下植牡丹、垂丝海棠、玉兰、黄白大红宝山茶、罄口蜡梅、千叶石榴、青白紫薇与香橼,以备四时之色"。牡丹与其他观赏花木配置,园林尽展四时的烂漫。狮子林中有专门看牡丹的"湛露堂",春天牡丹盛开,雍容华贵,人在其间游,会被这五彩缤纷的色彩和欣欣向荣的姿态感染而觉得活跃,在这"花开飘香,香占一方"的空间里,骚人墨客题咏不绝。

明清时期,寺庙园林渐于衰败。寺庙中牡丹与其他观赏植物构成的植物景观一方面招揽了香客,另一方面体现了"禅房花木深"的意境,有许多寺庙以牡丹而闻名。寺庙园林中松柏构成的葱郁环境正好给牡丹提供了背景,牡丹花的艳丽打破了寺庙的沉闷气氛,于人之身心皆有好处。

明清是我国封建社会的最后一个时期,北方的皇家园林与南方的私家园林是古典园林艺术的集大成者,也是古典园林最后的辉煌。皇家园林规模趋于宏大,园林建筑比重大。特别是清朝后期,私家园林中建筑密度亦不断增大,植物应用减少,而且守成多于创新,对观赏植物的栽培技术也渐渐停滞了,只是应用的手法更加细腻了。牡丹的应用也越来越重视与地形、建筑、山石等其他园林要素的结合。清陈淏子的《花镜》中称:"草木之宜寒宜暖,宜高宜下,天地虽能生之,不能使之各得其所,赖种植位置有方尔,花之喜阳者,引东旭而纳西辉。"明清时园林植物配置思想和手法在宋代的基础上进一步成熟,最终形成一个完整的体系。牡丹于明清两朝在园林中的应用十分普遍,并且园林中牡丹的种植出现了一定程式化,文人更广泛地参与造园,对牡丹的种植以诗意的语言进行描述,种植牡丹充满了富贵的意愿。《花镜》称"牡丹、芍药之姿艳,宜砌雕台,佐以嶙峋怪石,修篁远映",这些种植方式以写意的方法,在空间景象上按山水画论的艺术,审美构图,在把握牡丹生态习性、生长特点、形态特征、季相变化、审美魅力的同时,也在精神上赋予一种美的意念,使美的形式和美的意念统一,显示出牡丹花开富贵的品格神韵。明清时代,牡丹在古典园林中进入成熟期。

在我国园林发展史上,"阅尽大千春世界,牡丹终古是花王"。于众多园林植物中,寓意"繁荣富贵"的牡丹受到我国历代的推崇,随着栽培技术的进步,牡丹在我国古典园林中得以广泛应用。各个发展时期,皇家园林、私家园林和寺观园林中都有牡丹多种多样的应用形式,有以牡丹欣赏为主题,结合地形和其他花草树木、山石、建筑等,自然和谐地配置在一起,创造出五彩缤纷专类园的形式;有以写意、文化意趣为前提,实现诗情画意境界的花台、花池形式。在欣赏"国色天香"时,牡丹丰富的文化内涵,能使牡丹的形态美与文化底蕴得以统一,让人们产生对美好生活的向往和追求。加强对古典园林中牡丹应用的历史沿革、园艺、审美特征的研究,可为我国现今园林的发展提供重要的参考鉴借。

6.7.2　牡丹在近现代园林中的栽培应用

1.西安兴庆宫公园牡丹园

唐代兴庆宫的沉香亭,相传用沉香木建成,故名"沉香亭"。这里曾是唐玄宗偕杨贵妃观赏牡丹、歌舞宴饮的地方。伟大的浪漫主义诗人李白在这里写下了《清平调词》三首,影响深远,成为千古绝唱。兴庆宫公园于1958年新建了沉香亭,1974年在沉香亭前修建了呈立体牡丹花型图案的牡丹台,上植各色牡丹。暮春登临亭台,凭栏俯视,牡丹台宛如一朵盛开的五色牡丹花,称为牡丹园。目前,牡丹园引种洛阳、菏泽等地的牡丹优良品种200多个3万余株。公园还造山叠水,整修游览道路和栏杆,建造仿唐宫廷路灯,是一处颇具规模和特色的牡丹园。每逢暮春时节,花坛里各色牡丹竞相开放,交相辉映,十分壮观。这里每年举办牡丹花会,中外游人络绎不绝。

2.延安万花山牡丹园

万花山位于延安市西南20公里处杜甫川南侧,总面积为1900亩。上山处正面石壁上镌刻有原国务院副总理田纪云苍劲有力的"万花山"金字手迹。万花山的牡丹栽培面积300余亩,其中半野生栽培牡丹3万余株,引进山东菏泽、河南洛阳及甘肃兰州等地牡丹2万多株,花期为5月上中旬。每年春季,去万花山观牡丹已成为当地人的一种习俗。1939—1940年,毛泽东、周恩来、朱德等老一辈革命家曾两次亲临万花山赏牡丹,留下佳话。

3.杭州花港观鱼牡丹园

杭州花港观鱼牡丹园,位于杭州市花港观鱼公园内,于1953年和花港观鱼公园同时建成,是中华人民共和国成立后最早建成的观赏性牡丹专类园之一。园内初栽的牡丹主要来自山东菏泽、安徽宁国,共有30多个品种400余株。后经两次扩大种植,面积达15亩,近100个品种1000余株。近年来,在加大对中原牡丹品系的引种和驯化力度的同时,积极引进日本、美国品系的牡丹,延长了园内牡丹的观赏时间。

4.永嘉牡丹园

永嘉牡丹园,始建于1998年,位于永嘉县岩头镇下美村,坐落在楠溪江畔,占地60多亩,种植有姚黄、魏紫、白雪塔等64个品种1.38万余株牡丹,是当地农民周梅英、滕周回、滕有恩创办的。2005年举办了首届牡丹节。据谢灵运诗,浙江永嘉在南北朝时已有牡丹栽培。另据《枫林徐氏家谱》记载,北宋徽宗崇宁年间,浙江省永嘉县枫林镇徐氏家建有牡丹楼一座,楼旁种植的一棵牡丹,花蕊满百,时人认为是祥瑞之兆。宋徽宗听说此事,曾下旨索此百蕊牡丹,移入宫中。

5.洛阳王城公园牡丹园

洛阳王城公园牡丹园,位于洛阳市周王城遗址上,始建于1955年,是河南省洛阳牡丹花会的主会场。园内辟有牡丹观赏区、牡丹文化区、历史文化区、大型游乐区、动物园五大景区,占地600亩。牡丹观赏区面积50余亩,种植国内外精品牡丹800多种3.5万余株。其中,包括国内名优品种700余种,日本、美国、法国牡丹品种130种。园内牡丹以株型大、品种全、花色艳、花期长、整体观赏效果佳而著称。同时牡丹与山、石、建筑及其他植物和谐配置，充分利用各种造景元素，营造出了最佳的牡丹园林景观。牡丹区分国际牡丹园、紫斑牡丹园、牡丹仙子园、沉香楼牡丹园、桥北区牡丹园，各具特色。

6. 洛阳国家牡丹园

洛阳国家牡丹园，又名中国国家牡丹基因库、国色牡丹园，位于洛阳市北 4 公里处的邙山之阳，占地面积 800 余亩；原为洛阳市郊区苗圃，创建于 1978 年，当时占地 480 亩。1992年 7 月在郊区苗圃基础上建成国色牡丹园，并由林业部下文确定为国家牡丹基因库，是我国牡丹品种收集、繁衍和发展的重要基地，1995 年被中国林木种子公司定为洛阳牡丹出口基地。同年 12 月又被国家林业局、中国花卉协会定为全国花卉生产示范基地。目前，该园拥有中原、西北、江南、西南、日本、法国、美国 7 大系列 9 个色系牡丹 1100 多个品种，其中园艺品种 800 多个，野生原种 6 个，新育品种 70 个，引进国外牡丹品种 146 个，分为牡丹基因库、精品牡丹园、国际牡丹园、野生牡丹园、牡丹周年开花展厅和牡丹文化休闲娱乐区六大园区。该园牡丹自然花期比市内的晚 7 天左右，因其品种繁多、观赏面大、观赏期长，环境优雅，成为河南省洛阳牡丹花会的主要观赏点之一。各国的领导人、知名人士纷纷来此视察和赏花。

7. 洛阳神州牡丹园

洛阳神州牡丹园，创建于 1980 年，位于释源祖庭洛阳白马寺对面，占地 600 亩，是盛唐建筑风格的山水园林。其分为牡丹文化区、牡丹观光区、牡丹休闲区、四季牡丹展示区、商品牡丹园林综合区五大景区。集牡丹文化、牡丹艺术、牡丹景观、牡丹高科技于一体，汇天下牡丹精品、聚四季名卉于一园，蔚为壮观，成为河南省洛阳牡丹花会的一大亮点。园内种植国内牡丹品种 800 多个、国外牡丹品种 100 多个、国内外名优芍药品种 300 多个，姹紫嫣红，交相生辉。还有仿唐三彩百米牡丹文化碑廊"国花颂"，以及罕见的百年牡丹王、万年天然牡丹石、1000 余平方米的现代化仿古四季牡丹展览大厅、富贵楼、国韵阁、天香会馆等景点。

8. 洛阳西苑公园牡丹园

洛阳西苑公园牡丹园，位于洛阳市涧西区，始建于 1960 年，占地 200 亩，原名洛阳市植物园。由于坐落在隋炀帝西苑的遗址上，1984 年更名为西苑公园，该园从 1985 年秋开始引进日本牡丹品种。目前，牡丹观赏园占地 14 亩，拥有 200 多个牡丹品种。园内建有牡丹亭、牡丹长廊等景观，人工湖中心修建了牡丹岛，岛上广植牡丹。该园是洛阳市主要牡丹观赏区之一。

9. 洛阳牡丹园

洛阳牡丹园，始建于 1990 年，位于洛阳市北郊 310 国道与机场路交叉口，占地 150 亩，拥有中原、西北、日本等牡丹品种 500 多个，其中珍奇品种 110 多个。由于这里地势高，温差大，土壤中有机质含量高，所植牡丹花朵大、花期长、花色艳，备受国内外游客的青睐。

10. 兰州和平牡丹园

兰州和平牡丹园，位于兰州市东南郊的榆中县和平镇，距市区 8 公里。该园始建于1967 年，海拔 1776～1978m，占地 1000 亩，利用牡丹荒山造林 20 亩。该园先后从山东、河南等地引进中原牡丹品种 260 个，从西藏、四川、云南、甘肃、陕西、山西等地成功引种野生牡丹 9 种、4 个分类学种。经理陈德忠先生培育出紫斑牡丹新品种（系）500 多个，部分品种已获国家专利、国际专利和美国专利，还有部分品种在国际牡丹芍药品种登录中心获得登录。该园培育的牡丹已在我国黑龙江、新疆、内蒙古、西藏、湖北、上海、山东、河南和云南等地被大批成功引种,并批量出口到美、日、英、德、意、荷和加等国。该园被国家林业局和中国花卉协会定为"中国牡丹基因库"和"全国花卉生产示范基地"。

11. 兰州宁卧庄宾馆牡丹园

兰州宁卧庄宾馆牡丹园,原为中共甘肃省委招待所,1957 年建成后即从甘肃临夏、临洮及兰州引进 30 多个紫斑牡丹传统品种 100 余株,在宾馆绿地中心地带建成面积约 10 亩的牡丹芍药园。以后逐年增加品种,并从洛阳等地引进一批中原牡丹。原有老品种中,有 10 余株株型高大、主干地径 15 厘米的老牡丹,株龄在 60 年以上。最大一株瑶台春艳,号称"紫斑牡丹王",每年着花 300 余朵。这里的牡丹一般在"五一"前后开放,是兰州市夏初赏牡丹的胜地。

12. 曹州牡丹园

曹州牡丹园,位于山东省菏泽市牡丹乡,由赵楼、李集、何楼三个牡丹园组成,建于 1982 年,总面积 110 亩,是菏泽牡丹的主要观赏游览区。园内有牡丹 1000 多个品种 100 余万株。曹州牡丹园在国内外享有很高的声誉,园内牡丹曾多次运往北京植物园、中南海、故宫、上海、南京,洛阳等地栽植,还远销日本、美国、英国、法国、德国、俄罗斯、加拿大、荷兰、泰国等 30 多个国家和地区,并在日本岛根县建立了"中国牡丹园",为中华人民共和国成立后的中国牡丹走向世界做出了重大贡献。

13. 曹州百花园

曹州百花园,坐落在菏泽市牡丹区洪庙村北部;1958 年正式建园,初名"洪庙花园";1982 年,政府拨款重建,命名为"百花园";1990 年政府再次拨款扩建,改名为"曹州百花园"。其面积 100 余亩,植牡丹 560 个品种 12 万株。国内优良品种荟萃于此,既有传统名品,又有许多自育的性状优异的新品种,还有从日本引进的品种。

14. 北京植物园牡丹园

北京植物园牡丹园是北京植物园的重要专类园之一,始建于 1981 年,1983 年 4 月开放。牡丹园占地 100 亩,栽植了来自菏泽、洛阳、兰州和日本等地的牡丹品种 500 余个,芍药品种 220 个,是北京规模最大、品种数量最多的牡丹专类园。其中,日本牡丹品种 100 余个,欧美牡丹品种 30 余个,中原牡丹品种 200 余个,西北牡丹品种 100 余个。牡丹园布置在一个山丘上,设计采取自然式手法,因地制宜,借势造园,顺自然山势垒石筑台,万余株牡丹芍药与上百种乔灌木巧妙配置,错落有致。在园中心,塑有一尊卧姿的"牡丹仙子"像。

15. 北京景山公园牡丹园

北京景山公园牡丹园,位于北京市中心,占地约 2 亩。景山牡丹栽培始于辽代。中华人民共和国成立后,景山牡丹得到了全面的保护和发展,特别是近年来,公园加强了牡丹栽培养护的技术力量,重视牡丹文化的开发,积极引进名优品种。现已种植牡丹、芍药 200 多个品种 2 万余株。其中不少植株株龄 60 年以上,苍劲古雅,蔚为壮观。

16. 北京中山公园牡丹园

北京中山公园是 1914 年在明清社稷坛遗址的基础上改造的供群众游览观赏的京城第一公园,栽种引自山东曹州的各色牡丹,并逐年增植达千余株。牡丹花畦多设在古柏林下,并围以竹栏。20 世纪 50 年代初期,由崇效寺、琉璃河移入树龄较长甚至达百年的老牡丹 80 多株。1982 年,这里的牡丹品种已发展到 153 个。目前,约有各色牡丹 500 余株。

17. 豫园牡丹园

豫园牡丹园,始建于 1559 年。该园原是明朝的一座私人花园,占地 30 亩。园内假山上配植牡丹,廊壁附砖雕牡丹,设计精巧,布局巧妙,是江南古典园林中的一颗明珠。

18. 漕溪公园牡丹园

漕溪公园是以牡丹花为特色的园林,始建于 1935 年,占地 26 亩。该公园原为棉布商曹启明的私家花园,1958 年由上海市园林局接管,整修后对外开放。园内辟有近 2 亩的牡丹园,栽培山东菏泽、安徽宁国牡丹名品数十个 800 余株。园内有 8 株百年牡丹,更是珍稀之物。

19. 中山公园牡丹园

中山会园是上海近代城市公园之一。1956 年在园内建牡丹园,并将公园内始建于 1916 年的中式亭子改名为牡丹亭。牡丹园内建成大小 15 处牡丹花坛,从菏泽、亳州等地引进牡丹 30 多个品种 300 余株,成为当时上海市最早建成的牡丹观赏园地。1996 年,公园扩建牡丹园至 6 亩,并修葺了牡丹亭。

20. 上海植物园牡丹园

上海植物园牡丹园位于上海市龙华,始建于 1980 年,占地 54 亩,种植有中原品种群、西北品种群、西南品种群、江南品种群以及日本、欧洲、美国的优良牡丹品种 300 余万株,汇集了丰富多彩的牡丹品种资源。

21. 彭州丹景山牡丹园

彭州丹景山牡丹园位于彭州市丹景山风景名胜区,距彭州市 16 公里,唐宋时即为牡丹胜地。丹景山海拔 147 米,山上遍植牡丹,有牡丹坪、天香园、碑林牡丹园等观赏区,是我国西南地区栽植牡丹数量较多的地方,有 9 大色系 260 多个品种 300 余万株。每年举办牡丹花会,游人如织。

22. 峨眉山万年寺牡丹园

万年寺始建于晋,初名"普贤寺",明代万历年间改名"万年寺"。该寺海拔 1000 余米,寺内有两池牡丹近百株,著名的牡丹品种有"七蕊牡丹"等。正殿右侧有株牡丹树,高 2.4 米,冠 1.6 米,千层平头,花色粉红,花期在 11 月,是驰名天下的冬季开花牡丹品种。

23. 盐城枯枝牡丹园

盐城枯枝牡丹园,始建于元世祖元十七年(1280),原址在江苏省苏州枫桥镇,约于 1289 年由随园主人卞济之迁至盐城东溟镇(今便仓镇)。当时牡丹只有红、白二色。1367 年分为 12 株。1983 年,盐城市政府拨款扩建,扩建后的枯枝牡丹园分为东西两园,总占地面积 11 亩。园内有株龄约 712 年的牡丹两株,另有株龄约 633 年的牡丹 8 株,分株定植的枯枝牡丹 100 多株,又从洛阳、菏泽引进牡丹 97 个品种 800 余株。原国防部长张爱萍所写的楹联"海水三千丈,牡丹七百年",道出了此处牡丹的古老渊源。

24. 常熟尚湖牡丹园

常熟尚湖牡丹园,始建于 1991 年,占地面积 15 亩。园内汇集了常熟本地产及河南洛阳、山东菏泽、江苏盐城、安徽宁国的各类特色牡丹,还引种有日本、法国、美国牡丹品种,共 150 多个品种 1 万余株。每年 4 月牡丹花盛开期间,尚湖牡丹花会即在常熟尚湖风景区举行。

25. 宁国南极牡丹园

宁国南极牡丹园,地处宁国市南极乡,是许方格先生于 1981 年 8 月创建的。为了继承父业,2000 年汪丹出任南极牡丹园经理。牡丹园依山而建,牡丹种植于层层梯田上。目前种植面积 12 亩,拥有 20 余个品种 3 万余株牡丹。该园是江南牡丹的重要生产基地,已带动全村和邻村的农户栽培牡丹。2006 年,该园又在宁国市近郊选址新建牡丹园。

26. 铜陵天井湖牡丹园

铜陵天井湖牡丹园,位于铜陵市天井湖公园的西南部,始建于 1986 年,面积 14 亩。占地园区为丘陵地,种植牡丹 140 多个品种 7000 余株,以当地凤丹系牡丹和宁国牡丹为主,也引进了部分中原牡丹。

27. 武定狮子山牡丹园

武定狮子山牡丹园,位于武定县狮子山风景名胜区,园内种植有大量的本地及滇西北牡丹。1990 年前后还引种河南洛阳、山东菏泽及甘肃兰州一带的牡丹 9 大色系 100 余品种 4.5 万株。每年 3 月风和日丽,各种牡丹竞相开放,千姿百态,争奇斗艳。

28. 哈尔滨太阳岛花卉园牡丹园

哈尔滨太阳岛花卉园牡丹园,牡丹种植面积 0.4 亩,种植紫斑牡丹 20 余种 1000 余株。

29. 南投县杉林溪森林游乐区牡丹园

南投县杉林溪森林游乐区牡丹园,始建于 1983 年,最初仅从日本引进牡丹 100 多株,目前已有数十个牡丹品种 5000 余株,品种包括花竞、国红、八千代椿、太阳和脂红等。这里地处海拔 1600 多米的山区,气候适宜牡丹生长,加上专业栽培,牡丹盛开时花大色艳,雍容华贵。花期从 3 月初到 4 月底,是岛内最具规模的牡丹园,被誉为台湾岛的牡丹王国。

6.7.3 国外的专类园营造和园林栽培

1. 日本上野东照宫中国牡丹园

日本上野东照宫中国牡丹园是 1980 年为纪念中日友好而开设的。该园有日本牡丹 200 个品种 3000 株,中国牡丹 50 个品种 200 株,芍药 50 个品种 200 株。

2. 韩国金浦市中国菏泽牡丹园

韩国金浦市是菏泽市的友好合作城市,2005 年,经双方商定,共同在韩国金浦市政府前的中心广场建立面积约 100 平方米的"菏泽牡丹园"。经过多次精心筛选,最后确定 6 大色系 16 个品种 295 株精品菏泽牡丹赴韩国栽植。

3. 美国费城中国洛阳牡丹园

1998 年,洛阳市农业部门向美国提供了"洛阳红"等 100 多个品种、数万株洛阳牡丹,在费城建成了近 50 亩的洛阳牡丹园。

4. 美国费城中国百花牡丹园

曹州百花园于 2000 年与美国客户合作在美国费城建造"中国百花牡丹园"一处。另美国费城引种有甘肃紫斑牡丹。

5. 法国巴黎中国洛阳牡丹园

法国巴黎中国洛阳牡丹园,位于巴黎市郊第 77 区,规划占地面积为 600 亩。该园由洛阳土桥种苗场负责提供上百种牡丹种苗,园内规划山水相间。由于受地理位置和气候条件的影响,牡丹在西欧的盛花期比洛阳晚 15 天以上。首期开发的 25 亩牡丹园已于 2005 年 4 月底正式开园。

6. 荷兰阿姆斯特丹市中国牡丹精品园

1996 年,菏泽牡丹企业家孙建国,在荷兰首都阿姆斯特丹市郊租地 17 亩,建成了中国牡丹精品园。现在,这个牡丹精品园内种植有 9 大色系 50 个品种近 2 万株中国牡丹精品,使该园成为中国牡丹对外开放的窗口之一。

7. 美国马州中国牡丹园

山东菏泽国花园与 SKW 农场有限公司合作,在美国马里兰州建成了美国马州中国牡丹园。

8. 日本中日友好洛阳牡丹园

2001 年,洛阳市政府向日本岩手县北上市赠送牡丹 30 个品种 50 株,建立了中日友好洛阳牡丹园。2000 年 11 月,日本方面向洛阳裕华种植场买进牡丹 20 个品种 50 株。这样,中日友好牡丹园的牡丹品种增至 50 个,植株增至 100 株。

9. 法国"怡黎园"牡丹园

2007 年 5 月,法国苏州式园林"怡黎园"新添景区"牡丹园"开园。其由旅法华人、园艺师康群威和建筑师石巧芳夫妇设计建造的法国第一个苏州式园林"怡黎园",位于巴黎西南郊的圣雷米·奥诺雷市。牡丹园占地 300 平方米,种植有 800 多株中国牡丹。这些牡丹是由中国山东菏泽市政府提供的,包括了 8 大色系 30 多个名贵品种。

6.7.4 我国牡丹的主要园林应用形式

在古典园林中,牡丹以青砖绿瓦、雕梁画栋的古建筑群为衬景,与石、竹或玉兰、海棠、松柏等其他乔木、矮灌木相搭配,参差有致,相互辉映,充分显现了吉祥如意、豪华富丽的园林特点。

牡丹既适宜小范围的孤植、丛植,也可大面积群植、片植,在城市绿化中应用十分广泛,如列植于道路两侧的花带,或种植于大门入口处的花台处、林缘边、草坪中,机关、学校、广场、居民小区等,只要因地制宜,合理布局,都可以充分地展示牡丹在城市园林绿化中的观赏价值。牡丹应用最多、最广的形式就是专类园,很多的植物园都设有牡丹专类园,如北京植物园、沈阳植物园、黑龙江省森林植物园、上海植物园、菏泽牡丹园、洛阳国花园等。牡丹专类园的最大优点就是能够展示丰富多彩的牡丹品种,欣赏牡丹大面积花开时姹紫嫣红、花团锦簇的壮观场景。大面积独立种植,不与其他植物、山石搭配的优点是使景区看起来比较整齐、统一,便于集中观赏和研究管理,但缺乏意境美。该类专类园也是科学研究及科普教学的基地。牡丹专类园也可以采用传统的造园手法,以牡丹为主题,依据地形、地势,搭配其他花草树木、山石建筑,科学地进行植物配置,营造出风格各异的意境。

1. 牡丹专类园

牡丹作为我国的特产花卉,栽培历史悠久、园艺品种繁多、观赏价值各异,因而常常作为专类园或园中园的形式在园林中应用。牡丹专类园在我国园林中可谓层出不穷,各领风骚。从南到北,从东向西,公园、庭院、寺庙几乎随处可见牡丹园的倩影。一般牡丹专类园采用规则式和自然式两种布置方式。

(1)规则式牡丹专类园。这主要应用于地势平坦、便于做几何式布置的区域,一般以品种圃的形式出现,即将园圃划分为规则式的几何形栽植床,内部等距离栽植各种牡丹品种。这类专类园比较整齐、统一,可以突出牡丹主体,便于进行品种间的比较和研究,是以观赏、生产兼观赏或品种资源保存为目的的专类园的最佳布置方式,如山东菏泽曹州牡丹园就以这种布置方式为主,洛阳国家牡丹基因库和北京景山公园也采用这种方式。

(2)自然式牡丹专类园。采用以牡丹为主要植物材料,结合其他树木花草的配置及地形、山石、雕塑、建筑、壁画等造园要素,自然和谐地配置在一起,展示综合园林景观的外貌。自然式的牡丹专类园可以通过地形与道路的设置,不同花期与不同观赏特征牡丹品种的组合,并结合其他植物材料搭配组成群落。既给牡丹创造最佳的生长环境(如高大乔木对牡丹的侧方庇荫),又在花期对牡丹起到衬托作用(如以常绿植物为背景和底色,可以更好地衬托牡丹的繁花似锦),还可补充牡丹花期前后的景色欠缺,做到四季(三季)有景。配景植物材料的选择要与牡丹园整体风格协调,且不宜喧宾夺主,如具有中国园林特色的白皮松、圆柏、银杏、槐树、玉兰等乔木,早春开花的迎春、秋季果实累累的金银木、冬青类灌木等,充分烘托出牡丹的雍容华贵和天生丽质,并能延长观赏园的观赏期。自然式牡丹专类园还可充分开发牡丹园文化资源,结合园林建筑、壁画、置石、雕塑等园林小品及其他造园要素,创造高低错落、步移异景、可游可赏的园林景观,又可增加观赏性和文化内涵,同时起到科普及审美教育的作用,使人在欣赏牡丹花的同时能获得赏花怀古、陶冶情操等多方位的美的享受。杭州花港观鱼牡丹园、北京植物园牡丹园、菏泽牡丹园、曹州牡丹园,就是采用自然式的布置形式,效果极佳。

2. 牡丹花台

花台是指将花卉栽植于高于地面的台座上,其形式与花坛有很大的相似性。牡丹性喜高燥,不耐积水,故园林中常采用砌筑花台的方式,避免水涝地区栽植牡丹的不利因素的同时,单层或复层布置的花台也增加了竖向景观效果。牡丹花台的设计根据周围环境可设计为规则式和自然式两种。

(1)规则式牡丹台。用花岗石、汉白玉、琉璃砖等砌成,通常为长方形,也有圆形、半圆形、椭圆形、扇形等形式,花台内等距离栽植牡丹。如颐和园排云殿东侧的"国花台"、中南海小瀛台上的牡丹台、洛阳王城公园牡丹阁周围的牡丹台即为该种形式。

(2)自然式牡丹台。该类牡丹台为不规则形状,随地势起伏而高低错落,一般用自然山石砌成,参差起伏,自然多变,并点缀太湖石和一些观赏树种作陪景。如杭州花港观鱼里的牡丹园就是范例,园中有高高低低、大大小小的叠山石,观赏树、牡丹、芍药散植其中,高处还有可供人凌空远眺的牡丹亭。另外,上海植物园牡丹园的花台、颐和园大门内侧不远处的牡丹台等均以形貌奇特的山石和花草树木为衬景,形成了富有山野情趣的自然景观,使牡丹更贴近游人。

3. 牡丹花境

花境是以树丛、树群、绿篱、矮墙或建筑物等作背景的带状自然式花卉布置。这种布置根据自然风景中林缘野生花卉自然散布生长的规律加以艺术提炼,应用于园林中可配置于城市主干道的分车带上、街道两侧或公园道路旁,以不同品种相配形成规律变化的景观。如河南省洛阳市内中州大道的分车带上,将牡丹与芍药间种,并与雪松、紫薇、凤尾兰、月季、大叶黄杨等配置在一起达到三季有花、四季常绿的效果。花开时节,牡丹争奇斗艳,成为洛阳市最美的街景之一。

4. 牡丹丛植、群植

牡丹常在林缘、草坪及山石边作自然式丛植或群植,如四川省彭州市丹景山牡丹园、杭州花港观鱼牡丹园以及北京植物园牡丹园都有此类布置形式,显得自然朴实、妙趣天成。同时,牡丹的丛植、群植亦能形成夹景、对景,产生空间有收有放的不同变化。

7 中国传统园林名花——兰花文化

7.1 兰花名考和栽培历史

7.1.1 兰花名考

秋季七草之一的泽兰,就是本草家即药物学者所说的"兰草",唐代以前的文献中所见的"兰"就是这种草。因为此草叶比花更香,阴干后香气更加强烈,所以夏天把它挂在家里,据说其芳香可以持续20多天,能除去恶臭。但是,现今叫作"兰"的草是宋代以后才有名的,这种草只有花有香气,叶不香。所以本草家称之为"兰花",以此与前者区别。南宋以后这种兰花的园艺开始大为流行,当时越来越多的人认为此"兰"即是古时所说的,于是就有人出来辨析这种误解。下面就其经过试作探讨。

首先关于古代"兰"的实休,三国时期(220—280年)吴国的陆玑对《诗经》的动植物所作的注中关于"蕳"这种草有如下说明:"蕳,即是兰,是香草,其茎叶似药草之泽兰,只是叶宽,茎节长,节中赤红,高四五尺,可入于化妆粉,或者放在衣类或书籍中可避蠹鱼虫。"放在化妆粉中大概是为了取其芳香,而能避免蠹鱼虫则是茎叶香气的效力吧。唐代颜师古(581—645年)注《汉书》所载司马相如的《子虚赋》说"兰即今泽兰也"。这样,陆玑所说就似是而非了,但好像也不一定就是那样的。梁时陶弘景(451—535年)在《名医别录注》中有如下说明:泽兰"多生下湿地,叶微香,可煎油及作浴汤。亦名都梁香。今山中又有一种甚相似,茎方,叶少强,不甚香。此非泽兰,而药家乃采用之"。颜师古之说大概本于陶氏此说。然而《本草唐本注》中对陶说作了订正,其意思是说:"泽兰茎方,节紫色,叶似兰草而不香。陶氏所云都梁香(即泽兰)者实为兰草。此俗名兰香,煮以洗浴。此亦生泽边,人家也种之,而花白,萼紫,茎圆。断不是泽兰。"(陶氏以下之说据《政和本草》所引)这样看来,颜师古所说的"泽兰"就是陆玑所说的"兰",也就是《唐本草》中所说的"兰草"。

然而北宋末期的黄山谷(1045—1105年)在一篇题为《书幽芳亭》的文章中,把近世所谓的兰即"兰花"看作古时《楚辞》中所咏的"兰"及"蕙",论其优劣,进而对两者的区别作了这样的说明:"至其发华,一干一华而香有余者兰,一千五七华而香不足者蕙。"这个说法使得错误更加扩大了。在此之前,五代宋初间的陶谷编纂的《清异录》卷一就说:"兰虽吐一花,室中亦馥郁袭人,弥旬不歇。故江南人以兰为香祖。"这里非常明确地指出这种"兰"是一干一花的兰花。"江南"作为当时的词语是指五代的南唐,所以可以知道这种误解五代已经存在了。

但是使得这种误解扩大的元凶好像是黄山谷。但这样的错误说法也为一部分专家所采用，徽宗政和六年(1116年)完成的《本草衍义》有"今兰叶如麦门冬稍阔,而长及一三尺,无枝梗,殊不与泽兰相似"的记载。接着南宋孝宗淳熙元年(1174年)完成的《尔雅翼》,著者罗愿主张今之兰草一名"都梁香"者,是古之蔄而不是兰。现今像莎叶一样的兰才是古时的兰。

到了宁宗庆元五年(1199年),朱熹的《楚辞辨证》否定了山谷等人的说法,认为"大抵古之所谓香草,必其花叶皆香,而燥湿不变,故可刈而为佩。若今之所谓兰蕙,则其花虽香而叶乃无气,其香虽美而质弱易萎,皆非可刈而佩者也。其非古人所指甚明。"朱熹之说极是,像《楚辞·九歌·云中君》所说的"浴兰汤兮沐芳"这种豪华,就更不可能了。但如果是兰草,如前面陶弘景所述或者《本草唐本注》所记载的那样,是可以用来作浴汤的。

这姑且不论,山谷所说的兰蕙到了南宋其园艺大为流行,南宋末叶理宗的绍定六年(1233)赵时庚编撰了《金漳兰谱》,淳祐七年(1247)王贵学撰写了《王氏兰谱》,各自留下了50来种伪兰的记录,都是福建省漳州(今龙溪县)栽培的品种,就是所说的"建兰",此地也就是"建兰"的发源地。与此步调统一,水墨画的兰由南宋初期的文人杨补之、僧华光等开始描画,末期的赵子固、郑所南出,斯道大开;到了明代,兰作为水墨四君子之一已占有重要的地位。

在此之前,南宋的陈傅良著有《盗兰说》,力斥其非真兰,对伪兰加以嘲笑;元代方回著有《订兰说》,也对伪兰加以订正;明代的杨慎、吴草庐等都自为其说,辨别其伪,但大多没有什么创获(诸家文收录于《佩文斋广群芳谱》)。最后到了明末李时珍的《本草纲目》,该书把古代的兰分为"兰草""泽兰""山兰",给近代的伪兰起名为"兰花",明确地加以了区别。

7.1.2　兰花栽培历史

自古以来,艺兰前辈们虽然来去匆匆,但给我们留下了许多十分珍贵的兰花历史资料和诗词画卷。远在战国中后期(前340—前278年),大诗人屈原在《九歌》里就有"沅有芷兮澧有兰"、"秋兰兮青青,绿叶兮紫茎"、"春兰兮秋菊,长无绝兮终古……"的诗句。据湖南《沅州府志》记载:"芷是生于芷溪山间的一种花草,其花如蕙,一茎多至十二蕊,八九月开花,香远而久……"根据上述描述的花形、花色、花香、朵数以及开花的时间,"芷"应是秋天开花的建兰。

1. 南北朝时期

南北朝的陈朝(557—589年)关于兰花的记载更是辞章迭出,诗词歌赋不胜枚举。如广东刘清涌教授所著的《兰花》一书中,引用了当时一个叫周弘让写的《山兰赋》,其中就有这样的文句:"爱有奇特之草,产于空崖之地,仰鸟路而栽通,视行踪而莫至。挺自然之高介,岂众情之服媚。宁纫结之可求,非延伫之能泊。禀造化而均育,与卉木而齐致。入坦道而销声,屏山幽而静异。独见识于琴台,窃逢知于绮秀。"

这篇赋的作者周弘让,隐居句容(今江苏省句容县境)之茅山,这里靠近太湖。茅山、宝华山也正是我国春兰的著名产地。赋中所说的山兰,从描述的生态环境("产于空崖""屏山幽而静异")看,著作者应是一位兰花爱好者。刘教授对我国的历史、文学等领域都有很深的造诣。如果上述说法成立,这篇《山兰赋》距今至少已有1500年的历史。

2. 唐宋时期

到了唐朝,盆栽兰花日益增多。据《汗漫录》载:唐代诗人王维(摩诘)对盆栽养兰已颇有研究,他曾"用黄瓷斗,养以绮石,累年弥盛"。俞宗本《种树书》中提到"种兰蕙畏湿,最忌洒水"。宋《清异录》记五代"南唐保大二年,国主幸饮香亭赏新兰。诏苑令取泸溪美土,为馨列侯拥培之具"。这"新兰"指的应是当今的兰属植物。上述说明当时栽培兰花,已注意选择泥土和调节水分了。

进入宋朝,栽培兰花已颇为普遍。当时江浙一带手工业、商贸发达,文人辈出,已成为我国经济文化最发达的地区之一。尤其是南宋赵构南渡,在杭州建都,杭州成了全国政治、文化中心。特别是杭州附近的上海、南京、苏州、无锡、常州、宁波、绍兴、湖州、金华等地,爱兰、养兰蔚然成风。根据当时有关历史资料记载,宋朝开国君王宋太祖,也是一位爱兰者。他曾经下旨,命令广东、福建等地,每年向京城进贡兰花珍品。在当时的兰花中,由于"鱼魠"花品高雅、芳香,而且叶有时还会出现线艺,深受宋太祖赵匡胤青睐,故当时人们特称之为"赵花"。由于兰花株形典雅、花姿优美、叶态脱俗、幽香四溢,宋代一些著名诗人如陆游、刘克庄、范成大、杨万里等,先后写出了数量可观、文质很高的咏兰诗。如爱国诗人陆游,他在咏兰诗中写道:"南岩路最近,饭已时散策。香来知有兰,遽求乃弗获。生世本幽谷,岂愿为世娱?无心托阶庭,当门任君锄。"尤其值得一提的是,自宋以后,开始有人著书立说,同时开始对兰花进行初步的分类。如北宋书法家黄庭坚(1045—1105年),对栽兰颇有研究,他在《书幽芳亭》中写道:"兰蕙丛生,莳以砂石则茂,沃以汤茗则芳,是所同也。至其发华,一干一华而香有余者兰,一干五七花而香不足者蕙……"寥寥数笔,就把春兰与蕙兰的形态和香气两个最基本的特征都刻画出来了。同时说明在栽培中已经注意到选择排水良好的沙质土壤和施肥,才能生长繁茂,花开得好而芳香。由此可见,当时栽培江浙兰蕙的技巧已相当高了。另外应特别指出的是南宋时期的两本兰谱:一本是福建人赵时庚于1233年完成的《金漳兰谱》,这是我国也是世界上迄今为止保存最早最完整的一部研究兰花的专著。全书共分三卷,分为"叙兰容质""品兰高下""天地爱养""坚性封植""灌溉得宜"五个部分。兰分为紫兰和白兰两大类,紫兰指的是墨兰,而白兰指的是建兰中素心。书中对36个品种的形态特征作了描述,并论及兰花的品位。同时对不同品种的特性及其对土壤、肥料、水分、光照等的要求,均作了较为详细的描述。该书对研究兰花的栽培以及兰花的历史等很有价值。还有一本是继《金漳兰谱》之后,王贵学于1247年完成的《王氏兰谱》,该书对30余个品种的形态特征作了介绍,并从"品第之等""灌溉之候""泥沙之宜"等方面,更加详细地叙述了兰花栽培与管理。还讲到了"分拆之法"即分栽的方法。此外还有《兰谱奥法》《全芳备祖》《种艺必用》等。从以上的许多著作中可以看出,宋代对兰花的种类和栽培等已经有较为广泛的研究。

兰花对宋代社会生活和文学艺术也产生了很大的影响,几乎达到无时不有、无处不在的程度。如宋庆历八年(1048年),宁波余姚通济桥的桥拱上就有一幅"一曲蕙兰飞彩鹢,双城烟雨卧长虹"的雄壮石刻桥联。同时以兰花为题材进入国画,也是自宋代开始的,并开创了"以画赏兰"的风气。如南宋赵孟坚(1199—1267年)系开国皇帝宋太祖赵匡胤第十一世孙,家住浙江海盐,是我国最早画兰花的著名画家。他的两幅春兰画卷真迹中,春兰,如彩蝶飞舞在鲜花盛开的绿色草地之中。画上还题有:"六月衡湘暑气蒸,幽香一喷冰人心。曾将移入浙西种,一岁才华一两茎。"诗词中除了赞美兰花的幽香外,也道出了春兰一年之中只开一两朵花的特性。同时题诗中还告诉大家,此画创作于湖南,而兰花则是从浙江引入。目前这两幅春兰画卷仍完好地保存在北京故宫博物院内。

3. 元明时期

元代有关兰花的专著就更多了。如孔静斋在《至正直记》中,除了介绍广东、福建兰花外,又较详细地谈到了江浙一带的兰花,并指出当时社会上已十分重视江浙兰花了。同时书中对兰花的栽培要领以及前人的植兰方法和经验也写得很详细。如"喜晴恶日,喜阴恶湿,喜幽恶僻,盖欲干不欲经烈日,欲润不欲多灌水,欲隐不欲处荒芜,欲盛而苗繁则败"。"有竹方培兰,即喜晴恶日,喜幽恶僻之意"。直至今日,这些方法仍被许多兰花爱好者所应用。由于江浙一带属亚热带季风气候,温暖湿润,沿海航运便利,商业逐渐发达,故元代栽培江浙兰蕙迅速发展,画兰、写兰诗之风也十分盛行。如元初著名书法家赵孟頫(1254—1322年),其绘画功力比赵孟坚更深远,所绘《兰蕙图卷》也更为出色。他画的《竹石幽兰图》,画面上绘有深山幽谷,山石屹立;秀竹碧绿旁,窜出几丛生机盎然,幽香远播的兰花。还有元初著名诗人与画家郑思肖(1239—1316年),他画的墨兰、春兰,刚劲挺拔。他的传世名作《墨兰图》,不画泥土,上款还题有:"向来俯首问羲王,汝是何人到此乡? 未有画前开鼻孔,满天浮动古馨香。"落款:"求则不得,不求或与,老眼空阔,清风今古。"诗中充满着思念故国之情,同时以此表达民族的自尊心。他在1306年创作的《春兰画卷》,独具清幽风致。从此,兰花也逐渐成了忠贞的象征。

明代,兰花的栽培进入昌盛时期,江南一带的兰蕙品种不断增多,栽培经验日益丰富,兰花逐渐为一般人所共赏。据宁波兰协靳书伦主编的《宁波兰蕙文化》记载:"当时宁波一带栽兰赏兰逐渐成为民间的传统习惯,一般在每年春节前后,家家户户或采或买,总要栽上几盆兰花,爱其清香宜人、花期又长的特点,为居室和庭院增添几分春色。城里人如到山区踏青或是走亲访友,总忘不了采几丛兰花回来。当时有位诗人送友到宁波余姚曾赠诗一首曰:南飏泊江者,兰蕙幸未衰。为兰采芳者,何以遣所思。"诗中为由宋、元到明代,'兰蕙幸未衰',又将采兰者闻其名曰'采芳者',可见当时采兰莳兰之盛况。明代嘉靖年间《宁波余姚县志》对当地兰蕙产地和交流也有记载:"治西南并江有浦产兰,今其地曰兰墅。""蕙出深谷中,然治南大江乃独产蕙,因名蕙江。"明代还有张应文编著的《罗篱斋兰谱》,其包括"列品""封植""杂说"三部分。明代李时珍的《本草纲目》,对春兰、蕙兰、泽兰等的生态、释名、品类、形态及其用途等都有比较完整的论述。明代王象晋的《群芳谱》记载:"杭兰惟杭城有之,花如建兰,香甚,一枝一花,叶较建兰阔,有紫花黄心,色若胭脂,有白花黄心,白若羊脂,花甚可爱。"所谓"一枝一花"和"白若胭脂",指的是浙江的春兰的彩心种和素心种,其实其他地方的春兰也应是如此的。明代高濂的《遵生八笺》写了"种兰法""培养四戒""弦雪居重订逐月护诗诀"等部分。其中"春不出宜避春之风雪,夏不日避炎日之销烁,秋不干宜常浇也,冬不湿宜藏之地中,不当见水成冰"的养兰四戒。后人常取其每句话的头上三字,即"春不出,夏不日,秋不干,冬不湿",编成"十二字诀"。直至今日,这句话仍是我们养兰的根本方法,其含义之深就可想而知了。明代冯京第,笔名鹿亭翁、簟溪子等,著有《兰易》《兰易十二翼》《兰史》三书。《兰易十二翼》的"喜日而畏暑;喜风而畏寒;喜雨而畏潦;喜润而畏湿;喜干而畏燥;喜土而畏厚;喜肥而畏浊;喜树荫而畏尘;喜暖气而畏烟;喜人而畏虫;喜聚族而畏离母;喜培植而畏骄纵。"是对兰花习性和栽培方法十分恰当而生动的总结,对于现代的养兰来说,仍然具有一定的指导意义。明代云南白族杨安道写的《南中幽芳录》,对以莲瓣兰为主的38个兰花品种的特征以及梅瓣、荷瓣、水仙瓣、竹叶瓣和线艺兰均作了描述。同时该书对于兰花的瓣型划分要比清代鲍薇省的"瓣型论"早了近400年。明代有关兰花的绘画就更多了,如徐渭的《水仙兰竹画》,既画兰花,又在画上题有:"水仙丛竹挟兰花,总是湘中三美人。莫遣嫦娥知此辈,定抛明月下江津。"诗中把兰花、水仙与翠竹比喻成"三美人"。故他的画美,诗更美。明人文徵明画兰,则常杂以竹、荆、石块等以衬托兰姿,他的《兰竹卷》风韵一直影响至今。随后女画家马守真的工笔淡写,画家周天球的折叶卷兰等,都各具风采。

4. 清朝时期

清代是养兰全盛时期,达到了前所未有的顶峰,兰文化空前发展。宁波奉化著名艺兰家汪益年太祖父汪克明,清康熙年间在宁波奉化山中寻得我国名兰中最早的一枝春兰——汪字。清代江浙一带对春兰和蕙兰的兴趣更为浓厚,同时各地积累了为数可观的兰花品种和丰富的栽培经验。有些地方每年早春都要举行兰花花会,一般都是养兰大户发起,自愿结合,规模大的借祠堂、会馆举办。花会期间,各家选择自己栽培的兰花名品、奇花异草供大家欣赏。志趣相投,切磋兰艺,问兰求兰,交换品种,以兰结友,有时还讲讲兰花的故事。有记载的清代最早的一次兰花花会于清嘉庆初年(1796年)三月在江苏苏州举行。这次兰花花会上浙江嘉善魏塘镇胡小梅先生,在清嘉庆初年(1796年)春,向浙江富阳下埠头兰农唐福康选人的大一品,被这次大会推崇为蕙兰荷花形之冠。据宁波余姚方家著名艺兰前辈方鑫友先生说,清嘉庆年间宁波余姚兰花会馆成立,主要发起人有方宝山、方异翁、吴俊杰、方鹤星、郭明忠等。这是我国第一家以兰花名义成立的组织(性质与现在的兰花协会相似)。这个兰花会馆,孕育出了我国第一批优秀艺兰家,如宁波余姚方宝山、王瑾南、方异翁(清《兰花手记》作者)、方鹤星(龙字兰花得主)、郭明忠、方清解等。在兰花会馆的宣传和组织下,宁波余姚还相继出现了穆寅谷、张圣林、胡阿毛、贺永康、沈建成、方鑫友、王叔平、胡志田、黄氏夫人等数十人。这个会馆为宁波乃至全国的兰文化的发展做出了宝贵的贡献。同时随着新的园艺品种不断出现,在清时涌现出了许多著名的艺兰家和许多经验丰富、祖祖辈辈采兰、养兰、卖兰的中国兰农。如清顺治、康熙年间有宁波君子街卢家卢家锦、绍兴王化乡宋锦璇、上海青浦县朱宗仁、宁波奉化汪克明、绍兴段家汇段福昌等。清乾隆年间有浙江太守吴幼云、江苏武进(今称常州)名医程俊生、浙江嘉兴陈砚耕、上海李良宾等。清嘉庆年间有宁波余姚梨州高庙山吴俊杰、宁波余姚方家方宝山、浙江嘉善魏塘镇胡小梅、浙江富阳金桥毛大挺、浙江长兴秦福生、浙江嘉善阮秋浩等。清道光年间有浙江嘉兴许霁楼、杭州邵芝岩、宁波慈溪潘永福、宁波慈溪药行老板唐国民、宁波余姚方家方异翁、宁波余姚方家方鹤星、浙江长兴冯虞臣、宁波湖西吴蜀卿、苏州王明阳、浙江萧山沈沛需、宁波余姚豆制品老板褚神元等。清咸丰年间有杭州余杭塘口华昌甫、江苏常熟名医叶碗香、宁波余姚张圣林、宁波余姚黄明镇穆寅谷、宁波余姚方家方清铄、浙江长兴弗文庭等。清同治年间宁波林太和、宁波余姚包福生、宁波奉化汪益年、浙江浦江县杨俊华、上海姚明春和袁忆江、浙江嵊县魏福生等。清光绪、宣统年间有我国台湾台北市公馆陈天音,浙江新昌孙培生,上海虞新明,绍兴楼为生,宁波镇海柴永达,宁波高福星、余永祥、陈元良、冯忠明,宁波余姚沈建成、胡宝桂,杭州倪敬之、冯长金、吴永卿(吴恩元父亲)、周寅伯、陈和卿、沈大全、陈企兰、肖福星、汪登科,苏州汪可敬、顾翔霁,湖州纽慎五、余福星、浙江兰溪华康安,宜兴徐根思等。在江浙等地,可以说数不胜数。

同时随着历代兰谱和江浙兰蕙许多珍品的出现,清代也涌现出许多艺兰创作家,纷纷写出具有一定价值的兰谱。不过清代先后推出的十多部兰花专著中,大多讲浙江和江苏的春兰和蕙兰,少数也有叙述建兰和墨兰等,一般叫作江浙兰蕙。如清康熙年间陈溟子所辑的《花镜》一书,对欧兰(春兰)、蕙兰、建兰和风兰等记述较为详细,并附有兰花释名共35品,既描述了形态特征，又分述了栽培要领，故实用性很高。嘉庆初年（1796 年）朱克柔所著的《第一香笔记》，共分四卷。卷一是花品和本性；卷二是外相及培养；卷三是防护和杂说；卷四是引证和附录。由于作者有几十年的育兰经验和心得，故他的书中有许多是作者自己的独到见解，如"新花畏风，复花喜风；新花恶日，复花宜日"。"久雨不可骤晒，烈日不宜暴雨"等，他以一正一反的对照方法列出，因而至今仍有实用价值。清初鲍薇省继云南白族杨安道之后，总结了前人赏兰的心得。同时汇集了江浙一带人们欣赏兰花的许多独特习惯用语。他在《艺兰杂记》中提出了瓣形学说，详细地勾勒出江浙兰花的梅、荷、水仙瓣等瓣形的标准。又把兰花构造归纳为"五瓣分窠"、"分头合背"和"连头合背"等类型。这些创举使我国兰花的欣赏有了明确的定位，影响之深之大是前所未有的。从此，我国兰花的花朵各部位都有了专用的名词。如兰花的三片萼瓣称为外三瓣，居中的一片称为主瓣，左右两片称为副瓣。两片副瓣伸展的形态称为肩，主瓣向前伸展称为盖帽，向上伸展称为挺。内轮上方一对花瓣称为捧瓣，捧瓣前端张开称开天窗，中间一片花瓣称为舌。蕊柱称为鼻，内轮三片花瓣合称中宫等，可惜该书已不易见到。继《艺兰杂记》后评论我国兰花瓣型著作的有：清嘉庆（1796 年）苏州人朱克柔的《第一香笔记》。屠用宁在嘉庆年间（1811）创作的《兰蕙镜》，书中对兰蕊的瓣壳、审色以及看筋等鉴别品种的方法论述得非常详细。尤其是书后以歌谣形式的"十二月养兰法"，对于后人养兰极具指导意义。还有道光年间（1820 年）周怡庭的《名种册》、咸丰初年（1851 年）孙侍州的《心兰集》和陈研耕的《王者香集》、清同治年间（1861 年）周荷亭的《种兰法》、刘孟詹的《艺兰记》、宁波余姚黄氏的《兰蕙说》等著作相继问世。其中尤以浙江嘉兴秀水许霁楼为最，他于同治四年（1865 年）写出了《兰蕙同心录》，并于 1891 年正式出版。许嗜兰成癖，种植很多兰花，且有丰富的养兰经验，故他写的《兰蕙同心录》内容广泛，入木三分。尤其对江浙的兰蕙，刻画得相当详细。全书共分二卷，卷一叙述兰花栽培方面的知识，如场地、泥土、灌溉、栽培、分根、蔽日、御冻等项。卷二描述兰花品种的识别和分类，共记载了我国第一代名品 58 个，并绘印墨线兰花花形图，是我国首部附有兰花图的兰花专著；同时还附有浙江萧山沈沛霖分栽兰蕊头形八法，说该书作者是江浙兰蕙发展的奠基人，一点也不过分。袁世俊江苏苏州人士，他以自己几十年的育兰经验和心得为素材，于光绪二年（1876 年）撰写成《兰言述略》，全书共分为四卷。卷一是花品及花性；卷二是种类及培养；卷三是名贵与杂说；卷四是纪事与附录。全书介绍了名种春兰 28 个和蕙兰 69 个。该书特别值得一提的是形成了一套"花品九种"的瓣形理论，进一步把江浙一带兰蕙中的梅、荷、水仙以及素唇瓣的园艺品种分别列出，并借用人体器官比拟，将兰花人格化。如主瓣喻"头"，副瓣喻"肩"，蕊柱喻"鼻"，花瓣喻"舌"等，至今仍然沿用。广东区金策编著的《岭海兰言》，内容相当广泛，他自己对养兰又有丰富的经验，书中指出"以面面通风为第一义，不得已，以刻刻留心为第二义"；"兰喜阳而恶热，喜雨而恶湿，喜遮而恶密，喜风而恶雪"；"养兰之法，阳多则花佳，阴多则叶佳"；"久旱得雨，兰芽怒生；阴雨连旬，兰根朽腐"；"兰畏久晒，法必须遮；兰贵通风，遮又忌密"；"兰不通风，阳多则晒死，阴多则淤死"等。有许多独特的见解，有些地方至今仍然是养兰的宝鉴。另外，杜筱舫的《艺兰四说》，分为品类、种植、灌溉、培护四大部分。书中对于栽培方面都有自己的创见和实践经验的总结介绍，至今仍有参考价值和实际应用价值。同时书中对于兰蕙品种的出处和鉴别品种优劣标准的论据，精辟而又突出。其后又有刘文琪的《艺兰谱》、岳木溇的《养兰说》、清芬室主人的《艺兰秘诀》、金石寿的《培兰要则》、宁波收藏家徐章全先生保存的宁波余姚方家方异翁的《兰蕙手记》、宁波君子街卢家卢氏家族的《卢氏兰蕙谱》、浙江富阳李永恒的《李氏艺兰记》等。方界翁先生写的《兰蕙手记》，在清代、民国期间流传较广，对我国50多种兰蕙珍品的历史、特征有较详细的记载。浙江魏塘《龚氏藏本》、小蓬莱《吟花逸史》等都有清代养兰的记载。可惜以上许多著作目前都已很难见到。

由于清代是中华兰文化的高度发展时期，故画兰并在画面上题诗咏兰蔚然成风。"扬州八怪"之一的郑板桥特别喜欢画兰。他说："兰有幽芳，竹有劲节，德相似也；竹历寒暑而不凋，兰发四时而有蕊，寿相似也。"郑板桥以兰与石为伴，他说兰虽瘦，而骨硬；兰虽弱，而魂秀。他的《兰竹图》高雅素洁，笔墨挺崛而洒脱，还题有颂兰诗："两峰夹兰竹，幽兰在空谷；何必世人知，相知有樵牧。"生长在幽谷，散发着清香的兰花，没有必要让世人知道，只要有樵夫与牧童知道就足够了。很显然是在赞美兰花不求名利、与世无争的品格。他的传世名作《半盆兰蕊》："盆是半藏，花是半含；不求发泄，不畏凋残。"只短短十六个字，歌颂了兰花既不求发泄情欲，又不畏凋残的品格。他的题兰花诗竟达七八十首之多，他借兰讽今，鄙视权贵，蔑视世俗，抒发自己的悲愤之情，寄托自身高洁的志向和希望。清代李鱓因画兰成名，他的画孤独而又执拗，意趣高远，自然天成。李方膺画兰，朵朵质朴恬静，飘逸奇幻，不娇不媚，力压群芳。清代还有石涛的《兰石图》等，在当时都颇有影响。

5. 民国时期

民国期间，虽然战火四起，但爱兰、养兰者还是相当多的。有远近闻名的大户、富户，也有不少文人墨客和经营规模大小不一的生意人家，有专为养兰而建起花园的。也有在院子里、天井里种植几十盆或十几盆品种不同的兰花的。据宁波靳书伦主编的《宁波兰蕙文化》记载："光宁波地区的余姚、奉化、慈溪、鄞州等地，养兰大户就有数百家，兰花达数万盆。"又据当时《宁波余姚县志》记载："城内有养兰大户70余家，养兰多的每户达700多盆。"当时浙江的杭州、绍兴、湖州、金华等地，还有上海以及江苏的无锡、苏州、常熟、宜兴等地，养兰的规模也与宁波相似。他们在这块秀美而温润的江南大地上，绘画出一个雅俗共赏的兰花文化。同时民间还经常举行兰花花会，形式和规模也大有改观。民国期间最大的一次全国性兰花盛会，于1933年3月在上海半淞园举行，到会的有我国兰界许多著名人物，如上海王云五、费文元、徐蒲荪、王宪臣、唐驼、余福民、俞致祥、郁孔昭等；杭州吴恩元、崔怡庭、吴辅臣、童犹香等；绍兴严念初、罗星恒、姚振飞等；宁波杨祖辰、柴志烂、胡焦泰、王叔平等；江苏宜兴朱竞南、无锡荣文卿、苏州谢瑞山等。义乌在1930年选入的春兰梅瓣，因花形端庄秀丽，夺得魁首，后以这次花会会址和瓣形命名为'冠淞梅'。

民国期间涌现出许多具有丰富经验的艺兰家。如杭州吴恩元、卢长寿、陈嗣曙、童犹香、蒋仲谋、吴辅臣、戚子刚、崔宝祥、崔怡庭等；宁波杨祖辰、王叔平、胡志田、黄氏夫人、柴志烂、胡焦泰、徐章全、朱世良、贺永康、冯光明、方鑫友、宋毅仁等；绍兴严含初、寿明斋、孙鼎立、宋庚生、姚振飞、董仁裕、王友山、罗星恒、魏迪文、诸涨富、史月掌、王锦禄、金阿毛、金阿海、蔡昌良、王六九、王六十、刘召泉、刘召德、张连生、钱鹤龄、钱阿高、诸长生、诸友仁、刘德林、王长友、陈阿香、纽天华、周瑞华、柴正年等；上虞凌才华、汤益福、周萃安、章福生等；上海唐驼、张静江、余福民、俞致祥、秦采南、郁孔昭、张君、王宪臣、何乃龙、陈德明、俞祖法、虞新民、张智明等；浙江余杭古荡镇周剑鸣等；浙江肖山白智仁等；浙江湖州章虎臣等；浙江安吉县杜松鹤等；浙江兰溪华康安、陈元吉、王士兴、杨建明、郑忠孝等；江苏无锡沈渊如、杨干卿、荣文卿、曹子瑜、蒋瑾怀等；江苏苏州谢瑞山、盛永福、罗长寿、叶祖元、徐品山等。江苏宜兴尹瑞秀、张守忠、朱竞南等；浙江金华余道友、康明忠等；浙江义乌陈子彬等；浙江舟山孔德林等；浙江安吉县杜松鹤等；台湾吴春和、范朝澄、邵德成、何沐生、刘福顺、刘兴渭、林西陆、林德音、范光霖、范光铭、周德宜等。我国艺兰事业的兴旺发达，无不包含着他们的辛劳和智慧。

民国期间也涌现出了许多艺兰创作家，写出了不少优秀的艺兰作品。首推1923年出版的《兰蕙小史》，作者吴淳白(吴淳元)、唐驼。吴淳元，浙江余杭人士，生于清同治三年(1867年)，是浙江财团杭州九峰阁阁主吴永卿先生的儿子。在他的九峰阁的兰宛里，植有传统兰蕙近千盆。规模之大、品种之全、管理之精是江南之最。同时他在学习前人经验和长期对兰蕙发芽、生长、起蕊、开花等观察和比较中，掌握了许多鉴别兰蕙品种的规律和方法。唐驼，江苏武进(今称常州)人，生于清同治八年(1870年)，光绪二十六年(1900年)，经人介绍离开了老家江苏武进，到上海中国图书公司任职。唐驼41岁那年，满清政府被推翻，后转到上海文明书局任职。由于唐驼学识广博，应邀参与《兰蕙小史》的编著工作。吴、唐二人经过多次商量和斟酌，由吴恩元先生执笔，唐驼负责校正等事宜。在江、浙、沪、皖经验丰富的许多兰农和艺兰家的具体帮助下，以《兰蕙同心录》为蓝本，对当时的兰花品种和栽培方法作了较全面的介绍。全书分为上、中、下三卷。上中二卷共记载了江、浙、沪我国第一代兰蕙名种100多种，并按瓣型进行了分类；记有我国第一代春兰中的梅瓣48种，水仙瓣12种，荷瓣19种，奇瓣5种；我国第一代蕙兰中的绿蕙19种，赤蕙32种，绿荷花4种，赤荷花1种，绿素蕙2种，绿蕙荷素1种，赤蕙素1种，蝴蝶蕙1种。我国第一代兰蕙合计145种。下卷详述了兰花栽培知识，并附录艺兰记事。两位作者在吸收前人种兰经验的同时，又对自己的艺兰实践进行了总结，至今仍被兰界和广大兰花爱好者所采用。书中还附有一百多帧黑白照片及几十幅绘制精致的兰花图稿。该书以浙江财团杭州九峰阁为靠山，采用当时印刷业最先进的科技，用网点微细的铜版印刷得非常清晰逼真，在那个时代是最先进、最考究的。《兰蕙小史》一问世，即刻轰动了当时的兰界，人人都争相传阅，以先睹为快。至于后人，更是把它作为一种无价之宝加以珍藏。人们喜爱《兰蕙小史》，更尊敬和赞扬他们不仅耗去了巨资，也耗去了几十年的心血(出版时吴恩元已56岁，唐驼也已53岁)。该书对兰蕙的鉴赏和描绘手法以及品种的称谓，一直延续至今。可见其贡献之大，影响之深远。故他们的精神还将被一代代的养兰人传颂下去。王叔平，宁波余姚马渚镇(原开元乡瑶湖苑)人士，生于清光绪二年。他自选和收集了600多盆名兰，而且不断钻研养兰技术和瓣形理论，写出了《五十年艺兰经验谈》一书，具有一定的实用和史资价值，在国内也有相当大的影响。于照是当时北京有名的画家，《都门艺兰记》是他在北京的艺兰经验之谈，颇有实用价值。还有1930年在杭州商务印刷总编王云五先生的帮助下，后由商务印书馆出版的夏诒彬所著的《种兰法》。这本书记载了各种兰花；有地生兰和附生兰；是一本普及性质的书，内容有兰花的品格、产地、习性、形态等。同时还讲述了兰花的繁殖、管理及病虫害的防治；是一本科学性、系统性较强的艺兰著作。

6. 中华人民共和国成立至今

中华人民共和国成立后，我国的养兰事业，随着国家政治的相对稳定以及经济建设的逐步发展，也呈现出了一片新的景象。以前，写兰诗、作兰著的大多是江浙一带人。我国西南各地(区、市)以前兰著虽有，但不多。因有那么一段时期，只偏重江、浙、沪、皖的春兰和蕙兰之故。其实西南各地养兰历史悠久，兰事兴旺，民风淳朴，兰文化发达。近代随着墨兰、建兰、寒兰等兰种的进一步开发，那些地方的兰花专著像雨后的春笋一般。如广东刘清涌教授编著的《兰花》，邓承康先生编著的《养兰》，陈远星先生编著的《中国兰花素问》，宋石先生编著的《中国名兰品花宝鉴》，吴开元先生编著的《中国兰花名品录》，胡德中、戴抗编著的《东方兰花》，刘金、潘光华编著的《兰花》，许东生先生编著的《兰花赏培要诀》等，有数十部之多，且内容丰富、文笔流畅、格理分明，都具有很高的史料价值和学术价值。同时兰花的种植也相当普遍，而且对植兰技艺和鉴赏等方面的研究也十分深入。然而，其他一些省（区、市），在原来的基础上，也写出了许多文质很高的兰花专著，如吴应祥教授编著的《中国兰花》，沈渊如、沈荫椿父子编著的《兰花》，丁永康先生编著的《兰海拾贝》，卢思聪编著的《中国兰与洋兰》，李仁韵编著的《兰韵》，宁波靳书伦主编的《宁波兰蕙文化》，关文昌、朱和兴编著的《兰蕙宝鉴》，绍兴兰协编著的《绍兴兰文化》等，也有数十部之多。据初步统计，近代全国涌现出了许多经验丰富的艺兰家、艺兰创作家，有数百人之多。

我国台湾地区地处亚热带，自然环境优良，四季气候温暖，且空气多湿，兰花的原生品种繁多，栽兰历史悠久，远在清光绪二十一年（1895年），台湾养兰鼻祖陈天音先生就开始采兰、养兰、卖兰。近代我国台湾养兰风气更加普及，遍及我国台湾地区各个角落，养兰人口大幅度增加。养兰气势比我国大陆，实有过之而无不及。新一辈的台湾兰友，成立了各种兰花组织。在固定品种的基础上，又积极发掘本地特有的各种兰花自然资源。鉴赏的范畴也逐渐由过去的狭隘线艺品种，延伸到花艺、线艺并重的领域。据估计，正式兰园就有2万多个，参与投资者30万人以上，并从大陆地区以及英国、东南亚和中南美洲引进各种优良品种，利用台湾优良自然条件，进行大量繁殖改良工作。加上台湾本地改良品种渐多，台湾目前各种兰花名品种已有数百种之多，且时常有好的品种出现。目前台湾本地的兰花市场有限，故其所产的兰花主要用于出口。兰花商场及兰贩子应运而生，兰花的生产及科研也因此得到发展。同时培育的新品种及出版的兰花专著已引起我国大陆及国际社会的关注。如《艺兰专辑》《兰友》（月刊）。《现代养兰学全书》、《台湾养兰全集》、《士林兰话》、《兰》等著作，有数十部之多。

7.2 兰花的诗词及相关典籍

7.2.1 兰花诗词

"诗言志，歌咏言"，这是前人对诗歌本质的概括和总结。什么是志？《诗经·毛诗序》解释说："诗者，志之所之也。在心为志，发言为诗，情动于中而形于言。"可见，所谓的"志"，就是诗人内心情感的抒发。诗歌是思想的反映、情感的产物。

诗人言志，不是用抽象的语言或者空洞的言论，而是借助具体的形象。兰是君子，蕙为士大夫。兰蕙在文人的心中是高尚、美好、无私、高雅的代名字。因此历史上众多文人以兰咏志，以兰抒情，写出了许多诗篇。表现手法有咏物、寄情、寓意、直陈、比兴。

1. 先秦
易经·系辞

咏兰

二人同心，其利断金。
同心之言，其臭如兰。

孔子

咏兰

夫兰当为王者香，今乃独茂，与众草为伍，譬犹贤者不逢时，与鄙夫为伦也。
不以无人而不芳，不因清寒而萎瑣。气若兰兮长不改，心若兰兮终不移。

屈原

九歌离骚

绿叶兮素花，芳菲菲兮袭余。
秋兰兮青青，绿叶兮紫茎。
余既滋兰之九畹，又树蕙之百亩……
扈江蓠与辟芷兮，纫秋兰以为佩……
时暧暧其将罢兮，结幽兰而延伫……
户服艾以盈要兮，谓幽兰其不佩……
兰芷变而不芳兮，荃蕙化而为茅……

2. 汉晋南北朝
牟融

山寺律僧画兰竹图

偶来绝顶兴无穷，独有山僧笔最工。
绿径日长袁户在，紫茎秋晚谢庭空。
离花影度湘江月，遗珮香生洛浦风。
欲结岁寒盟不去，忘机相对画图中。

张衡

怨篇

猗猗秋兰，植彼中阿。
有馥其芳，有黄其葩。
虽曰幽深，厥美弥嘉。
之子云远，我劳如何。

傅玄

秋兰篇

秋兰映玉池，池水清且芳。
芙蓉随风发，中有双鸳鸯。

双鱼自踊跃，两鸟时回翔。

君其历九秋，与妾同衣裳。

嵇康

酒会诗

猗猗兰蔼，植彼中原。

绿叶幽茂，丽蕊浓繁。

馥馥惠芳，顺风而宣。

将御椒房，吐薰龙轩。

瞻彼秋草，怅矣惟骞。

陶渊明

饮酒

幽兰生前庭，含薰待清风。

清风脱然至，见别萧艾中。

行行失故路，任道或能通。

觉悟当念还，鸟尽废良弓。

谢灵运

赠从弟弘元时为中军功曹住京诗

昔闻兰金，载美典经。

曾是朋从，契合性情。

我违志桼，显藏无成。

畴鉴予心，托之吾生。

石室山诗

清旦索幽异，放舟越坰郊。

莓莓兰渚急，藐藐苔岭高。

石室冠林陬，飞泉发山椒。

虚泛径千载，峥嵘非一朝。

乡村绝闻见，樵苏限风霄。

微戎无远览，总笄羡升乔。

灵域久韬隐，如与心赏交。

合欢不容言，摘芳弄寒条。

王微

题小姬画兰（二首）

借郎画眉笔，为郎画纨扇。

纨扇置郎怀，开时郎自见。

幽窗墨麝浓，骚经亲自注。

为恨子兰名，抹入棘丛去。

王俭

春诗（二首）

兰生已匝苑，萍开欲半池。

轻风摇杂花，细雨乱丛枝。

风光承露照，雾色点兰晖。

青荑结翠藻，黄鸟弄春飞。

梁武帝萧衍

紫兰始萌诗

种兰玉台下，气暖兰始萌。

芬芳与时发，婉转迎节生。

独使金翠娇，偏动红绮情。

二游何足坏，一顾非倾城。

羞将苓芝侣，岂畏鹧鸠鸣。

《子夜四时歌·春歌四首》之二

兰叶始满地，梅花已落枝。

持此可怜意，摘以寄心知。

梁建文帝萧纲

半路溪

相逢半路溪，隔溪犹不渡。

望望判始是，翩翩识行步。

摘赠兰泽芳，欲表同心句。

先将动旧情，恐君疑妾妒。

梁元帝萧绎

赋得兰泽多芳草诗

春兰本无绝，春泽最葳蕤。

燕姬得梦罢，尚书奏事归。

临池影入浪，从风香拂衣。

当门已芬馥，入室更芳菲。

兰生不择迳，十步岂难稀。

望春诗

叶浓知柳密，花尽觉梅疏。

兰生未可握,蒲小不可书。

萧备

咏兰诗

折茎聊可佩,入室自成芳。
开花不竞节,含秀委微霜。

张正见

赋新题得兰生野径诗

披襟出兰畹,命酌动幽心。
锄罢还开路,歌喧自动琴。
华灯共影落,芳杜杂花深。
莫言闲迳里,遂不断黄金。

3. 隋唐
辛德源

猗兰操

奏事传青阁,拂除乃陶嘉。
散条凝露彩,含芳映日华。
已知香若麝,无怨直如麻。
不学芙蓉草,空作眼中花。

赵元淑

闻杨炯幽兰之歌作

昔闻兰叶据龙图,复道兰林引凤雏。
鸿归燕去紫茎歇,露往霜来绿叶枯。

唐太宗李世民

芳兰

春晖开紫苑,淑景媚兰场。
映庭含浅色,凝露泫浮光。
日丽参差影,风传轻重香。
会须君子折,佩里作芬芳。

赋得花庭雾

兰气已熏宫,新蕊半妆丛。
色含轻重雾,香引去来风。
拂树浓舒碧,萦花薄蔽红。
还当杂行雨,仿佛隐遥空。

上官仪

假作幽兰诗

日月虽不照，馨香要自丰。
有怨生幽地，无由逐远风。

王勃

春兰

山中兰叶径，城外李桃园。
直知人事静，不觉鸟声喧。

李白

孤兰

孤兰生幽园，众草共芜没。
虽照阳春晖，复悲高秋月。
飞霜早淅沥，绿艳恐休歇。
若无清风吹，香气为谁发？

赠友人

兰生不当户，别是闲庭草。
夙被霜露欺，红荣已先老。
谬接瑶华枝，结根君王池。
顾无馨香美，叨沐清风吹。
馀芳若可佩，卒岁长相随。

于五松山赠南陵赞府

为草当作兰，为木当作松。
兰秋香风远，松寒不改容

韩愈

猗兰操

兰之猗猗，扬扬其香。
不采而佩，于兰何伤。
今天之旋，其曷为然。
我行四方，以日以年。
雪霜贸贸，荠麦之茂。
子如不伤，我不尔觏。
荠麦之茂，荠麦之有。
君子之伤，君子之守

刘禹锡

令孤相公见示新栽蕙兰二草之什兼命同作

上国庭前草,移来汉水浔。

朱门虽易地,玉树有馀阴。

艳彩凝还泛,清香绝复寻。

光华童子佩,柔软美人心。

惜晚含远思,赏幽空独吟。

寄言知音者,一奏风中琴。

白居易

问友

种兰不种艾,兰生艾亦生。

根荄相交长,茎叶相附荣。

香茎与臭叶,日夜俱长大。

锄艾恐伤兰,溉兰恐滋艾。

兰亦未能溉,艾亦未能除。

沈吟意不决,问君合何如。

元稹

春别

幽芳本未阑,君去蕙花残。

河汉秋期远,关山世路难。

云屏留粉絮,风幌引香兰。

肠断回文锦,春深独自看。

贾岛

咏兰

兰色结春光,氛氲掩众芳。

过门阶露叶,寻泽径连香。

畹静风吹乱,亭秋雨引长。

灵均曾采撷,纫佩挂荷裳。

4. 宋代

梅尧臣

兰

楚泽多兰人未辩,尽以清香为比拟。

萧茅杜若亦莫分,唯取芳馨袭衣关。

王安石

朱朝议移法云兰

幽兰有佳气，千载閟山阿。
不出阿兰若，岂遭乾闼婆。

苏轼

题杨次公春兰

春兰如美人，不采羞自献。
时闻风露香，蓬艾深不见。
丹青写真色，欲补离骚传。
对之如灵均，冠佩不敢燕。

题杨次公蕙

蕙本兰之族，依然臭味同。
曾为水仙佩，相识楚词中。
幻色虽非实，真香亦竟空。
发何起微馥，鼻观已先通。

苏辙

次韵答人幽兰

幽花耿耿意羞春，纫佩何人香满身。
一寸芳心须自保，长松百尺有为薪。

幽兰花

李径桃蹊次第开，穠香百和袭人来。
春风欲擅秋风巧，催出幽兰继落梅。
珍重幽兰开一枝，清香耿耿听犹疑。
定应欲较香高下，故取群芳竞发时。

种兰

兰生幽谷无人识，客种东轩遗我香。
知有清芬能解秽，更怜细叶巧凌霜。
根便密石秋芳草，丛倚修筠午阴凉。
欲遣蘼芜共堂下，眼前长见楚词章。

范成大

次韵温伯种兰

灵均堕荒寒，采采纫兰手。
九畹不留客，高丘一回首。

峥嵘路孔棘,凄怆肘生柳。
逐令此粲者,永与穷愁友。
不如汤子远,情事只诗酒。
但知爱国香,此外付乌有。
栽培带苔藓,披拂护尘垢。
孤芳亦有遇,洒濯居座右。
君看深林下,埋没随藜莠。

杨万里

咏兰

健碧缤缤叶,斑红浅浅芳。
幽香空自秘,风肯秘幽香。

朱熹

秋兰已悴以其根归学古

秋至百草晦,寂寞寒露滋。
兰皋一以悴,芜秽不能治。
端居念离索,无以遗所思。
愿言托孤根,岁晏以为期。

兰涧

光风浮碧涧,兰杜日猗猗。
竞岁无人采,含薰只自知。

赵孟坚

题兰

六月衡湘暑气蒸,幽香一喷冰人清。
曾将移入浙西种,一岁才华一两茎。

5. 金、元
郑思肖

墨兰

钟得至清气,精神欲照人。
抱香怀古意,恋国忆前身。
空色微开晓,晴光淡弄春。
凄凉如怨望,今日有遗民。

仇远

题赵松雪竹石幽兰

旧时长见挥毫处,修竹幽兰取次分。

欲把一竿苔水上，沤波千倾看秋云。

吴镇

画兰

舶棹风下东吴舟，抔土移入漳泉秋。
初疑紫莛攒翠凤，恍如绿绶萦青虬。
猗猗九畹易消歇，奕奕百亩多淹留。
轩窗相逢与一笑，交结三友成风流。

吴师道

题赵子昂为吴德良所作兰竹图

幽兰何猗猗，疏篁亦萧萧。
石间澹相倚，合合不待招。
吾宗昔妙年，依光近乘轺。
清芬散春直，风气凌烟霄。
美人松雪居，逸思共飘飘。
忻然染毫素，写之配高标。
宝藏三十载，不啻口琼瑶。
相携湖江上，未觉山林遥。
勖哉君子心，自保同不凋。

子昂兰竹图

湘娥清泪未曾消，楚客芳魂不可招。
公子离愁无处写，露花风叶共萧萧。

释宗衍

遣兴

紫兰生幽林，聊与众草伍。
青蝇亦何物，天乃傅其羽。
鸱枭纷翱翔，凤凰不一睹。
自古已云然，今人况非古。

袁士元

题兰水仙墨竹

上林春又老，在野抱幽贞。
泣露丹心重，凌波玉步轻。
孤山初雪霁，三径午风清。
志操浑相似，何妨共结盟。

张渥

题赵翰林墨兰

白欧波点砚池清，楚畹香风笔底生。
记得弁峰春雨后，拔云移种向南荣。

6. 明代

墨兰

楚雪春已晴，沅湘水初满。
去年故叶长，今年新叶短。
波明碧沙净，日照紫苔暖。
不见泽中人，江南暝云断。

张羽

咏兰花

能白更兼黄，无人亦自芳。
寸心原不大，容得许多香。

咏兰叶

泣露光偏乱，含风影自斜。
俗人那解此，看叶胜看花。

丁鹤年

画兰

湘皋风日美，芳草不胜眷。
欲采纫为佩，惭非楚荩臣。

文徵明

兰

叶扬东风翠带斜，白云根底茁红芽。
山中谁得称君子，满地无名野草花。
纤纤小雨作轻寒，最好疏篁带雨看。
正似美人无俗韵，清风徐洒碧琅玕。

建兰

灵根珍重自瓯东，绀碧吹香玉两丛。
和露纫为湘水佩，临风如到蕊珠官。
谁言别有幽贞在，我已相忘臭味中。
老去相如才思减，临窗欲赋不能工。

泽兰图

草堂安得有琳琅，傍案漪兰奕叶光。
千里故人来解佩，一窗幽意自生香。
梦回凉月瓯江远，思入风云楚畹长。
渐觉不闻馀馥在，始知身境两相忘。

徐渭

墨兰

醉抹醒涂总是春，百花枝上缀精神。
自从画取湘兰后，更不闲题与别人。

题兰竹

兰与竹相并，非关调不同。
氤氲香不远，聊为引清风。

水仙兰

自从生长到如今，烟火何曾着一分。
湘水湘波接巫峡，肯从峰上作行云。

兰薄

采采幽兰花，清香畏零落。
何处佳人来，含情坐林薄。

7. 清代
吴嘉纪

三月三日绝句

船头昨夜雨如丝，沃我盆中兰蕙枝。
繁蕊争开修禊日，游人正是到家时。

朱耷

兰石

王孙书画出天姿，恸忆承平鬓欲丝。
长借墨花寄幽兴，至今叶叶向南吹。

朱彝尊

顾夫人画兰

眉楼人去笔床空，往事西州说谢公。
尤有秦淮芳草色，轻纨匀染夕阳红。

康熙帝玄烨

咏幽

婀娜花姿碧叶长,风来难隐谷中香。
不因纫取堪为佩,纵使无人亦自芳。

秋兰

猗猗秋兰色,布叶何葱青。
爱此王者香,著花秀中庭。
幽芬散缃帙,静影依疏棂。
岂必九畹多,侈彼离骚经。

云栖竹树甚茂幽兰满山

山径纡徐合,溪声到处闻。
竹深阴夏日,木古势干云。
倚槛听啼鸟,攀崖采异芬。
韶华春已半,万物各欣欣。

曹寅

冬兰

冬草漫寒碧,幽兰亦作花。
清如辟谷士,瘦似琢诗家。
丛秀几钗股,顶分双髻丫。
夕窗香思发,风影欲篝纱。

郑燮

题半盆兰蕊图

盆是半藏,花是半含。
不求发泄,不畏凋残。

题兰

兰草已成行,山中意味长。
坚贞还自抱,何事斗群芳。

高鹗

幽兰有赠

九畹仙人竞体芳,托根只合傍沅湘。
一江水泛灵妃瑟,八月天寒楚客裳。
谁使当门逢忌讳,更教采佩太馨香。
愁深漫展离骚读,天问从来最渺茫。

龚自珍

题盆中兰花(四首)

忆昨幽居绝壁下,漠漠春山罕樵者。
薜荔常为苦竹衣,鹈鹕误傁鼯鼯舍。
天荣此魄不用媒,可怜位置费君才。
珍重不从今日始,出山时节千徘徊。

华堂四宣下红罗,谢家明月何其多。
郁金帐中闻夜语,谢娘新病能诗魔。
二月奇寒折万木,严霜夜夜雕明烛。
小屏风下是何人,剪辑云鬟换新绿。

谥汝合欢者谁子,一寸春心红到死。
旁人误作淡妆看,持问燕姬何所似。
吾琴未碎百不忧,佳名入手还千秋。
合欢人来梦中去,安能伴卿哦四愁。

燕山楚楚云不娇,灵药几堆春未苗。
菖蒲茸生恰相似,女儿甘逊神仙骄。
宣州纸工渲染薄,画师黄金何处索。
一别春风小景空,磁盆倚石成零落。

8. 近、现代
吴昌硕

题画兰(二首)

东涂西抹鬓成丝,深夜挑灯读《楚辞》。
风叶雨花随意写,申江潮满月明时。
识曲知音自古难,瑶琴幽操少人弹。
紫茎绿叶生空谷,能耐风霜历岁寒。

兰石图

怪石与丛棘,留之伴香祖,可叹所南翁,画兰不画土。

谭嗣同

画兰

雁声吹梦下江皋,楚竹湘咽起暮涛。
帝子不来山鬼哭,一天风雨写《离骚》。

鲁迅

咏兰

椒焚桂折佳人老,独托幽岩展素心。
岂惜芳馨遗志者,故乡如醉有荆榛。

朱德

游越秀公园

越秀公园花木林,百花齐放各争春。
惟有兰花香正好,一时名贵五羊城。

咏兰二首

幽兰奕奕待冬开,绿叶青葱映画台。初放红英珠露坠,香盈十步出庭来。
仙人洞下产兰花,觅得依山小道家。采上新名三五棵,洞前小憩看红霞。

杭州杂咏

春日学栽兰,大家都喜欢。
诸君亲动手,每人栽三盆。

七绝二首

尖峰岭上产幽兰,古木林中草树边。多费专家勤采掇,新种移出认人观。
幽兰吐秀乔木下,仍自盘根众草傍。纵使无人见欣赏,依然得地自含芳。

泳冬

东方解冻发新芽,芳蕊迎春见物华。
浅淡梳妆原国色,清芳谁得胜兰花。

郭沫若

咏兰

泽国孤臣邈,澧兰尚有香。
年年春日至,回首忆高阳。
香本无心发,何须譬作王?
寄言谢君子:实在不敢当。

叶圣陶

题陈从周兰画

播挥简笔成佳构,叶瘦花腴崖角斜。
忽忆往时坊巷里,绍兴音唤卖兰花。

陈毅

幽兰

幽兰在山谷，本自无人识，只为馨香重，求者遍山隅。

张学良

咏兰

芳名誉四海，落户到万家。
叶立含正气，花妍不浮华。
常绿斗严寒，含笑度盛夏。
花中真君子，风姿寄高雅。

7.2.2　兰花文化相关典籍节选

《金漳兰谱》　赵时庚

序

予先大夫朝议郎自南康解印还里，卜居筑茅，引泉植竹，因以为亭，会宴乎其间。得郡侯博伯成，名其亭曰"筼筜世界"，又以其东架数椽，自号"赵翁书院"。回峰面势，依山叠石，尽植花木，丛杂其间。繁阴布地，环列兰花，掩映左右，以为游憩养疴之地。于时尚少，于其中尤好其花之香艳清馥者，目不能舍，手不能释，即询其名，默而识之，是以酷爱之心，殆几成癖。粤自嘉定改元以后，又闻数品，高出于向时所植者。予喜而求之，故尽得其花之容质，无失封培爱养之法，而品第之。殆今三十年矣，而未尝与达者道。暇日，有朋友过予，会诗酒琴瑟之后，倏然而问之。予则曰："有是哉！"即缕缕为之详言。友曰："吁！亦开发后觉一端也！岂如一身可得而私，何不与诸人以广其传？"予不得辞，因列为三卷，名曰《金漳兰谱》。欲以续前人《牡丹》《荔枝谱》之意，余以是编。绍定癸巳六月良日，澹斋赵时庚谨书。

叙兰容质

陈梦良，色紫，每干十二萼，花头极大，为众花之冠。至若朝晖微照，晓露暗湿，则灼然腾秀，亭然露奇，敛肤傍干，团圆四向，婉媚娇绰，仁立凝思，如不胜情。花三片，尾如带彻青，叶三尺，颇觉弱，翠然而绿，背虽似剑脊，至尾棱则软薄，斜撒粒许带缁，最为难种，故人稀得其真。

吴兰，色深紫，有十五萼，干紫英红，得所养则岐而生，至有二十萼。花头差大，色映人目，如翔鸾蓄凤，千态万状。叶则高大刚毅，劲节苍然可爱。

潘花，色深紫，有十五萼。干紫，圆匝齐整，疏密得宜，疏不露干，密不簇枝。绰约作态，窈窕逞姿，真所谓艳中之艳，花中之花也。视之愈久，愈见精神，使人不能舍去。花中近心所色如吴紫，艳丽过于众花，叶则差小于吴，峭直雄健，众莫能比，其色特深。或云仙霞，乃潘氏西山于仙霞岭得之，故人更以为名。

赵十四，色紫，有十五萼。初萌甚红，开时若晚霞灿日，色更晶明。叶深红，合于沙土，则劲直肥笋，超出群品，亦云赵师傅，盖其名也。

何兰，紫色，中红，有十四萼。花头倒压，亦不甚绿。

品外之奇

金殿边,色深紫,有十二萼,出于长泰陈家。色如吴花,片则差小,干亦如之,叶亦劲健,所可贵者,叶自尖处分,二边各一线许,直下至叶中处,色映日如金线。其家宝之,犹未广也。

白兰

济老,色白,有十二萼,标致不凡,如淡妆西子,素裳缟衣,不染一尘。叶与施花近似,更能高一二寸,得所养,致岐而生。亦号一线红。

灶山,有十五萼,色碧玉。花枝开,体肤松美,颙颙昂昂,雅特闲丽,真兰中之魁品也。每生并蒂花,干最碧,叶绿而瘦薄,开花生子,蒂如苦英菜叶相似,俗呼为绿衣郎,黄郎,亦号为碧玉干。

施花,色微黄,有十五萼,合并干而生,计二十五萼。或逆于根,美则美矣,每根有萎叶,朵朵不起。细叶最绿,微厚,花头似开不开,干最高而实贵瘦,叶虽劲而实贵柔,亦花中之上品也。

李通判,色白,十五萼,峭特雅淡,迎风浥露,如泣如诉,人爱之。比类郑花,则减头低。叶小绝佳,剑脊最长,真花中之上品也,惜乎不甚劲直。

惠知客,色白,有十五萼,赋质清癯,团簇齐整,或向或背,娇柔瘦润。花英淡紫,片尾凝黄,叶虽绿茂,细而睹之,但亦柔弱。

马大同,色碧而绿,有十二萼。花头微大,开有上向者,中多红晕,叶则高耸,苍然肥厚,花干劲直,及其叶之半。亦名五晕丝,上品之下。

郑少举,色白,有十四萼,莹然孤洁,极为可爱。叶则修长而瘦,散乱,所谓蓬头少举也。亦有数种,只是花有多少,叶有软硬之别。白花中能生者,无出于此。其花之色,姿质可爱,为百花之翘楚者。

黄八兄,色白,有十二萼,善于抽干,颇似郑花,惜乎干弱不能支持,叶绿而直。

周染花,色白,十二萼,与郑花无异等,干短弱耳。

夕阳红,花八萼,花片微尖,色则凝红,如夕阳返照。

观堂主,花白,有七萼,花聚如簇,叶不甚高,可供妇人晓妆。

名第,色白,有五六萼,花似郑,叶最柔软。如新长叶,则旧叶随换,人多不种。

青蒲,色白,有七萼,挺肩露骨,甚类灶山,而花洁白,叶小而直,且绿,只高尺五六寸。

弱脚,只是独头兰。色绿,花大如鹰爪,一干一花,高二三寸,叶瘦长二三尺。入腊方花,薰馥可爱而有余。

鱼鲵兰,十二萼,花片澄澈,宛如鲵,采而沉之水中,无影可指,颇劲绿。此白兰之奇品也。

品兰高下

余尝谓天下凡几山川,而支派源委,于人迹所不至之地,其间山拗石潭,斜谷幽潭,又不知其几何多。迈古之修竹,蠹空之危木,灵种覆护,溪涧盘旋,森罗蔽道,晖阳不烛,泠然泉声,磊乎万状。随地之异则所产之多,人贱之蔑如也。倏然经乎樵牧之手,而见骇于识者。从而得之,则必携持登高冈,涉长途,欣然不惮其劳,中心之所好者何邪?不能以售贩而置之也。其他近城百里浅小去处,亦有数品可服,何必求诸深山穷谷?每论及此,往往叹识者虽有不题之消,毋乃地迹而气殊,叶萎而花蠹,或不能得培植之三昧者耶?是故花有深紫,有浅紫,有深红,有浅红,与夫黄白、绿碧、鱼魫、金稜边等品,是必各因其地气之所钟而然,意亦随其本质而产之欤? 抑其皇穹储精,景星庆云,垂光遇物而流形者也? 噫! 万物之殊亦天地造化施生之功,岂予可得而轻哉? 窃尝私合品第而类之,以为花有多寡,叶有强弱,此固因其所赋而然也。苟惟人力不知,则多者从而寡之,强者又从而弱之,使夫人何以知其兰之高下,其不误人者几希。呜呼! 兰不能自异而人异之耳,故必执一定之见,物品藻之,则有淡然之性在,况人均一心,心均一见,眼力所至,非可语也。故紫花以陈梦为甲、吴、潘为上品,中品则赵十四、何兰、大张青、蒲统领、陈八尉、淳监粮,下品则许景初、石门红、小张青、萧仲和、何首座、林仲孔、庄观城,外观金稜边为紫花奇品之冠也。白花则济老、灶山、施花、李通判、惠知容、马大同为上品,所谓郑少举、黄八兄、周染为次,下品夕阳红、云娇、朱花、观堂主、青蒲、名弟、弱脚、王小娘者也,赵花又为品外之奇。

天地爱养

天不言而四时行,百物生,盖岁分四时,生六气,合四时而言之,则二十四气以成其岁功。故凡盈穹壤者皆物也,不以草木之微、昆虫之细而必欲各遂其性者,则在乎人因其气候以生全之者也。彼动植者,非其物乎? 及草木者非其人乎? 斧斤以时入山林,数罟不入洿池,又非其能全之者乎? 夫春为青帝,回驭阳气,风和日暖,蛰雷一震,而土脉融畅,万汇丛生,其气则有不可得而掩者。是以圣人之仁则顺天地以养万物,必欲使万物得遂其本性而后已。故为台太高则冲阳,太低则隐风,前宜面南,后宜背北,盖欲通南薰而障北吹也。地不必旷,旷则有日,亦不必狭,狭则蔽气。右宜近林,左宜近野,欲引东日而遮西阳也。夏遇炎热则荫之,冬逢沍寒则曝之,下沙欲疏,疏则连雨不能淫;上沙欲濡,濡则酷日不能燥。至于插引叶之架,平护根之沙,防蚯蚓之伤,禁蝼蚁之穴,去其莠草,除其细虫,助其新篦,剪其败叶,此则爱养之法也。其余一切窠虫族类,皆能蠹害,并可除之,所以封植灌溉之法,详载于后卷。

《王氏兰谱》王贵学

窗前有草,濂溪周先生盖达其生意,是格物而非玩物。予及友龙江王进叔,整暇於六籍书史之余,品藻百物,封植兰蕙,设客难而主其谱,撷英於干叶香色之殊,得韵於耳目口鼻之表,非体兰之生意不能也。所禀既异,所养又充,进叔资学亦如斯兰,野而岩谷,家而庭阶,国有台省,随所置之,其房无斁,夫草可以会仁意,兰岂一草云乎哉? 君子养德,于是乎在。

淳佑丁未孟春戊戌蒲阳叶大有序

万物皆天地委形,其物之形而秀者,又天地之委和也。和气所锺,为圣为贤,为景星、为凤凰、为芝草。草有兰亦然,世称三友,挺挺花卉中。竹有节而啬花,梅有花而啬叶,松有叶而啬香,惟兰独并有之。兰,君子也。餐霞饮露,孤竹之清标;劲柯端茎,汾阳之清节;清香淑质,灵均之洁操。韵而幽,妍而淡,曾不与西施同其等伍,以天地和气香之也。予嗜焉成癖,志学之暇感於心,服於身,复於声誉之间,搜求五十馀种而遍植之。客有谓予曰:"此身本无物,子何取以自累?"予应之曰:"天壤间万物皆寄尔,耳声之寄,目色之寄,鼻臭之寄,口味之寄,有耳目口鼻而欲绝夫声色臭味,则天地万物,将无所寓其寄矣。若总其所以寄我者而为我有,又安知其不我累耶?"客曰:"然。"遂谱之。淳佑丁未龙江王贵学进叔敬书。

品第之等

涪翁曰:"楚人滋兰九畹,植蕙百亩,兰少故贵,蕙多故贱。"予按:《本草》,薰草亦名蕙草。叶白,蕙根曰薰,十二亩为畹,百亩自是相等。若以一干数花而蕙贱之,非也。今均目曰兰,天下深山穷谷,非无幽兰,生於漳者,既盛且馥,其色有深紫、淡紫、真红、淡红、黄白、碧绿、鱼鮢、金钱之异,就中品第,紫兰陈为甲,吴潘次之。如赵、如何、如大小张,淳监粮赵长秦(峡州邑名)紫兰景初以下,又其次。而金棱边为紫袍奇品。白兰灶山为甲,施花惠知客次之,如李、如马、如郑、如济老,十九蕊黄八兄周染以下,又其次。而鱼鮢兰为白花奇品,其本不同如此。或得其人,或得其名,其所产之异其名,又不同如此。

灌溉之候

涪翁曰:"兰蕙丛生,莳以沙石,则茂;沃以汤茗则芳。"予于诸兰非爱之,大悉。使之硕而茂,密而蕃,莳沃以时而已。一阳生于子,根荄正稚,受肥尚浅,其浇宜薄,南薰时来,沙土正渍,嚼肥滋多,其浇宜厚。秋七、八月预防水霜,又以灌鱼肉水或秽腐水,停久反清,然后浇之。人力所至,盖不萌者寡矣。

分拆之法

予於分兰次年,才开花即剪去,求养其气而不泄尔。未分时,前期月余,取合用沙,去砾扬尘,使粪夹和(鹅粪为上,他粪勿用)。晒干储久,逮寒露之后,去碎元盆,轻手解拆。去旧芦头,存三年之颖,或三颖四颖作一盆,旧颖内,新颖外,不可太高,恐年久易陷。不可太低,恐根局不舒。下沙欲疏而通,则积雨不溃;上沙欲细而润,宜泥沙顺性。虽橐驼复生,无易于此。

泥沙之宜

世称花木多品,惟竹三十九种,菊有一百二十种,芍药百余种,牡丹九十种,皆用一等沙泥。惟兰有差,梦良、鱼鮢,宜黄净无泥瘦沙,肥则腐。吴兰、仙霞,宜粗细适宜赤沙,浇肥。朱李灶山,宜山下流聚沙。济老、惠知客、马大同、大小郑,宜沟壑黑浊沙。何、赵、蒲、许、大小张、金棱边,则以赤沙和泥种之。自陈八斜、夕阳红以下,任意用沙,皆可。须盆面沙燥,方浇肥,平常浇水亦如之。而浇水时与浇肥想倍蓰,肥以一年三次浇,水以一月三次浇,大暑又倍之。此封植之法,受养之地,靖节菊,和靖梅,濂溪莲,皆识物真性。兰性好通风,故台太高冲阳,太低隐风,前宜向离,后宜背坎,故迎南风而障北吹。兰性畏近日,故地太狭蔽气,太广逼炎,左宜近野,右宜依林,欲引东旸而避西照,炎烈阴之,凝寒晒之,蚯蚓蟠根,以小便去之。枯蝇点叶,以油汤拭之。摘莠草,去蛛丝,一月之内,凡数十周,伺其侧,真怪识之。橘逾淮为枳,貉逾汶则死。余每病诸兰肩载外郡,取怜贵家,既非土地之宜,又失莳养之法,久皆化而为茅,故以得活萌。贻诸同好君子,倘如鄙言,则纫为裳,揉为佩,生意日茂,奚九畹而止。

紫兰

陈梦良

有二种,一紫干,一白干。花色淡紫,大似鹰爪,排钉甚疏。壮者二十余萼,叶深绿,尾微焦而黄,好湿恶燥,受肥恶浊,叶半出架而尚抽蕊,几与叶齐而未破。昔陈承议得於官所而奇之,梦良陈字也,弃之鸡栅傍,一夕吐萼二十五,与叶俱长三尺五寸有奇,人宝之曰:"陈梦良,诸兰今年懒为子,去年为父,越去年为祖,惟陈兰多缺祖,所以价穹。"其叶森洁,状如剑脊,尾焦,众兰顶花皆并俯,惟此花独仰,特异于众。

吴兰,色深紫,向吾得于龙岩(漳州县名)铁矿山铁丛。石心而婉媚,叶之修绿冠诸品,得所养,则蕊歧生有二寸余萼。性颇受肥,亭亭特特,隐然君子立乎其前。初,成翁性有仙霞,色深紫,花气幽芳,劲操特节,干叶与吴伯仲,特花深耳。

赵十使(使一作四)即师博(博一作薄),色淡,壮者十四五萼,叶色深绿,花似仙霞,叶之修劲不及之。

何兰,壮者十四五萼,繁而低压,冶而倒披,花色淡紫,似陈兰,陈花干壮而何则瘦,陈叶尾焦而何则否。或名潘兰,有红酣香醉之状,经雨露则娇困,号醉杨妃。不常发,似仙霞。

大张青,色深紫,壮者十三萼,资劲质直,向北门张姓读书岩谷得之。花有二种,大张花多,小张花少。大张干花俱紫,叶亦肥瘦胜,小张悭于发花。

蒲统领,色紫,壮者十数萼,淳熙间,蒲统领引兵逐寇,忽见一所,似非人世,四周幽兰,欲摘而归,一老叟前曰:"此处有神主之,不可多摘。"取数颖而归。

陈八斜,色深紫,壮者十馀萼,发则盈盆,花类大张清[青],干紫过之,叶绿而瘦,尾蒲下垂,紫花中能生者为最,间有一茎双花。

淳监粮,色深紫,多者十萼,丛生并叶,干曲花壮,俯者似想,倚者如思。叶高三尺,厚而且直,其色尤紫。

大紫壮者十四萼,出于长秦,亦以邑名,近五六载,叶绿而茂,花韵而幽。

许景初,有十二萼者,花色鲜红,凌晨泡露,若素练经[轻]茜,玉颜半酡。干微曲,善于排钉。叶颇散垂,绿亦不深。

石门红,其色红,壮者十二萼,花肥而促,色红而浅,叶虽粗亦不甚高,满盆则生,亦云赵兰。

萧仲红,色如褪紫,多者十二萼,叶绿如芳茅,其于纤长,花亦离疏,时人呼为花梯。

何首座,色淡紫,壮者九萼,陈、吴诸品未出,人争爱之。既出,其名亚矣。

林仲孔,色淡紫,壮者九萼。花半开而下视,叶劲而黄,一云仲美。

粉妆成,色轻紫,多者八萼,类陈八斜,花与叶亦不甚都。

茅兰,其色紫,长四寸有奇,壮者十六七萼,粗而俗,人鄙之,是兰结实,其破如线,丝丝片片。随风飘地轻生,夏至抽箪,春前开花。

金棱边,出於长秦陈氏,或云东郡迎春坊门王元善家,本龙溪县后林氏,花因火为王所得,有十二三萼,幽香凌桂,劲节方筠,花似吴而差小。其叶自尖处分为两边,各一线许,夕阳返照,恍然金色。漳人宝之,亦罕传于外,是以价高,十倍于陈吴,目之为紫兰奇品。

白兰

灶山,色碧,壮者二十余萼,出漳浦。昔有炼丹于深山。丹未成,种其兰于丹灶傍,因名。花如葵而间生并叶,干、叶、花同色,萼修齐,中有蕐黄。东野朴守漳时,品为花魁,更名碧玉干,得以秋花,故殿于紫兰之后。

济老,色微绿,壮者二十五萼,逐瓣有一线红晕界其中,干绝高,花繁则干不能制,得所养则生。绍兴间,僧广济修养穷谷,有神人授数颖兰在山阴久矣,师今行果已满,与兰齐芳,僧植之岩下,架一脉之水溉焉,人植而名之,又名一线红,以花中界红脉若一线然。干花与灶山相若,惟灶山花开玉顶下花如落,以此分其高下,此花悭生蕊,每岁只生一。

惠知客,色洁白,或向或背,花英淡紫,片尾微黄,颇似施兰,其叶最茂,有三尺五寸余。

施兰,色黄,壮者十五萼,或十六七萼,清操洁白,声德异香,花头颇大,歧干而生。但花间未周,下蕊半随,叶深绿,壮而长,冠于诸品,此等种得之施尉。

李通判,色白,壮者十二萼,叶有剑脊,挺直而秀,最可人眼,所以识兰趣者,不专看花,正要看叶。

郑白善,色碧,多者十五萼,歧生过之,肤美体腻,翠羽金肩,花若懒散,下视其跗尤碧,交秋乃花,或又谓大郑。

郑少举,色洁白,壮者十七八萼,郑得之云霄,叶劲曰大郑,叶软曰小郑,散乱蓬头,少举叶硃,花一生则盈盆引于齐叶三尺,劲壮似仙霞。

仙霞,九十蕊,色白,鲜者如濯,含者如润,始得之泰邑,初不为奇,植之蕊多,因以名花,比李通判则过之。

马大同,色碧,壮者十二萼,花头肥大,瓣绿片多红晕,其叶高牟,干仅半之。一名朱抚,或曰翠微,又曰五晕丝,叶散端直冠他种。

黄八兄,色洁白,壮者十三萼,叶绿而直,善于抽干,颇似郑花,多犹荔之十八娘,朱兰得于朱金判,色黄多者十一萼,花头似开,倒向一隅,若虫之蠹,干叶长而瘦。

周染,色白,壮者十数萼,叶与花俱类郑而干短弱(叶干长者为少,举促而叶微黄者为白,善干短者为周花)。

夕阳红色白,壮者八萼,花片虽白,尖处微红者,夕阳返照,或谓产夕阳院东山因名。

云峤,色白,壮者七萼,花大红心,邻于小张,以所得之地名。叶深厚於小张,清高亦如之。云峤,海岛之精寺也。

林郡马,其色绿,出长泰,壮者十三萼,叶厚而壮,似施而香过之。

青蒲,色白,七萼,挺肩露颖,似碧玉而叶低小,仅尺有五寸,花尤白,叶绿而小,直而修。

独头兰,色绿,一花大如鹰爪,干高二寸,叶类麦门冬,入腊方薰馥可爱,建浙间谓之献岁。一干一花而香有馀者,山乡有之,间有双头,涪翁以一干一花而香有馀者,兰也。

观堂主,色白,七萼,干红,花聚如簇,叶不甚高,妇女多簪之。

名第,色白,七八萼,风韵虽亚,以出周先生读书林(先生讳匡物,元和进士榜)。邦人以先生故,爱而存之。

鱼鮾兰,一名赵兰,十二萼,花片澄澈,宛似鱼鮾,采而沉之,无影可指。叶颇劲绿,颠微曲焉,此白兰之奇品,更有高阳兰四明兰。

碧兰始出於叶(兴化郡名)龟山院,陈、沈二仙修行处,花有十四五萼,与叶齐修,叶直而瘦,花碧而芳,用红沙种,雨水浇之,莆中奇品,或山石和泥亦宜之。

翁通判,色淡紫,壮者十六七萼,叶最修长,此泉州之奇品,宜赤泥和沙。

建兰,色白而洁,味苦而幽,叶不甚长,只近二尺许,深绿可爱,最怕霜凝,日晒则叶尾皆焦,爱肥恶燥,好湿恶浊,清香皎洁,胜于漳兰,但叶不如漳兰修长,此南建之奇品也。品第亦多,而予尚未造奇妙,宜黑泥和沙。

碧兰,色碧,壮者二十馀萼,叶最修长,得于所养,则萼修于叶,花叶齐色,香韵而幽,长三尺五寸有馀,更有一品,而花叶俱短三四寸许。爱湿恶燥,最怕烈日,不得其本性则腐烂,此广州之奇品也。

7.3 兰花的传说

在中华民族与兰花"交往"的几千年里,发生过许多故事。有些随着历史车轮辗转推进,早已失传,不无遗憾;有些因载入典籍,得以保存,千古流芳;有些口耳相传,至今吟诵。读过

"人与兰"的故事,便会知道在中华大地上,从古至今,人们对兰花的喜爱未曾变过,而且有增无减。

7.3.1 燕姞梦兰

《左传·宣公三年》:"初,郑文公有贱妾曰燕姞,梦天使与己兰,曰:'余为伯儵。余,而祖也,以是为而子。以兰有国香,人服媚之如是。'既而文公见之,与之兰而御之。辞曰:'妾不才,幸而有子,将不信,敢征兰乎?'公曰:'诺。'生穆公,名之曰兰。"

春秋时期,郑国的国君郑文公娶了一名叫燕姞的姑娘。一天夜里,她梦见一位天上的使者送给她一枝兰花,并告诉她:"燕姞呀,我是伯儵(姞姓,又作伯倏,黄帝的后裔,南燕国始祖),是你的祖先,我把这朵兰花送给你,让他做你的儿子。兰花贵为国香,有迷人的香气,如果将它佩戴在身上,人们就会像喜爱兰花一样喜欢你。燕姞从梦中醒来,伯儵的话还盘旋在耳侧。于是燕姞就按照梦中使者所说,每天清晨梳洗打扮后,便在衣服上佩戴上一朵鲜艳的兰花。果然,这一举动引起了郑文公的注意,得到了他的垂爱,还赏赐了她一株兰花。

有一天燕姞对郑文公说:"我的地位卑微,万一怀孕了,生下个儿子,很担心有人不相信,请你允许我将兰花作为信物。"郑文公爽快地答应了她的请求。后来,燕姞果然生下了皇子,并为儿子取名叫"兰",公子兰即是日后的郑穆公。

7.3.2 孔子喻兰

《子曰》中收录有关孔子以兰喻人的文章有三段,均不见于《论语》。

(一)

猗兰操者,孔子所作也。

孔子历聘诸侯,诸侯莫能任,自卫反鲁,过隐谷之中,见芗兰独茂。喟然叹曰:夫兰当为王者香,今乃独茂,与众草为伍,譬犹贤者不逢时,与鄙夫为伦也。乃止车援琴鼓之云:

> 习习谷风,以阴以雨。之子于归,远送于野。
> 何彼苍天,不得其所。逍遥九州,无有定处。
> 世人暗蔽,不知贤者。年纪逝迈,一穿将老
> 自伤不逢时,托辞于芗兰云。

——蔡邕《琴操》

当时,周室衰微,礼崩乐坏,孔子身在鲁国,心系天下。鲁定公享乐息政,让他很失望。于是孔子开始周游列国,宣传自己的思想主张、治世之道,但是却得不到各国君主政要的重视。14年后,孔子返回鲁国。当路过一处幽静隐隐的山谷时,看到满谷青草,茂密杂生,其中却有几株芗兰(芗同香,谷物之香,淳朴之香)盛开,风姿婀娜,醇香清雅,色彩鲜洁。孔子不由得感叹说:"兰者当在殿堂之上为君主绽放,为王者留香;如今却在山谷中与众草为伍,寂寞孤芳。就像圣贤之士,生不逢时,无法施展才华抱负,只能纠缠于卑鄙小人之间。"于是孔子命人停下车马,来到谷边席地而坐,抚琴而歌。

随行弟子们记录下孔子的吟唱,后汉名士蔡邕编辑《琴操》时收录此歌,名为《猗兰操》,唐代韩愈又效仿续作了一篇《猗兰操》,并称"孔子伤不逢时作",规格相同,借谱改词矣。

（二）

孔子曰：与善人居，如入兰芷之室，久而不闻其香，则与之化矣；与恶人居，如入
鲍鱼之肆，久而不闻其臭，亦与之化矣。

——《说苑·杂言》《孔子家语·六本》

孔子说，和君子贤人交往，被他们的精神品质所感染熏陶，受其教化，不知不觉会成为和
他们一样的人。就好比身处于兰芷芬芳的厅堂，幽香郁然，沁润身心；久而久之，习惯了，就
感觉不到香气的存在。

与小人、恶人为伍，被他们的卑劣行径所影响诱惑，受其同化，浑浑噩噩地与他们同流合
污。就好比行走在卖咸鱼干的集市，恶臭腥膻，刺透鼻肺。时间长了，麻木了，也不会觉得那
是臭味。

（三）

芝兰生于深林，不以无人而不芳；君子修道立德，不为穷困而改节。

——《孔子家语·在厄》

这段话是孔子周游列国困厄在陈蔡之间时首先对子路所说的。《子曰·丁编》搜集整理
了孔子三件"七日"的故事，其中之一便是"困厄陈蔡七日"。《史记》《庄子》《荀子》《吕氏春
秋》《孔子家语》《韩诗外传》《说苑》《风俗通义》等书对这件事情都有记载。孔子迁居到蔡国
有三年了，楚昭王听闻孔子在蔡国，便派使者携带重金来聘请孔子。于是孔子率领弟子们前
往楚国去礼拜楚王。陈蔡两国的大夫密谋说：孔子是贤人，对各诸侯国的状态弊病洞察得很
透彻，楚国是大国，如果孔子为楚国所用，那么对陈蔡两国和我们这些人是很不利的。于是
派出门客军卒将孔子一行围困在陈蔡之间的郊野中，使他们与外界无法沟通，以至绝粮七
日，不少弟子随从都病倒了。面对如此绝困之境，颜回四处采寻野菜，子贡也偷偷潜出重围，
用身上所携带的东西与乡野村人换些米粮。而孔子更是慷慨讲诵，抚琴高歌不止。在此期
间，孔子与颜回、子路、子贡等弟子们进行了多翻讨论对答。其中就有这句话："兰花生长在
幽深的丛林中，虽然人迹罕至，但是它不会因为没人欣赏就不再流芳溢香；君子修养自身道
德，不会因为处境穷困就改变气节情操。"

颜回、子贡等听闻后，都感叹："夫子之道至大，天下莫能容。"

7.3.3　勾践种兰

《越绝书》曰：勾践种兰于兰渚山。《旧经》："兰渚山，勾践种兰之地，谢诸人修
禊兰渚亭。"

——宋　高似孙《剡录》卷十

勾践是越国国君允常的儿子，公元前 497 年允常去世，勾践继承王位。三年后吴越之战
爆发，越国战败，勾践被吴王夫差困在会稽（今浙江绍兴）。公元前 490 年，勾践被释放回国，
并立志要灭吴雪耻，才有了"卧薪尝胆"的故事。这个故事传诵千年，妇孺尽知。而人们不太
熟悉的是，勾践在卧薪尝胆的这段岁月里，曾种兰花于兰渚山（在今浙江绍兴西南）脚下，间
接地成就了另一段千古美谈——"兰亭雅集"。

汉代有人曾在兰渚山建有供行人休息的驿亭，名曰"兰亭"。东晋水和九年三月初三
（353 年 4 月 22 日），著名书法家王羲之与谢安等众多好友相约修禊（古代一种节日，每年三

月初三,到水边嬉游,以消除不祥)。修禊的场所选在了依山带水、丛林茂密、竹声萧萧、兰香徐徐的兰亭。正是这次聚会诞生了不朽佳作《兰亭集序》。遥想一下当年的情境,数十位风流倜傥的名士公卿汇聚而来,饮酒抒怀,吟诗写赋,妙语频出,酒香伴着淡淡花香,飘浮在幽雅兰亭周围,多么让人心驰神往。

7.3.4 屈原与兰花

话说某一天,仙女山的兰花娘娘出游,从这里路过,发现清癯的屈原正在讲课,于是自空中降下云头,立在窗外一侧静听。屈原挥舞双手,慷慨激昂地陈述振兴楚国的道理,那种矢志不渝的爱国精神,令兰花娘娘感动。她深知屈原平素性喜兰花,临走时,特意施展法术,将其栽种在窗下的三株兰花点化成精。

一次课间,他抱病讲到国家奸臣当道、百姓受难的情形,由于过分激动,义愤填膺,一口鲜血从嘴里喷射出来,恰巧溅落在窗外的兰花根部。弟子们见老师呕心沥血地教书育人,心疼得泪流满面!那三株兰花,得到屈大夫的心血滋养,一夜之间竟发成了一大蓬,学生们数了数,足有几十株。屈原闻着扑鼻的清香,病情也好转了许多。大家喜出望外,一齐动手将兰花分株移栽到学堂四周的空地上。说来奇怪,那兰花第一天入土即生根,第二天便发菀抽芽,第三天则伸枝展叶,第四天就绽蕾开花。到了第五天,每一株又发出大蓬大蓬的新菀来。屈原率领学生们在溪边、山上忙着移栽,兰花因此得以铺展蔓延。山里老农欣喜地说:"我们这里十二亩称一畹,屈大夫栽种的兰花,怕有三畹了!我们这山乡呀,真该改名叫芝兰乡了。"

随后,兰花从三畹发展到六畹,又由六畹逐步扩展到九畹。从此,仙女山下的这条清溪就叫作了九畹溪。九畹溪边的兰花,一年盛似一年,其醉人的芳香漫溢了整条西陵峡,香飘全归州,直至香了半个楚天!

终于,乘着一叶扁舟,载了满溪花香,屈原还是出山了。可是,那一年五月,九畹溪畔、芝兰乡里葳蕤的兰花,突然全部凋零枯萎而死,只留下阵阵暗香……乡亲们预感到将有什么不祥的事情发生,心里惴惴不安。几天之后果然传来噩耗,就在兰花凋谢的那天,屈大夫已经含冤投身汨罗江自尽。人们悲痛不已,仙女山上的兰花娘娘也哭肿了眼睛。

屈大夫的学堂遂被改建成为芝兰庙,广植兰草,后人借此以示永久的纪念。

7.3.5 兰姑娘

从前,在大别山一个深幽谷里住着婆媳两人。婆婆总是诬赖童养媳兰姑娘好吃懒做,动不动就不给她吃喝,还罚她干重活。

一天早上,兰姑娘在门外石碓上舂米,家中锅台上的一块糍粑被猫拖走了。恶婆一口咬定是兰姑娘偷吃了,逼她招认。逼供不出,就把兰姑娘毒打一顿,又罚她一天之内要舂出九斗米,兰姑娘只得拖着疲惫不堪的身子,不停地踩动那沉重的石碓。

太阳落山了。一整天滴水未沾的兰姑娘又饥又渴,累倒在石碓旁,顺手抓起一把生米放到嘴里嚼着。

恶婆一听石碓不响,跑出来一看,气得双脚直跳:"你这该死的贱骨头,偷吃糍粑,又偷吃白米!"拿起木棒打得兰姑娘晕倒在地。恶婆并不解恨,还说兰姑娘是装死吓人。

她又扯下兰姑娘裹脚带,将她死死的捆在石碓的扶桩上,然后撬开兰姑娘的嘴巴,拽出舌头,拔出簪子,狠命地在兰姑娘的舌头上乱戳一气,直戳得血肉模糊……

可怜的兰姑娘,就这样无声无息地死去了。

也不知过了多少年,多少代,在兰姑娘死去的幽谷中,长出了一棵小花,淡妆素雅,玉枝绿叶,无声无息地吐放着清香。人们都说这花是兰姑娘的化身,卷曲的花蕊像舌头,花蕊上缀满的红斑点是斑斑的血痕。

7.3.6　芳兰生门

明万历年间,文坛领袖、兵部左侍郎汪道昆在巡视蓟辽军事设施时,不听汇报不察实情,却与当地文人吟诗作赋。当时的蓟辽总兵戚继光,把这个情况上报给了首辅张居正。回京后,汪道昆给皇上呈报了一份妙笔生花、行文优美的散文奏章。首辅张居正阅之,愤然写下"芝兰当道,不得不除",罢免了其官职。兰花芝草,都是最好的花草。但它们如果长得不是地方,也要铲掉。

其实在这之前,张居正就曾替明神宗亲拟一份诏谕,其中写道:"深烛弊源,亟欲大事芟除,用以廓清氛浊,但念临御兹始,解泽方覃,铦锄或及于芝兰,密网恐惊乎鸾凤,是用去其太甚,薄示惩戒。"在他看来,这些长错地方的芝兰、擅离本位的鸾凤,会滋生浑浊之气,应该予以清除。

有用之才如果放错了位置,就可能成为废材,甚至可能变成潜在的危险。三国时期,蜀国大臣张裕精通天文占卜,但因泄漏"天机"而入狱。诸葛亮怜其才,上表请求免除他的罪行,刘备却以"芳兰生门,不得不锄"为由拒之。

苏秦善逞悬河辩,马谡原非大将才。翻阅史书,当路"芝兰"何其多?留给后人的无不是满满遗憾。南唐后主李煜,精书法、善绘画、通音律,被称为"千古词帝",然"词帝"的称号怎能配得上一个好皇帝呢?宋徽宗同样是一个了不起的书法家、画家,虽有"孔雀登高,必先举左腿"的绘画高见,却无治国安邦的雄才,"靖康之耻"只能证明其难以治天下。《三国志·周群传》有这样一段记载:时州后部司马蜀郡张裕亦晓占候,而天才过群。谏先主(指刘备)曰:"不可争汉中,军必不利。"先主竟不用裕言,果得地而不得民也。裕又私语人曰:"岁在庚子,天下当易代,刘氏祚尽矣。主公得益州,九年之后,寅卯之间当失之。"先主常衔其不逊,加忿其漏言,乃显裕谏争汉中不验,下狱,将诛之。诸葛亮表请其罪,先主答曰:"芳兰生门,不得不锄。"裕遂弃市。周群,字仲直,善占候之学。张裕,字南和,才学还在周群之上。三国名将邓芝年轻时听说张裕善于相术,前去拜见。张裕对他说:"你年过七十,位至大将军,封侯。"邓芝后来确实封车骑将军、阳武亭侯。张裕曾劝谏刘备说,不可与曹操争夺汉中,用兵必然会不利。刘备不听,结果占领了汉中,却得不到那里的民心。张裕还私下对人说过两件事情。一是在庚子年时,即220年,天下将改朝换代。果然,这一年曹丕登基称帝,汉朝正式灭亡。二是主公刘备得益州九年之后会失之。这是在说"荆州"之事。刘备在建安十五年(210年)左右领荆州牧,关羽在建安二十四年(219年)败走麦城,失荆州。孙权杀关羽之后,又让刘璋做了名义上的益州牧。这些话被人传到刘备耳中。刘备心中记恨张裕过往言行不谦逊、不谨慎,而且屡次"泄露天机"。便找借口将其下狱,要杀他。诸葛亮上表替他请求免罪,刘备回答说:"即使是芳兰,生长在门口,妨碍进出行走,也不得不锄去。"遂斩于市。刘备杀张裕,在《三国演义》中没有关于这件事的记载。刘备的负面信息被罗贯中隐去了。巧得很,明代陈耀文《天中记》卷五十三引《典略》恰恰将此语安在曹操身上:"曹操杀杨修曰,芳兰当门,不得不除。"看来有天分的人侍奉君主左右,如果自恃才名,不谨慎言行,触及了君主的忌讳,恐怕会招来祸患。金代王若虚在《滹南集》卷二十六《君事实辨》中评论说:"呜呼,先主天资仁厚,有古贤君之风,至于此举,乃与曹操无异惜哉。"

7.4　兰花的书法、绘画、邮票等

7.4.1　兰花与书法、绘画

书画之间的相通不妨说是意象与抽象的结合——借书法的魅力于艺术创造的形象内、用单一的墨线表现兰花是书法用笔和水墨表现的最佳载体,最能体现线的丰富与内涵,尤其是兰花那修长优美俊逸的叶片,在那刚柔的线条、稳健的笔力、舒展自在的结构、律动的节奏感中能得到充分的发挥,受到书画家和文人雅士的偏爱,因而写兰日益盛行,名家辈出。

清代吴门艺兰家朱克柔撰有一部《第一香笔记》,这是关于兰花栽培、鉴赏品评的著作,书中云:"择兰而尽心养之,使其茂盛而美,每盆十馀花,和风习习,满坐生香,不亦赏心乐事乎?"道出了自己的爱兰之心。古人对于兰的喜爱,根基深厚,《孔子家语·在厄》中便有言:"芝兰生于深林,不以无人而不芳。"这是关于兰的早期论述,同时也奠定了将兰比德于君子的基调。宋代当属中国艺兰史的鼎盛时期,南宋赵时庚于1233年撰写的《金漳兰谱》是我国现存最早的兰花专著。中国绘画史中的兰花名画也当从宋代论起。

宋代以后,存世的兰花画作也渐渐多了起来,无论在风格上还是内涵上,都呈现出了更为丰富的面貌。"明代三才子"之首杨慎,"以博学名世",亦善写兰。王文治《杨升庵画兰长卷跋》称:"杨升庵画兰卷子(长至四丈),疏密反侧,朝霞晚露,皆能毕肖其形。"杨慎曾为一幅《四兰图》题诗。

"画墨兰自郑所南",藏于日本大阪市立美术馆的《墨兰图》是南宋遗民郑思肖的代表作。这是一株极为简洁的无根墨兰,除了线条排布造就的整体美感外,条条兰叶的笔势与力道本身便足以令人注目。郑思肖兰叶线条的精彩,当被纳入赵孟頫所总结的"须知书画本来同"的文人画发展方向当中。赵孟頫亦画兰,有《兰蕙图》存世。相比于郑思肖与赵孟頫等人在中国画史上近乎神话的地位,同出一脉的"雪窗兰"则低调得多。释普明,字雪窗,世称明雪窗,元代僧。雪窗密友李祁在《题僧雪窗画兰卷》中写道:"予留姑苏时,雪窗翁住承天寺,日与予相往来,时达官要人往往求翁为写兰石,翁恒苦之。"雪窗的兰花图在当时颇受欢迎,他虽为此有些苦恼,但似乎脾气还不错,常常满足求画者的需要,否则也不会有"家家恕斋字,户户雪窗兰"的记载了。现存雪窗兰花图十馀件,多藏于日本。《光风转蕙图》是雪窗所作的一幅兰花立轴,"光风转蕙泛崇兰",图中所描绘的正是雨霁时,兰叶随风飘动的模样。兰竹木石,正是文人画中的惯用组合。或许正是因为要表现雨后的风,画家便将一切物象堆叠在画面右方。枯木生于石上,竹木交织,兰位于画面最为主要的位置,长条形的兰叶也最能够体现风的存在。画兰叶有左右法,由左至右为顺,由右至左为逆,画家刻意构图,无论枯木兰竹,均以逆笔写就,技法纯熟可见。图中最为耀目的当属逆笔撇出的细长兰叶,浓淡得宜,风的柔润亦在这起承转合之间。元代孔克齐的《静斋至正直记》中云郎玄隐画兰得明雪窗笔法,其中的记载与后世的基础兰画技法并无二致。相比于赵孟頫、郑所南的一画难求,同出一脉的雪窗兰似乎更易于求得与观赏,反倒推动了世人对此类墨兰样式的接受与喜爱。

明代陆深在《题马麟画兰》中写道:"秋风九畹正离离,画里相看一两枝。欲寄所思无奈远,闲拈湘管对题诗。"诗中描述的兰花小景,可与现存马麟《勾勒兰图》相映照。该画随时间的流逝而存有瑕疵,但这却并不妨碍它成为宋代花卉画中的优秀之作。画家勾勒精妙,以紫色浸染花瓣,白粉描绘纤细的花瓣轮廓,又在花瓣尖儿上施以淡绿。一枝兰,数朵花,玲珑剔透,蕴藏着丰富的色彩。画中的兰叶是十分低调的深绿色,轮廓硬挺,与近乎透明的花朵对比鲜明。该画的独特之处在于花与叶的分离。兰花没有在兰叶的簇拥下盛开,而是远离兰叶斜出而上;兰叶被置于册页底部,以深色调压住画面。

文人画史并不满足于柔美含蓄的兰花样式。徐渭将文人水墨大写意花卉推向高峰的同时,绘画里兰花也出现了另一番姿态。诗与画在图上的映照使画家的性格与心绪显露得更为直白:"兰亭旧种越王兰,碧浪红香天下传。近日野香成秉束,一篮不直五文钱。"徐文长恣意洒脱,以浓墨写兰草,淡墨的花则隐没其中,好似香气也被隐没了。立轴像极了山水画中的之字形构图,石三座,兰三簇,在荒野里遥遥相望。兰的灵气在于饱满细长的叶,"莫讶春光不属侬,一香已足压千红。纵令摘向韩娘袖,不作人间脑麝风。"是徐渭另一幅《兰花图》上的题诗,图中的兰便纤巧可爱得多。可见,徐渭的兰随心境而变,《兰香图》中这弯折扭曲、粗重杂乱多断叶的兰,的确与不值"五文钱"的杂草无异了。"纵横跌宕,意在青藤白阳之间"的清代画家李方膺,其笔下的墨兰更为狂放。现藏于故宫博物院的《兰石图》为李方膺晚年之作,图上题"乾隆十八年写于金陵借园之梅花楼"。在《梅花楼诗草》中,李方膺有"三年缧绁漫呻吟,风动银铛泣路人"之句,乾隆十六年李氏被劾罢官,自己虽不曾入狱,却累及仆人。元僧觉隐"尝以喜气写兰"广为人知,而此幅《兰石图》用笔老辣,繁密多棱角,却颇具忧虑之情。

纽约大都会艺术博物馆藏有一幅传为马守真的《兰竹石图》。马守真,号湘兰,能诗善画,尤长于画兰。《兰竹石图》叶细瘦,花娟秀,亭亭玉立的兰花像极了明代文人笔下细眉小眼、削肩瘦弱的仕女美人。藏于北京故宫博物院的《竹兰石图》中,马守真的画兰笔意则出现了另一番风貌。图中墨笔与双钩兰花各二丛,间隔排布,随风飘动的兰叶却在清雅之中造就了别样的热烈气氛。《历代画史汇传》中有马湘兰"兰仿子固"一说,不同的是湘兰笔下的兰叶折弯两次,呈"S"形,叶梢多上浮,有一种别样的升腾感。如此的兰花样式在文徵明的《兰花图》扇页中呈现得更为明显。兰叶近乎从中心线处平行着向两边发散,使兰叶升腾的风似乎不是从某个方向吹来的,它更像是从兰花根部升起的一股力量。《习苦斋画絮》里记载了一幅"文衡山树,李檀园石,马守真竹,合成此卷"的画作,想来马守真应当见过文徵明的兰花图的。马湘兰为江南名妓,画艺的切磋是她与文人墨客交往的方式之一。《壮陶阁书画录》即有湘兰《水仙图》"写赠先生(王穉登),先生又为之补石"的记载。《三秋阁书画录》中又有马湘兰《梅竹芝兰图》,王穉登、俞琬纶、张伯起等多位文士为其题记。湘兰常写兰花扇面,现藏北京故宫博物院《兰竹石图》扇页,是其41岁时所作,行笔流畅,线条飘逸。兰竹一类绘画题材到了明代早有一套定式,且形象简单,便于快速写画、交友助兴,想必这也是兰花题材广泛流行于江南名妓中的原因之一。

金农也有兰花作品存世。现藏于故宫博物院的《红兰花图》是金农见到红色兰花时的兴起之作。"凡画兰须分草兰、蕙兰、闽兰三种",画中作一丛蕙叶倒垂的兰,干墨勾勒的叶衬出了红色兰花的轻柔,古拙与秀丽相聚于一堂。红兰花旁便是金农"写经雕版"式的楷书:"红兰花叶皆妙,惜无香泽,今夏见于奉宸院卿江君鹤亭水南别墅,越夕,费燕支少许,图此小幅。若宋徐黄诸贤却未曾画得也。昔耶居士记。"金农在江鹤亭处看到了红色兰花,因其花叶精妙而绘此作,且有得意之色,认为自己颇具创新意味,可见偶遇红兰的欢喜。江鹤亭即为清代"扬州八大总商"之首江春。清代盛期的扬州聚集着大量来自徽州的盐商,他们的文化需要成为众多书画家谋生的渠道。金农亦托生计于这些实力雄厚的富商大贾们。江鹤亭便是金农的赞助人之一,他曾出资将《冬心先生瓯竹题记》刊刻于世,而金农也多赋诗赠画于他,现藏于南京博物院的《兰花图》便是其中一幅。此图与《红兰花图》极其相似,只是增大成条幅,作倒兰两簇,与生长在地上的红兰相互呼应。图上题:"红兰花叶皆妙,惜无香泽,今年夏月见于奉宸院卿江君鹤亭水南别墅,越夕,费胭脂少许,画此小幅,以寄鹤亭品外之赏,若宋徐黄诸贤却未曾画得也。荐举博学鸿词杭郡金农笔,记时年七十又五。"两幅图自题相同,应同作一时,只是幅面大于《红兰花图》一倍之多的《兰花图》是明确赠与江鹤亭的画作。两图皆精妙,《兰花图》虽大,兰叶却较为粗率,画龙点睛之笔的焦墨花蕊亦未有见。想来金农应当是作《红兰花图》在先,以解兴奋之情,而后或是江鹤亭见图甚爱之,金农又不舍自己的得意之作送之,便速速再画了一幅。

《芥子园画传》云:"文人寄兴,则放逸之气见于笔端。闺秀传神,则幽闲之姿浮于纸上,各臻其妙。"在清代大众基础兰画教程中,写兰样式被分为文人与闺秀两种,可见闺阁女子的兰画长期受到瞩目,且表现不凡。与此同时,兰花也成为女性绘画习作中的常见题材。《佩文斋书画谱》著录有《元管道昇著色兰花卷》一幅,曰其"非固(赵孟坚)非昂(赵孟頫),复有一种清姿逸态,出人意外"。闺阁兰花,最早闻名者当为这位子昂之妻管仲姬了。原为清宫旧藏的管道昇《兰花图》,绢本设色,双钩描绘,花叶茂盛,与藏于故宫博物院的《秋兰绽蕊图》相似,未出宋画花卉样式之外。元夏文彦《图绘宝鉴》中又有一位黄至规,生于书香门第,尤善画兰,曾作《九畹图》,自题:"余家双井公,以兰比君子,父翁甚爱之,余也甚爱之,每女红之暇,尝写其真,聊以备闺房之玩。"迟至元代,闺阁中已喜画兰,这与兰花培植于家中,足不出户便可观赏相关,却更是受到家中"父翁"长辈观念旨趣的影响。这位乖巧可爱的黄至规"女红之暇,尝写其真",极可能做的是精工细绘的庭院闲花静草一类。而女子兰画里最为著名的,还是附庸于文人画的墨笔兰草。

清代宫廷里的兰花总是美好而精致的。《楼阁心兰蝶图》团扇便是将兰花与各类物象巧妙结合在一起的匠心独运之作。扇面圆形,一面是草编菱格为地,中间贴裱洒金纸绘山水建筑。不同颜色的花纹织物环带呈同心圆状排列,富于装饰感的同时,又一环环地将视觉导向扇面的中心,也就是那被群山与丛树簇拥,如仙境般的亭台楼阁。团扇另一面是丛兰、蝴蝶、湖石与灵芝,构图传统却颇为精细,自有一种皇家喜爱的祥瑞气息。观看团扇如同观看画作,而成扇本身的特点却赋予了它不同于普通绘画作品的视觉效果:一把成扇是两幅画面,它们背靠着背,可以将两张绘画铺在同一个平面上观看,却永远不可能手持实物,同时窥见同一把扇上的两面。

7.4.2　兰花与邮票

兰花邮票画面精选中国名兰中的大一品、龙字、大凤素、银边墨兰,小型张选用红莲瓣精品兰花。票上配有诗文,整个票面的设计采用诗画搭配,草体书法,犹如兰画整体中的题款。不同姿态的兰花,配长短、诗意不同的诗,诗撷取唐、宋、明、清时代以及朱德元帅的咏兰名诗佳句;兰花邮票还有一个区别于其他名花邮票的特点,就是十大名花邮票中它是唯一采用连票形式的花卉邮票。

7.4.3　兰花与服饰图案

自古以来人们把兰花视为高洁、典雅、爱国和坚贞不屈的象征,形成有浓郁中华民族特色的兰文化。兰花纹,是一种中国古典传统寓意纹样。在古代文人中常把诗文之美喻为"兰章",把友谊之真喻为"兰交",把良友喻为"兰客"。古今名人对它评价极高,被喻为花中君子。兰花纹,寓意淡泊高雅的精神,是汉族传统寓意纹样。

兰花纹除了单独作为纹样构图外,还常与桂花、竹、梅、菊等一起构图,象征家族昌盛,诸事顺利,品德高尚。兰桂齐芳便是用于祝贺别人子孙成才的吉祥语。兰花纹主要运用于玉器、瓷器、书画、家具、木刻、织物、刺绣、服饰等领域。兰花纹开始于魏晋时期流行,到明清时到达顶峰。

明、清两代,兰艺又进入了昌盛时期。随着兰花品种的不断增加,栽培经验日益丰富,兰花栽培已成为大众观赏之物。此时有关描写兰花的书籍、画、诗句及印于瓷器及某些工艺品的兰花图案数目较多,如明代张应民的《罗兰谱》、高濂的《遵生八笺》中都有关兰的记述。

具有繁华装饰的女服,在现藏的清服中占据了绝大多数。有名士认为:这不仅缘于女性爱美的天性,而且和中国长久农耕经济有关。男耕女织的生存模式形成了男主外、女主内的格局,女性承担着纺纱、织布、做衣、纳鞋等解决穿衣方面的工作,而绣花示美也在其中。女性天生会绣花的共识,道破了女人与美的必然联系。于是,首先要顺势打扮好自己,就成了生活中的第一要务。笔者认可这种理解,因为多年收藏的清服经历和藏品就是现实,唯有女服最是漂亮炫目。

兰花,飘逸俊秀、绰约多姿的叶片,高洁淡雅、神韵兼备的花朵,纯正幽远、沁人肺腑的香味,自古以来受人喜爱。在中国传统文化中,养兰、赏兰、绘兰、写兰,一直是人们陶冶情操、修身养性的重要方式。因此,被誉为"国香""王者之香"的中国兰花成了高雅文化的代表。自古以来,人们就把兰花视为高洁、典雅、爱国和坚贞不渝的象征。兰花风姿素雅、花容端庄、幽香清远,历来作为高尚人格的喻示。同时,兰花还被誉为"花中君子"。对中国人来说,兰花还有民族性格上的意义,在中国传统四君子梅、兰、竹、菊中,与梅的孤绝、菊的风霜、竹的气节不同,兰花象征了知识分子的气质,以及一个民族的内敛风华。对于兰花,中国人可以说有着根深蒂固的感情与认同。因此,在清代的很多氅衣、衬衣、诏衫、坎肩、云宿等服饰上都有兰花图案。

7.5　兰花旅游、经济和市花文化

7.5.1　兰花与旅游

伴随着人们生活水平的不断提高,节假日旅游开始成为人们日常生活中不可或缺的一部分。中国兰花作为最早载入史册的名贵花卉,兰事活动早已涉入社会的各个方面,兰文化成为传统文化的一个重要组成部分。因此,发展国兰产业,不能单单从单纯的买卖经营角度出发,而应该将文化、经济、生态各种角度全方位结合,这样一来,大力发展以国兰为平台的生态旅游,即国兰产业与旅游业的相结合,具备了其他许多旅游项目所没有的特点,既可是都市休闲的重要项目,又能促进国兰产业的发展,借助旅游的手段,为宣传国兰文化搭建一个平台,具有强有力的广告作用。

旅游方式的不断变化使得人们旅游观念也在不断发生转变,游客开始不满足普通的旅游,开始追求"新、奇、异"等旅游方式。兰文化旅游是一种文化底蕴极其丰富的旅游模式,游客不但可以观赏到国兰的"色、香、姿、韵",还可以领略到其历史悠久的文化艺术。很多地方都已经开始深入挖掘兰文化,试图将兰文化作为当地的一个特殊旅游品牌,兰博会、兰花展、兰花节等随之不断涌现,这对外地游客和久居都市的人无疑都产生了新鲜感。兰文化的丰富内涵通过旅游业的方式,推动国兰产业化程度的深入,充满活力。

尽管由于种种原因,一些珍稀品种的兰花价值甚高,多则上百万元,但就整个国兰产业看来,这些不过局限于纯粹的花卉业,以买卖为主,属于单纯的产品经济,因此规模和效益都十分有限。如果通过旅游业的发展来带动整个兰花产业的发展,国兰产业不再局限于单纯的买卖经济,旅游业也不仅仅是纯粹的到另外一个地方走走看看,两者的结合使整个活动的过程变成了文化交流的过程,国兰文化传播的过程,不管对旅游业还是兰花产业,都是意义重大的。

1. 福建省

以南靖为例子,为了进一步推动国兰文化的发展,加强海峡两岸经济区的建设,福建海泉兰花实业有限公司决定斥资打造兰博园及福建兰花研究所,集国兰产业、国兰研究所和旅游度假、生态、文化为一体。据调查,其中的兰花广场、国兰培植园、酒店、温泉等诸多基础项目已经开始动工,借助南靖独特的地理优势和资源优势,此项目建成后,必将作为南靖重要的经济支柱,南靖的国兰产业即将走向科学、高效一体化的产业道路,走在世界的前端。该兰博园预计总面积达 $46.67hm^2$,预计投资超过 2.5 亿。该项目将与"世界遗产土楼"——南靖土楼连成海西旅游文化经济圈,将经济效益、社会效益和生态效益高度统一,推动南靖的国兰产业、旅游产业乃至整个南靖的腾飞。

2. 浙江省

兰溪市政府高度重视兰花业的发展。建立各种赏兰景区景点,保护野生兰花资源;举办兰花会展、兰花节等花事活动;加大宣传力度,将兰花村建成新的旅游,不但丰富了旅游的内容,而且活跃了市场;建立兰花休疗养院,开发兰花旅游产品;完善兰花文化博物馆功能,使其与旅游相结合。

1994 年,兰花协会宣告成立,至今已逾 300 名会员,是兰溪最大的专业协会之一。会员养殖兰花普遍在千盆以上,拥有 3000 盆者也为数不少。2000 年 10 月"中国兰花第一村——兰花村"正式落成,并举行了盛大的开园仪式,来自台湾、四川、河南以及本地的种兰高手,携 200 多个品种 20 多万盆的兰花,喜气洋洋地进入兰花村。发展至今,每年兰花成交额达 4000 多万元,为兰溪的经济、旅游业等做出了重大的贡献。兰花产业已经成为兰溪农林经济产业结构中不可或缺的部分。

兰溪风光秀丽,文物古迹、风景名胜众多,旅游资源丰富,2005 年被评为中国优秀旅游城市,全市拥有国家 AAAA 级、AAA 级、AA 级旅游区各 1 处,它们分别为诸葛村景区、六洞山风景区和黄大仙赤松园景区;拥有省级风景名胜区 2 处,市级风景名胜区 4 处,是浙江省南线的重要旅游城市。兰花更是兰溪的市花，是兰溪文明的象征。2008年，全市共接待国内外游客125.08万人次，实现门票收入1455.30万元，实现旅游总收入9.95亿元，相当于全市GDP的6.98%，旅游业发展势头强劲。

3. 广东省

江尾镇隶属广东省韶关市翁源县，依托优越的交通位置和山地气候条件，江尾镇大力发展兰花特色产业，形成了"国兰洋兰并进，科研生产并举，精品大众并存，外商农户并种"的生产格局，现已成为全国最大的国兰生产基地，被誉为"中国兰花之乡"。

1999年，江尾镇开始种植兰花，到如今已经建成具有较大规模的兰花种植基地。当地兰花品种种类繁多，其中光国兰就有1000多个品种，洋兰有300多个品种，所种植的国兰和洋兰远销国内外兰花市场。截至2016年底，全镇兰花企业和专业户达200多户，种植面积约12000亩，年产值从2015年的4.5亿元增长至6.8亿元，年销售额约2.7亿元，比2015年增加1亿元，实现利润约2.4亿元，比2015年增加0.8亿元。江尾镇还启动了兰花文化创意园的建设，建成10家前店后场的兰花展示厅和5家农家乐，已形成广东省独具特色的生态农业景观。

从2004年起，江尾镇多次参加国内外举办的兰花博览会，并取得了130多个奖项，成为参加博览会获奖最多的单位；2005年，江尾镇被广东省科技厅授予"广东省专业镇技术创新试点单位"，也是广东省唯一的兰花专业镇；2007年，在翁源成功举办了海峡两岸暨广东省第五届兰花博览会；2008年，江尾镇被广东省科技厅批准为"兰花专业技术创新试点单位和社会主义新农村建设科技试点单位"；2011年，江尾镇被韶关市科技局评为"专业镇建设先进单位"；2015年，江尾镇成功申报广东省休闲农业与乡村旅游示范镇。

从1999年建设第一家兰花种植园开始，江尾镇凭借适宜种植兰花的自然环境不断地吸引海内外港台商家的进驻。如今，江尾镇的兰花企业和专业户达200多户，种植面积约12000亩。兰花产业的聚集，为江尾建立了一个新颖的兰花名片；兰花产业的聚集，便于改善兰花间的花粉传播途径，共同提高当地兰花品种的质量，提高兰花产业市场竞争力；兰花产业在当地集聚，有助于兰花产业的快速发展和当地的经济发展。

兰花文化，是兰花旅游发展的灵魂。在旅游开发建设中，加强环境建设，保护和发展兰花资源是十分必要的。但是，更要注意兰花文化的建设，主要措施是：在进行兰花为主体的自然景观建设的同时，发掘兰花文化内涵，创造赏兰花的新意境；重视对兰花不同生育期的自然景观美和文化艺术美的开发，增长观赏游览期；加强导游人员的兰花文化知识培训，通过导游兰花文化素质的提高，增强游客的赏兰花趣味；开发兰花文化旅游商品，提高旅游经济效益。

兰花业、旅游业是充满生机的新兴产业。以兰花文化推动发展起来的兰花旅游业更是年轻的产业，虽然目前呈现出欣欣向荣的发展势头，但也有制约其发展的深层机理及其相关理论，主要包括：兰花旅游的审美特征、赏花趣味、兰花文学、兰花文化导游、兰花文化旅游开发等。兰花业和旅游业的发展，都必须拓宽思路，充分发挥中国兰花文化的优势，才能使其具有鲜明特色，兰花旅游业才会更快更好地发展。

7.5.2　以兰花为省(州)花和市花的地区

1. 以兰花为市花的地区

浙江省省树省花评选活动于 2008 年 4 月 25 日在杭州正式启动,先由公众推荐,再由专家委员会审议,产生 10 种候选省花。2008 年 6 月 1 日至 9 月 30 日,在全省范围内 130 多万民众投票评选。根据公众投票结果,经杭州市东方公证处公证,按最高票中选原则确定了浙江省省花为兰花。

兰花又称"花中君子""空谷佳人""空谷仙子"等,自古被称为王者之香。在南宋以后被作为爱国的象征。兰花在浙江、江苏、福建、广东、云南、四川民间栽培广泛,人们多赞赏兰花有淡雅的色姿、纯正的幽香、高洁的品格、刚毅的气质。寓意兰花为美好、高洁、贤德、贤贞、朴实、谦谦君子。

浙江的传统兰文化历史悠久。兰花栽培在唐代就很盛行,绍兴、余姚等地的民间养兰大户甚多。古越文化,兰蕙飘香,孕育名人辈出。王羲之的《兰亭集序》,千古流传。从此,兰亭成了书法圣地,也成为兰文化发祥之地。浙江是全国的兰花文化中心,并已形成独特的兰花产业,前景广阔。

2. 以兰花为市花的地区

选兰花作为市花的城市有浙江绍兴、福建龙岩、贵州贵阳、云南保山、广东汕头、山东曲阜、河北保定、台湾宜兰。

浙江绍兴:1984 年 1 月 22 日,绍兴市一届人大常务会第二次会议通过决议,确定兰花为绍兴市市花。

绍兴是享有"兰城"之誉的古城,是中国发现最早的兰花产地。据记载,绍兴植兰花始于春秋战国时期,东晋大书法家王羲之就十分欣赏这里的兰花,邀请了当时社会名流在此聚会,并写下了被后世广为流传的不朽之作《兰亭集序》。我国现存最早的由东汉袁康、吴平撰写的地方志《越绝书》中也有:"勾践种兰渚山"的记载。绍兴人酷爱兰花,家家户户都会养植以供观赏,且绍兴兰花品种繁多,春、夏、秋、冬都有不同类型及品种开放。近年来又培育了不少新品种,养植后销往国内外

1923 年出版的《兰蕙小史》是一本具有影响的兰史,作者吴恩元在编写此书前就结识了许多绍兴棠棣的兰农,在《兰蕙小史》中记录了绍兴棠棣兰农的种兰经验和发掘名贵品种的贡献,在记录的江、浙、沪 40 种兰花名贵品种中,绍兴县就占 26 种。无论绍兴人对于兰花,亦或兰花对于绍兴人都是不可或缺的,因此,绍兴人民选兰花作为市花是理所当然的。

贵州贵阳:1987 年 9 月,贵阳市七届人大常委会第三十五次会议根据市人民政府提请的关于贵阳市市花市树评选报告,确定兰花为贵阳市市花。自此贵阳成为全国唯一把兰花作为市花的省会城市。

贵州省地处中亚热带,地形与水利条件极其适宜兰科植物的生长,据统计大概有兰科植物 71 属 206 种(变种),占到了全国 173 属的 41%,约 1240 种的 16.6%,是中国兰科植物的分布中心之一,其中春兰花色丰富,自然变异类型多,极具资源优势和特色,有"兰花天然博物馆"之称。贵阳市民喜爱兰花,并且热衷于种兰、养兰、赏兰,把大自然赋予山城的幽香之兰,选为市花亦当之无愧。

广东汕头:1996 年汕头市在金凤花的基础上,决定再增选一种市花。经市民投票,从兰

花和三角梅两个候选花种中推选出兰花作为另一种市花。1997年1月,市政府确认兰花(指兰科兰属中墨兰、春兰、四季兰、寒兰、蕙兰等地生兰)与金凤花并列为汕头市市花。

汕头养兰历史悠久,兰花富有顽强生命力、高洁形态和深刻的文化内涵,代表特区人的精神风貌,是潮汕特产,品种多,与金凤花相映成趣。潮汕地区野生兰花资源十分丰富,尤其是秋兰和墨兰,是全国一个重要的兰区。

潮汕地区地处低纬度,属南亚热带季风气候,常年气候温和,热量丰富,光照充足,雨量充沛,十分适合兰花的生长和繁衍。大自然赋予潮汕地区养兰天时、地利、人和,使养兰更具有得天独厚的条件。古时兰花大多作为贡品和赠品,珍稀品种一直被视为无价之宝,曾经有"桃姬换美人"和"寸叶换寸金"的说法,目前株价在上万元。名贵兰花价高,但不宜炒作。

随着技术的逐渐成熟,以及相关部门的重视,目前汕头的兰花爱好者数以万计,兰友们经过近几年来的收集、培植,已拥有不少新、奇、特的下山新品种,已具有一定的养兰层次。

云南保山:2006年6月6日,在"第三届中国·保山南方丝绸古道商贸旅游节暨2006年端阳花市"闭幕节上,保山市副市长宣布兰花被评选为保山市市花。

为扩大保山对外的影响力和知名度,由保山市政府承办的"保山市市花"征集评选活动于4月29日至5月25日在当地举行,并拟定了兰花、梅花、杜鹃花、木棉花、石榴花5种花卉为候选花种。评选市花活动受到了当地市民的广泛关注,上万市民通过网络、手机、邮寄等方式投票。最终,在保山花市闭幕式数千名观众的见证下,历时近一月之久的保山市市花评选活动降下了帷幕——作为保山市特产的兰花当选。

保山素有兰城之美誉。兰花不但高雅脱俗,更因其超凡气质及寓意,而越来越成为国内外的追捧热点。历经千百年中华历史文化的演绎,兰花被赋予了清廉、坚贞、纯洁、高尚等精神象征。

7.6　兰花的园林文化

7.6.1　兰花在我国古代的园林栽培应用

原产于中华大地的兰花,既是一种珍贵的观赏植物,又具有一种扣人心弦的文化,更是我国的传统国粹,因而历来受到有识人士的推崇。

在历史的长河中,国兰之所以兰园能够蜚声中外,除了它具有"天下第一香"和"活的艺术品"的魅力之外,还被人们赋予君子修道有德的高尚精神象征。古人赞它"虽冰霜之后,仍高深自如"。这就一语点破了国兰得人喜爱的真谛。

当今所称的中国的兰花——国兰,古代称之为兰蕙。正如北宋黄庭坚在《幽芳亭》中对兰花所作的描述:"一干一华而香有余者兰,一干五七华而香不足者蕙。"

我们中国人观赏和栽培兰花,较之西方人栽培的洋兰要得多。早在2400年前春秋时代的中国的文化先师孔子曾说:"芝兰生幽谷,不以无人而不芳。君子修道立德,不以穷困而改节。"他还将兰称为"王者之香"。这句话流传至今,足以证明中国兰花在历史文化上所占的地位。

古代人们起初是以采集野生兰花为主,至于人工栽培兰花,则从宫廷开始。魏晋以后,兰花从宫廷传到士大夫阶层的私家园林,并用来点缀庭院,美化环境。直至唐代,兰蕙的栽培才发展到一般的园林中,并被花农培植。

宋代是中国兰艺史的鼎盛时期,有关兰艺的书籍及描述众多。如宋代罗愿的《尔雅翼》中有"兰之叶如莎,首春则发,花甚芳香,大抵生于森林之中,微风过之,其香蔼然达于外,故曰芝兰。江南兰只在春芳,荆楚及闽中者秋夏再芳"之说。南宋的赵时庚于1233年写成的《金漳兰谱》,可以说是我国最早的一部研究兰花的著作,也是世界上第一部研究兰花的专著。全书分为三卷五部分,对紫兰(主要是墨兰)和白兰(即素心建兰)的30多个形态特征做了描述,并论及了兰花的品位。在宋代,赵孟坚绘画的《春兰图》已被认为是现存最早的兰花名画,现藏于北京故宫博物院内。

兰花在中国早已超越了植物栽培、纯花卉欣赏的范畴,兰花正好体现了中国人喜爱素淡、雅致、清幽、洁净的风格和所推崇的忠贞、廉正、质朴、坚韧的情操,这也正是为何从古至今,国人为兰花如痴如醉的原因。

7.6.2　兰花在近现代园林中的栽培应用

1. 上海植物园兰苑

上海植物园兰苑,借助山、水池、瀑布、小桥等小品,营造出高雅别致的环境,给游人提供了一个良好的游憩场所。通过景观改建后的兰园分为:盆栽式展示区、自然式展示区、庭院式展示区三个区域,还首次设立了兰花展览温室,营造了兰花的原始生态环境。

2. 重庆植物园兰园

重庆植物园兰园与梅园相结合,占地20余亩,植物群落茂密、环境幽静。园内收集了兰科上百个种6000余盆,其中包括朱德赠送的墨兰、建兰、雪兰等7种名贵兰花,以及蝴蝶兰、卡特兰等热带兰品种800余盆,温室展示区作为重庆培植兰花的重要基地,也为游客提供了教育科普的场所。

3. 武汉植物园兰花专类园

中国科学院武汉植物园兰花专类园,是一个集科研、植物种质资源保育及科普展示为一体的兰花园,以突出兰科植物的科研价值为重点,园区内有400多种兰花,包括150平方米的科研实验区、1000平方米的用于种质资源保育的温室区以及面积20余亩的用于兰科植物科普展示的兰花岛,让人们充分体会到兰科植物种植资源的科研保育价值。

4. 无锡太湖观赏植物园兰苑

无锡太湖观赏植物园兰苑,以游览、生产和科研为主要功能手段,园区主要分为庭园和苗圃两大部分。庭园以江南园林的玲珑、清秀和兰文化的芬芳为主题,园内的国香馆、留香亭、流芳涧、香帘等景点依山傍水,巧妙地点缀在茂林修竹与浮云暗香之间,将传统的造园艺术和兰文化融为一体;苗圃内收集兰花180余种,并作为对国产原种兰花进行引种驯化工作的重要生产基地,也将成为世界先进水平的兰花质料资源保护中心,以兰花栽培的精细、品种鉴赏的上乘而独具自己鲜明的特色。

5. 华南植物园兰园

中国科学院华南植物园兰园,占地面积约1.2公顷,有各种兰花约3000盆,其中原生兰及热带兰50多个属800多个种,充分展现了兰花的艺术性。兰花园内的中庭展示了兰花的各种景观造型,有花境式栽植、容器式栽植、附生式栽植等,这既展现了兰花的观赏性,同时又丰富了展区的空间景观。该院内的中庭还为游客提供了游憩的场所,融科普、科研、对外开放及旅游观赏于一体,起到了多层次、全方位展现的效果。

6. 三亚兰花世界

热带兰花主题公园——三亚兰花世界,位于三亚市西部的天涯镇,南靠海南环岛西线高速公路,西北角与三亚日出国际高尔夫球场相邻,距三亚市中心 30 多公里,离三亚凤凰国际机场 20 多公里,交通便利,且处于南山寺、大小洞天、天涯海角等著名旅游风景区的中心地带,形成三亚新的旅游金三角。

三亚兰花世界景区按国家 5A 级旅游景区标准建造,占地面积约 390 亩,前期开发125.23 亩,是以兰花文化、兰花丛林和趣味兰艺为主题,集自然古朴、生态教育、兰花观赏、兰花饰品、休闲娱乐、特色美食等为一体的生态型旅游休闲游览主题公园。景区运用中国古典园林造园思想,借鉴东南亚景观造园的一些手法,结合造园材料的应用,通过上千种源自欧洲、非洲、南美洲以及东南亚各国名贵热带兰花品种,进行艺术点缀组合,充分展现热带兰花的树生、岩生和地生等自然生长习性,令游人感悟到"芝兰生于深林"、"绿玉丛中紫玉条"的兰花生态古典意境。

7.6.3 在国外的专类园营造和园林栽培

1. 新加坡植物园兰花园

新加坡植物园兰花园,也叫国家兰花园,位于新加坡植物园的中西部,占地 3 万平方米,以观赏、科普、科研为主要功能。兰花的种植地形以丘陵景观为主,园内的兰花主要种植区分为花圃、科研区和展览区,共有 3000 多个兰科植物品种,主要包括蕙兰、兜兰、蝴蝶兰、石斛兰等常见兰花,以及大量的稀有兰花品种,其中"卓锦·万代兰"被称为新加坡的国花。兰花园入口以热带兰兰花架作为"入口大门",突出园区主题内容;兰花展览区有各种造型的兰花景观搭配,植物造景营造出了热带雨林的环境氛围;兰花与景石、标识牌、特色雕塑等景观小品的结合,景观风格别致,既展现了兰花的观赏性,又提升了园区的特色性;休闲建筑设施材质以木材为主,风格与兰花园的整体格调统一,贴近自然。

2. 爱尔兰都柏林国家植物园兰园

爱尔兰都柏林国家植物园兰园 1795 年建立,是爱尔兰最古老的植物园,面积 19.5hm²,其中有一部分是托卡河沿岸的漫滩地。该园拥有爱尔兰最大的兰花收集圃,最早的是维多利亚时代的收集品,他们对兜兰属、美洲兜兰属、兰属、石斛属、文心兰属、围柱兰属、肋枝兰属、齿舌兰属、*Angola* 以及薄叶兰属、蝴蝶兰属、美堇兰属和香荚兰属的收集也都很丰富。200 年来该园对爱尔兰的科学发展和农业、园艺有很大贡献。荆豆、蒲苇、粉晕文殊兰、大百合都是他们首先引入的。

3. 荷兰自由大学植物园

荷兰自由大学植物园,1951 年建立,温室面积 1500m²,植物种类 800 种,特色:抗寒蕨类、鳞茎类、仙人掌及多浆植物、凤梨科的铁兰属和陆生凤梨类、兰科的肋枝兰、龙须兰、蝴蝶兰类、盆景。园内有野生植被 2hm²。

4. 法国巴黎植物园

法国巴黎植物园,1635 年建立,面积 13hm²,温室面积 4800m²。活植物种类 2.1 万种。特色:兰科、多浆植物、仙人掌、凤梨科、蕨类、天南星科、澳大利亚植物、大丽花、美人蕉、苘麻属、天竺葵、倒挂金钟属、芍药属、非洲紫苣苔属高山植物。种质保存：兰花、多浆植物、松柏类。

7.6.4　我国兰花的主要园林应用形式

兰花有着悠久的栽培历史，早在1812年的英国，就有着兰花苗圃及兰园。在我国，广州兰圃就是一块以栽培兰花为主的专类性公园，本为植物标本园，后改建为兰圃，圃内兰花有两百多个品种，其种植分为3栅，第一、三栅以地生兰花为主，花淡而清香；第二栅以寄生兰为主，花艳而少香。园内环境清幽，景物交错，步移景异，似闹市中的一处香洲，宁静而惬意，深受人们的喜爱。中科院华南植物园和武汉植物园设有兰花植物专类园，种植形式有地植、盆栽、悬植，品种繁多、色香俱全，不仅供游客玩赏玩憩，还起到科普宣传的作用。现在兰花在园林中的应用越来越普及。

1．花架盆栽

花架的应用可以灵活地美化、绿化环境，丰富园林的空间层次，尤其在一些占地面积小、绿化空间有限的家庭小庭院中更为实用。简单花架配上盆栽兰花，应用简单灵活，便于四季转换不同的观赏兰花。花架的设计只求简洁、实用，可以是随意焊接的铁栏杆，也可以是简易水泥板架，高矮、宽窄因地制宜，应用灵活。盆栽兰花可以巧妙地布置在园林入口两侧、台阶旁、廊檐下、高墙脚、厅堂里，使以硬质铺装为主、空间狭小的庭院充满勃勃生机。这种做法在古典园林中比较常见，如广东佛山的梁园，用简易水泥板架起的花基，虽然简单，却对狭窄的高巷起到了很好的美化作用；广东番禺的余荫山房，一些几架式花基座的布置，给高墙冷巷带来了生机。现代园林中，这种做法则更为巧妙，如深圳梧桐山用围墙的瓦状结构代替花盆，种植着繁花簇簇的鼓槌石斛，虽不能移动，却也能满足石斛栽培时透水、透气的要求，还延伸了景致。

盆栽的兰花不仅布置起来方式各异，装饰美化效果也各不相同。一般在兰花处于花期时进行配置装饰，用于装点硬质空间，如室内、台阶、园门两侧，在古典园林中常见，如梁园的余荫山房，摆放于室内，置于高墙等；如今则更为巧妙，盆栽的容器不仅更加多变，用于观赏的兰花品种亦更加丰富。

2．树干附植

兰科植物中的附生及石生兰附着树干、树枝、枯木或岩石表面生长，主产于热带，少数产于亚热带，适于热带雨林的气候。常见栽培的有指甲兰属、蜘蛛兰属、石斛属、万代兰属、火焰兰属等。如果将这种自然景观应用于园林中，岂不是更富有野趣、更亲近自然？华南植物园的温室就应用了这种方式，在温室入口两侧的树干上种植了各种附生兰，不仅花色艳丽、美丽动人、趣味十足，更呼应了温室所营造的热带雨林景致。

高大常绿乔木上"寄生"着一株花香正浓的兰花，不仅打破了常绿景色的单调，还为游人提供了无限遐想的空间。兰花中有一类附生兰，自然生境下就是附着在树干或岩石上生长的。这类兰花茎、叶肥厚，粗大的气根裸露，可以吸收空气中的水分，耐干旱。如卡特兰、蝴蝶兰、石斛兰、万代兰等。园林设计中我们可以应用适当的方法，巧妙地把这种自然景观"转移"到人工景观中来。附生兰大多原产热带地区，因而这种应用形式通常也只适应于我国华南、西南局部地区。

3. 地被种植

在园林中地被植物不仅能覆盖裸露的地表保持水土,还可以美化环境,更具有众多的生态功能。地生兰中一些低矮、覆盖力强、较耐寒的品种可以作地被植物栽培,具有花叶俱赏的观赏性。根据兰花的生长特性及对生境的要求,种植形式也会有所变化。一些耐旱耐瘠薄的品种,如长叶兰、碧玉兰可片植于林下或缀于岩石一角,能很好地增加园内的空间感和植物景观的层次感;喜土壤肥沃和阴湿环境的品种如虾脊兰可植于湖池溪畔。

地被植物是组成绿色、改善生态环境的物质基础,也是提高城市绿地覆盖率的重要组成部分,同时还有吸附空气尘埃的功能。随着城市化的推进,"园林地被植物"也越来越丰富多彩。由过去的常绿型走向了多样化,由草坪向观叶、观花、观果型转化。兰花中一些低矮、耐寒能力强、可露地越冬的品种可以作为园林地被植物栽培,增加园林地被的观赏性。如兰属中的青蝉兰、西藏虎头兰、碧玉兰、长叶兰,耐旱、耐瘠薄,管理较粗放,华南、西南地区可露地越冬,可片植于林下,或栽于草坪一角,以增加植物的层次感,或点缀岩石、假山,是较好的观叶、观花地被。又如虾脊兰,花色有白、黄、红、黄绿等,花中等大小,产于长江流域及其以南地区,喜肥沃、排水良好的土壤和阴湿环境,可片植于林下、池畔或溪边。还有黄花鹤顶兰,花大展开,淡黄色,唇瓣呈筒状,前缘褐色并呈皱波状,十分独特,产于南方诸省区,喜温暖、潮湿、荫蔽的环境,要求土壤肥沃、排水良好,可丛植于林下,做花镜配植或植于假山、岩石旁。

8 中国传统园林名花——木兰花文化

玉兰(*Mognolia denudata*)为木兰科玉兰属落叶小乔木,又名"白玉兰"、"应春花"、"望春花"等,古时以其拟花蕾入药而通称为"辛夷"。玉兰树高可达15米,小枝呈淡灰色,嫩枝及芽外披黄色短柔毛。叶互生,长10~15厘米,呈倒卵形或倒卵状长圆形,基部呈楔形或阔楔形。玉兰先花后叶,花形较大,花朵洁白如玉,有香气,花期10天左右,花含芳香油,是提制香精的原料,还可熏茶或食用。聚合果,种子呈心形,为黑色。果实能提炼工业用油,花蕾和树皮可入药。性喜阳光和温暖的气候,主要分布在我国中部及西南地区,是早春重要的观赏花木。玉兰株型优雅,花开美丽,芳香宜人,叶、果亦形态优美而独特,从树形到花形都很优美,每到花期,仿佛片片漂浮的白云,十分美丽,加之较强的抗性和广泛的地域分布,是我国重要的、优秀的多用途观赏树木,在我国传统古典园林配置和现代园林绿化建设中均被广泛应用。和其他传统名花一样,玉兰之所以深受国人喜爱,除了本身的观赏价值外,还得益于我国的玉兰文化。大约2500年前,玉兰就已经备受文人墨客的青睐,吟咏玉兰的诗词歌赋浩如烟海,俯拾皆是。此外,在长期的栽培历史中,还逐渐形成了大量和玉兰相关的民俗、趣闻逸事等。由此,经过长久的历史积淀和发展过程,形成了我国独特的东方玉兰花文化。玉兰花文化是中国传统花文化的重要组成部分,充分挖掘和系统总结玉兰文化的丰富内涵,可以进一步弘扬我国传统花文化,也是一项对东方园林意境的深度解读和创新继承大有裨益的梳理与总结性工作。

8.1 木兰花栽培历史

8.1.1 木兰花名考

玉兰是木兰科木兰属植物种类的总称。我国历史上玉兰的名称很多,主要有辛夷、玉兰、木笔、迎春之称,但历史文献中玉兰名称则是在明代才出现,在先秦文献中玉兰则是辛夷。楚国大夫屈原的著作中多处提及辛夷。如《九歌·湘夫人》中有"桂栋兮兰橑,辛夷楣兮药房",《九歌·山鬼》中有"乘赤豹兮从文狸,辛夷车兮结桂旗",《九章·涉江》中有"露申辛夷,死林薄兮"等提及辛夷。

玉兰作为观赏树种,唐代才受到世人的重视,所以出现了"迎春"、"木笔"等名。唐陈藏器《本草拾遗》云:"辛夷花未发时,苞如小桃子,有毛,故名侯桃。初发如笔头,北人呼为木笔。其花最早,南人呼为迎春。"宋代已将"迎春"、"木笔"花视为两种花,从宋代文献中得到了证实。南宋绩溪县人胡仔《苕溪渔隐丛话》载:"木笔、迎春,自是两种,木笔色紫丛生,二月方开;迎春白色高树,立春已开。"唐代辛夷因花色美丽而受到文人们的注意,成为其诗颂的题材。唐诗人韩愈《感春》诗云:"辛夷花房忽全开,将衰正盛须频来。清晨辉辉烛霞日,薄暮耿耿和烟埃。朝明夕暗已足叹,况乃满地成摧颓。迎繁送谢别有意,谁肯留念少环回。"正是对辛夷花由盛将衰时情景的描述。白居易《题灵隐寺红辛夷花戏酬光上人》诗道:"紫粉笔含尖火焰,胭脂染红小莲花。芳情春思知多少,恼得山僧悔出家。"将红辛夷花之状描绘成一彩笔,表明当时还有白辛夷花。

明代以前,尚未见"玉兰"名称之立,对于木兰科植物的描述多见于"木兰"、"辛夷"、"木笔"等,而明代李贤《大明一统志》中记载言"五代时,南湖中建烟雨楼,楼前玉兰花莹洁清丽,与松柏相掩映,挺出楼外,亦是奇观",这是我国文献中首次使用"玉兰"之名,并且由文字中也可见我国自五代时起已开展注意玉兰与常绿树的搭配造景。明代王象晋的《群芳谱》所述:"玉兰花九瓣,色白微碧,香味似兰,故名。丛生一干一花,皆着木末,绝无柔条。……花落从蒂中抽叶,特异他花。……"文中对玉兰花的得名、习性、形态(以及栽培)等,已形成了初步成熟的观点,并根据玉兰的花瓣数和花色将它与其他木兰科植物进行了简单的区分,对今天玉兰及其他木兰科植物的研究仍具有重要参考价值。明医家李时珍在《本草纲目》中说:"辛夷花……亦有白色者,人呼为玉兰。"可见,人们以"色白微碧,香味似兰"而称名玉兰,是在于取其高雅脱俗之气。又如明代王世懋的《学圃杂疏》有云:"玉兰早于辛夷,故宋人名以迎春,今广中尚仍此名。千千万蕊,不叶而花,当其盛时,可称玉树。树有极大者,笼盖一庭。"这表明,自此(明代)之后,我国人民便逐渐将木兰和玉兰加以区分表述了。清代则将开红、紫色花者视为辛夷花。清人吴其濬的《植物名实图考》对这种区分作了进一步的细化:"辛夷即木笔花,玉兰即迎春。余观木笔、迎春,自是两种:木笔色紫,迎春色白;木笔丛生,二月方开,迎春树高,立春已开。"表明人们对玉兰的区别与表述更加明晰。清康熙时徽州人汪灏编写的《广群芳谱·花谱》载:"辛夷,一名辛雉,一名侯桃,一名木笔,一名迎春,一名房木。生汉中、魏兴、梁州川谷,树似杜仲,高丈余,大连合抱。叶似柿叶而微长,花落始出。正二月花开,初出枝头,苞长半寸,而尖锐俨如笔头,重重有青黄茸毛顺铺,长半分许,及开,似莲花而小如盏,紫苞红焰,作莲及兰香。有桃红及紫二色,又有鲜红似杜鹃,俗称红石莽是也。"按照现代植物分类学特征,开白色花者为白玉兰,开紫色花者为紫玉兰。

有学者通过查阅大量的古文献,对于古人关于玉兰和木兰、木兰和辛夷的名称进行了考证,并纠正了玉兰与木兰名称上混淆不清的现状,对研究玉兰与木兰的起源、进化及应用等具有重要的现实意义。同时通过对辛夷与木兰认真细致的考证,第一次提出:①辛夷是望春玉兰(*Magnolia biondii*),不是紫玉兰;②辛夷药材泛指玉兰亚属树种的干燥花蕾,玉兰亚属植物可统称为辛夷植物。纠正了现代有关工具书、植物学专著、药学专著及高等院校教材等一致认同的"辛夷即木兰、木兰即紫玉兰"的错误观点。

8.1.2　木兰花栽培历史

玉兰,古时有称木兰,辛夷,据康熙四十七年修成的《御定佩文斋广群芳谱》所释意云:"玉兰花九瓣,色白微碧,香味似兰,故名",而古人因其花蕾形大如笔头,故又有"木笔"之别称。作为我国传统的著名早春观花落叶乔木之一,白玉兰从树姿到花形皆美,其结蕾于冬,不叶而花放于春,宛若素云雪涛落玉树,又如白鸽群集枝头,莹洁清香,蔚为奇观,因此深受我国人民的喜爱。

1. 萌芽期——秦汉时期

玉兰花期甚早,又兼花大洁白,历来为人钟爱,在我国的栽培历史已长达 2500 年之久。据南朝梁国任昉的《述异记》记载:"木兰洲在浔阳江中,多木兰树。昔吴王阖闾间植木兰于此,用构宫殿。七里洲中,有鲁班刻木兰为舟,舟至今在洲中。诗家云木兰舟,出于此"(《四库全书之述异记》二卷)。据考证,"长江两岸或长江以南栽培的辛夷植物多为玉兰(类)树种",那么此处所说的吴王阖闾间于浔阳(今江西九江市)"用构宫殿"和刻之"为舟"的"木兰",应该是指玉兰亚属中的乔木种类,这一文献应为我国开始栽植玉兰的最早记载。而如今在九江南郊庐山现尚有高大的野生玉兰植株保存(树高达 25 米,胸径达 1 米),亦可作为这一推断的佐证。

屈原的词赋作品中也多次出现关于"木兰"的表述:"朝饮木兰之坠露兮,夕餐秋菊之落英","朝搴阰之木兰兮,夕揽洲之宿莽"(《离骚》),"桂櫂兮兰枻,斫冰兮积雪。"(《九歌·湘君》),"桂栋兮兰撩,辛夷楣兮药房"(《九歌湘大人》)。古诗中的"木兰"究竟是白玉兰,亦或紫玉兰等其他木兰科植物,难以判断,古人因其花形相似,花期相近,所以常统称为木兰。这里以木兰而制的"兰杜"(即兰舟)和"兰撩"(即用木兰做的椽子,是对椽子的美称),应为乔木所制,紫玉兰为大灌木,玉兰为乔木,又因屈原身居楚地,据此推断,这里的"木兰"同样极有可能为今天所指的玉兰。文中的"兰松"和"兰撩"经流传意化后,分别被后世文学作品大量引用,成为对船和椽美称的"兰舟"和"兰撩",用于寓指所言及之人的品德高贵清雅、超凡脱俗。

秦统一中国后,秦始皇便于京都长安的骊山附近以举国之力营建阿房宫和上林苑,大兴土木,广种花果树木,所引种花木中即包括木兰。宋敏求《长安志》中有云:"阿房宫以木兰为梁,以磁石为门。"记载中的阿房宫(始建于前 212 年)所处历史年代与吴王阖闾间春秋末期和屈原的战国时期相去不远,其中"为梁"的木兰同样可能为今天木兰科玉兰亚属植物中的乔木玉兰,说明早在秦代已用玉兰树建造宫殿。

汉代《上林赋》和《洛阳宫殿簿》中对玉兰的栽培都有所记载,如《洛阳宫殿簿》载曰:"显阳殿前有木兰二株。"而西汉儒学大家杨雄在《蜀都赋》中亦有记述:"被以樱、梅,树以木兰",可见西汉时期我国在庭院中种植木兰已相当普遍。此外,我国考古工作者也自长沙马王堆一号汉墓(前 100 多年)中发现了保存完好的"辛夷",经鉴定为用作香料和药物的玉兰花蕾。这说明远在 2100 年前的汉代,已将玉兰的花蕾作为官宦陪葬品,这一发现可以作为前述推论的佐证和线索。

2. 发展期——唐宋时期

唐代诗人白居易诗曰:"紫粉笔含尖火焰,红胭脂染小莲花。芳情香思知多少?恼得山僧悔出家!"诗中的"紫粉笔含尖火焰"是指紫玉兰,反映了人们对玉兰的感情与爱好。据明代历史名人李贤在《大明一统志》中载:"南湖建烟雨楼,楼前玉兰花莹洁倩丽,与翠柏相掩映,挺出楼外,亦是奇观。"这里首次用"玉兰"之名,并说明五代时已注意玉兰与常绿树的搭配造景,更加说明了早在千余年前,浙江就有玉兰栽培。

宋代寇宗夷在《本革衍义》中载:"辛夷处处有之,人家亦多种植,先花后叶,即木笔也。其花未开时,苞上有毛,尖长如笔,故取象其名。花有桃红、紫色两种,入药同紫者。须未放时收,开者不佳。"这里的辛夷所具指的木笔,即今日的玉兰。此外,如宋代的《本草图经》、宋人陈衍的《宝庆本草折衷》等书,也都对玉兰的观赏与药用价值进行了记载。

3. 繁盛期——元明清时期

明代王世懋在《学圃杂疏》中载:"玉兰早于辛夷,故宋人名以迎春,今广中尚仍此名。千干万蕊,不叶而花,当其盛时,可称玉树"。王象晋在《群芳谱》中载"玉兰花九瓣,色白微碧,香味似兰,故名。丛生一千一花,皆着木末,绝无柔条。隆冬结蕾,三月盛开。浇以粪水,则花大而香,花落从蒂中抽叶,特异他花,也有黄者。最忌水浸,寄枝用木笔,体与木笔并植,秋后接之。"这里,不仅对玉兰的生活习性或形态特征作了细腻的描述,而且对它的栽培与繁殖方法也作了介绍,至今仍有参考价值。在郑元勋的《影园自记》中记载:"……趾水际者,尽芙蓉;土者,梅、玉兰、垂丝海棠、绯白桃;……岩下牡丹,蜀府垂丝海棠、玉兰、黄白大红宝珠茶、磬口蜡梅、千叶石榴、青白紫薇、香橼,备四时之色。"这表明自汉代以来,玉兰除了作为上林苑中广植的美木外,已广泛被运用于私家园林,并因其多种用途而与人们的日常生活息息相关。此外,李时珍的《本草纲目》及河南、四川、甘肃等地的地方志,对玉兰的习性、药用价值等也都有叙述。

清代陈淏子在《花镜》中载:"玉兰古名木兰,出于马迹山(江苏)紫府观者为佳,今南浙亦有。"吴其濬在《植物名实图考》中载:"辛夷即木笔花,玉兰即迎春。余观木笔、迎春,自是两种:木笔色紫,迎春花白;木笔丛生,二月方开;迎春树高,立春已开。""迎春是本名,此地好事者美其花而呼玉兰。""今玉兰嚼之辛,而木笔不然。"近代学者把玉兰与紫玉兰两种分开,认可它们是不同组的两个种。我国清代不但对其药用与观赏价值作出鉴别,而且对其植物分类也有了识别。北京栽培玉兰已有250年历史,清代皇室布置庭园重视玉兰。乾隆及其母后都爱玉兰,常以重金向各地收购苗木。乾隆为庆母后诞辰,在清漪园(颐和园前身)大兴土木,广植花卉,在乐寿堂、清华轩及排云殿以东,长廊以北,栽植大片玉兰及紫玉兰,花开时即有"玉香海"的美称。

4. 成熟期——近现代

辛亥革命后,我国陈焕镛、郑万钧等植物学的奠基者,非常重视木兰科的研究,不但采集了大量木兰科植物标本,而且发现了绢毛木兰、天目木兰、宝华玉兰等种,丰富了玉兰家族的种类。

近20多年来,刘玉壶在华南植物研究所致力于木兰科植物系统发育和保护其珍稀濒危种类研究,发现新类群如馨香玉兰、椭圆叶玉兰、凹叶厚朴,同时也新发现木兰科其他属不少名贵树种。1981年起该所搜集国内各产区木兰科植物,并与朝鲜、美国等国交换种苗,建立占地10多公顷,共有11属100多科(其中木兰属25种)的木兰园,为开发利用玉兰家族植物资源提供科学依据。1998年中国科学院华南植物所等单位在广州华南植物园召开了国际木兰科植物学术研讨会,美、英、俄、法、日、印等国及国内的木兰科专家学者100多位与会。刘玉壶先生首次向国内外同行介绍了由他创立的木兰科分类系统,华南植物所介绍了近40年来,该所在木兰科植物珍稀濒危种类的调查、引种、繁殖、保存以及系统分类、孢粉学、细胞分类学等方面的成果。

此外,北京颐和园李伯中对北京地区6种木兰属花木的形态、特征及栽培技术进行了研究。北京植物园引种山东、东北、华南等地区木兰科植物25种,其中木兰属15种。湖南南岳树木园对木兰科33个树种的采种育苗技术作了系统的研究。杭州植物园对华东、华南及日本的木兰科树种的引种栽培和园林应用作了研究,对玉兰和二乔木兰嫁接时期和方法,以及用激素处理紫玉兰的扦插繁殖等作了试验。中国林业科学院亚热带林业研究所在浙江富阳等地,进行了木兰科树种的引种栽培试验,特别在原生树的生态调查与催芽移栽的育苗试验以及玉兰的嫩枝扦插等方面的研究,卓有成效。该所与浙江建德林场在富春江边合建的华东地区最大的木兰园,面积达4公顷,收集木兰科树种7属69种,其中有13种为国家重点保护树种,该园于1998年被国际经济评价中心评选为"世界华人重大科学技术成果"。在云南省林业科学院在张茂欣、李达孝等同志的努力下,历经20个寒暑,在云南的昆明、西畴、文山三地从事云南省珍稀濒危树种的不同生态环境迁地保存研究,栽培珍稀濒危树种85种,木兰科树种101种,在此基础上进行不同生态环境下的生存表现及生长量与抗逆性等方面的一系列观察记录,以考察同一树种在不同生态环境下,在人工栽培的条件下,其成长发育过程与适生能力。此外,他们还进行了香木兰、馨香木兰等23种植物的香料精油的化学成分与含量研究,发现香木兰等5种新型香料。西安植物园引种栽培玉兰和武当木兰等12种,并从中选育出11个不同品种、类型,其中有12~20瓣,洁白清香,定名为"长安玉灯"的多瓣玉兰。河南省科学院对木兰属药用辛夷和望春玉兰进行了多学科的综合研究,发现3个新分类群。浙江嵊州市木兰科新品种研究所所长王飞罡,用晚秋芽接法大量繁殖二乔玉兰,其中主要是开红花的,名"红运玉兰"。此花色泽艳丽、鲜红,尤以含苞待放时的观赏价值最佳,据说已向社会供应苗木20多万株。此外,湖南新宁林科所、昆明植物园、昆明园林科研所、庐山植物园、九江林科所与成都植物园等单位,也都对木兰科植物的引种、繁殖和栽培等进行了研究。

8.2　木兰花的诗词和歌曲

8.2.1　木兰花诗词

玉兰花色如玉,馨香如兰,在早春绽放。那微微绽开的花瓣,长大而曲,犹如羊脂白玉雕刻而成,繁花缀在疏疏的枝头,形状姿态极美,被人们视为"冰清玉洁"的高洁品性象征,其清新可人的气质也受到了历代文人墨客的喜爱,吟咏玉兰的佳作颇多。最早的应该算是屈原《离骚》中的"朝饮木兰之坠露兮,夕餐秋菊之落英"。明代"苏州四才子"之一的文征明在《玉兰》一诗中称赞它:"绰约新妆玉有辉,素娥千队雪成围。我知故射真仙子,天遣裳试羽衣。影落空阶初月冷,香生别院晚风微。玉环飞燕元相敌,笑比江梅不恨肥。"诗人将玉兰与仙人和历代美女相比照,尽情描述了玉兰花的色、香、姿态之美,点出了玉兰花素艳多姿的品格美。文征明还将自己的画室取名为"玉兰堂"。明代诗人丁雄飞说:"玉兰雪为胚胎,香为脂髓。"极力赞美白玉兰的高贵和纯洁。清著名文人查慎行《雪中玉兰开》云:"阆苑移根巧耐寒,此花端合雪中看。羽衣仙女纷纷下,齐戴华阳玉道冠。"诗人围绕着"仙"字,设譬出奇,赞美其超凡脱俗、高雅绝伦的品性。古代多喜植其于纪念性建筑之前,则有"玉洁冰清"之寓,象征着品格的高尚和具有崇高理想、脱却世俗之意。江苏昆山顾文康崇功祠内和顾炎武祠前的古玉兰树就具有这种象征寓意。如丛植于草坪或针叶树丛之前,则能形成春光明媚的景境,给人以青春、喜悦和充满生气的感染力。

玉兰还具有坚韧不拔、凌霜傲雪的英雄气概,唐代诗人白居易将玉兰比作替父从军的花木兰:"腻如玉脂涂朱粉,光似金刀剪紫霞。从此时时春梦里,应添一树女郎花。"因为这首以花喻人的诗,玉兰从此又被叫作"女郎花"了。清代文人赵执信在《大风惜玉兰》一诗中说:"如此高花白于雪,年年偏是斗风开。"赞美了白玉兰顽强和刚毅的品质。

现代文豪郭沫若也曾写诗赞美过白玉兰。1962 年,郭沫若在广州云泉仙馆(现为白云仙馆)见到一棵百年古白玉兰树,那满树的白玉兰花如玉似雪,令人叫绝,他欣然提笔赋诗赞叹道:"玉兰花正放,满树吐芬芳。挺立云泉馆,尊称白玉堂。湖光增皎洁,山影倍青苍。客至逢时会,春先二月长。"

1. 隋、唐
江总

东飞伯劳歌

南飞乌鹊北飞鸿,弄玉兰香时会同。
谁家可怜出膝脯,春心百媚胜杨柳。
银床金屋挂流苏,宝镜玉钗横珊瑚。
年时二八新红脸,宜笑宜歌羞更敛。
风花一去杳不归,祇为无双惜舞衣。

元稹

辛夷花

问君辛夷花,君言已斑驳。不畏辛夷不烂开,
顾我筋骸官束缚。缚遣推囚名御史,狼藉囚徒满田地。
明日不推缘国忌,依前不得花前醉。韩员外家好辛夷,
开时夕取三两枝。折枝为赠君莫惜,纵君不折风亦吹。

陆龟蒙

和袭美扬州看辛夷花次韵

柳疏梅堕少春丛,天遣花神别致功。
高处朵稀难避日,动时枝弱易为风。
堪将乱蕊添云肆,若得千株便雪官。
不待群芳应有意,等闲桃杏即争红。

李群玉

二辛夷

狂吟辞舞双白鹤,霜翎玉羽纷纷落。
空庭向晚春雨微,却敛寒香抱瑶萼。

2. 宋
楼钥

以玉兰赠王习父

华屋翚飞庆事绵,芝兰玉树喜庭前。
似闻楚畹芽初苗,便看蓝田生晚烟。

陈辅

玉兰

内史北轩多种竹,隐居南洞少栽花。

蓝桥西路青青处,拾得璚儿似虎牙。

陆文圭

亭下玉兰花开

初如春笋露织妖,拆似式莲白羽摇。

亭下吟翁步明月,玉人虚度可娄膏。

吴文英

琐窗寒·玉兰

绀缕堆云,清腮润玉,汜人初见。蛮腥未洗,海客一怀凄惋。渺征槎、去乘闰风,占香上国幽心展。遗芳掩色,真恣凝澹,返魂骚畹。

一盼。千金换。又笑伴鸱夷,共归吴苑。离烟恨水,梦杳南天秋晚。比来时、瘦肌更销,冷薰沁骨悲乡远。最伤情、送客咸阳,佩结西风怨。

3. 元

刘敏中

鹧鸪天　寿潘君美

萱草堂前锦棣花。灵椿树下玉兰芽。二毛鬓莫惊青鉴,五朵云须上白麻。携斗酒,醉君家。春风吹我帽帘斜。座中贵客应相笑,前日疏狂未减些。

4. 明

眭石

玉兰

霓裳片片舞妆新,束素亭亭玉殿春。

已向丹霞生浅晕,故将清露作芳尘。

卢龙云

玉兰花

楚畹曾传擅国香,奇花如玉色偏良。

千红未羡桃林满,万绿宁诗柳径芳。

白帝初分瑶作蕊,素娥只喜淡为妆。

看来月下浑无色,却认枝头有暗香。

沈周

玉兰

贞蕾无妖艳,白贲幽除前。

抄枝爱兀赘,丛玉天匠镌。

清馥扬远风,标度逸于仙。

我生具素怀,眼谢桃李妍。

指酒通微辞,愿言修净缘。

高濂

传言玉女　玉兰

楚畹兰漪,捧出玉瓯香雪。魂清骨冷,影乱云间月。

瓣簇莲台,色共藕花争洁。琪葩瑶树,香清艳绝。

素面轻匀,芳心浅、受红捻。擎云承日,不禁风乱。

满空飞舞,荡漾轻舟一叶。载将愁去,向愁人说。

王世贞

同陆象孙咏玉兰

暂藉辛夷质,仍分蓿卜光。微风催万舞,好雨净千妆。

月向瑶台并,春还锦障藏。高枝疑汉掌,艳蕊胜唐昌。

神女曾捐佩,宫妃欲施香。谁为后庭奏,一曲按霓裳。

沈周

栽玉兰

玉莲小朵天香树,紫石阑前带雨栽。

自笑老人无料量,要将年纪待花开。

文徵明

夏日闲居

门巷幽深白日长,清风时洒玉兰堂。

粉墙树色交深夏,羽扇茶瓯共晚凉。

病起经时疏笔研,晏居终日懒衣裳。

偶然无事成愉惰,不是栖迟与世忘。

5. 清
纳兰性德

清平乐·风鬟雨鬓

风鬟雨鬓,偏是来无准。

倦倚玉兰看月晕,容易语低香近。

软风吹遍窗纱,心期便隔天涯。

从此伤春伤别,黄昏只对梨花。

6. 近现代
赵金光

紫玉兰

应春吐蕊千灯紫,不共琼英争雪色。

花晕胭脂映日鲜,且携醉绮闹喧妍。

8.2.2　木兰花文化相关典籍节选

《闲情偶寄》种植部　木本第一·玉兰
李渔

世无玉树,请以此花当之。花之白者尽多,皆有叶色相乱,此则不叶而花,与梅同致。千干万蕊,尽放一时,殊盛事也。但绝盛之事,有时变为恨事。众花之开,无不忌雨,而此花尤甚。一树好花,止须一宿微雨,尽皆变色,又觉腐烂可憎,较之无花,更为乏趣。群花开谢以时,谢者既谢,开者犹开,此则一败俱败半瓣不留。

语云:"弄花一年,看花十日。"为玉兰主人者,常有延伫经年,不得一朝盼望者,讵非香国中绝大恨事?故值此花一开,便宜急急玩赏,玩得一日是一日,赏得一时是一时。若初开不玩而俟全开,全开不玩而俟盛开,则恐好事未行,而杀风景者至矣。噫,天何仇于玉兰,而往往三岁之中,定有一二岁与之为难哉!

译文:

世上没有玉树,就请用玉兰花充当。白色的花虽然很多,但都与叶子的颜色相混,玉兰则是在叶子还没长出来时就开花,与梅花有相同的韵致。所有的玉兰一起开放时,简直就是盛事。但是再盛大的事,有时也会变成遗憾的事。花开放时都害怕下雨,玉兰花更是如此。只要晚上下一点小雨,满树花就全都会变色,又让人觉得腐烂可憎,比没有花更乏味。别的花从开放到凋谢都有一定时间顺序,该凋谢的凋谢,该开放的开放,玉兰花却一时全部凋谢,半片花瓣也不留。

俗话说:"弄花一年,看花十日。"作为玉兰的主人,常常苦等一年,却一天都不能实现自己的期盼,这难道不是香花王国中的一件非常大的憾事吗?所以玉兰一开,就要立刻玩赏,能玩一天是一天,能赏一时是一时。如果刚开放时不去玩赏而要等到全开,全开了还不去而要等到盛开,只怕还没有成行,煞风景的事就来了。唉!老天爷与玉兰有什么仇恨,往往在三年当中,必定有一两年与它为难呢?

《花镜》卷三·玉兰
(清)陈淏子

玉兰,古名"木兰",出于马迹山。紫府观者佳,今南浙亦广有。树高大而坚,花开九瓣,碧白色如莲,心紫绿而香,绝无柔条。隆冬结蕾,一干一花,皆着木末,必俟花落后,叶从蒂中抽出。在未放时多浇粪水,则花大而香浓。但忌水浸,与木笔并植,秋后接换甚便。其瓣择洗精洁,拖面麻油煎食极佳;或蜜浸亦可,其制法与牡丹瓣同。

译文:

玉兰,古人称之为"木兰",源起于马迹山。在紫府的玉兰看起来很好,现在在南浙江也有很多了。玉兰树高大而且挺拔,花开九瓣,花瓣为碧白色,形状如同莲花;花心处为紫绿色,而且有香味,没有柔条。隆冬季结蕾,一个枝条上只开一朵花,都在枝条末端开放,而且一定要等到花败落之后,叶子才从蒂中抽出新芽。在没有开花的时候多浇粪水,那么花朵大而芳香浓郁。但玉兰忌用水浸，与木笔并植，秋季后切接成活率很高。挑选好新鲜花瓣，洗干净后，用面粉、白糖和水调成面糊油煎，食用起来非常可口；也可以用蜂蜜浸泡，其制法与制作牡丹花蜜一样。

《读史订疑》

王世懋

余兄尝言玉兰古不经见，岂木笔之新变耶？余求其说而不得，近与元驭学士对坐，偶阅《苕溪渔隐》曰："《感春诗》辛夷花高最先开，洪庆善注云：辛夷树高，江南地暖，正月开；北地寒，二月开。初发如笔，北人呼为木笔。其花最早，南人呼为迎春。余观木笔迎春，自是两种，木笔色紫，迎春色白；木笔丛生，二月方开；迎春高树，立春已开。然则辛夷乃此花耳。"其言如此，恍然有悟，今之玉兰，即宋之迎春也。即呼元驭曰："兄知玉兰古何名，乃迎春也。"元驭疾应曰："果然，昨岭南一门生来，见玉兰曰，此吾地迎春花，何此名为玉兰？其奇合如此，乃知迎春是本名，此地好事者美其花，改呼玉兰，而岭南人尚仍其旧耳。"据《丛话》言，玉兰是迎春，迎春即辛夷，辛夷即木笔也。

译文：

我哥哥曾说玉兰在古代不常见，难道玉兰是木笔变化而来的吗？我想求证这种说法但却失败了，最近与元驭学士对坐，偶尔翻阅《苕溪渔隐》，书中有写道："《感春诗》说辛夷花高最先开，洪庆善注说：辛夷树高，江南地区暖，正月开；北方寒冷，二月开。刚开花的时候就像笔一样，因此北方称之为木笔。那些花最早开放，所以南方人称之为迎春。我看木笔迎春是两种花木，木笔花颜色发紫，迎春花则是白色；树木笔丛生，二月才刚刚开始；迎春高树，立春时分就开花了。然而，这是辛夷花了。"看到这样的说法，我恍然大悟，现在的玉兰花，就是宋代的迎春了。我当即与元驭学士说："你知道玉兰花在古代叫什么吗，就是迎春啊。"元驭学士马上回应说："果然是这样，昨天有一名来自岭南的学生见玉兰花说，这就是我那里的迎春花，为什么在这里就叫玉兰了呢？这花的起源正是如此，才知道迎春是其本名，此地喜欢这花的人为了美化它，改称其为玉兰花，而岭南人还沿袭旧制而已。"据《丛话》中说，玉兰花就是迎春，迎春就是辛夷，辛夷就是木笔。

《学圃杂疏》

王世懋

玉兰早于辛夷，故宋人名以迎春，今广中尚仍此名。千千万蕊，不叶而花，当其盛时，可称玉树。树有极大者，笼盖一庭。

译文：

玉兰花开时间比辛夷早，所以在宋代人们称玉兰为"迎春"，现在在很多地区仍然沿用"迎春"这个名字。玉兰花开的时候非常茂盛，有千千万万朵，先开花而后生叶，在花开到繁盛的时候可以称为"玉树"。有的长高大的玉兰，其树冠可以盖住一个庭院。

8.3 木兰花的传说

8.3.1 颐和园的木兰树

颐和园乐寿堂前有两棵玉兰树,每当开花季节一紫一白交相辉映,吸引了众多的游客。据老人们说,关于这两棵树还有一段悲惨的故事呢!

慈禧晚年时,有一个宫女叫玉儿,聪明伶俐,谁见了都喜爱。玉儿是穷人家的孩子,小时候被人所拐,带来京城,辗转卖入皇宫当了宫女。慈禧见她手脚勤快又善解人意,便留在身边侍候自己。

有一年七月初七,慈禧下令在颐和园举行盆景比赛,宫女们挖空心思,谁都想得到老佛爷的赏识。玉儿也捧着自己精心制作的盆景前往颐和园参赛,她走到玉澜堂后院时却被园中侍卫拦住。此人是功臣后代,凭着祖上的功劳当上了侍卫队长。他早就垂涎玉儿的美貌,此时见四周无人便上前调戏。正在危急之时,另一侍卫扎哈玛闻声赶来,将侍卫队长踢翻在地,解了玉儿之难。玉儿感激扎哈玛相救之恩,并由此产生爱慕之情,常偷偷与扎哈玛相会。

侍卫长对扎哈玛恨之入骨,时时都想报复。他见二人相爱更是妒火中烧,终于想出一条毒计,便带了祖宗传下的一颗夜明珠来求李莲英设法陷害扎哈玛,再求慈禧太后将玉儿赐给自己。李莲英看到那又大又圆、价值连城的宝贝,眼睛都直了,一口答应决不使他失望。

玉儿得到消息,非常焦急,立即找扎哈玛商量对策。扎哈玛左思右想,觉得只有逃走才是上策。第二天夜深人静之时,玉儿和扎哈玛登上小船,划过南海岛,打算从练桥逃出宫外。不想,李莲英狡猾之极,早已在桥下安了栅栏。二人正在焦急之时,忽听一声锣响,桥上亮起了火把,李莲英与众侍卫已站在桥头之上。侍卫队长得意至极,立即下令将扎哈玛乱箭射死。玉儿痛不欲生,抱着扎哈玛一起投入湖中。

玉儿的死感动了众人,一些好心的太监、宫女悄悄将他们合葬在织女亭边。第二年,坟上长出两棵玉兰树,一棵开紫花,一棵开白花。两棵树的枝叶互相缠绕,难分难解。宫中人都说,这两棵树是二人魂魄所化,紫的是扎哈玛,白的是玉儿。二人生前不能结为夫妻,死后也要长相厮守,永不分离。

慈禧太后见花儿可爱,命人将两树强行分开,移栽于乐寿堂两边。没想到移栽后,两棵树都枝叶凋零,相继枯萎。奇怪的是清朝灭亡之后,这两只枯树桩上却爆出了新芽,越长越茂盛,开出的花也更大更好看了,每到夏季花繁叶茂之时,便有一对小鸟在花叶之间跳跃鸣唱。人们都说这两棵树真有灵气,青年男女若在树下祷告,爱情生活会更加美满。

8.3.2 和合姐妹的传说

很久很久以前,在甘泉的云雾山下住着姐妹俩,姐姐叫和,妹妹叫合。姐妹俩长得水灵灵,光艳艳,大家都说她俩是姊妹花。和合姐妹不但长得美丽动人,而且善于经商。

甘泉这地方山清水秀,森林茂密,出产很多的山货。姐妹俩从贩运山货开始,一年到头,南来北往,奔波不停。做生意虽然十分辛苦,但由于姐妹俩待人诚信,做事小心,所以生意越做越顺手,越做越赚钱,没几年,竟成了远近闻名的财主。

　　俗话说,树大招风。姐妹俩发了财是好事,但银子多了也惹是生非。尽管姐妹俩生性善良,乐善好施,肯帮助周围的穷苦人,大家都说她俩好。但地方上的一些地痞流氓还是经常上门寻事生非;官府里的大官小吏听到姐妹俩有钱,也常来敲竹杠;更有一些不三不四、三教九流之人,见到姐妹俩有钱,便来钻营,说是出谋划策,其实是三天两头上门白吃白拿。弄得姐妹俩心烦透了。

　　有一天,姐妹俩坐下来商量。和对妹妹说:"我们钱赚得多了,烦心事也多了,该想个啥办法对付那些人。"妹妹合说:"我们从一做生意就老赚钱,难怪别人眼红。这样赚下去也太麻烦了,要不我们想办法做一次折本生意吧。那些人知道我们折了本,就不会来纠缠了。"和说:"这倒是个好主意。"姐妹俩便绞尽脑汁,琢磨起做折本生意的办法来。

　　做什么折本生意呢? 姐妹俩想啊想,从早上想到晚上,直到月亮上来的时候,才想出了一个主意,甘泉这地方气候温和,过去广种桑麻。这年的十月,天气开始冷起来的时候,姐妹俩用一锭银子买了一担桑叶,然后又派人四处收买桑叶。过去这里人们养蚕,但过夏以后,蚕茧收起来了,养不成秋蚕。桑叶长在树上也是白长着,何况天凉了,也快落叶了。乡亲们看到姐妹俩傻乎乎地收买桑叶,都乐滋滋地把自家桑树上的叶子全弄下来换成白花花的银子。姐妹俩心想,这么多桑叶有啥用处? 晒干了当柴烧也不中用,这肯定是一笔折本生意。

　　谁知到了年底,秦州城发生了烂眼病。这烂眼病传染起来真快,不长时间,几乎所有的人都得了烂眼病。人们一个个流着黄兮兮的眼泪,眨巴着烂眼睛,纷纷到大夫那儿去诊治。大夫说:"治烂眼病必须用过冬桑叶熏洗才行。"一霎时,所有药铺里的过冬桑叶被抢购一空。人们又纷纷跑到桑树下去寻找,哪里还有桑叶呢? 早被风刮得干干净净。这时,有人想起和合姐妹在几个月前收买桑叶的事来。于是,人们全都涌向和合姐妹家中,用一锭银子买一包过冬桑叶。一天之内,堆在姐妹院子里的桑叶被抢购一空。等到桑叶卖完了,姐妹俩一算账,又赚了好多钱。乡亲们说:"姐妹俩有财运,鸟往旺处飞呢!"

　　翻过年,和合姐妹俩看到周围时不时投来妒忌的目光,也时常被不三不四的人搅扰得不安宁,她俩商量好还是要做折本生意。转眼到了秋天,姐妹俩雇了很多人四处收买薪柴。甘泉这地方,自古林木茂盛,当地人生火烧柴向来都是自己去砍,从来没人买卖柴火。老乡们见到和合姐妹竟然掏钱买柴,便纷纷上山砍薪柴。一个月过去了,买来的薪柴堆成了一座小山,姐妹俩想了想,又嘀咕了几句,便动手把柴垛点燃。一下子,烈火腾空而起,浓烟滚滚翻卷,火光映红了半边天。乡亲们都惊呆了,不知和合姐妹在玩什么把戏。姐妹俩望着这堆冲天大火,心里想,这次折本生意算是做成了。

　　真是天有不测风云。在大火烧得正起劲的时候,天上突然下起了瓢泼大雨。这场雨来得猛,下得大,足足下了一天一夜,正燃烧旺盛的薪柴在大雨中发出吱吱嘎嘎的响声。天晴了,雨住了,好端端的一座柴山竟变成了炭山。姐妹俩和乡亲们看得目瞪口呆,不知说什么好。

　　转眼到了冬天,没想到这一年冬天冷得吓人。北风像刀子一样往人的身子里钻,雪厚得一脚踩下去没了膝盖,流出的鼻涕顷刻间结成了冰;猫呀、狗呀,甚至许多驴、羊等牲畜都被冻死了。人们又一次纷纷涌到和合姐妹家中,不管好歹,抢着买炭。远远近近的人都来姐妹家买炭,人群拥挤,好不热闹。乡亲们都说:"真是火烧财门开,钱往堆子上扎呢!"到了晚上,姐妹俩一算账,又赚了好多好多钱。她俩越想越觉得稀奇,想做折本生意,却偏偏歪打正着,又赚了不少的钱。她俩你瞅瞅我,我看看你,怎么也弄不明白这到底是什么道理,禁不住哈哈大笑起来,这一笑,声音大得惊人。结果,姐妹俩都笑死了。

和合姐妹死后,乡亲们把她俩葬在甘泉的泉水旁,并把和合姐妹当作财神来祀奉。没想到,第二年的春天,姐妹俩的坟头上各长出了一株玉兰树,地方上人就把这树叫财神树。每到"春分"前后,玉兰树上蓓蕾绽放,琼花满枝。左边的一枝是姐姐和仙,开出白色的花;右边的一株是妹妹合仙,开出粉红的花。每到过年请土地的时候,老辈人就给晚辈们讲起女财神和合二仙变树神的故事来。你看,在开花的季节,她俩不是总咧开着嘴在哈哈大笑吗!

多少年过去了,甘泉财神庙里的两株玉兰树虽饱经风霜雨雪,但依然生长得苍健挺拔,枝繁叶茂,亭亭玉立,风姿绰约,被誉为北方罕见的奇树。人们把这儿叫做"双玉兰堂",齐白石老人还题了匾呢。每到花开季节,双玉兰堂满院缤纷,清香四溢,数里之外也能闻到花香呢。

8.3.3 木兰三姐妹

"试比群芳真皎洁,冰心一片晓风开"。很久以前,秦始皇赶山填海,杀死了龙公主,得罪了龙王,龙王锁了盐库,不让当地人吃盐,于是导致了瘟疫发生。有三姐妹,分别叫红玉兰、白玉兰、黄玉兰,为了救助民众,用自己酿制的花香迷倒了蟹将军,将盐仓凿穿,把所有的盐都浸入海水中。村子里的人得救了,三姐妹却被龙王变作花树。后来人们为了纪念她们就将那种花树称作"玉兰花",而她们酿造的花香也变成了她们自己的香味。

8.4 木兰花的绘画邮票等

8.4.1 木兰花与绘画

文人的佳句可以千古传唱,而丹青的妙笔也可以永世流传。玉兰花枝干遒劲,先花后叶,花开犹如玉树临风,气势非凡,被人们视为美好吉祥的象征。我国文人墨客所表述的玉兰高洁清雅和吉祥如意的意境还主要通过花鸟画中的具体形象来展现和流传下来,其表现的载体以丹青笔墨的纸、绢或丝质形式为主,另外还包括瓷器、陶器等。如元代《促成仪凤图》表现的是玉兰树盛开之时,展翅的凤凰和各种鸟雀在花枝间嬉戏的场景。明陈洪绶《玉兰依石图册(绢本)》也表达了玉兰花吉祥如意的寓意。清恽寿平的《辛夷图》,用笔飘逸,意境颇为秀洁淡雅。随着五代和北宋两大花鸟画流派(徐黄二体)的兴盛,在此阶段也涌现出了大量与玉兰题材相关的画作。

其中最为著名的是五代徐熙的花鸟巨作《玉堂富贵图》,该图将我国的玉兰、海棠、牡丹3种传统名花相配,取玉兰与海棠谐音"玉堂"和牡丹之富贵营造了全幅的"玉堂富贵"的画旨,即使现代,知名画家们也常通力联手绘制大型中堂,以对庆典的祝贺。后清人虞沅亦有类似体裁的同名作品,同样用以表现大气秀美、富丽堂皇之祥和格调。

另外,清代恽寿平的《花卉》,以牡丹、柏枝、玉兰作为画面主材料,也有玉堂富贵之意,传统的吉祥题材用雅逸画风来体现,贵而不骄,艳而不俗。沈全的《墨牡丹》则于盆内栽植牡丹,另以玉兰、海棠搭配,三种花材取其谐音也为玉堂富贵之意。

除此幅外,元代的传世织品《织成仪凤图》以拈金线织制成玉兰枝头盛开的美景,来烘托以金彩纬线通梭提花织制的百鸟朝凤图案,展现了一幅富贵大气、吉祥如意的春景图。

宋代王渊的《花竹锦鸡图轴》、明朝陈洪绶的《玉兰倚石图》、清代郎世宁的《孔雀开屏图》

等都将玉兰与其他花鸟尤其是孔雀相配合为题材,表达我国人民喜爱和向往祥和愉悦的生活情致。

亦有画家通过玉兰借以表达和寄托个人对清雅高洁风骨的推崇,如清人恽寿平则在《花卉图之二·玉兰》中大胆突破以冷色、淡色为主的传统花鸟画法,浓妆艳抹与冷暖色调并存,完美地将"徐熙野逸"与"黄筌富贵"风格统一于画面,极好地表现了玉兰高雅冰洁的风致。又如明朝沈周的《玉兰》,以淡青色烘托背景,运用留白法突显花朵的洁白。清淡雅致,并富书法趣味。清人汪士慎的《玉兰图》自题"仙葩九瓣,灵岫一株。"又植之谢庭为美观也。

其他以玉兰为描述对象的我国古代著名画作整理如下:

唐代周昉的《簪花仕女图》的局部,此画展现了唐代宫廷嫔妃骄奢闲适生活的一个侧面。全图分为"戏犬""慢步""看花""采花"情节,其中"采花"部分中的植物主景即为盛开之中的玉兰。

明代王毂祥的花鸟名幅《玉兰图》,作于金粟山藏经纸上。墨笔写折枝玉兰花,或初绽,或怒放,或含苞,布局错落有致,似觉暗香浮动,用笔削劲,墨色灿然。

清代汪承霈的《春祺集锦》,集四时花卉于一卷,包括李花、梅花、玉兰等四十余种,画法细致写实,赋彩绘而不俗,洋溢着富丽与清新的视觉美感。

明代孙克弘的《玉堂芝兰图》,用双勾填色法画玉兰、兰花,并以湖石衬托,笔致清秀,色彩淡雅。浓重的玲珑湖石与轻盈的素白玉兰,对比强烈而又和谐,画风清丽。

清代奚冈的名作《海棠玉兰图》,以白玉兰、海棠花入画,撷取花枝,欣长秀美,以淡墨粗笔写玉兰枝条,加入赭石绘海棠枝干,花叶以没骨法画出,柔美空漾,工写兼顾,更显出玉兰之洁白素雅和海棠的娇嫩婀娜。画面清爽隽秀,错落有致。

清代沈振麟的《绘十二月花神》,共12幅,各幅均有两种当季盛开的花卉,而二月即为玉兰和杏花,画法兼容没骨,勾勒与渲淡,于设色富丽当中,犹能不失雅致的逸趣。

清代夏宗辂的《木兰》,画盛开玉兰一枝,蜿蜒向上,看似以白描法画折枝玉兰,但细看始知所有线条均为极小的寿字组成,显为祝寿而作。虽有祝寿之意,但展现的却是生态之美,可算别出心裁。

明末清初画家陈洪绶的《玉堂柱石图》,图的右侧一太湖石竖立,玲珑剔透,紧靠石下伸出一支玉兰花,另一侧后面也露出一支海棠花,花上一只彩蝶。画家把握住不同的物象特征进行描绘,湖石稳重坚硬,衬托出花朵的轻盈柔美,浓重的色调烘托出了玉兰的洁白。画面层次清晰,设色明丽温和,在线条的表现形式上,均用细劲的墨线勾勒,刚柔相济,巧拙互用,于对比中求统一。

玉兰作为一种重要的观赏花卉,在现代画家的眼里也是非常好的艺术创作原型。这里选取一些优秀的现代画家描绘玉兰的杰作,以飨读者。

现代于非闇的《黄鹂玉兰》,于非闇画花常把各个不同阶段的美集中在一起。如画牡丹则把春天的花、夏日的叶、秋后的老干结合在一张画面上,使画面寓丽堂皇、生机勃勃。这种源于生活、高于生活的创作手法,使于非闇的花鸟达到了形神兼备、妙造自然的境界。该作品采用雕素嵌绿的工笔重彩画法,用石青填底色,表现晴朗的天空,衬托着一对金光灿烂的黄鹂,飞舞在迎风摇曳的雪白玉兰花枝头。两只黄鹂顾盼生情,玉兰花枝穿插有致,花朵娇嫩,姿态万千,一派玉树临风、莺黄百啭的盎然春意。他在画面上所题"仓庚耀羽,玉树临风",准确地点明了画题。

8.4.2 木兰花与邮票

及至近现代,随着艺术门类和表现手段的丰富与发展,玉兰的花文化也在继承前人精华的基础上不断地被发展和发扬,最为显著的事例便是玉兰曾多次成为我国国家名片之一的邮票的重要题材。首次向世人展示了我国特有的华盖木等5种珍稀木兰科树种的形象。这在世界上是绝无仅有的。韩国也曾在1997年发行过单纯表现白玉兰的邮票,可见亚洲人对木兰植物的珍视。除此以外,涉及玉兰的邮品还有1983年发行的花卉邮资封中的第六枚为玉兰;1994年发行的邮政贺年明信片的年花也为玉兰,至于地方的邮品则不胜枚举,所有这些都受集邮者的喜爱。

8.4.3 木兰花与服饰图案

"玉兰"是慈禧入宫后的封号,咸丰皇帝封她为兰贵人,是因为宫里认为只有"玉兰花最高贵"。因此,慈禧尤爱玉兰,京城不但引种玉兰成功,成为御苑时尚花卉,也成为各类服饰广取的花卉题材。其中以清朝光绪年间有绛色纱纳纱绣玉兰团寿女式服袍为代表。

8.5 木兰花的饮食文化

8.5.1 木兰花与茶酒

玉兰花,又名玉兰、木兰、应春花、望春花,属木兰科植物,原产于长江流域,早在春秋时期伟大诗人屈原的《离骚》中就有"朝饮木兰之坠露兮,夕餐秋菊之落英"的佳句,以示其高洁的人格,到唐代已在庭园广为栽培。

因玉兰花花大、艳美,花姿婀娜,气味幽香,观赏价值高,病虫害少,故适合泡茶。玉兰花采收以傍晚时分最宜,用剪刀将成花一朵朵剪下,刚自树上摘下的花卉,浸泡在8～10℃的冷水中一两分钟后,将水沥干,经严格的气流式窨制工艺,即分拆枝(打花边)、推花、晾制、窨花(拌和)、通花、续窨复火、匀堆装箱等工序,再经照射灭菌制成花茶。

【玉兰花茶】

材料:玉兰花蕾3～6克或鲜叶12～18克。

做法:①将玉兰花茶拨入瓷壶或盖碗中。②冲入90～100℃的水,加盖冲泡3～5分钟。③待茶汤稍凉时,小口品饮,茶香芬芳,沁人心脾。

【桃花玉兰茶】

材料:桃花5克,玉兰花10克。

制法:将桃花和玉兰花放入杯中,以沸水冲泡后即可饮用。

【玉兰菊花茶】

材料:玉兰花5克,菊花3克。

制法:玉兰花、菊花用滚开水浸15分钟,频频饮用。

8.5.2　木兰花与膳食

玉兰花开放时溢发出独特的幽香,还可供食用。清代《花镜》谓:"其(花)瓣择洗清洁,拖面麻油煎食极佳,或蜜浸亦可。"一般于1~2月采花蕾,花开后采花,鲜用或晒干用。将新鲜花瓣洗干净后,用面粉、白糖和水调成面糊油煎,即成香脆可口的玉兰饼。荷花瓣和玉兰花瓣都是慈禧太后非常喜欢的美食。她让御膳房用制作荷花瓣的方法炸玉兰花片,在清明前后玉兰花盛开最旺盛的时候,将其摘下,煎成香甜清脆的适口小食。此外,还可入肴做菜制汤,味醇厚,花香浓,持久而不散失。

徐珂的《清稗类钞》中记有关于玉兰花饼的制作方法:"玉兰花饼者,取花瓣,拖糖面,油煎食之。"

8.6　木兰花旅游、经济和市花文化

8.6.1　木兰花与旅游

1. 大觉寺玉兰节

大觉寺位于北京市海淀区阳台山麓,大觉寺依山而建,坐西朝东,保持了辽代契丹族尊日东向、崇拜太阳的习俗。寺院占地面积为4万平方米,古建筑群落遵循中轴对称的形式分为三路,中路是进行宗教活动的佛殿堂,北路是僧居用房,南路是清代皇帝的行宫。大觉寺始建于辽咸雍四年(1068年),因寺内清泉而得名"清水院",为著名金代西山八大水院之一,后改为"灵泉寺"。明宣德三年(1428年)宣德皇帝斥资重修后亲赐"大觉禅寺",此名沿用至今。大觉寺内有千年银杏、300年的玉兰花等著名古木。

每年4月,大觉寺都会举办玉兰节,游客们可以观赏大觉寺古玉兰花王,现场炒制春茶,在玉兰花香中品茗听古琴和品尝素斋等。目前大觉寺形成了集游览、会议、餐饮、住宿、休闲等为一体的景区。古朴的四合院、玉兰树下的品茗、地道的素斋一定会给游客们带来别具特色的旅游体验。

2. 潭柘寺古玉兰节

潭柘寺位于北京西部门头沟区东南部的潭柘山麓,寺院坐北朝南,背倚宝珠峰。潭柘寺寺内占地2.5公顷,寺外占地11.2公顷,再加上周围由潭柘寺所管辖的森林和山场,总面积达121公顷。潭柘寺始建于西晋永嘉元年(307年),寺院初名"嘉福寺",清代康熙皇帝赐名为"岫云寺",但因寺后有龙潭,山上有柘树,故民间一直称为"潭柘寺"。

潭柘寺的玉兰品种众多,紫玉兰、朱砂玉兰、白玉兰、黄玉兰分布园区,其中最著名的是毗卢阁前的两株"二乔玉兰"。"二乔玉兰"植于明代,已有400多年的树龄,是华北地区最大的古老紫玉兰,是享誉京华的名花。此花兼有粉、白两种颜色,十分娇艳,故以三国时期的两位美女大乔、小乔相誉其美,古人有诗赞曰"三春一绝京城景,白石阶旁紫玉兰"。每年4月初花开时节,举办潭柘寺古玉兰节,为期一个月,满树锦绣、馨香满园。

3. 北京国际雕塑公园玉兰节

玉兰花苑建设完成后,举办文化活动的景观效果、宣传点、文化基调基本形成,公园开始准备玉兰花苑的展示活动,即"北京国际雕塑公园玉兰节"。

玉兰节策划和举办的思路与公园行业所倡导的"文化建园"理念相适配。2005年以前,由于植株处于缓苗期,公园没有进行宣传。2006年,花苑渐成规模,公园以"以文化立形象,以情结聚人气,以展示育商机"为宗旨,开始着力打造品牌,除了不断强化和深入"赏玉兰观春景"这一长期理念外,每年会围绕景点内涵和形势需要打造一个活动主题,如2006年的婚恋主题——举办相亲大会;2007年的敬老主题——举办心连心全国老年秧歌大赛;2008年的怀旧主题——举办清明诗会;2009年的选美主题——举办玉兰花小姐形象大使选拔赛。通过举办文化活动,实现了游客对于北京国际雕塑公园、对于玉兰花苑、对于各个景点,甚至对于某株玉兰的情感升华和情结塑造;聚集了人气,增加了经济收入;对外展示了公园的价值,展示了园林的价值;最重要的是,随着时间的递进,塑造了与公园关联的、此处独有的新玉兰文化。

8.6.2　以木兰花为市花的地区

我国各地在其市树市花的选择上,因木兰花具有清丽的外观和高洁的品质,而得到各地的由衷热爱。下面以上海市为例。

白玉兰是上海市市花。白玉兰自古以来就深受人们推崇,认为它是花卉中最完美无缺的。因为其花纯白无瑕,冷香静远,不怕风霜,迎春独放,人们观赏花卉所要求的雅、香、韵,它全具备了,且被视为纯洁、刚毅、吉祥、富贵的象征。人们在园林或庭院中常常将白玉兰和海棠、牡丹、桂花种在一起,取意"玉堂富贵"。画家们喜欢画玉兰富贵图,诗人们则更是争相咏叹。明代诗人丁雄飞说:"玉兰雪为胚胎,香为脂髓。"极力赞美白玉兰的高贵和纯洁。清代文人赵执信在《大风惜玉兰》一诗中说:"如此高花白于雪,年年偏是斗风开。"赞美了白玉兰顽强和刚毅的品质。现代文豪郭沫若也曾写诗赞叹过白玉兰。1962年,郭沫若在广州云泉仙馆(现为白云仙馆)见到一棵百年古白玉兰树,那满树的白玉兰花如玉似雪,令人叫绝,他欣然提笔赋诗赞叹道:"玉兰花正放,满树吐芬芳。挺立云泉馆,尊称白玉堂。湖光增皎洁,山影倍青苍。客至逢时会,春先二月长。"后来人们将郭沫若的这首诗刻成碑石,立在这棵古白玉兰树下。两个月后,郭沫若回到北京,在北京又见到了怒放的白玉兰花。原来,白玉兰受气候影响,开花时间由南至北次第开放。郭沫若兴犹未尽,于是又风趣地写道:"两个月前,在广州,看见了玉兰开花;两个月后,在北京,又看见玉兰开花。玉兰花呀,我说,你走得真好慢哪!费了两个月工夫。你才走到了京华。"

上海人民正是看中了白玉兰"典雅、向上"的外在形象和深刻的寓意,而将其选为自己的市花,以表达上海人民朝气蓬勃、开拓进取、敢为天下先的积极向上的精神和高尚的审美情操。如今,人们在上海,除了能见到广泛种植在公园、绿地的白玉兰树外,还时常能见到各种白玉兰的造型或形象,如白玉兰花雕塑等,上海电视台的台标就是一朵含苞待放的白玉兰花。上海的国际电视节目评选奖项也以"白玉兰"为名,象征着该奖的纯洁、公正和艺术至上。上海最古老的一棵白玉兰树位于上海青浦区练塘镇陈云故居内。此树高8.7m,胸径72cm,冠径6m,树龄在百年以上。每到初春,它能开出三千余朵洁白的花朵,远望似白云一片,清香四溢,令人陶醉,现已成为练塘古镇的一大景观。此树已被列入国家二级保护的古树名木,受到重点保护。

著名的园林学家陈俊愉教授建议,上海应创建中国玉兰专类园,以上海市花玉兰为主,广泛搜集中国特产的木兰、二乔玉兰、天女花、厚朴、宝华木兰、武当木兰、黄山木兰、绢毛木兰、光叶木兰、滇藏木兰、望春玉兰以及引进的品种广玉兰和星花玉兰，用以观赏和研究。

此外，白玉兰也是东莞、新余、连云港、台湾嘉义等地的市花，浙江省则把其作为省花，玉兰作为这些城市的花文化使者，让来访者能迅速深切地领略到我国独特的玉兰花文化魅力以及各地特有的地域风情。

8.7　木兰花的园林文化

8.7.1　木兰花在我国古代的园林栽培应用

古人以玉兰淡雅清香而广植于风景胜地、寺庙、庭院及显要之处，并以住处有玉兰示为高雅而自居。我国是最早栽培木兰科植物的国家，秦一统中国后，就于阿房宫、上林苑中引种包括玉兰在内的木兰科植物，表明玉兰早在秦朝时就已经应用于城市绿化。到唐代，栽植玉兰于庭院已发展成为植物配置的常见形式。明代文震亨在《长物志》中云："宜种厅事前对植数株，花时如玉圃琼林，最称绝胜。"又如李贤在《大明一统志》中关于五代时玉兰与常绿类树木配合造景的记载。

因玉兰乔柯丛立，未叶先花，花美而芳香，莹洁清丽，宛如玉树，是庭院中名贵观赏花木，在古典园林中常在厅前院后栽植；亦有在路边、草坪角隅、亭台前后或漏窗内外、洞门之旁栽植。明代文学家王世贞私园弇山园中即植有一玉兰并有记云："弇山之阳，旷朗为平台，可以收全月，左右各植玉兰五株，花时交映，如雪山琼岛。"又《小辋川记》："聚远楼之东庑，庑南有台，以朱栏植玉兰环之，题曰木兰柴。"在《扬州幽舫录》中被评为康熙间扬州八大花园之一的影园，是明末郑元勋的居所，在郑元勋的《影园自记》中记载："……趾水际者，尽芙蓉；土者，梅、玉兰、垂丝海棠、绯白桃；……岩下牡丹，蜀府垂丝海棠、玉兰、黄白大红宝珠茶、磬口蜡梅、千叶榴、二青白紫薇、香橼，备四时之色。"可见园中种植玉兰已为普遍。

玉兰在皇家园林中同样被广泛应用。如颐和园乐寿堂、洁华轩及排云殿之东，长廊以北，均大量栽植玉兰，色似玉，香似兰，淡而优雅，花开时遂有"玉香海"美称。

此外，玉兰作为"佛家花"的历史由来已久，与银杏、松、柏等同为寺庙园林中的常见树种，早在唐宋时代就被广植于寺庙之中，可对植于大殿前庭，也可孤植、散植于侧院，美化环境。至今仍然是各地寺庙常见的植物景观。如北京大觉寺的古玉兰，花开时吸引众多游人前往观赏。玉兰花洁寿长，每逢花期，满树繁花冰清玉洁，清丽中给人一种如临仙境的飘然之感，为寺庙这一特殊场所，渲染了神圣庄严、空灵脱俗的环境氛围。

8.7.2　木兰花在近现代园林中的栽培应用

木兰科植物树形多样，体量上既有高大的乔木，也有小乔木以及丛生的灌木，而且花色丰富（白、粉、红、黄等），花期不同，因此以木兰科植物为主题，营建专类园也是对木兰科植物进行利用的重要方式之一。可按不同花色、不同花期、不同株型进行专类园的设计与布置。可以营建以观赏与展示木兰科植物风采为主的专类园，如北京国际雕塑公园的木兰苑、杭州木兰山茶园；同时还可以与科学研究为目的相结合，亦可鉴赏的专类园，如广州华南植物园、深圳仙湖植物园、北京植物园等中的木兰专类园。

1. 杭州植物园木兰山茶园区

杭州植物园木兰山茶园始建于 1959 年，是收集和展示木兰科、山茶科植物资源为主题的专类园，不仅是木兰科、山茶科植物种质资源收集的基因库，也是人们理解茶花科普和文化内涵的科普教育基地，对于丰富园林树种、展示园林植物应用具有重要意义。

木兰山茶园位于植物园的东南侧凤凰山的小山丘上，邻近灵隐路，占地面积 4.6 公顷，建成开放于 1959 年。木兰山茶园地形起伏自然，空间感舒适宜人，山脚有进退变化，景观良好。园内植物的配置是根据植物的特性进行分层配置的，上层是高大的木兰科植物，中层是山茶花，下层是茶梅、十大功劳等低矮灌木和地被植物。园内露地种植了 14 种木兰科植物和 50 余个山茶花品种，收集了盆栽山茶花品种 100 余个，是华东地区收集山茶花品种较为齐全的专类园。在百花凋残、万木休眠之时，园中山茶竞相开放，各显异彩；迎春之际，二乔玉兰、白玉兰、朱砂玉兰、玉兰等迎春开放，亭亭玉立，犹如雪山琼岛，与山茶花红白相间、交相辉映。玉兰花如漫天"傲霜"，耀眼夺目；山茶花如片片朝霞，漫山红透，引得游人驻足、流连忘返。另外有鹅掌楸、无患子等秋色叶树，兼顾其余三季景观效果，形成一处境域开阔、空间感宜人的缓坡疏林空间，主要满足老人晨练、休憩，游人踏青休闲的需求。

2. 上海卢湾区玉兰园

正是姹紫嫣红的春天，只要经过上海卢湾区的玉兰园，会被眼前美景所吸引：各色的玉兰花开满枝丫，花或大如酒盅，或小如木笔，远看像打开了画家的调色板；红色系从紫红、深红、朱红、绛红过渡到粉红；黄色系由浅黄、金黄跳跃到明黄，就是白色系也分得出乳白与纯白，正是这些调和而相互掩映的色彩勾勒出美妙的画面，引得路人驻足流连，人们只觉得这个小园子不同于一般的街头花园，非常有特色，如果一定要搜索出一个恰如其分的形容词，把南北朝的诗人首创的"云蒸霞蔚"四字拿来赞誉是最精妙的。

玉兰园始建于 2001 年，位于上海市中心的重庆南路与南昌路口，面积 3400 平方米。园内以木兰科植物为主体树种，运用地形、木栈道、石汀步等造景元素，营造出别具一格的园林景观。为了丰富专类园的植物种类，不断引进了一些新品种。目前，园内的木兰品种达 31 个，除了常见的白玉兰、紫玉兰、二乔玉兰、鸿运玉兰外，还栽种了天目木兰、星花玉兰、宝华玉兰、飞黄玉兰、长花玉兰、阔瓣玉兰、多瓣玉兰、单馨玉兰等类。其中有木兰属植物 17 种、含笑属植物 8 种、拟单性木兰属植物 3 种、木莲属植物 2 种，观光木属 1 种，为本市木兰科品种最多的专类园之一，每年 2～3 月份园内玉兰陆续开放，花期到 4 月，景观效果极佳。

3. 北京国际雕塑公园玉兰花苑

北京国际雕塑公园，位于北京市长安街西延长线石景山东部，总规划面积 162 公顷，是一个国家级的雕塑文化艺术园区。经过长期的建设，到 2015 年，北京国际雕塑公园已成为北京市最大的雕塑主题公园，更是"人文奥运"理念中一幅鲜活生动的图画。

北京国际雕塑公园分为东西两个部分，东园尽显现代人文气息，西园则渗出乡野田园逸趣，相得益彰，如诗如画。玉兰花苑位于公园西区的东部，共分为四个景点。设计时，在营造景观的基础上，有针对性的考虑了雕塑本义、特定人群需求，后期活动策划等内容，完成了三个结合：一是种植时与公园内游客喜爱程度较高的雕塑做一结合；二是与公园较多的特定人群——儿童群体做一结合；三是与群众普遍关注的情感主题做一结合。

"玉兰花苑"营造了五个特色：一是集中种植的数量最多。"花苑"占地 5 公顷，集中种植了几千株玉兰花,植株虽然还比较小,但是开花的效果已经达到可以欣赏的程度;二是新优品种和传统品种相结合;三是玉兰花色颜色最多,白色的白玉兰、白中带紫的二乔玉兰、黄色的飞黄玉兰、红色的红运玉兰、粉红色的桃花玉兰……这些品种都是成片种植,红、白、黄、紫相间,相映成趣;四是不同品种的玉兰花花期不同,观赏玉兰的时间跨度最长。花期可以从每年的3月上旬持续到4月下旬,在此期间,各种玉兰次第开放,很多地方的玉兰已经开败的情况下,来到玉兰花苑还能欣赏到玉兰;五是景区布置各有主题。

8.7.3　中国现存的木兰古树名木

1. 大觉寺古玉兰

4月上旬大觉寺古玉兰花盛开。古玉兰在大觉寺的四宜堂院中,树龄近300年,依然年年素花满枝。它与广东顺德清晖园中清乾隆时植的玉堂春(玉兰别名)、山东文登市昆嵛山无染寺300年以上的白玉兰,同为全国知名度极高的古玉兰。同其他地方的古玉兰比较,大觉寺古玉兰多了一些文化元素,许多文化名人为它写过诗词。四宜堂北房两侧粉墙上溥儒(心畬)1936年书写的诗词,是北京名胜古迹中不可多得的文化名人题壁手迹。诗题《丙子三月观花留题》(七律),记述了大觉寺的寥落和他兴致勃勃来此寻访辽代古碑、观赏玉兰的感触——“山连三晋雨,花接九边春”。“三晋”“九边”分别用了战国初和明代边关两个地理概念,泛指山西、河北、河南交界的广大地区,显示了山雨之广、花事之盛,写活了花的地理位置和气概,充满了丰富的联想和历史感。另一为《瑞鹧鸪词》,对玉兰描写不多,开头就有“满天微雨湿朝云”的环境描写,并说花开勾起了自己的新愁,“木兰花发破愁新”,“帘外开如雪,寄与瑶台月下人”,怀旧的主题已很明了,通篇基调未免低沉,却也真实感人。溥儒作为与张大千齐名、有“南张北溥”之誉的书画家,故留下的手迹颇为珍贵。游人赏花、赏诗、赏字,多了一份情趣。

2. 贵州威宁县白玉兰

白玉兰在威宁称为旱莲花,落叶乔木,花先叶开放,单生枝顶,白色,有芳香。白玉兰在威宁彝族回族苗族自治县全县均有零星分布,大多生长在村寨附近,在杂灌丛林内偶见零星单株混生其间,适应性较强,分布于威宁族回族苗族自治区海拔1800~2400m的位置。

在海拔2405m的灼圃乡(现为雪山镇灼圃办事处)红旗村勺多老学校一角,有一株白玉兰古树,其树高16m,胸围380cm,树冠直径18m,占地254m²,树形美观,冠形如一把巨伞。每年3月中下旬万朵白花怒放,美不胜收,远近乡民都慕名前来观赏,就如赶乡场一样,十分热闹。此株白玉兰古树树龄达300年,当地村民介绍,一百多年前,此地曾是原始森林,尚无人居住,已不知此树来历,推测应是野生玉兰,由于有观赏价值,在以后有人定居从事农业开发中,就被有意识地保存下来了。

3. 贵州灵峰古寺白玉兰

据史记载,唐时已有栽植玉兰,尤以庭园、寺庙中为甚。贵州著名的玉兰花,当数毕节市郊海拔为1740m的灵峰古寺遗址前的两株古玉兰树。据史料记载,明初滇籍僧人燃指和尚在灵峰山建立了灵峰寺,并在大佛前种下了由云南带来的两株玉兰幼树。该寺庙在清朝曾几次扩建和重建,雄崎山顶,庄严堂皇。香火旺盛,一度成为黔西部有名寺之一。但在“文化大革命”中庙宇尽毁,两株古玉兰却奇迹般地保存了下来。这两株玉兰历经了600余年风雨沧桑的洗礼及人为的劫难。至今已显龙钟之态,那曾经弱小的两株幼树,如今已分别长成了高 15m,胸径 235cm,冠幅 12m 和高 13m,胸径 255cm,冠幅 9m 的大树。每年阳春三月,叶未发花先开,千枝万蕊,满树的白花赛银,似雾似冰,花丽而不艳,秀而不媚,香而不俗。洁白端庄而素雅的玉兰花,香飘数里,真可谓古树何年种,飘向下方来。白花凋谢之后,取而代之的是满树的绿色,枝繁叶茂的玉兰古树那硕大的树冠远眺犹如两片"绿云",近观宛若两把绿色"巨伞"。秋季更是一香风味,红色的硕果满枝头,随后千百粒鲜红的种子破果而出,借如丝的种脐悬垂于果实外,昭示着丰收的喜悦,也蕴藏着不尽的诗意。

4. 浙江临安大峡谷的玉兰古树

浙江省杭州市临安区是玉兰家族的摇篮,每到阳春三月玉兰花先叶开放,雪白的花朵,象征着吉祥的一年已经到来。大峡谷镇毛塔村的古玉兰,可称得上是临安的玉兰之最。它屹立在村中,树高 15m,胸径 120cm,冠幅 20m×15m,树龄已逾 200 年,仍然花繁叶茂,果实累累。

5. 崂山玉兰古树

崂山玉兰古树有 6 株:崂山风景名胜区白云洞门楼外有 1 株,已有 220 多年的树龄,为崂山玉兰中最老者,树高 10m,胸径 57.3cm,每年犹能开花满树(复壮工作已完成);明霞洞院内有 1 株,树龄 140 年,树高 12m,胸径 60.5cm,为崂山玉兰中最高的 1 株,此树生长旺盛,立于高处,每年春分前后,花开似冰如玉,丽而不艳。莹洁清丽,似漫天飞雪,非常壮观,可谓"满目缤纷飞玉鳞"。此外,崂山风景名胜区北宅街道卧龙村有 1 株,太平宫东院有 1 株,上清宫院内有 2 株,均为国家三级古树。

6. 清晖园的"玉堂春"

在广东省顺德区的清晖园中,有一株中外驰名的玉堂春,树高 7 米,胸径 1 米,冠幅 7 米,树龄有 200 年。每年冬季,绿叶尽落,早春时节,未叶先花。树上开出 100 多朵如碗口大的、洁白清香的花,吸引无数游客,争相观赏。清晖园乃四大名园之一,既有苏州园林风格,又富于南国情调而闻名国内外。这里原为明朝万历状元,礼部尚书黄士俊的故居,后乾隆进士、御史龙廷槐所有。据传此树为乾隆皇帝所赐,龙廷槐手植。

7. 颐和园的玉兰古树

颐和园的玉兰古树位于北京颐和园乐寿堂,早在清漪园建园时就已经栽植。由于当时堂前屋后都有玉兰,每年春天花开时节,玉树琼林,香气四溢,据说远在东了门都可以闻到,被誉为"玉香海"。慈禧和咸丰皇帝也喜爱玉兰,恰巧慈禧本人的小名叫"兰儿"。想必也合她的心意吧。

这株玉兰花九瓣重叠,枝头玉立,形似古代酒杯,色白如玉,花香似兰,是玉兰中的佼佼者。

8. 甘肃太平寺双玉兰堂

双玉兰掌位于甘肃省天水市麦积区甘泉乡玉兰村太平寺,树龄 1240 年。两树相距 5 米,俗名"双玉兰",系唐代所植。每年春分前后,未长叶先花,千枝万蕊,满树雪色,端庄素雅。1954 年,齐白石老人在 95 岁高龄时,曾题定写"双玉兰堂"匾。1959 年邑人邓宝珊特邀吴鸿宾先生各为双玉兰堂题诗一首。

邓先生吟:

泉绚丽新歌颂,双玉兰开到处春。

吴先生曰:

三月艳阳天,和风绽玉兰。

指书齐白石,题双玉兰堂。

举世已稀有,蔚为国家光。

邓先生楹联:

万丈光芒传老杜,双柯磊落得芳兰。

8.7.4 我国木兰花的主要园林应用形式

1. 公园绿地

公园是反映城市园林绿化水平的重要窗口之一。玉兰亚属植物作为一类具有丰富文化底蕴的重要观赏花木,在公园绿地中应用相当广泛。在绿化配置形式上,既可以单一种类独植或群植构景,也可以数种该亚属植物或与其他植物组景。种植形式多样,不拘一格,既可以单株散植于建筑四周或假山一隅,也可列植于园路两旁,还可以数株集中连片一种植。其观赏要素全面:春不仅可赏其或白或粉或紫或黄的花,还可远播闻其香,营造百花争春、浪漫温馨之景致;夏则绿意盈盈一片,含翠欲滴可取其绿荫一片;而秋天来临之时,蓇葖果开裂露出鲜红的种子,既丰富了跃跃然出于浓浓秋色之中的色彩,又活跃了气氛,是非常好的秋景观赏树。

2. 庭园与居住区绿化

玉兰亚属植物花大而芳香,是中国著名的早春花木。在古式庭园中,就常被运用于堂前植之,称为"木兰院"者。类似,在现代庭园及居住区,人们多喜欢选择名贵花木或百姓喜欢的植物作为设计材料。玉兰栽培历史悠久,而且观赏效果很好,因此被作为庭园常用重要的绿化植物之一,并常将玉兰列植堂前、点缀中庭。但因其开花时无叶,在庭园栽植时最好用常绿针叶树作背景和其他观赏要素的补充,当能相得益彰。目前,根据庭院建设的不同需要,可选择不同种类、一定数量的玉兰亚属植物综合加以应用。如玉兰、紫玉兰、二乔玉兰等,既可数株集中种植于一院落内,营造小园春色无限;还可以与茶花、樱花、杜鹃等春花植物组景,营造群芳吐艳的景观效果;在江南地区,还常与桂花种植一园,不仅可以收到春观玉兰秋赏桂的两季赏景效果,而且春秋均有香可闻。

3. 寺庙和纪念性场所绿化

说起植物在佛家的应用,自然想到佛家的四大吉花,其一为优昙婆罗;其二为曼陀罗花;其三为莲花;其四为优昙花。这里所说的优昙花,就是我们所知的山玉兰,因其花"青白无俗艳",被尊为"佛家花"之一,又因其夜开昼合的习性似昙花,且开合数日,经久不凋,佛门故美之曰"优昙花"。但由于此花在南方生长,北方则常以白玉兰来代替。在我国各地庄重肃穆、香火缭绕的古刹寺庙入口处或大院里,人们常常会见到树姿雄伟壮丽、枝繁叶茂、叶大浓荫、花大如荷、芳香四溢的玉兰树。它不仅给游人带来凉爽与清香,还为寺庙这一特殊场所渲染了神圣庄严、优雅别致、空灵脱俗、冰清玉洁、不染纤尘、高深莫测、禅意幽深、空灵脱俗、优雅别致、宛入仙境一般的氛围。在北京众多的寺庙中,大觉寺的玉兰,潭柘寺的二乔玉兰都是观赏佳景。此外,有些开白花的种类配植于纪念性场所中则有"玉洁冰清"脱却世俗之意。

4. 道路绿化

玉兰亚属树种也常作为行道树、园路树进行栽植。在玉兰的盛花期行走于玉兰列植的园路中可深深体会到"花中取道、香阵弥漫"的愉悦之感。最为著名的要算长安街上成排种植的玉兰了,每逢春季来临,路边的玉兰花一齐开放,与蓝天、红墙、黄色的琉璃瓦共同组成一幅色彩丰富、生机盎然的美丽图画。红墙白花,衬出一种肃穆的美丽,行人纷纷驻足观赏,花下留影。红墙、白色的玉兰、金黄色的迎春花、绿色的白皮松,在红墙衬托之下相映成趣,展现出庄严肃穆之美。杭州木兰山茶园外的主干道也以玉兰和枫香分开列植作为行道树,意为春赏玉兰素花,秋观枫香红叶,别有意趣。

5. 营造木兰专类园

木兰科植物树形多样,体量上既有高大的乔木,也有小乔木以及丛生的灌木,而且花色丰富(白、粉、红、黄等),花期不同,因此以木兰科植物为主题,营建专类园也是对木兰科植物进行利用的重要方式之一。可按不同花色、不同花期、不同株型进行专类园的设计与布置。可以营建以观赏与展示木兰科植物风采为主的专类园,如北京国际雕塑公园的木兰苑、杭州木兰山茶园;同时还可以与科学研究为目的相结合,亦可鉴赏的专类园,如广州华南植物园、深圳仙湖植物园、北京植物园等中的木兰专类园即为此例。

玉兰以独特的观赏特性和深刻的人格寓意,在古代和现代园林中发挥着重要的作用。辛亥革命后,我国的陈焕墉、郑万钧等植物学的奠基者,非常重视木兰科植物的研究。现如今国内部分的园林植物科研机构单位也一直致力于玉兰新品种的选育,一些观赏价值高的玉兰新品种开始在园林中不断地得以应用,如西安植物园选育出的"玉灯"玉兰,浙江嵊州木兰科新品种研究所选育的"飞黄"玉兰、"红运"玉兰、"常春"二乔玉兰等,都极大地丰富了玉兰植物品种的丰富度。随着我国园林绿化事业的飞速发展和玉兰新品种选育工作的不断推进,也将极大地提高玉兰类植物在目前园林城市植物景观营造和园林绿化建设中的地位,其在当前各类型园林绿地的景观营建中已经并将继续发挥着巨大的作用。

9 中国传统园林名花——紫薇花文化

紫薇(*Lagerstroemia indica*)，又名痒痒树，是千屈菜科紫薇属的一种落叶花木。紫薇的树干古朴光莹，枝条柔软，"人以手抓其肤，彻顶动摇"，却是花中奇观。花期自6月至9月，可开百日，从而有"谁道花无百日红，紫长放半年花"之誉，被称为百日红。其园艺品种依花色分为四大类群：花紫色的为紫薇，是紫薇的原始种，栽培应用最早；花红色、小枝略带粉红的为红薇；叶色淡绿、花白色的为银薇；还有一种较为少见的翠薇，花紫堇色或带蓝色，尤其以蓝色花朵最为珍奇。在我国古代紫微星与紫薇花有着极重要的地位。古人将紫微星称为"帝星"，自汉代起，就用"紫微"来比喻人间帝王的居处，即皇宫重地。紫薇是原产中国的优良花卉资源，在我国栽培历史十分悠久。自唐开元以后，紫薇花被种植于皇宫内苑。普遍栽植于皇宫和官邸。到了宋代，紫薇逐渐走出宫苑官署，在民间广泛栽培，终于成了平民百姓的观赏物。明清以来，紫薇的品种大大增加，无论在数量上还是在栽植的区域上均有很大发展。而今，紫薇以对生长环境有较强的适应性，而成为一种广泛栽培、深受各界人士喜爱花卉。目前我国的安阳、徐州、自贡、咸阳、襄阳及基隆等市都把紫薇定为市花。紫薇在园林应用方面也有着十分重要的地位。在炎热的夏季，北方正是木本植物的花期结束之际，唯有紫薇繁花似锦，且花色艳丽，花期一直可持续到凉爽的秋季，故有"紫薇开最久，烂漫十旬期，夏日逾秋序，新花继故枝"的赞诗。由于其发芽极晚，被称为"不知春"，但发芽后生长迅速。又由于其本身具有矮化、枝条匍匐、下垂等特性，给园林应用增加了更多特殊素材。同时，紫薇不仅在园林中应用极广，还是传统的盆景树种。紫薇盆景枝干盘曲，花容妩媚，苍劲中兼含秀丽。

9.1 紫薇花名考和栽培历史

9.1.1 紫薇花名考

紫薇的别名很多，诸如百日红、满堂红、痒痒树等。紫薇原产于中国，其拉丁学名是瑞典植物分类学家林奈为纪念其朋友而定。在中国称为紫微，据考证是出自中国古代天文学对天文群星紫微星的命名，具有"天宫赐福"的寓意。其别称多与生长习性十分贴切，如"百日红"是指花期很长，从7月至9月长达百日之久；"满堂红"则是指其种植于庭园中，新花续故枝，花开连绵不绝，足可以满堂生辉；而"痒痒树"的叫法则是对紫薇最广泛的别称，因为紫薇树干非常独特,它的树皮颜色淡,常灰白色,且光滑洁净,打眼一看像是没有树皮的感觉,但以手搔其树身,可见全树颤抖,仿佛经受不住挠痒似的。有诗云:"紫薇花开百日红,轻抚枝干全树动。"

9.1.2　紫薇花栽培历史

紫薇的栽培历史是深厚而久远的。在我国,植物专类栽培有着悠久的历史,牡丹和芍药园、梅花园、碧桃园、月季和蔷薇园、杜鹃园、桂花园、荷花池等专类花园很早就出现在各地的园林中。我国是世界紫薇属植物的分布中心和栽培起源中心,历史悠久,栽培经验丰富。据史书记载,紫薇在我国至今已有 1500 多年的栽培历史,不仅品种丰富,且观赏价值高,对环境有很强的适应性,管理简单粗放,地理分布广泛,我国众多城市中大量应用紫薇,不少城市已把紫薇视为市花。追古思今,紫薇从栽培到造园这段历程充满了神奇的色彩。

1. 萌芽期——秦汉时期

紫薇花在我国有千余年的栽培历史,而且具有颇为丰厚的文化积淀。在中国传统文化中,紫色很高贵,与"紫薇"谐音的"紫微"更高贵。古代的天文观认为天体恒星由三垣、二十八宿及其他星座组成,三垣即紫微垣,太微垣和天市垣,《晋书·天文志》载:"紫宫坦十五星,其西番七,东番在北斗北。一日紫微,大帝之坐也,天子之常居也,主命主度也";《宋书·天文》也载:"紫微垣,……左右环列,翊卫之象也。"说明紫微星是三垣(太微垣、紫微垣、天市垣)的中星,是北斗星系的主屋。北极星因正对地轴,所以无论哪个季节看,都出现在同一位置,天空中的群星也都像在围绕着它旋转。星相学称之为"万星之主",代表着至高无上的权威,主管生育和造化。

古人由此将紫微星称为"帝星",命宫主星是紫微星的人就有帝王之相,皇帝居住的地方叫作紫禁城。因荧惑星冲犯紫微星,故需栽植紫薇花以压胜。这是当时人深受天人感应思想影响的结果,也说明当时紫薇花已得到了栽培。

西汉时期,统治者为维护大一统的封建秩序的需要,特别提倡儒学以加强统治。对儒学进行改造,杂糅了阴阳、五行等学说,用"天人感应"、"君权神授"、"三纲五常"等理论树立封建统治者的绝对权威。所以,从汉代开始,紫微就被用来比喻人世间的帝王居处,专指皇宫。古人对大自然的感悟和欣赏,自先秦以来就习惯于假借比兴。自然界小到一草一木,大到山河湖海,都有可能被注入厚厚的人文内涵。因此,把星相学中的紫微星垣与自然界的紫薇花有机地联系在一起,并寄以各自的情怀也就是自然而然的事情了。相传三国时期,诸葛亮隐居之所——三顾堂庭院中就栽有两株紫薇,其中或许就隐寄着这位旷世奇才意图大业的雄心壮志吧!

早在东晋时期,人们就将紫薇花和天上的"紫微垣"联系在一起。此外,据史料考证,我国种植紫薇的初衷并不是用于欣赏,而是为了除篙棘。东晋王嘉(?—390 年)的《拾遗记》云:"怀帝末,民间园圃皆生篙棘,狐兔游聚。至元熙元年,太史令高堂忠奏,荧惑犯紫薇,若不早避,当无洛阳。乃诏内外四方及京邑诸宫、观、林、卫之内,及民间园圃,皆种紫薇,以为压胜。"这不仅是紫薇花名首次记录,也是栽植紫薇花的首次记载。文中的"荧惑"即火星,"荧惑犯紫微"就是火星接近帝星,古人认为是凶兆。因"紫薇"与"紫微"谐音,所以东晋皇帝下诏,令包括京城宫宛在内的所有地方都要种植紫薇,以"厌而胜之"。这是古代的"厌胜术"之一,是对禁忌事物的克制办法。由此可见,"紫薇"这个名称,在晋代已有了。从上述关于紫薇的一段叙述可以推断,紫薇在我国庭园的栽培始期,最迟也应在 5—6 世纪的南北朝前后。从"诏内外四方及京邑诸宫观林卫之内,及民间园囿,皆植紫薇"的记述分析,当时紫薇在我国的皇家宫苑园林和私家园林中大量出现。

这个时期的紫薇栽植不是以紫薇自身的观赏价值为前提,栽植形式单调,不曾结合园林理念,缺少与周围环境结合的整体性。但这一时期的紫薇栽植为今后建园提供了素材和基础资料,紫薇也以其独特的韵美走进了老百姓和诗人的心里。

2. 发展期——唐宋时期

紫薇早在 1400 多年前就进入了我国的皇宫、官邸,备受人们宠爱。据《书传正误》里记载,"紫薇花亦始于唐"。可见紫薇很早以前即已广被栽植,到唐朝的时候,才正式跻身成为"贵人花"。唐诗中"南方有奇树,公府成佳境""香间荀令宅,艳入孝王家"等,就如实反映了这个情况。

紫薇花在唐代得到重视与唐代官制的改设有关,唐代是我国封建社会的全盛时期,国强民富,文化艺术空前繁荣。北宋欧阳修《新唐书·百志二》载"开元元年(713 年),改中书省曰紫微省,中书令曰紫微令。天宝元年日相,至大历五年,紫微侍郎乃复为中书侍郎。"尽管"紫微省"用的时间不长,却产出"官样花"的典故。后世文人们由此产生联想,紫薇"与"紫微"音谐,将"花"与"官"扯在一起,因此紫薇也就有了"官样花"的别名,以致后来凡任职中书省的官员,皆喜以"紫微"称之。清《广群芳谱》说:"唐时省中多植此花,取其耐久,且烂漫可爱也。"这里所谓的"省"是指中书省。唐代的中书省就有谚云:"门前种株紫薇花,家中富贵又荣华。"

这一时期,紫薇的栽植已经非常盛行,由于翰林院里种了很多紫薇,而紫薇像染红的木耳般的红艳花朵,又时常探出墙头,迎风招展,使过往行人为之注目,因此在那里的"翰林"们,便被封了一个绰号叫"紫薇郎"。因此,紫薇在古时候是翰林院(类似现在秘书处)的官署名,总管全国天文、书艺、图画和医务等工作,并负责起草诏书和应承皇帝的各种文字,是很重要的内廷机构,聚集着文才出众、德高望重之人,很受人敬重。

唐朝的大诗人白居易,也曾在翰林院里任中书郎,曾面对着盛开的紫薇花,写了传世诗篇。诗云:"丝纶阁下文书静,钟鼓楼中刻漏长;独坐黄昏谁作伴,紫薇花对紫薇郎。"诗中"丝纶"指帝王的诏书;"丝纶阁"为中书省,系颁布诏书执行帝王命令的地方。此诗写诗人在中书省处理文书时独坐官邸,只有庭院中的紫薇花与之作伴,表现了一种淡淡的孤独之情。晚唐诗人杜牧也作过中书省人,故当时人称他"紫薇舍人"或"杜紫薇"。他的《紫薇花》诗别具一格,思想内容和艺术价值均在白居易之上,有诗云:"晓迎秋露一枝新,不占园中最上春。桃李无言今何在? 向风偏笑艳阳人。"此诗写紫薇清晨含着秋露开出新花,在春天的百花园中没有占到优势。曾几何时,昔日争荣斗艳的夭桃秾李不见了,紫薇花却在秋风中洋洋自得,哂笑那些只知道赞美艳阳春色的人们。这是对紫薇花谦逊美德的赞颂,也是对自己作为"紫薇舍郎"官职的自信。

由于栽植和被欣赏的历史极为久远,所以历代文章诗作中有不少关于它的记叙。尤其是唐宋文人,如白居易、王维、刘禹锡、杜牧、岑参、李商隐、欧阳修、梅圣俞、杨万里、陆游、王十朋、刘克庄和周必大等,都有诗吟咏,从不同角度赞扬当时紫薇花的诱人之美和显赫名声,同时这些诗篇可以佐证紫薇是当时宫廷、官署中常种植的观赏花木。中书舍人的韩渥有"职在内庭宫阙下,厅前皆种紫薇花"之句。此外,白居易在《紫薇花》一诗中还写道:"浔阳官舍双高树,兴善僧庭一大丛。何似苏州安置处,花堂栏下月明中。"这就意味着当时从长安到浔阳,到苏州,从官署到僧院处处都能见到紫薇花,可见当时的园林艺术开始有意识地融入诗情画意,诗人们纷纷为此赋诗,从诗篇分析中佐证了当时紫薇不仅已是宫廷、宫署造园庭栽的主要观赏树木,而且在民间也已广泛应用于园林造景中,即在唐代用紫薇来绿化和美化环境是相当普遍的。

到了宋代,紫薇逐渐走出宫苑官署,在民间广泛栽培,终于成了平民百姓的观赏物。宋人对紫薇十分偏爱,常常与仕途相连,以花叙情。诗人杨万里赏紫薇"似雍如醉",称颂堂前二株紫薇花自五月(农历)盛开到九月,寻人耐看,诗曰:"谁道花无百日红,紫薇长放半年花"。欧阳修(1007—1072年)因直言敢谏,被罢职贬官,面对聚星堂前的紫薇咏诗叹曰:"亭亭紫薇花,向我如有意……相看两寂寞,孤咏聊自慰。"南宋政治家王十朋在求官无望后,也写下"盛夏绿遮眼,此花红满堂。自惭终日对,不是紫薇郎"的感叹之句。宋代葛立方《韵语阳秋》载称:"省中相传,咸平中,李昌武自别墅移植于此。晏元献尝作赋题于省中,所谓'得自羊墅,来从召园,有昔日之绛老,无当时之仲文'是也。"

我国现存第一部花卉总集《全芳备祖》的编撰者南宋陈景沂在一首《点绛唇》的词中称:"今古凡花,词人尚作词称庆,紫薇名盛,似得花之圣"。紫薇属的南紫薇(*Lagerstroemia subcostata*)亦称拘那花,在南宋时已有记载,范成大(1126—117年)记述广西民情的《桂海虞衡志》提到拘那花"夏开淡红花,一朵数十警,至深秋犹有之"。当时在桂林任通判的周去丰根据岭南(今广东、广西)的风俗、物产、记闻撰写了笔记《岭外代答》,这本书对范成大提到的拘那花作了补充叙述,称:"拘那花,繁如紫薇,花瓣有锯纹如翻金。"拘那花的形态特征,清代吴其潜的《植物各实图考》作了更详细的描述,并有植株形态图,称:"此花江西、湖南山冈多有之,花、叶、茎俱同紫薇,唯色淡紫红,丛生小种,高不过二、三尺。山中小儿取其花苞食之,味淡微苦,有清香,故名苞饭花。"1937年陈嵘教授编著的《中国树木分类学》也确认拘那花为紫薇属植物的一个种,称南紫薇,在台湾又别称九芎、九荆。

3. 繁盛期——元明清时期

元明清的紫薇品种大大增加,无论在数量上还是在栽植的区域上均有很大发展,但是,对紫薇花的文化性挖掘反而不如古人了。云南昆明金殿发现的古紫薇(约700年),为元朝栽植,至今仍生长良好。明代王世懋(1536—1588年)的《学圃杂疏》记载:"紫薇有四种,红、紫、淡红、白,紫却是正色。闽花物,物胜苏杭,独紫孤作淡红色,最魏,本野花种也。白薇近来有之,示异可耳,殊无足贵。"明代《书传正误》称紫薇花"吴中、黔中最多";明代文震亨《长物志》载:"山园植之,可称耐久朋,然花但宜远望。"相传昆明黑龙潭、金殿的古紫薇为明万历年间所种植,四川成都的百花潭盆景园也保存有明代古桩紫薇盆景遗物,可称为稀世珍品。陈植教授的《观赏树木学》也一记:"赏见昆明东郊太和宫,庭间有紫薇二株,相传为明万历年间遗物。"距今也有300余年。

清代以来紫薇的栽植已相当普遍,盆栽盛行,栽培遍及黄河流域以南地区,是江南造园文化中夏景必选的花木。青岛中山公园有紫薇路,有的紫薇树龄100年以上。重庆北暗、四川峨眉山、武汉黄鹤楼等地皆有栽培。紫薇在花时已过的夏日盛开,花姿曼妙,迤逦动人,给绿色的大地增添色彩,形成美好的夏景。花开可达百余天,形成的各种造型又丰富了园林内容,能形成很美的冬景,因此这种多功能的园林植物不可多得。

4. 成熟期——近现代

随着近现代园林进入一个新的时代,紫薇被大量应用到城市园林建设中,紫薇除了传统的应用形式之外,一些以紫薇取胜的公园如邵阳双龙紫薇园、青岛紫薇观光园、襄阳中华紫薇园、北京园博会之紫薇景园等,都是搜集诸多紫薇种,以紫薇植物为主要构景元素,满足大众的观赏和游憩需求。同时,各地植物园也都出现了主要供科研用的紫薇专类栽植,如北京植物园、华南植物园等。

目前,紫薇在北京、天津、上海、重庆、吉林、河北、山东、河南、安徽、江苏、湖北、陕西、浙江、福建、湖南、江西、四川、云南、贵州、广东、广西、海南等地均有栽培,其中四川成都,湖北武汉、襄阳,湖南邵阳、衡阳、长沙,山东济南、青岛,安徽合肥、芜湖等地,将紫薇作为行道树、街景树栽培。以紫薇为市花的城市有江苏徐州、金坛,贵州贵阳,湖北襄阳,陕西咸阳,河南安阳、信阳,山东烟台、泰安,浙江海宁,四川自贡,台湾基隆。台湾是栽培紫薇最盛的地方之一,台北市的许多街道都栽有各种各样的紫薇花树。国外如日本、朝鲜栽培较多,美国、澳大利亚、意大利以及南欧等许多国家也有栽培。

时至今日,紫薇对生长环境已有较强的适应性,成为一种广泛栽培、深受各界人士喜爱的花木。

9.2 紫薇花的诗词和歌曲

9.2.1 紫薇花诗词

1. 唐代
白居易

紫薇花

丝纶阁下文章静,钟鼓楼中刻漏长。
独坐黄昏谁是伴,紫薇花对紫薇郎。

白居易

紫薇花

紫薇花对紫微翁,名目虽同貌不同。
独占芳菲当夏景,不将颜色托春风。
浔阳官舍双高树,兴善僧庭一大丛。
何似苏州安置处,花堂栏下月明中。

白居易

见紫薇花忆微之

一丛暗淡将何比,浅碧笼裙衬紫巾。
除却微之见应爱,人间少有别花人。

张九龄

苏侍郎紫薇庭各赋一物得芍药

仙禁生红药,微芳不自持。幸因清切地,还遇艳阳时。
名见桐君箓,香闻郑国诗。孤根若可用,非直爱华滋。

孙鲂

甘露寺紫薇花

蜀葵鄙下兼全落,菡萏清高且未开。
赫日迸光飞蝶去,紫薇擎艳出林来。
闻香不称从僧舍,见影尤思在酒杯。
谁笑晚芳为贱劣,便饶春丽已尘埃。
牵吟过夏惟忧尽,立看移时亦忘回。
惆怅寓居无好地,懒能分取一枝栽。

王维

紫薇

天上丝轮阁,如今万里赊。
飘零空为叹,曾对紫薇花。

岑参

为紫薇

西掖重云关禁署,北山疏雨点朝衣。
千门柳色连青琐,三殿花香入紫薇。

杜牧

紫薇花

晓迎秋露一枝新,不占园中最上春。
桃李无言又何在? 向风偏笑艳阳人。

李商隐

临发崇让宅紫薇

一树浓姿独看来,秋庭暮雨类轻埃。
不先摇落应为有,已欲别离休更开。
桃绶含情依露井,柳绵相忆隔章台。
天涯地角同荣谢,岂要移根上苑栽。

刘禹锡

和令狐相公郡斋对紫薇花

明丽碧天霞,丰茸紫绶花。香闻荀令宅,艳入孝王家。

几岁自荣乐,高情方叹嗟。有人移上苑,犹足占年华。

刘禹锡

和郴州杨侍郎玩郡斋紫薇花十四韵

几年丹霄上,出入金华省。暂别万年枝,看花桂阳岭。
南方足奇树,公府成佳境。绿阴交广除,明艳透萧屏。
雨馀人吏散,燕语帘栊静。懿此含晓芳,脩然忘簿领。
紫茸垂组缕,金缕攒锋颖。露溽暗传香,风轻徐就影。
苒弱多意思,从容占光景。得地在侯家,移根近仙井。
开尊好凝睇,倚瑟仍回颈。游蜂驻彩冠,舞鹤迷烟顶。
兴生红药后,爱与甘棠并。不学夭桃姿,浮荣在俄顷。

白居易

见紫薇花忆微之

一丛暗澹将何比,浅碧笼裙衬紫巾。
除却微之见应爱,人间少有别花人。

孙鲂

甘露寺紫薇花

蜀葵鄙下兼全落,菡萏清高且未开。
赫日迸光飞蝶去,紫薇擎艳出林来。
闻香不称从僧舍,见影尤思在酒杯。
谁笑晚芳为贱劣,便饶春丽已尘埃。
牵吟过夏惟忧尽,立看移时亦忘回。
惆怅寓居无好地,懒能分取一枝栽。

2. 宋
陶弼

紫薇花

人言清禁紫薇郎,草诏紫薇花影旁。
山木不知官况别,也随红白上东廊。

杨万里

道旁店

路旁野店两三家,清晓无汤况有茶。
道是渠侬不好事,青瓷瓶插紫薇花。

杨万里

疑露堂前紫薇花两株,每自五月盛开,九月乃衰二首(其一)

似痴如醉弱还佳,露压风欺分外斜。

谁道花无红百日,紫薇长放半年花。

陆游

山园草木四绝句其一　紫薇

钟鼓楼前官样花,谁令流落到天涯。
少年妄想今除尽,但爱清樽浸晚霞。

梅尧臣

次韵景彝阁后紫薇花盛开

禁中五月紫薇树,阁后近闻都著花。
薄薄嫩肤搔鸟爪,离离碎叶剪晨霞。
凤皇浴去池波响,鸂鶒阴来日影斜。
六十无名空执笔,颠毛应笑映簪华。

晏殊

清平乐·金风细细

金风细细。叶叶梧桐坠。绿酒初尝人易醉。一枕小窗浓睡。
紫薇朱槿花残。斜阳却照阑干。双燕欲归时节,银屏昨夜微寒。

廖世美

烛影摇红·题安陆浮云楼

　　霭霭春空,画楼森耸凌云渚。紫薇登览最关情,绝妙夸能赋。惆怅相思迟暮。记当日、朱阑共语。塞鸿难问,岸柳何穷,别愁纷絮。

　　催促年光,旧来流水知何处。断肠何必更残阳,极目伤平楚。晚霁波声带雨。悄无人、舟横野渡。数峰江上,芳草天涯,参差烟树。

许及之

紫薇花

手植盘洲圃,心怀西掖垣。
至今花萼上,雨露有深恩。

许及之

直舍紫薇花身可以题字因作一绝书其上

赤立严霜如槁木,烂开炎日似红霞。
耐寒耐暑真能事,岂是人间怕痒花。

曾肇

紫薇花　其一

堂前紫薇花,堂下红药砌。

繁华天上春，偪仄人间世。

曾肇

紫薇花　其二

明丽碧天霞，千茸紫绶花。
香开荀令宅，艳入孝王家。
几岁自荣辱，高情方叹嗟。
有人移上苑，犹足占年华。

程俱

秋华无几尚有紫薇相对里巷间

晚花如寒女，不识时世妆。幽然草间秀，红紫相低卬。
荣木事已休，重阴阒深苍。尚有紫薇花，亭亭表秋芳。
扶疏缀繁柔，无复粉艳光。空庭一飘委，已觉巾裾凉。
手中蒲葵箑，虽复未可忘。仰视白日永，凄其感冰霜。

舒岳祥

七月初四日赋紫薇花

蹙罗红线紧，镕蜡粉须黄。
野寺花开日，平畴稻熟香。
曾陪红药省，相对紫薇郎。
尚忆丝纶合，新秋雨露凉。

林希逸

莆田陈尉新作二轩于其廨舍寄题二首其一　紫薇轩

双松厅上念先差，晚节渔翁谩叹嗟。
试问归摩青玉笋，何如坐对紫薇花。

晏殊

望仙门·紫薇枝上露华浓

紫薇枝上露华浓。起秋风。
筵弦声细出帘栊。象筵中。
仙酒斟云液，山歌转绕梁虹。
此时佳会庆相逢。欢醉且从容。

陆游

紫薇

钟鼓楼前官样花，谁令流落到天涯？
少年妄想今除尽，但爱清樽浸晚霞。

范祖禹

和蜀公紫薇花再发寄中书舍人

几年幽独饱风霜，一日荣观似堵墙。

地养深根成异产，天回淑气发新阳。

宾朋须醉千钟酒，蜂蝶争偷百和香。

留得青毡真旧物，于今凤阁有名郎。

华镇

紫薇花

雨馀庭下紫薇芳，帘幕风清发早凉。

细叶密攒红縠皱，纤枝交曳彩霞长。

清都旧许分星号，西掖曾容对省郎。

怅望日边承露掌，何时相与照秋光。

陈造

栖隐寺紫薇花二首　其一

深红浅紫碎罗装，竹树阴中独自芳。

已伴白莲羞远供，款陪黄菊荐陶觞。

赵汝腾

诇湖南刑使赵紫薇

绣节当年立碧霄，至今遗爱蔼欢谣。

云烟何止能开雾，山岳曾闻亦动摇。

纵未振衣华表著，不应分席混渔樵。

馀干宰士今乔固，定有诗筒慰寂寥。

刘敞

答黄寺丞紫薇五言

紫薇异众木，名与星垣同。应是天上花，偶然落尘中。

艳色丽朝日，繁香散清风。嫣娟虽自喜，幽寂逝将终。

主人谪仙籍，浩歌沧浪翁。卜居抗静节，搴秀怜芳丛。

猗狔庭中华，固为悦已容。如何又将去，含意默忡忡。

青苔侵履綦，摇落知岁穷。独赖君子德，庶几甘棠封。

欧阳修

聚星堂前紫薇花

亭亭紫薇花，向我如有意。

高烟晚溟蒙，清露晨点缀。

岂无阳春月，所得时节异。

静女不争宠,幽姿如自喜。

将期谁顾眄,独伴我憔悴。

而我不强饮,繁英行亦坠。

相看两寂寞,孤咏聊自慰。

任希夷

后省紫薇花

清晓开轩俯凤池,小山经雨石增辉。

琉璃叶底珊瑚干,立出池边是紫薇。

范祖禹

和蜀公紫薇花再发寄中书舍人

几年幽独饮风霜,一日荣观似堵墙。

地养深根成异产,天回淑气发新阳。

宾朋须醉千锺酒,蜂蝶争偷百和香。

留得青毡真旧物,于今凤阁有名郎。

李流谦

紫薇花

庭前紫薇初作花,容华婉婉明朝霞。

何人得閒不耐事,听取蜂蝶来喧哗。

丝纶阁下文书静,能与微郎破孤闷。

一般草木有穷通,冷笑黄花伴陶令。

施枢

题鹤林丈室用俞紫薇韵

物我相忘付八还,偶来琼馆扣霞关。

玉峰自有三生约,尘世真同一梦间。

华表风清丹顶去,缑山月冷碧笙闲。

当知象外机无息,肯羡黄金系九环。

于石

紫薇翁歌

一掬之泉,可湘可沿。

一拳之石,可漱可眠。

其动也以天。万壑之风,

不琴而弦。两山之云,

不炉而烟。其静也以天。

前钟后鼎,左瓢右箪。

何荣何辱,孰愚孰贤,
先生笑而不言。

袁燮

紫薇花二首(其一)
蒙茸曲径紫薇花,几载藤萝巧蔽遮。
暂借斧斤还旧观,依前万蕊吐新葩。

袁燮

紫薇花二首(其二)
紫薇花对紫薇郎,何事斋前一树芳。
造物似教人努力,他年准拟待君王。

洪适

盘洲杂韵上·紫薇
六月炎天千里移,不期繁蕊便盈枝。
向来浑是西垣客,忆得看花草制时。

胡宿

又陪公素舍人晨入西阁见紫薇初开
疏雨休前槛,新英艳小丛。且欣当夏日,不用忆春风。
便可携欢伯,相从作醉翁。回头问阶药,何处觅蔫红。

胡宿

送石舍人入西阁见紫薇花盛开
西台重见紫薇花,天上时时好物华。人向药阶升禁掖,路从桃水入仙家。
香英半落风前酒,高艳遥烘日际霞。却忆后斋浓睡觉,芝泥初熟午阴斜。

胡宿

阁前紫薇花
高髻美人髻,妆阁一何鲜。迷路来春后,开花近日边。
居常浇御水,动欲绚非烟。分润从仙掌,流薰自帝弦。
雅当翻药地,繁极曝衣天。色映芝泥熟,香交蕙炷燃。
吟残秋蕊脱,睡起午阴圆。应笑凭栏者,相看已几年。

马廷鸾

山中对紫薇花书感
轻盈插向胆瓶中,看到山林禁御同。
阁下天葩秋月黯,楼头奎画晓云空。

高攀玉树扶斑白,静扫苍苔拾堕红。

三十年前天上梦,老来无泪洒西风。

3. 元

程文海

缉熙殿御题紫薇花扇面寿卿中丞

江南十里花茫茫,紫薇尽对中书郎。人工会得无穷意,一枝宛转留芬芳。

缉熙殿里日月长,对画落笔蛟龙翔。花前未觉风流远,扇底犹含雨露香。

乌府先生黄阁老,高敞新斋坐霜昊。聊题此画托千年,从今永伴中书考。

王冕

送欧阳彦珍归杭

金陵山势如蟠龙,金陵美酒玻璃红。

对山酌酒却歌舞,坐笑前辈何英雄。

六朝遗迹漫烟雾,凤凰台上秋无数。

斜阳巷陌燕子飞,秦淮西下长江去。

人生此会不偶然,眼前兴废何须言?

丈夫事业要磊落,比较琐屑非高贤。

我知欧阳乃奇士,乔木故家良有以。

文章五彩珊瑚钩,肺腑肝肠尽经史。

盛时仕宦三十年,东吴西楚情翩翩。

解衣推食待豪杰,气义浑厚无雕镌。

明朝乘兴过南省,鹤背秋声破秋溟。

紫薇花对明月高,呼吸湖光数千顷。

书生潇洒未有家,拟欲结屋青山阿。

故人若有岁寒约,为我载酒寻梅花。

陈基

分省诸公邀西湖宴集

湖上相逢宴屡开,紫薇花下约同来。

水光酿绿凝歌袖,山色分青入酒杯。

蛱蝶影随罗扇动,琵琶声逐画船回。

独怜英骨埋芳草,南拱枝头蜀鸟哀。

陈孚

翰苑荐为应奉文字二十韵谢大司徒并呈诸学士

天上金銮客,人间第一流。

赟为唐内相,禹拜汉元侯。

鲲海三千水,龟峰十二楼。

月寒红烛夜,风淡紫薇秋。

凤诰窥姚姒，麟编振鲁邹。
佩随宫漏远，衣染御烟浮。
淑气腾金碧，祥光射斗牛。
焜煌青琐闼，缥缈紫霞洲。
玛瑙濡尧瓮，珊瑚耀汉钩。
驼蹄中禁釜，豹尾上方驺。
仆本师黄卷，生惟伴白鸥。
亲庭双鹤发，家事一渔舟。
偶预天官选，来为帝里游。
绿章蒙独荐，青史许同修。
故郡惊王勃，新丰异马周。
队随鱼圉圉，角喜鹿呦呦。
势似飞三凤，功如挽万牛。
桑榆终有望，葑菲未为愁。
国士恩难报，书生志易酬。
誓坚冰雪操，正色赞皇猷。

4. 明

薛蕙

紫薇

紫薇开最久，烂熳十旬期。
夏日逾秋序，新花续故枝。
楚云轻掩冉，蜀锦碎参差。
卧对山窗下，犹堪比凤池。

皇甫涍

紫薇花行（有序）

英菲窈窕绿窗前，艳影扶疏翠庑连。
玉衡含照妍华夕，金风弄彩沇寥天。
流风逝水惊离索，十载幽栖对花萼。
无情羁宦却归来，有客伤秋叹荣落。
兰宫桂殿凤凰楼，帝台仙客恣攀游。
可堪残月鲈江梦，不奈连云骑省秋。
言追渔父赋归欤，寂寞蓬蒿掩敝庐。
旖旎繁英重入赋，婆娑生意最愁余。
人情感物多惆怅，白发红颜两相向。
东篱并就菊松姿，北山岂孤猿鹤望。
青葱摛藻记甘泉，潘陆春华此弃捐。
未忘温室琼瑶树，虚拟湘源杜若篇。

蔡汝楠

紫薇宫行祈祝礼

行趋紫薇阙，俨是北辰居。

灏气通王屋，玄风彻禁庐。

神祇犹望幸，云雨为前驱。

将命叨成礼，端章扣玉虚。

王立道

咏紫薇花

紫薇开处觅蓬瀛，深院层轩拂晓晴。绚烂只疑春色在，葳蕤偏傍日华明。

丝纶阁下人谁伴，虚白堂中韵未成。祇恐秋风不相假，缓吟深酌对寒更。

叶小鸾

踏莎行　紫薇花

细剪胭脂，轻含茜露。芳菲百日浓辉聚。红妆懒去斗春妍，薰风独据珊瑚树。

翠叶笼霞，琼葩缀雾。湘帘影卷猩姿雨。仙郎禁院旧传名，亭亭好伴西窗暮。

邵宝

紫薇花

簇簇繁缨色，谁教媚早秋。

省臣今白首，还忆浙中楼。

李奕茂

灯下对紫薇

高卧空山百感生，一番风雨倍伤情。

孤灯寂寂谁相问，只有薇花照眼明。

林熙春

送紫薇花玉田方伯

太平天启正当阳，应有鸾书到二黄。

莫道山林无以赠，紫薇花送紫薇郎。

胡奎

紫薇花下

我非紫薇郎，爱种紫薇花。紫薇亦爱诗人家，今年试花如绛霞。

清晨看花心自喜，中夜裴回月明里。不随红日上东廊，影过八砖犹未起。

胡奎

紫薇花下

天棘移来一尺长,呼儿浇水傍南墙。
柔条盘作青罗盖,借我山窗一夏凉。

胡奎

东园紫薇花

旧时曾种紫薇花,五载归来感物华。
石径升堂苔色满,曳裾坊口第三家。

胡奎

紫薇花下看月寄友

娟娟海东月,照我紫薇花。花月相裴回,玉露浮清华。
美人如明珠,流辉隔綵霞。可望不可即,玩之令人嗟。
安得骑黄鹄,同游太清家。

陈子壮

部中杂咏十二首　其十一　紫薇花

紫府花临户,丹砂为结胎。轻盈能自艳,凌乱不胜开。
岂以身沾著,都非意剪裁。舍人美诗句,书赐迩英来。

徐渭

紫薇花

紫薇易开亦易残,紫薇热客有时寒。
何如墨史将吟伯,岁岁年年画里看。

郭谏臣

紫薇花为风雨所伤

庭花烂熳十旬红,绝胜春英二月中。
底事夜来风雨恶,胭脂零落粉墙东。

朱权

宫词

曲阑开遍紫薇花,晓日瞳眬映彩霞。
几处笙歌鸣别院,不知圣御在谁家。

周鼎

寄陈叔庄(二首)

许时无暇出城来,漫尽溪桥是绿苔。

寄语山中旧猿鹤,紫薇花欲为谁开。

释良琦

秋华亭携李鲜于伯几篆颜

片玉山西境绝偏,秋华亭子最清妍。
三峰秀割昆仑石,一沼深通渤澥渊。
鹦鹉隔窗留客语,芙蓉映水使人怜。
桂丛旧赋淮南隐,雪夜尝回剡曲船。
北海樽中常潋滟,东山席上有婵娟。
紫薇花照银瓶酒,玉树人调锦瑟弦。
醉过竹间风乍起,吟行梧下月初悬。
一声白鹤随归珮,何处重寻小有天。

5. 清
陈之遴　徐灿

紫薇

可怜郎署花,却点寒窗色。
为问含香人,宁思主恩泽?

释常林

紫薇花

秋风落日已归鸦,静坐禅林看紫霞。
记得玉堂三世梦,碧纱窗外一钩斜。

赵熙

紫薇

紫薇庭下半年开,渐渐秋风点绿苔。
依旧红绡明月夜,昆仑摩勒不重来。

陈世祥

如梦令客中

才看桂花黄絮。待趁晚潮归去。真正没来由,便把冬春发付。
还住,还住。又是紫薇一树。

9.2.2　紫薇花文化相关典籍节选

《酉阳杂俎》　续集卷九·支植上
段成式

　　紫薇,北人呼为猴郎达树,谓其无皮,猿不能捷也。北地其树绝大,有环数夫臂者。

译文：

紫薇，北方人称呼其为"猴郎达树"，指的是紫薇树没有树皮，猿猴没有办法攀爬。在北方这种树会长得很高大粗壮，需要好几个人环抱着。

《梦溪笔谈》卷三辨证一·坊州贡杜若笑谈
沈　括

唐贞观中，敕下度支求杜若，省郎以谢朓诗云："芳洲采杜若。"乃责坊州贡之。当时以为嗤笑。至如唐故事，中书省中植紫薇花，何异坊州贡杜若？然历世循之，不以为非。至今舍人院紫微阁前植紫薇花，用唐故事也。

译文：

唐朝贞观年间，皇帝命令度支司寻找杜若，省郎因谢朓诗中说："芳洲采杜若。"便责令坊州进贡杜若。当时人都嗤笑这件事情。至于一些唐朝的旧例，比如中书省种植紫薇花，又和坊州进贡杜若的事有什么不同呢？然而却被历代遵循，并不认为这有什么不对。而今舍人院中的紫薇阁前依然种植紫薇花，也是沿袭了唐朝旧例的缘故。

《闲情偶寄》　卷四　种植部　木本第一·紫薇
李　渔

人谓禽兽有知，草木无知，予曰：不然。禽兽草木尽是有知之物，但禽兽之知，稍异于人，草木之知，又稍异于禽兽，渐蠢则渐愚耳。何以知之？知之于紫薇树之怕痒，知痒则知痛，知痛痒则不知荣辱利害，是去禽兽不远，犹禽兽之去人不远也。

人谓树之怕痒者，只有紫薇一种，余则不然。予曰：草木同性，但观此树怕痒，既知无草无木不知痛痒，但紫薇能动，他树不能动耳。人又问：既然不动，何以知其识痛痒？予曰：就人喻之，怕痒之人，搔之即动，亦有不怕痒之人，听人搔扒而不动者，岂人亦不知痛痒乎？由是观之，草木之受诛锄，犹禽兽之被宰杀，其苦其痛，俱有不忍言者。人能以待紫薇者待一切草木，待一切草木者待禽兽与人，则斩伐不敢妄施，而有疾痛相关之义矣。

译文：

人们说禽兽有知觉，草木没知觉。我说：不是这样。禽兽与草木，都是有知觉的东西。只是禽兽的知觉比人差一些；草木的知觉又比禽兽差一些，只是一个比一个蠢笨、一个比一个愚昧而已。如何知道的呢？是从紫薇树怕痒知道的。知道痒就知道痛，知道痛痒就知道荣辱利害。就距离禽兽不远了，就像禽兽距离人不远相同。

人们认为树当中怕痒的只有紫薇一种，其他树则不是这样。我说：草木是同性的。只要看到这种树怕痒。就知道没有一种草木是不怕痛痒的，只是紫薇能动，其他树不能动罢了。别人又问：既然不动，如何知道它能感觉到痛痒呢？"我说："可以用人来作比喻，怕痒的人，一搔就动，也有不怕痒的人，任别人去搔去挠，都不会动，难道人也不知道痛痒吗？"这样看来，草木被诛锄，就像禽兽被宰杀一样。所受的痛苦，都不忍心说出来。如果人们像对待紫薇那样对待所有草木，像对待所有草木那样对待禽兽和人。那就不会乱杀乱砍，而且能体会病痛相关的意义了。

《滇海虞衡志》志花第九

紫薇花,树既高大,花又繁盛茂密,多植于官署庭堂。满院绛云,不复草茅气象。此花宜为第三。滇无鼎甲,以三花鼎甲之,足以破荒而洗陋矣。

译文:

紫薇花,树木高大,且花朵繁盛茂密,多种植于官员家的庭院中。紫薇开花时,满园都是绛云之色,一片深红,不再是夏季的普通植物的庭院样子。紫薇花应该是花中第三。云南地区的科举没有出过三甲及第,以紫薇花作为云南地区的三甲及第的花,就已经足够打破这种云南地区没有三甲及第的尴尬局面了。

《江南草木记》·紫薇
王寒

紫薇出场的时候,夏天的气息已经相当浓烈了。

紫薇开花是一树一树的,又缤纷又绮丽,甚是明艳。汪曾祺形容它的花:“花瓣皱缩,瓣边还有很多不规则的缺刻,所以根本分不清它是几瓣,只是碎碎叨叨的一球,当中还射出许多花须、花蕊。一个枝子上有很多朵花。一棵树上有数不清的枝子。真是乱。”花是碎碎叨叨的,而且是一球一球的,观察得真是细致入微。汪老是知情识趣的文人,真正的暖男,粗枝大叶的糙老爷们断然写不出这等温情的句子。

说是紫薇,其实花不只紫色一种,还有白色、红色等,开白花的叫银薇,开红花的叫赤薇,蓝中带紫的叫翠薇,不过以紫色为正,故统称紫薇。紫薇的花喜兴,花期也长,从夏开到秋,中间跨了好几个节气,谁说花无百日红,紫薇就破了这个例,所以它有个别名就叫百日红。这名字俗是俗了些,不过倒是直白,简直可以拿来当艺名。

在中国古代,植物常被上升到人格高度,被赋予不同的道德品格。梅先孤芳,松柏后凋,兰有国香,菊有晚节,而紫薇花跟官场脱不了干系,是代表官运亨通、出人头地的花,如此说来,跟“气节”二字是挂不上钩了。

紫薇花亦作紫薇郎。听这名字,就知道来头不小。紫薇郎是唐代的官名,即中书侍郎。唐中书省是皇帝起草诏书号令的部门,曾遍植紫薇。白居易有诗云:“独坐黄昏谁是伴? 紫薇花对紫薇郎。”此时的他从江州司马任上被唐宪宗召回长安,委以中书侍郎——紫薇郎,相当于副国级领导,成了皇帝身边的红人,仕途得意,看花亦顺眼。第二年,白居易到杭州当了刺史,就任杭州市长期间,他亦有一诗:“紫薇花对紫薇翁,名目虽同貌不同。独占芳菲当夏景,不将颜色托春风。”才一年工夫,白居易的自称就从紫薇郎变成紫薇翁,可见心境已较去年不同。

李白有一首《琼台》诗,琼台在天台的桐柏山百丈坑中,诗云:“龙楼凤阙不肯住,飞腾直欲天台去。”李白也算是见过世面的人,龙楼凤阙都不想住,只想到天台看山看水,可见这里的山水不俗,诗中还有一句“明朝拂袖出紫微,壁上龙蛇空自走”。这里的紫微指的是帝王宫殿,龙蛇指的是草书笔势。

旧时还有一种玄妙古奥的算命之法,叫作紫微斗数。翻看旧书,常见神神道道的人借紫微星故弄玄虚,说些什么“老夫昨晚夜观天象,见紫微星异常,光色昏暗不明”的话,然后给人指点些迷津,真是有趣得紧。

　　按理，成了官样花的紫薇该端些官架子才是，就算拿腔作势也是应该的，可是紫薇一点也不持，它性子随和，随便种在哪里，都是没心没肺的快活样子。它怕痒，如果用指甲轻轻刮光滑的枝干，它便像怕痒的女子被人呵了笑穴，笑得花枝乱颤，《广群芳谱》中说："每微风至，夭娇颤动，舞燕惊鸿，未足为喻。唐时省中多植此花，取其耐久，且烂漫可爱也。""夭娇颤动"，有种娇滴滴的小清新味道，像不谙世事的少女，烂漫可爱。某年带孩子回天台，乡间有不少紫薇树，我告诉孩子，这紫薇又叫痒痒树，臭小子一听来劲了，孩子气大发，一路走一路不停地搔着紫薇。

　　我家阳台，有一株矮壮的紫薇，为同事老方所赠，报社有几个爱花的同事，老方是其中之一，他退休后，回乡下老家侍弄农事，栽花种草去了。知我爱花，送了盆紫薇给我。一到夏天，阳台上的紫薇，开出一树胭脂红的繁花。有时，我会搔它光滑无皮的树干，看它笑得抖抖索索，我亦笑。不是爱花人，是不知道紫薇的这个特性的。在报社工作时，一到夏天总能收到几篇稿子，标题无一例外的是：《奇，某地发现一株怕痒的树》。我会在稿件上写上几字：一点也不奇。这类稿子多了，我有时在心里嘀咕：奇你个头啊！少见多怪！

　　台州城里的紫薇很多。小暑大暑节气里，太阳坦坦荡荡的当头照着，一路上都有紫薇花开。从椒江到天台的老路上，有成排的紫薇树，紫红粉白的，这一段是有声有色的旅途。紫薇开时，我不觉得路途无聊。

《黄昏里的山冈》·紫薇花开

谢　伦

　　似痴如醉弱还佳，霞压风欺分外斜。谁道花红无百日，紫薇长放半年花。

　　一些花落了，一些花正在开放，还有一些才刚刚结蕾。她们依据不同的气候，开在属于自己的季节里。

　　是的，一般的花们都有一个属于自己的季节，而且只有一个。

　　但紫薇不同。紫薇是花，可紫薇却要从一个季节走向另一个季节，而这并不是为了充溢诗人们有关于花的情结。

　　紫薇是在一个枝头上反复重现着别人只有一次的生命过程——结蕾，开放，落英缤纷。

　　有很多的花，对我来说，她们犹如美丽的女人一样能让我产生幻觉。她们的身体，她们的脸，她们的唇，一如花瓣儿叠叠重重，让我温馨无比，也让我眩晕让我失重。这是一种浪漫情色，抑或是对花们的期待——男性生命中的一种原生性的期待。但是这种"原生性"有时间也不牢靠。比如我观紫薇，站在六月（我指的是阴历六月）的炎阳之下，犹如隆冬赏梅于白雪之中，心底生出的不是美之姣姣，而是敬羡与仰慕。性质变了，由情爱转向了崇拜。这都是时间闹的鬼。在时间面前，任谁都显得那么的渺小，没有办法的事情。不信，你看那古桩紫薇、悬根紫薇。随意挑一棵都是百年千年，一如遁世隐者，阅尽人间无数。

　　紫薇是智慧的，是智者的化身。从智者之身生出的柔枝柔条上的花朵亦是智慧的花朵。只有智慧的花朵才能够从一个季节走向另一个季节。

　　我们是在一个上午去看紫薇的。保康是紫薇的故乡。要识"庐山真面目"不来保康是不行的。她的"真面目"不是随便一个地方都能看得到的。全国有许多的梅林、桃林，许多的兰花谷、牡丹山，而紫薇林只有一个，它在保康。

天上飘着雨，细而密的。车子泥泞着，摇晃着，拐弯儿，再拐弯儿，进入一座山。又爬上一座山，最后步行。

这是一座什么山？我至今不知。不过这不重要，重要的是我看到了紫薇花。满坡满谷的紫薇花，一树一树，一枝一枝，相牵相连，相映相间，簇簇拥拥的如明丽的红绸，更像燃烧的火把，把阴沉的天空照亮.把保康照亮。

紫薇花。是保康的另一个太阳。

《桃之夭夭——花影间的曼妙旅程》
王 辰

紫薇之花，虽则六出，不类他花，其瓣生细爪为柄，微连萼上，瓣又多褶，无风自动，其态妩媚。唐时因紫薇之名与天宫"紫微垣"相通，故以此为官样花，多承富贵。其树常光而少皮，以手搔之，即作怕痒之态。

独坐黄昏谁是伴

暮色深沉，疏星初上，暑热的憋闷之中，聒噪的蝉鸣和着雀鸟的倦怠啁啾，白居易独自空守着中书省，面对着院中的紫薇花，散漫地吟诗曰："丝纶阁下文章静，钟鼓楼中刻漏长。独坐黄昏谁是伴？紫薇花对紫薇郎。"那却并非紫薇花和"紫薇郎"的浪漫故事，而是在官场上，些许志得意满的骄傲罢了。——唐朝开元元年，中书省改名为紫薇省，中书令即称"紫薇郎"，亦是此刻白居易的官职。天宫星宿即有"紫微垣"，以北极为中枢，乃天帝居所。故而中书省也借此意，换了"紫微"为名，微与薇通，于是省中多植紫薇花。

入得中书省，也算官运亨通了，故而紫薇花由此成了权力仕途的象征，世称"官样花"。官至中书舍人的杜牧，也曾作过一首知名的《紫薇花》诗："晚迎秋露一枝新，不占园中最上春。桃李无言又何在，向风偏笑艳阳人。"因这诗广为传诵，杜牧竟以此得了个"杜紫薇"的称号，那是很值得夸耀了。

白居易中年被贬为江州司马，于浔阳江畔的官舍之中，再度逢着紫薇树。时过境迁，想起曾经的春风得意，不禁发一声叹息，重又写就一首《紫薇花》："紫薇花对紫薇翁，名目虽同貌不同。独占芳菲当夏景，不将颜色托春风。浔阳官舍双高树，兴善僧庭一大丛。何似苏州安置处，花堂栏下月明中。"再不是曾经身在中书省的紫薇郎，此刻的白居易却是戏谑地自嘲作"紫薇翁"了，不将颜色托春风，也算是他心底的一点点坚守了吧。至若南宋，王十朋干脆未曾做过中书令那般高官，见了紫薇，难免心生惭愧，故有诗云："盛夏绿遮眼，此花红满堂。自惭终日对，不是紫薇郎。"——经历过徽钦二帝被掳和宋室南迁，以名节闻名于世的王十朋，倒真个不在乎官职贵贱，只是若能入得了中庭，总盼着能为国为民多尽些力才好吧。

静女不争宠　幽姿如自喜

紫薇花的花瓣色艳多褶，以纤柄连于萼间，稍逢轻风，便兀自舞动不止。清人刘灏所编《广群芳谱》中称："紫薇花一枝数颖，一颖数花。每微风至，妖娇颤动，舞燕惊鸿，未足为喻。"花如舞女，翩若惊鸿，飘飘仙袂，恍似天衣，于是古人总舍得搬出历代传说，不吝惜溢美之词了。——唐朝文人唐彦谦有诗咏紫薇花，杂糅了诸般典故：先说这花似洛神甄宓，裙裾散漫，罗袜生尘，"见欲迷交甫，谁能状宓妃，妆新犹倚镜，步缓不胜衣"；继而又将花比那巫山神女，振绣衣，被袿裳，沐兰泽，含若芳，"又疑神女过，犹佩七香帏"；这却依旧不足，尚需将这花瓣，与织女所制的霓裳比较一番，"还似星娥织，初临五彩机"。

也难怪古人称"紫薇花为高调客"，那花瓣总在微微抖动的模样，似是轻佻，却又含蓄，欲笑还颦，欲还拒，那才是最撩人心思的。然而欧阳修却不似前人，将紫薇花看作风骚之物，他是眼看着清晨的紫薇花，掉落几枚委顿的花瓣，其中寂寞，似无人知，故而他将这花比作"静女"了——"亭亭紫薇花，向我如有意。高烟晚溟濛，清露晨点缀。岂无阳春月，所得时节异。静女不争宠，幽姿如自喜。将期谁顾盼，独伴我憔悴。而我不疆饮，繁英行亦坠。相看两寂寞，孤咏聊自慰。"欧阳修的寂寞，与紫薇花的寂寞，都是恬淡，都是清幽，等闲不识，亦不足为人道，只独自消受就好。

紫薇长放半年花

最初我并不知道这花叫作紫薇，彼时都称之为"痒痒树"，说是轻搔枝干，树枝花叶就会如怕痒一般，轻轻颤抖起来。那是儿时听老人说了，觉得好奇，于是真个去搔，边搔边看枝头的花朵，觉得确在抖动，又觉得纵然不去搔它，枝条亦会抖动不止。终究我也不曾确认，那颤抖是否源于搔痒，或许只是这花自身原本就易被极细微的轻风动摇吧。

古人也称紫薇为"怕痒花"，说是"人以手爪其肤，彻顶动摇"，我却依旧不能确信此说，反而对于紫薇的另一番别名"猴郎达树"，我是颇有兴致的。唐人段成式《酉阳杂俎》中称："紫薇北人呼为猴郎达树，谓其无皮，猿不能捷也。北地其树绝大，有环数夫臂者。"我所见的紫薇，都是城市里栽种的小株，作灌木状，从未见过什么所谓的"绝大"，需数人合抱更是不可想见。倒是在西南山间，我曾遇见其他种类的紫薇，远远望着，确是大树的模样，然而只是远望，因隔着山涧，只能看个恍惚，知它是紫薇，又知并非常见的种类，却不能明其详尽。

倒是"百日红"这一别称，于紫薇颇为适宜。如今常见栽种的紫薇，夏至时节已然花繁，至处暑乃至白露，却总还能有残余，古人称它"四五月始花，开谢接续，可至八九月"。杨万里也借这一别名入了诗句："似痴如醉弱还佳，露压风欺分外斜。谁道花无红百日，紫薇长放半年花。"

谁令流落到天涯

少年时我曾热衷过一阵子制作植物标本，彼时并无特殊用具，只是采了草木，以报纸压平，夹在厚重的旧书里头——虽是寻常花草，如今想来，终究一枝也未留下，那些植物算是平白殒命了吧，况且以此法制作，也毁坏了若干书籍。然而少年时着实乐此不疲来着。紫薇花是我身边诸般草木里，最难驾驭的一种：枝头花颇繁杂，取一枝则太过厚实，无法压平，取一朵花，虽可制作，花瓣却注定纷纷掉落；连那紫薇的果实,也是厚墩墩的椭球形,坚硬干枯,同样无法以简略手法制成标本。

那时的紫薇花委实常见,楼前空地抑或路边,少不得栽种几株。因其常见,总不十分珍惜,记得更加年幼的时候,一次在路边花园里头,见了各色的紫薇花:紫红色、淡紫色、浅粉色、乳白色、纯白色,甚至还有紫色中带一点点不纯粹的灰蓝。几个小孩子便将这些紫薇花瓣,纷纷抖落下来,收集在手帕里。收得足够,便一气向天空扬起,看那花瓣坠落,我们则在花瓣之下,扮作结婚的新人,扭捏却又欢快。后来看到陆游的诗句——"钟鼓楼前官样花,谁令流落到天涯。少年妄想今除尽,但爱清樽浸晚霞。"——我才到底感叹,从前的紫薇花,大约总还是精贵的吧,今人倒是多见了,纵使少年妄想,却也不应为小孩子这般玩耍。

倒是南国总能见着花果硕大的紫薇,或为大花紫薇,或为南洋紫薇,总之乃是他种,却是紫薇的近亲。那些硕大的紫薇种类,常作树木栽种,生得却不甚高,堪堪用为人行道边的树荫,花开时倒也灿烂满树。然而我又总觉得如此庞然大物,反而失了精致,作树足矣,赏花则少了情趣。南人却似从未惦念此节,树下匆匆而过,少有人驻足观望,反而有位初来北地的朋友,闲谈之间忽然问我:这里的紫薇都好袖珍。我听了,终于笑出了声。

《缪崇群散文选集》·紫薇
缪崇群

楼边的一家邻居,家里只有一个老人和一个女孩子。起初我以为他们是祖孙,后来才晓得是翁媳;可是从来也没有看见他的儿子在那里,这个女孩据说是个童养媳。头发已经花白了的老人,除了耕种楼后面的一片山坡土地之外,还不得不卖着苦力为人抬滑竿或挑煤炭,所有的家事都由这个女孩料理着,养鸡养猪的副业,也由她一人经管着,她大约不过十三四岁。

因为是邻居,我看着这个小女孩的生长,就如同看见楼后的胡豆,苞谷,或高粱……每天每天从土地里高茁了一些起来,形状也一天一天的变化不同了似的……只见日渐饱满,日渐活泼。

每天太阳落山,她背着一筐子锄草回来了。不久,她就要唤小鸡子上笼……这是一个颇麻烦的工作,一双一双都要唤齐,不对数目就不好交代;可是鸡并不如人那般听使唤,有时还免不了费她一番唇舌,或是夹杂一两句骂畜生埋怨人的话。等小鸡都齐了,又要去料理猪食,又要去提水,又要去烧火,听到人家喊一声:"来检查西瓜皮呀!"又不得不飞也似的跑去,她绝不舍弃这些为猪调换口味的好饲料。

"这些鸡卖不卖?"

有一次,我故意这样问,虽然明明知道她不肯答应的。

"不卖的,还小。我们自家养的。"她拒绝的理由很简单很诚实。

"给你很多的钱呢?"我又提出这么一个条件。

"也不卖的。"她说着还笑了笑。

其实,我知道的理由,就是因为这些鸡子是小的;而且不拘大的小的,都不是买卖的,不过她并没有再说什么了。

昨天,黄昏的时刻,这个小女孩照例背着一筐子锄草回来了,手里还捧了一束花,粉红色的花。

我看着她从我们的楼口过去,走上她家的石坎,有一个褴褛的男孩正坐在那里。

我看见那个男孩没有言语地向她伸出一双手,她随即给了他一枝花,仅只一枝,不言语地放下草筐,径自回到屋里去了。

我看着那个男孩接过花来便送到鼻子上嗅着。

——花不见得都是美丽的,但是人们往往以为任何的花都是有着香气的,我一边静静地看着,一边默默地想着。

停了一会,她又捧着那束花出来,又向着我们的楼口走来了,似乎要去一个地方,想把这一束花送给一个人;仿佛这一束花本来为着谁才折回来似的。

迎着她的面,我突然向她伸出了我的一双手,像这样使手背向地,使手心向天,勇敢而不畏缩地,坦率不加思考地把自己的手掌伸向旁人面前的事,不要说在我的记忆不曾有过一次记录,就是在我的想象和意识中,恐怕也从来没有发生过这样的事情!

这一次,真是一个极端的例外,而且结果是成功了,那或者对着我面的是一个幼小者的缘故;是我有意和这个天真可爱的,在原野上生长起来的孩子开一次玩笑的缘故,就类似我前一次故意问她卖不卖鸡子的那个故事同一样的性质。

当我的手掌伸出了以后,不料她就把一束花完全给了我了。

我有些窘,惭愧。并且懊悔;为什么我要迎面捉住她,又伸手向她要花?使她中途折返了她所送往的地方赠与的对方呢!

"只要一枝好了。"我很过意不去这样申说着。

"山后边多得很。"她说,并没有允许我的这种"要求"。

(啊,多么好笑而可耻! 大人们只得要求,请求,甚至于夺取,盗窃,或抢劫⋯⋯而幼小者,孩子们,却早已知道,赠与和布施,她们如此的坦率,如此的慷慨,如此的大量,正好像一道夺丽无比的闪光,迅速地照进我们大人们肺腑的奥地;穿透了那些欺诈,那些伪装,那些伪善,那些堂皇的衣帽,那些彬彬的礼貌⋯⋯)

这些花,并不美,也全无香气,我却学着孩子们,为她汲水,为她找一个安插的地方,把她供放在我的小书案上面了。

今天早晨,我又学着专家学者们似的,为这种不知名的花,找植物学辞典,翻《辞海》,才得了这么一条说明:

"紫薇:落叶亚乔木,高丈余,树皮细泽,叶椭圆形,对生,花红紫或白,花瓣多皱襞,夏日始开,秋季方罢,故又名百日红。"

下午回来,我所刚认识了的紫薇花⋯百日红,我所崇高着的这种美丽,良善,久长的生命的象征,不知怎么却萎谢零散地落在满案了! 为着这些有着"百日红"的别名的花,我觉得有些惆怅起来了。

能红百日的花,比较起来总算是花中的长者了,但生着,生着,红着红着,⋯⋯也终究有她的日限的,百日了,或者零一日罢!千夜,或千零一夜罢!

然而,我并无任何的幻灭感。(这是我长大了起来的种种当然的知识,学问,修养与气质的总和?)除了那些在暖床上的,在怀抱里的,无论生于原野,长于山林,立于路边与园角的花,不拘有没有香和色,不拘生长得久或暂,不失掉她的本性,不转移她的根蒂,红一刹那,生不知夕。(那又有什么关系的呢?)

她们根本是不会幻灭的——生命不幻灭,就是因为永远的清澈的本性的泉源在灌溉着她。

一九四二年八月底

9.3 紫薇花的传说

9.3.1 紫薇怕痒的故事

紫薇树形秀美,花簇繁密,花色艳丽灿烂,是一种受大众喜爱的花卉。除此之外,紫薇树还怕痒,这一点尤为奇特。在郭崇华著的《花木传奇》里就紫薇的怕痒,还编造了一个极具姐弟情分的故事。

很早以前,一个山区村庄里住着一对相依为命的姐弟。姐姐名"翠薇",弟弟名"赤薇"。弟弟赤薇天生有个毛病,就是怕痒。甭说胳肢腋窝,就是触动身上任何部位,他也痒得难受,笑个不止。一年冬天,白皑皑的积雪覆盖着大地,山水木石全披上了装。一天,赤薇又要出门打柴,姐姐见门外雪花纷飞,不放心便劝弟弟休息不要出去,可是,为了生活,弟弟还是踏着没膝的积雪上山了。赤薇到了山上,匆匆打好柴,正要回家,突然听到远处传来女人的呼救声,急忙应声而去,发现一位十七八岁的少女,陷落在雪窟中,立刻解下腰带,把少女救了出来。那少女长得亭亭玉立,俊美无比,只是鼻子红了些。她对赤薇的搭救千谢万谢,同时表示家就在附近,拖着赤薇朝她家走去,她百般殷勤,做了很多美味佳肴款待赤薇。夜晚又纠缠着赤薇和她同榻共眠,赤薇不从,少女反羞成怒,朝他吐了口气,赤薇便晕了过去。待醒来,赤薇发现除了被雪覆盖的山地和林木,身边什么也没有。更惊愕的是,自己已变成一棵光溜溜的小树,任怎么喊叫,一直无人应声,更没人搭救。三天过去了。姐姐翠薇在家左等右等,不见弟弟回来,焦急万分。无奈之下,只好亲自上山,踏着积雪,找啊,喊啊,就是没有弟弟的身影。一无所获,怅然而返。次日,又继续上山,仍无弟弟踪影,正往回走,一不小心碰了一棵小树。她见小树全身不停地抖动,再用手轻轻地摸一下树身,不料,整棵树抖动得更厉害,显然很怕痒。姐姐联想到怕痒的弟弟,便对小树说:小树啊小树,我问你,如果你是我弟弟变的,就点三下头,若不是,请摇三次头。说毕,只见小树朝她点了三下头。翠薇马上扑上去,痛哭一场,当下就把小树挖起,小心翼翼地带回,种在家中院子里。

冬去春来,小树长出了绿叶……

春末夏初,小树的每一枝梢,开满了一簇簇紫红色的花……

有一天,翠薇出门工作,回来后,发现有人替她把院子扫得干干净净,屋里的床铺也收拾得整整齐齐,一切都变了样。

第二天,她假装出门,躲在花丛后面,发现原来是弟弟从小花树里走了出来,帮她做家事。她抓住机会,立刻扑上去,弟弟把红鼻少女施邪术把他变成小花树的事说了一遍,并告诉她,再见到那少女的时候,只要把预先用麻醉药调好的汤让她喝下,使她现出原形,他才能恢复人形。说完,又躲进小花树中不见了。

几天以后,那个红鼻子少女竟上门来求水喝。翠薇便依照赤薇的嘱咐,让她喝下麻醉汤后,果然现出了"红狐狸"原形。气极的翠薇当然不放过这个机会,立即挥起一棒狠狠地把红狐狸打死。弟弟便从小花树中脱出,恢复了人形。姐弟见面,悲喜交集。

此后姐弟俩把小花树精心培育起来,因见开的是紫红色的花,便称为紫薇。后来又衍生出红色、堇色品种,便用自己的名字——赤薇、翠薇,分别称呼。一直到今天,赤薇和翠薇仍和紫薇齐名。

9.3.2　伏恶兽紫薇下凡　留人间百日吐艳

在我国民间还有一个关于紫薇花来历的传说,传说紫薇花是紫微星的化身,能辟邪,紫薇神手中执有一枝紫薇花,能为百姓行善除害。在远古时代,有一种凶恶的野兽叫"年",该兽头大身小,身长十数尺,眼若铜铃,长有角,来去如风。年生性凶残,因其嗷叫时发出"年年"的声音,故名年兽。年躲在深山密林中,但经常下山蚕食活人,其凶猛异常,它一出来,见畜伤畜,见人吃人,人间深受其害。天庭知道了人间的灾难,玉帝派紫微星下凡除掉年兽。紫微星将其锁入深山,一年只准它出来一次。所以每到大年除夕,年兽就下山作恶,出没的时间都在天黑之后,等鸡鸣破晓,便返回山林。人间便把这可怕的一夜视为关煞,称为"年关",这一夜整晚不敢睡觉,就是现在的"守岁"。而"年"又怕见红色、怕响声、怕光。于是,每逢它出山之时,人们在门口贴上红纸,不断燃放鞭炮,晚上生起炉火守着。"年"一出山,就被吓得不敢进村。为了监管锁入深山的年兽,紫微星化作紫薇花留在了人间,号称"百日红",给人间带来平安和祥和。据说后来"年"饿死在深山老林里了。

后来,人们则沿袭此风俗,一则纪念紫薇星的功绩,二则庆祝安安稳稳地过"年"。老百姓手拈紫薇花,家里挂着紫薇神像说这是紫微星下凡,专门制服"年"的作恶,以保护人民平安地欢度春节,民间修建新房,对联中往往有"竖柱喜逢黄道日,上梁正遇紫微星"的颂词,反映出千百年来人们对紫薇花的深厚感情。民间还用紫薇避邪,每逢春节,许多人家都挂紫薇菩萨像,有的官宦人家还在庭院种植紫薇,称为"紫薇郎"。现在,我国许多地方都广种紫薇,使它成为绿化美化环境的花树,每逢夏秋,我们可常见到紫薇花繁茂而轻盈,似彩霞萦绕于翠叶,可谓花中奇观。

9.4　紫薇花的书法绘画邮票等

9.4.1　紫薇花与书法、绘画

一些书法艺术让我们领略了紫薇花的风采与我国书法艺术结合的灿烂文化,但紫薇花的魅力远不止如此,在我国璀璨的文化历史上,也有许多画家用他们的丹青妙笔展示出了紫薇的风采。这些作品均描绘出了紫薇的神态与气韵,紫薇的生机与活力跃然于纸面,是我国古代描绘梅花的不可多得的传世佳作。

在我国的传统花卉中,紫薇的地位虽不及梅花、兰花、牡丹、芙蓉、芍药、荷花等,也算得上是传统名花之一。紫薇树姿优美,花色艳丽,花期可长达数月,素有"百日红"之美誉,南宋《全芳备祖》的作者陈景沂,甚至将紫薇花赞为"花之圣"。按常理来说,这种艳丽如霞的奇范,应深受历代文人墨客的青睐。但奇怪的是,古人虽留下许多歌咏紫薇的佳作,却在"绘事"方面甚少留下墨迹。清代郑绩《梦幻居画学简明？论树本》云:"紫薇七月花,虽五瓣多拳缩不可双勾,宜以紫色入粉,调匀颤笔点花,须会拳缩之意。然后从心刺须点英,以聚朵成球。蕊多颗粒,圆小如椒,叶生对门,枝干古错。"杨建候《写意花鸟画法·花卉》云:"紫薇——花紫粉蘸深紫画,蕊洋红丝,黄粉点,萼胭脂嫩绿,洋红勾出苞纹,梗赭墨,红者红粉蘸洋红画,余同紫。"

有人认为,历史上流传下来的紫薇绘画作品之所以不多,大概是因为紫薇的花形太过复杂的缘故。紫薇每朵花有 6 瓣,瓣多皱褶,若以工笔为之,则易失之烦琐,若用大写意手法,则易失真,使人不知所画为何物。这种说法虽有一定道理,但并非主要原因。除工笔和大写意外,尚有兼工带写或小写意等手法,要表现紫薇花的自然美,对于古代许多绘画高手来说,并非难事。所以我们不能从紫薇花的外形上去查找原因,而应从其文化内涵上去一探究竟。唐代"掌军国之政令"的中书省,也曾一度易名为"紫微省"。据《新唐书·百官志》记载:"开元元年,改中书省曰紫微省,中书令曰紫微令。"中书省不仅改了名,在中书省的庭院内,还种植了紫薇树。唐代中书省易名为"紫微省"的时间虽不长,但后来却成为历史掌故。唐代以后,诗人们纷纷为此赋诗,因此紫薇花也就有了"官样花"的别名。文人画家多淡泊名利、超凡脱俗、性情洒脱,对"官样花"自然不那么感兴趣。相比之下,他们更喜欢画那些高洁之花、隐逸之花。即使画紫薇花,也用于与其他花卉对比,或采用紫薇花的其他含义。

在我国灿烂的文化艺术史上,就有一些优秀的画作将紫薇花的姿态气韵表达了出来,其中尤以明代的陈淳、陈栝父子,清代的石清、任伯年等人的作品为杰出代表。

9.4.2 紫薇花与邮票

1982 年 7 月 31 日,邮电部发行了 T77《明、清扇面画》特种邮票,全套六枚。本套邮票所选的这六幅扇面画都是中国明清两代著名画家的得意之作。从表现题材上看,既有山水、人物,又有花草鸟虫;从表现手法上讲,既有酣畅淋漓的水墨写意,又有精雕细琢的工笔重彩,可谓各领风骚。《梧禽紫薇图》邮票作为《明、清扇面画》邮票的第六枚,图案采用了北京故宫博物院所藏清代画家王武所作扇面画《梧禽紫薇图》。

9.5 紫薇花的饮食与医药文化

9.5.1 紫薇花与美容

紫薇在美容方面的相关记载并不多,在大多数相关的文献记载中,紫薇花更多是以其他的形式出现,如药膳等。现存紫薇在美容方面的记载如下:

(1)紫薇花 30 克,煎水煮醪糟服。

(2)紫薇叶捣烂或煎水洗。

(3)紫薇根或花研末,醋调敷,亦可煎服。

(4)紫薇花 3～9 克,煎汤内服,煎水洗外用。

9.5.2　紫薇花与膳食

【玫瑰紫薇饼】

食材：蜜玫瑰，桃仁丁，猪油，红苕，糯米粉，鸡蛋，面包粉，白糖适量。

做法

(1)蜜玫瑰加白糖、桃仁丁、猪板化油，制成陷心。

(2)红苕薯洗净后去皮，入笼蒸熟，加糯米粉和匀，制成剂子，包入馅心，封口微按扁。

(3)将饼胚在蛋浆内滚一转后，再入面包粉内使两面都粘上粉，入猪油锅炸制即成。

操作要领：包馅要严；炸制火候要掌握好，以免粘连。

此点心又名玫瑰苕饼，可随甜羹入席，亦可作筵席甜菜。

【车前草紫薇根炖豆腐】

食材：车前草 12 克，鲜花根(四月花)60 克，山楂树根 30 克，水灯草 9 克，豆腐 100 克，姜 5 克，葱 5 克，蒜 5 克，盐 5 克，上汤 250 克。

做法

(1)以上 4 味药洗净，切节和片，敲入钞布袋内，放入炖杯中，加水 200 毫升，用武火烧沸，文火意 25 分钟，除去药包，留汁液待用。

(2)豆腐切 4cm 见方的块放入炖锅内，加入盐、药液、姜、葱、大蒜，再注入上新 250 克。

(3)炖锅置武火上烧沸，再用文火炖煮 25 分钟即成。

功效：行气，温，利水，消肿。用于肝硬化腹水患者食用。

9.5.3　紫薇花与医药

紫薇不仅可以应用于美容、饮食等方面，而且也是一味治病的良药，在中医与现代医学领域中均有较高的地位。对于其药用功效，有歌诀曰：

紫薇花叶根治病，活血利尿消毒肿，

咯吐便血创伤血，肝炎肿疮痢湿疹。

同时现代医学表明，紫薇的药用成分主要为：生物碱类(德新宁碱、德洒明碱、印车前明碱、紫薇碱、双氢蔚剔雌拉亭、德考定碱，这些生物碱等)、花色苷类(飞燕草素-3-阿拉伯糖苷，矮牵牛素-3-阿拉伯糖苷、锦葵花素-3-阿拉伯糖苷等)、没食子酸及其甲酯、并没食子酸等，使得其在制药方面也有广泛的应用。

9.6　紫薇花旅游、经济和市花文化

9.6.1　紫薇花与旅游

随着我国紫薇产业的发展，人们开始依托当地自然资源，大力发展以紫薇为主题的观光旅游产业，以带动当地经济发展。

1.“爱在政和”中华紫薇文化旅游节

第三届"爱在政和"中华紫薇文化旅游节在政和县石屯镇中华紫薇园开幕。本届紫薇文

化旅游节以"赏紫薇品白茶寻朱子学俊波游政和"为主题,结合白茶文化、朱子文化、紫薇文化,开展一系列活动,持续时间大半年。包括举办中影华腾政和非遗文创基地授牌仪式、中国原创音乐孵化基地歌曲MV《为你种下千亩紫薇花》开机仪式暨系列紫薇文化音乐作品拍摄活动、首届"徽宗杯"政和白茶茶王赛、"爱在政和"原创歌曲汇演、第二届政和县旅游产业发展大会系列活动、2018政和朱子祭祀典礼、"紫薇花开迎阎师高徒"专场音乐会等活动。

"文化搭台,旅游唱戏"——文旅结合的成功案例,还包括政和县在中国3A景区石圳湾和中华紫薇园成功举办三届的"爱在政和"中华紫薇文化旅游节。本届开幕式由原中央电视台发展研究中心主任张子扬担任总导演,当代美声艺术家乌兰雪荣在开幕式上演唱了《我爱你中国》《我爱你政和》等歌曲。合唱《党建是魂》、颂扬俊波精神诗歌朗诵、公益歌曲《为你种下千亩紫薇花》、音乐焰火秀等节目精彩上演。

政和县借助文化旅游节这一平台,以中华紫薇园和中国白茶小镇石圳为窗口,辐射带动了全县各乡镇旅游开发。"通过连续举办紫薇文化旅游节,政和旅游知名度和美誉度越来越高。"政和县县委书记黄爱华说,"如今,'赏紫薇、品白茶、寻朱子、学俊波、游政和'成了政和旅游的响亮口号,紫薇也成为宣传政和的一张亮丽名片。"连续三届的紫薇文化旅游节旨在打造文化旅游平台,弘扬俊波精神,助推政和全域旅游发展,推动品牌建设。

政和森林覆盖率达78%,因生态景色宜人,空气清新,连续四年获评"全国百佳深呼吸小城"。该县旅游资源十分丰富,境内有国家级风景名胜区、国家级地质公园佛子山,省级风景名胜区洞宫山;全县拥有10个中国传统古村落、30多个省级传统古村落、4个国家3A级旅游景区、2个省级乡村旅游休闲集镇和11个省级乡村旅游特色村、3个省旅游名村。"共赏紫薇盛景,品鉴政和白茶,感悟朱子文化"。在恢复古村落"小桥流水人家"原有面貌的同时,石屯镇石圳村启动紫薇园、朱子牌楼、朱子书院等项目建设,打造集休闲与农业观光于一体的旅游景区,每年7—10月,各地游客慕名前来赏紫薇,形成了"看牡丹到洛阳,赏紫薇到政和"的旅游新亮点。

随着基础设施建设力度的加大,政和完成重点旅游项目中华紫薇园(二期)建设项目,石圳湾朱子等身雕像落成,兴建亚洲最大的古砖雕牌楼和半亩方塘,中华紫薇园月牙湖看台项目基本建成,朱子书院、石圳廊桥即将建成,与中华紫薇园连成一体,成为环石圳湾旅游文化产业带和寻3茶之旅的景区。

2. 坐落在南半球的"紫薇花都"

处于南非的比勒陀利亚享有"花园都市"美称,环境优雅,空气清新,到处都是花园和绿地。街道整齐,状同棋盘,通向市内各重要街道的马路上植有7万多株紫薇树,每年春天(9月至11月)树花盛开,城市笼罩在一片淡紫色的花海里,让人如入梦幻般的仙境之中,因此被誉为"紫薇之城",1999年被评为世界上最美的花园城市。比勒陀利亚终年阳光普照,四季都适宜观光旅游。一般,夏季平均气温27.5℃左右,冬季平均气温21℃左右。每年10～11月间鲜花盛开时,举行盛大狂欢节。

3. 紫薇专类园带动旅游业及紫薇产业的发展

从经济发展的角度来看,紫薇专类园的建立促进了一定的经济发展。紫薇具有较好的观赏性,此类专类园集紫薇属植物造景于一身,同时又弘扬了我国的紫薇文化。独立的紫薇专类园本身就是著名的旅游景点,而在旅游区内建设紫薇专类园可以提升旅游区的艺术与文化底蕴。紫薇专类园以"紫薇"为特色,对所在城市起到很好的宣传作用,同时带动当地旅游业和整个紫薇产业的发展。如邵阳双龙紫薇园就以专类园的形式从一定程度上宣传了该类植物,促进了当地的花卉产业的发展,带动了当地的经济产业。

在旅游区内规划植物专类园则可以提升旅游区的艺术与文化品位。如杭州为著名的旅游胜地,与其丰富的专类园造景形式是分不开的。其植物专类园颇具特色,一年四季各具特色。自宋、明以来闻名的专类园就有孤山的梅花、曲院风荷的荷花、满觉陇的桂花、花港观鱼的牡丹、花圃兰苑的兰花等。

9.6.2　以紫薇花为省(州)花和市花的地区

1. 以紫薇花为省(州)花的地区

紫薇自然分布在安徽省长江南北山区丘陵,风土适应性很强,从酸性到弱碱性土壤都可以生长,尤以钙质土最为相宜。紫薇在园林中应用很广,除大量用于城市风景绿化区地植外,还是制作盆栽桩景的好材料。"盛夏绿遮眼,此花满堂红"。盛夏高温季节正是花事寂寥时,紫薇以紫红、桃红、淡青、洁白的繁花装点园林(其抗热性与梅菊斗寒成为对照),起到了很好的调节作用。因此,自古以来,紫薇就深受人们喜爱。宋代诗人杨万里有诗赞曰:"谁道花无红百日,紫薇长开半年花。"《植物名实考》也作了这样的记载:"其花夏开,秋犹不落,世呼百日红。"民间又称其为怕痒花,谓以指甲轻搔紫薇树干,能使全树枝叶一起颤动,状似怕痒,这实为一桩植物奇趣!

紫薇好花常开,应用广泛,又是安徽省原产,繁殖栽培容易,风土适应性好,抗有害气体和吸滞粉尘能力强,是美化城市不可多得的花木,是安徽省省花之首选。

2. 以紫薇花为市花的地区

以紫薇为市花的城市有江苏徐州、金坛,贵州贵阳,湖北襄阳,陕西咸阳,河南安阳、信阳,山东烟台、泰安,浙江海宁,四川自贡,台湾基隆。

(1)江苏省

2002 年 9 月 27 日至 28 日,徐州市十二届大常委会召开第三十七次会议,审议通过了《徐州市人大常委会关于州市市树市花的决定》,确定紫薇为市花。紫薇在徐州市栽培历史悠久,作为市花,能够体现徐州特色,其绿化功能较强,适应徐州气候环境条件,具有比较广泛的群众基础。2003 年,徐州市绿委办动员全市各单位、居住区、街巷和家庭,广泛开展栽银杏树、育紫薇花的活动,形成处处有市树、家家有市花的新局面。在市花紫薇的发展中,重点是发展紫薇观赏园,营造紫薇路,开展紫薇村建设。每个县(市)、区都要有 1～2 个镇级市花观赏园,5～10 条紫薇观赏路,3～5 个紫薇镇村。且结合银杏、紫薇的经济价值,开发高科技含量的银杏、紫薇系列产品。在被定为市花以前,徐州老百姓就十分喜爱紫薇,在大家的期待中被定为市花以后,徐州市政府更是将市花的效应发挥到最好,通过市花相关产业的开发给老百姓带来实质的利好。

2004 年 10 月 28 日,金坛市第十四届人大常委会第十五次会议决定:命名榉树、紫薇为金坛市市树、市花。这是根据金坛市独特的人文历史和地理环境、文化底蕴和民众精神特征,为体现人与自然的和谐统一而确定的。2004 年 4 月中旬,金坛市委宣传部及金坛市文明办、绿化办、建设局等部门认真调查摸底,在全市各城乡进行问卷调查,形成具体实施方案,确定香樟、榉树、法桐、银杏、雪松、广玉兰 6 个树种,桂花、紫薇、月季、茶花、含笑、木槿 6 个花卉品种作为候选品种。此后,相关部门印发了"市树、市花"推荐选票。在评选中,有关部门充分考虑了物种代表性、地方特色和象征意义；同时兼顾到本地自然条件、种养方便、能够形成产业、有一定的历史和文化内涵；另外，其形态、姿态、花色等特性也反映了金坛本地的自然环境和人民朝气蓬勃、健康向上的精神风貌，能够激发全市人民热爱家乡、建设家乡的热情，能代表金坛的城市形象。春夏季节里，紫薇盛开在金坛东门大街等一些主要街道的两旁，淡淡的素色，淡淡的芬芳，却柔嫩细腻，有一种天生丽质般的美丽。它们将作为金坛人的一种象征，作为金坛城市的一种标志，从现在起，开始更为频繁地走进金坛人的视野，走进金坛人的生活，走进每一个金坛人的精神世界。

(2)湖北省

1986 年 8 月，经襄阳市人大常委会研究确定紫薇花为襄阳市的市花。地处鄂西北的湖北襄阳市是紫薇的原产地之一，也是中国紫薇品种最多的地区之一，在市域西部的荆山深处，现有数千亩原生态的野生紫薇群落，为国内植物学家所重视。紫薇是襄阳本地的乡土树种，在襄阳市区和市辖各县（市），不仅可以看见树龄在几十年或上百年的大紫薇，还有许多苍老而富有生机、树龄达数百年的尾叶紫薇古桩。襄阳的区保康、南漳两县山区有大量野生植株，树龄最大的越千年，堪称中国之最。紫薇被确定为市花后，据报道，襄阳市园林部门曾经采取一系列措施大力推广紫薇：①在市区新建的主干道绿化带和头游园内，将紫薇作为必选树种，增加其种植量；②动员市区各机关、学校、企业、事业单位在庭院中增加紫薇的种植量；③由市政府向市民免费赠送数万株盆栽紫薇，鼓励市民多养紫薇。经过几年努力，到 20 世纪 80 年代期，作为市花的紫薇很快普及市区和市辖各县（市）区。

(3)台湾省

紫薇原产于我国大陆，1700 年左右开始引到台湾，目前全省各地都有普遍性的栽植，品种也相当多，是夏至秋季的应景花卉，盆栽或园植都相当理想。因此，台湾基隆将其定为市花。

9.7　紫薇花的园林文化

9.7.1　紫薇花在我国古代的园林栽培应用

我国古代对花卉品种命名追求诗情画意，许多花卉品种名令人遐想、回味，"或以氏，或以州，或以地，或以色，或旌其所异而志之……"紫薇虽是传统名花，在历史上由于一些原因，栽培品种较少，其命名和品种分类含糊不清。

据史料考证，唐、宋时紫薇只有几个品种，经过几百年的栽培和选择后出现了一些新品种，紫薇品种的进化路线为：花色从浅紫演变出红、白、杂色类型；花径从小到大；花瓣从轻微皱缩到严重皱折；种源组成从"纯种"到"杂合"的种间杂交。在华中的山区，有很多野生紫薇的天然杂交种，花朵明显比栽培品种为小。梅尧臣《次韵和韩子华内翰于李右丞家移红薇子种学士院》诗曰："红薇花树小扶疏，春种秋芳赏爱余"，王十朋的诗"盛夏绿遮眼，此花满堂红"，说明宋代时紫薇已有红色品种。明代的园艺栽培出现了银薇、翠薇等变种。据王世懋的《学圃杂疏》中记载："紫薇有 4 个品种，其花色为红、紫、粉和白。紫色的品种较原始，白色大约出现于 400 多年前。"由此可知，传统上认为紫色是原始种色，白花品种最早出现在明代。明嘉靖年间苏灵(1522—1566 年)著的《盆景偶录》将紫薇与梅花、石榴、罗汉松等同列为树桩盆景十八学士之一。明万历年间的《燕闲清赏笺四时花纪》将紫薇列为赏鉴清玩养生的重要内容之一,称"紫薇花五种,紫色之外有大红色,有白色,有粉红色,有茄色"。明末文震享(1585—1645 年)著的我国造园重要文献《长物志》已列紫薇为造园树种之一,称"救花四种,紫色之外,白色者曰白薇,红色者曰红薇,紫带蓝色者曰翠薇,此花四月开,九月歇(指农历),俗称百日红"。紫薇的空中压条与分株繁殖技术,在王象晋(1619 年前后在世)的《群芳谱》中,亦有介绍谓:"以二瓦或竹二片当权处套其枝,实以土,侯生根分植。又春月根旁分小本,种之最易生。"杂色品种出现的时间较晚,大约在 20 年前。

我国古代的栽培品种,花色只限于白、红、粉及堇紫色,且 9 月中旬以后处于末花期,花色、花型均不太理想。从诗词与古籍记载中可以看出,古代紫薇品种分类的主要依据为其花色。

9.7.2 紫薇花在近现代园林中的栽培应用

1. 紫薇专类园的概念

我国植物专类园始于秦汉时期,成熟于唐宋时期,其造景形式一直延续至今,并得到广泛应用。近几十年,学者们根据植物园的概念延伸出植物专类园的概念,对其定义,不同学者在国内不同学术刊物上的表述有所差异。

《中国大百科全书》有关于专类花园的定义:"以某一种或某一类观赏植物为主体的花园。"定义只注重了花期展示这一特点,还不足以概括植物专类园;《花园设计》一书中提到专类花园是以既定的主题为内容的花园,也称专题花园。《中国农业百科全书》是将专类园定义为在一定范围内种植同一类观赏植物供游赏、科学研究或科学普及的园地;著名学者余树勋在《园林词汇解说》中说:是某一种或某一属内,含有大量富有园林用途的种、变种或者品种,集中种植在一块园地内,供游人识别及欣赏。

其他刊物对植物专类园也有相关定义,如藏德奎等学者对其定义为:植物专类园是指根据地域特点,专门收集同一个"种"内的不同品种或同一个"属"内的若干种和品种的著名树木或花卉,运用园林配置艺术,按照科学性、生态性和艺术性相结合的原则,构成的观赏游览、科学普及和科学研究场所";汤汪、包志毅等学者将植物专类园定义为:具有特定的主题内容,以具有相同特质类型(种类、科属、生态习性、观赏特性、利用价值等)的植物为主要构景元素,以植物搜集、展示、观赏为主,兼顾生产、研究的植物主题园。

紫薇专类园作为弘扬植物文化的载体,可以充分发掘紫薇"官"文化色彩、地方文化、象征意义等文化内涵,展现紫薇花文化品格,通过楹联、小品及造型等形式,使游人在游览紫薇园的同时可以细细品味紫薇深厚的文化底蕴,还可以在主要观赏期开展各种丰富多彩的文化和艺术活动,吸引游客,促进紫薇文化的传播与发展。

中国野生紫薇资源丰富,紫薇专类园集紫薇属植物造景于一身,品种间变异大,形成紫薇栽培品种数量多,各地紫薇品种差异大,可凭借紫薇专类园生产科研的优势,积极培育、引种更多的优良品种,丰富紫薇市场,改善现有紫薇苗木品种少的现状,并从科研和生产的角度改善现有紫薇应用不足之处。

综合来说,紫薇专类园就是专门收集紫薇的不同品种或同紫薇属内的若干种和品种为主要的造景材料,运用园林配置艺术,按照科学性、生态性和艺术性相结合的原则,建设以搜集、展示、观赏为主,并具有生产、科学普及和科学研究的场所。同时,紫薇专类园还可进行园艺学、植物分类学、遗传学等学科的科普教育,并开展紫薇的引种收集、杂交育种、分类保存等方面的科研工作。因此,同紫薇其他园林应用形式相比,紫薇专类园不但具有较高的艺术性和观赏价值,而且具有更强的科普及科研价值。一个紫薇专类园的建成是紫薇资源收集与分类、栽培与园艺有机结合的集中展示。

2. 紫薇专类园现状

(1)紫薇专类园现有形式

紫薇专类园是服务于广大普通民众的专类植物展示园,其主要目的就是为民众提供一个特殊的休闲空间,其观光休闲功能不言而喻。紫薇专类园可以作为一个独立的公园性或游园性园区,也可以作为公园中或者风景旅游区的一个组成部分。前者多从属于科研单位或有意专类植物开发的个体或公司,后者常作为丰富公园或者风景区的内容之一。

根据建园的目的及服务对象的不同,现代专类园可分为生产型、公园型、庭院型、纪念型、山林型专类园和综合型专类园等。而紫薇的广泛应用使其专类园类型逐渐丰富,以生产为目的的生产型紫薇专类园,开花时景色较为宏大,如湖南省邵阳市双清区莲荷紫薇苗圃;以面向大众观赏紫薇为目的的公园型紫薇专类园,品种多而丰富,因地制宜、结合历史人文因素、具地方特色,如山东省青岛紫薇观光园;以建筑附属绿地为目的的庭院型紫薇专类园,选择形态较大、花色艳丽的品种,此类专类园一般体积较小;山林型紫薇专类园多出现在大的风景名胜区内,形成气势宏大的景观;综合型紫薇专类园是以收集整理紫薇品种资源、结合生产、开展紫薇科学研究进行紫薇国际登陆,兼具旅游和开发任务的专类园。

(2)紫薇专类园应用方式

紫薇专类园是专门收集紫薇的园圃,最早的功能比较单一,一般只做种植生产、科学研究和教学示范使用,随着时代的进步,美学观念的渗透,这些园圃同时也兼具观赏、旅游、休闲的功能,类型开始趋于多元化。现有的紫薇专类园主要见于植物园中,在形式上常常附属于植物园的"园中园"或作为一个"区"。此类型紫薇专类园常常以科研为主要目的,注重紫薇属植物的全面收集与引种驯化,如北京植物园、中科院植物研究所等;对于植物园外独立性质的紫薇专类园,除了植物的收集与科研外,更加注重植物景观的营造,在植物配置中应用乔木、灌木、藤本及草本来营造植物景观,充分发挥植物自身形态、线条、色彩、季相等自然美(也包括把植物整形修剪成一定形体),如邵阳双龙紫薇园、青岛紫薇观光园等;还有一种最为常见的是在原苗圃的基础上,经过发展改建成具有观赏价值的紫薇园。根据紫薇专类园的规模、功能、性质将现有紫薇专类园应用方式归纳如下。

①植物园中的紫薇园

现在国内很多植物园都有建紫薇园,过去的紫薇园主要是满足紫薇的引种驯化、科研等需要,其次是提供观赏、展示、游憩等功能,有部分植物园在紫薇园建设初期仅供科研使用,并不对外开放。21世纪初,中国植物学会植物园分会曾提出:进入21世纪的植物园应该是以风景旅游为主,科研、科普和生产相结合的风景植物园。在此背景下发展起来的专类园,正是满足人们接触自然、感悟人文、回归生态需求的理想场所,具有很大的游憩开发潜力。

很多著名的植物园将对原有的专类园进行重新规划,紫薇园开始列入规划范畴。如始建于1956年的华南植物园从1963—2004年先后收集紫薇23种,8~10个品种,起初仅仅定位于科研和教学。现阶段,华南植物园拟建设约0.67hm² 的紫薇专类园,用于收集和展示国内外紫薇资源。可见,紫薇在植物园中受到越来越高的重视。国内主要的植物园之紫薇园如表 9-1 所示。

表 9-1　国内主要植物园中的紫薇园

植物园名称	面积/hm²	建园时间/年	特色及定位
唐山植物园紫薇园	0.93	2010	以展示、观赏为主,紫薇品种达 36 种
北京植物园紫薇园	1	2006	以收集为主,现存紫薇古桩 41 株
济南植物园紫薇园	—	1986	以科普教育、观光游览、休闲娱乐为主
杭州植物园紫薇园	3.6	1958	以展示、观赏为主,现有紫薇 300 多株

②公园类的紫薇园

不依附于植物园的紫薇园作为一种特殊的综合性公园,除了给城市居民提供观光游憩的生态场所外,还可以向游人展示各种各样的景观,让城市居民领略紫薇千姿百态的同时,感受紫薇浓厚的文化氛围。这类紫薇专类园以观光游憩的功能为主,通过对外开放发展旅游业,带动紫薇产业的整体发展,成为集科研生产、科普教育、观光旅游于一体的紫薇专类园。如邵阳双龙紫薇园,一个公益性城市主题公园,以紫薇双龙大型植物园艺造景为主体,成功申请世界上最长、最大的植物园艺造型作品吉尼斯世界纪录。这座新建的高标准城市公园免费向游人开放,已经成为邵阳市最靓丽的游园景点和森林城市建设的"绿色名片"。

近几年来,紫薇被广泛用于我国城市的绿化美化,湖南省邵阳市、江苏省江阴市、湖北省襄阳市等地相继营建了面积较大的紫薇。国内主要紫薇园或公园如表 9-2 所示。

表 9-2　国内主要紫薇专类园

植物园名称	面积/hm²	建园时间/年	特色及定位
江苏和平紫薇园	66.7	2013	以观光为主,主题为"浪漫,美好,和平",亚洲最大的紫薇盆景群,现有紫薇 20 多万棵,其中千年紫薇 47 棵,百年以上的 2 万多棵
襄阳中华紫薇园	200	2012	以观赏、展示为主,建有紫薇广场、紫桩园特色花木园,100 年以上紫薇 5000 多株,500 年生以上有 100 多株,600 年以上紫薇一株
常州钦风沟紫薇园	20	2010	以科普教育、观赏展示为主,汇集 30 多紫薇精品,达万余株
青岛紫薇观光园	10	2008	以观光为主,紫薇古桩是观光园的最大特色,种植 357 株紫古桩,普通紫薇近万株
邵阳双龙紫薇园	68	2004	以科研生产、科普教育、观光旅游为主,主打景观为活体紫薇扎景长龙、"双龙抢宝",荟萃上万株,百余个紫薇品种
嘉泽镇紫薇主题园	10.34	2001	以观光、科研、休闲为主,世界上首个现代化的紫薇集散地,国家 4A 级风景游胜地,长三角最美最先进的"紫薇主题公园"

③博览会中的紫薇园

紫薇因其适应性广而遍布各地,改变着人们的日常生活。紫薇也因此成为各种博览会的宠儿。近两年的博览会开始设有紫薇的专题园,集中展示紫薇的造景形式,让人们在欣赏紫薇景观的同时,认识和了解紫薇的价值和文化。

2013年北京园博会是世界园林大会,总面积513hm²。作为五处独立花园之一的紫薇园,占地约2hm²,种有:丛生紫薇、银薇、翠薇、赤薇以及造型紫薇树桩,以点、线、面的构图手法营造紫薇景园。2013年常州市第八届中国花卉博览会上,作为“六大主题园”之一的紫薇园,以“浪漫,美好,和平”为主题,占地面积6.67hm²,庄园里的紫薇树有20多万棵。紫色、纯白、紫红、粉红、桃红、暗紫等各种颜色,变化多端、争相竞艳。其中千年紫薇47棵,百年以上的2万多棵,目前是中国最大的观赏性紫薇花田。此外,河南许昌第十二届鄢陵花博会也有紫薇主题园的展示。如表9-3所示。

表9-3 博览会中的紫薇园

植物园名称	时间/年	面积/hm²	主题
北京园博会紫薇园	2013	2	以展示、观赏为主
常州市第八届中国花卉博览会	2013	66.67	以“浪漫,美好,和平”为主题
第十二届鄢陵花博会	2012	—	以“魅力花都 绿色家园”为主题

④观光紫薇圃

观光紫薇圃一般属于私人苗圃,主要以紫薇的生产销售为主要目的,设置一些简单的造景形式供人观光游憩的苗圃。这类紫薇圃功能比较单一,景观设施比较简陋,因此发展空间比较大。我国各地都有观光紫薇圃,为顺应城市的发展趋势,同时满足市场需求,虽功能较为单一,却对改善城市环境具有重要意义。如邵阳紫薇集团苗圃基地设置各种高档园艺品如花瓶、葫芦、生态墙、中华门、凉亭、十二生肖等美轮美奂的动植物扎景,这不仅满足了以销售为目的的产业化生产,也提供了简单的造景形式供游人观赏游憩。

9.7.3 中国现存的紫薇古树名木

紫薇的适应性很强,寿命很长,在我国分布范围广泛,许多山林之中都有野生紫薇生长,且不乏长寿古树。前些年,人们就在湖北保康县发现了大片野生紫薇林,数目多达五十余万株,其中五百年以上树龄的就有近万株。各地现存的大量紫薇古树也佐证了紫薇悠久的栽培史。甘肃陇南两当县城关有一香泉寺(始建于宋代),寺内一方形水池,天映水中,另有4棵柏树,两个水锈石和一棵千年紫薇,有“两天四柏二石一紫薇”之说,是我国现存最为古老的紫薇树之一;四川和湖北保康两地有百年以上的紫薇古桩近万株,其姿态雄奇瑰丽,被视为园林珍宝;苏州愉园的一棵紫薇为明初所植,也有600年的历史;云南昆明金殿一株古紫薇树龄约300余年,相传为吴三桂与陈圆圆所植;北京中科院植物园有两株紫薇老桩,约300年历史;在湖北花坪也发现了一棵千年紫薇,此树胸径1米多,高25米,树冠覆盖有15米,苍劲挺拔,极具气势。此外,在陕西勉县定军山麓武侯墓后寝宫旁,有一棵五百余年的古紫薇,与武侯祠的一株百余年的旱莲,被誉为“陕南双佳”。在昆明黑龙潭有两棵古紫薇,为明朝万历年间所植,距今也有近五百年的历史。苏州怡园也有一棵古紫薇,树龄长达六百年之久。此外,重庆北碚、四川峨眉山、武汉黄鹤楼等地均有古紫薇栽培。

1. 印江川黔紫薇王

紫薇园坐落在贵州省铜仁市印江土家蔟苗族自治县永义乡境内,始建于1998年,占地4000余平方米,园内有一株国家一级保护植物紫薇树,又称"紫薇王",是当今世界上最大、最年长的一棵川黔紫薇树,此树学名"川黔紫薇",当地人叫它"贵州紫薇"。紫薇王树龄1380多年,树高33m,胸径1.9m,活立木蓄积量27.4m³,冠径15m,树冠覆盖面积240m²。它高大挺拔,枝茂叶盛,独傲旷野,树干上长出许多突起的瘤状物和不知何年月被虫蛀及雷劈后留下的腐朽断柱,更显出大树的古老、苍劲和饱经风霜。树干光滑,树皮灰褐色成片状脱落。仍年年开花,常见有一年开两次花的现象,偶尔在某些年份还见开出粉红色的花,异常漂亮,盛开时如满树云霞,灿烂无比。该树开花周期较长,可达半年之久。宋代诗人杨万里赞它"谁道花无百日红,紫长放半年花"。1998年荣列贵州省古、大、珍、稀树名录,堪当国宝之誉。

紫薇树正对面的山形酷似人的心脏,名"紫薇心",保神树千年常青,当地群众十分信奉该树,视它为"神树",虔诚的信徒或乡民们常在树边烧香、烧纸,然后在树枝上捆满红布条,寄托希望和敬仰,从而给大树增添了神迷色彩。凡去梵净山进行植物学、生态学、植物区系研究和从西线上山旅游的客人,无不以一睹古老的川黔紫薇为快,同时也绝不会忘了与大树合影留念。

当地政府以紫薇王为中心建成了保护园,种植了大量紫薇属植物,更立有两块采于梵净山区的宝石于园内:一石椭圆,高2.3m,面刻"紫薇王",字旁天然的白色花纹形成的"龙",向天飞翔,人称"神龙石";一石方形,高1.5m,面刻"紫薇王",字旁天然的白色花纹形成一只"凤凰",飞向紫薇王。园内紫薇亭始建于2002年,亭旁摩崖石刻是魏宇平书、王者香作《咏永义贵州紫薇王》园内的小紫薇、白玉兰、常青树与紫薇王陪伴成长。

川黔紫薇为中国特有种,具有古老、残遗的性质,是第三纪残遗种,科学界视其为活化石。该树树龄长,对研究近1000年来的当地生态及气候变化,具有直接的参考作用。该树生长在梵净山麓,能有幸保留至今,对今后更进一步研究梵净山地区作为第四纪冰川以来动植物避难所及气候变化、森林群落的演替等具有极高的科学价值。

2. 东阳紫薇古树

位于浙江省东阳市花墩塘村的水塘中有一石砌圆形土墩,直径约6m,高出水面1.3m左右。墩上植三株紫花,故村名"花墩塘"。

据《岭南厉氏宗谱》记载:始祖厉贵(999—1076年)任北宋仁宗(赵祯)大理寺评事。回乡定居时,从京城带三株紫树,手植于塘畔。砌石为墩,外方内圆(塘方墩圆,取像天地),寓意子孙在天地间生存繁昌如紫荆之花。另有一说:宋南迁,鲁人厉仲样,状元出身,欲年老在此安家。把皇帝御赐的荆花栽在村前塘中央的土墩上,将槐花塘更名为花墩塘,村以塘得名。

紫荆花实为紫薇花。当地人之称谓属以讹传讹。据专业人士考察,三株紫薇树同属不同种。三株紫薇树已有900多年历史。其中较大的一株,根部直径约40cm,高6m余,树冠直径约6m,从根部长出四分枝。形如灌木,表皮光滑,冬季落叶。春季长出新叶,夏秋时节开花,深秋结果。红紫色花朵集束成串,果实如柿子,落地不会萌发繁殖。传说叶茂盛与否,与当年年成丰歉有关。

3. 崂山紫薇古树

青岛地区紫薇种植较多,八大关景区和中山公园内均有著名的紫薇路。崂山区共有百年以上的紫薇 7 株,山区沙子口街道将岛村 1 株,明霞洞、上清宫、太平宫东、太清宫的三宫殿和三清殿各有 1 株。其中树龄最大的一株在明霞洞,树龄 620 余年,树高 8m,胸径28.6m,冠幅 8m×11m,是目前所知山东省境内同类紫薇中最年长的一株。在明霞洞的青葱绿色中,簇簇紫薇花热烈绽放,如粉色火焰般亮丽;浑圆的花蕾争先恐后地在花叶间探出头来,每一个都顶一点浅绿的亮色,在阳光下烁烁闪光,预示着另一片即将绽放的灿烂与辉煌。清丽的花朵,映衬着青石灰瓦的古老宫观,让人不知今夕何夕,不知天上凡间。

崂山上清宫院内一株,树龄 220 余年,树形奇特,贴地分出两大主支、虬曲盘旋,似双龙同海,极具观赏性。

太清宫有两株开白色花的紫薇,一为古树,一为名木。这种开白花的紫薇又称银薇。银薇古树树龄 120 年,高 7m,胸径 31.8cm,冠幅 6m×5m,花期较紫薇稍晚,百年来,一直保持着纯净、晶莹的花色,形如临风美人,游人纷繁,成为太清宫一道独特风景。

4. 安徽紫薇古树

罗田满坑紫薇为黄山市州区罗田乡洪坑村的一株紫藏,树高 17m,胸径 186cm,冠幅6m×8m,叶茂花繁,生长良好,估计树龄已有 200 余年。1999 年被当作大花木移至潜口,古树移栽,对其生长极为不利。

洪星汪村紫薇为黟县洪星乡汪村的一株紫古树。树高 15m,胸径 136cm,树姿古朴苍劲,花开繁盛。传说系清代该村在京城的一位商人回乡省亲时带回树苗,植于屋前。因来自京城,当地又称其为“紫京树”,估计树龄 150 年左右。

5. 潍坊紫薇古树

诸城市皇华镇小展村的一株紫微,树龄 300 年,树高 6m,冠高 4m,胸径 0.2m,基径0.2m,冠幅 4m,原树干已死,新主干偏向一侧。

诸城市沧湾公园的一株紫薇,树龄 100 年,树高 5m,冠高 3m,胸径 0.2m,基径 0.3m,冠幅 4m,枝干扭曲,树干光滑无皮。

6. 常照寺紫薇古树

位于浙江省湖州市青山乡常照寺,树龄 850 年。据资料记载,这里原是一位叫梵隆的和尚所建的无柱精舍。宋高宗御赐书“寂而常照,照而常寂”后,在无柱精舍旧址建造常照寺。建寺时,栽下这树紫薇。该树每年 7—9 月红花盛开,为寂静的古寺增添了绚丽的色彩。

7. 梁山寺紫薇古树

位于四川省剑门关国家森林公园梁山寺,树龄 1000 多年,树高 10.2m,胸径 0.65m,从树高 1.2m 处分为 7 杈,其中 5 处相互交合,相互盘结,围成环形。

8. 玉环城关石榴园紫薇古树

湖南省玉环市珠港镇城关石榴园两株紫薇产于湖南省。2001 年从广州引种到石榴园,树龄都在 100 年以上,树高 5m 左右,胸径 30cm 以上,现在花开满,树枝叶茂密,生长良好。

9. 云南紫薇古树

位于楚雄市溪山茶花园,北纬 24°59′58.1″,东经 10.1°25′5.7″,海拔 2311m。这是品种“紫薇”的母树,由张方玉命名。株高 4m,基围 40cm,胸径 35cm;叶长椭圆形,长 8～12cm,宽 4～5cm,叶渐尖向下勾,叶缘锯齿稀,基部楔形;花玫瑰型,深桃红色,半重瓣,径 10～

12cm,13～15瓣,雄蕊多数成管状,少数瓣化,柱头5裂,花柱部分瓣化,花期12月—次年2月。

10. 西安紫薇古树

西安最为古老的紫薇树,要算长安杜公祠正殿东南角偏殿前簇生的二株紫薇树,其较大者树高7m,胸基围1.62m,胸基围径51.6cm,树冠覆盖面积70.9m²,此树簇生5个主枝,最粗一枝胸径58厘米,枝繁叶茂生机勃发。游人至此,大多都要用手挠痒此树,嬉戏一番,与树同乐引以为快。

11. 泰安紫薇古树

山东省泰安市岱庙的紫薇分布较广,树龄在40年以上的有19株,以正阳门和配天门之间最为集中。其中配天门前东侧一株为最佳,其基部分生,形同连理,被称为红薇连理。其分枝胸径为0.35～0.37m,高6m,冠幅8m。其树干苍劲洒脱,主枝形似游龙,花呈水红色,花繁枝头,压弯枝干,格外引人注目。

12. 武功山国家森林公园的紫薇古树

人们又在江西省吉安市安福县武功山国家森林公园境内发现了一棵千年古紫薇。这棵千年古紫薇原生长在武功山密林深处,因差点被人盗挖而面世于众。此树古朴雄健,树皮光滑呈灰白色,树干胸径2.51m,树干高8m处开始分出5个粗权,树冠约46m²。据当地见过这棵古树的农民说,此树每年夏秋季节开红色花,花期长达4个月之久,相当壮观。据农林科技人员测定,这棵古紫薇树龄在千年以上。为了保护好这棵千年古紫薇,武功县林场将其迁移至林场机关大院,派专人精心护理。如今这棵千年紫薇又重新焕发了生机。

13. 湖北后河国家级自然保护区的紫薇古树

湖北省宜昌市五峰土家族自治县后河国家级自然保护区的工作人员在进行资源调查时也发现了一棵千年紫薇。此树生长在该区的长坡村,树高42m,胸径2.3m,树龄也在千年以上。据村民说,以前小孩子们经常给这棵千年紫薇挠痒痒,看它抖动的样子。后来,此树遭到雷击,树冠被劈掉一角,从那以后,它就像失去知觉一样,任你怎么挠都没有反应,真是奇特。

14. 苏州的紫薇古树

在江苏省苏州市吴中区东山雕花楼小花园里,有一棵两百多年树龄的古紫薇,被称作苏州的"紫薇王"。每逢夏秋开花季节,满树紫红色,一片烂漫,令中外游客叹为观止。而花一旦开放,便经久不败,直至秋末仍一派春色盎然,这使得雕花楼的又一别名"春在楼"名不虚传。这棵古紫薇位于小花园的东墙边,树高10m余,高处已探出墙外,胸径80cm,树冠达10m²余。古树虬枝盘根,树身光滑,且有凸叠的斑块,显得既古朴苍老,又生机勃勃,成为花园内的特殊景观。1998年3月,台湾著名影视导演凌峰与上海东方电视台一起来雕花楼拍《新八千里路云和月》时,凌峰对园中的古紫薇产生了浓厚的兴趣,啧啧称赞。他望着古紫薇那光溜溜的树身,幽默地将礼帽一脱,露出自己光秃秃的脑袋,笑道:"我与树、树与我,仁兄仁弟差不多。"引起了人们阵阵笑声。

15. 婺源的紫薇古树

在江西婺源地区的秋口镇李坑村也有一棵古紫薇树。李坑村景色秀丽,民风古朴,这里古时出过不少名人,古紫薇树就生长在南宋时的武状元李知诚的宅院中。李知诚是岳飞的部下,岳飞被害后,他回到家乡隐居,他院中的这棵古紫薇算起来已有八百多年的历史。目前,此树仅存半边树干,宽只有一尺,厚不到二寸,但仍生机盎然。如果用手轻轻触摸那细而窄的树干,其满树的花枝便会飒飒抖动。

16. 江阴中山公园的紫薇古树

在江阴市老城区中山公园内,有十多棵树龄三百多年的古紫薇树。中山公园原是江苏省政衙署的后花园,这些古紫薇树是清朝康熙年间种下的。乾隆年间,著名学者刘墉曾在江阴担任学政。他的母亲曾随他多次入住衙署后花园,常在花园欣赏紫薇花。当她第三次随刘墉到江阴时,有一次在后花园赏花,她竟然在一棵紫薇树的树枝上发现了自己丢失了四十多年的一枚金戒指,这使她激动不已,刘墉也是喜不自胜,为此特在后花园为母亲建了一座"三到楼",一时被传为佳话,园中的紫薇也因此更加闻名。

17. 汉中的紫薇古树

在陕西汉中市汉台区有一棵六百多年树龄的古紫薇树,相传这棵紫薇是明朝开国皇帝朱元璋特赐给明王府的王爷的,原生长在深宅大院中。在旧城道路改造时,宅院被拆除,这棵古紫薇成了人行道上的一棵大树。它根围 60cm,高 10m,每当花开季节,满树是花,如火如荼,甚是壮观,成了路旁的一大景观。

18. 广元梁山寺的紫薇古树

在四川广元市 58 公里外的剑门关山顶,有一座著名的寺庙叫梁山寺。梁山寺建于初唐,古紫薇树就是那时种下的,距今已有一千二百多年的历史。这棵千年紫薇高约 10m,根部直径近 1m,树主干分成 11 个枝干,盘曲斜逸,古朴苍劲,是梁山寺的著名景观,被称作剑门四奇之一。

19. 福州的紫薇古树

在福州一许姓人家中,有一盆极为奇特的千年象形紫薇古树。它的形状似一头传说中的神兽麒麟,其头像龙,其身像鹿,其背像虎,其蹄像马。尤其是奇兽的颈部,紫薇古树那特有的无皮树干显现出来的纹理好像真的一样,真是鬼斧神工。

20. 马鞍山鸳鸯庵怪紫奇

鸳鸯庵即元旭庵,位于"高山仰止疑无路,曲径通幽别洞天"的安徽马鞍山市七里尖山下。和尚庙称鸳鸯庵,最后一位庵主居然在庙中娶妻生子,实属天下奇闻。现庵址前有古井一口,四周杂草丛生,青苔笃厚,腐烂成泥,井水已不可饮用。井旁一株 300 余岁的银杏古树伟岸挺拔,枝叶繁茂。另有连理紫微一株,已有 350 余年,不仅称雄马鞍山,全国亦很少见,堪称"紫薇皇后"。紫薇根部连理长出两根主干,酷似两人相拥,主干端生一枝,形似人体上部,树下一枝倒垂,形似人体下部,殊为罕见。

21. 重庆新妙的紫薇古树

位于重庆市新妙镇白象村四社长潺河附近有两株紫薇,因两树在主干 2m 处由一根横生的虬枝紧紧相连,形成一个拱状,远看像两位饱经风霜的老人紧紧相拥,人们称之"夫妻紫薇"。两树胸径分别为 60cm、58cm,树距 2m,树高分别为 12m、10m,树龄均在 150 年以上。每逢春秋季均同时开花,一树为紫色,一树为红色。目前此树已由新妙镇人民政府实施挂牌保护。

22. 泰山紫薇古树

紫薇有一定耐寒能力,耐旱、怕涝,萌蘖性强,在泰山前麓寺庙院中都有栽种。在秦前居民刘传和家中有一株高达 5.6m,干高 3.1m,基径 49cm,冠幅 1.3m×1.5m。据家中人介绍,这株遗物为刘传和父所植,距今为110余年。如今该树干之基部虬然如龙蟠,古趣盎然,每年红色花朵自夏至秋,开时灿烂如火,微风吹拂,娇娇颤动,舞燕惊鸿,莫可为喻。

23. 成都清溪园的古紫薇

在成都离堆古园的清溪园中,有三棵造型奇特的古紫薇树:紫薇屏风、紫薇花瓶、紫薇手掌,是清溪园的镇园之宝。

紫薇屏风是将紫薇以特殊的栽培方法编制成屏风状。据说此紫薇屏风始种于宋代,成型于明末清初,经历了几百年持续不断的编制培育,才成为如今这奇特的形状,实属难得。算起来,这紫薇屏风也有近千年的历史了。

紫薇花瓶更是奇特。古紫薇被盘结成一个巨型花瓶,惟妙惟肖,花瓶中心还伸出一支树干。花开季节,紫薇树花满枝头,宛如插在巨型花瓶中的插花,真是妙不可言。紫薇花瓶已有1300多年的历史。据说当年曾盘制过100多棵紫花瓶,但能成功成活下来的只有这一棵,因而弥足珍贵。据说有一外国人愿出500万美元购买这棵紫薇花瓶,但被婉言拒绝。

紫薇手掌,是用紫薇盘结成佛手状,也是稀世珍品。

9.7.4　我国紫薇花的主要园林应用形式

在园林应用中,紫薇可修剪成乔木型,于庭园门口、堂前对植,路旁列植,或草坪、亭旁、池畔,或孤植,或三五成丛,景观绝佳。紫薇也可修剪成灌木状,专用于丛植赏花,植于窗前、草地无不适宜。韩偓"厅前皆种紫薇花"和杨于陵"内斋有嘉树,双株分庭隅"都说明紫薇很早以前已植于庭院观赏。紫薇耐修剪,枝干柔韧,且枝间形成层极易愈合,易于造型,可扎制成花瓶、亭桥、牌楼、拱门等多种造型,古朴潇洒,别有一番风味,既可用于园林点缀,也可盆栽,或将紫薇苗并列成行种植、交叉编扎,形成紫薇屏或篱,这在西南地区尤为普遍。四川都江堰市离堆公园有紫薇屏、紫薇瓶、紫薇掌等,250～500年生,为园林珍品,威尔逊赞曰:"据说有200年的历史,无疑是同类植物中最美丽的标本。"紫薇还是优良的树桩盆景材料,明代高濂《燕闲清赏笺·四时花纪》把紫薇列为树桩盆景"十八学士"之一。紫薇花枝瓶插也别具情趣,杨万里《道旁店》载:"青瓷瓶插紫薇花",说明唐宋时期人们就将紫薇作为插花材料。此外,由于紫薇对多种有毒气体都有一定的吸附作用,是一种优良的抗污染树种,非常适合大城市和工业区栽植。

紫薇不仅因为其种类繁多,姿态各异,花期长又便于管理,而且其枝条柔软,所以不论嫁接还是捆绑都容易愈合,因此,可以根据个人的需要及喜好,把紫薇整形成各种各样的形式,或虬曲错节,或轻盈多姿;也可以将主干挺直、分枝点高、枝条下垂的种类选为行道树;还可以把那些株型矮的品种作为花镜、路边、花坛等特色种植的镶边植物;另外,对于那些枝条匍匐生长的品种还可以使其形成大面积的色块,应用于植物造景中。

1. 孤植

孤植主要是为了表现紫薇的形体美,可以独立成景供观赏用。紫薇或古老珍贵,或枝繁叶茂,或花大盈尺,或姿态优美,或具有特殊意义和价值。紫薇孤植最大的优势在于其树姿舒展,干枝飘逸,花枝繁茂,春可观其嫩叶,夏可观其繁华,秋可观其蒴果,冬可观其树干,在大自然中充分展示其个体美及其季相变化。

2. 对植

对植设计一般要求树木形态美观,树冠整齐,花叶娇媚,而紫薇不但形态美观、花叶娇媚,而且耐修剪、易整形,可根据需要进行各种不同的修剪。两株或几株姿态优美的紫薇对称或均衡的栽植与园门、建筑入口、广场或桥头的两旁。如邵阳紫薇双龙紫薇园中紫薇博物馆前对植的紫薇。

3. 列植

紫薇列植方式多应用于园路两侧或道路的分车绿化带中。如湖南省长沙市的分车带上,将紫薇与广玉兰、红榴木、小叶女贞、杜鹃、大叶黄杨等配置在一起,炎炎夏日,百花尽谢,独紫薇繁花盛开,在燥热的气氛中带给人一种清新宜人的感觉。列植的方式还常见于专类园的科普区,每列一个品种并配以标牌来展示品种的相关信息,一目了然,便于管理。

4. 丛植、群(片)植

紫薇作为一种花、形、干都有独特观赏价值的树种,不论是三五一丛自然式散植,还是单独或规则或自然的成片栽植,或是与其他常绿树或落叶树混植在草坪、河畔、岗坡、廊厅、房前屋后或山石前后等处,夏秋季开花时节一株株满树艳丽的繁华或三五一丛或连成一片,在草坪或常绿树的衬托下,给人一种万绿丛中一抹红的景观效果,深秋时节紫薇或黄或红的树叶与绿色的草坪和常绿树形成一种强烈的色彩对比,更显深秋的斑斓;而冬天其优美的树形,筋脉挺露、莹滑光洁的枝干更是别具一番景致。不仅如此,有时它还能起到丰富景观层次、引导游览路线、分割景观空间及障景的作用。

5. 庭院、公园的观赏树种

将紫薇培养成为灌木、小乔木,作为中层次树种与其他的乔灌草结合配置,形成优美的植物生境群。3~5株丛植于疏林草坪,或选择优质品种孤植于堂前屋后,亦或大面积植于溪畔、山林,形成大块专类园景色,甚至可以作为造型树布置于景观节点处,丰富植物景观。

6. 高速公路、城市道路行道树及街景树绿化树种

紫薇具有吸附粉尘,吸收 SO_2、CL_2 等有毒气体、减小噪声的功能,兼具树姿优美、观赏价值高的特质,非常适合行道树树种的选择标准。在美国,分枝点 1.8m 以上,树高 2m 多的单干紫薇是行道树的极佳品种。在中国,上海也是选择分枝点较高、枝条下垂、枝干虬曲的紫薇树种植在路旁,如世纪公园。

7. 工厂、矿区绿化树种

紫薇能吸收灰尘,在污染源 250m 处,每 m² 可吸收 40~42g 的粉尘。同时,紫薇也能吸收二氧化硫、氯气和其他有害气体,平均每千克紫薇叶能吸收 10g 硫而良好的生长。紫薇的花能产生挥发油,5 分钟内可以杀死白喉菌、痢疾菌等病菌,对于降尘、生态环保及美化环境具有多重作用。

8. 护坡、绿化带、隔离带植被

紫薇具有固土性强、耐粗放管理、滞尘减噪、吸收有毒气体的优点,可以用作铁路、河坡、大堤、高速公路及隔离带的快速覆盖植物,能够高效高质的改善环境,是园区营造良好生态环境的优良树种。

9. 花坛植物配置

紫薇种植于花坛内,并通过促成栽培管理使其常年开花,进而替代传统花坛花卉,降低成本。紫薇耐修剪,容易控制高度、株型紧凑、花期长,可替代盆栽草花,植于花坛,年年均可开花,节约养护管理费用。也可同金叶女贞、紫叶小檗等一起布置成色块,通过修剪调节花期,形成景观壮丽的画面。许多花坛种植的木本植物夏季开花较少,如点缀数十株或是数株矮紫薇组成色块,或修剪成各种形态的组合花块,可大大提高其景观效果。当然,也可单株种植,自然成花球。在片林、道路两侧林带的边缘,带状种植一行矮生紫薇,夏日紫薇花盛开色彩斑斓。

10. 盆景造型用树

盆景现在已经不仅仅是局限于室内观赏的一种盆栽,它甚至已经应用到公园、植物园、广场乃至居民区作各种小品布置。而紫薇自古至今都是非常好的盆景树材,为桩景"十八学士"之一,在传统八大桩景流派中的徽派、川派里应用很多,其造型总结起来有掉拐、对拐、曲干式、枯干式、扭旋式、屏风式以及游龙式等多种。所以,紫薇的另一个重要的园林景观用途还可以是以各种桩景造型配置于适宜的环境当中,以起到一种遒劲、古朴、高雅、点睛的功效。

10 中国传统园林名花——菊花文化

10.1 菊花名考和栽培历史

10.1.1 菊花名考

《礼记·月令》篇中有这样的记载:"季秋之月,鞠(菊)有黄华。"它的意思是,菊花开放的时间是每年秋天的秋末(9月),所以菊花也叫"秋花"。菊花的"菊"字,在古代是作"穷"字讲,是说一年之中花事到此结束,菊花的名字就是按照它的花期来确定的。因为九月是阳,所以菊花表示九月九日重阳节这个意思,后来"重阳节"赏菊这个习惯由此而产生。"菊"字也写作"鞠"。"鞠"是"掬"的本字。"掬"就是两手捧一把米的形象。菊花的头状花序生得十分紧凑,活像抱着一个团儿似的。人们发现菊花花瓣紧凑团结一气的特点,所以叫作"菊"。

10.1.2 菊花栽培历史

菊花(*Dendranthema morifolium*)在中国经历了漫长的发展历史,关于菊花的文字记载最早见于夏代(前2070—前1600年)的《夏小正》,距今已有近4000年的历史。从最初作为农事活动时令的标志,到魏晋时期引入田园栽培观赏,唐代受到文人墨客的欣赏,得到初步发展。至宋代进入快速发展时期。此后,经历明清的全面发展时期,形成了丰富的品种类型。至今,菊花品种变异类型之丰富成为世界园艺植物之最。菊花在当代中国更是得到社会各界的广泛关注,成为群众基础最为广泛、种植地域最为广大、应用形式最为多样的观赏植物,同时还兼具食用和药用价值。

1. 夏—三国时期

《夏小正》是夏代颁行的农事历书,距今已有近4000年的历史。该书对于12个月的动、植物状况均有详尽描述。在《夏小正》九月中称"荣鞠树麦。鞠,草也。鞠荣而树麦,时之急也。"其中所称的鞠即今日的菊花。该书作者将菊花开放和种麦时间统一表述,确切地表达了中原地区菊花的开花期为秋季。其后,西周时期(前1046—前771年)的《周礼》《周官》和《周官经》也将菊花收录其中。《周礼》是儒家的经典之作,所涉及的内容极为丰富,其《秋官·司寇第五》中也有牡鞠的描述。《礼记》成书于战国时期(前475—前221年),其《月令篇·季秋之月》中有"鸿雁来宾……鞠有黄华……"的描述,季秋即寒露和霜降节气,正是菊花盛开的时候。从《夏小正》到《礼记·月令》均将菊花的开花习性作为时令的标志。说明当时菊花处于野生状态,但人们已开始发现了菊花的食用和药用价值。战国时期著名诗人屈原在《楚辞·离骚》中就有"朝饮木兰之坠露兮,夕餐秋菊之落英"的诗句。记载西汉时期长安城佚事传闻的《西京杂记》中曾有这样的表述:"菊花行时,并采茎叶,杂黍米酿之,至来年九月九日始熟,就饮焉,故谓之菊花酒","在宫时,九月九日佩茱萸,食蓬饵,饮菊花酒,令人长寿"。关于食菊花能延年益寿的记载当属河南省南阳市西峡县丹水镇菊花山及其菊潭(隋代称菊潭县,清代以前西峡县属内乡县)。据东汉末年应劭(153—196年)著《风俗通》载:"其山有大菊谷,水从山下流,得菊花滋液,味甚甘美。谷中三十余家,不复穿井,皆饮此水,上寿百二三十,中寿百岁,下寿七八十,犹以为夭。"北魏郦道元(470—527年)《水经注》:"菊水出西北石涧山芳菊溪,亦言出析谷,源旁悉出菊草,潭涧滋液,极为甘美。"这些均表明菊花作为食用植物由来已久。

2. 晋—唐时期

菊花自文字记载:生于田野,历经2000余年才被引入园中栽种,这是菊花发展史上的一个重要里程碑。关于园林中种菊的记载最早见于东晋著名田园诗人陶渊明(365—427年),其《饮酒》组诗第三首中写道:"采菊东篱下,悠然见南山。"在第五首中有:"秋菊有佳色,浥露掇其英"的诗句。在其著名散文《归去来兮辞》中写道:"三径就荒,松菊犹存。"可见此时菊花已引入庭院中栽种。陶渊明一生食菊、赏菊、赞菊,与菊花结下了不解之缘,是古人爱菊的杰出代表。陶渊明的赏菊思想至今仍影响着中国人对菊花的审美意向。

至唐代,菊花在庭院中栽种更加广泛,许多名人和诗人对菊花都有精辟的描述。唐太宗李世民在《赋得残菊》中写道:"阶兰凝曙霜,岸菊照晨光。露浓晞晚笑,风劲浅残香。细叶凋轻翠,圆花飞碎黄。还持今岁色,复结后年芳。"白居易的《重阳席上赋白菊》:"满园花菊郁金黄,中有孤丛色似霜。"刘禹锡的《和令狐相公玩白菊》:"家家菊尽黄,梁园独如霜。"李商隐的《咏菊诗》:"暗暗淡淡紫,融融冶冶黄。""霜天白菊绕阶墀"。可见当时菊花除黄色外,已出现了白色和紫色。白居易时白菊很少。到了晚唐李商隐时白菊已是很常见了。诗人杜牧曾有以下描述:"尘世难逢开口笑,菊花须插满头归。"可见当时已有簪菊花的习俗。

3. 宋、辽、金时期

宋代是中国菊花快速发展的一个时期。这一时期出现了8部菊花专著,其中6部为品种谱。刘蒙所著的《菊谱》(1104年),是世界历史上第一部菊花专著,它的出现是菊花发展史上的一次飞跃。该谱记述有菊花品种35个,分为黄、白、紫、粉和复色等花色。此后,范成大所著《范村菊谱》(1186年)记载菊花35个品种,其中有五月开紫色的夏菊和双色菊的记载,五月夏菊品种的出现在不同开花期品种的培育上也是一个突破。记述品种数量最多的是沈竞于1213年所著的《菊谱》(《菊名篇》),记载菊花品种68个。对这一时期的文献综合考证发现,宋代各种谱录中记载的中国菊花品种已经累计达到200余个。"九华菊"花径最大,达到8cm,"大笑菊"为6cm,可谓是当时菊花品种中的巨人。这一时期还出现了大量的半重瓣和重瓣品种。

宋代还是菊花栽培技术日臻完善的一个时期。根据对这一时期的菊谱考证的结果发现,菊花栽培技术在宋代已经十分完善,这些著作中描述的内容包括:立地条件的选择、施肥、浇水、修剪、除虫、花期调控等技术要点,分株和扦插等不同繁殖方法。《范村菊谱》记载到:"吴下老圃,伺春苗尺许时,掇去其颠,数日则歧出两枝,又掇之。每掇益歧,至秋,则一干所出数千百朵。"可见当时菊花的栽培技术已有很大发展。《苏东坡杂记》载:"近时都下菊品至多,皆以他草接成,不复与时节相应,始八月尽十月,菊不绝于市,亦可怪也。"由此可以看出当时已有了菊花嫁接技术,并出现了早、中、晚不同时期开花的品种。对于栽培过程中出现的变异现象也有所记载,如刘蒙《菊谱》中写道:"至园圃肥沃之地……皆为千叶。"范成大也有相似的描述:"人力勤,土又膏肥,花亦为之屡变。"

"菊花市"(在市场上进行交易)的雏形也开始形成。宋代诗人宋自逊在《五月菊》咏句中写道:"东篱千古属重阳,此木偏宜夏日长。"也佐证了夏菊品种的出现。宋代宣和年间孟元老在《东京梦华录》(卷八·重阳)中载:"九月重阳,都下赏菊,有数种:其黄白色蕊如莲房日'万龄菊',粉红色日'桃花菊',白而檀心日'木香菊',黄色而圆者'金龄菊',纯白而大者日'喜容菊',无处无之。酒家皆以菊花缚成洞户。"《杭州府志》记:"临安有花市,菊花时制为花塔。"可见宋代已有了菊花绑扎技术。南宋诗人陆游是一位爱菊者,他将艺菊的经验总结成"种菊九要",收入《老学庵笔记》:"一日养胎,二日传种,三日扶植,四日修葺,五日培护,六日幻弄,七日土宜,八日浇灌,九日除害。"《致富全书》卷四记"临安园子,每至重九,各出奇花比胜,谓之斗菊会",是我国菊花展览的创始。宋代诗人、书法家黄庭坚有诗:"黄菊枝头破晓寒,人生莫放酒杯干。风前横笛斜吹雨,醉里簪花倒着冠。"形象地表达了当时赏菊、饮酒、簪菊的情景。

与宋代并存于北方的辽代和金代,关于菊花的文献较少,仅在《辽史》和《大金国志》中有在重阳节时皇帝赐臣僚饮菊花酒的记载。元代菊花有较大发展,在唯一一存世的《黄花传》(杨维桢,1296—1370年)中记录菊花品种150个以上。有关当时菊花习俗也在熊梦祥所著的《析津志》中有所表述:"宫中菊节,自有常制。""至是时,上位,宫中诸太宰皆簪紫菊、金莲于帽,又一年矣。""九月登高簪紫菊、金莲,红叶迷秋眼。"可见元代宫中已有菊花节,并沿袭了簪菊的习俗。

4. 明、清时期

明、清两代是菊花品种和栽培技术快速发展的一个时期。明代先后出现了20余部菊谱,黄省曾(1490—1546年)所著《菊谱》记菊花220个品种。周履靖《东篱品汇录》(1563年)记载219个品种。钱而相(1620年)所著《菊花总谱》中品种数量多达300个。综合考证发现,此时的菊花品种数量激增,累计达到1000余个,经过查重确认的品种数为500余个。此时的菊花品种在花色上表现出了更为丰富的变异,出现了大量的复色品种。高濂所著的《遵生八笺》(1591年)记有菊花品种183个,并总结出种菊九法:"分苗法,扶植法,摘苗法,土法,浇灌法,捕虫法,雨肠法,接菊法,删蕊法。"可见当时菊花的栽培技术达到了很高的水平。王象晋《群芳谱》(1621年)不仅记载菊花品种200余个,还依花色将其分为黄、红、白、粉红共五类,花型和瓣型出现了丰富的变异。其中还有'五月菊'、'五九菊'和'七月菊'等不同开花期品种的记载。

清代菊花在继承前人的基础上有了更大的发展。据不完全统计,在清代不足300年的时期出现了内菊花专著30余部,涉及育种、栽培诸多方面。累计记录了1500多个品种,初步考证至少可以确认1100余个品种。陈淏子的《花镜》(1688年)一书记载:"春、夏、秋、冬俱有菊",关于品种名称问题写道:"要知地土不同,命名随意。尽有一种而得五名者……一种而得四名者……一种而得三名者……一种而得双名者……若此类者甚多,难以尽录。今存其旧谱之名,一百五十二品于后,已足该菊之形色矣。其中或有重复,赏鉴家请再裁之。"汪灏等在王象晋《群芳谱》的基础上所扩编的《广群芳谱》(1708年)中对菊花相关内容均有详尽的描述,共记载菊花品种192个。其后陆廷粲的《艺菊志》(1718年),秋明主人的《菊谱》(1746年)相继出现。叶梅夫于1776年著《菊谱》,他在扬州育菊数万株,记录名品145个,计楠《菊说》(1803年)记菊花品种238个,其中新育的品种达100个,据《日下旧闻考》(1782年)载:"重阳前后设宴相邀,谓之迎霜宴。席间食兔谓之迎霜兔。好事者列菊花数十层于屋下,前者轻,后者轩,望之若山坡,五色灿烂,环围无隙,名曰花城。""内宫钉帽中央,金银珠翠珊瑚皆可制。元旦则大吉葫芦……重阳则菊花。"《燕京岁时记》(清光绪年,富察敦崇著)载:"九花山子:九花者,菊花也。每届重阳,贵富之家以九花数百盆,架庋广厦中,前轩后轻,望之若山,曰九花山子。四面堆积者曰九花塔。""花城即今之花山也。盖京师之菊种极繁,有陈秧、新秧、粗秧、细秧之别。"可见,当时宫中和民间重阳节摆放菊花已很普遍。清代肖清泰的《艺菊新编》对中国古代菊花栽培技术进行了全面论述,至今都有重要参考价值。

5. 近、现、当代时期

清朝灭亡至1949年中华人民共和国成立属于近代时期。此时虽然有一些国外花卉育种和栽培技术传入中国,也有一些菊花专著出现,但因战事不断、国力衰弱,影响了我国菊花事业的发展。1949年后,菊花得到了政府的重视。中国传统菊花品种几经整理曾经达到3000余种。20世纪60年代初,菊花研究曾被列为国家科研课题,同时建立了北京和上海两个引种栽培中心,并在全范围内开展了菊花品种整理工作。

当代中国菊花研究者在菊花起源、菊花品种分类、新品种培育、栽培技术开发、主要观赏性状遗传机理的研究等方面取得了很多重要进展,主要表现在以下两个方面:一是当代菊花研究取得了丰硕的成果;二是多样品种群的形成。

改革开放后,随着经济建设的蓬勃发展和人民生活水平的提高,菊花在中国得到了全面发展。各地区逐渐恢复了停滞多年的菊花展览。菊花研究和产业开发水平均居国际前列。自1982年开始,每3年举办一届全国菊花展览。1990年成立的中国菊花研究会每年举办一次学术交流,对当代中国菊花的发展起到了重要的促进作用。菊花研究者更是投入了极大的热情开展菊花研究,使得中国菊花得到了全面和快速的发展。持续了几十年的菊花起源研究取得了突破性进展,菊花观赏性状遗传机理的研究深入发展,各地积极开展育种工作,形成了丰富多样的品种群。

10.2　菊花的诗词及相关典籍

10.2.1　菊花诗词

菊花,我国传统名花之一,自古即被国人所钟爱。"秋来谁为韶华主,总领群芳是菊花。""家家争说黄花秀,处处篱边铺彩霞。"在寒霜降落、百花凋谢之际,唯有菊花装点大地,傲霜怒放,竞斗芳菲。它们或倚,或倾,或仰,或俯;似歌、似舞、似笑、似语,使秋日生机勃勃,胜似春光,给人以美的享受和奋发向上的力量。正因为如此,历代文人雅士用诗词歌赋等多种文学形式,赞美它的千姿百态与缤纷色彩,特别是它那傲霜挺立、凌寒不凋的坚贞品格和斗争精神,以菊喻志,抒发情怀。"寒花开已尽,菊蕊独盈枝"。"凌霜留晚节,殿岁夺春华。"菊花这种被人格化了的品质与气节,成为安于贫穷、不慕荣华、有骨气的人的象征,古人常以此比拟自己的高洁情操,坚贞不屈。

1. 晋、南北朝

陶渊明

饮酒

结庐在人境,而无车马喧。
问君何能尔,心远地自偏。
采菊东篱下,悠然见南山。
山气日夕佳,飞鸟相与还。
此中有真意,欲辨已忘言。

鲍照

答休上人菊

酒出野田稻,菊生高岗草。
味貌复何奇,能令君倾倒。
玉椀徒自羞,为君慨此秋。
金盖覆牙柈,何为心独愁。

王筠

摘园菊赠谢仆射举诗

灵茅挺三脊,神芝曜九明。
菊花偏可憙,碧叶媚金英。
重九惟嘉节,抱一应元贞。
泛酌宜长主,聊荐野人诚。

刘孝威

九日酌菊酒

露花疑始摘,罗衣似适薰。
馀杯度不取,欲持娇使君。

萧纲

采菊篇

月精丽草散秋株,洛阳少妇绝妍姝。
相呼提筐采菊珠,朝起露湿沾罗襦。
东方千骑从骊驹,更不下山逢故夫?

2. 唐、五代
李世民

赋得残菊

阶兰凝曙霜,岸菊照晨光。

露浓曦晚笑,风劲浅残香。
细叶凋轻翠,圆花飞碎黄。
还将今岁色,复结后年芳。

骆宾王

秋菊

擢秀三秋晚,开芳十步中。
分黄俱笑日,含翠共摇风。
碎影涵流动,浮香隔岸通。
金翘徒可泛,玉斝竟谁同?

王勃

九日

九日重阳节,开门有菊花。
不知来送酒,若个是陶家。

李白

九月九日龙山饮

九日龙山饮,黄花笑逐臣。
醉看风落帽,舞爱月留人。

刘禹锡

和令狐相公玩白菊

家家菊尽黄,梁国独如霜。
莹净真琪树,分明对玉堂。
仙人披雪氅,素女不红妆。
粉蝶来难见,麻衣拂更香。
西风摇羽扇,含露滴琼浆。
高艳遮银井,繁枝覆象床。
桂丛渐并发,梅蕊妒先芳。
一入瑶华咏,从此播乐章。

杜甫

复愁

每恨陶彭泽,无钱对菊花。
如今九日至,自觉酒须赊。

岑参

行军九日思长安故园

强欲登高去，无人送酒来。

遥怜故园菊，应傍战场开。

白居易

重阳席上赋白菊

满园花菊郁金黄，中有孤丛色似霜。

还似今朝歌酒席，白头翁入少年场。

元稹

菊花

秋丛绕舍似陶家，遍绕篱边日渐斜。

不是花中偏爱菊，此花开尽更无花。

贾岛

对菊

九日不出门，十日见黄菊。

灼灼尚繁英，美人无消息。

李商隐

野菊

苦竹园南椒坞边，微香冉冉泪涓涓。

已悲节物同寒雁，忍委芳心与暮蝉。

细路独来当此夕，清樽相伴省他年。

紫云新苑移花处，不取霜栽近御筵。

皮日休

霜菊盛开因书一绝

金华千点晓霜凝，独对壶觞又不能。

已过重阳三十日，至今犹自待王弘。

陆龟蒙

忆白菊

稚子书传白菊开，西成相滞未容回。

月明阶下窗纱薄，多少清香透入来。

黄巢

题菊花

飒飒西风满院栽,蕊寒香冷蝶难来。
他年我若为青帝,报与桃花一处开。

不第后赋菊

待到秋来九月八,我花开后百花杀。
冲天香阵透长安,满城尽带黄金甲。

齐己

对菊

无艳无妖别有香,栽多只为待重阳。
莫嫌醉眼相看过,却是真心偏澹黄。

3. 宋代

王禹偁

池边菊

缘池绕径几千栽,准拟登高泛酒杯。
未到重阳归阙去,金英寂寞为谁开。

魏野

白菊

浓露繁霜著似无,几多光彩照庭除。
何须更待萤兼雪,便好丛边夜读书。

丛菊

石延年

风劲香逾远,霜寒色更鲜。
秋光买不断,无意学金钱。

欧阳修

菊

共坐栏边日欲斜,更将金蕊泛流霞。
欲知却老延年药,百草枯时始见花。

王安石

城东寺菊

黄花漠漠弄秋晖,无数蜜蜂花上飞。
不忍独醒孤尔去,殷勤为折一枝归。

王安石

残菊

黄昏风雨打园林,残菊飘零满地金。
擷得一枝还好在,可怜公子惜花心。

苏轼

次韵子由所居六咏(其二后四句)

粲粲秋菊花,卓为霜中英。
黄盘照重九,缬蕊两鲜明。

黄庭坚

戏答王观复酴醾菊(二首选一)

谁将陶令黄金菊,幻作酴醾白玉花。
小草真成有风味,东园添我老生涯。

苏轼

黄菊

轻肌弱骨散幽葩,真是青裙两髻丫。
便有佳名配黄菊,应缘霜后苦无花。

陆游

晚菊

蒲柳如懦夫,望秋已凋黄。
菊花如志士,过时有余香。
眷言东篱下,数株弄秋光。
粲粲滋夕露,英英傲晨霜。
高人寄幽情,采以泛酒觞。
投分真耐久,岁晚归枕囊。

范成大

重阳不见菊两绝(选一)

冷蕊萧疏蝶懒飞,商量何日是花时。
重阳过后开无害,只恐先生不赋诗。

杨万里

戏笔

野菊荒苔各铸钱,金黄铜绿两争妍。
天公支予穷诗客,只买清愁不买田。

咏菊

物性从来各一家，谁贪寒瘦厌年华？
菊花白风霜国，不是春光外菊花。

柳永

受恩深

雅致装庭宇。黄花开淡泞。细香明艳尽天与。助秀色堪餐，向晓自有真珠露。刚被金钱妒。拟买断秋天，容易独步。

粉蝶无情蜂已去。要上金尊，惟有诗人曾许。待宴赏重阳，恁时尽把芳心吐。陶令轻回顾。免憔悴东篱，冷烟寒雨。

晏殊

破阵子·忆得去年今日

忆得去年今日，黄花已满东篱。
曾与玉人临小槛，
共折香英泛酒卮。
长条插鬓垂。
人貌不应迁换，珍丛又睹芳菲。
重把一尊寻旧径，所惜光阴去似飞。
风飘露冷时。

欧阳修

少年游

去年秋晚此园中。携手玩芳丛。拈花嗅蕊，恼烟撩雾，拼醉倚西风。
今年重对芳丛处，追往事、又成空。敲遍阑干，向人无语，惆怅满枝红。

苏轼

浣溪沙　菊节

缥缈危楼紫翠间。良辰乐事古难全。感时怀旧独凄然。
璧月琼枝空夜夜。菊花人貌自年年。不知来岁与谁看。

黄庭坚

鹧鸪天　黄菊枝头生晓寒

黄菊枝头生晓寒。人生莫放酒杯干。风前横笛斜吹雨，醉里簪花倒著冠。
身健在，且加餐。舞裙歌板尽清欢。黄花白发相牵挽，付与时人冷眼看。

南乡子　黄菊满东篱

黄菊满东篱。与客携壶上翠微。
已是有花兼有酒，良期。

不用登临恨落晖。

满酌不须辞。莫待无花空折枝。

寂寞酒醒人散后,堪悲。

节去蜂愁蝶不知。

李清照

醉花阴

薄雾浓云愁永昼,瑞脑销金兽。

佳节又重阳,玉枕纱厨,半夜凉初透。

东篱把酒黄昏后,有暗香盈袖。

莫道不消魂,帘卷西风,人比黄花瘦。

辛弃疾

浣溪沙　种梅菊

百世孤芳肯自媒。直须诗句与推排。不然唤近酒边来。

自有渊明方有菊,若无和靖即无梅。只今何处向人开。

鹧鸪天　寻菊花无有戏作

掩鼻人间臭腐场。古来惟有酒偏香。

自从归住云烟畔,直到而今歌舞忙。

呼老伴,共秋光。黄花何事避重阳。

要知烂熳开时节,直待西风一夜霜。

张滋

如梦令　野菊

野菊亭亭争秀,闲伴露荷风柳。

浅碧小开花,谁摘谁看谁嗅!

知否? 知否? 不入东篱杯酒。

4. 辽、金、元
耶律洪基

题李俨黄菊赋

昨日得卿黄菊赋,碎剪金英填作句。

袖中犹觉有余香,冷落西风吹不去。

宋九嘉

酴醾菊

酴醾风味醺人醉,着莫东篱爱酒翁。

一夜金英全换骨,冷香晴雪满秋风。

元好问

采菊图

梦寐烟霞卜四邻，争教晚节傍风尘。
诗成应被南山笑，谁是东篱采菊人。

野菊座主闲闲公命作

柴桑人去已千年，细菊斑斑也自圆。
共爱鲜明照秋色，争教狼藉卧疏烟。
荒畦断垄新霜后，瘦蝶寒将晚景前。
只恐春丛笑迟暮，题诗端为发幽妍。

段克己

菊花霜

风帘斜揭玉钩栏，端正楼高烛影残。
宿酒困人梳洗懒，从教残粉涴金钿。

王恽

桃花菊

泪洒明妃寄露葩，换根非为贮丹砂。
黄轻白碎空多种，碧烂红鲜自一家。
骚客赋诗怜晚节，野人修谱是头花。
九秋霜露无情甚，时约行云护彩霞。

袁桷

钱舜举折枝菊

醉别南山十五秋，雁声深恨夕阳楼。
寒香似写归来梦，背立西风替蝶愁。

许有孚

绕堤种菊

酒熟同招隐士看，饥来忍把落英餐。
春风无限闲桃李，不似黄花耐岁寒。

贡性之

墨菊

柴桑生事日萧然，解印归来只自怜。
醉眼不知秋色改，看花浑似隔轻烟。

胡布

墨菊

彭泽归来日，缁尘点素衣。

乌沙漉酒后，挂在菊花枝。

5. 明、清

朱元璋

菊花诗

百花发时我不发，我若发时都吓杀。

要与西风战一场，遍身穿就黄金甲。

高启

王公子宅五月菊

秋英忽夏发，宛在阿戎家。

细认惊初见，高吟喜共夸。

不依寒竹雨，欲映午榴霞。

我意甘迟暮，樽前有此花。

文徵明

画菊两首

其一

九月霜华重，萧然见菊枝。

渊明高兴在，日日绕东篱。

其二

清霜杀群卉，寒菊殿重阳。

最称诗家味，西风弄晚香。

袁枚

六月菊

寒菊公然冒暑黄，苍蝇侧翅远相望。

东篱共讶西风早，秋士偏食夏日长。

试把一灯来照影，焉知六月不飞霜。

数枝冷艳当阶立，愁杀红莲不敢香。

王武

菊花图

一夜清霜万树枫，迷离雁影落孤蓬。

文章已致青云上，岁月都消白浪中。

王翚

题南田画菊

载酒看南山，种云成五色。
霜艳在秋毫，都非造化力。

恽寿平

画菊

只爱柴桑处士家，霜丛载酒问寒花。
秋窗闲却凌云笔，自写东篱五色霞。

蒲松龄

五月黄花

篱菊破天荒，秋花五月黄。
山中无历日，疑已过重阳。

石涛

画菊

兴来写菊似涂鸦，误作枯藤缠数花。
笔落一时收不住，石棱留得一拳斜。

郑燮

十日菊

十日菊花看更黄，破篱笆外斗秋霜。
不妨更看十余日，避得暖风禁得凉。

刘大櫆

题恽寿平墨菊

冷香莹净比长松，画手传神墨点浓。
犹恐金英呈秀色，更从老圃淡秋容。

曹雪芹

忆菊

怅望西风抱闷思，
蓼红苇白断肠时。
空篱旧圃秋无迹，
瘦月清霜梦有知。
念念心随归雁远，
寥寥坐听晚砧痴。
谁怜我为黄花病，

慰语重阳会有期。

菊梦

篱畔秋酣一觉清，和云伴月不分明。

登仙非慕庄生蝶，忆旧还寻陶令盟。

睡去依依随雁断，惊回故故恼蛩鸣。

醒时幽怨同谁诉，衰草寒烟无限情。

弘一

咏菊

姹紫嫣红不耐霜，繁华一霎过韶光。

生来未藉东风力，老去能添晚节香。

风里柔条频损绿，花中正色自含黄。

莫言冷淡无知已，曾有渊明为举觞。

杨慎

汉宫春　菊席

采采黄花，向龙山高处，浅泛金卮。秋容老圃堪赏，插鬓参差。

杨妃沈醉，苎罗更比西施。可笑群儿，凡目品题，污却高姿。

千古陶家清兴，有何人提著，冷落东篱。炎皇曾书，本草寿域仙蕤。

明堂月令，挺孤芳、四字标奇。歌一阕，悠然自适，无弦琴是心知。

忆王孙

九月八日邀客赏菊

西风庭院咽玄蝉。薄雾浓雾采菊天。老去悲秋强自宽。

假婵娟。且向樽前醉管弦。

6. 近、现代

王国维

浣溪沙

似水轻纱不隔香，金波初转小回廊。

离离丛菊已深黄。

尽撤华灯招素月，更缘人面发花光。

人间何处有严霜。

鲁迅

偶成

文章如土欲何之？翘首东云惹梦思。

所恨芳林寥落甚，春兰秋菊不同时。

许世英

登庐山

平时爱著游山屐，今到匡庐第一回。

削壁插天星汉落，飞泉震壑石门开。

村过五柳怀松菊，寺访双林忆草莱。

此是人间清净地，风高晶冷绝尘埃。

秋瑾

残菊

岭梅开后晓风寒，几度添衣怕倚栏。

残菊犹能傲霜雪，休将白眼向人看。

陈寅恪

忆故居

渺渺钟声出远方，依依林影万鸦藏。

一生负气成今日，四海无人对夕阳。

破碎山河迎胜利，残馀岁月送凄凉。

松门松菊何年梦，且认他乡作故乡。

老舍

别凉州

塞上秋云开晓日，天梯玉色雪如霞。

乱山无树飞寒鸟，野水随烟入远沙。

忍见村荒枯翠柳，敢怜人瘦比黄花！

乡思空忆篱边菊，举目凉州雁影斜。

10.2.2　菊花文化相关典籍节选

范村菊谱

宋　范成大

序

　　山林好事者，或以菊比君子。其说以谓岁华晼晚，草木变衰，乃独烨然秀发，傲睨风露，此幽人逸士之操，虽寂寥荒寒，而味道之腴，不改其乐者也。神农书以菊为养性上药，能轻身延年，南阳人饮其潭水，皆寿百岁。使夫人者有为于当年，医国庇民，亦犹是而已。菊于君子之道，诚有臭味哉！

　　《月令》以动、植志气候，如桃、桐辈，直云"始华"，而菊独曰"菊有黄华"，岂以其正色独立，不伍众草，变词而言之欤！故名胜之土，未有不爱菊者，至陶渊明尤甚爱之，而菊名益重。又其花时，秋暑始退，岁事既登，天气高明，人情舒闲，骚人饮流，亦以菊为时花，移槛列斛，辇致觞咏间，谓之重九节物。此虽非深知菊者，要亦不可谓不爱菊也。

爱者既多,种者日广。吴下老圃,伺春苗尺许时,掇去其颠,数日则歧出两枝,又掇之,每掇益歧。至秋,则一干所出,数百千朵,婆娑团栾,如车盖熏笼矣。人力勤,土又膏沃,花亦为之屡变。顷见东阳人家菊图,多至七十种。淳熙丙午,范村所植,止得三十六种,悉为谱之。明年,将益访求他品为后谱云。

黄花

胜金黄。一名大金黄。以黄为正,此品最为丰缛而加轻盈。花叶微尖,但条梗纤弱,难得团簇。作大本,须留意扶植乃成。

叠金黄。一名明州黄,又名小金黄。花心极小,叠叶秾密,状如笑靥。花有富贵气,开早。

棣棠菊。一名金锤子。花纤秾,酷似棣棠。色深如赤金,它花色皆不及,盖奇品也。窠株不甚高。金陵最多。

叠罗黄。状如小金黄。花叶尖瘦,如剪罗縠,三两花自作一高枝出丛上,意度潇洒。

麝香黄。花心丰腴,傍短叶密承之。格极高胜。亦有白者,大略似白佛顶,而胜之远甚。吴中比年始有。

千叶小金钱。略似明州黄。花叶中外叠叠整齐,心甚大。

太真黄。花如小金钱,加鲜明。

单花小金钱。花心尤大,开最早,重阳前已烂漫。

垂丝菊。花蕊深黄,茎极柔细,随风动摇,如垂丝海棠。

鸳鸯菊。花常相偶,叶深碧。

金铃菊。一名荔枝菊。举体千叶细瓣,簇成小球,如小荔枝。枝条长茂,可以揽结。江东人喜种之,有结为浮图楼阁丈余者。余顷北使过栾城,其地多菊,家家以盆盎遮门,悉为鸾凤亭台之状,即此一种。

球子菊。如金铃而极小。二种相去不远,其大小名字,出于栽培肥瘠之别。

小金铃。一名夏菊花。如金铃而极小,无大本。夏中开。

藤菊。花密,条柔,以长如藤蔓,可编作屏障,亦名棚菊。种之坡上,则垂下袅数尺如璎珞,尤宜池潭之濒。

十样菊。一本开花,形模各异,或多叶或单叶,或大或小,或如金铃。往往有六七色,以成数通名之曰十样。衢、严间花黄,杭之属邑有白者。

甘菊。一名家菊。人家种以供蔬茹。凡菊叶皆深绿而厚,味极苦,或有毛。惟此叶淡绿柔莹,味微甘,咀嚼香味俱胜,撷以作羹及泛茶,极有风致。天随子所赋,即此种,花差胜野菊,甚美,本不系花。

野菊。旅生田野及水滨,花单叶,极琐细。

五月菊。花心极大,每一须皆中空,攒成一區球。子红白,单叶绕承之。每枝只一花,径二寸,叶似同蒿。夏中开。近年院体画草虫,喜以此菊写生。

金杯玉盘。中心黄,四傍浅白,大叶三数层。花头径三寸,菊之大者不过此。本出江东,比年稍移栽吴下。此与五月菊二品,以其花径寸特大,故列之于前。

喜容千叶。花初开,微黄,花心极小,花中色深,外微晕淡,欣然丰艳有喜色,堪称其名。久则变白。尤耐封殖，可以引长七八尺至一丈，亦可揽结，白花中高品也。

御衣黄千叶。花初开，深鹅黄，大略似喜容而差疏瘦。久则变白。

万铃菊。中心淡黄，锤子傍白花叶绕之。花端极尖，香尤清烈。

莲花菊。如小白莲花，多叶而无心，花头疏，极萧散清绝，一枝只一葩。绿叶，亦甚纤巧。

芙蓉菊。开就者如小木芙蓉，尤秾盛者如楼子芍药，但难培植，多不能繁芜。

茉莉菊。花叶繁缛，全似茉莉，绿叶亦似之，长大而圆净。

木香菊。多叶，略似御衣黄。初开浅鹅黄，久则淡白。花叶尖薄，盛开则微卷。芳气最烈，一名脑子菊。

荼蘼菊。细叶稠，全似酴醿，比茉莉差小而圆。

艾叶菊。心小，叶单，绿叶尖长似蓬艾。

白麝香。似麝香黄，花差小，亦丰腴韵胜。

白荔枝。与金铃同，但花白耳。

银杏菊。淡白，时有微红，花叶尖。绿叶，全似银杏叶。

波斯菊。花头极大，一枝只一葩，喜倒垂下。久则微卷，如发之鬈。

杂色

佛顶菊。亦名佛头菊。中黄，心极大，四傍白花，一层绕之。初秋先开白色，渐沁，微红。

桃花菊。多叶，至四五重，粉红色，浓淡在桃、杏、红梅之间。未霜即开，最为妍丽，中秋后便可赏。以其质如白之受采，故附白花。

胭脂菊。类桃花菊，深红浅紫，比胭脂色尤重，比年始有之。此品既出，桃花菊遂无颜色，盖奇品也。姑附白花之后。

紫菊。一名孩儿菊。花如紫茸，丛苗细碎，微有菊香。或云即泽兰也。以其与菊同时，又常及重九，故附于菊。

后序

菊有黄白二种，而以黄为正。洛人于牡丹，独曰花而不名。好事者于菊，亦但曰黄花，皆所以珍异之，故也谱先黄而次白。陶隐居谓菊有二种：一种茎紫，气芳味甘，叶嫩可食，花微小者，为真；其青茎细叶，作蒿艾气，味苦，花大，名苦薏，非真也。今吴下唯甘菊一种可食，花细碎，品不甚高，余味皆苦，白花尤甚，花亦大。隐居论药，既不以此为真，后复云"白菊治风眩"。陈藏器之说亦然。《灵宝方》及《抱朴子》丹法又悉用白菊，盖与前说相抵牾。今详此，唯甘菊一种可食，亦入药饵。余黄白二花虽不可茹，皆可入药。而治头风则尚白者。此论坚定无疑，并附着于后。

译文：

有些喜好山间林木雅趣的人，用菊花来比喻君子。这种说法认为，每年的秋冬时节，当众多花草树木逐渐枯萎衰败时，唯有菊花独自绽放，光彩照人，傲视着风霜雨露，菊花这种精神一如那些隐居山野的文人雅士所拥有的高洁情操，即使身处孤寂寥落、荒凉寒冷的境地，可是仍能执着地追求自己的志趣与理想，不以外物的影响而改变自由快乐的心性。《神农本草经》认为菊花是陶冶心性的上等药材,能够使人身轻体健,延年益寿,南阳当地的居民由于常年引用菊潭里的水,大多能够长寿百岁。如果让那些仁人志士在自己生活的年代里能够有所作为,无论治理国家还是庇护百姓,也不过如此吧。菊花的高洁品格和君子之道相比,真可谓志趣相投啊。

《礼记·月令》根据动植物的生长变化来记录气候的变化,比如桃花、桐花之类(一般不详细描述花的形状和颜色),直接说"开始开花",而唯独将菊花描绘成"菊花开黄花",大概是因为菊花颜色纯正,超凡脱俗,不与其他花草杂处相生,所以才会变换词语来表述它吧!因此,那些有名望的才俊之士,没有不喜爱菊花的。东晋陶渊明尤其喜爱菊花,而菊花的名声也因此更加为人所推崇。又适逢菊花开花时节,秋季的炎热气候刚刚开始消退,农作物已经成熟,天高气爽,人们心情舒畅闲适。那些诗友酒客也都认为菊花是应时开放的花卉,于是纷纷移开栏杆,置备美食,舟车出行,饮酒赋诗,称菊花是重阳节的时令佳品。这些人即便称不上是深度了解菊花的品性,大概也不能说他们不喜爱菊花吧!

喜爱菊花的人多了,菊花的种植也渐渐多了起来。吴地世代以种植园圃为业的人家,等到春天菊花的幼苗长到一尺多高时,就摘去它顶端的幼芽,过了几天菊苗就会分出两条侧枝,再次摘去其顶端的幼芽,如此反复多次,每次摘取顶端幼芽过后都会有更多新的侧枝分出。(这样一来)到了秋天,从同一株菊花主干上分蘖出来的侧枝上,能开出数百千朵菊花,它们枝叶纷披,花团锦簇,如同车盖和熏笼一样呈伞状开放。花匠勤劳耕耘,土地又非常肥沃,菊花也因此不断出现新的品种。不久以前我见到过东阳一户人家收藏的菊花图,里面收录的菊花多达七十个品种。淳熙丙午年,范村所种植的菊花,正好是三十六种,全部把它们记录下来。明年,我将要多寻访一些其他菊花品种,留待以后作菊谱续吧。

胜金黄。又叫大金黄。菊花以黄色为正宗,这个品种的菊花长得既丰盛繁茂,又特别轻柔飘逸。菊花花瓣虽略微有些尖,但是枝条纤细柔弱,很难团团簇拥起来,必须特别留意、悉心培植,才能够成活生长。

金黄。又叫明州黄,亦称小金黄。花心非常小,花瓣层叠茂密,形状很像微笑时露出的酒窝。这种菊花呈现出富贵华丽的气息,开得也比较早。

棣棠菊。又叫金馊子。花瓣纤细而丰腴,特别像棣棠花。颜色像赤金色一样深,其他品种菊花的颜色都不能跟它相提并论,真是稀奇的品种啊。这种菊花植株不太高,金陵地区生长的最多。

叠罗黄。形状像小金黄。花瓣又尖又瘦,像是剪裁出来的罗縠,有三两朵花伸出花丛之上,在某一株高枝上随风摇曳,那种风度真是说不出的超逸脱俗。

麝香黄。花心丰满肥大,旁边簇拥着密密麻麻的短小花舞,风度极其清高雅致。这个品种有开白花的,大概跟白色佛顶菊相类似,但美丽程度又远远超过它。吴中地区近年来才刚刚引入这个品种。

千叶小金钱。跟明州黄略有相似。花瓣层层叠叠,内外整整齐齐,错落有致,花心很大。

太真黄。花朵和小金钱菊相类似,而颜色更加漂亮耀眼。单叶小金钱。花心特别大,开花时间最早,重阳节之前就已经枝叶繁茂、艳丽四射了。

垂丝菊。花蕊呈深黄色,枝干非常柔软纤细,随风摆动摇曳,犹如垂丝海棠一样袅娜动人。

鸳鸯菊。花朵经常成对开放,叶子呈较深的青绿色。

金铃菊。又叫荔枝菊。通体是多层花瓣,且瓣瓣纤细,簇拥成小球状很像小基枝。它的枝条修长繁茂,可以采摘系结。江东地区的人们喜欢种植这种菊花,有人将它编织盘结成佛塔楼阁的形状,高达一丈有余。我不久前出使金国时曾经过栾城,当地种植着很多菊花,家家户户瓦、盆等盛器里都栽满了菊花,甚至连门楣都遮盖住了,全部为鸾凤亭台之类的造型,就是这个品种。

球子菊。花朵像金铃而略微小些。这两个品种差别不大,其大小和名字的差异是由于两者栽培土壤的肥沃或贫瘠程度不同而造成的。

小金铃。又名夏菊花。此品跟金铃菊相似,但花朵很小,没有粗壮的枝干。夏季中期开放。

藤菊。花瓣密密层层,枝条轻柔,因为枝条像藤蔓一样伸展修长,可以编织成屏风之类的遮挡物,故而也叫相菊。如果把它们种植在斜坡上,就会垂下长达数尺婀娜多姿的枝条,犹如璎珞一般低垂柔美,尤其适宜在深水池塘岸边生长。

十样菊。同一枝干开出的花朵,形状模样却各有不同,有的多层花瓣,有的单层花瓣,有的花朵大,有的花朵小,有的像金铃菊,往往同一株上开出六七种颜色的花,因此举其整数通称为"十样"。衢州、严州一带的十样菊是黄色的,而杭州所属地区的十样菊有开白色的。

甘菊。又名家菊。有些地方人家种植甘菊是当作蔬菜来食用的。一般菊花的叶子都呈深绿色,而且叶面肥厚,味道非常苦,有的上面长有绒毛。唯有这个品种的菊花叶子呈淡绿色,表面柔和有光泽,味道稍微有些甘甜,咀嚼起来香气和味道都别有风致。如果采摘一些来做羹和泡茶,别有一番风味和韵致。天随子(陆龟蒙)《杞菊赋并序》中所吟咏的菊花就是这个品种。甘菊的花朵比野菊花稍好一些,味道很不错,枝干短小不长花苞。

野菊。野生在田间山野或水边,花瓣单层,极其细小。

五月菊。花心极其硕大,每一根花须都是中空的,聚集成一个扁球,单层花瓣围绕着红白色的花蕊。每一枝上只生长一朵花,直径二寸许,叶子跟同蒿叶很相似。大多在夏季中期开花。近年来院体画画草虫时,喜欢照着这个品种的菊花来写生。

金杯玉盘。花心呈黄色,四周是浅白色的多层大花瓣。花冠直径三寸左右,最大的菊花也不过如此。此品原本生长在江东地区,近年来逐渐移植到苏州地区。此菊与五月菊两个品种,都是因为花冠直径特别大,所以才把它们放在花谱前面。

喜容。多层花瓣。花刚刚开放的时候,微呈黄色,花心极小,花心颜色比较深,外缘逐渐模糊变淡,花枝茂盛艳丽,好像露出欣喜的神色,跟它的名字非常相称;等到开放一段时间后,就会慢慢变白。此品尤其适合壅土培植,枝条可以长到七八尺乃至一丈左右,也可以牵引盘结,堪称白菊花中的佳品。

御衣黄。多层花瓣。花初开时呈深鹅黄色,形状与喜容大致相似,只是比喜容稍微清瘦些,开放一段时间后则会慢慢变白。

万铃菊。花心是淡黄色的子,旁边环绕着白色的花瓣。花瓣顶端很尖细,花香特别清郁浓烈。

莲花菊。像小白莲花,花瓣多层却没有花心,花朵非常疏散,看上去闲散舒适,清雅至极,每一个枝条只开放一朵花。绿色的叶子,也显得很纤细轻巧。

芙蓉菊。完全开放的花朵很像小木芙蓉,开得特别繁盛的很像篓子芍药,但很难培植,大多长势不够茂盛。

茉莉菊。花瓣繁多茂盛，跟茉莉花极其相像，就连绿色的叶子也很相似，长得又大又圆又洁净。

木香菊。多层花瓣，跟御衣黄略微相似。初开时呈浅鹅黄色，时间长了则变成淡白色。花瓣尖细薄透，盛开时则微微卷起来。芳香的气味最为浓烈。又称之为脑子菊。

酴醾菊。花瓣细小而稠密，重重叠叠，很像除牌花，比茉莉花稍小，而形状略圆。

艾叶菊。花心小，单层花瓣，绿色的叶子，像蓬蒿和艾草的叶子一样尖利细长。

白麝香。花朵形状与麝香黄相似，花头稍微小一些，也是以浓郁醇厚的香味韵致而见称。

白荔枝。花朵与金铃菊相同，只不过花色呈白色的罢了。

银杏菊。花色淡白，偶尔也有淡红色，花瓣又尖又细。绿色的叶子，简直跟银杏叶一模一样。

波斯菊。花冠非常硕大，一根枝干上只开放一朵花，喜欢倒垂而下开放。时间长了，花瓣微微卷曲，好像头发卷曲一样。

佛顶菊。又名佛头菊。中间黄色，花心极大，四周环绕着一层白色花瓣。初秋时节先开出白色花朵，渐渐浸润成淡红色。

桃花菊。多层花瓣，可达四五层，颜色呈粉红色，浓淡在桃花、杏花、红梅之间。一般不到霜降就开放了，是菊花品种中最为艳丽的，中秋节之后便可以观赏。因为它的质地好像是白色晕染上彩色，所以附在白菊花类目之下。

燕脂菊。花朵与桃花菊非常类似，呈现为深红色、浅紫色，比燕脂的颜色更加浓重，近几年才开始出现。这个品种一出现，桃花菊就失去了引以为傲的颜色优势，大概称得上花中奇品吧。姑且附在白菊花类目下。

紫菊。又名孩儿菊。花朵像紫色细茸花，花瓣丛生且茂盛细碎，略微有些菊花的香气。有人认为这就是泽兰。因为它与菊同期开放，又常常适逢九月重阳，所以附在菊谱中。

菊花有黄色和白色两种，而以黄色为正统。洛阳人对于牡丹，只称呼它为花而不称其全名；爱好赏菊的人对于菊花，也只是称呼它为黄花，都是因为非常珍视它们的缘故啊，因此我在菊谱中首先记录黄菊花，其次记录白菊花。陶弘景称菊花有两种：一种菊花茎部紫色，气息芬芳，味道甘甜，叶子鲜嫩可以食用，花朵稍微小些的是真菊花；那种青色的茎干，细小的叶片，散发出浓浓的蒿艾气味，味道苦涩，花朵较大，名叫苦薏的植物，不是真正的菊花。如今苏州地区只有甘菊一个品种能够食用，其花朵细碎，品质并不太高。其他品种的菊花味道都有点苦涩，白色的菊花尤其明显，花朵也更大。陶弘景在谈论菊花的药用价值时，已经不把白菊花作为真正的菊花看待，但后来又说"白菊花可以治疗风眩"。陈藏器《本草拾遗》中的说法与此相似。至于《灵宝方》和《抱朴子》中记载的炼丹之法又都采用白菊花，却又和前面的说法相互矛盾。现在通过仔细辨析种种说法，可以得出这样的结论：只有甘菊这个品种的菊花可以食用，也能够当作药饵；其余黄、白二色的菊花品种，虽然不能当蔬菜食用，但都可以入药，而治疗头痛风眩病则最好使用白菊花。这一论断是（经过仔细验证之后得出的）坚定无疑的结论，因此一并附录在菊谱后面。

10.3　菊花的传说

10.3.1　长寿的菊花水

汉代应劭《风俗通》载:南阳郦县有甘谷,谷中水香美。其上有大菊落水,从山流下得其滋液,谷中三十家仰饮此水;上寿百二三十,中寿百余岁,七十八十则谓之天。

这说明,河南南阳郦县(今内乡县)境内有甘谷,泉水甜美。山上长着大菊花,泉水流过,花瓣散落水中,使水有菊花清香。村人饮用此山泉水,一般都能活到一百二三十岁,七八十岁者算短寿的。另,古籍《荆川记》亦载:"郦县北八里有菊水,其源悉芳菊,被崖水,甚甘馨。胡广久患风赢,常汲水饮后,疾遂廖,年及百岁。"这反映了菊花有增强体质、延年益寿的药效。汉代太尉胡广患风湿病,饮菊花水而治愈的故事就是证明。清代郑板桥在《题菊石图轴》诗曰:"南阳菊水多耆旧,此是延年一种花。八十老人勤采啜,定教霜鬓变成鸦。"又,在《题甘菊图》中亦曰:"南阳甘谷家家菊,万古延年一种花。"

10.3.2　菊花仙子的故事

很久以前,大运河边一农户,家境贫寒。有子阿牛,七岁丧父,全仗母亲纺织度日。其母日夜操劳、思亲心切,常以泪洗面,致双目几近失明。阿牛长到十三岁,深知母亲辛苦,便决心去财主家做工,起早摸黑,得点钱求医买药,为母亲治眼疾。春去秋来,病情不见好转,阿牛心急如焚。一天夜里,阿牛忽然梦见一美丽村姑前来助他锄地,说:运河西三十里,有一片天花荡,荡中生一株白菊花,九月九日开放,你可采来煎汤,治好你母亲的眼病。梦醒后阿牛未忘村姑的叮嘱,于重阳节早早赶到天花荡,只见荡中长满芦苇和野草,其间只有零星黄菊花,未见白菊花踪影。但他没有灰心,不避疲劳,仔细寻觅,终于在荡中一小土堆旁的草丛中发现了一株野白菊花,一梗九分枝,当时只开了一朵,其余八朵含苞待放。他欣喜万分,小心翼翼将白菊花连根带土挖了回来,移种在自家小屋旁。经他浇水精心护理,白菊花长势旺盛,八朵花次第绽放。他每天摘一朵煎汤给母亲服用。当食完第七朵时,奇迹出现了,阿牛母亲的双眼便开始复明。

消息很快传开,附近村人纷纷赶来观看这株不寻常的野白菊花。财主闻知,贪心顿起,要阿牛将白菊花移栽到财主花园里。阿牛不从,财主便派人前去抢夺,结果弄折了菊花。阿牛十分伤心,坐在断菊之旁哭泣不止,直到深夜。泪眼蒙眬中,忽然一亮,那位美丽的村姑出现在他面前,安慰他说:"阿牛,你的孝心已有好报,不要伤心。花梗虽然断了,但根还在,它没有死。你只要将根挖出来,移植到别处,它便很快成活、生长,仍然开出白菊花。"阿牛问道:"姑娘,你是何人?让我母亲重见光明,我要好好谢谢你。"姑娘说:"不必瞒你。我是菊花仙子,因你的孝心,特来助你,无须报答。今后,希望你多帮助有眼疾的穷人。但你要种好菊,须记住《种菊谣》,照着去做。"于是,菊花仙子念道:"三分四平头,五月水淋头,六月甩料头,七八捂墩头,九月滚绣球。"说罢,菊花仙子便隐身去了。

阿牛牢记《种菊谣》,在实践中体会到了白菊花三月移植,四月掐头,五月多浇水,六月勤施肥,七月八月护好根,九月开出如绣球般的漂亮花朵。阿牛将自己的经验传授给了乡亲,迅速推广开来,无数老百姓从中受益。

因为阿牛是九月初九寻到这株白菊花的,此后人们就将重九日定为菊花节,并形成了赏菊花、喝菊茶、饮菊酒的风习。

10.3.3 菊花岛的诞生

兴城海口有座菊花女像,距海口十多海里有个菊花岛,菊花女眼望着菊花岛的方向,似懂事的女儿眺望远方的爹娘。

传说,在没有菊花岛的时候,渤海里住着龙王三太子,他异常凶恶,不仅兴风作浪祸害人,每月还要吃一个童男童女,每年更要一个十七八岁的姑娘做老婆。人们没有办法对付三太子,只好搬家躲灾。

那年,一个叫菊花的姑娘主动提出和三太子成婚。三太子一见到这个眼如星、腮如霞的姑娘,恨不得一下子成婚。不过三太子精得很,菊花入宫前,他先叫宫女搜了她的身子,凡是容易出危险的东西,全部扣下来,只准光着身子进去,到宫里穿衣服。菊花完全照办了。

进洞房喝交杯酒时,宫女望着宫墙根上往年新娘的遗骨,替菊花担心。可菊花就像没看见一样,笑呵呵地一次又一次给三太子斟酒。不一会儿,三太子就醉得人事不知躺在床上了。宫女走后,菊花关好门,杀死了三太子。

之后菊花女乔装打扮,打开门,跟着贺喜的客人出了龙宫,踏着水向北走,走到现在的菊花岛位置时,后边浪声震天作响。原来巡海夜叉发现三太子死了,鼓浪来追,菊花想,再跑下去,不但自己跑不掉,岸上三百里内的一切也得卷下海,她一横心,"砰"地撞死在礁石上。菊花的尸体一倒,海底"轰"地一声雷,变成了海岛,挡住了夜叉掀起的巨浪。

菊花死后的第二天早晨,人们发现有个新岛出现在海面,次年春天,岛上开满了菊花,从此再也不见三太子来作恶了,大家这才明白发生了什么事,人们就将这个岛起名为菊花岛,在岸上立了一座石像来纪念。

10.3.4 有熊偷菊救母

女娲九十九岁那年,双目突然发红,相继失明。

伏羲想起了天塌时拯救他和女娲的石狮子。石狮子救下他俩后,身躯虽然化了,但它留下的尸骨——青风岭还在。他想石狮子一定有办法治好女娲的眼睛。于是他面向青风岭烧了三炷香,跪下祈祷,石狮子说只有玉皇后花园的菊花能医治。

天宫离伏羲家有十万八千里,伏羲也已年过九十九岁,怎能走得动,于是就命他的儿子有熊前往。

有熊是个孝子,应声而往,他走了七七四十九天的路,爬了七七四十九天的天梯,才来到南天门。

南天门有天兵天将把守,不易进去。他就顺着宫墙走,想找个缺口。他来到了天宫北侧,发现宫墙外贴墙长着一棵高大的玉树。他就借树爬进去。

正是晚秋季节,唯有凌傲风霜的菊花盛开,于是他挑最大的花朵采摘起来。杨二郎巡逻到这里,正好瞧见,就把有熊抓去见玉皇,玉皇听后大怒,把有熊抓进天牢。

后来玉皇的大女儿雷姐被有熊的英雄行为和孝心所感动爱上了这个凡尘青年。她和有熊私奔下凡,并带走了菊花。

玉皇听闻更是恼怒,想要派人捉拿雷姐和有熊,托塔李天王劝阻了他,并请玉皇成全了雷姐和有熊。把永世不得再回天宫作为惩罚,并且给了雷姐一些嫁妆,就是菊花、山药、牛膝、地黄这四样药种。

雷姐就在覃怀一带种植起了菊花、山药、牛膝、地黄这四大怀药,销往各地。

10.4　菊花的书法、绘画、邮票等

10.4.1　菊花与书法、绘画

菊花以高风亮节,品质高洁而深受人们赞赏。爱国诗人屈原以"朝饮木兰之堕露兮,夕餐秋菊之落英"的名句,歌颂菊花高贵品质。不慕荣利的晋代诗人陶渊明赞美菊花:"芳菊开林耀,青松冠岩列;怀以贞秀枝,卓为霜下杰"。菊花象征着一种君子的情怀,隐逸的情结,人淡如菊,菊花的幽雅和耐寒一直是文人士大夫最爱的品质,千百年来屡屡入画,并将书法与绘画相结合,创作出优秀作品。

在历代书法家、画家的笔下,菊花呈现出了或娇艳,或雅致,或冷峻野逸,或笔力雄健,或气势磅礴,或清高正气的风貌。

唐宋有黄荃、赵昌、徐熙、滕昌佑、邱庆余、黄居宝诸名家,明陈淳洒逸、恽南田创造性地发挥了"没骨"写生,徐文长擅长大写意画菊,使其冷峻、疏朗、野逸之气达到极致。清石涛、八大山人更擅用笔墨,不施脂粉,以墨勾勒,或点染有清高神韵之气。

近代画家赵之谦、任伯年、吴昌硕创作了许多笔力雄健、气势磅礴的佳作,使菊花傲霜凌秋之气,超群绝伦,凌众之先。

现代画家齐白石、陈半丁、潘天寿、李苦禅等也创作了很多菊花题材的作品,成为后学者的范本。

10.4.2　菊花与邮票

邮票有"国家的名片"之誉。在包罗万象的中国邮票设计图案中,花卉图案邮票成为中国邮票艺术中一束绚丽夺目的小花,菊花为中国传统名花,也登上了中国邮票设计的艺术殿堂。1960 年 12 月 10 日,邮电部发行了一套"菊花"特种邮票,邮票标志号为"特 44",全套共计 18 枚,至 1961 年出齐。这套邮票由刘硕仁设计,邮票图案由洪怡、屈贞、胡絜青、江慎生、徐聪佑等五位画家采用国画工笔手法绘制而成,选用了 18 个中国菊花传统名品。它们是"黄十八"、"二乔"、"绿牡丹"、"大如意"、"如意金钩"、"金牡丹"、"帅旗"、"柳线"、"芙蓉托桂"、"玉盘托珠"、"赤金狮子"、"温玉"、"紫玉香珠"、"墨荷"、"冰盘托桂"、"班中玉笋"、"笑靥"、"天鹅"等。这套邮票印制精美,菊花形象生动传神,丰富多彩,洋溢出大自然之物无穷的魅力和顽强的生命力。

10.4.3　菊花与服饰图案

菊花凌霜不凋,气韵高洁,色彩缤纷,形质兼美。在人们的心目中,它又被赋予吉祥、长寿的含义。它美丽的形象,自古即被刻画、描绘于建筑装饰、雕刻、泥塑、瓷器、刺绣、年画、剪

纸、花枝制作等工艺品上。

中国是陶瓷大国,菊花是在陶瓷制品中出现最多的花卉之一,涵盖瓶、盘、罐、盆、缸等多种器皿,如明朝洪武时期的青花大盘和执壶。清代是我国瓷器大发展时期,菊花图案出现最多,涉及的器皿也最为丰富,如雍正时期的"窑变菊瓣纹扁壶"、"斗彩勾莲菊瓣尊"、"斗彩团花菊蝶纹盖罐"、乾隆时期的"粉彩菊花鹌鹑图鼻烟壶"、"绿底粉彩开光菊石纹茶壶"、"五彩花卉胆瓶"等。

除了瓷器之外,在建筑装饰方面,如北京故宫内墙的琉璃装饰、无锡灵山"梵官"的木雕、菊花造型的"花篮垂柱";以及菊花剪纸、石雕、绣品等。

中国菊花历史悠久、源远流长,深得人们喜爱,因为它象征着高洁,象征着吉祥和安康,因此在诗词歌赋等文学作品中反复出现,在人们生活中所用的物品和所处的环境中也采用了许多菊花图案,这是中华民族的习俗。

10.5　菊花的饮食与医药文化

10.5.1　菊花茶

菊花起源于中国,有 2500 多年的栽培历史,品种达到 3000 种,是我国种植最广泛的一种传统名花,除了做园林观赏外,药用菊花和茶用菊花占较大比例。根据记载,唐朝人已开始有喝菊花茶的习惯。

菊花茶,是一种以菊花为原料制成的花草茶。菊花茶经过鲜花采摘、阴干、生晒蒸晒、烘焙等工序制作而成。菊花茶起源于唐朝,至清朝广泛应用于民众生活中。

菊花槐花茶

配方:绿茶、菊花、槐花各 3g。

制作:菊花、槐花洗净,和绿茶一起放入茶杯,用 200mL 沸水冲泡,加盖闷 3 分钟后即可饮用。

服用:口服。每日 1～2 剂,代茶频饮。

菊花人参茶

配方:白菊花 6g,西洋参 5g,绿茶 3g。

制作:将西洋参洗净、晾干,碾为粗末,然后和菊花、绿茶一起放入保温杯中,加 300mL沸水冲泡,加盖闷 10～15 分钟后即可饮用。随喝随添水,直至茶水色浅味淡为止。

服用:口服。每日 1 剂,代茶频饮。

注意:人参与茶叶、咖啡、萝卜一起服用会损失药效或产生有害于身体的物质,因此饮用此茶期间忌用茶叶、咖啡、萝卜。

菊花龙井茶

配方:白菊花 10g,龙井茶 3g。

制作:白菊花洗净,和龙井茶一起放入茶杯,用 200mL 沸水冲泡,加盖闷 5 分钟后揭盖饮用即可。

服用:口服。日服 1 剂,代茶饮用。

注意:此茶偏寒,胃寒食少者饮用时注意控制用量。

10.5.2　菊花酒

重阳佳节,中国民间有饮菊花酒的传统习俗。菊花酒,在古代被看作是重阳必饮、祛灾祈福的"吉祥酒"。溥杰先生曾为菊花白酒赋诗:"媲莲花白,蹚邻竹叶青。菊英夸寿世,药估庆延龄。醇肇新风味,方传旧禁廷。长征携作伴,跃进莫须停。"为莲花白酒题诗为:"酿美醇凝露,香幽远益精。"历史记载早在屈原笔下,就已有"夕餐秋菊之落英"之句,即服食菊花瓣。汉代就已有了菊花酒。魏时曹五曾在重阳赠菊给钟蹈,祝他长寿。晋代葛洪在《抱朴子》中记河南南阳山中人家,因饮了遍生菊花的甘谷水而延年益寿的事。梁简文帝《采菊篇》中则有"相呼提筐采菊珠,朝起露湿沾罗襦"之句,亦采菊酿酒之举。直到明清,菊花酒仍然盛行,在明代高濂的《遵生八笺》中仍有记载,是盛行的健身饮料。

菊花葡萄酒

配方:葡萄干 50g,生地 20g,菊花 15g,白酒 700mL。

制作:生地洗净、晾干后捣成碎块,菊花、葡萄干择去杂质后洗净,把处理好的生地、菊花和葡萄干一起放入一只干净的敞口瓷坛或玻璃瓶中,倒入完全没过所有材料的冷白开,浸泡半小时后澄出全部水分,倒入白酒,密封静置于阴凉避光处,每天摇匀 1 次,7~10 天后开封,去渣、过滤,澄出的干净酒液装入干净窄口玻璃瓶,封口备用即可。

功效:清火,养阴,生津。适用于因阴津虚损、虚火内生、痰湿内阻引发的肥胖症、肠燥便秘等症。

服用:口服。每日 2 次,每次 15~30mL,早、晚空腹饮用。

菊花首乌酒

配方:白菊花 200g,何首乌 100g,当归、枸杞子各 50g,粳米 30g,酒曲 25g。

制作:将白菊花、何首乌、当归、枸杞子洗净放入砂锅,加 1000mL 清水置火上大火烧开后转小火煎煮至药汁剩减半,离火澄出药汁备用;粳米淘洗干净,加水煮至半熟捞出沥干水分备用;将制备好的药汁与大米混匀,并拌入酒曲,之后装入一只干净瓷坛密封好,置于避光且恒温在 25℃~32℃的环境中,约 8~12 天,待酒坛内散发出丝丝香甜气息时打开封口,去渣澄出酒液饮用即可。

功效:养肝肾,益精血。适用于因肝肾不足所致的须发早白、头晕失眠、目视眼花、腰膝酸软等症。

服用:口服。每日 2 次,每次 20mL,早、晚伴餐以开水冲服。

10.5.3　菊花与膳食

食物和饮食是所有文化的基石,是民族特性最可靠的象征。中餐的米饭、蔬菜和肉,通常用公用的大盘呈上,更适于大家族的聚餐。民族饮食体现了我们的种种方面,我们的宗教禁忌、阶级结构、地理、经济乃至政体。饮食也是一种语言,可以用来表达和谐、创意、快乐、美丽、诗意、繁复、魔法、幽默与激怒。

孔子早在《论语·乡党》中说过:"食不厌精,脍不厌细。"美食对于人的重要性自不待言。以花入馔和制作饮品是我国饮食文化的特色之一,而菊也为此做出了一份巨大的贡献,为我国饮食文化增添了光彩。

《御香缥缈录》载:慈禧太后爱吃白菊花。广东人以菊花为酒宴名贵配料。南京人以菊叶做菜入汤。

菊花羹

将菊花与银耳或莲子同煮(蒸)成羹,加入适量冰糖,可去烦热,利五脏,治头晕目眩等症。曹雪芹在《红楼梦》中写有"菊花鲜粟羹"。

软炸菊花丝

将菊花用矾水(1g矾加5kg水,下同)浸泡15分钟,冲洗干净,切丝,入沸水锅焯一下捞出,控净水分。将菊花丝加精盐、花椒、淀粉、鸡蛋搅匀,再滚干淀粉。锅内注油烧至七成熟,倒入菊花,炸至金黄色捞出,与泡好之净菊花瓣相拌装盘即可。色香俱全,爽口宜人。

菊花爆脊丝

菊花洗净,切丝,与肉丝一同放入碗内,加入精盐、蛋清、淀粉拌匀。锅内注油烧至五成熟,撒入胡椒粉,倒入拌匀之菊花丝、肉丝,迅速翻炒几下即成。肉丝滑嫩,菊香扑鼻。

菊花炸鲮球

将上述主、配料依次放入容器,顺同一方向搅拌均匀至起胶。挤成球状,下油锅炸至金黄色即可捞起装盘。鱼球金黄,清香浓郁。

菊花肉蟹

将菊花用矾水浸泡20分钟,清水洗净。将蟹和菊花码放盘中,加入葱、姜上笼蒸熟取出。将盐、糖、生抽、姜末、香醋、香油调成味汁,撒入花末,小碗盛起,与熟蟹一同上桌食用。此为时令菜品。

菊花百叶

将菊花洗净,与切成丝的百叶一起入沸水锅焯后捞出,控干水分。炒锅注油烧热,先下葱姜蒜丝爆香,再放菊花丝、百叶丝,加入调料,翻炒均匀即可。菊香爽嫩。

百菊鸭肠

将鲜花撕开,入矾水浸泡20分钟,控干切片。炒锅注油烧至六成熟,投入鸭肠翻炒,加入百合花、菊花及调料,炒匀起锅装盘。

菊花肥肠

菊花用矾水浸泡20分钟,清水冲净,切成末,加调料拌成馅;将肥肠切成长3cm的段,每段肠内填入调好的馅,裹上淀粉待用。炒锅注油烧热,放入填馅肥肠炸熟捞出。原锅留少许油烧热,下蒜末、姜末煸出香味,倒入肥肠段,加酱油、白糖颠炒几下即成。

菊兰鲜贝

菊花用矾水泡15分钟,清水洗净,与西兰花分别入沸水焯一下,晾凉,放入大碗待用。鲜贝过油,凉后与菊花、西兰花、精盐、味精、香油、蒜末拌匀装盘上桌。

菊冠炒西芹

将菊花、鸡冠花洗净,入矾水消毒;西芹切片,与花一

同用温开水浸泡10分钟捞出。锅内注油烧热,放入花椒、葱姜、辣椒翻炒,倒入泡好的花和西芹,加精盐、味精搅匀即成。

三花鳝鱼丝

将上述鲜花用矾水浸泡20分钟后冲净。炒锅注油烧热,放入鳝鱼丝,加调料翻炒片刻,撒入鲜花,勾芡,翻匀即可。

薯泥菊花丸

将菊花洗净消毒、切成末,与熟白薯泥和在一起调成馅。炒锅注油烧至七成熟,将馅用小勺撩起,用鸡蛋和淀粉裹一下,下锅炸至金黄色捞出,立即撒上白糖,趁热上桌。

素炒双花

将菊花用矾水浸泡 15 分钟,洗净控干。炒锅注油烧热,下葱姜炝锅,倒入菊花、菜花翻炒,加精盐、料酒炒匀即可。

海菊双丝

菊花洗净切丝。锅油烧至八成热,下葱姜丝爆香,放入海带丝、菊花丝,快速翻炒,加酱油、精盐、鲜汤、味精,用湿淀粉勾芡即成。

菊花鸡饼

菊花在矾水中泡 20 分钟,清水洗净、切末,与鸡肉馅、调料拌匀,做成小饼。锅油烧热至七成,下入鸡肉馅饼,炸至金黄色,捞起装盘即成。

芥末菊花掌

菊花矾水浸泡 20 分钟,清水洗净。锅内清水烧开,先把菊花捞出,再下鸭掌煮片刻,捞起过凉;同放盘中,加精盐、味精、芥末油、香油拌匀即成。

菊花烧卖

菊花洗净,切末,加入肉馅,调料,搅匀待用。和面,搓条,下剂子,按扁,擀皮成荷叶边形状,包入馅(上不封口),摆于小笼屉内,旺火沸水蒸 10 分钟即成。

菊参汽锅鸡

菊花、百合花矾水浸泡 20 分钟后洗净,冬笋、火腿切片,鸡翅、冬笋片分别用开水焯一下。砂锅内放入鸡翅、火腿、香菇、笋、参、杞、高汤、调料及适量清水,炖 50 分钟后撒入鲜花,再烧开即成。

10.5.4　菊花与医药

古代神农氏尝百草,发现了我国原产野菊花的食用和药用价值。春秋战国时期食菊已流行。屈原在《离骚》中有"夕餐秋菊之落英"名句。秦时菊花已由野生采集向人工栽培广为过度,彼时作为蔬菜普遍食用,都城咸阳有过较大规模的菊花交易市场。汉初,每逢九九重阳节,人们携家人亲友一起食菊糕、饮菊酒。据说汉太尉胡广,饮菊花水治愈了他的风湿病。晋唐时期,为满足社会饮食、药用和观赏日益增长的需要,菊花种植、栽培日盛。唐元结《菊谱记》载:"在药品为良药,在蔬菜为佳蔬。"宋《全芳备祖》云:菊花"所以贵者,苗可以菜,花可以药,囊之可枕,酿之可饮。所以高人隐士篱落畦圃之间,不可一日无此花也。"

明李时珍在《本草纲目》中指出:"菊之品凡百种,宿根自生茎叶,花色品品不同","其苗可蔬,叶可啜,花可食,根实可药,囊之可枕,酿之可饮,自本至末罔不有功宜乎"。他对药用菊花品种的秉性认定为:"菊备受气,他经霜露,叶枯不落,花槁不零,味兼甘苦,性秉中和"。

10.6　菊花旅游、经济和市花文化

10.6.1　菊花与旅游

自从我国发展起来，国家越发注重文化传承，旅游业也同步飞速发展起来。对于许多贫困地区来说，菊花作为一种特色产业带动旅游业的发展，从而做到促进贫困地区的扶贫政策的实施。各地举办菊花花会、菊花文化节、菊花展览会等带动地方发展。

1. 河南省

开封具有悠久的养菊历史，唐代时期就已初具规模，诗人刘禹锡曾有过"家家菊尽黄，梁园独如霜"的描述。北宋时期，无论是民间还是宫廷，养菊、赏菊已成为风尚。为弘扬悠久的菊花文化，1983 年开封市人大常委会决定许昌乡村休闲旅游研究把菊花命名为开封市"市花"，确定每年的 10 月 18 日至 11 月 18 日举办为期一个月的"菊花花会"，迄今已经举办了30 多届。开封菊花花会历经 30 年，已发展成为融观花赏菊和展示宋文化民俗于一体的盛大旅游节事活动，是河南省级大型文化旅游节会之一，并且在第 30 届实现了由"菊花花会"到"菊花文化节"的转变。以菊花为主线孕育的开封菊花旅游，在开封发展旅游业中发挥出巨大作用。

经过 30 多年的发展，开封菊会由最初的市级节会升级为省级节会，2000 年河南省委、省政府命名其为省级节会，成为河南省"二会一节"的重要组成部分。在政策的扶持和旅游业大发展的背景下，菊会规模逐年扩大。1983 年举办的第一届菊会，展菊仅有两万余盆，而2012 年第 30 届菊花文化节，共布展菊花 160 万盆，比第 29 届多 25 万盆。其中，主会场布展菊花 66 万盆，分会场布展 42 万盆。此次菊花文化节还吸引了来自美国、德国、以色列、韩国、日本、荷兰、比利时等 8 个国家的国际菊花参展。主会场由往届的龙亭公园扩展到了包括龙亭公园、清明上河园、中国翰园、天波杨府、铁塔公园等在内的整个龙亭湖风景区，开封菊花的展示已经由"点"拓展成了"面"，大街小巷处处都能看到菊花。

开封菊花花会经过 30 多年的发展，逐渐摆脱了最初仅将其作为搭建经贸活动平台的狭隘做法，越来越注重其在文化传播、旅游发展以及环境改善等方面的功能，不断丰富菊花花会的内涵和外延，使其内容日益丰富，内涵逐渐加深，从早期的"菊花搭台，经贸唱戏"发展为"经贸、文化、旅游齐唱戏"的花卉节事盛事。近些年的菊会不仅举办菊展，还同时举办了很多有一定影响力的文化活动，以第 30 届菊花文化节为例，此次文化节创设了吉祥物、开幕式、国际菊花展、中国菊花插花艺术展、中华菊王争霸赛、《天下菊花》邮票大全发行、开封千人书菊活动等一系列高品位活动（见表 6-8），更是让人感觉到一种文化的盛宴。

菊花花会作为开封市独具特色的文化旅游品牌，表现出了较强的带动作用。开封菊花的产业化生产也随着菊会的持续举办被带动起来。目前，开封市龙亭公园、汴京公园、铁塔公园、天波杨府、禹王台公园和南郊、北郊、东郊、西郊等处均设有菊花生产基地，其中南郊魁庄于 1999 年被林业部命名为"菊花之乡"，种植面积 800 余亩，年产商品菊 100 万盆，种苗200 万株近千种品种。菊花的产业化生产不仅提供了就业机会、增加了农民收入，也美化了环境，装点了开封古城。

随着菊花花会知名度的提高,影响力的增大,产业链条的逐渐完善,更多的旅游者和企业参与到了花会之中,其对目的地的经济贡献也越来越大。单纯地从菊花花会带来的旅游收入来看,中国开封第 30 届菊花文化节期间共接待各地游客 382.66 万人次,同比增长7.6%;实现旅游总收入 17.87 亿元,同比增长 12.9%,文化节期间的旅游接待量和旅游收入占到了全年总量的 1/10。此外,通过菊会期间经贸活动的开展,开封市与外地客商达成的交易额逐年递增,投资合作项目涉及文化、食品、农产品加工、纺织服装、电子信息、汽车零部件等 10 多个产业,节事旅游的经济带动作用十分明显。

2. 辽宁省

兴城的菊花岛古称觉华岛,俗称大海山,后因漫山的野菊花盛开而改为菊花岛。登上岛到达山顶,极目望去,天水一色,苍苍茫茫,蔚蓝的海面渔帆点点,海鸥竞翔,难怪清代诗人和瑛赞美菊花岛:碧海真如画,蓬壶隔水涯。波澜成雉堞,耕幽隐人家。时放桃花棹,堪寻菊谷花,何日剩跻往,绝顶隐流霞。

当年,菊花岛是远近闻名的佛教圣地,辽代名僧司空大师就曾居住在岛上。后来圆融大师在这里修建了"龙宫寺",该寺规模宏大,飞檐斗拱,雕梁画栋,十分壮观,后年久失修。明天顺四年(1460 年),朝廷意在其原址"去其大侈,葺其颓坏,乃修五脊六兽大悲阁一座,塑千眼千手佛一尊",并立《重修大悲阁座记》石碑,此碑至今尚存。在陡峭的石壁上,有一个洞口,洞深 0.5kg。这就是传说中的"唐王洞"。岛上还有八宝琉璃井,此井用长条石筑成八角形状,深 10m。为寺院的食水井,虽在海岛之上,井水却甘甜如泉。

兴城隶属于辽宁省葫芦岛市,为县级市,菊花是兴城的市花,是兴城人民精神面貌的象征。菊花岛为辽东湾内第一大岛屿,岛内的坡岗山洼遍生野菊花,并建有占地 40 亩的人工菊花园。中秋时节,岛上菊花盛开,香飘万里,风光秀美,景色宜人,是旅游观光、休闲娱乐的好地方。2000 年 9 月 26 日,为了进一步提高兴城的知名度,把菊花岛建成世界级旅游品牌,推动兴城经济进一步发展,兴城市委、市政府在菊花岛上成功举办了兴城首届菊花节。菊花节以观菊赏花为主线,把招商引资、经贸洽谈、文艺演出等活动有机地结合起来,收到了良好的社会效益和经济效益。现在,菊花节已成为兴城人民一个重要的旅游文化节日。

此外,新疆也举办了菊花节,国庆前后,昌吉农业高新技术园区举办首届新疆(昌吉)菊花节,指挥部也组织了州直的援疆干部前往观光。花展在福建是传统的节目,最大的是每年11 月中旬于漳州市举办的海峡两岸花卉博览会。菊花对福建人来说,既不陌生,也不稀奇。可像昌吉这么大规模的菊花展,在福建还是难得一见的。

这个菊花节的成功举办是福建产业援疆成果之一。农业园区引进的福建凤凰远山农业发展有限公司,为菊花节培育了 400 多个菊花品种,面积 200 亩菊花色彩纷呈、规模宏大。据统计,参观菊花展的人数达 20 多万人次,展会现场给游客的视觉冲击十分强烈。新疆人喜欢花,尤其少数民族更为喜爱。从牧民毡房的挂饰到姑娘大妈的服饰,各种各样色彩艳丽的花卉是不可缺少的题材。民族群众家庭室内摆设,花儿也是少不了的,即便没有鲜花,也要摆上些塑料花或绢花,增添生活的情趣。可见新疆人爱花、爱美、爱生活。

俗话说"物以稀为贵",鲜花在新疆"得宠"自有它的一番原因:新疆冬季气候严寒,想看到鲜花得耐心地等上半年时间;大漠戈壁一望无际,有的只是漫天黄沙和飞走的砾石,花儿在这种环境下则显得近乎奢侈;由于新疆的气候和缺水等原因,适宜大面积栽培的花卉品种不多,如果从内地运到新疆,鲜花价格肯定不菲,一般的工薪阶层要想把鲜花带回家,还要仔细合计再下番决心。

新疆鲜切花市场潜力巨大,面向中亚市场又有独特的区位优势,加上特有的光热资源,花卉产业前景看好。福建省花卉栽培是传统的优势产业,在产业引进过程中,昌吉农业高新技术园区充当了"护花使者"。他们从培育菊花产业起步,引入了第一家福建花卉企业,成功举办了第一届新疆菊花节,这是启动新一轮援疆后初绽的一朵产业援疆之花,是各方共同努力、精心培育的成果。

"一花独放不是春,百花齐放春满园"。随着新一轮援疆产业对接工作的不断推进,我相信将有更多更美的援疆企业之花,在新疆天山南北落地生根、健康成长、绚丽绽放!

10.6.2 以菊花为市花的地区

选菊花作为市花的城市有北京,河南开封,江苏南通,张家港,山西太原,湖南湘潭,广东中山,山东德州,台湾彰化。

北京:1986 年菊花与月季一起被选定为北京市的市花。

菊花原产中国,栽培历史悠久。明、清时期,北京渐渐成为菊花的栽培中心,全国各地也纷纷将名品奉献京城,养菊、赏菊蔚然成风。菊花姿色俱佳,在北京有着悠久的栽培历史,元、明时期民间养花就以菊花为主,而北京传统艺菊的水平也很高,并且傲霜凌寒不凋,似乎具有北京人的性格,因此菊花被选定为北京市的市花。

20 余年来,菊花展览已进入公园,方便广大群众去领略它的风采。诗人誉菊花为"铁骨霜姿",由于它怒放在百花凋零之际,被人们赞叹为是具有坚毅气节和高超品质的花卉。菊花中的名品"香白梨"是老北京人吃菊花锅子不可或缺的精品。围绕着菊花,北京市每年都开展一系列的文化娱乐活动。2003 年 11 月在北海公园举办了第二十四届北京市市花——菊花展览,展出一万多盆,近五百个品种。

河南开封:1983 年,开封市第七届人大常委会第十七次会议通过了菊花为开封市市花的决议。同时将每年的 10 月 25 日到 11 月 25 日定为菊花节。

开封栽培菊花历史悠久,早在宋代就已驰名全国。开封民众酷爱菊花,家家有养菊、赏菊的传统。开封人爱菊,不仅爱其绚丽多姿的花朵,更爱其迎寒吐蕊、傲霜怒放的性格,这正是开封人民坚毅顽强、奋发进取精神的最好象征。开封市在每年金秋十月举办菊花花会,如今已成为全市规模最大的旅游文化节庆活动。2010 年中国第十届菊花花会就在开封举行,可见菊花在开封的影响,以及开封菊花在全国的影响。

开封菊花花会已成为开封乃至河南众多旅游资源中一个独具特色的品牌。菊会时节,全市展菊多达 300 万盆、品种 1300 个,形成了"满城尽菊黄"的壮观景象。由于历届菊会的推动,开封的养菊技艺也得到长足的发展,在历届全国菊花品种展赛中,开封参赛菊花艳压群芳,取得了"四连冠"的好成绩。而 1994 年在昆明举办的世界园艺博览会菊花专项大赛中,开封参赛花更是一鸣惊人,夺得大奖总数第一、金奖总数第一、奖牌总数第一,三项桂冠,"开封菊花甲天下"成为不争的事实。

江苏南通:1982 年 8 月 20 日南通市第七届人大常委会第十六次会议通过了关于以广玉兰为南通市市树、菊花为南通市市花的决议。

南通民间喜养菊、赏菊,1966 年前有 600 多个菊花品种。自 1982 年菊花被定为市花后,每年深秋举办菊花展览,开展评比活动,花木市场活跃,菊花品种增加,栽培技艺提高,市花培植得到普及。过去南通养菊一般习惯于地栽,1982 年后,逐步发展到盆栽和防雨棚架栽培。所培育的菊花花朵硕大,株型优美,大立菊由原来一株着花 200～300 朵,增加到 2000～3000 朵;崖菊由原来长 1.5 米增长到 3 米多;宝塔菊由原来的 1.5 米高,增加到 3 米多高;艺菊形式由多头菊、小型立菊、树菊、悬崖菊四五种逐步创造发展到十多种,有多头菊、独木菊、案头菊、桩菊盆景、微型艺菊盆景、树菊、大立菊、小立菊、宝塔菊等。

近年来,南通市的花卉科研人员潜心研究菊花的保种保育技术,如今菊花品种已发展到 1640 多种,菊花的品种、数量、质量、种植面积都位居全国前列。

湖南湘潭:1986 年,通过民选的方式,菊花被湘潭市确定为市花。

湘潭市,位于我国湖南省的中部偏东地区,湘江的中下游。那是一座已有一千两百多年历史的古老城市,是一片神奇的土地。湘潭市人杰地灵,人才辈出,一说起湘潭,相信没有人不会想起我们伟大的领袖毛主席;它也是老一辈无产阶级革命家——彭德怀的故乡;是杰出的艺术家、世界十大文化名人之一的齐白石的故土。湘潭的菊花培植有着悠久的历史。如今,湘潭市菊花培植出了 10 多个品种,其中独本菊、艺菊、高接菊等品种在全国具有领先水平。

正如南宋郑思肖诗写的一样:"宁肯枝头抱香死,何曾吹落北风中。"菊花这种顽强的性格特征与湘潭市人民的"为有牺牲多壮志,敢教日月换新天"的精神有着异曲同工之妙。

广东中山:1985 年 2 月 3 日,中山市第七届人大常委会第七次会议通过,菊花作为中山市市花的决议。

相传南宋咸淳十年秋,第一批迁徙来到中山拓荒的先民,便为那遍野的黄菊所着迷,中山艺菊的历史就从此写起。在中山,最擅长栽菊花的当数小榄镇人,清代嘉庆年间,小榄镇就有了每隔一个甲子(六十年)为一届的"菊花会"。

在菊花被确定为市花以后,中山市人民将传统继承并发扬光大,于 1996 年举办第一届市花欣赏会,此后分别于 1998 和 1999 年举办第二、第三届菊花欣赏会。规模庞大的菊展,蜚声海外,闻名遐迩。

山东德州:1982 年,德州市第十四届人大常务会第 19 次会议,审议通过了市人民政府提出的关于将枣树、菊花定为德州市"市树、市花"的议案。

德州菊花,以"花大、色艳、株矮、杆粗、叶茂"五大特点著称。历史上,北魏孝文帝时,德州就有种植菊花的传统;明清时期,德州菊花成为宫廷贡品;中华人民共和国成立后,菊花在德州地区的庭院、农田中广泛栽培;1993 年国庆庆典,德州菊花成为天安门广场庆典仪式用花中唯一的外地进京花卉。

2010 年 11 月,在河南开封举办的第十届中国菊花博览会上,由德州市送展的菊花冠绝开封,共获得 18 个奖项。其中,百菊赛和展台布置艺术,均获得最高奖;专项品种菊获得 6 个金奖、7 个银奖,在 63 个参展城市中,位列全国第二、山东省第一。在参加全国菊展之前,从 1981 至 2000 年,德州市还曾自行举办过 18 届菊展。

2000 年撤地建市后,德州市再次将菊花确定为市花。一系列活动和举措,使德州"菊城"的形象深入人心,德州菊花的整体发展水平呈现持续增长的良好势头。特别是 2000 年第 18 届菊展,德州市专门成立了花卉产业领导小组具体组织展览事宜,参展主体也由市区单位及近郊花农延伸到全市各个县(市)区,当届菊展规模空前,声名远播。受此影响,2000 年德州全市栽种菊花面积达到 500 亩,街头随处可见蹬三轮车卖菊花的商贩,产业链下游的菊花茶等深加工企业也迅速发展。

作为中国菊花的翘楚,德州菊花的声望不容置疑,但忧虑仍存。2000年德州市菊展之后,除了参加全国菊展,以营造氛围为主的花展,则销声匿迹。10年过去了,德州市民间菊农和企事业单位的花匠都陆续转行,社会养菊活动几近消失。作为当年"称霸一方"的角色,如今的情况被市民们所注意,人们不希望历经千百年历史长河,因而涤浣的德州菊花就这样慢慢淡出了历史的长河,因而人们通过各种途径,挽救"菊城"的"前世今生"。如何让"菊城"名号再度叫响全国,在默默坚守中,政府部门开始积极寻找出路。

10.7　菊花的园林文化

10.7.1　菊花在我国古代的园林栽培应用

3000年前春秋时期已有文字记载菊花,在《尔雅》中记有"鞠,治蘠",鞠即为菊花。在孔子著的《礼记》月令篇中记载有"季秋之月,鞠有黄华",意为秋末的月份菊花开黄花,这是最早对菊花花期、花色的叙述。

自晋代起人们已在田园栽种菊花观赏。东晋伟大诗人陶渊明(365—427)爱好菊花,他的"采菊东篱下,悠然见南山"成为千古名句;他的"方菊开林耀,青岩冠岩列,怀此贞秀姿,卓为霜下杰"是历史最早赞颂菊花高洁性格的诗句。菊花冷傲高洁,早植晚发,傲霜怒放,凌寒不凋,岁晚弥芬芳的品格为古今文人志士所歌颂。

唐代菊花栽培已经很普遍,品种逐渐增多并出现紫色和白色变种。从唐代起菊花开始普遍应用于庭院景观设计。李商隐的诗中有:"暗暗淡淡紫,融融冶冶黄,陶令篱边色,罗舍宅里香。"唐代大诗人白居易(772—846)赋白菊诗中有"满园花菊郁金黄,中有孤丛色似霜"可以佐证。

宋代开封有大小园林景点一百多个,菊花在九月九重阳节前后开遍全城。开封的养菊技术也相当高明,如在菊花的栽植技术上采用移花接木的嫁接手法,使新的菊花品种不断涌现。老百姓们开花市、进行赛菊花比赛,也促进了菊花的发展。民间的赛菊活动一直保持到现在。酒店的掌柜,在菊花盛开之时,把菊花扎成一座座花门,让酒客在花门下进出,饮完酒临走时,掌柜还摘一朵花插在人们的帽檐上以吸引更多的顾客。皇城内菊花更是争奇斗艳,插菊花枝,挂菊花灯。

明清时期,士流园林的全面文人化,文人园林涵盖了民间的造园活动,导致私家园林达到了艺术成熟的高峰。菊花景观配置中广泛应用。其中在江南地区涌现了一大批优秀的造园家,建筑叠山观赏植物方面技术趋于完善,专著层出,文人画盛极一时,相应地巩固了写意创作的主导地位,除了以往的全景山水缩移模拟外,出现了以局部象征总体,造园出现地方分格,在艺术格调、审美艺术、造园手法上标志着成熟时期的百花争艳局面的到来。

10.7.2　菊花在近现代园林中的栽培应用

我国有着悠久的菊花栽培历史,在源远流长的养菊、赏菊、品菊、咏菊、画菊的传统中,培养了国人的雅洁情操和民族气节。菊花不断地融入文化和生活中,从而形成了一种与菊花相关的文化现象和以菊花为中心的文化体系。以菊花文化为主题进行设计,注重引入更多人与植物的互动空间,以建筑群体为框架,兼顾展示、观赏、参与性空间实用功能。体现菊花所承载的中国传统文化的内涵,是设计内涵能够体现出菊花于儒家之"高洁"、道家之"隐逸"、禅宗之"冰清"的传统审美形象的特征,具有深厚的文化底蕴。

菊花专类园是以展示菊花为主题的园林空间,旨在突出菊花造景,深刻挖掘菊花文化内涵,通过园林景观营造与施工,创造一个优美的游憩场所,丰富菊花专类园周边人们的休闲生活,还可以进行菊花科学研究和科普教育,俗称"菊花园"。首先,随着社会的不断发展,中国许多有特色菊花品种和技艺都在逐渐消失,建立菊花专类园对积极保护菊花种质资源,传承中国传统文化都有重要意义。其次,建立菊花专类园为深入研究经济性与观赏兼用的菊花品种提供了机会,能不断提高具有较高经济价值菊花品种的利用率。最后,菊花专类园的建设作为园林景观规划中一个重要应用,不但改善了环境,而且为人们提供了茶余饭后休憩、游览的场所。

菊花塘公园

菊花塘公园位于湘潭市东泗路西侧,交通便利,1992 年 4 月 28 日对外开放。全园以植物造景为主,春花烂漫,夏荫浓郁,秋色绚丽,冬景苍翠,四时有景,多方景胜,景景不同,季季各异。其中植物有以色彩鲜艳见长,有以芳香馥郁著称,有以苍翠挺拔取胜,风景妩媚幽美,恬淡宁静。

园中植物品种繁多,自是以菊为中心,充分概括其主题。自南至北依次成片区的种有千年苏铁、枫树、樱花、古罗汉松、青松、蔷薇等植物,更是有香樟、杨柳、红桎木、青草地随影相依,好不自在与闲适。一棵棵树似自地而发,并没经过移栽,也没有什么阵势,一切那么悠然自得,那么理所当然,让人能充分体会到它生命的展示与阳光下的活力。

公园占地 14 公顷,分区采取大小相间,幽畅变换,开合交替,虚实组合的园林空间。全园分 10 个景区(由北向南)。通过流香涧和松云涧把各个景区有机地联系在一起,每个区为一面向水、山坡起伏的空间。

园内设施内有供儿童玩耍的各种运动器械,还有老少皆宜的游船、风车、茶庄、别有风趣的烧烤场等,以及中日友好 5 周年纪念栽种的樱花。

菊花台公园

菊花台公园位于南京主城南部,盛产菊花,有着"南郊风景一明珠"之美称。相传清乾隆皇帝下江南路过此处,时值金秋,但见满山浮金点玉美景不凡,遂欣然题名"菊花台"。

菊花台公园还是座纪念性公园。占地 800 平方米的菊花台九烈士墓,安葬着国民政府驻菲律宾等地的九位外交使节忠骸,是公园内最重要的景点之一。1942 年,马尼拉沦陷,中国九位驻外使节在日军严刑拷打下,大义凛然,威武不屈,最终惨遭日军杀害。1947 年 7 月,他们的忠骸由专机运抵南京,同年 9 月安葬于菊花台,公园也因而一度更名为忠烈公园。墓地为扇形,四周松柏茂盛,花木宜人。新建的事迹展览馆陈列着烈士的遗物和各界人士瞻仰悼念的照片,更被定为省级文物保护单位、市青少年德育教育基地。园内依山堆叠的假山、水池和飞溅的瀑布气势雄浑,翠竹茂密,花木扶疏,清香怡人。公园的南半部还有明清时期的天隆寺、塔林、玉乳泉、古银杏等古迹。

菊潭

菊潭,又名菊花潭,俗称不老泉,位于河南省西峡县丹水镇南部、菊花山北坡山坳中。因菊潭山上的菊花倒映水潭而名。古时，菊花山间，山菊青春，泉水潺潺，每值中秋，菊香潭碧，"菊花倒浸秋潭水"，映出"菊潭秋月"之美，被誉为内乡八大景之一。

菊潭菊花即郦菊是中国古代非常著名的菊花，史书中有大量记载，长期食用者多长寿，并有"南阳之寿"的典故。

菊潭位于河南省西峡县丹水镇菊花山。菊潭水清澈透底，水质甘甜。山崖上的菊花飘落于水中，长年浸渍，饮之可清利头目，解热除烦。历史上菊潭潭清可鉴，水极甘馨，山上菊花影映其中，风景秀丽。菊潭之菊兴于东汉，盛于隋唐，衰于明末。自唐代起，众多名人墨客为菊潭之菊留下了诸多名贵诗篇，受自然灾难影响，到明清时，菊潭已是山菊敛迹，碧潭淤塞。明清两代，游览菊潭的文人骚客留下了一些诗篇，多为追念之作。

中国菊园

中国菊园位于开封新区水稻乡花生庄村，成立于2013年6月，一期项目总面积1400亩。作为开封市2016"文化＋旅游重点项目"，中国菊园始终坚持以科技为支撑，市场为导向，努力把菊园建成菊花的种植基地，建成国内具有权威性的菊花科研、生产、销售中心，成为新型生态旅游景区。

"中国菊园"位于开封连霍高速路口北500米，是一座以大宋京郊文化为主题，休闲健康为基础，依托开封深厚菊文化建成的全球第一大型菊花特色的生态旅游景区。景区占地面积1400余亩，是吉尼斯世界纪录7995平方米的"美丽开封"菊花鲜花毯的诞生地。

中国菊园，菊花种植品种繁多，有泉乡万胜、禾城星火、紫绣球、金龙腾云、冷艳、春日剑山、霜满天、枫叶红玉等精品苗种2000多种，共计130.2万盆。2014年种植菊花共计1175万株。其中，精品菊花430万株，造型菊花10万盆，食用菊200多万株，药用菊300多万株，常用布展类菊花235万盆。除了大面积的花海，园区内还种植造型丰富的艺术菊花：有长度30米的菊龙、高度2.8米的花瓶和狮子，还有大象、孔雀、花柱、菊球等。中国菊园在北京、广州、杭州、江西、南京等多地都有布展设计，经验十分丰富。

中国菊园已与中国农业大学农学院、园林学院签署了合作协议，聚集了国内业界实力顶尖的科研队伍，拥有一支具有核心竞争力的专业化团队，承担着国家科技攻关实验研究成果向社会效益和经济效益转化的重担。中国菊园与中国农业大学联手推出四株高大的"千彩菊树"——在同一支植株上盛开多色菊花。"千彩菊树"由青蒿嫁接，耗时1年多时间精心培育而成，由1000多个不同品种的菊花嫁接组成。全国仅有的四株"千彩菊树"都在中国菊园。

腾格里沙漠湿地·金沙岛

腾格里沙漠湿地·金沙岛旅游区菊花园占地面积100亩，这里种植有万寿菊、黄金菊等多种菊花品种及品类。

腾格里沙漠湿地·金沙岛旅游区菊花园在菊花种植的基地上，结合其他设施塑造菊花为主题的景观小品和景观建筑。通过种植不同种类菊花，形成多种菊花汇集而成的菊花大观园，形成黄色系的沙漠花园景观区。菊花在秋冬季节依然花朵繁盛，有效地补充了玫瑰花、薰衣草等花卉的花期空白。

在秋冬季节游客们依然可以置身于黄金色的灿烂花海中。同时，景区园艺师通过对各类菊花盆栽景观塑造精雕细琢，延伸出层次分明、错落有致的花园美景，真可谓一步一景，美不胜收。

10.7.3　国外的专类园营造和园林栽培

荷兰库肯霍夫花园

荷兰阿姆斯特丹附近的库肯霍夫花园,是欧洲最迷人的花园之一。这座花园占地面积32顷,有600多万株各式花卉,绘出一幅幅令人惊叹的彩图。每年春夏,世界各处慕名而来看花展的游客,不计其数。漫步在库肯霍夫花园当中,就像置身于花海之中,鸟语花香,令人陶醉。

库肯霍夫花园还有丰富的花展,碧翠丝庭苑(Beatrix Pavilion)举办大规模的兰花展;奥兰治拿骚庭苑(Orange Nassau Pavilion)每周都会有令人称奇的新品花展。还有郁金香展、小苍兰展、非洲菊展、玫瑰展、黄水仙与特殊球茎花卉展、六出花展、菊花与马蹄莲展、康乃馨与夏季花卉展等。

美国贝林格拉思花园

由移动的第一家可口可乐瓶装商创建,Bellingrath 花园和 Home 公司保留了沃尔特和贝茜·贝林格拉思的遗产。该地最初是贝林格拉思先生的一个渔场,在 20 世纪 20 年代后期被改造成一个壮观的花园庄园。花园于 1932 年 4 月首次向公众开放,为期一天,以纪念在莫比尔举行的国家花园俱乐部会议。花园占地面积 65 英亩(1 英亩≈6.07 亩)的花园,全年都有季节性花朵,秋天的花园中,到处盛开着美丽的菊花,有着不同的花型、花色和造型,引人驻足欣赏。

美国贝尔维尤植物园

美国华盛顿州贝尔维尤植物园是一个城市避难所,包括 53 英亩的栽培花园、恢复的林地和天然湿地。1992 年向公众开放,贝尔维尤植物园由许多花园组成,包括岩石园和鸢尾花园、菊花花园、水上花园、峡谷体验、富士花园、地被植物花园、多年生花园、杜鹃园等多个主题花园。

日本栗林公园

栗林公园占地 75 万平方米,建于 1642 年,100 年后才竣工,本是松平家族的私家园林。"栗林"二字出自中国庄子《山水篇》中的"游于栗林"之句。园内设有永代桥、群鸭池、飞来峰、津筏梁、凤尾坞、涵水池、南湖和掬月亭十二胜景,还有动物园、美术馆和民艺馆等设施。

庭园以浓绿的紫云山为背景,配置了 6 个水池和 13 座假山,一步一景,四时多变。南湖是园中最大的湖泊,飞来峰是观赏南湖最佳处。园中树木以黑松为主,配有多彩的树木;春有樱花,夏有莲花和菖蒲,秋有菊花,冬有山茶等,将庭园渲染得色彩缤纷。

韩国如美地植物园

如美地植物园号称是全亚洲最大的植物园,这里收集了世界各地的花草树木,是一个集旅游、休闲、科普等多功能于一体的综合性景区。这个植物园内奇花异草汇聚一堂,但是最令人印象深刻的却是园中的望塔,在那里可以远眺周边的风景,乐天饭店、七仙女桥、高尔夫球场等济州岛的名胜会尽收眼底。

如美地植物园的花蝶园内长满了色彩缤纷的花朵,每到春季这里就会飞舞着千姿百态的蝴蝶,令人眼花缭乱;水生植物园中都是奇妙的水中花木,它们独特的生存方式令人啧啧称奇;热带果树园里充满了浓郁的赤道风情,藤蔓遍布。除此之外,这里还有生态园、肉质植物园、菊花园等多个旅游景点。

10.7.4　我国菊花的主要园林应用形式

菊花是园林应用中的重要花卉之一,广泛应用于花坛、地被、盆花和切花。菊花品种繁多,花型及花色丰富多彩,花期长,花量大,不仅可以展示其个体美,而且可以体现组合美、群体美。用于公园绿地,是布置花坛、花镜及岩石园等的好材料;用于厅堂、廊亭馆榭,是一种美丽的陈设;用于菊展,是展览布置的主体部分。所布置的景点热烈、美丽、富有情趣,而且意境深远,为人们的生活增添无穷的情趣,给人以美的享受。

花坛密植

花坛密植不在于种类繁多,而要图样简洁,轮廓鲜明,有形状有对比,才能获得良好的效果。宜选用花色鲜明艳丽,花朵繁茂,在盛开时枝叶不甚明显又能良好覆盖土壤的品种。由于其花色鲜艳,花期早,也常用作早春花坛布置,因其植株少而土面裸露,可在株间配植低矮而枝叶繁茂美观的矮生花卉作为球根花卉的衬托。但不论何种种植方式,都应注意陪衬种类要单一,花色要协调,可将不同颜色,但株高花径大体相同的春菊应用于不同的造型图案的花坛中,可使花坛图案统一并富有造型。此外,春菊可以与其他花卉或灌木搭配种植,使花坛高低错落、富有变化,从高处观赏更是赏心悦目。

花丛配植

花丛配植是应用较多的一种形式。依环境的不同,可以是自然曲线,也可以采用直线,而各品种春菊的配植是自然斑状混交。春菊因其颜色绚丽,可将其与暗色灌木搭配使花丛增添亮点;也可与明亮彩色的其他花卉混植,让花丛显现得更加夺目。成丛的春菊种植或在景石周围做点缀,更好地衬托了景点。在小型乔木或灌木下种植春菊,丰富了植物造景上的层次。这些方式在上海植物园、闵行体育公园等公园中被广泛利用。

花境种植

花境种植也是应用较多的一种形式。将春菊布置于绿篱、栏杆、建筑前或道路两侧。与硬景相衬托,使花境在春天也可凸显出典雅田园之美。利用其株型挺拔、花色多样的特点可与花期较同步的灌木、花卉和观叶植物搭配组成花境。南非万寿菊无论作为盆花案头观赏还是早春园林绿化,都是不可多得的花材。如闵行体育公园中,将其作为花境的组成部分,与绿草奇石交相成趣,更能体现出它那和谐的自然美。

菊花展台

利用菊花在广场、公园等进行菊花展台布置等造景,主要以菊花为主,辅助以其他材料,通过摆放来完成一个作品(以花坛的形式),体现一种寓意。一方面传承菊花深厚的物质文化,另一方面传承菊花的精神文化,传承菊文化代表的民族精神与品格。例如位于晋祠博物馆庙前广场的龙腾盛世花坛,几十盆悬崖菊编制成的"龙珠"悬挂在半空,4 条长 20m 的巨龙,由数千盆红、黄两色菊花制成,巨龙张着嘴,喷出红色的"火焰",盘旋着腾空跃起向"龙珠"飞去。

再如迎泽公园国庆期间的菊花展台。充分利用菊花植株的株形、株高、花序及观赏特性,以组合式花坛的形式给人以高低错落有致,花色层次分明的感觉,创造出丰富美观的立面景观。这些展台是由多组单体花坛所组成的大型花坛,主体造型明显,主要由菊花和其他低矮的观赏植物组成,或者用竹竿或铁丝棒制成各种造型的架子,在架子上摆放和栽种各种菊花和其他植物,表现群体组成的精美图案或装饰纹样。

移动花坛

用盆栽菊花拼装的花坛,成为移动花坛,多用于重大节日,一般选择应时花卉,要色彩鲜艳,突出欢快明朗气氛,为城市景观增加新鲜感。

菊花造型

菊花造型即利用不同的菊花品种经过艺术处理,把菊株培育成一种特定的形式以供观赏。根据造型技艺,菊花造型可分为独本菊、多本菊、案头菊和造型菊。其中造型菊依其样式的不同,分为大立菊、悬崖菊、塔菊、盆景菊以及其他造型的菊花扎景等。经过调查研究,发现上海园林绿地中菊花造型形式多为多本菊、造型菊。

总之,随着现代城市建设的飞速发展,人们的欣赏水平不断提高,菊花种类不断丰富,菊花的应用越来越广泛,大到城市绿化的公园、广场、街道、公共绿地以及菊花展览,小到厅、廊、居室,均可见到它的芳踪。表现手法可为一盆花,一个插花,也可为一个造型,还可以摆成花坛。

11 中国传统园林名花——桂花文化

11.1 桂花名考和栽培历史

11.1.1 桂花名考

桂花(*Osmanthus fragrans*)是中国十大传统名花之一,属于被子植物门双子叶植物纲唇形目木犀科木犀属植物。同属植物约 30 种,原产于我国西南地区(中国植物志第 61 卷 1992)。18 世纪 70 年代由广州传到英国,然后在欧洲、美国、韩国、日本都有了少量栽培。桂花因其叶脉形如"圭"字而被称为桂、圭木等,其木纹理如犀,因此得名"木犀";丛生于岩岭之间,故名为"岩桂"或"山桂";又因其花香馥郁远溢,故此称为"九里香";古人以"茸金繁蕊"来形容桂花,"金粟"因此而得名;《尔雅》记载:"浸木,桂花也,一名木犀花淡白,其淡红者谓之丹桂,黄色能子,丛生岩岭间。"姚氏《西溪丛话》把三十种客人与 30 种花卉相配,桂花被誉为"岩客"。在悠久的栽培历史中,桂花还有许多别名,如浸木、岩桂、七里香、圭木、广寒仙、岩犀、树祀、紫阳花、无暇玉花、仙友、仙客、金雪、古香、珠英、冼枝、幽隐树等,每个名字都从不同侧面反映了桂花的某方面品性。

11.1.2 桂花栽培历史

1. 东周—南北朝时期(前 770—581 年)

根据考古资料,桂花在我国的生长历史可追溯到 1 万年前的新石器时代,考古工作者在广西桂林南郊的甑皮岩洞穴遗址中,曾发现有桂花的花粉。桂花由野生的天然生长状态到人工栽培,经过了漫长的引种驯化过程。最早有关桂花栽培的文字记载,是在公元前 3 世纪的春秋战国时期,《山海经》一书中共有五处提及桂、桂山或桂术,如《山海经·南山经》中提到"招摇之山,其上多桂"。《山海经·西山经》中又说:"皋涂之山,其小多桂木。"秦汉同缀辑的《尔雅》一书中,详细地记载有关于桂花的内容。在此期间帝王宫苑兴起,汉武帝初修上林苑,群臣所献奇花异木 2000 余株,其中有桂 10 株。汉元鼎六年(前 111 年),武帝破南越,接着在上林苑中兴建扶荔宫,植桂 100 株。南朝齐武帝(483—493 年)时,湖南湘州进桂树植上林苑中。由此可见,桂花引种皇苑已获成功,并具一定规模。

自汉代至魏晋南北朝时期,桂花成为名贵花卉与贡品。西汉刘歆撰写的《西京杂记》中记载:"汉武帝初修上林苑,群臣皆献名果、异树、奇花两千余株,其中有陶桂十株。"汉元鼎六年(111 年),武帝破南越后,接着在上林苑中兴建扶荔宫,广植奇花异木,其中有桂花树 100 株。当时栽种的植物,诸如甘蕉、蜜香、指甲花、留求子、龙眼、荔枝、槟榔、橄榄、千岁子、柑橘等,大多枯死,而桂花有幸活了下来,司马相如的《上林赋》中也提到桂花,由此可见,桂花引种帝王宫苑,汉初已获成功,并具一定规模。

晋代嵇含的《南方草木状》中记载:"桂出合浦,生必以高山之巅,冬夏常青,其类自为林,间无杂树。"南京为六朝古都,南朝齐武帝(483—493 年)时,湖南湘州送桂树栽植在芳林苑中。南朝的陈后主(583—589 年)为爱妃张丽华造"桂宫"于庭院中,植桂一株,树下置药杵臼,并使张妃驯养一白兔,时独步于其中,谓之月宫。帝每次宴乐,呼丽华为张嫦娥。由此可见,当时把月亮认作有嫦娥、桂树、玉兔存在的月宫这一传说已相当普遍,说明早在 2000 多年前,我国就把桂花树用于园林栽培了。目前在一些地方,还保留有不少珍稀古桂花树。

2. 唐宋时期

唐、宋以来,桂花栽培之盛,记载典籍之多,更是空前。唐代文人植桂十分普遍,吟桂蔚然成风。柳宗元自湖南衡山移桂花十余株栽植在零陵所住宅舍。大诗人白居易曾为杭州、苏州刺史,他将杭州天竺寺的桂子带到苏州城中种植。他不仅自己种植,还要嫦娥在月宫增植桂树。有诗咏曰:"遥知天上桂花孤,试问嫦娥更要无;月宫幸有闲田地,何不中央种两株。"唐相李德裕在 20 年间收集了大量桂树,先后引种到洛阳郊外他的别墅所在地。此时园苑寺院种植桂花,已较普遍。有关桂花的神话传说也不断出现。尤其是唐代小说中的"吴刚伐桂"的故事,更在我国民间广泛流传。这一传说引自唐代段成式所撰《酉阳杂俎》(860 年)。据传说:月中有桂树,高五百丈。汉代河西人吴刚,学仙修道犯道规,被罚到月宫中去伐桂。吴刚每天伐树不止,但此树随砍随合,总不能伐倒。千万年过去了,而那棵神奇的桂树却依然如旧,生机勃勃,每临中秋,馨香四溢。只有中秋这一天,吴刚才能在树下稍事休息,与人间共度团圆佳节。在这个传说中,月亮和桂树是两位一体的,桂树与月亮一样象征长生。宋之问的《灵隐寺》诗中有"桂子月中落,天香云外飘"的著名词句,故后人亦称桂花为"天香"。李白在《咏桂》诗中咏曰:"安知南山桂,绿叶垂芳根。清阴亦可托,何惜植君园。"表明诗人要植桂园中,既可时时观赏,又可时时自勉。这种需要,导致园中栽培桂花日渐普遍。宋朝梅尧臣的《临轩桂》诗曰:"山楹无恶木,但有绿桂丛。"欧阳修的《谢人寄双桂树子》中,用"晓露秋晖浮,清明药栏曲"的诗句,暗示桂花已移植到诗人庭院中的芍药栏杆旁。宋代毛滂《桂花歌》中的"玉阶桂影秋绰约"诗句,说明在玉色的台阶前种植了桂树。上述,说明唐、宋以来,桂花已被广泛用于庭院栽培观赏,逐渐由帝王宫苑,扩种到达官显贵和文人墨客的庄园。

桂花品质高洁朴素,故赢得历代名人的赞赏。唐代诗人白居易身处漩涡,但"中立不倚,峻节凛然,于八木之中,而自比桂树"(宋葛立《韵语阳秋》)。宋代诗人张镃在宅旁广种桂花,并作诗曰:"吾亦爱吾庐,第一桂多种。"南宋爱国名相李纲很喜欢桂花,他抗金壮志未酬,晚年退居福州,其书斋命名为《桂斋》,而且亲植桂花以明志。后来,民族英雄林则徐在李纲祠旁筑一读书处,也题名为"桂斋",以示继承李纲爱国遗志。在民间,因"桂"与"贵"同音,故古往今来,许多人起名字都喜欢带"桂"字。

3. 元明清时期

唐、宋以后,桂花在庭院栽培观赏中得到广泛应用。元代倪瓒的《桂花》诗中,有"桂花留晚色,帝影淡秋光"的诗句,表明了窗前植桂的情况。明朝沈周《客座新闻》中记载:"衡神词其径,绵亘四十余里,夹道皆合抱松桂相间,连云遮日,人行空翠中,而秋来香闻十里,其数竟达一万七千株,真神幻佳景。"可见,当时已有松桂两树配置作行道树。在我国传统的配置桂花方法中,通常在厅前或平台旁以两株对称栽植,称之为"双桂当庭"、"双桂留芳"。我国旧时庭院,常把玉兰、海棠、牡丹和桂花四种传统名花,同栽庭前,以取玉、堂、富、贵之谐音,喻吉祥之意。

明代李时珍的《本草纲目》中记载:"花有自者名银桂,黄者为金桂,红者为丹桂。有秋花者,春花者,四季花者,逐月花者",对桂花品种进行了分类。同时代的文震亨在《长物志》中,还对桂花在园林中的配置、栽种等应用,作了详细的叙述。清代陈淏子的《花镜》,又在前人的基础上,对桂花作了进一步的系统记述。

桂花的民间栽培,始于宋代,盛于明初。我国历史上五大桂花产区的江苏吴县、湖北咸宁、浙江杭州、广西桂林和四川新都,均在此间形成。这些产区的先人,为子孙后代留下了可贵的古木见证、大量的宝贵遗产、丰富的品种种质资源和难得的生态旅游景观。

4. 近现代

近现代以来,我国的桂花种植业得到恢复和发展。

20世纪80年代以来,我国桂花商品基地建设和生产,获得迅速发展。全国五大著名桂花产区及新辟种植园地,栽培面积日益扩大,产量不断提高。湖北省成宁市咸安区,现有桂花树约150万株(栽培面积为2467公顷),其中2001年植桂达61万株,超常规发展;栽植范围由桂花、南川、马桥、麻塘、古田、汀泗和大幕等7个乡镇,扩展到20余个,种植农户达8000多户;产花树10万余株,年产鲜花40万千克左右;计划发展桂花栽培总面积达4000公顷。江苏省桂花产地光福镇,现有桂花种植面积127公顷,桂花树19.7万余株,其中投产的桂花树7万余株(占总数的36%),年产鲜花30万千克左右。

11.2　桂花的诗词及相关典籍

11.2.1　桂花诗词

1. 唐朝
白居易

东城桂

遥知天上桂花孤,试问嫦娥更要无。
月宫幸有闲田地,何不中央种两株。

东城桂

子堕本从天竺寺,根盘今在阖闾城。
当时应逐南风落,落向人间取次生。

有木

有木名丹桂,四时香馥馥。

花团夜雪明,叶剪春云绿。

风影清似水,霜枝冷如玉。

独占小山幽,不容凡鸟宿。

厅前桂

天台岭上凌霜树,司马厅前委地丛。

一种不生明月里,山中犹校胜尘中。

庐山桂

偃蹇月中桂,结根依青天。

天风绕月起,吹子下人间。

飘零委何处,乃落匡庐山。

生为石上桂,叶如剪碧鲜。

枝干日长大,根亥日牢坚。

不归天上月,空老山中年。

庐山去咸阳,道里三四千。

无人为移植,得入上林园。

不及红花树,长栽温室前。

毛文锡

月宫春

水晶宫里桂花开,神仙探几回。

红芳金蕊绣重台,低倾玛瑙杯。

玉兔银蟾争守护,姮娥姹女戏相偎。

遥听均天九奏,玉皇亲看来。

王维

鸟鸣涧

人闲桂花落,夜静春山空。

月出惊山鸟,时鸣春涧中。

雍裕之

山中桂

八树拂丹霄,四时青不凋。

秋风何处起,先袅最长条。

皮日休

天竺寺八月十五日夜桂子

玉棵珊珊下月轮,殿前拾得露华新。

至今不会天中事，应是嫦娥掷与人。

宋之问

灵隐寺

鹫岭郁岧峣，龙宫锁寂寥。

楼观沧海日，门对浙江潮。

桂子月中落，天香云外飘。

扪萝登塔远，刳木取泉遥。

霜薄花更发，冰轻叶未凋。

夙龄尚遐异，搜对涤烦嚣。

待入天台路，看余度石桥。

李商隐

月夕

草下阴虫叶上霜，朱栏迢递压湖光。

兔寒蟾冷桂花白，此夜姮娥应断肠。

李德裕

春暮思平泉杂咏二十首·山桂

吾爱山中树，繁英满目鲜。

临风飘碎锦，映日乱非烟。

影入春潭底，香凝月榭前。

岂知幽独客，赖此当朱弦。

2. 宋朝

苏轼

八月十七日天竺山送桂花分赠元素

月缺霜浓细蕊乾，此花元属桂堂仙。

鹫峰子落惊前夜，蟾窟枝空记昔年。

破袜山僧怜耿介，练裙溪女斗清妍。

愿公采撷纫幽佩，莫遣孤芳老涧边。

杨万里

昨日访子上不遇，徘徊庭砌，观木犀而归，再以七言乞数枝

昨携儿辈叩云开，绕遍岩花恣意看。

苔砌落深金布地，水沉蒸透粟堆盘。

寄诗北院赊秋色，供我西窗当晚餐。

小朵出丛须折却，莫教坼破碧团栾。

咏桂

不是人间种，移从月中来。
广寒香一点，吹得满山开。

凝露堂木犀

梦骑白凤上青宫，径度银河入月宫。
身在广寒香世界，觉来帘外木犀风。
雪花四出剪鹅黄，金屑千麸糁露囊。
看来看去能几大，如何著得许多香？

毛珝

浣溪沙

绿玉枝头一粟黄，碧纱帐里梦魂香。
晓风和月步新凉。
吟倚画栏怀李贺，笑持玉斧恨吴刚．
素娥不嫁为谁妆？

李清照

鹧鸪天

暗淡轻黄体性柔，情疏迹远只香留。
何须浅碧深红色，自是花中第一流。
梅定妒，菊应羞，画栏开处冠中秋。
骚人可煞无情思，何事当年不见收。

摊破浣溪沙

揉破黄金万点轻，剪成碧玉叶层层。
风度精神如彦辅，太鲜明。
梅蕊重重何俗甚，丁香千结苦粗生。
熏透愁人千里梦，却无情。

欧阳修

谢人寄双桂树下

有客尚芳丛，移根自幽谷。
为怀山中趣，爱此岩下绝。
晓露秋晖浮，清阴药栏曲。
更待繁花白，邀君弄芳馥。

朱熹

咏岩桂

亭亭岩下桂,岁晚独芬芳。
叶密千层绿,花开万点黄。
天香生净想,云影护仙妆。
谁识王孙意,空吟招隐章。

咏岩桂

露邑黄金蕊,风生碧玉枝。
千林向摇落,此树独华滋。
木末难同调,篱边不并时。
攀援香满袖,叹息共心期。

梅尧臣

临轩桂

山盈无恶木,但有绿桂丛。
幽芳尚未歇,飞鸟衔残红。
不见离骚人,憔悴吟秋风。

曾几

岩桂

粟玉黏枝细,青云蒴叶齐。
团团岩下桂,表表木中犀。
江树风萧瑟,园花气惨恓。
浓薰不如此,何以慰幽栖。

朱淑真

木犀

弹压西风擅众芳,十分秋色为伊忙。
一枝淡贮书窗下,人与花心各自香。
月待圆时花正好,花将残后月还亏。
须知天上人间物,何禀清秋在一时。

毛滂

桂花歌

玉阶桂影秋绰约,天空为卷浮云幕。
婵娟醉眠水晶殿,老蟾不守余花落。
苍苔忽生霜月裔,仙芬凄冷真珠萼。
娟娟石畔为谁妍? 香雾著人清入膜。

夜深醉月寒相就，荼蘼却作伤心瘦。
弄云仙女淡绢衣，烟裙不著鸳鸯绣。
眼中寒香谁同惜？冷吟径召梅花魄。
小蛮为洗玻璃杯，晚来秋翁蒲桃碧。

吕声之

咏桂花

独占三秋压众芳，何须橘绿与橙黄。
自从分下月中种，果若飘来天际香。
清影不嫌秋露白，新丛偏带晚烟苍。
高枝已折却生手，万斛奇芬贮锦囊。

刘过

唐多令·桂花

芦叶满汀洲，寒沙带浅流。
二十年重过南楼。
柳下系船犹未稳，能几日？又中秋。
黄鹤断矶头，顾人曾到不？旧江山浑是新愁。
欲买桂花同载酒，终不似，少年游？

谢逸

咏岩桂

轻薄西风未办霜，夜揉黄雪作秋光。
摧残六出犹余四，正是天花更着香。

王洧

平湖秋月

万顷寒光一夕铺，冰轮行处片云无。
鹫峰遥度西风冷，桂子纷纷点玉壶。

辛弃疾

清平乐·忆吴江赏木犀

少年痛饮，忆向吴江醒。
明乐团团高树影，十里水沉烟冷。
大都一点宫黄，人间直恁芬芳。
怕是秋天风露，染教世界都香。

清平乐·赋木犀词

明月秋晓，翠盖团团好。

碎剪黄金教恁小,都著叶儿遮了。

折来休似年时,小窗以有高低.

无顿许多香处,只消三两枝儿。

清平乐·再赋木犀

东园向晚,阵阵西风好。

唤起仙人金小小,翠羽玲珑装了。

一枝枕畔开时,罗帏翠幕低垂。

恁地十分遮护,打窗早有蜂儿。

陈亮

桂枝香·观木犀有感,寄吕郎中

天高气肃,正月色分明,秋容新沐。

桂子新沐,三十六宫都足。

不辞散落人间去,怕群花、自嫌凡俗。

向他秋晚,唤回春意,几曾幽独!

是天上余香剩馥,怪一树香风,十里相续。

坐对花旁,但见色浮金粟。

芙蓉只解添愁思,况东篱、凄凉黄菊。

入时太浅,背时太远,爱寻高躅。

黄庭坚

答许觉之惠桂花椰子茶盂二首

万事相寻荣与衰,故人别来鬓成丝。

欲知岁晚在何许,唯说山中有桂枝。

陆游

嘉阳绝无木犀偶得一枝戏作

久客红尘不自怜,眼明初见广寒仙。

只饶篱菊同时出,尚占江梅一著先。

重露湿香幽径晓,斜阳烘蕊小窗妍。

何人更与蒸沉水,金鸭华灯恼醉眠。

张孝祥

好事近

一朵木犀花,珍重玉纤新摘。

插向远山深处,占十分秋色。

满园桃李闹春风,漫红红白白。

争似淡妆娇面,伴蓬莱仙客。

无名氏

金钱子

昨夜金风，黄叶乱飘阶下。
听窗前、芭蕉雨打。
触处池塘，睹风荷凋谢。
景色凄凉，总闲却、舞台歌榭。
独倚阑干，惟有木犀幽雅。
吐清香、胜如兰麝。
似金垒妆成，想丹青难画。
纤手折来，胆瓶中、一枝潇洒。

王炎

浪淘沙

月色十分圆。风露娟娟。
木犀香里凭阑干。
河汉横斜天似水，玉鉴光寒。
草草具杯盘。相对苍颜。
素娥莫惜少留连。
秋气平分蟾兔满，动是经年。

管鉴

鹊桥仙

东皋圃隐，木犀开后，香遍江东十里。
因香招我渡江来，悄不记、重阳青蕊。
人生行乐，宦游佳处，闲健莫辞清醉。
不寒不暖不阴晴，正是好登临天气。

程垓

入塞

好思量。正秋风、半夜长。
奈银缸一点，耿耿背西窗。
衾又凉。枕又凉。
露华凄凄月半床。
照得人、真个断肠。
窗前谁浸木犀黄。
花也香。梦也香。

杨无咎

步蟾宫

桂花馥郁清无寐。

觉身在、广寒宫里。

忆吾家、妃子旧游，瑞龙脑、暗藏叶底。

不堪午夜西风起。

更飐飐、万丝斜坠。

向晓来、却是给孤园，乍惊见、黄金布地。

葛长庚

贺新郎

风送寒蟾影。

望银河、一轮皎洁，宛如金饼。

料得故人千里共，使我寸心耿耿。

浑无奈、天长夜永。

万树萧森猿啸罢，觉水边、林下非人境。

睡不著，酒方醒。

芙蓉池馆梧桐井。

悄不知、今夕何夕，寒光万顷。

年少风流多感慨，况此良辰美景。

须对此、大拼酩酊。

满目新寒舞黄落，嗟此身、何事如萍梗。

桂花下，露华冷。

陈允平

鹧鸪天

谁向瑶台品凤箫。

碧虚浮动桂花秋。

风从帘幕吹香远，人在阑干待月高。

金粟地，蕊珠楼。

佩云襟雾玉逍遥。

仙娥已有玄霜约，便好骑鲸上九霄。

周邦彦

一斛珠

茸金细弱。秋风嫩、桂花初著。

蕊珠宫里人难学。

花染娇黄，羞映翠云幄。

清香不与兰荪弱。

一枝云鬓巧梳掠。
夜凉轻撼蔷薇萼。
香满衣襟，月在凤凰阁。

王十朋

桂花

学仙深愧似吴郎，赖有吾庐两字苍。
疑是广寒宫里种，一秋三度送天香。

任希夷

赏桂

人间植物月中根，碧树分敷散宝熏。
自是庄严等金粟，不将妖艳比红裙。
金英翠叶庇灵根，吹作清秋宝篆熏。
四客对花飞玉斝，八眉和叶舞红裾。

向子諲

桂殿秋

秋色里，月明中。
红旌翠节下蓬宫。
蟠桃已结瑶池露，
桂子初开玉殿风。

向子諲

满庭芳

瑟瑟金风，团团玉露，岩花秀发秋光。
水边一笑，十里得清香。
疑是蕊宫仙子，新妆就、娇额涂黄。
霜天晚，妖红丽紫，回首总堪伤。
中央。孕正色，更留明月，偏照何妨。
便高如兰菊，也让芬芳。
输与芗林居士，微吟罢、闲据胡床。
须知道，天教尤物，相伴老江乡。

满庭芳

月窟蟠根，云岩分种，绝知不是尘凡。
琉璃剪叶，金粟缀花繁。
黄菊周旋避舍，友兰蕙、羞杀山樊。
清香远，秋风十里，鼻观已先参。

酒阑。听我语,平生半是,江北江南。

经行处、无穷绿水青山。

常被此花相恼,思共老、结屋中间。

不因尔,芗林底事,游戏到人寰。

清平乐

人间尘外。一种寒香蕊。

疑是月娥天上醉。

戏把黄云挼碎。

使君坐啸清江。

腾芳飞誉无双。

兴寄小山丛桂,诗成辈几明窗。

南歌子

江左称岩桂,吴中说木犀。

水沈为骨郁金衣。

却恨疏梅恼我、得香迟。

叶借山光润,花蒙水色奇。

年年勾引赋新诗。

应笑芗林冷淡、独心知。

郭应祥

西江月

洗眼重看十桂,转头已过三秋。

人生遇坎与乘流。何况有花有酒。

花若与人有意,酒能为我浇愁。

拭挼金蕊泛金瓯。比似菊英胜否。

西江月

十桂胜如五柳,九秋赛过三春。

蓬蓬金粟吐奇芬。自有天然风韵。

休羡一枝高折,尽教十里遥闻。

尊前若有似花人。乞与些儿插鬓。

韩元吉

诉衷情

疏疏密密未开时。装点最繁枝。

分明占断秋思,一任晓风吹。

金缕细,翠绡垂。画阑西。

嫦娥也道，一种幽香，几处相宜。

宋高宗

扇面画桂赐从臣

秋入幽岩桂影团，香深粟粟照林丹。

应随王母瑶池晓，染得朝霞下广寒。

周权

清平乐

南楼剧饮，梦到清虚府。

曲听霓裳难记谱。缥缈白鸾飞舞。

桂花枝上秋光。翠云影里疏黄。

殿冷姮娥不闭，人间散与清香。

3. 元、明、清

倪瓒

桂花

桂花留晚色，帘影淡秋光。

靡靡风还落，菲菲夜未央。

玉绳低缺月，金鸭罢焚香。

忽起故园想，冷然归梦长。

王恽

浣溪沙　中秋虽见月，桂花出没于云影间，有

月色都输此夜看。人心偏处即多悭。

碧云吹恨满瑶天。尽着冰壶凉世界，

故将阴巧妒婵娟。桂香和露温幽弹。

李东阳

月桂

一月一花开，花开应时节。

未须夸雨露，慎与藏冰雪。

杨升庵

桂林一枝

宝树林中碧玉凉，秋风又送木樨黄。

摘来金粟枝枝艳，插上乌云朵朵香。

汤显祖

天竺中秋

江楼无烛露凄清，风动琅玕笑语明。

一夜桂花何处落？月中空有轴帘声。

沈之琰

西湖

微云澹澹碧天空，丛桂香生细细风。

百顷西湖一明月，此身已在广寒宫。

瞿佑

桂花·仙友

滴滴研朱染素秋，轻黄淡白总含羞。

星空金粟知难买，击碎珊瑚惜未收。

仙友自传丹灶术，状元须作锦前游。

一枝拟向嫦娥乞，管取花神暗点头。

王叔承

二范携酒过集周野人桂花下看陈生作画

画得苕溪歌小山，青青丛桂洒松关。

春来有酒还招隐，万片桃花水一湾。

王泽

徽宗画瓶中桂花

玉色官瓶出内家，天香谁贮月中花。

六宫只爱新凉好，不道金风捲翠华。

谭嗣同

桂花五律

湘上野烟轻，芙蓉落晚晴。

桂花秋一苑，凉露夜三更。

香满随云散，人归趁月明。

谁知小山意，惆怅遍江城！

11.2.2　桂花文化相关典籍节选

酉阳杂俎·天咫
唐·段成式

旧言月中有桂，有蟾蜍。故异书言月桂高五百丈，下有一人常斫之，树创随合。人姓吴名刚，西河人，学仙有过，谪令伐树。释氏书言须弥山南面有阎扶树，月过，树影入月中。或言月中蟾桂地影也,空处水影也,此语差近。

桂海虞衡志·志草木
宋·范成大

桂,南方奇木,上药也。桂林以桂名,地实不,产而出于賓宜州。凡木,叶心皆一纵理,独桂有两纹,形如圭制字者,意或出此。叶味辛甘,与皮无别而加芳,美人喜咀嚼之。

長物志卷二花木
明·文震亨

丛桂开时,真称"香窟"宜辟地二亩,取各种并植,结亭其中,不得颜以"天香""小山"等语,更勿以他树杂之,树下地平如掌,洁不容唾。花落地,即取以充食品。

本草纲目
明·李时珍

筒桂《唐本》小桂[恭曰]菌者竹名。此桂嫩而易卷如筒,即古所用筒桂也。筒似筐字,后人误书为菌,习而成俗,亦复因循也。[时珍曰]今本草又作从草之菌,愈误矣。牡桂为大桂,故此称小桂。

[《别录》]曰]菌桂生交趾、桂林山谷岩崖间。无骨,正圆如竹。立秋采之。[弘景曰]交趾属交州,桂林属广州。《蜀都赋》云"菌桂临岩"是矣。俗中不见正圆如竹者,憔嫩枝破卷成圆,犹依桂用,非真菌桂也。仙经用菌桂,云三重者良,则明非今桂矣。别是一物,应更研访。[时珍曰]菌桂,叶似柿叶者是。详前桂下。《别录》所谓正圆如竹者,谓皮卷如竹筒。陶氏误疑是木形如竹,反谓卷成圆者非真也。今人所栽岩桂,亦是菌桂之类而稍异。其叶不似柿叶,亦有锯齿如枇杷叶而粗涩者,有无锯齿如栀子叶而光洁者。丛生岩岭间,谓之岩桂,俗呼为木犀。其花有白者名银桂,黄者名金桂,红者名丹桂。有秋花者,春花者,四季花者,逐月花者。其皮薄而不辣,不堪入药。惟花可收茗、浸酒、盐渍,及作香搽、发泽之类耳。

11.3　桂花的传说

11.3.1　吴刚伐桂

传说好久好久以前,咸宁这个地方发了一场瘟疫,人都差不多死去了三分之一,人们用各种偏方都不见效果。挂榜山下,有一个勇敢、忠厚、孝顺的小伙子,叫吴刚,他母亲也病床不起了,小伙子每天上山采药救母。一天,观音东游归来,正赶回西天过中秋佳节,路过此地,见小伙子在峭壁上采药,深受感动。晚上托梦给他,说月宫中有一种叫木犀的树,也叫桂花,开着一种金黄色的小花,用它泡水喝,可以治这种瘟疫;挂榜山上到八月十五有天梯可以上月宫摘挂。

这天正好是八月十二,还有三天就八月十五中秋节了。可要上到挂榜山顶要过七道深涧,上七处绝壁悬岩。最少需要七天七夜,可时间不等人,过了今年八月十五,错过了桂花一年一次的花期,又要等一年。长话短说,吴刚马上行动,经过千辛万苦,终于在八月十五晚上登上了挂榜山顶,赶上了通向月宫的天梯。八月正是桂花飘香的时节,天香云外飘。吴刚顺着香气来到桂花树下,看着金灿灿的桂花,见着这天外之物,好不高兴,他就拼命地摘呀摘,总想多摘一点回去救母亲,救乡亲。可摘多了他抱不了,于是他想了一个办法,他摇动着桂花树,让桂花纷纷飘落,掉到了挂榜山下的河中。顿时,河面清香扑鼻,河水被染成了金黄色。人们喝着这河水，疫病全都好了，于是人们都说，这哪是河水呀，这分明就是一河的比金子还贵的救命水，于是人们就给这条河取名为金水。后来，又在金字旁边加上三点水，取名"淦河"。

这天晚上正是天宫的神仙们八月十五大集会，会上还要赏月吃月饼。这时桂花的香气冲到天上，惊动了神仙们，于是派差调查。差官到月宫一看，见月宫神树、定宫之宝桂花树上的桂花全部没有了，都落到了人间的"淦河"里，就报告给了玉帝。玉帝一听大怒。你要知道，玉帝是最喜欢吃月桂花做的月饼了的，今年一树的桂花都没了，他就吃不成月饼了，于是就派天兵天将将吴刚抓来。

吴刚抓来后，把当晚发生的事一五一十地对玉帝说了。玉帝听完也不好再说什么，打心眼里敬佩这个年轻人；可吴刚毕竟是犯了天规，不惩罚他不能树玉帝的威信。问吴刚有什么要求，吴刚说他想把桂花树带到人间去救苦救难。于是玉帝想了一个主意，既可惩罚吴刚，又可答应吴刚的要求，他说，只要你把桂花砍倒，你就拿去吧。于是吴刚找来大斧大砍起来，想快速砍倒大树，谁知，玉帝施了法术，砍一刀长一刀，这样吴刚长年累月地砍，砍了几千年。吴刚见砍树不倒，思乡思母心切，于是他在每年的中秋之夜都丢下一支桂花倒挂榜山上，以寄托思乡之情。年复一年，于是挂榜山上都长满了桂花，乡亲们就用这桂花泡茶喝，咸宁再也没有了灾难。

再说吴刚同村有个叫嫦娥的姑娘，和吴刚是青梅竹马，两小无猜，情投意合。自从吴刚上月宫之后，她都一直照顾着吴刚的老母。直到老人辞世。吴刚、嫦娥相隔天上人间，相思之情与日俱增，吴刚砍不倒桂花树不能回来，嫦娥也隔着天地，不能前去与吴郎相会。终于有一天，王母娘娘带着她的七个女儿到挂榜山下的鸣水泉洗澡，嫦娥看到了，偷偷地拿了七仙女的回天仙丹，拿回家去吃了，带上她的玉兔，上天和吴刚相会去了。

这七仙女没了仙丹回不了天庭了，只有等她的姐姐们二天后再来洗澡时给她带来，才能上天。你要知道，天上一天，人间一年，在这三年里，七仙女遇上了董永，于是就有了众所周知的那个动人故事。

11.3.2 桂花酒的传说

传说古时候两英山下，住着一个卖山葡萄酒的寡妇，她为人豪爽善良，酿出的酒，味醇甘美，人们尊敬她，称她仙酒娘子。一年冬天，天寒地冻。清晨，仙酒娘子刚开大门，忽见门外躺着一个骨瘦如柴、衣不遮体的汉子，看样子是个乞丐。仙酒娘子摸摸那人还有口气，就把他背回家里，先灌热汤，又喂了半杯酒，那汉子慢慢苏醒过来，激动地说："谢谢娘子救命之恩。我是个瘫痪人，出去不是冻死，也得饿死，你行行好，再收留我几天吧。"仙酒娘子为难了，常言说，"寡妇门前是非多"，像这样的汉子住在家里，别人会说闲话的。可是再想想，总不能看着他活活冻死，饿死啊！终于点头答应，留他暂住。果不出所料，关于仙酒娘子的闲话很快传开，大家对她疏远了，来买酒的一天比一天少了。但仙酒娘子忍着痛苦，尽心尽力照顾那汉子。后来，人家都不来买酒，她实在无法维持，那汉子也就不辞而别不知所往。仙酒娘子放心不下，到处去找，在山坡遇一白发老人，挑着一担干柴，吃力地走着。仙酒娘子正想去帮忙，那老人突然跌倒，干柴散落满地，老人闭着双眼，嘴唇颤动，微弱地喊着："水、水、……"荒山坡上哪来水呢？仙酒娘子咬破中指，顿时，鲜血直流，她把手指伸到老人嘴边，老人忽然不见了。一阵清风，天上飞来一个黄布袋，袋中贮满许许多多小黄纸包，另有一张黄纸条,上面写着:月宫赐桂子,奖赏善人家。福高桂树碧,寿高满树花。采花酿桂酒,先送爹和妈。吴刚助善者,降灾奸诈滑。仙酒娘子这才明白,原来这瘫汉子和担柴老人,都是吴刚变的。这事一传开,远近都来索桂子。善良的人把桂子种下,很快长出桂树,开出桂花,满院香甜,无限荣光。心术不正的人,种下的桂子就是不生根发芽,使他感到难堪,从此洗心向善。大家都很感激仙酒娘子,是她的善行,感动了月宫里管理桂树的吴刚大仙,才把桂子酒传向人间,从此人间才有了桂花与桂花酒。

11.3.3　月老砍桂的传说

嫦娥虽然吃了长生不老药,升天成了仙,可她还是思念男人后羿,常常吃饭不香,睡觉不甜。

八月十五晚上,嫦娥又想起了男人,她叫宫娥请来月老,请他下凡人间,劝后羿念在夫妻分上,搭救她离开仙界,以便破镜重圆。

月老一向喜欢牵红线,满口答应了嫦娥:"我愿意当月下老,不过,你要先请老汉喝杯喜酒才行。"

嫦娥敬了月老三杯酒,不料他喝醉了,朦胧中想起,玉皇要他砍下桂花树奉献给南海观音菩萨做莲花宝座,便忙拿起玉斧,上树去砍,因为他喝醉了酒,不小心攀断了树枝,失落了斧头,树枝从天上掉下来,落在咸宁的挂榜山上,生根发芽,从此这里有了桂花树。斧头落下来,掉在长江边上,在地上砸了一个方圆百里的大坑,天长日久,便成了湖;人们叫它斧头湖。

月老贪酒误事,犯了天条,玉皇罚他做砍桂树的苦工,并令桂树要边砍边长,致使月老在月宫天天砍树不止。嫦娥思凡,触犯天规,玉皇将她打入广寒宫,派一只玉兔看守她,永远不让她出来。

人们思念嫦娥和月老,就在每年八月十五的晚上,坐在桂花树下吃着桂花月饼遥望明月里的嫦娥和月老。

11.3.4　桂花仙的传说

相传明朝末年,一个老头领着一个小姑娘,身背桂花树苗,从江西逃荒到咸宁落了户。人们不晓得老头和姑娘的名字,就叫他们桂花老爹、桂花姑娘。

人们帮助他们爷儿俩,从挂榜山上砍来楠竹和茅草,在山下搭起一间茅屋。老爹把树苗栽到房前屋后,不久都成了大树。农历八月,金枝银桂一起开花,香飘百里,把整个挂榜山都染香了。

当地一个姓李的财主,见财起心,想把桂花林霸为己有。明抢众人不服,他连夜想出鬼点子,心想:"这老头子没有儿子,要是把桂花姑娘弄来做老婆,桂花林就自然是我的了。"于是,他托媒上门,向老爹提婚,不想桂花姑娘早与同村一个姓雷的小伙订了婚。

李财主想,要将姑娘弄到手,得先把那个姓雷的小伙除掉。李财主家的老长工知道李财主的鬼心事,便告诉了桂花姑娘,桂花姑娘又告诉了姓雷的小伙。小伙连夜逃出挂榜山,到武昌投了李自成的起义军。次年八月桂花开的那天,小伙子随起义军杀回挂榜山,杀了李财主。桂花姑娘跟着小伙随李自成上了九宫山。

桂花老爹把他的桂花树分给了众乡亲,然后放火烧茅屋,并一头钻进了大火。人们把老爹的尸体从火灰中扒出来放在白布上,做了七七四十九天道场,老爹就升天做了桂花大仙。

从此以后,每当打桂花的时候,人们都要在地上铺上白布,让桂花大仙朝上面洒花。

11.3.5　"铁桂"的传说

相传很久以前,咸宁汀泗桥禅台山上的桂花洞中,住着忠厚老实、勤劳俭朴的同胞兄弟,哥哥叫成勤、弟弟叫成俭,终年以打柴、狩猎和采野果为生。

一天,兄弟俩发现洞口旁长出了两株小桂树,他们如获至宝,高兴极了。兄弟俩精心管理,哥哥浇水,弟弟施肥,还常为它们松根培土。两株树苗长得飞快,不久就高达丈余了。这年八月便分别开满了黄白花,芬芳扑鼻。

兄弟俩欢喜若狂,白天守在树下,晚上睡在树旁。一天晚上,兄弟俩正在歇息,忽然响起一串银铃般的笑声,把兄弟俩惊呆了,两个妙龄少女立于眼前,一股桂花芳香幽然入鼻。那身穿黄绫上衣的少女羞答答地开口了:"成家的两位小哥不必惊慌。我们姊妹俩家住桂花村,因父母去世,到此地投亲不遇,打听到你们兄弟处境同我们一样,特地找来把终身相托。我是姐姐,叫桂芬,她是妹妹叫桂芳。"身穿白绫衣的桂芳接着说:"我们也是勤劳人家出身,不知两位哥哥意下如何? 打经过一番交谈之后,他们情投意合,愿结百年之好。是夜,成勤与桂芬、成俭与桂芳分别结成了夫妻。

说来奇怪,一夜之间,禅台山上长满了桂树,开满了桂花。兄弟俩高兴地向山下跑去,边跑边喊:乡亲们快来采桂花呀,禅台山上到处是桂花……乡亲们听到后,都欢天喜地奔上禅台山采桂花,然后挑到镇上去卖。

这事很快被财主王兽心知道了,他急忙喊来狗腿王大、王二执问:"你们说禅台山上无桂树,现在成百上千的穷鬼天天在禅台山打桂花,这是怎么回事?"王大把自己了解到的情况如此这般地说了一番,最后说:"八成是两个妖女耍的鬼!"王兽心一听肺都气炸了,大声吼叫道:"还不快带人上山! 禅台山是我家的! 把穷鬼一个个给我赶下山,把那两个妖女给我抓来。"王大、王二急忙带着几十名打手上山,鬼嚎似地宣告:"此山是我家王老爷的,不准任何人在这里打桂花,违者严惩不贷。"桂芬挺身而出驳斥道:"这周围几百里,谁不知道禅台山是公山? 山碑上也写得清清楚楚,何时变成王家的私山? 你们横行霸道,岂有此理!"一席话说到穷哥们的心坎上了。大家面对狗腿子,群情激愤,不约而同地怒吼起来。王大、王二和打手们见众怒难犯,吓得灰溜溜地逃跑了。

王大、王二带着一群败兵逃回王宅,哭丧着向主子禀报,声称穷鬼如何厉害、妖女如何惑众等。王兽心一听火冒三丈,怒斥道:"你们这些奴才全是饭桶!"狗头军师王三疾步向前,附在王兽心的耳边如此这般地说了一番,王兽心连连点头,口称"好主意"。于是亲自带上厚礼上禅台寺去找红毛法师,请求他捉拿妖女,安定地方。红毛法师满口承诺:"老爷尽可放心,老衲略施小术,就可手到擒来。"

第二天上午,红毛法师带着几个和尚、王兽心带着一群打手来到禅台山,一到洞口,红毛法师就大声吼道:"何方妖女,妖言惑众,聚众闹事,快现原形受死。"芬芳姐妹站出来,气愤地反驳道:"我们是善良民女,劳动过日,何为妖女? 满山桂花,邀请乡亲们自采自卖,怎叫聚众闹事? 想不到你与王兽心狼狈为奸! 好吧,使出你的招数来,我们决不怕你!"这时乡亲们举起锄头扒梳纷纷从四面八方赶来。"不许臭和尚狐假虎威!""把和尚抓起来!"愤怒的吼声此起彼伏。红毛法师恼羞成怒,冷笑一声:"我先收拾这两个女妖!"话音未落,已从袈裟内拿出降妖镜对着芬芳姐妹照来。桂芬手拿一枝桂花轻轻一拂,红毛法师手中的镜子顷刻粉碎,围观群众一阵嘲笑。红毛法师慌忙念出咒语,顿时狂风大作,把群众装好了的满篓满篓桂花吹得四处飘零,红毛法师和王兽心一群十分得意,正准备发出哈哈大笑,只见桂芬把衣袖一甩,风沙突然停止,吹散的桂花又飞回篓筐里,乡亲们又是一阵开心地欢呼。红毛法师羞得无地自容,正要逃遁,忽然间半空中传来一声"大胆孽畜,还不俯首!"随即一位手持佛尘的鹤发童颜老人徐徐落地。芬芳姐妹见了急忙跪下行礼,口称:"太上老君驾到,小仙参见了。"太上老君一边要姐妹二人免礼,一边怒指"红毛法师"道:"逆畜,还不快现出原形!"只见"红毛法师"就地一滚,即刻变成了一头红毛猿狸,乖乖地偎依在太上老君脚下,太上老君对姐妹俩说:"这猿狸是我的看门物,偷跑下界,助桀为虐,现在我要收它回去。"说着牵起红毛猿狸驾起祥云,与大家告别。

王兽心岂肯善罢甘休!亲自指使打手们四散抢打桂花,姐妹俩便用手朝四方桂树指了指,从此,桂花不再轻易打落了。后来人们把这种桂花树称为"铁桂"。姐妹俩随手摘枝桂花向王兽心头顶掷去,不多时,王兽心变成了一株死树立在那里,打手们见了,惊得四处飞奔,各逃性命。

芬芳姐妹告诉乡亲们:"你们一早一晚或是雨天来打花,花还是可以打落,这样的时候,打手们不会上山,你们打花不会受干扰了。"然后含泪对成氏兄弟说道:"我们的缘分已满,望你们兄弟俩多多保重。"说完,冉冉升空,飘然而去。

11.3.6   姊妹桂的传说

成宁柏墩,有座秀丽挺拔、连绵起伏的大山,名叫睢龙山。在睢龙山西南方的山脚下,坐落着一个美丽的小山庄,名叫木梓坳。村南面的大路旁,并排长着两棵开不同花色的桂花树,人们称为"姊妹桂"。每年中秋前后,桂花盛开,芳香满天。左边一棵开金花,名目金桂;右边一棵开银花,名曰银桂。黄白相衬,景色壮观。关于姊妹桂花树,还有个美丽动人的传说呢!

相传,很久以前,村南边有户人家,住着李三爹和老伴两人。他们靠在睢龙山上种地和打柴为生。老两口起早贪黑,勤扒苦做,勉强能熬着过日子。只是夫妻都快五十岁了,却没有生下一男半女,为这事,他和老伴不知流了多少泪,李三爹常常唉声叹气,怨自己命苦。

一天,有个过路的白胡子到他们家讨水喝,李妈是个心肠极好的人,他见白胡子老人是个赶路人,急忙沏了壶香茶,又烙了两个大糍粑,送给老人在路上充饥,老人十分感激。临走时,白胡子老人对李妈说:"算你到49岁,定有生育。"

真够神奇,次年冬天李妈果真怀孕。第二年金秋时节,一胎生下了两个女儿,老两口别提多高兴。两个女儿越长越大,越长越漂亮。先出世的姐姐,生得眉且清秀;妹妹长得洁白如玉,老两口给姐姐取名金桂,妹妹取名银桂。

金桂和银桂长到十七岁那年,春雨大作,连月不休,山洪暴发,木梓坳及周围变成了一片汪洋。李三爹一家住在小山包上,才幸免于患。那些被淹在洪水中的人,挣扎着呼喊救命。李三爹夫妇和金桂银桂看到这情景,立即扎起木排下水救人,他们从早到晚,迎风冒雨,劈波斩浪,终于把全村老幼一个个都救了起来。

洪水退出了村庄,可房屋早已冲毁,田地仍淹在水中,人们哭爹喊娘,呼天唤地,惨不忍睹。姐妹俩和父母亲一道,把家里能派上用场的树木、柴棍和茅草,在自家周围搭起一个个窝棚让乡亲们住下,又把自家的粮食全都分给乡亲们吃,自己一家以糠粑、苦菜充饥。

半个月不到,一场更大的灾难降临了。难民中流行一种瘟疫,没几天就死了好多人。金桂和银桂心急如焚，又束手无策。一天，那个过路的白胡子老人又来到这里，他告诉姐妹俩说："挂榜山老虎岩上长着一种黄金草，开着黄白两种小花，用这种草和花煎汤服下，能治此病。姐妹俩一听，喜出望外，连声道谢。她们立即带上干粮，背起竹篓直奔挂榜山。她们一路上斩荆棘，攀悬崖，历尽千辛万苦，采回了许多黄金草和花。李三爹忙在门前架锅煎药。病人服后迅速好转，但药已用完，姐妹俩决定第二次攀登老虎崖再去采药。

第二天天不亮，金桂和银桂就匆匆出发了。太阳当顶还不见她们回来，李三爹和李妈在家等呀，盼呀，直到太阳落山了，还不见姐妹俩的踪影，李三爹急不可耐，拄着拐棍亲启去找。他气喘吁吁地来到老虎崖下，发现金桂和银桂倒在血泊中。见此情景，李三爹痛不欲生，昏了过去。原来金桂和银桂攀岩采药时，岩石崩塌，姐妹俩双双摔死在老虎崖下。人们得知噩耗，无不悲痛至极，忙把姐妹俩抬回来，安葬在村南面的大路旁。

第二年春天，大路旁竟并排长出两棵桂花树，青枝绿叶，见风就长，到了秋天，左边一棵开金花，鲜艳夺目，芳香袭人；右边一棵开银花，洁白如玉，晶莹透亮。人们怀念金桂和银桂，就把这两棵树称为姊妹桂花树，后来人们又简称它们为"姊妹桂"。

11.4　桂花的书法绘画邮票等

11.4.1　桂花与书法、绘画

桂花是中国十大传统名花之一，桂花清可绝尘，浓能远溢，堪称一绝。尤其是中秋时节，丛桂怒放，夜静轮圆之际，把酒赏桂，陈香扑鼻，令人神清气爽。在中国古代的咏花诗词中，咏桂之作的数量也颇为可观。桂花自古就深受中国人的喜爱，被视为传统名花。

历代文人不仅为我们留下了大量的关于桂花的文学作品，也留下了数不胜数的美术作品。桂花与圆月、寒宫、玉兔、嫦娥结下的不解之缘，更是先民赋予它的文化内涵之一。

我国自古便有祭月、赏月、拜月、吃月饼、赏桂花、饮桂花酒等习俗，流传至今依然是经久不息。

中秋佳节，除了有拜月、团圆的习俗，这轮皎洁皓月也照亮过无数文人墨客的心灵，为后世留下了众多吟诵中秋的书画精品。如东晋王献之的《中秋贴》，素有"帝王书帖"之称的《闰中秋月贴》（宋徽宗赵佶）等，明代米芾的《中秋登海岱楼作诗帖》，四大才子之一唐寅的《嫦娥执桂图》，沈周的《有竹庄中秋赏月图》。近现代，有齐白石的《丹桂双兔》，张大千的《嫦娥奔月》《嫦娥图》，丰子恺的《中秋》等。

在佳节团圆、赏月观花的同时，赏读古往今来"中秋节"题材的名家书画精品，吟咏苏东坡的《水调歌头·中秋》，创作一幅《丹桂图》，不仅能为节日增加浓浓的文化氛围，更可以在诵读、临写、绘画中，传承中华优秀文化，汲取华夏思想精华。

米芾《中秋登海岱楼作诗帖》：关于"月神"的神话，在唐代出现新内容——月宫中除了嫦娥、蟾蜍、玉兔外，又增添了吴刚这一人物，体现出唐人的浪漫主义情怀。米芾在《中秋诗帖》中引用了"吴刚伐桂"这一典故，谈到若非吴刚日复一日不停砍伐桂树，快速生长的桂枝必定撑破月轮，以此暗喻仕途常为人阻，才华无法施展。诗文之间还有两句批注"三四次写，间有一两字好"，"信书亦一难事"，体现着米芾对书法的严谨态度。

唐寅《嫦娥执桂图》:纵 135.3 厘米,横 58.4 厘米,现藏于美国大都会艺术博物馆。画中嫦娥裙带飘拂,神形温柔,手持挂花,似非才子莫得。此作意气风发,尤其头部线条圆和流畅,勾染得当,美人的飘逸清丽之态毕现。面容的设色,敷白色晕染,如月色清凝,皎洁典雅。右上自题:广寒宫阙旧游时,鸾鹤天香卷桂旗。自是嫦娥爱才子,桂花折与最高枝。

张大千《嫦娥奔月》《嫦娥图》:嫦娥奔月的传说故事几乎家喻户晓,因此也就成为中秋民间艺术最流行的题材,嫦娥飘然优美的体态,是千百年来艺术家不断塑造的对象。张大千曾在1933 年创作水墨纸本《嫦娥奔月》,又在 1935 年创作《嫦娥图》,其中《嫦娥图》由著名花鸟画家于非闇题签。画中,月桂树下的嫦娥怀抱玉兔,神态安然,没有翻版古人样式,给人以亲近之感,属于张大千早期仕女人物之典型特色。画月桂树下嫦娥怀抱玉兔,神态和安,签题当时是于非闇先生题写的:“嫦娥图,大千社兄画赠晓东社长,乙亥秋九月,非闇题签。”从题签可知,此图是送给北京印社副社长戚晓东(社长为柯昌泗)的。此年正是张大千欲在北平谋求发展,并举办展览之时。1935 年,三十七岁的张大千在英国伯灵顿美术馆展出作品之后,第三次游黄山,不久辞去中大教授,在北平、汉口开书画展,秋,再游华山、黄河龙门。上海出版《张善捎大千兄弟合作山君真相》上下集。

齐白石《丹桂双兔》:历代文学作品常将玉兔喻为明月,有“金乌西坠、玉兔东升”之说。《桂花双兔图》为中国绘画大师齐白石作品当中的精品。右侧偏上款识一行十八字:“三百石印富翁齐白石,八十三岁癸未春三月。”此作构图讲究,错落有致,画面下方留白,上方由右向左、从上至下墨写桂枝及叶筋,青绿含黄晕染桂叶,浓淡相宜,墨气氤氲,枝叶间点缀淡黄桂花,似有微风拂面、暗香袭来。桂下双兔,长耳短尾,一黑一白,浓淡适宜,相映成趣,意在营造一种中秋雅趣。

11.4.2　桂花与邮票

我国于 1995 年 4 月 14 日发行了一套由湖北设计家朱力钊调计的桂花邮票,全套四枚,分别为金桂、银桂、丹桂和四季桂,发行量高达 2701 万套。画面上的花阵疏密有致,枝叶组合搭配自然,空间透视与色彩透视相得益彰。其设计清秀淡雅,表现自然纯朴,特写处理的画面既有利于体现花蕾娇小的桂花,又典型地突出了桂花的质、色、形、姿,特别是与之相配的小全张,在边纸上还饰以传统的月、兔和祥云图案,点明了“画栏开处冠中秋”的桂花特色,暗示了桂花“清香不与群芳并,仙神原是月中来”的美妙意境,使人仿佛在赏月品桂,听风饮香。

11.4.3　桂花与服饰图案

桂,被视为祥瑞,科举高中称“月中折桂”,称子孙仕途昌达、尊荣显贵为“兰贵齐芳”。“桂”与“贵”谐音,桂被寄以贵子的寓意。在建筑装饰中,莲花和桂花的图案为“连生贵子”,蝙蝠和桂花的图案为“福增贵子”。

如贵寿无极:桂花一名木樨花,其依产地特征分丹桂、金桂、银桂、月桂、八月桂、柳叶桂等多种。桂与贵同音同声。桃寓意长寿。

此四字多用于春联,为每年正月贴在大门或房门的横批,也镌于赠婴儿的饰物上。《酉阳杂俎》载:月中有桂树,下有一人,常斫之,树创随合。其人姓吴名刚。又《五经通义》:“月中何有,白兔捣药。”桂树和白兔是月中之物,中秋节妇女的发簪多用桂花和白兔的纹样。

补注:无极,犹同无涯,无终止的意思。"贵寿无极"是永远富贵长寿的祝颂。

今河北省有无极县。汉唐时置县取吉祥之意。此图以桂花和桃花寓意贵寿;传说月中有桂树,故有以"月中折桂"作为考试及第和锦绣前程的祝颂。

富贵多子:桂花、蝙蝠或牡丹与桂花组合的图案,喻有财有势且多子多福。

富贵万年:由芙蓉、桂花、万年青三种瑞草借谐音手法组成的吉祥图案。它表示对生活永远富裕、幸福的祈求。

香花三元:兰花、茉莉、桂花都是以香著称的花卉。用品香的浓、清、远、久四项标准来衡量均堪称上品。在我国传统名花中,兰又可称观赏花卉中的状元,茉莉是薰茶花卉中的状元,桂花是食品配料中的状元。因之,兰花、茉莉、桂花又习称香花三元。

中国历代诗人、画家以桂花为题材吟诗作画众多,因而历代也留下了以"桂"装饰陶瓷、绣品等的名品佳作。

犀角镂雕婴戏桂纹杯:清朝。此杯口部开敞较大,杯身瘦长,平底,器形端庄大方。内外壁打磨光滑,光素无纹,唯局部有细微的自然凹凸,似写意山岩状。杯墼处镂雕桂树一株,生于石隙中,有三童子攀爬其上。题材并不复杂,刻画却颇费功夫。一童位置最高,蹲坐于树干之上,一手揽抱树干,一手伸出拉住下面的同伴。而下面的小童背向而立,脸面扬起,只见其头顶,双手高举,足部猛蹬,奋力向上。另一童从旁侧枝干间探首而出,伸手抓住主干,似正招呼同伴。三小童姿势各异,衣纹细腻,人物的动态呼之欲出。杯墼的精雕细刻与杯体的大片留白形成实与虚、动与静的对比关系,匠心别具。

雍正珐琅彩芙蓉桂花碗:清朝。此碗造型为侈口,弧形浅壁,平底,矮圈足,为宫碗典型的造型,胎体、胎质均整细白,内外全施白釉。碗内洁净晶莹,外壁面再施以绿色珐琅料为地,釉厚均匀无瑕,再彩绘芙蓉、桂花、野菊、奇石等纹饰,布局疏朗雅致,线条流畅生动,花叶写实逼真,另一面则以黑彩书款:"枝生无限月,花满自然秋。"将诗句、闲章、绘画融合于一器,显现雍正珐琅彩的尊贵与精巧。圈足底不施釉,有宋体字蓝料款"雍正年制"。

黄地桂兔纹妆花纱:明宣德。此妆花纱以黄色经、纬线织平纹纱地,以棕、墨绿、桔黄、黄、白、蓝、浅粉等色线及圆金、圆银线为纹纬与地经交织成平纹花。构图为3行小兔,间饰菊花和牡丹。小兔皆仰首,或口衔灵芝,或口衔桂花。花纹全用挖梭工艺织成,故全部高出地子,具有很强的装饰性及立体效果。此妆花纱构图严谨,富有创意。用色艳丽古雅,织工细密精湛,为明早期南京云锦织物的精品。

绿色缎绣桂花玉兔金皮球花纹八月花神衣:清光绪。这件是扮演八月花神的演员所穿的戏衣。衣立领、对襟、宽身阔袖,缀月白色绸水袖,左右开裾至腋下,衣长过腰,粉红色麻布里衬。衣身以白色缎缘边,呈曲状,并用雪青色缎滚边,领口缘饰形如小圆翻领,腋下开裾处成如意形。

为突出八月节令的月桂主题,衣身主体纹样以白兔和桂花为主,间隔平金绣如意、皮球花纹。白兔或卧或立,或跑或跃,机敏可爱,惟妙惟肖。每只白兔外用平金线做八合如意圈边,规则对称排列,如意圈内散绣着折枝桂花,三蓝的枝叶,点缀着簇簇橘黄桂花,显得分外秀雅悦目。缘边上彩绣折枝桂花、佛手、带蔓瓜瓞,另用平金针法绣如意头间隔点缀。

明黄色缎绣兰桂齐芳袷衣:清光绪。袷衣采取二至四色间晕与退晕结合的装饰方法,在明黄色缎地上运用套针、平针、钉线、平金等针法彩绣桂花和紫玉兰纹样,谐寓"兰桂齐芳"。衣内饰粉色蝴蝶纹直径纱里,衣外镶石青色缎绣玉兰、桂花领、袖边及石青万字织金缎边,内钉香色二龙戏珠丝织花绦,缀铜鎏金錾花扣三枚。此袷衣为宫中后妃的便服,纹样写实,富于生活气息,绣工精巧细致,是清光绪时期的刺绣佳作。

牡丹兰桂花葫芦形瓶图样:晚清时期。图为器形正视图,以墨线勾出器形外轮廓,绘随形纹样。瓶壁以工笔没骨法绘牡丹、兰、桂花图案,蝴蝶点缀其间,使得图案静中有动。腹底左侧画兰花一丛,花及叶为双勾添色,兰叶以深、浅分向背,随风摇曳姿态生动。腹底右侧为硕大盛放的牡丹一朵,用朱砂晕染,层次分明,花形饱满。花下折枝桂花蜿蜒而出,顺瓶体绵延而上,构成三种花卉的有机组合。桂花亦枝繁叶茂,叶及花设色浓艳,晕染富有立体感。图样整体突出了植物的茁壮和生命力。束腰上、下方画蝴蝶两只于花叶间飞舞,使图样灵动而富有生机。瓶口沿饰回纹一周,有绵长不断、吉祥万福之意。

蝶和"耋"同音,耄耋形容长寿。葫芦为多子植物,古人喻子孙众多。牡丹有富贵花的美名,暗喻人间的富贵善美。桂花的"桂"和"贵"字同音,以桂喻贵,亦寓意子孙。兰花的一种称"荪",荪和"孙"同音同声,因此兰花寓意子孙。葫芦形瓶及牡丹、兰、桂花图纹寓意万福长寿,子孙绵长富贵。

剔红团香宝盒:清乾隆。盒木胎,梅花形,无足,上下对开式,以子母口分出盖与器身。器外与盖的两面均满雕相同的桂花,枝繁叶茂,团花似锦。器里黑光漆,一面刀刻填金"大清乾隆年制"六字款,一面刻"团香宝盒"四字。此盒漆色红妍,雕花不露地,格调清新,为乾隆朝的典型作品。

嫦娥玉兔菱花镜:唐朝。镜为八瓣菱花形,伏兽钮。铜镜背面是一幅月宫图。钮右上方饰一株桂树,枝繁叶茂;嫦娥身姿飘逸,一手托盘,一手托幅,上有"大吉"二字。镜钮下方有一潭池水,左侧玉兔正持杵捣药,池水右边为一跳跃的蟾蜍。镜边缘饰蝴蝶、花朵及云纹。整个纹饰突出了月宫的主题,且构图十分新颖。

汪节庵名花十友墨:墨十锭一组,嵌装黑漆描金盒中。盒面中央隶书"名花十友",饰云龙纹。墨面各雕名花一种并加题识,分别为桂花"仙友"、菊花"佳友"、梅花"清友"、莲花"浮友"、海棠花"名友"、酴醾"韵友"、茉莉花"雅友"、沈丁花"殊友"、薝萄"禅友"、芍药"艳友"。墨背面均题"名花十友",涵真、草、隶、篆四体书法。墨左侧面阳文楷书"汪节庵仿制"。墨上花卉的表现,运用阳线与浅浮雕相结合的形式,展现出花卉的俏丽,描金又增其华贵。

名花十友墨于明代已出现,见于《方氏墨谱》。《方氏墨谱》引:昔宋曾瑞伯以十花为十公友,谓桂仙友……薝萄禅友,各为之词。张敏叔又以十二花为十二客,各赋以诗。余曰(俗"因"字)戏辑为诸墨,一曰名花十友,一曰名花十二客。汪节庵此墨虽袭用前人题材,制作中却体现了当时崭新的墨艺风格。

紫檀边金桂月挂屏:紫檀框雕夔龙纹,屏面蓝绒地,画面中用黄金制成山石、小草、桂树以及流云、明月等饰纹,满目金秋美景。屏面左上角有嵌金楷书乾隆"御制咏桂"诗一首:

> 金秋丽日霁光鲜,恰喜天香映寿筵。
> 应节芳姿标画格,一时佳兴属唫篇。
> 赓歌东壁西园合,风物南邦北塞连。
> 幽赏讵惟增韵事,更因丛桂忆招贤。

金挂屏精美典雅,制作精良,流行于乾隆时期,反映了这一时期锤鍱工艺的成就。

黑漆描金山水图顶箱立柜:明朝。柜分为上顶箱、下立柜两部分。箱、柜各对开两扇门,门上有铜合叶、锁鼻和拉环。顶箱内分两层,立柜内分三层。腿间有壶门牙板。顶箱、立柜门和牙板上分别以金漆描绘楼阁山水人物图,边沿绘折枝花卉。柜侧面以金漆描绘桂花、月季、洞石、兰草。顶箱立柜这样体量巨大的家具却有如此精心描绘的漆饰是很少见的。从档案可知,此物原置于四执库,那里曾是保存皇帝所用冠履之处,这大概是其不惜工本制作的原因吧。

黑漆嵌螺钿花蝶纹架子床:床四面平式,四角立矩形柱,后沿两柱间镶大块背板。床架四面挂牙,以勾挂榫连接,上面压顶盖。腿矮短粗壮,扁马蹄,外包铜套。通体黑漆地嵌硬螺钿花蝶纹,背板正中饰牡丹、梅花、桃花、桂花等四季花卉和蝴蝶、蜻蜓、洞石,四外边饰团花纹。床两侧矮围板两面俱饰花蝶纹。

11.5　桂花的饮食文化

11.5.1　桂花与茶酒

1. 桂花茶

桂花茶是人们喜爱的一种饮料。《群芳谱》中记载:“桂花点茶,香气盈室。”我国用桂花加工制作桂花茶的历史悠久,唐代蔡君谟所著后经明代顾元庆删辑的《茶谱》中就记述有“木樨(桂花)、茉莉、玫瑰、蔷薇、兰蕙、橘花、栀子花、木香,梅花皆可作茶,诸花开放,摘其半含半放,蕊之香气全者,量其茶叶多少;摘花为拌……”

我国花茶种类很多,较为普遍的有茉莉花茶、白兰花茶、珠兰花茶、玳玳花茶、玫瑰花茶等。就其产量而言,茉莉花茶数量最多,约占全国花茶总量的三分之二以上,桂花茶生产数量较少,现今广西桂林、江苏苏州均产桂花绿茶,福建漳州有少量桂花乌龙茶。近几年来,湖北咸宁利用当地的桂花资源丰富的有利条件,科研与生产密切结合,经过两三年试验,取得了180个桂花茶窨翻工艺数据,从中筛选出了最佳窨制工艺及技术指标,试制成功了桂花茶,先后在武汉、兰州、北京等地试销,并远销美国、加拿大和港澳等地区,是湖北省桂花茶的首次外销,受到了客户的欢迎。随着国内外消费者对花茶新品种需求的增加,桂花茶的销售量将会有扩大的趋势。

桂花茶是用茶坯和含苞待放的桂花窨制而成。其工艺与茉莉花茶基本相似,大体分鲜花处理、窨花拌和、通花散热、筛分起花、干燥提花、匀堆装箱等。经过窨制使桂花吐香,茶叶吸香,通过物理性能的扩散吸附以及化学变化过程,使其被窨后的茶既保持浓郁爽口的茶味,又兼蓄鲜灵幽雅的花香,茶引花香,花增茶味,融为一体,相得益彰。它与茉莉花、白兰花相比,茉莉香浓、白兰香烈,而桂花香清,茶香花香并茂,各显其长,饮后富有舒适感。

2. 桂花酒

桂花酒一般是采用精锄的酒精配成酒,为20~25度,加入白糖适量,食用色素调色,过滤澄清后,加入桂花酒用香精,即成桂花酒。还有另纯一种方法,即用酒精浸泡桂花,浸液蒸馏后收集酒液,略带桂花香,加糖精、白糖、食用色素及桂花酒用香精制成桂花酒。

11.5.2 桂花与膳食

桂花的食用价值很高,花朵营养极为丰富。其营养成分经武汉大学、国家轻工业部香料工业科学研究所以及西安花粉开发研究中心等单位测定,桂花中含有芳香物质,A、B族维生素和维生素C、维生素D、维生素E等多种维生素,三十碳烷,羟苯乙酸,以及色氨酸、赖氨酸、蛋氨酸等多种(包括人体必需的8种)氨基酸。桂花花朵中氨基酸含量是等量牛肉、鸡蛋中氨基酸含量的5～6倍。每百克桂花中,含碳水化合物26.6克,蛋白质0.6克,脂肪0.1克,粗纤维7.2克,水分63克,灰分2.5克,热量460.24千焦。桂花香气持久稳定,甜浓芳郁,具有开胃通气和增进食欲的良好作用,所以不仅在甜食点心中常被用作调香剂,而且有些菜肴也常用它作为调味品和香料。桂花开花时,将花适时摘下,可烹饪菜肴,也可阴干,及时密贮于瓶内备用。

炸桂花年糕

准备糯米400克,一级机米100克,白糖150克,清水150毫升,猪油50克,桂花25克,花生油、白糖(撒用)以及玉米粉适量。

将一级机米和糯米洗净泡透,加水磨成粉浆,装入布袋内压干水分,放在盆内,加入清水、白糖、桂花,用手搓匀,再下入猪油拌匀。在方盘内刷上花生油,把拌好的粉团放入方盘内摊平,上笼用大火蒸30分钟便熟。然后,将其切成长方块,撒上干玉米粉拌匀,用花生油以中火炸透,撒上白糖即可。本品可补中益气,平肝暖胃,化痰,散寒,用于治疗消渴、自汗、便泄和口臭等症。

桂花赤豆糕

准备糯米粉350克,粳米粉150克,赤豆100克,白糖200克,桂花5克,熟油20克。

首先将赤豆洗净,用300克冷水连赤豆一起放入锅内,用旺火煮沸后,改用小火,煮至赤豆能用手指捏碎(不可煮至稀烂),捞出沥干水分,备用。然后,将糯米粉、粳米粉拌匀,放入150克糖,加水(冷热均可,如用冷水放150毫升,如用热水则放190毫升),并迅速搅拌成松散状和加入煮熟赤豆,即成生糕粉;随即取蒸锅,烧沸水,在笼屉上和蒸锅周围刷上油(笼屉孔隙尽量小),在笼屉上轻轻铺满生糕粉,然后放锅内,用旺火蒸,至糕粉已转色,用筷子挑拨,见粉糕有黏性、无松散糕粉即可。最后取清洁盘,用开水消毒后,撒上20克糖,将蒸熟糕粉倒入盘内,另取一块经高温消毒过的清洁布,用冷开水浸湿,盖在熟糕粉上,用手将熟糕粉掀成厚薄2厘米左右后揭去盖布,在面上均匀抹上桂花,撒上剩余的糖,另用消过毒的刀,将熟糕粉切成6厘米见方的块装盒。

苏式桂花糖年糕

准备糯米粉3.5千克,粳米粉1.5千克,白砂糖3.75千克,清水0.375升,麻油65克,桂花30克。

先将糯米粉、粳米粉、白砂糖(红色年糕则用白砂糖1.25千克,再搭红糖2.5千克)各料混合拌匀,静置5～6小时,等砂糖自行溶解后待蒸制。用圆形无底蒸筒,中衬竹制漏空的底板,在底板上涂一层麻油(防止糕的黏结)。将拌匀的粉一部分放蒸筒内蒸制,待热气充透表面时再加上一层拌匀的粉。这样逐层加粉,直至将原料用光。蒸熟后,在筒内戳一个透气孔,即盖上锅盖焖蒸2～3分钟。取出倒在台板上,洒些温开水加以揣揉。揉透后拉成长条,按扁(宽约8.3厘米),两面涂上麻油,表面撒上桂花,再用马尾鬃(用刀切易粘)或湿细线将糕割成 6.7 厘米长的长方块。以后每隔 2～3 分钟翻身一次(以增加光滑),直到冷却为止。按成品规格每千克切割成 4 块。

该产品要求表面光滑油亮,甜香细软,长方扁形,刀口整齐,粉质细腻,无生粉粒。食前须切薄片复蒸,或拖上鸡蛋浆后油煎。这样食时黏软甜润,有桂花清香。

桂花小年糕

准备糯米粉 4 千克,粳米粉 1 千克,小枣 2.5 千克,蜜青梅 0.25 千克,金糕(山楂糕) 0.25 千克,桂花 0.15 千克,清水约 2.5 升。

将糯米粉和粳米粉混合在一起,倒在盆内并加入清水,调拌均匀成较软的粉团。然后将粉团装入蒸笼,上锅蒸熟后倒在案板上,手蘸冷开水将其揉均匀后备用。最后将蒸熟的糕团搓成长条,摘成 15 克一个的小剂子,按扁成直径为 5 厘米左右的小圆饼,两个为 1 组。取 5 个小枣(蒸熟后加桂花拌匀)放在一个小圆饼上摆好,将另一个小圆盘饼盖在上面,用手按实,逐个做好,上面按上青梅丁、金糕丁,再上笼略蒸一下即可。

该产品白细而甜黏,有独特的桂花枣香味,可新鲜食用;也可复蒸或上锅煎食。

桂花猪油年糕

准备细糯米粉 500 克,糖渍板油丁 250 克,白糖 200 克,咸桂花 3 克。

先将糯米粉放盛器内,取 250 毫升开水,边冲边用筷子搅拌成松散糕粉。然后,在笼屉上垫上浸过水的布,将松散糕粉铺在笼屉里,铺时不可揿实。将笼屉上锅盖上盖,用旺火沸水蒸 30 分钟左右,用筷子挑开最高处内部,见无松散现象即已熟;最后将糖撒在清洁操作台上,将蒸熟糕粉倒入糖上(利用糖作为防黏物),把糖揉入熟糕粉直至柔润,稍散发点热气后加入糖渍板油丁,揉匀成团,装入小方饭盒内成型,表面抹上桂花,倒出。食时加工成熟品。

桂花山药

准备山药 250 克,桂花酱 50 克,鲜桂化 10 朵,熟花生油 500 克,白砂糖 150 克,面粉 100 克,淀粉 50 克,水淀粉 30 克。

将鲜桂花择洗干净,沥干;山药洗净、去皮,用刀拍成碎粒,剁末。在钢精锅内放入 0.5 升清水,加入山药末和白砂糖,烧开后,放入湿淀粉调成厚糊,倒入方搪瓷盘内(盘上抹少许油)。待凝结后,取出,切成花块。把面粉和干淀粉拌均匀,放少许水调成薄糊,把山药花块投入挂糊,搅拌均匀至厚薄一样待用。炒锅放入花生油,烧至七成热,将挂糊的山药块放入锅中炸,并用手勺不断地搅动,待山药花块炸至深黄色时,捞出,控油入盘。用适量清水与桂花酱拌匀,放小钢精锅内,用小火烧开,再放入鲜桂花,立即出锅,将调好的鲜桂花汁,浇在炸山药花块上即可。

桂花杏仁豆腐

准备苦杏仁 150 克,洋菜 9 克,白糖 60 克,奶油 60 克,糖桂花、波萝蜜、橘子、冷甜汤各适量。

将苦杏仁放入适量水中,带水磨成杏仁浆。将锅洗净,放入冷水 150 毫升,加入洋菜,置火上烧至洋菜溶于水中,加入白糖,拌匀,再加杏仁浆拌透后,放入奶油拌匀,烧至微沸,出锅倒入盆中,冷却后放入冰箱中冻成块。用刀将其划成棱子块,放入盘中,撒上桂花,放上波罗蜜和橘子,浇上冷甜汤或汽水,即可食用。

桂花脆皮鳜鱼

准备鲜鳜鱼 1 尾(约 750 克),鲜桂花 40 朵,植物油、姜、大蒜、葱、酱油、白糖、醋、料酒、精盐、湿淀粉和鸡汤适量。

将鲜桂花择洗干净。鳜鱼剖洗干净,擦干。在鱼身两面各划五刀。用料酒、酱油、精盐腌5分钟,取出沥干。将葱、姜、大蒜切成细末。将酱油、白糖、醋、料酒、精盐、鸡汤和湿淀粉兑成芡汁。炒锅放入植物油,烧至九成热时,将水淀粉均匀抹于鱼身后下锅,并使鱼头先下锅。待其炸至金黄色时,捞出放入盘内,拍松。再将炒锅烧热,放入植物油,油热时投入葱、姜、大蒜末炒匀,将对好的芡汁均匀倒入锅内翻炒,于起泡时加少许热油,淋入条盘中的鱼身上,把鲜桂花撒在鱼上面即成。

桂花栗子羹

准备毛栗子250克,桂花100克,白糖100克,樱桃酒150克,打起鲜奶油150克,熟浜格饼20片,白塔油100克。

将毛栗子外壳剥掉,再剥去内层的硬皮和栗肉上的薄膜,洗净,切成丁,将桂花择洗干净。炒锅烧热放清水0.5升,倒入栗子丁,烧开,去沫,放入桂花和白糖,搅拌均匀。用小火煨烤,煮烂成栗子桂花泥。将栗子桂花泥放在瓷盆里,加入打起鲜奶油和樱桃酒,搅拌均匀,分别夹入浜格饼中间,折成扇形,放入烤盘内,加入白塔油后,送入烤箱,烤熟取出装盆。若无烤箱,可用平底锅,化白塔油烤熟。食用时,每份2片,再抹些栗子桂花泥。

11.6 桂花旅游、经济和市花文化

11.6.1 桂花与旅游

城市化带给人们生活水平改善的同时,快节奏、繁杂、环境污染也随之而来,使城市人们感到冷漠和无所适从,为了求得心灵的解脱,到大自然中去亲近自然,欣赏和享受自然逐渐成为一种时尚。植物是自然的精华,天地灵气的荟萃。桂花以"色、姿、香、韵"来展现自身的美丽。桂花旅游近年来也成为秋季许多城市吸引游客的一个开发点,成为"朝阳旅游项目"。

以桂花为市花的桂林、杭州、合肥等许多城市的经验证明,举办桂花节或桂花文化学术交流会,能大大促进本地区旅游业发展和对外经贸合作。许多城市每年都竞相举行桂花节,慕名而来的游客给当地的经济发展带来新增长点,增加了劳动就业机会,财政收入大幅度的增加,提高了城市的知名度和影响力,市民的本土意识和自豪感也得到加强。

1. 广西壮族自治区

桂林因桂花树众多而得名。如今,桂林最大的七星公园内种植的桂花树达7000株,是名副其实的"桂花园";黑山植物园有桂花树8000株,被誉为"桂花海"。桂林这座只有40多万人口的城市,现已拥有成年桂花树近20万株,真是"桂林桂林,桂树成林;桂花桂花,香飘万家"。每当金秋送爽时候,全城桂花怒放,繁花似海。那里的桂花山、桂花街、桂花园、庭院内、学校中、环湖边、漓江畔、公园里和游览道上,到处散发出沁人心脾的桂花馨香,令人赏心悦目。最引人注目的是临江路两侧栽植的近10万株桂花,绵延数里,枝叶葱郁,蔚为壮观。游客们在此不想乘车,而是悠然慢步于街道的桂花树下,领略那潇潇下落的"桂花雨",吸纳那醉人的馥郁的桂香。桂香已成为桂林新的一绝。

2. 湖北省

湖北省咸宁市，是国家林业局和中国花卉协会命名的全国著名的桂花之乡，也是我国最大的桂花香料产地。现有桂花树约150万株，汇集了桂花的多数品种，但主要的是花量多、香气浓的金桂品种群和银桂品种群。咸宁所产桂花，花瓣厚实，色泽晶莹，气味清香，浓香四溢，花质之好居全国之冠。在咸宁市咸安区，100年以上的古桂花树有1400余株。其中有一株全国最大的丹桂树最为引人注目，树高10米，树干1.2米，整棵树如一把巨伞，覆盖约200平方米的地面。每逢阴历八月大树盛开淡红色桂花时，香气飘溢500米外，常有游客停车驻足，目睹此树"芳容"。去咸宁游览的人，不仅可以观赏到娇艳的金桂，素雅的银桂，淡红的丹桂，乳黄的四季桂，淡黄的山桂，还可以购买到该地区以桂花为原料而加工制作的有名的土特产，如桂花糕、桂花酒、桂花饮料、桂花茶、桂花酥糖、桂花月饼和桂花香精等名、特、优产品。在此值得一提的是，还有咸安区不仅花香留客，而且能提供30余万株不同规格的优质桂花树苗，为全国各地庭院、街道、公园、风景名胜区、旅游度假区和经济技术开发区的绿化、美化和香化，提供丰富的桂花优良种苗。

3. 浙江省

浙江千岛湖旅游风景区中有座桂花岛，属石灰质岩溶地貌，它在自然演变的过程中，造化成各种奇妙景观，有乌龙出水、蟾官仙坞、犀牛啸天、清波映月、通天石门、群羊洞、望湖台、万水千山等天然岩景。桂花岛的主景之一，通天石门，沿壁而凿的"通天"二字，系我国著名书法家、美学家黄苗子的手迹。当年他为桂花岛美景所倾，留下了"雨里重阳一振衣，我来不待桂花迟，何当更上蟾宫去，小石疏林总是诗"的佳句，它附近就是"龙女牧羊"全景。

桂花是杭州市的市花。目前，杭州与咸宁、苏州、桂林、合肥为我国五大桂花产区。杭州人在每年的金秋赏桂时节都要举办西湖桂花节。"满陇桂雨"是桂花节的主要场景。西湖秋游，日赏桂，夜赏月。赏桂以南山满觉陇最盛。西湖栽培桂花，盛自唐朝。在明以后形成一定的规模。清人张云敖七言绝句《品桂》所云："西湖八月足清游，何处香通鼻观幽？满觉陇旁金粟遍，天风吹堕万山秋。"这里沿途栽种着7000多株桂花，郁郁葱葱。桂花节期间，这里200余顶五颜六色的遮阳棚整整齐齐排列在道路两侧，游人在棚内树旁赏桂品茶，打牌下棋，自娱自乐，雅俗共赏。

西湖桂花节将"桂花文化"和"茶文化"结合在一起，有大型综合文艺表演和龙井茶礼表演，同时举办桂花研讨会。为增强游客的参与性，满觉陇每天安排了全国六大茶系的茶道、花艺表演，"杭州人、杭州事"桂花书场，桥牌、围棋、象棋擂台赛、"迷你"高尔夫球场活动、儿童快乐吹气房娱乐活动等。为了配合市政府"把杭州建设成为国际旅游休闲之都"的号召，呼唤全社会对公益环保事业的关注，树立杭州旅游的良好形象，中国国家民航总局2002年"中国未来空姐浙江赛区选拔赛暨杭州桂花仙子评选活动"也以桂花冠名进行。

一个由数万株桂树以及历史文化古迹构成的"香林桂雨"独特自然景观，已在浙江绍兴湖塘建成并开放。据《嘉泰会稽志》记载，香林桂雨景区自宋治平三年（1066年）起，即广植桂树，面积达数平方公里。植桂之习俗，历经千年而长盛不衰。这里的桂树树龄长，树冠大，种植面积广。该景区现存桂花树多数为百年老树，树冠冠幅大多在10米以上，连片桂林27公顷，树姿婆娑，桂香远溢，实为国内所罕见，蔚为壮观。被誉为"江南第一桂花王"的千年古桂树，更是让人叹为观止，漫步其间，给人以无限的遐想，可闻、可看、可想、可赏，妙不可言。这里的桂花品种，主要有金桂、银桂、球桂和火桂，每当金秋时节，群桂吐艳，流金溢银，齐献芬芳,令人心旷神怡。当地旅游部门和政府,联合对香林桂雨风景区进行规划开发建设,形成了以桂花林和自然山水为特色,融宗教、民俗和休闲农业于一体,具赏桂、品茗、探幽、访古兼农家乐特色的旅游度假胜地。

4. 上海市

金秋的上海也是桂花的世界,上海植物园、桂林公园、桂花公园、淀山湖大观园、中山公园、鲁迅公园和杨浦公园等成千上万株桂花树,披金带黄、芳香扑鼻。而位于上海市西南的漕河泾风景区的桂林公园最为著名,具有赏桂品香的独特魅力。每到中秋月明、国庆佳节,桂花飘香之日,人们相继涌向桂林公园,仔细观赏那花色金黄、甜香怡人的金桂品种群;花色银白、清姿雅质的银桂品种群;花色赤橙、重葩叠萼的丹桂品种群;花色淡雅、四季飘香的四季桂品种群等。这里收集保存有国内名贵桂花品种 20 多个,约 2000 余株桂花树。桂花节围绕文化主题,先后由著名词作家乔羽作词、曲作家谷建芬作曲创作的《桂花节节歌》、桂花舞蹈,发表桂花文化研究文章。桂花米仁羹、桂花血糯莲心粥、桂花花生汤、糖果桂花、桂花酒、桂花茶等桂花系列食品也在桂花节上大受欢迎。近几年来,上海市在此举办一年一次的桂花节,形成了一个融赏桂、游园、购物、娱乐于一体,景、文、商、游相结合,格调高雅、特色显著、民间气息浓郁的大型群众文化节日活动。第三届桂花节,总人流量达 200 万人次,商品成交总额达 3166 万元,这种以花为媒、以节兴游、以节兴商的举措,取得了较好的社会效益、经济效益和环境效益。

5. 江苏省

中秋前后,南京东郊占地近 1700 亩的桂花专类园灵谷桂园内的万株桂花竞相吐芳,馨香四溢,吸引了众多游人前来赏桂闻香。38 个品种约 2 万株的桂花让人们沉浸在花的海洋,金黄色的大花金桂香气浓郁,淡黄色的银桂淡香沁人,硬叶丹桂、软叶丹桂幽香阵阵,正如古人所说:"凡花之香者,或清或浓,唯桂花清可绝尘,浓能溢远。"在无梁殿后的大草坪上,近百岁高龄的"金陵桂花王"神采奕奕,颇具王者风范。这棵"桂花王"属金桂品种,主干的直径约 1 米,树高 6 米多,树冠的直径有 7 米多,虽未完全绽放,但已散发出阵阵甜香。

以上这些以桂花为主题的旅游开发活动,在促进当地的经济发展的同时,带动了桂花相关产业的发展,也为旅游者提供了一种美好的经历和体验,是一种"无形出口"和"无形贸易"。旅游者在宾馆、商场、餐厅和娱乐场所直接消费,以不同的方式产生经济效益。

11.6.2　以桂花为省(州)花和市花的地区

1. 以桂花为省花的地区

广西壮族自治区,简称"桂",同时桂花也是广西的省花,并围绕着桂花开展了一系列的活动。

2005 年 10 月,桂林市在黑山植物园建成一座集科研、科普教育、观赏、文化、娱乐和旅游为一体的桂花博览园。该园占地面积 2 公顷,分为金桂区、丹桂区、银桂区、四季桂区、木犀属区 5 个园区,共收集了 63 个品种 1891 株桂花,其中来自桂林的桂花品种 53 个,并从四川、浙江等地引进了月月红、朱砂桂、金满堂等 10 个优良品种。该园是国内外同类桂花园中品种最多的一个,也是银桂品种最多的园区,它已作为中国桂花学会向国际园艺协会申请中国桂花品种国际登录权的一个品种园。

2007 年 10 月,由中国花卉协会桂花分会和桂林市政府共同主办的第二届中国桂花博览会举行。国内以桂花为市花的城市、桂花分会理事单位,有关桂花企业和高校参加了此次博览会。期间,举办了赏桂晚会、桂花品种展示、各城市桂花主题园区评比、中国桂花发展论坛、桂花科普展、"桂花"主题书法摄影展览、盆景艺术展、插花艺术展、根雕奇石展等一系列集桂花景色、桂花科普、桂花文化、桂花科研为一体的旅游文化活动,展示了我国在桂花科研、生产、应用等取得的成就和我国丰富的桂花品种资源,同时也展示了桂林市在桂花种质资源的保护应用、桂花栽培、桂花景观营造等在全国领先的成果。

2014 年 3 月 16 日在南宁通过广西壮族自治区科技厅组织的专家组成果鉴定。专家组认为,该研究成果总体可达国内同类研究领先水平。1998 年,广西农科院经济作物研究所唐荣华团队启动了相关科研工作。在历时 15 年的科研过程中,科研人员育成了适合与木薯、甘蔗、玉米等作物间作的花生优良品种"桂花 771"。该品种具有高产、优质、抗逆、早熟、耐荫蔽等优良特性,在间作试验的花生品种中综合表现最优,其荚果大小均匀,出仁率高达70%,粗脂肪含量为 53.69%,蛋白质含量为 27.83%。目前"桂花 771"及其配套的高产高效间作栽培技术已在广西及周边省区推广应用 227.13 万亩,产生直接和间接经济效益18.84 亿元。

2. 以桂花为市花的地区

选桂花为市花的城市有浙江杭州,广西桂林,安徽合肥,马鞍山,江苏苏州,四川泸州,台湾台南等。

浙江杭州:1983 年 7 月 20 日至 23 日,杭州市六届人大常委会第九次会议通过商议决定,将桂花确定为杭州市的市花。桂花在杭州已有近千年的栽培历史,尤其是杭州满觉陇的桂花,更是闻名遐迩。早在南宋时期,满觉陇已经大片种植桂花,并形成一定规模。在《咸淳临安志》有这样的记载:"桂,满觉陇独盛。"且杭州自古就有"天竺桂子"之称。《东坡诗注》曾记载"天竺昔有梵僧云此,山自天竺鹫山飞来,八月十五夜尝有桂子落。"又据《杭州府志》记载,宋仁宗"天圣丁卯(公元 1027 年)秋,八月十五夜,月明天净,杭州灵隐寺月桂子降,其繁如雨,其大如豆,其圆如珠。识者曰:此月中桂子也。拾以进呈寺僧。好事者播种林下,种即活。种之得二十五株。"据调查,杭州灵隐、云溪、净寺、大华饭店、浙江博物馆、龙井、虎跑、满觉陇等地至今仍有百年以上的桂花古树 20 余株。杭州植物园于 20 世纪 50 年代末在玉泉鱼跃景点东侧辟建了桂花专类园,占地 4 公顷,栽有金桂、银桂、四季桂、丹桂等 6 个栽培品种 3000 余株。80 年代末,开展对桂花品种的引种、栽培及利用研究,现已植有日香桂、大叶佛顶珠、桃叶丹桂等 19 个品种,经过长期的科学管理和精心养护,现已形成郁郁葱葱的桂花林。杭城内外遍植桂花,并且还建立市花公园(即长桥)。桂花已成为美化环境、香化西湖主要树种之一。自 1988 年创办中秋赏桂活动以来,游客量逐年增加。2019 年游客量高达 25万人次,杭州赏桂胜地的盛名得以进一步诠释。桂花已经成为杭州百姓生活中不同缺少的一部分,将其作为市花更是直接表达出了人们对它的喜爱。

广西桂林:1984 年 3 月 16 日,桂林市人大通过决议,选定桂花为桂林市市花。1995 年桂林正式确定,桂林市市徽图案的外形为桂花四花瓣相连,寓意桂林处在桂花的环抱之中。桂林的地名就是由桂花树而来,"桂林桂林,桂树成林",故名桂林。桂林是桂花树的原产地,桂林人民自古以来就喜爱桂花树,每逢金秋,桂花盛开,花香四溢。桂林人爱桂花树,更爱它的品格和精神。桂花树那秀美的树形,繁茂碧绿的枝叶,繁密怒放的花朵,浓郁四溢的花香,是一种完美的形象代表,也是充满活力和生机的体现。在桂林人的心目中,桂花树还是友谊、吉祥和爱情的象征。所以,桂林人在与人交往时,尤其是与外国友人交往时,总喜欢用桂花送人以示友好和祝福,桂花也因此成了桂林的"友好使者"。作为桂林城市形象的代表,桂花是当之无愧的。

安徽合肥:1984年,合肥市人大常委会正式商议决定将桂花为市花。桂花金秋飘香,为合肥市民造就了美好的环境。合肥市栽培桂花有着良好的基础,并培育出了一批很有影响力的特色品种。据《肥西县志》(1984年)记载,该县有桂花品种15个,其中四季桂品种3个,八月桂品种12个。1986年,合肥市政府在东门外环城河边修建了一个"市花市树园",占地72亩。园内遍植市花——桂花和石榴,市树——广玉兰,并创办了市花、市树宣传栏,使广大市民对市树市花的形态特征、生态习性、品种识别、栽培养护知识有了一个更全面的了解。为了打造"绿色合肥、生态合肥",全面提高市民的市花意识,2003年9月25日至10月20日,合肥市与中国花协桂花分会在合肥植物园联合举办了"首届桂花展览",展览专设"桂花景观区"、"桂花品种展示区"、"桂花科普区"、"桂花产品展示区"和"赏桂区",并对景点制作、桂花品种、桂花盆景几个项目分别进行了评比。花展期间还举办了"中国首届桂花小姐大赛",为桂花展助兴。合肥市已决定从2010年开始,每年都将在九十月间举办"合肥桂花展",以桂花为主题,弘扬桂花文化。

安徽马鞍山:1987年3月24日,马鞍山市人大常委会三十次会议通过确定桂花为马鞍山市市花的决议。桂花是马鞍山市市民喜爱的乡土树种。早在唐代,马鞍山市的寺、庙、园林及私人住宅都植有桂树。现在马鞍山市山区及当涂县内,还保存着古桂树70余株,向山区卜塘镇卜家祠堂内有径达32厘米、高6米余的金桂,采石矶公园三公祠内有径达50厘米、高7米余的金桂,树龄均在100~300年间。当地百姓家家植桂,传说可保长命富贵。马鞍山人还有农历八月十五拜月的传统习俗。同时,桂花又是马鞍山市区用以绿化环境的主栽树种。当桂花成为一种民俗文化深深植入马鞍山百姓心中时,将其选为市花是实至名归之举。

江苏苏州:1982年起,苏州市将桂花定为市花,使桂花在苏州进一步得到发展,苏州人更习惯称之为木樨花。桂花在苏州有两千年的栽培历史,早在唐宋年间,桂花被散植于居民家天井里或房前屋后。金秋时节,桂花飘香,弥漫苏城。苏州市政府为了改善人居环境,从20世纪90年代开始在新村内建造小游园及区、市级公园,园内植物配置乔木和花灌木,其中桂花也占据一定比例,与此同时,苏州市还专门建造了一座以市花为特色的公园——苏州市桂花公园,位于城内东南隅,沿环城河内侧,占地16.5万平方米,种植桂花560多棵,包括金桂、银桂、丹桂、四季桂、月桂50多个品种。2009年冬季,苏州公园又从四川温江地区选购了2000多棵桂花名品,包括九龙桂、朱砂丹桂、大叶四香桂及雪桂。据介绍,全国的桂花名品,苏州桂花公园内都有栽植。每逢桂花盛开,被桂花艳丽的花色和浓郁的花香吸引前来赏桂的市民摩肩接踵,好不热闹。

四川泸州:1986年10月10日,泸州市一届人大常委会第二十一次会议通过决议,将桂花确定为泸州市市花。自古以来泸州人就有在家栽培桂花的习惯,不少农村地区在房前屋后都栽种有桂花。旧时家家户户都有桂花熏制的桂花酒,其浓郁不散的香甜,与泸州酒的浓香醇厚相得益彰,桂花与酒结下了不解之缘。在泸州的食文化中又有不少以桂花为主要点缀的点心,桂花糕、桂花馅的月饼和汤圆都是人们喜爱的美食,还有以"桂花"命名的街巷,所以将桂花作为泸州的"市花"一点也不为过。据泸州市园林局相关负责人介绍,2010年泸州市园林局已经制定及实施了"城市行道树种规划",将逐步增加桂花等花树的使用,启动的街道香化工程,将使满街的桂花树给广大市民"送香"。

台湾台南:桂花原产于我国西南各省,日本及喜马拉雅山区也有分布,公元1700年就有人将它引进台湾,目前在台湾各县市都普遍栽培。

11.7　桂花的园林文化

11.7.1　桂花在我国古代园林中的栽培应用

桂花是我国十大传统名花之一,栽培历史悠久,分布范围广泛,各地园林均有应用,是著名的园林绿化树种。桂花一般在金秋时节盛开,以花香胜,但凡花之香者,或清或浓,不能两兼,唯桂花清可绝尘,浓能远溢,故大家都说"桂花馥郁"。而有关桂花的神话、传说流传久远,深入人心,中秋时节于馥郁桂丛包围之中欣赏迷人月色,怎能不让人浮想联翩、陶醉不已呢? 因此桂花在园林中的造景应用不仅具有广泛的群众基础,而且具有深厚的文化底蕴。

在我国古典园林,特别是江南私家庭院中,树木的布置一般有两个原则:第一,用同一树种种植成林,如怡园听涛处的松,留园闻木樨香轩前的桂等。第二,用多种树同植,配植的方法如同作画一样,对于树木的习性、色彩、花期、姿态及种植的环境均有较高的要求。但无论如何,这些私家庭院中的造景是以文化意境为欣赏要点、以个人审美为主的,种植手法总是比较单一,桂花景观的营造就脱不了上面这些条条框框,都是丛植和群植为主,"双桂流芳"或称"双桂当庭"的传统对植手法在古典园林中也时有应用。

桂花的品种多,适应性强,除了作主景时的丛植和群植方式外,桂花还时常被作为障景树、陪衬树、诱导树、过渡树配植,或为增添景观层次而应用,可用以配植的花木也非常多。由于桂花的这种优点,使桂花在苏州现存的八大古典庭院(拙政园、留园、网师园、艺圃、环秀山庄、耦园、怡园、狮子林)中出现率达百分之百。

网师园"小山丛桂轩"前的桂花多靠墙布置,间植几株蜡梅,以木绣球、山茶、南天竹等点缀,在东侧小花台中种植海棠、山麻杆和寿星竹,与精巧的山石、漏窗相配,整体景观富有变化,层次感非常好。

扬州清代园林古陨园内有"修竹丛桂之堂",即以桂、竹相配,并以景命名。苏州明末时期的潭上书屋(后名水木明瑟园)中的"桐桂山房",造景曰"丛桂交其前,孤桐峙其后,焚香把卷,秋夏为佳"。

留园"闻木犀香轩"两旁沿廊密植桂花,以紫荆、蜡梅和紫薇各一株作点缀,仅在左侧临溪处植两株榔榆以均衡构图。而轩前的配植则要热闹得多,银杏、香樟挺拔秀丽,黑松遒劲,加上夹竹桃、蜡梅、紫荆、云南黄馨等花木,更使得四时有景可观,秋色更加迷人。

此外,桂花与牡丹、海棠、玉兰等植物相配植,有"玉堂富贵"的寓意,或加上迎春等植物象征"玉堂春富贵"或"金玉满堂春富贵",是一种讨巧的配植方法。虽然有观点认为以讨口彩为目的的配植俗不可耐,但是从这几种花木的选择上看,常绿和落叶、灌木和乔木相搭配,而且花期相错,四季可赏,确有可取之处。虽然讨巧的配植方法花样百出而少有流传,但此种配置时有应用,并逐渐成为一种传统的配植手法。

现就桂花在中国古典园林中的配置手法、造景艺术形式等进行探讨与阐述。

1. 配置手法

(1)双桂流芳。其亦称两桂当庭,是指在天井、庭院之中或花园等园林绿地对植两株桂花树,这种成双成对的配置表现主人的一种精神寄托,希望全家吉祥如意,万世流芳。这种方式应用在中国古典园林中极为常见。

(2)金玉满堂。其是指在将桂花和玉兰合植私家天井、庭院之中,这种配置表现出主人对全家的美好祝愿,希望家族能够荣华富贵至千秋万代。既然叫"金玉满堂",那桂花理所当然应该以花色金黄的金桂为佳,玉兰选择白玉兰、白兰、广玉兰等花色洁白无瑕的树种。

(3)玉堂富贵。其是指在庭院之中用白玉兰、海棠、牡丹和桂花四种树木配植在一起,可加上迎春成为"玉堂春富贵"。虽然现代园林配植中一般不主张以讨口彩为目的的俗气配植,但是这种常绿搭配落叶、灌木搭配乔木,而且花期相错,四季有景可赏,确有其独到之处。"玉堂富贵"配植形式在皇家宫苑中常被采用,其中原因之一在于花色,黄色代表富贵,是皇家的专用色,红色代表喜庆。

(4)玉堂富贵,竹报平安。中国古典园林中广泛应用于配植庭园的白玉兰、海棠、牡丹、桂花、竹、芭蕉、梅花、兰花,被称为庭园名花八品,取"玉堂富贵,竹报平安"之意。

2. 造景艺术形式

(1)小山丛桂。桂花丛配置在小山头之上,是一种经典的配置形式,普遍出现在我国古典园林之中,如苏州网师园的"小山丛桂轩"。这也是因其树冠形与山头的形状相协调。如果将单株桂花与小块山石相搭配,是对这种经典配置形式创新与提高,形式也更为灵活。

(2)水岸之桂。水边植桂,从桂花的生态要求方面来说是不相宜的,因为桂花喜地势高燥,不耐积水,但只要处理得当,也可少量应用。"桂树夹长破",这是南朝梁吴均《夹树》中的描述。"空山无人,水流花开",因此在山间流水之边配植桂花为最佳。这种配植形式在益阳市秀峰公园应用得较为成功,秀峰公园北门入口处有潺潺流水,而在水边土山上片植桂花,与园中水流相配,意境悠远,又不违背桂花怕积水的生态习性。

(3)窗前之桂。桂花清香四溢,香味宜人,又象征高雅,因此常被配置于古人窗前,金风送爽,浓郁的香气随风飘入房中,让主人品香或自勉,以彰显主人的高雅、清高。

(4)凭栏之桂。在庭院中的芍药栏杆旁边种植桂花树是宋代文学家欧阳修在《谢人寄双桂树子》中描绘的桂花绿荫覆盖栏杆的园林景象。这是一种在许多私家庭园之中比较常见的用来与栏杆和其他景物相衬托的凭栏种植的桂花配植形式。益阳市委市政府进门水池四周栏杆边,围绕水池四周种植有多株桂花,池边栏杆被桂花绿荫所覆盖,韵味悠长。

(5)墙角之桂。古人多用桂花、红枫、竹和芭蕉等花木配植在建筑墙体四周,尤其是墙体角隅,如扬州个园内北墙外,墙边配植桂花和竹。但应注意的是,因为桂花本身叶色较深树形也相对高大,为了协调均衡,与之相配的墙体应体量较大,色调较浅。益阳市会龙公园中栖霞寺白色墙体边配植桂花,就相得益彰。

(6)桂花盆景。桂花也是我国盆景制作常用的素材。因受到气温的限制,我国天气比较寒冷的北方地区为了也能欣赏桂花之美,就以盆景艺术形式来满足人们的这种需要,由于现代栽培技术的迅速发展,现在一般以木樨属植物作为砧木,如女贞、白蜡、流苏等,来繁殖培育桂花盆景。

桂花的栽培历史悠久,具有丰富的文化内涵,非常符合东方园林的审美特色,同时又能满足现代公园的造景需要。而且其品种繁多,形态、习性等均有不同的特点,不论形体大小都能产生丰满生动的景观效果,可以根据造景的需要自由地选择搭配。辛弃疾《清平乐·谢叔良惠木犀》一词写到"大都一点宫黄,人间直恁芬芳。怕是九天风露,染教世界都香。"相信桂花今后在园林中能够发挥更大的作用,香满神州大地。

11.7.2　桂花在近现代园林中的栽培应用

1. 桂林的桂花博览园

桂林市的桂花博览园,是一个以桂花为主题的专类园,为桂林市黑山植物园内重要的园中园,面积为2公顷。全园分为金桂区、丹桂区、银桂区、四季桂区和木犀属区五大园区,共收集了63个桂花品种,约2000株。各园区都有游览步道相连接。五个园区相辅相成,各有特点。

桂花是常绿乔木,其叶色变化不大,秋天观赏景色气味最佳。为了使游人赏心悦目、心旷神怡、轻松愉快,建园时运用大量的园林造景手段,对桂花博览园进行合理的植物配置,使桂花与其他配植树种相辅相成,造成一个景色美丽、层次多样和引人入胜的景观园。

特别要强调乔、灌、草三层的有机结合,使之既能充分利用和开发空间,又具有色彩的变化和跳跃。春天,杜鹃和红花檵木争奇斗艳;夏天,含笑散发出阵阵清香,紫薇紫色、红色、白色的花,构成了绿海中亮丽的风景线;秋天,是桂花开放的季节,阵阵浓香溢远,清能绝尘。这时也是枫香、乌桕转红、银杏叶子转黄的时节,彩叶和鲜花竞相争艳,让人流连忘返;冬天,博览园中依然色彩缤纷,生机盎然,作为地被的黄素梅、雪茄花和红背桂等,极大地丰富了冬天园区的色彩。

桂林有着浓厚的桂文化底蕴。桂林的桂花深受古今中外人士的喜爱,是历代文人墨客题诗作画的题材,留下了不少脍炙人口的诗句。

为了使桂林的桂花文化融合于桂花博览园中,让游人既能赏桂,又能增加桂文化的知识,领会到桂林桂文化的内涵,园中将有关桂林与桂花的诗、词、歌、赋,刻在石头上,镶嵌于桂林桂花博览园中。如南北朝诗人范云吟的诗句:"南中有八桂,繁花无四时";唐朝诗人曹邺的诗句:"桂林须产千株桂,未解当天影日开。我到月中收得种,为君移向放园栽";宋代著名诗人杨万里赞叹桂林的桂花的佳诗:"坐世何曾说桂林,花仙夜入广寒深。移得天上众香圃,寄在梢头一粟金",等等。这些诗句或引古据典,或以景寓情,或集取佳句,令人发思古之幽情,把游人引入那梦幻般的美妙桂花世界之中。

2. 杭州"满陇桂雨"

杭州西湖一带的桂花,在唐朝时已闻名,当时主要种植在灵隐寺一带,而且有"月落桂子"的传说(《本草拾遗》《唐书·五行志》《南部新书》)。唐朝有不少描写"桂子月中落"的诗篇,如诗人宋之问的"桂子月中落,天香云外飘"、皮日休的"玉颗珊珊下月轮,殿前拾得露华新。至今不会天中事,应是嫦娥掷与人"、白居易的"山寺月中寻桂子,郡亭枕上看潮头"等诗句都使西湖周围的桂花更加充满了诗情画意。满觉陇的桂花则在宋朝以后最为著名,高濂的《四时幽赏录》即记录了明朝时的盛景(见前文),而清人张云璈也有《题满觉陇》诗:"西湖八月足清游,何处香通鼻观幽。满觉陇旁金粟遍,天风吹堕万山秋。"如今的满觉陇逶迤数里,桂树成林,山道、建筑均掩映于桂花丛中。每当金秋时节,翠柯绿叶上缀满一簇簇金粟银屑,香飘云外。花落之时,随着一阵秋风拂过林梢,浓密的桂粟纷纷飘落,霎时便下起了飘香四溢的桂雨,引起人们的无限遐想。

3. 上海的桂林公园

上海桂林公园东靠桂林路,南近漕河泾港,西界上海冠生园食品厂,北邻漕宝路,占地面积 3.55 公顷。该园是一个以桂花为特色的具有中国古典园林风格的公园,造园艺术采用江南古典传统布置手法,布局精巧别致,建筑风格明快。全园由花窗的龙墙围绕,园内小桥流水,叠山立峰,楼台掩映,亭榭参差,曲径通幽,花木葱茂。别具特色的建筑物在嶙峋怪石、清池小轩和苍松翠柏掩映下,构成完美统一的艺术建筑群。公园以桂花为特色,有金桂、银桂、紫桂和四季桂等 20 余个品种 1000 余株桂花树,每逢中秋佳节,桂花盛开,满园飘香,沁人肺腑。公园还种植有牡丹、含笑、松、柏、蜡梅、白玉兰、香桂和女贞等观赏花木。

4. 杭州的桂花紫薇园

杭州植物园的桂花紫薇园占地 4.5 公顷,收集了金桂、银桂、丹桂与四季桂品种群的 20 余个桂花品种,种植桂花 2000 多株。每到秋季,园区内散发出阵阵浓郁的芳香,沁人心脾。10 多米高的丹桂王赫然耸立,一派王者风范。在大片桂树林中,还栽有 300 多株被誉为“满堂红”的紫薇,与桂花相互辉映。在植物园的精心设计布展下,独具特色的桂花科普图版展和休闲茶座,为游客赏桂增添了无穷的乐趣。

5. 南京的灵谷桂园

南京灵谷桂园位于南京市中山陵园灵谷寺景区内,东起邓演达、谭延闿墓,北至灵谷寺与桂林石屋一线,南以水榭路为界,西经藏经楼,总面积约 113 公顷。园内栽植了 38 个品种的 1.8 万余株桂花,规模宏大。灵谷桂园的建设融合了周围的山川形势,充分利用了国内罕见的地带性植物群落,使之既有自然保护区的野趣,更兼有江南园林的匠心。

该园有品种园区、参与活动区、生态观赏区、观塔休憩区和桂林石屋古迹区等功能区域,其中生态观赏区利用山谷地形,在谷底遍植秋季开花的宿根花卉,谷上架设木桥,游人倚桥赏花,犹如置身于花溪之上,美不胜收。

6. 苏州的桂花公园

苏州桂花公园建成于 1998 年 10 月,占地 16.5 顷,位于苏州古城的东南隅。东面与古运河相拥,南面绵延数里环抱在郁郁葱葱的姑苏城城垣和大运河的绿水旁,是近年苏州市环古城风光带建设的重点景观之一。

该公园以苏州市的市花“桂花”命名,以桂花为特色。园中桂花品种丰富,收集的桂花品种有 50 个,分属四季桂、银桂、金桂和丹桂四个品种群。珍贵桂花品种有九龙桂、一串红和雪桂等,在园内有一定的种植量。

此外,还有成都新都桂湖、绍兴香林花语风景区、成都植物园、合肥植物园、桂林雁山植物园、上海植物园等也有桂花园,千岛湖则有桂花岛。

11.7.3 在国外的专类园营造和园林栽培

1. 诺福克植物园

诺福克植物园于 1938 年开园,占地 155 英亩,是美国东部沿海地区种植玫瑰花、杜鹃花、山茶花最多的植物园,因别具特色的主题小花园而知名,吸引着各地游客的观光,每年约有 25 万人来探索这个神奇的植物世界。

诺福克植物园分为 40 个不同种类的主题花园,如玫瑰园、感官花园、杜鹃花园、松柏园、芳香植物园、香草园、日式花园、蝴蝶园、文艺复兴庄园、弗吉尼亚本地植物园、下沉花园、雕塑园、野花园、沙漠植物园、树木园、冬季花园、奇妙世界等,每个小园内都是鲜花盛放、蜂蝶成群,其中奇妙世界是专门为儿童开设的,旨在让孩子探索植物同环境和国际文化的关系。

其中芳香植物园中种植了许多桂花,植物园的芳香吸引了许多鸟类和蝴蝶的光临,它们的到来为植物园增添了不少灵动的色彩和生机勃勃的活力。

2. 邱园

英国皇家植物园——邱园,坐落在伦敦三区的西南角,是世界上著名的植物园之一以及植物分类学研究中心。邱园始建于 1759 年,原本是英皇乔治三世的皇太后奥格斯汀公主一所私人皇家植物园,起初只有 3.6 公顷,经过 200 多年的发展,已扩建成为有 120 公顷的规模宏大的皇家植物园。

植物园规模庞大,除了常规的园林设计外,还有专门的野生动物保护区,该保护区濒临泰晤士河,具备良好的生态环境。公园里的很多道路都是一望无际的草毯。

伦敦三区的英国皇家邱园于 1789 年开始栽培桂花,不过至今仍大都种植在公园内,仅供研究或观赏,没有作为香料或食品加工用。

3. 爱丁堡皇家植物园

爱丁堡皇家植物园初建于 18 世纪,坐落在爱丁堡市王子街以北两英里处,占地 425 亩,主要收集外来植物。爱丁堡皇家植物园还有 3 个附属园,分别为达威克树木园、因弗内斯克花卉植物园和马勒里宫花卉植物园。

爱丁堡皇家植物园不仅是一个教育、研究的基地,也是一座供游人娱乐消遣的公园。园内每种植物都有标牌,上面写着该植物的名称、原产地、特性和用途等项目。这既可供教学、研究之用,也可让游人了解植物,增长知识。该植物园辟有石楠园、杜鹃园、岩石园、树木园、桂花园等,各专类园之间都用树篱分界。每当桂花盛开时,这里一片芳香,鸟语蝶飞,是游人驻足赏园的好时光。

爱丁堡皇家植物园及其附属园全年向游人开放,在这里游览,既可获得植物知识和美的享受,又可了解苏格兰人对植物收集和栽培所做的积极贡献。

11.7.4　我国桂花的主要园林应用形式

桂花品种不同,形态特征和园林观赏用途也有所差异。就树形而言,有乔有灌,大可作行道树,小可作香花绿篱与地被。从配置形式而言,既可孤植,也可对植、丛植、群植、列植、片植,形式多样。

1. 孤植

桂花孤植在古典园林中应用较少,在现代园林中则较为常见。现代园林常以大草坪作为园林的集散中心和活动中心,树势高大、树形美观的桂花便常常被选作孤植于草坪中央成为景观焦点,如南京中山陵的桂花王和四川的庭院桂花。

2. 对植

对植是桂花传统的配置方式,同一树种两株并列平行种植或者前后种植,称为对植或双植。于庭前对植二株,取"双桂当庭"、"双桂流芳"之意,以此作为一种精神的寄托,希望能吉祥如意,万世流芳,常用于厅前或宅前的栽植,如上海桂林公园中的桂花对植。桂花树姿端正,树冠圆满,金蕊玉枝,终年常绿,是极其优美的园景树,可以作为孤植树在园林中应用,孤植桂花一般配置在园林空间的构图重心处,常见于建筑物的正前方、道路交叉点、草坪的焦点等。

3. 列植

列植桂花四季常绿,枝叶密集,树形美观,寓意吉祥。株形丰满的桂花自然整枝能力强,加之其有吸粉尘、抗噪音之功能,自古就有道路列植的应用。南宋诗人杨万里有"夹路两行森翠盖,西风半夜散麸金"的名句,现代更是常列植路旁以为行道树,如四川、浙江、广西桂林以桂花作为行道树十分普遍。南京中山陵内的石象路,以秋色绚烂闻名海内外,道路旁以银杏、枫香、榉树为主要的景观树种,路缘则以桂花大树作为行道树,既丰富了秋季景观,突出了绚烂多彩的秋色主题,又拓展了延伸的视野。

4. 丛植

丛植也是桂花传统的配置手法,在现代园材中运用更多,常结合特定的景观和功能需要进行配置。如南京中山植物园办公楼前桂花丛,前临开阔的大草坪,在视觉上起到了引导作用;其后为色调较深、树形直立的圆柏丛,两者在色彩和形态上形成了对比,使视觉上感受到节奏韵律;又如南京情侣园在平坦开阔的池塘边植有桂树及较高的树种,一前一后,层层叠叠,强化了空间层次感。

5. 群植与林植

群植与林植是桂花群体美的集中展示,既可让人们感受香雾缭绕、花雨沐身之奇趣,也是乘凉纳荫、品茗休憩之良所,如杭州植物园内的群植桂花林,郁郁葱葱;金秋时节,桂花盛开,香飘数里,清风过处,落花如雨。

桂花林植非常适合在纪念性园林中配置使用,这一点可以在昆山亭林园和武汉东湖景区中找到很好的佐证。亭林园位于苏州昆山市北隅,以明清之际著名爱国学者顾炎武的别号命名,是一处风景秀丽的纪念性园林。园内设有顾炎武石像一座,即以桂花树林为背景,林中建有"双犀亭";武汉东湖风景区鲁迅广场选用桂花与铅笔柏、雪松、南天竹等植物搭配,营造出了庄严的气氛。

6. 混植

桂花可与桃、梅、李混植,选取不同的花期、花色,以丰富园林景色,增强绿化,美化效应。在"寿山良岳"内也曾采用桂花于碧桃混植,取名"岩春堂",韵味深远。桂花可与松树混植,"丹葩间绿叶,锦绣相重叠",交相辉映,相映成趣。桂花还可以与牡丹、荷花、山茶花配植,以使园林中出现盛春牡丹怒放,炎夏荷花盛开,中秋桂花飘香,隆冬山茶吐艳的四季花景。如苏州白塘植物园中秋岛的植物配置就采取以桂花作为骨干数种,配以高人的乔木如梓树、栾树,草花如红花醉浆草等植物,形成了良好的景观效果。

7. 植篱

四季桂中的一些品种,如小叶佛顶珠、日香桂等,树势低矮,枝叶密集,易移栽,耐修剪,适应性强,而且花期极长,是极佳的香花绿篱材料。

12 中国传统园林名花——竹文化

12.1 竹名考和栽培历史

12.1.1 竹名考

竹出现在中华大地上已有上亿年的历史。我们的祖先在漫长的生活过程中,与竹结下了不解之缘,对竹的认识,历经了由未知到已知、由少到多的过程。

《花镜》中说:"竹乃植物也,随在有之。但质与草木异,其形色大小不同。竹根曰'菊',旁引曰'鞭',鞭上挺生者名'笋',笋外包者名'籜',过母则籜解名'竿',竿之节名'笯',初发梢叶名'篁',梢叶开尽名'薙',竿上之肤名'筠'。"可见,竹有这么多如此细致的专名,不正好说明了竹文化的博大精深吗?《花镜》中又说:"天壤间,似木非木,似草非草者,竹与兰是也。"如此看来,竹是草是木的问题,我们的祖先经历了很长的时间,才认识清楚。

原始社会的先民们从实际生活的需要出发,首先利用易于获取的植物资源,识别其特性,进行加工利用,故而产生了"竹"等文字,新石器时代陶纹符号和殷墟甲骨卜辞中都有竹的形象出现,并且有竹的象形字,但他们对竹的认识是很肤浅的,而且是草竹不分,视竹为草的。直至先秦时期的文献,如《易经》《尚书》《周礼》《山海经》中才有了竹类植物名字的记载,并对竹作了生动的描写。《尔雅·释草》中列述了5种竹的名称,反映了当时人们对竹类植物认识的程度,体现了他们较为原始的自然观。东汉时期著名的文字学家许慎在《说文解字》中说:"竹,冬生草也,象形。下垂者,箁箬也。凡竹之属皆从竹。"这也就是说"竹"是象形字,箁箬就是竹叶,枝梢叶片下垂,形成若干"个"字。我国东汉末年刘熙所著专门探求事物名源的《释名》亦称"竹曰个"。按照现代植物学的观点,竹类植物与禾草类植物同隶于单子叶植物的禾本科(Poaceae)。但竹类植物为多年生,坚韧直立,富有木质纤维,与一般的禾草类植物不同,故此,现代的植物分类学家们将它列为竹亚科(Bambusoideae)。竹与草之分,直至刘宋时武昌人戴凯之《竹谱》中才给予分开,自成一类。戴凯之从实际生活实践的观察对比中,注意到竹类与禾草类的差别,注意到竹类植物中有的"坚"、"劲"、"修直"(乔木状);有的"一丛如林"(灌木状);也有的"既长且软,生多卧土,立则依木(匍匐、攀援状)"。因此,他在书中说:"植类之中,有物曰竹。既刚且柔,非草非木;小异空实,大同节目。"认为竹类既不属于禾草类,也不属于木类,是介于草木两者之间自成一类的植物。诚如"植类之中,有草、木、竹,犹动品(物)之中有鱼、鸟、兽也。"他还注重从竹的各部位形态观察竹子特征的差异,以此作为认识和划分竹类的标准,这些无疑都是较为科学的见解。

12.1.2 竹栽培历史

1. 西周—秦时期

竹既是重要的林业资源,被誉为"第二森林",也是重要的园林资源。考古证明,我国规模化栽竹的历史悠久。自有文字记载,就有竹的记述,如《易经》《书经》《诗经》《周礼》《山海经》等书中都有记载。

历史文献记载在西周时期就有人工种植和经营竹子的活动。《逸周书》载:"润湿不谷,树之竹苇莞蒲。"《穆天子传》记载周穆王于玄池种竹,名曰竹林。两则史料说明我国古代种竹活动当在西周以前的商代,最迟亦不晚于西周早期。到了公元前 460 年左右,有齐景公种竹的记载,见于《晏子春秋》,其曰:"景公树竹,令吏谨守之。公出,过之,有斩竹者焉。公以车逐,得而拘之。"可见齐景公种竹之认真,派士兵看守,把破坏竹园的人关以禁闭,从中可以看出春秋时期中国种竹活动的兴盛。《战国策·乐毅传》载乐毅破齐时,记载有"蓟丘之植,植于汶篁"。蓟丘是在今之北京附近,汶在山东泰安附近,把汶水的竹子移植到北京附近,当是中国境内竹子最早的远距离引种的记载,也是我国最早的南竹北移的实践活动。

秦始皇也开始竹子的远距离引种,把山西云冈的竹子,引种到陕西咸阳,见于《拾遗记》:"始皇起虚明台,穷四方之珍,得云冈素竹。"到了汉代,则出现了"渭川千亩竹……其人与千户侯"(《史记·货殖列传》)的种竹专业户,说明渭河平原已有较大面积的人工栽培竹林,而且栽培竹林的经济收益可与"千户侯"的收入相等价,由此足以说明我国秦汉时期,人工培植经营竹林已成为一个独立的物质资料生产部门,以至于国家设立了司竹监来管理全国的竹林。《后汉书》称周至、户县"有官竹园数十里,……置司竹监"。全国的竹政由司竹长丞掌管,当时西安地区有大面积的人工竹林分布,《汉书·地理志》则言:"郡杜竹林,南山檀柘,号称'陆海',为九州膏腴",从上亦可以感受秦汉时期种竹文化活动的兴盛。

2. 魏晋南北朝时期

魏晋南北朝时期,人工种植经营竹林活动大为发展,这一时期皇家园林、官宦私园、寺庙园林中多有种竹活动。人们对竹类的认识有了更一步的深入,以至刘宋时戴凯之总结了前人的经验,写出了中国乃至世界上第一部关于竹子的科学专著——《竹谱》,亦是第一部植物学专著。南朝齐时著名道教领袖陶弘景撰《真诰》卷八载东晋相王司马昱"种竹求嗣"的活动。《苻坚载记》中载苻坚以"凤凰非梧桐不栖,非竹实不食"的典故,植桐竹数十万株于阿房城,说明当时种竹规模之大。北魏贾思勰《齐民要术》中记载了南北朝时期以前我国古代黄河流域的农业生产活动,总结了当时农业生产的技术,书中较为系统地记载和总结了黄河流域种竹经营的生产活动和种植技术,标志着我国古代竹类种植经营技术已经形成。

这一时期朝廷设置司竹监管理竹林,《唐六典》载:"魏晋河内淇园竹,各置司守之官。"《魏书·百官志》称北魏有司竹都尉。《魏书·苻健传》则载记永和元年(350 年),杜洪据长安,苻健引兵至长安,杜洪奔司竹园,说明当时司竹园的面积之大,能避藏兵马。这一时期南方地区的少数民族"夷人"尚种植莿竹为篱,保卫城池和村庄的安全。

3. 隋唐时期

隋唐时期,由于全国政治经济和文化的繁荣,全国达到了种竹培竹的高潮。这一时期竹林培育主要有两种形式:一是集中成片种植经营,建设竹园,主要由官方和竹林专业户种植经营;另一种是零星分散种植于园林,成为造园的材料,是文人们言情铭志的对象。

《新唐书·地理志》中有"盩厔,有司竹园"之谓,这个"司竹园"的前身可追溯至汉代,是汉王朝所建立的竹圃或竹囿。《新唐书·平阳公主传》载,平阳公主起兵之初曾招降据有司竹园的何潘仁,说明司竹园的规模之大。宋之问《春游韦曲庄序》言,长安城南有"千亩竹林",以此可知关中竹林面积之大。《全唐文》载宋之问《为皇甫怀州让官表》言,太行山南沁阳盆地桑竹辉映,"山阳大郡,河内名区,桑竹映淇水之西"。官方在这里设置司竹监,经营集中成片的竹林。诗人元稹《连昌宫词》首言:"连昌宫中满宫竹,岁久无人森自束。"描绘了河南宜阳县李贺家乡竹园之盛。韦庄(约838—910年)《浣花集》中《洛阳村居》诗谓洛阳农村:"十亩松篁百亩田,归来方属大兵年。"这里松篁并称,实际上是以竹为主。种竹获利,故多为农人所种植,唐时种植经营竹林的专业户很多。韦庄在《河内别业村闲题》诗称:"阮氏清风竹巷深,满溪松竹似山阴。"是说河内(今河南博爱县、沁阳市)太行山下是满溪松竹,说明了隋唐时期北方地区竹林培育的境况和规模。

唐代时在南方地区亦有较大规模的种竹经营活动。诗人杜甫旅居四川,其诗文中就有对当时四川农人经营培育竹林园圃之况的描述。如《杜鹃》诗:"有竹一顷余,乔木上青天","江深竹静两三家,多事红花映白花(《江畔独步寻花七绝句》)。"说明四川农人多以"林盘"的竹园形式培育竹林。白居易在江西九江地区见当地农人培育经营竹林的盛况写诗谓:"此处乃竹乡,春笋满山谷(《食笋》)",以至当时尚有大宗竹林副产竹笋的商品出售,表明当时培育经营竹林获利颇丰。段成式《酉阳杂俎》载,南方地区的夷人种簕竹为城,防护城池安全。北宋司马光《资治通鉴》载,安南都护经略史王式在交趾种簕竹保护城市的安全。可见,唐代南方地区竹林培育经营达到了较大的规模。

唐代竹林的培育技术较之前有了很大的发展和完善。白居易《养竹记》中提出了"养竹法",在《洗竹》诗中则提出了"洗竹法",刘宽夫《剿竹记》中提出了"剉竹法",韩鄂《四时纂要》中提出了"种竹法",这些竹林培育的技术载述,对唐时竹林培育经营活动的实践,有很大的促进和推动作用,对后世的竹林培育活动亦有一定的指导和推进作用,奠定了传统竹林培育经营技术的基础。

4. 宋元时期

宋元时期,无论竹林培育的规模,还是培育技术的成就,较唐代均有很大的发展和完善。宋代淮河、秦岭以北地区至黄河流域,由于气候变迁,温度的下降,致使这一地区降水量大量减少,经济栽培竹区多在平川,需要灌溉,形成了北方竹子独特的经营区,即为时今所称的"灌溉竹区"。历史文献中可以佐证,北宋司马光《寄题傅钦之济源别业》云:"县郭遥相望,幽篁百余亩。林间清济水,门外太行车。"道光《河内县志》之《金石志》引《南怀州河内县北村规修汤王庙记》:"河内之北有村曰许良港,地尽膏腴,……筑于水竹之间,远眺遥岑,增明滴翠。"此碑为金时所作,金太宗天会六年(1128年)以所得宋之怀州为南怀州,碑文所称即此事,所言之实则是北宋末年的事。雷临王官瀑诗言:"绿玉峡中喷白玉,溉田浇竹满平川。"说明宋代"灌溉竹区"已形成。元代王磐《筠溪轩记》:"昔城(今河南辉县)之西八、九里,有泉不依山,漏出平地,名曰卓水。山之上有故竹林地数十亩,兵乱以来,荒芜不治,鞠为樵牧之场,……二君芟其荒秽,理其凋残,疏清泉以溉其根,插棘以郭其外,……越明年,新笋峻蛸,凡三阅岁,而丰围修干,十倍其初。"这些经营培育措施与现今北方灌溉竹园已相差无几。

宋元时期,朝廷在北方竹区设置司竹监管理经营北方地区的司竹园。苏东坡在嘉事占七年(1062年)路过陕西周作诗自注:"十八日循终南山而西,县尉以甲卒具送,云'近官竹园往有虎'。"清康熙《周至县志》仍称该地区竹林连绵二十余里。当时对司竹园的管理是极为严格的,通常设有监兵或园夫管理,并设有司吏总监管理,指派附近民夫抚育与采伐竹林。宋吕大临《张天祺先生行状》言:"天祺于熙宁年间负责司竹监……竹监岁发房县夫伐竹。一月罢,君谓无名以使民,乃籍隶监国夫,以明课伐,以足岁计。"张天祺是宋代的司竹监,吕大临记载了司竹监的工作任务。《金史·百官志》载:"京兆府司竹监管勾一员……掌蒴养竹园、采斫之事,……司吏一人,监兵百人,给蒴、采斫之役。"金代司竹监有若干司竹园,司竹园设司吏一人,相当于现代的国有园林场的场长,监兵既是劳动者,又负有管理保护之责。《元史·世祖纪》载:"怀孟课(竹税)岁办千九十三锭",又云:"至元四年,命至国用……初河南之怀孟,陕西之京兆凤翔,皆有官竹园,立司监掌之。每岁令税课,所官以时采斫,其价为三等,易于民间。至是,命凡发卖皆给引(引既是劳动者,又负有管理保护之责)。《元史·世祖纪》载:"怀孟课岁办千九十三锭",又云:"至元四年,命至国用……初河南之怀孟,陕西之京兆凤翔,皆有官竹园,立司监掌之。每岁令税课,所官以时采斫,其价为三等,易于民间。至是,命凡发卖皆给引(引为通行证),每道取工墨一钱,私贩者治罪。"这个司竹监除负有管理竹园的任务之外,尚负有收竹税、发路条、管理市场的责任。元代朝廷对竹林的管理极为严格,用刑亦很严厉。《元史·刑法志》载:"卫辉等处贩卖私竹者,竹及其价钱并没官。首告得实者,于没官物,酌量给赏。犯界私卖者,减私竹罪一等。若民间住宅内外,并栏槛竹不成亩,本主自用外,货买者,依例抽分。有司禁治不严者,罪之,仍于解由内开写。"可见元代对竹林管理的重视,其与元代初期战争频繁、元政府必须保证战备竹材(弓箭)的需要有关,同时亦说明竹税是元代重要的财政收入。

宋元时期有规模较大的种竹经营活动。苏辙《栾城集》中的《和篦彗谷》诗谓:"谁言使君贫,已用谷量竹。盈谷万万竿,何曾一竿曲。"反映了当时人工竹林面积的广大。《崖下放言》载:"山中有竹数千竿,皆余累岁手植。初但得数十竿耳,一旦观之,既久不觉成林,无一处不森茂,可喜尝自戏善种竹,无如余者。"《玉涧杂书》中亦载:"吾山有竹数万本,初多手自移。今所在森然成林。有篁竹、斤竹、哺鸡竹、斑竹、紫竹,数十种略备。"均是宋时人种植培育竹林情况的反映。南宋时人胡寅《新州竹城记》和范成大《桂海虞衡志》载,南宋桂人黄济在广东新州种竹护城的情况。《宋会要辑稿·刑法》中载宋王朝种植箐竹林作为国防屏障,保障边郡安宁。

5. 明清时期

明清时期,由于国家对竹林管埋禁令的解除和商品经济的发达,激发了农人营造竹林的积极性。不论是在北方的灌溉竹区,还是南方的湿润竹区,均有大面积植竹的活动。清《淄川县志》记载陕西淄川县龙口竹园,"西园流泉灌中,曲折北出,门前置小桥,园中修竹万个,绿阴合围。东园竹亦森列,泉低不可引溉。"可见灌溉竹林之盛。清康熙《凤翔府志》云:"明末张应福于凤翔东湖,植竹万竿。"康熙二十九年(1690年),《总河王新奏册》云:"民间引水种竹,溉地约一千四百余顷。"清初一顷相当于今一百亩,一个地区种竹十四万亩,可见其种竹的规模是空前的;按现今一顷十五亩计,亦有二万一千亩,在当时是非常了不起的。北方竹林培育之热的重要原因,是官方将由国家经营的竹林园,下放到民间自由经营种植,诚如乾隆《周至县志》言:"然民间自种竹,无复有专司其事者矣。"故而出现了种植竹林上万亩的高潮。河南博爱县则是"村村门外水,处处竹为家"(清《丹林集》卷六),时至现今仍是我国华北地区最大的竹区。洛水中游的洛宁县则是"多竹,弥望千亩。"(《洛宁县志》)山西中条山下则是"山上清泉山下渠,村村竹树自扶疏"(杜崧年《秋晚向晚赴弥龙寺并零祭往来口占》诗),可见北方灌溉竹林足可以与江南水乡媲美。

南方地区,《泉州府志》记载泉州人:"农囊耕田,今耕于山。若地瓜、若茶、若桐、若插杉、若竹,凡可用者,不惮陡峭,若辟草莽,藏计所收。"浙西山区种竹很盛,同治《湖州府志》载,安吉"东南山乡,藉竹为生",竹山经营有剩山、间锄("打退笋")、防兽窃、去梢等措施,有的需雇工才能完成,所得笋、竹主要供出售,两年一收其息。更"于田间密植小竹,曰竹漾",实行密植,"其竹无大小年之异,盛者丛篁密箐,人不得入内,畜数岁,尽砍以售,……工费无多,而值甚倍,故竹漾一亩倍于竹山数亩焉。"说明浙西山区种竹已十分集约化和商品化,并且有特殊竹林的培育。张履祥在《补农书》中说,在浙西平原,凿池取土,培高地基种桑竹,"周池之地必厚,……池中淤泥,每岁起之,以培桑竹,则桑竹茂。"当时是福建、浙江、江西和湖南等地竹林有了很大的发展,成为我国南方竹林的主要产地,特别是毛竹林的主要产区。

明清时期中国竹林培育的传统技术日益完善和提高。这一时期众多的历史文献均对此作了系统的总结,全面记载了竹的选地、移栽、抚育管理、更新复壮、采伐利用的培育经营技术,对当时竹林培育技术的传承积累起到了积极的推进作用,在今天的竹林培育经营的实践活动中仍具有现实指导意义。

6. 近现代

我国竹类资源面积、产量均居世界第一位,全国竹林面积达 520 多万公顷。目前全国约有 3500 多万农民直接从事竹林培育、竹制品加工等生产经营。近几年,我国竹材产量保持在 12 亿根以上,预计未来几年,我国竹材产量小幅增长,总体保持平稳态势;我国较具规模的竹地板企业有百余家,主要分布在浙江、湖南、福建、江苏、江西、安徽等产竹地区。我国的竹林主要分布于 20 个省(区、市)、500 多个县(市),面积较大的有 15 个省(区、市)。福建、江西、浙江、湖南、四川、广东、安徽、广西 8 省(区)竹林面积合计占全国的 88.64%,其中福建、江西、浙江 3 省竹林面积占全国的一半。

竹产业是安吉的支柱产业之一。安吉竹产业利用先后经历过从卖原竹到进原竹、从用竹竿到用全竹、从物理利用到生化利用、从单纯加工到链式经营的 4 次跨越,形成了一种以低消耗、高效益为特征的循环经济发展模式,以全国 1.5% 的立竹量,创造了全国 18% 的竹产值。2009 年,该县竹产业总值达到 112 亿元,从业人员 4.5 万人,GDP 贡献率达到 30%,竹产业为全县农民平均增收 6500 元,占农民收入的近 60%。竹子在安吉实现了从叶到根的高效利用,无论是竹林培育、竹产品加工还是竹子旅游资源的开发,都走在了全国乃至世界的前列。

全县现有竹产品及配套生产企业近 2000 家,产值亿元以上规模企业 8 家,产值 5000 万元以上规模企业 28 家,产品涉及板材、编织、竹纤维、工艺品、医药食品、生物制品、竹工机械等七大系列 3000 余个品种,产品销往东南亚、欧美等 30 多个国家和地区,年加工产值居全国十大竹乡榜首。

作为全国首批"中国竹子之乡",临安的竹产业发展也取得了世人瞩目的成就。临安是全国最大的菜竹笋基地,现有竹林面积 100 万亩,其中毛竹 32 万亩,菜竹 48 万亩,天目笋干竹 16 万亩,工艺杂竹 4 万亩。临安还是亚洲最大的水煮笋加工中心,现有笋竹加工企业 185 家,其中年产值超亿元的企业有 4 家,16 家企业通过 HACCP 认证、ISO9001 认证和 QS

认证。竹笋产业不仅成为临安农村经济的第一大主导产业,也成为农民增收致富的主渠道。

12.2　竹的诗词及相关典籍

12.2.1　竹诗词

1. 西周—南朝

斯干

小雅·诗经

秩秩斯干,幽幽南山。

如竹苞矣,如松茂矣。

淇奥

诗经·卫风

瞻彼淇奥,绿竹猗猗。

瞻彼淇奥,绿竹青青。

关羽

诗竹

不谢东君意,丹青独立名;

莫嫌孤叶淡,终久未凋零。

诗谜

想当年幽居深山,绿鬓婆娑,

引多少骚人墨客。自归郎手,

经了多少风波,受了多少折磨。

到如今,直落得青少黄多!

休提起—提起来,珠泪满江河!

谢朓

咏竹

窗前一丛竹,清翠独言奇。

南条交北叶,新笋杂故枝。

月光疏已密,风声起复垂。

青扈飞不碍,黄口独相窥。

但恨从风箨,根株长别离。

张正见

赋得阶前嫩竹

翠云梢云自结丛，轻花嫩笋欲凌空。

砌曲横枝屡解箨，阶来疏叶强来风。

欲知抱节成龙处，当于山路葛陂中。

2. 唐朝

李建勋

竹

琼节高吹宿风枝，风流交我立忘归。

最怜瑟瑟斜阳下，花影相和满客衣。

李中

庭竹

偶自山僧院，移归傍砌栽。

好风终日起，幽鸟有时来。

筛月牵诗兴，笼烟伴酒杯。

南窗轻睡起，萧飒风雨声。

郑谷

竹

宜烟宜雨又宜风，拂水藏时复间松。

移得萧骚从远寺，洗来疏净见前峰。

侵阶藓折春芽进，绕径莎微夏荫浓。

无赖杏花多意绪，数枝穿翠好相容。

杜甫

从韦续处觅绵竹

华轩蔼蔼他年到，绵竹亭亭出县高。

江上舍前无此物，幸分苍翠拂波涛。

寄题江外草堂

我生性放诞，雅欲逃自然。

嗜酒爱风竹，卜居必林泉。

堂成

背郭堂成荫白茅，绿江路熟俯青郊。

桤林碍日吟风叶，笼竹和烟滴露梢。

白居易

食笋诗

此处乃竹乡,春笋满山谷;
山夫折盈抱,把来早市鬻。

李贺

昌谷北园新笋四首 其一

箨落长竿削玉开,君看母笋是龙材。
更容一夜抽千尺,别却池园数寸泥。

昌谷北园新笋四首 其二

斫取青光写楚辞,赋香春粉黑离离。
无情有恨何人见? 露压烟啼千万枝。

昌谷北园新笋四首 其三

家泉石眼两三茎,晓看阴根紫脉生。
今年水曲春河上,笛管新篁拔玉青。

昌谷北园新笋四首 其四

古竹老梢惹碧云,茂陵归卧叹清贫。
风吹千亩迎风啸,乌重一枝入酒尊。

王维

竹里馆

独坐幽篁里,弹琴复长啸;
深林人不知,明月来相照。

李商隐

初食笋呈座中

嫩箨香苞初出林,於陵论价重如金。
皇都陆海应无数,忍剪凌云一寸心?

湘竹词

万古湘江竹。无穷奈怨何?
年年长春笋。只是泪痕多!

刘禹锡

庭竹

露涤铅粉节,风摇青玉枝。

依依似君子,无地不相宜。

王贞白

洗竹

道院竹繁教略洗,鸣琴酌酒看扶疏。
不图结实来双凤,且要长竿钓巨鱼。
锦箨裁冠添散逸,玉芽修馔称清虚。
有时记得三天事,自相琅玕节下书。

孙岘

送钟元外赋竹

万物中潇洒,修篁独逸群。
贞姿曾冒雪,高节欲凌云。
细韵风初发,浓烟日正曛。
因题偏惜别,不可暂无君。

3. 宋朝
文同

咏竹

故园修竹绕东溪,占水浸沙一万枝。
我走官途休未得,此君应是怪归迟。

惠崇

春江晓景

竹外桃花三两枝,春江水暖鸭先知。
蒌蒿满地芦芽短,正是河豚欲上时。

王元之

笋

数里春畦独自寻。迸犀抽锦乱森森。
田文死去宾朋散。抛掷三个玳瑁簪。

朱子

谢刘仲行惠笋

谁寄寒林新属笋,开奁喜见白参差。
知君调我酸寒甚,不是封侯食肉姿。

范成大

衡阳道中二绝

黑羖钻篱破，花猪突户开。
空山竹瓦屋，犹有燕飞来。
发合江数里，寄杨商卿诸公
临分满意说离愁，草草无言只泪流。
船尾竹林遮县市，故人犹自立沙头。

欧阳修

秋晚凝翠竹

萧疏喜竹劲，寂寞伤兰败。
丛菊如有情，幽芳慰孤介。

竹间亭

啾啾竹间鸟，日夕相嘤鸣。
悠悠水中鱼，出入藻与萍。
水竹鱼鸟家，伊谁作斯亭。
翁来无车马，非与弹弋并。

初秋普明寺竹林小饮饯梅俞

野水竹间清，秋山酒中绿。
送子此酣歌，淮南应落木。

金君卿

谢提刑张郎中寄筇竹柱杖

玉光莹润锦斓斑。霜雪经多节愈坚。
珍重故人相赠意。扶持衰病过残年。

金竹峰

重重岩石插晴空，云际丛开苗菁峰。
疑是葛仙归沿府，移将江上九芙蓉。

赵师侠

菩萨蛮·韵胜竹屏

多情可是怜高节，濡毫幻出真清绝。
雨叶共风枝，天寒人倚时。
萧萧襟韵胜，堪与梅兄并。
不用翠成林，坡仙曾赏音。

晏殊

竹醉日

莘莘渭滨族，萧萧尘外姿。
如能乐封殖，何必醉中移。

紫竹花

长夏幽居景不穷，花开芳砌翠成丛。
窗南高卧追凉际，时有微香逗晚风。

夏辣

槛竹

广厦长廊四面围，小栏霜雪两三枝。
帘帷壅蔽无人见，赖有中天日照知。

筇竹枝

黄庶

琴鹤为友朋，出入常拂拭。
生来节便高，故有扶为力。

署中新栽竹

移作亭园主，栽培霜雪姿。
不辞桃李笑，只待凤凰知。
少已留风住，疏宜待月筛。
相看时一醉，谁道小官卑。

栽竹

小槛栽培得此君，绿阴疏韵似相亲。
从来风月为三友。吟社新添客一人。

赋八月竹

我养一轩竹，秋来成绿阴。
万物有衰意，独怀霜雪心，
西风嵇叔醉，明月白公吟。
回首看桃李，何尝费白金。

灵竹

绿阴清韵竹萧然，历历当年泣泪痕。
千古舜妃湘水底，必应憔悴有惭魂。

黄庭坚

题竹石牧牛

野次小峥嵘，幽篁相倚绿，
阿童三尺棰，御此老觳觫。
石吾甚爱之。勿遣牛砺角。
牛砺角尚可，牛残斗我竹。

和甫得竹数轩周翰喜而作诗和之

初侯一亩宫，风雨到卧席。
前日筑短垣，昨日始封植。
平生岁寒心，乐见岁寒色。
翩翩佳公子，当致一窗碧。

黄庭坚和师厚栽竹

大隐在城市，此君真友生。
根须辰日劚，笋要上番成。
龙化葛陂去，凤吹阿阁鸣。
草荒三径断，岁晚见交情。

次韵黄斌老所画横竹

酒浇胸次不能平，吐出苍竹岁峥嵘。
卧龙偃蹇雷不惊，公与此君俱忘形。
晴窗影落石泓外，松煤浅染饱霜兔。
中安三石使屈蟠，亦恐形全便飞去。

咏竹

竹笋才生黄犊角，蕨芽初长小儿拳。
试寻野菜炊香饭，便是江南二月天。

题于瞻墨竹

眼入毫端写竹真，枝掀叶举是精神。
因知幻化出无象，问取人间老斫轮。

刘兼

新竹

近窗卧砌两三丛，佐静添幽别有功。
影缕碎金初透月，声敲寒玉乍摇风。
天凭费叟烟波碧，莫信湘妃泪点红。
自是子猷偏爱尔，虚心高节雪霜中。

陆游

东湖新竹

插棘编篱谨护持,养成寒碧映涟漪。
清风掠地秋先到,赤日行天午不知。
解箨初闻声簌簌,放梢初见叶离离。
官闲我欲频来此,枕簟仍教到处随。

云溪观竹戏书二绝句

气盖冰霜劲有余,江边见此列仙癯。
清寒直入人肌骨,一点尘埃住得无。
溪光竹声两相宜,行到溪桥竹更奇。
对此莫论无肉瘦,闭门可忍十年饥。

王安石

次韵张子野竹林寺二首 其二

京岘城南隐映深,两牛鸣地得禅林。
风泉隔屋撞哀玉,竹月缘阶帖碎金。

竹里

竹里编茅倚石根,竹茎疏处见前村。
闲眠尽日无人到,自有春风为扫门。

乐史

慈竹

蜀中何物灵,有竹慈为名。
一丛阔数步,森森数十茎。
长茎复短茎,枝叶不峥嵘。
去年笋已长,今年笋又生。
高低相倚赖,浑如长幼情。
孝子侍父立,顺孙随祖行。
吾闻唐之人,孝行常忻忻。
郓州张公艺,九世同一门。
大帝闻其名,衡茅降至尊。

朱熹

新竹

春雷殷岩际,幽草齐发生。
我种南窗竹,戢戢已抽萌。
坐获幽林赏,端居无俗情。

次韵择之咏竹

竹坞深深处，檀栾绕舍青。
暑风成惨淡，寒月助清冷。
客去空尘榻，诗来拓采椋。
此君同一笑，午梦顿能醒。

杨万里

咏竹

凛凛冰霜节，修修玉雪身。
便无文与可，不有月傅神。

过单竹泽径

两山何许来，此焉忽相寻。
摩肩不少让，争道各载骎。
乔木与修竹，相招为茂林。
无风生翠寒，未夕起素阴。
天垂木末近，日到谷底深。
空山时自响，已动客子心。
行至幽绝处，更闻啼怪禽。

竹林

珍重人家爱竹林，织篱辛苦护寒青。
那知竹性无薄相，须要穿来篱外生。

谢唐德明惠笋

高人爱笋如爱玉，忍口不餐要添竹。
云何又遣十辈来，昏花两眼为渠开。
贩夫束缚向市卖，外强中乾美安在。
锦纹犹带落花泥，不论烧煮两皆奇。
猪肝累人真可作，以笋累公端不恶。

4. 明清
夏昶

墨竹图轴

闻群初夏尽交欢，写赠琅环着意看。
但愿虚心同晚节，年年此日报平安。

文彭

题兰竹卷

西窗半日雨浪浪,雨过新梢出短墙。
尘上不飞人迹断,碧阴添得晚窗凉。

李日华

竹

清风一榻水云边,不独柳眠竹亦眠。
束得古书来作枕,梦中熟记篑筥篇。

咏竹

逗烟堆雨意萧森,峭石摩挲足散襟。
忘却酒瓢深草里,醉醒月出又来寻。

陈良规

咏竹箸

殷勤问竹箸,甘苦尔先尝;
滋味他人好,尔空来去忙。

徐渭

风竹

竹劲由来缺样同,画家虽巧也难工。
细看昨夜西风里,若今琅玕不向东。

郑板桥

竹石

咬定青山不放松,立根原在破岩中;
千磨万击还坚劲,任尔东西南北风。

竹石

淡烟古墨纵横,写出此君半面,
不须日报平安,高节清风曾见。

予告归里,画竹别潍县绅士民

乌纱掷去不为官,囊橐萧萧两袖寒;
写取一枝清瘦竹,秋风江上作渔竿。

效李艾山前辈体

秋风何自寻,寻入竹梧里;

一片梧阴，何处秋声起？

和学使者于殿元枉赠之作

十载扬州作画师，长将赭墨代胭脂。
写来竹柏无颜色，卖与东风不合时。

潍县署中画竹呈年伯包大中丞括

衙斋卧听萧萧竹，疑是民间疾苦声；
些小吾曹州县吏，一枝一叶总关情。

篱竹

一片绿阴如洗，护竹何劳荆杞？
仍将竹作笆篱，求人不如求己。

竹

举世爱栽花，老夫只栽竹，
霜雪满庭除，洒然照新绿。
幽篁一夜雪，疏影失青绿，
莫被风吹散，玲珑碎空玉。

竹

一节复一节，千枝攒万叶；
我自不开花，免撩蜂与蝶。

题画

一竹一兰一石，有节有香有骨，
满堂皆君子之风，万古对青苍翠色。
有兰有竹有石，有节有香有骨，
任他逆风严霜，自有春风消息。

题画

一阵狂风倒卷来，竹枝翻回向天开。
扫云扫雾真吾事，岂屑区区扫地埃。

题画

秋风昨夜渡潇湘，触石穿林惯作狂；
惟有竹枝浑不怕，挺然相斗一千场。

笋竹二首

江南鲜笋趁鲥鱼,烂煮春风三月初,
分付厨人休斫尽,清光留此照摊书。
笋菜沿江二月新,家家厨房剥春筠,
此身愿辟千丝篾,织就湘帘护美人。

题画

新竹高于旧竹枝,全凭老竿为扶持;
明年再有新生者,十丈龙孙绕凤池。

题画

我有胸中十万竿,一时飞作淋漓墨。
为凤为龙上九天,染遍云霞看新绿。

题画

画根竹枝扦块石,石比竹枝高一尺。
虽然一尺让他高,来年看我掀天力。

蒲松龄

竹里

尤爱此君好,搔搔缘拂天,
子猷时一至,尤喜主人贤。

吴昌硕

咏竹

客中常有八珍尝,那及山家野笋香。
写罢箟筜独惆怅,何时归去看新篁。

康有为

题吾友梁铁君侠者画竹

生挺凌云节,飘摇仍自持。
朔风常凛冽,秋气不离披。
乱叶犹能劲,柔枝不受吹。
只烦文与可,写照特淋漓。

5. 近代
董必武

病中见窗外竹感赋

竹叶青青不肯黄,枝条楚楚耐严霜。
昭苏万物春风里,更有笋尖出土忙。

毛泽东

七律·答友人

九嶷山上白云飞,帝子乘风下翠微。
斑竹一枝千滴泪,红霞万朵百重衣。
洞庭波涌连天雪,长岛人歌动地诗。
我欲因之梦寥廓,芙蓉国里尽朝晖。

叶剑英

题竹

彩笔凌云画溢思,虚心劲节是吾师;
人生贵有胸中竹,经得艰难考验时。

方志敏

咏竹

雪压竹头低,低下欲沾泥,
一轮红日起,依旧与天齐。

邓拓

竹

阶前老老苍苍竹,却喜长年衍万竿,
最是虚心留劲节,久经风雨不知寒。

陶行知

岁寒三友

万松岭上松,鼓荡天风,
震动昆仑第一峰。
千军万马波涛怒;海出山中。
竹绿梅花红,转战西东,
争取最后五分钟,百草千花休闲笑,
且待三冬。

钱樟明

水调歌头·咏竹

有节骨乃坚,无心品自端。
几经狂风骤雨,宁折不易弯。
依旧四季翠绿,不与群芳争艳,
扬首望青天。
默默无闻处,萧瑟多昂然。

勇破身,乐捐躯,毫无怨。

楼台庭柱,牧笛洞萧入垂帘。

造福何论早晚?

成材勿计后,鳞爪遍人间。

生来不为己,只求把身献。

12.2.2 竹文化相关典籍节选

《竹谱》节选
晋 戴凯之

植类,之中有物曰竹。不刚不柔,非草非木。

《山海经》、《尔雅》皆言:以竹为草,事经圣贤,未有改易。然竟称草,良有难。安竹形类既自乖殊,且经中文说又自背讹,经云:其草多族。复云:其竹多箐。又云:云山有桂竹。若谓竹是草,不应称竹。今既称竹,则非草。可知矣。竹是一族之,总名一形之。偏称也。植物之中有草木竹,犹动品之中有鱼鸟兽也。年月久远,传写谬误,今日之疑或非古贤之过也。而比之学者谓:事经前贤,不敢辨正。何异匈奴恶郅都之名,而畏木偶之质耶。

小异空实,大同节目。

夫竹之大体多空中,而时有实,十或一耳。故曰小异,然虽有空实之异,而未有竹之无节者。故曰大同。

或茂沙水,或挺岩陆。

桃枝篑筸,多植水渚,篁筱之属,必生高燥。

条畅纷敷,青翠森肃。质虽冬蒨,性忌殊寒。九河鲜育,五岭实繁。

九河即、徒骇、太史、马颊、覆釜、胡苏、简、絜、钩盘、鬲津、禹所导也。在平原郡五岭之说,互有异同。余往交州行路所见,兼访旧老,考诸古志。则今南康、始安、临贺,为北岭,临漳、宁浦,为南岭,五都界内各有一岭,以隔南北之水,俱通南越之地,南康、临贺、始安、三郡通广州。宁浦、临漳、二郡在广州西南,通交州。或赵佗所通,或马援所并,厥迹在焉。故陆机请伐鼓五岭,表道九真也。徐广《杂记》以刈松阳建安康乐为五岭,其谬远矣。俞益期与韩康伯,以晋兴所统南移大营,九冈为五岭之数,又其谬也。九河鲜育,忌隆寒也。五岭实繁好,殊温也。

《竹谱》节选
元 李衎

文湖抓授东玻诀云:竹之始生,一寸之萌耳,而节叶具焉。自蜩腹蛇蚹,至于剑拔十寻者,生而有之也。今画竹者乃节节而为之,叶叶而累之,岂复有竹乎。故画竹必先得成竹于胸中,执笔熟视,乃见其所欲画者,急起从之,振笔直遂,以追其所见,如兔起鹘落,少纵则逝矣。坡云:"与可之教予如此,予不能然也。夫既心诚所以然而不能然者,内外不一,心手不相应,不学之过也。"且坡公尚以为不能然者,不学之过,况后之人乎?人徒知画竹者不在节节而为,叶叶而累,抑不忠胸中成竹,从何而来?慕远贪高,蹭级躐等,放弛情性,东抹西涂,便为脱去翰墨蹊径,得乎自然。

故当一节一叶，措意於法度之中，时习不倦，真积力久，至于无学，自信胸中真有成竹，而后可以振笔直遂，以追其所见也。不然，徒执笔熟视，将何所见而追之耶？苟能就规矩绳墨，则自无瑕类，何患乎不至哉！纵失于拘，久之犹可达于规矩绳墨之外，若遽放逸，则恐不复可入于规矩绳墨，而无所成矣。故学者必自法度中来，始得之。画竹之法：一位贵，二描墨，三承染，四设色，五笼套。五事殚备而后成竹。粘帧矾绢，本非画事，苟不得法，虽笔精墨妙，将无所施，故并附见于此。

粘帧先须将帧干放慢，靠墙壁顿立平稳。熟煮稠面糊，用椶刷刷上。看照绢边丝缕正当，先贴上边，再看右边丝缕正当，然后贴上，次左边亦如之，仍勿动，宜待干彻，用木楔楔紧，将下一边用针线密缝箭杆，许一杖子，次用麻索网罗绷紧，然后上矾毕，仍再紧之。

矾绢不可用明胶，其性太紧，绢素不能当，久则破裂，须紫色胶为妙。春秋隔宿用温水浸胶，封盖勿令尘土得入，明日再入沸汤调开，勿使见火，见火则胶光出于绢上矣。夏月则不须隔宿，冬月则浸二日方开。别用净磁器注水，将明净白矾研水中，尝之舌上微涩便可，太过则绢涩难落墨。仍看绢素多少，斟酌前项浸开胶矾水相对合得如淡蜜水，微温黄色为度。若夏月胶性差慢，颇多亦不妨。再用稀绢滤过，用刷上绢，阴干后落墨。近年有一种油丝绢，并药粉绢，先须用热皁荚水刷过，候干依前上矾。

一、位置：须看绢幅宽窄横竖，可容几竿，根稍向背，枝叶远近，或荣或枯，及土坡水口，地面高下厚薄，自意先定，然后用朽子朽下。再看得不可意，且勿着笔，再审看改朽，得可意方始落墨，庶无后悔。然画家自来位置为最难，盖凡人情尚好才品，各各不同，所以虽父子至亲，亦不能授受，况笔舌之间，岂能尽之？惟画法所忌，不可不知。所谓冲天、撞地，偏重、偏轻，对节、排竿，鼓架、胜眼，前枝、后叶，此为十病，断不可犯，余当各从己意。

冲天、撞地者：谓稍至绢头，根至绢末，阨塞填满者。偏轻、偏重者，谓左右枝叶一边偏多，一边偏少，不停趁者。对节者：谓各竿节节相对。排竿者：谓各竿匀排如窗櫺。鼓架者：谓中一竿直，左右两竿交又如鼓架者。胜眼者，谓四竿左右相差匀停，中间如方胜眼者。前枝后叶者，谓枝在前，叶却在后，或枝叶俱生在前，俱生在后者。

二、描墨：握笔时澄心静虑，意在笔先，神志专一，不离不乱，然后落笔。须要圆劲快利，仍不可太速，速则失势；亦不可太缓，缓则痴浊；复不可太肥，肥则俗恶；又不可太瘦，瘦则枯弱。起落有准的，来去有逆顺，不可不察也。如描叶则劲利中求柔和，描竿则婉媚中求刚正，描节则分断处要连属，描枝则柔和中要骨力。详审四时，荣枯老嫩，随意下笔，自然枝叶活动，生意具足，若待设色而后成竹，则无复有画矣。

三、承染：最是紧要处，须分别浅深、反正、浓淡，用水笔破开时，忌见痕迹，要如一段生成，发挥画笔之功，全在于此。若不加意，稍有差池，即前功俱废矣。法用番中青黛或福建螺青放盏内，入稠胶杀开，慢火上焙干，再用指面旋点清水，随点随杀，不厌多时，愈杀则愈明净。看得水脉着中，蘸笔承染。嫩叶则淡染，老叶则浓染，枝节间深处则浓染，浅处则淡染，更在临时相度轻重。

四、设色：须用上好石绿，如法入清胶水研淘，分作五等。除头绿粗恶不堪用外，二绿、三绿染叶面。色淡者名枝条绿，染叶背及枝干。更下一等极淡者，名绿花，亦可用染叶背枝干。如初破箨新竹，须用三绿染。节下粉白用石青花染。老竹用藤黄染，枯竹枝干及叶稍笋箨皆土黄染。笋箨上斑花及叶梢上水痕，用檀色点染。此其大略也。若夫对合浅深，斟酌轻重，更在临时。

调绿之法：先入稠胶研匀，别煎槐花水，相轻重和调得所，依法濡笔，须轻薄涂抹，不要重厚，及有痕迹。亦须嵌墨道遏截，勿使出入不齐，尤不可露白。若遇夜则将绿盏以净水出胶了放乾，明日更依前调用。若只如此，经宿则不可用矣。

五、笼套：此是画之结果，尤须缜密。候设色乾了，仔细看得无缺空漏落处，用乾布净巾着力拂拭，恐有色脱落处，随便补治匀好。除叶背外，皆用草汁笼套，叶背只用澹藤黄笼套。

《学圃杂疏·竹疏》
明　王世懋

竹类最繁，其载在竹谱者，今不可尽凭矣，姑就耳目所见记者述之。竹其名而种绝不类者，曰椶竹，曰桃丝竹，产于交广。质美色斑，可为扇管者，曰麋绿竹，曰湘妃竹，产于元湘间。名高而实不称，色亚二竹者，曰云根竹，产于西蜀。杂筜丛生，而笋味绝美可上供者，曰笋尖竹，产于武当山。大可为椽为器者，曰猫竹；小而心实，可编篱者，曰篱竹；最小而美，可为箭者，曰箭竹；皆产于诸山，吾地海滨无山，种不可致。其馀则吾圃中无所不备矣。

竹之小而美者，曰紫竹，曰金竹。而金竹中尤美者，曰黄金间碧玉，色泽殊常，中界一道绿，尤可爱。有一种大者，曰碧玉间黄金，稍不逮，然与黄金竹相对，废一不可，余圃中俱不乏。

斑竹，笋不中食，大而鲜泽者，色用可亚湘妃，亦佳竹也。

土竹之大者，无如笙竹。笙有二种，一曰护鸡笙，大可视猫竹而笋味佳，然绝无用，园林中供翫而已。次曰绵笙，小于护鸡而笋味尤佳。

诸笋皆初夏所生，而独嘉定之燕来笋既早而味绝佳，与新茶闘胜，吾地尚堪种，郡城不可得，远贻之，以为殊味。

竹之仅可为蔑者，曰蔑竹。

慈孝竹，丛生。笋以冬生，皆在丛外，若护其母，故曰慈孝。江闽间皆以编篱，闽种尤极长大，闽竹无他佳者，大都此种也。

竹之最小者，曰凤尾，曰潇湘，其最小而可置几案间者，曰水竹，以上皆余圃中所有。

12.3　竹的传说

由于竹与人们的生活息息相关，尤其是在古代"食者竹笋，庇者竹瓦，载者竹筏，炊者竹薪，衣者竹皮，书者竹纸，履者竹鞋，真可谓不可一日无此君也"（宋·苏轼《记岭南行》）。因此,人们爱竹入痴,乃至出现竹拜,也就产生出许多竹相关的传说,发生了许多与竹相关的故事。这些传说与故事广为流传,与咏竹作品一起,是竹文化的重要构件和翻腾在竹文化海洋里的绚丽浪花。

12.3.1 帝俊竹林

帝俊竹林,即天帝帝俊的竹林,孔德江《山海经·大荒北经》说:北方荒野的巴邱,方圆有三百里,邱的南面有帝俊的竹林。传说这里的竹子特别大,剖开竹子,就是两只天然的船。另据《神异经》记载,南方荒野中有一种"涕竹",几百丈长,三丈多粗,八九寸厚,也可以剖开来作船。这大概是帝俊竹林的又一种传说。

12.3.2 竹杖化龙

晋葛洪《神仙传·壶公》:汉费长房从壶公学仙,辞归,"忧不得到家,公以一竹杖与之曰:'但骑此得家耳。'房骑竹杖辞去,忽如睡觉,已到家。……所骑竹杖弃葛坡中,视之,乃青龙耳。"竹杖化龙的传说多有记载。《列仙传》有汉中阙下人呼子仙寿百余年,"夜有仙人持二竹竿至,呼子仙骑之,乃龙也,上华阴山。"《神仙传》又有苏仙公"所持'苏生竹杖'固是龙也。"邓德明《南康记》有汉篮匠陈邻,夜尝乘龙还家,"龙至家辄化青竹杖"等。

在民间关于竹杖的传说很多,除竹杖化龙之外,还有竹杖化为竹林护佑人,竹杖化为庭院供落难者逃难,竹杖化为龙助善罚恶等。

12.3.3 祭竹龙

川东酉水流域沿袭着祭竹龙的习俗。关于祭竹龙的起源则有一个美妙的传说,传说酉水流域的毕兹卡(土家族自称)山寨,有一片苍翠欲滴的竹林,是当地毕兹卡的命根子。有一年,皇帝要建造宫殿,需要三千六百根竹子,于是皇帝派官兵到南方找竹子,官兵到达毕兹卡寨后,把那竹子一数,刚好三千六百根。当地毕兹卡听说官兵们要砍竹,便持刀护竹,官兵们夺刀杀死了护竹人,接着就开始砍竹,刀一碰上竹子,只见"嘣、嘣、嘣"几声,整笼竹子都爆了,每根竹子都飞出一条竹龙,口中喷着火焰向官兵扑去,竹龙烧死了官兵,便顺着酉水河凫到洞庭湖去了。从此以后,以这笼竹林为生的毕兹卡在每年的三月都要祭竹龙,实际上是祭祀竹林和为护竹林死去的亲人们。

龙是中华民族早期的图腾,认为龙能助善罚恶,护依人们,这是图腾崇拜的显著特征,无论是竹杖化龙、竹林化龙,还是龙化竹杖的神话传说,都把竹和中华民族早期的图腾物——龙联系在一起,它反映了龙图腾崇拜在古代影响深远,也从另一个侧面反映了图腾物之间可以相互转化。

12.3.4 竹王传说

竹王传说是我国流传甚广的民间传说,史籍多有记载。东晋常璩《华阳国志·南中志》载:"有竹王者,兴于逐水,有一女浣于水滨,有三节大竹流人女子足间,推之不肯去。闻有儿声,取持归,破之,得一男儿,长养有才武,遂雄夷狄。氏以竹为姓,揖所破竹于野,成竹林,今竹林祠竹林是也。"范晔的《后汉书·西南夷传》、郦道元的《水经注》都有相似的记载。

像这种人从竹出的神话传说,在西南流行竹图腾崇拜的少数民族中比较普遍,都认为始祖生于竹,把竹当作和本民族有血缘亲族关系的图腾加以崇拜。

12.3.5 湘妃竹

湘妃竹是千百年来流传于洞庭、沅湘一带的一个蜚声中外的民间故事。晋张华《博物志》卷八:"尧之二女,舜之二妃,曰湘夫人。舜崩,二妃涕,以涕挥竹,竹尽斑。"此是古代神话传说。梁任昉《述异记》记载:"舜南巡,死于苍梧之山,二妃奔丧,泪下竹斑。"这一古老的神话故事,讲述尧的两个女儿娥皇、女英,在舜南征以后,不顾艰辛追赶丈夫,途经洞庭遇上狂风大浪,"二妃"在洞庭山滞留了一段时间。她们成天望着滔滔的白浪,思念征战中丈夫的安危,焦急万分。脚踏白霜,身攀峰峦,拨开翠竹,遥望南天,她们时常陷入如醉如痴的思夫的幻境中。看到粼粼的波光,以为是夫君奔腾的车马;望着飘动的彩云,以为是夫君凯旋的旌旗。然而,传来的竟是意想不到的噩耗,舜死在遥远的苍梧山(即九嶷山)。像晴天霹雳,"二妃"昏厥过去。在"二妃"心目中,舜并没有死去。她们仍然天天攀登洞庭山,拨开竹叶,泪水汩汩地遥望九嶷山。年年月月,朝朝暮暮,"二妃"的泪水洒遍了翠竹,绿茵茵的竹林变为泪痕纵横的斑竹。于是,斑竹成了"二妃"的化身,"二妃"借助斑竹,表现了深情与坚贞(最后殉情于斑竹丛生下的湘水)。为纪念"二妃",楚地群众把斑竹称为"湘妃竹",并在洞庭山(今岳阳市君山)建庙祭祀她们。历代不少著名的诗人、作家曾创作了不少优秀的诗篇和剧本,屈原《九歌》中的《湘君》、《湘夫人》云:"九处烟霞九处昏,一回延着一销魂。因凭直节流红泪,图得千秋见血痕。"这也是一首以湘妃竹为内容的咏物诗。

12.3.6 孟宗哭竹的传说

相传古代有个地方出了一个有名的孝子叫孟宗。其母卧病在床,有一天很想吃笋,孟宗就去竹林挖笋。可正是隆冬季节,天寒地冻,哪里会有笋啊。孟宗扶竹哭泣,乞求竹子施恩,就感动了神仙。神仙在竹根上一指,顷刻地裂三寸,一株鲜黄嫩笋破土而出,孟宗捧笋回家,于是就有了"冬笋",这种竹子也就叫孟宗竹。

12.3.7 楠竹起源的传说

古时候的咸宁,半边山地半边水。一日,一条青龙一条黄龙在湖里争水喝,最后在半空中打了起来。顿时狂风大作,雷鸣电闪,大雨滂沱。雨过天晴之后,有兄妹俩到山上捡柴,发现大青龙死在山上。他们就把大青龙埋起来,剩下两只大角怎么也埋不住,就留在外面。他们可怜它,每日担水去浇龙角。百日之后,龙角变成了两根大楠竹,兄妹俩看着舍不得用。第二年清明过后,地上长出了很多竹笋。竹子就从这山传到那山,后来到处都有了楠竹。

12.3.8 泰山的传说

相传建筑大师鲁班有一个徒弟叫泰山,一次竟对鲁班的设计提出异议。鲁班有碍面子就把他赶出了师门。后来,泰山就到了南国,看到青青翠竹,决心在竹制技艺上与师傅的木工技艺比个高低。于是,他在杭州,刻苦钻研,加工各类竹器,如竹椅、竹碗等,无一不精。几年后鲁班到了杭州,看到这些精巧的竹器竟是出自泰山之手,十分愧责:"真是有眼不识泰山"。

12.3.9　竹姓的传说

东晋史学家常璩在《华阳国志——南中志》中讲：古时，西南少数民族的一少女，一天来到河边洗衣，忽然三节大竹漂到眼前，怎么推也推不走。仔细一听，里面似乎有婴儿的哭声。她把大竹抱回家去，小心翼翼地劈开，果然有一男婴在内。她精心扶养，男婴长大成人后，文武兼备，智勇双全，成为当地一少数民族的首领。于是，该族就以竹为姓，并把竹作为本民族源出的植物加以崇拜，世代祭祀。

12.3.10　雷山苗寨爱栽竹子的传说

你来到雷山苗寨，会发现几乎每个苗寨的房前屋后或附近山坡上都有竹林。这是为什么呢？你听完下面的传说就会明白。

相传很久以前，姜央和雷公兄弟二人为一点事闹矛盾。住在天上的雷公决开天河引发一场滔天洪水之后，只剩下姜央和妹妹（有的苗区又传说是伏羲和女娲兄妹）了。一天，妹妹对姜央说："哥，你该去找个嫂子来传宗接代了吧！"在妹的多次劝说下，姜央四处寻找女人成亲。但找了九九八十一天，走遍了山山水水也不见人影。姜央真是有点不想再找了。妹妹还是不断地安慰和鼓励他继续找寻。

有一天，姜央遇到一棵竹子。当竹子知道了他四处找不到一个女人成亲的事后说："世上的人都死光了，你还到哪里去找女人啊？"接着又说："哎呀，你妹妹不是女人？"姜央说："你是说要我同我妹妹结婚？"

竹子说："要想繁衍人烟，也只能这样了！"姜央一气之下把竹子砍成十多节。竹子痛心地说："看你，我是好心不得好报啊！"接着又补充说："你不听我的话，到时，你后悔也来不及了，劝你再好生想想。"后来，姜央又找了七七四十九天，还是见不到一个女人。倒是先后碰到冬瓜和南瓜、白刺和红刺、嘎里和嘎兑，他们都和竹子的想法一样，劝他和妹妹赶快成亲育子，否则悔之晚矣。实在无法，姜央只好一五一十地把全过程告诉了妹妹。妹妹说："这怎么行呢？"但又悄悄地去问了竹子，讲的同哥哥说的一样。他相信哥哥说的全是真的。但亲兄妹怎么行呢？不这样办又有什么办法呢？隔了二四得八天，实在没别的法子了。兄妹最后商定：两个背靠背，各自朝前走，要是能面对面相撞才能成家。又过了二四得八天，兄妹果然在一个小坝子面对面地相遇了。真怪！这里有一口清亮的泉水井，溢出的水流入小溪中，旁边有一棵高大的枫树，不远处还有一片翠绿的竹林，其间一对翠鸟在鸣叫，嬉戏追逐……实在美极了！兄妹选好了日子，就成了夫妻，过着幸福美满的生活，从此也就有了人类世界。

姜央夫妇知道这甜蜜的日子是怎么来的。便逐一地感谢那些曾劝他俩成亲的，还特地去找来铜钱一个一个地放在被姜央砍断过的两节竹子中间（有意送给竹子买吃买穿和零花）一节一节地接起来。现在人们所见的竹节就是姜央夫妇放的铜钱所致，竹瓢即是用钱买来的衣裳。竹子非常高兴，也就来苗寨居住，还给苗家人及亲朋造芦笙、箫、笛，唱出优美动听的歌声；供苗家造纸，好记事传世，供苗家人编成粪篮、箩筐、打谷围席、竹筛、撮箕、腰箩、背篓等生产工具和各种大小簸箕、竹凳、竹椅、竹沙发、竹饭盒、蒸笼、竹刷锅把、竹扫把、筷子、凉席、晒席、斗笠、花篮、鸟笼等日常生活用品；近年还供苗家人制作各种竹制工艺品，如旅行挎包、葫芦型花瓶、芦笙盒、龟蛇保健酒包装盒、茶叶盒等，有的还漂洋过海到外国去呢！

苗家人十分崇敬竹子。生第一个孩子时，用竹子为儿子栽花树，靠在堂屋的中柱上，表示儿女像竹子一样长命吉祥。安葬死人和清明节扫墓时,都砍来一根竹子挂上各色(多用白色)纸条插在墓顶上及用竹子做花圈。拉龙节在坡上祭祀完毕,巫师用事先剪成的白纸人和红绿黄色小三角旗粘贴在竹子上沿途插回家,使人畜兴旺,消灾免祸。巫师用竹子做卜卦,表示说话算数。苗家人过鼓藏节时就专有一项"颂竹子"的内容……

12.3.11 竹子的来历

相传,古时凡间是没有竹子的,竹子只生长在王母娘娘的御花园中。而且,竹子受仙霖甘露,长得俊秀挺拔,但要一年才能长成。神仙们都十分喜爱仙竹,特别是王母娘娘,更是宠爱有加。她命侍女朝霞仙子照料仙竹,朝霞对仙竹也喜欢万分,每天都悉心呵护。仙竹仿佛也懂她的心思,只要朝霞从旁经过,便招展身姿,向她致意问好。

天上虽好,可朝霞却向往人间有死有生、有泪有笑的生活。当她和女友们谈起人们生活的时候,总说:"要是能在人间活一天,我连神仙也不要做了!"可女友们都笑她痴人说梦,仙女下凡是犯天规的。说到梦,还真的来了。王母娘娘在蟠桃会上乘兴多喝了几杯百花仙子酿的百花露,醉了。这百花露喝上一杯,神仙也得醉三天,更何况多喝了好几杯呢?朝霞明白这一醉少也要十天半个月,真是千载难逢的好机会!要下凡,只有乘此机会了。便悄悄地带了一些仙竹从南天门溜到了人间……

朝霞下凡的第一个地方就是今天的竹乡安吉。可当时,什么竹乡,连竹笋的影子都没有,到处是光秃秃的荒山,老百姓生活缺水缺粮,十分艰难。朝霞在半空中看见一个年轻后生在挖山种树,觉得很奇怪:山上既没水又没沃土,树怎么活呢?她满腹疑问,便按下云头,化做一个村姑上前打听:"大哥,你在这干吗呀?"后生抹了一把汗,答道:"我在种树呢!""可这土地怎么种啊?""是啊,这土地养不住水,种不了粮食,也种不了树。""那你为啥还要种呢?"朝霞好奇地问。"种一棵树可能会死,种一百棵一千棵,总能活几棵的。"后生答道,一脸坚毅,"只可惜树种下去,活了,也要好几年才能长大,太慢了。"朝霞被少年的精神感动了,决定留下来帮助他。

他们结成了夫妻。朝霞把从天上带来的竹种全撒在了山上,一年后,整座山都是一片翠绿,老百姓的生活也好了起来,朝霞和少年也有了一儿一女。每天,看着丈夫、儿女在竹林中穿行嬉戏,她才感到什么是真正的幸福!可是好日子却不长久。天上一天,人间一年,五天后,王母娘娘酒醒了,发现朝霞失踪,人间还多了一处竹林,雷霆大怒,命天兵天将前去捉拿。朝霞寡不敌众,被缚于天庭,就在王母娘娘要对朝霞施以重责之时,那些与朝霞平日交好的仙女纷纷跪下求情,王母娘娘最后答应饶恕朝霞,但有一个条件:在50天之内种成竹子,并让竹梢触到天庭,否则的话,就要把朝霞困在冰川,永世不得超生,而朝霞的丈夫、子女也要被打入十八层地狱,还要毁掉人间的竹子。

朝霞接到这个难题,忍辱负重来到人间,一家大小精心照顾着竹子,竹子也好像通了灵性,长得飞快,一个时辰一个模样,朝霞一家满心欢喜。时间一天天过去,期限也慢慢近了。到了第49天的晚上,竹梢已触到了天庭,朝霞一家这一晚就守在竹林旁等待天明,等待天明即将到来的幸福。

可是,狠心的王母娘娘并没有真心原谅他们,她施法将竹子劈去一大截,这样,一晚工夫,竹子怎么也长不够。为了丈夫、孩子,为了竹子、百姓,无奈之下,朝霞将千年修行溶入血液,再将血渗入土壤,竹子受到她精血的滋润,一阵猛长,天明时分,竹梢已越过天庭,而朝霞却化为一碧清泉,永远守卫这一片竹林。

　　不信?现在的毛竹都是五十天长成。到山上去,有竹的地方,定有一碧清泉环绕,那便是朝霞的精魂守卫着这片竹林!

　　我国关于竹的神话传说还很多,尤其在一些南方竹乡和民族地区,关于竹的神话传说非常之多。如在彝族地区普遍流行祖先由竹所生,或祖先因竹得救;台湾高山族卑南人流行"竹生人"的传说;仡佬族、布依族、壮族、傣族、藏族、景颇族等流行过竹崇拜的民族中,都有一些关于竹的神话传说。因此,关于竹的图腾传说在后面要专门论述,故在此不予赘述。

　　蜀南竹海被喻为中国竹文化的中心,在竹子如此众多的地方,自然就流传着一些关于竹子的传说故事,口耳相传,一代一代就流传下来了。蜀南竹海创造了丰富多彩的神话传说,它体现了人们的思想感情和心理特点。关于竹海的来源,就有《箐仙织翠》《周洪漠巧移箐园》等传说。《箐仙织翠》是非常优美的神话传说故事。关于箐仙织翠和瑶箐仙姑的神奇传说大意为:传说很早以前,南极天宫女儿瑶箐因同情为了绿化天南万山岭而偷偷下凡的金鸾仙子,被玉帝罚下人间,要其在荒山野岭编织绿波,碧连九天之后方可返上天庭。当时万山岭一带荒山秃岭,一片朱红,有"万岭红"之称。瑶箐一边苦修苦练,一边以所带的珠光翠玉为种子开始编织绿波,在历经编织的艰辛和与众山妖魔阻挠毁林的战斗后,终于绿波接天,瑶箐大功告成。"万岭红"变成了"万岭翠",瑶箐仙姑已舍不得离开这绿波滚滚的竹海,决定永留人间。玉帝深感其诚,封瑶箐为"天南碧波仙子",并将瑶箐的名字作此碧绿的山岭之名,取名为"万岭箐"。她所住的洞取名为"仙寓洞"。这是一曲对造福于民的竹海仙女的神奇的赞歌。

　　仙寓洞逐渐变成了西南佛道圣地,每年农历二月十九、六月十九、九月十九,朝拜者人山人海,这跟民间流传下来的神奇幽深的传说故事有关。洞内的"天河饮牛"传说是:有年大旱,织女怕牛(牛郎的牛)渴死,抛下织机上的银梭拉老牛上天,牛要等竹仙种完竹一起走。眼看牛要渴死,竹也要干死,织女只有再犯天条:用织梭凿破天河救了竹林。女娲没有补这个洞,天水一直长流,故大旱不干,久雨不浊,能治百病,能延年益寿。与仙寓洞相对峙的挂榜岩,传说是当年玉帝嘉奖仙姑瑶箐而命飞天奉来的"皇榜"。有民谣曰:"挂榜岩,挂榜岩,玉帝皇,飞下来。"在挂榜岩景区的鲁王山有一块岩石。那是随仙宫下凡送皇榜时一道来的一只麒麟。来到翠林之中,竟然在这茫茫绿海中尽情地打滚洗澡,结果毁坏了九千九百九十根竹子,犯下了滔天大罪,被点化成了石头。有关竹海景点的传说还有《小桥的传说》《石达开过竹海》等。

12.4　竹的书法、绘画、邮票等

12.4.1　竹与书法、绘画

　　中国传统书画的书写工具——毛笔也是竹子制成的。考古学家从新石器时代遗址出土的彩陶上发现,那些花纹、卷云、符号等纹饰明显是用毛笔绘成的,毛笔的笔锋清晰可辨;从殷墟出土的甲骨中还发现,有几个用毛笔写成的文字,文字上还留有些许墨痕。后代的毛笔又有书笔、画笔之分,由于功用不同,笔头的毫料也不同,不同的毫料,笔头书写、绘画出的线条、纹路,所产生的艺术效果也就不同。尊为"文房四宝"之首的毛笔记录了浩如烟海的古书典籍、诗词歌赋、文献资料、书画作品、碑拓等,充分展现出中华文化的智慧与精华,在漫漫历史长河中,绵延数千载,经久不衰。

竹画艺术在我国传统绘画艺术上占有相当重要的地位。中唐时期,竹已形成专门的绘画题材;北宋文同开创了"湖州竹派",被后世人尊为墨竹绘画的鼻祖;清代的石涛、郑板桥,还有后来的吴昌硕、齐白石,都是一代竹画大师,对画竹技法和理论的发展及完善做出了重要贡献。

宋代大诗人苏东坡诗书画兼备,才华横溢,他爱竹达到了"宁可食无肉,不可居无竹"的境地。他在《文与可画赏笾谷堰竹记》中提出:"画竹必先得成竹于胸中。""胸有成竹"的绘画理论,不但为千古墨竹画家所趋尚,更是揭示了文学创作乃至诸多事业开创的哲理。清朝画竹也相当兴盛,"扬州八怪"的异军突起又为画竹开创了前所未有的局面,尤以郑板桥的竹石画名垂千史。他的画不但表现了客观对象的天然特征,而且表现了作者的人格、思想和对社会的态度。他在一幅竹画上题道:"文与可画竹胸有成竹,郑板桥画竹胸无成竹",充分表达了他的人生观和艺术观。

12.4.2 竹与邮票

中国是世界上竹资源最丰富的国家,堪称第一产竹大国和竹文化的发祥地。竹子以其潇洒秀丽、四季常青而博得人们喜爱,并以其挺拔不屈、节实心虚而成为谦逊坚贞、刚直不阿和品德高尚的象征,自古便是诗人画家们咏赞的对象,与松、梅被誉为"岁寒三友";与梅兰菊并称"四君子"。在华夏的文明和精神之中,"竹文化"是一个重要的组成部分。

1993 年 6 月 15 日,为了展现中华大地珍贵的植物资源,邮电部发行了《竹子》特种邮票,全套 4 枚,小型张 1 枚。《竹》个性化服务专用邮票由中国邮政发行于 2014 年 5 月 28日,全套共一枚,总面值为 1.20 元。竹因坚韧不拔的性格而深受我国历代文人墨客的喜爱。这张邮票设计得非常有特色,主景图案是国画方式勾勒的轮廓,再以动画方式填充,下方描绘上几方怪石使其不显单调,附票用竹节构造了一个"竹"字,色调明朗,让人观之愉悦。

12.4.3 竹与服饰图案

中国民间的服饰图案,不论以何种形式出现,几乎都寄寓了吉祥的内容。这种吉祥的内容大体上就是升官发财,多福多寿,人品高洁,百事如意,也就是福、禄、寿、喜、财、洁、顺、吉八个字。这是我国长期的社会历史所形成的,是人们慕求的理想。

竹是中国民间服饰图案的重要表现题材之一,被视为喜庆吉祥、生活平顺的象征。竹作为民间装饰图案可上溯到史前时期的新石器时代,它的起源可能与原始先民的图腾装饰有关联。新石器时代的中国南方印纹陶器上多处出现有竹叶状、篮纹、篾纹的陶器纹饰图案,在巴蜀地区发现有竹节状的长柄豆食器。国内的出土文物中,以竹节状、竹叶状、篾纹、篮纹、席纹的装饰图案,比比皆是。源于浙江的青瓷,其产生与竹有关联。因浙江盛产青竹,青翠的青竹激发了越人的创造发明青釉的灵感。在浙江出土的历代青瓷佳品的釉色皆似竹一样青翠欲滴,且带有竹装饰的造型,如汉代的壶、瓿等青瓷器物的上腹饰有竹节状的凸棱三周;1990 年浙江龙游大垄口砖厂出土的隋朝青瓷盘口壶,造型为饼足底,弧腹、敞口,长长的颈部制成竹节状,与整个器物浑然天成。

到了宋代,由于墨竹绘画的大发展,使得民间艺术,特别是工艺制品上的装饰图案题材大量地出现竹子图饰。明清时期民间艺术品的装饰图案除表现文人趣味外,吉祥如意等方面的内容也增加了很多。"松、竹、梅"、"梅、兰、竹、菊"是常见的表现题材,如明万历年间的雕漆作品"剔红松竹梅纹盒",盒面图案于波涛之中立着三根石柱,松、竹、梅盘根错节,缘石而上,协调地组成福、禄、寿三字,表明吉祥如意的内容。在现代的工艺品和民间艺术的创作中,竹子更是重要的表现题材。由于竹饰图案能给人们对美好生活的向往,带来精神上的愉悦,几千年来一直在民间艺术装饰中流行,并得到了广泛的应用。无论是在雕刻、织绣、绘画、印染,还是陶瓷、漆器、编织、剪纸,抑或其他艺术品上,都有竹子的芳姿出现,构成了多彩多姿的竹饰图案艺术品。竹子不仅自身直接构成吉祥图案,而且还与各种动物等吉祥物,或是其他花卉组合,构成复合型的吉祥装饰图案,以表达更为复杂、宽广的艺术主题。以竹子为题材的常见吉祥装饰图案主要有以下几种。

(1)竹梅双喜:用竹子、梅花和两只喜鹊构成图饰。藉"青梅竹马"的成语典故,比作男女之间在孩童时代就建立起的纯真情谊。用竹子和梅花结合,泛指夫妻结合,用象征喜事的喜鹊陪衬,表示对深厚纯真爱情的赞美。

(2)华封三祝:竹子和两种吉祥的花草(梅花或兰花)或两只吉祥的小鸟组成纹饰图案,表示三祝之意。竹谐音"祝",表示祝颂或祝贺的意思。

(3)齐眉祝寿:由梅花、竹和绶鸟组成的表示祝寿的吉祥图案。绶鸟又名吐绶鸟,产于巴陕和闽广山水之间。民间因绶谐音"寿",绶鸟成了祝颂长寿之鸟。梅谐音"眉",竹谐音"祝",故而名之。

(4)芝仙祝寿:用灵芝、水仙、竹、寿石四种物品按谐音合成的图饰。灵芝是古代仙草,有长寿的吉祥草象征;水仙花冰清玉洁,清秀优雅,仪态超俗,称"凌波仙子",而且盛开于新春佳节之际,被视为新岁祥瑞之兆的吉祥花。因而这四样吉祥的物品组成图案,以祈祝长寿。

(5)岁寒三友:用松、竹、梅三种植物组成的图饰。它们在岁寒中同生,历来为中国文人所敬慕,被誉为"岁寒三友",以此比喻忠贞的友谊。在民间艺术中,常用这三种植物构成图案作绘画、雕刻、园林、建筑等装饰品,象征着福、禄、寿。

四君子:由梅花、兰花、竹、菊花四种植物组成的寓意图案。它们都有不畏严寒、刚直不阿的高洁品性和谦虚正直的君子风度。在群芳中被誉为四君子,为世人所敬慕。民间艺术中借此象征忠、孝、节、义。

(6)五瑞图:用竹、松、萱草、兰、寿石五种吉祥物品组成的图饰,以此寓福、禄、寿、喜、财之意。

(7)五清图:用竹、松、梅、月、水五种吉祥物品组成图案,作为高洁的象征。也有用梅、兰、竹、菊和松树或水仙花,合称"五清",组成"五清图"吉祥图饰。

(8)六合同春:是用一只鹿和一只鹤同梅、竹组成的图案。鹿和鹤都是吉祥的动物,鹿谐"六"音,鹤谐"合"音;梅、竹是春天的象征,竹谐意"同"(筒)。借此图案寄寓着青春永在。

我国关于竹子的神话传说,反映了竹与我国古代人民的物质生活和精神生活关系异常密切,也反映了他们对竹的认识还带有浓厚的神话迷信色彩。如"帝俊竹林"反映上古先民曾以竹造船的早期生活,为我们描绘了中华先民原始生活的生动情景;"祭竹龙"和"竹杖化龙"都把竹与中华民族的早期图腾龙联系在一起,将竹视为神物,反映了中华先民早期的图腾意识;"竹王传说"则直接将竹视为图腾物,认为竹是人类生命的缘起。而"湘妃竹"则寄托了人们对美好爱情的执著追求,将竹与人类执著的爱情联系起来,催人泪下,感人肺腑。

12.5 竹的饮食文化

竹也为中国的饮食文化增色添彩。竹笋以嫩脆鲜美的风味受人青睐,历代文人名士皆爱竹笋。唐代大诗人白居易《食笋》诗云:"置之炊甑中,与饭同时熟。紫箨折故锦,素肌掰新玉。每日逐加餐,经时不思肉。久为京洛客,此味常不足。且食勿踌躇,南风吹作竹。"诗人对竹笋的嗜好及怀念之情是如此强烈。宋代大文豪苏东坡有一次路过潜县金鹅山时被竹林所陶醉即兴赋诗道:"可使食无肉,不可居无竹。无肉令人瘦,无竹令人俗。人瘦尚可肥,士俗不可医。"诗未成,于潜县令便用"笋焖肉"款待他,苏东坡食后赞不绝口,情不自禁地又吟完后两句"若要不瘦又不俗,还是天天笋焖肉"。近代作家梁实秋的散文《笋》更是引人入胜,他怀念北京东兴楼的"虾子烧冬笋",春华楼的"火腿喂冬笋"等名菜,说他从小最爱吃冬笋炒肉丝。大师林语堂妙论食笋,说竹笋之所以深受人们青睐,是因为嫩竹能给我们的牙齿以一种细微的抵抗,品鉴竹笋也许是别有滋味的最好一例,它不油腻,有一种难以捉摸的品质。

竹还是药用植物,明代大药物学家李时珍在《本草纲目》中记载了堇竹、淡竹、苦竹的药用价值。

竹笋腌鲜

竹笋腌鲜,即笋烧肉,是一个具有苏州地方特色的传统菜。

此菜选用咸肉100克,猪肋条肉(五花肉)100克,春笋100克,大葱5克,姜5克,黄酒10克,盐4克,味精2克,将春笋洗净,切成滚刀块;咸肉洗净切成肉皮面1.5厘米见方的小方块;猪五花肉洗净待用;洗净锅,放清水4碗,用大火煮沸后,放咸肉、鲜肉和葱姜,煮沸后,转用小火煮约1小时,至酥熟,加味精调匀即成。

白什春笋

白什春笋,是南方许多名菜中的一味,是宋代名菜"搏金笋"的翻新发展,也是一只素菜荤烧的风味菜。

此菜选用春笋1公斤,火腿25克,精盐3克,味精1克,湿淀粉1.5克,黄豆芽汤150克,热花生油750克(约耗100克)。春笋剥皮,选用嫩尖(约300克),剖成两瓣,轻轻拍松,火疆切成细末,炒锅置中火上,放熟花生油烧至5成熟,放春笋相炸3分钟,倒入漏勺沥油。原锅放回中火上,放熟花生油50克,加黄豆芽汤、精盐,春笋相烧5分钟,翻炒几下加入味糕用湿淀粉调稀勾芡,起锅盛入盘内,撒上火腿末即成。

炸纸包冬笋

炸纸包冬笋,是福州市特级厨师赵君松创作的一道菜。此菜外酥内软、香脆可口、富有营养,为佐酒之佳肴。它选用净冬笋(熟)100克,白酱油10克,虾干肉10克,香油少许,鸡蛋清6个,黄油少许,味精1克,精盐少许,面粉50克,花生油500克(实耗100克)。制作步骤:先将冬笋切丝,虾干肉切成细末。下锅,加黄酒、香油酱油味精,稍微炒一炒后起锅,分作12份。鸡蛋清放在碗中,打起白泡,加入面粉、味精、盐,拌匀。油锅放在旺火上,下花生油,烧热拿一汤勺,打起蛋白,将每份笋丝、虾干肉末包在蛋白之中,入油炸熟,呈浅黄色,即成。

摆在盘内,盘边稍加香菜等装饰。

笋类干菜

醋渍成酸菜是史书中记载的最古老的笋类干菜做法,《周札》中谓之:"竹菹"。可以用姜醋等调料汁先授泡,再烘干,然后装坛中收藏,为笋脯;还可以用煮熟的笋放在盐、米粥中拌制成"竹蚱";也可用鲜笋放在笋汁白梅、糖霜生姜自然汁中腌制成"醋笋";或将煮热笋与蜜一起拌制成"蜜笋"。竹笋还可以通过多种方法制成各有风味的"笋干"。

明炉竹筒鱼

明炉竹筒鱼是广东南园酒家的名菜,它选用 1.5 公斤新鲜鱼(鲩鱼)一条,去内脏洗净,在鱼背上切一刀以进味,放入用姜、葱、绍酒、酱油、盐、味精、胡椒粉等配好的浸料中腌 15 分钟,取出用猪网油裹好。砍直径七八厘米的青竹一截,长约 1.5 米,将一端用刀劈开成十字形,把裹好的鱼放入,用铁丝把竹筒捆好,放入火里悬空烧,一端不停地滚动。15 分钟后用粗铁丝从竹缝隙扎鱼十余处,再放入火中烧 15 分钟,让鲜竹的清香从上下左右侵入鱼身,将鱼取出,放入盘中,以香菜附边,用两小碟潮州桔油作佐料,食之鲜竹清香袭人。

竹筒饭

傣族的竹筒饭更是别有情趣。农闲时节,拿刀砍上一截龙竹,一节留底,一节为头,将皮剥去 3 毫米左右,空口处砍上两个缺口,套上藤绳索,将淘好的米放进筒内,水为米的一半,口上塞上芭蕉叶。再砍两根竹当支架,中间架一根横档,把竹筒挂在横档上,下面点起火堆,当竹筒外皮烧成炭火色时,米熟水干,散发出清香味,即取下竹筒,凉二三分钟,再放在火边上烘烤,边翻边烤,烤熟后用砍刀敲竹筒顶端,如发出"卜、卜、卜"声,饭已煮熟。

油焖金竹笋

油焖金竹笋选用竹笋肉 250 克,切丝;金针菜 5 克,水发后挤干水分,中间切断成段。植物油烧热降温至七成热,下笋丝煸炒透,加入金针菜和少量清水,煮沸后调味,用文火焖煮 5～10 分钟即成。

素三鲜

素三鲜是选用竹笋肉 250 克,切丝,植物油烧至六七成热时投入煸炒数十下,加上浸泡香菇的鲜汤及少许水,煮沸后用文火焖煮 3～5 分钟,荠菜 100 克切成碎末加进,调味勾薄芡,淋上麻油印成。

什烩栗子

什烩栗子选用粟子 250 克,水发香菇 25 克,竹笋肉 100 克,水发金针、黑木耳各 50 克,蒜头瓣、精盐、白糖、味精适量。制作时,粟子对剖击壳衣,加水煮至 6 成熟,植物油烧至 6 成热,爆香蒜,推入笋片、香菇、金针、木耳,翻炒均匀应倒入栗子,加水用文火烩 30 分钟,调味勾薄芡。

拌双笋

拌双笋选用莴苣 250 克,去皮切成斜块,拌上盐渍 30 分钟;竹笋 150 克,切斜块,与莴苣块拌和,浇上用芝麻酱、醋、酱油、糖、味精、麻油拌成的汁。

12.6 竹旅游、经济

中国的竹资源十分丰富,竹林面积已达到 520 余万公顷,主要分布在福建、浙江、江西、湖南、安徽、四川、广东、贵州、湖北、广西等中国南方 13 个省区。2006 年林业部在福建武夷山市举行的第五届中国竹文化节上,新评定出福建建瓯、永安、沙县、顺昌、武夷山、尤溪,浙江安吉、临安、龙游、德清、余杭,湖南桃江、绥宁、安化、桃源,江西宜丰、崇义、奉新、安福,安徽广德、霍山、黄山、宁国,四川长宁、沐川,广东广宁、怀集,贵州赤水,湖北赤壁,广西兴安等 30 个"中国竹乡"。30 个竹乡的竹林总面积约为 130 万公顷,占全国竹林面积的 1/4 左右。青翠的竹山、浩瀚的竹海、清幽的竹谷,置身于竹的海洋里,你会被无边的绿韵染绿;置身于竹的天地中,你会被葱绿的生机感动;置身于竹的氧吧内,你会感到神清气爽,一切烦恼和疲劳都会烟消云散……竹海,大自然的骄子,造物者的杰作,是人世间最美的园林。

近年来,福建、浙江、广东、江西、四川等主要竹产地,尤其是 30 个"中国竹乡",天然竹海的美丽风光受到关注并得到比较充分的开发,竹资源的旅游开发逐渐被人们所关注,充满个性化的竹海风光、竹乡风情、竹寨风俗等得到人们的普遍认可,竹乡自然风光和文化旅游方兴未艾。一些地方努力塑造个性化的竹资源旅游地形象,打造竹海风光旅游品牌。如蜀南竹海、安吉竹海、宜兴竹海、双溪竹海等,这些竹海拥有大面积的天然竹林,与山水相依,成世外之境,在生态旅游、养身保健为时尚的今天,具有强大的吸引力。

12.6.1 四川省的竹海

蜀南竹海位于宜宾市境内长宁、江安两县交界处,景区面积 120 平方公里,中心景区 7 万余亩。竹林绵延起伏,透逶苍莽,宛若烟波浩渺的绿色海洋;林间流泉飞瀑,清潭倒影,云雾缭绕,空气清新。竹海植被繁茂,种类繁多,仅竹类就有楠竹、人面竹、花竹、凹竹、算盘竹、慈竹、绵竹、香妃竹、罗汉竹等 58 种。竹海有景点 124 个,其中天皇寺、夭宝寨、仙寓洞、青龙湖、七彩飞瀑、古战场、观云亭、翡翠长廊、茶化山、花溪十三桥等景观被称为"竹海十佳"。蜀南竹海于 1988 年被批准为"中国国家风景名胜区"、1999 年被医为"中国生物圈保护区"、2001 年被批准为首批"国家 AAAA 级旅游区"、2003 年通过世界"绿色环球 21"认证、2005 年获评"中国最美的十大森林"。

12.6.2 浙江省的竹海

安吉竹海又称"中国大竹海",位于浙江省湖州市安吉县。安吉是中国著名的竹子之乡和毛竹生产示范基地,总面积 3000 平方公里,素有"中国毛竹看浙江,浙江毛竹看安吉"的美誉。安古竹海是中国著名的竹文化生态休闲旅游区,2001 年奥斯卡最佳外语片奖《卧虎藏龙》将其作为外景拍摄地,更是进一步增加了景区的知名度。安吉竹海依山傍水,竹连山,山连竹,满目苍翠,是一幅层层叠叠的竹画长卷,全景区以浩瀚的大毛竹景观为主体,以神奇的"五女泉"为辅,观竹王,望竹海,嬉竹泉,赏竹艺,玩竹戏,看竹业,购竹产品,食竹宴,住竹居,游客可以尽情享受同归大自然的无穷乐趣。

莫干山竹海位于浙江省湖州市德清县,处于美丽富饶的沪、宁、杭金子角的中心,国家重点风景名胜区,著名的度假休闲旅游及避暑胜地,有"清凉世界、翠绿仙境"的美誉,与庐山、北戴河、鸡公山并称为中国四大避暑胜地,清末民初兴建的数百幢别墅,掩映在竹林绿荫之中,非常清幽,被称为"世界建筑博物馆"。莫干山有"三胜"——竹、云、泉,而竹为"三胜"之冠,身处其中,举目四望,只见修竹满山、绿荫环径、风吹影舞、芳馨清逸,宛如置身绿幕之中。竹种种类多,质量好,面积广,被称为天然的"百竹博物馆"。

12.6.3　江苏省的竹海

南山竹海位于江苏溧阳市南部山区,坐落于溧阳市戴埠镇、溧阳市南山景区管委会的李家园村,是集资源利用、生态保护和旅游观光于一体的世外桃源,具有"天堂南山,梦幻竹海"之美誉。景区内一望无边的毛竹依山抱石、千姿百态、情趣别致,高山镜湖中的竹筏、山涧间的潺潺溪流和形态各异的竹木小屋,富有乡土野趣,还有民间传说中的仙山头、金牛岭、古官道、古代军事遗址等人文历史,更增加了南山竹海的神秘。现已对外开放的景点有:坝堤印月、竹筏放歌、夜营地、休闲村、南山寿泉、参天古株、南山索道、八卦迷宫、古官道等。景区内还设有竹文化博物馆,占地4000平方米,整体建筑格局形象地勾勒了一个"竹"字造型。展厅内展示了具有精美表现手法和精良工艺的竹雕刻艺术。

12.6.4　贵州省的竹海

赤水竹海位于贵州赤水市城东的赤桐公路旁,距赤水市仅40公里。总体规划面积112平方公里,该景区的主要景观要素是浩瀚的竹海自然原生态风光。公园内生态环境保护优良,亚热带常绿阔叶林植被带(偏湿性常绿阔叶林地带)覆盖率高达96%,区域内植被种类丰富,国家一类保护植物3种,二类保护植物多达20余种,在西南地区是不可多得的原生性生态区域。其独具一格的竹海风光、瀑布群、原始森林、野生动物和丹霞奇观等多元的自然景观要素,组成一幅美妙绝伦的竹海美景。"观海楼"是整个景区的制高点,登高远眺,绿竹摇曳,一碧千里,山风吹过,竹涛阵阵,碧波涟漪,使人沉醉于美景之中。区内有"天锣""地瀑""八仙树""夫妻树"等奇特的自然景观,增添景区的独特性,是人们避暑休闲、度假疗养的理想胜地。

12.6.5　湖南省的竹海

桃花江竹海位于湖南省桃江县境内,是益阳桃花江森林公园的一部分,森林公园1992年经湖南省林业厅批准成为省级森林公园,包括桃花江景区、浮邱山景区、桃花江竹海景区三大部分组成,景区总面积31.67平方公里。桃花江是全国十大竹乡中的"楠竹之乡",其竹博物馆、竹工艺品、竹文化享誉国内外。园内湖光山色,浮光掠影的四季风景,碧浪起伏的万亩竹海,享誉中外的"美人窝"相得益彰,形成了山奇、水秀、林幽、人美、文化底蕴深厚的特色分景资源。竹海内现有观竹楼、屈子祠、竹博物馆、民俗村、水上乐园等众多景观与娱乐项目,有四星级生态休闲酒店——桃花江竹海假日酒店作为配套设施,是商务、休闲、度假的理想处所。

12.7 竹的园林文化

12.7.1 竹在我国古代的园林栽培应用

竹子"非草非木",属禾本科竹亚科,其四季常青,姿态优美,或挺拔雄劲,或婵娟清秀,拥有植物的自然之美。我国现有的竹种,大多数都是十分理想的观赏竹种,利用竹子的色彩美、姿态美、声音美和生机美进行造园,具有很高的文化品位和园林美学特征。在中国园林植物造景史上,有许多竹类应用的成功典范,创造了特有的时空意境,极富诗情画意,形成了丰富的极具中国竹文化内涵的景观形象。

我国对竹子的欣赏和竹子造园有着十分悠久的历史。《尚书·禹贡》说"东南之美,会稽之竹箭。"说明古人很早就懂得欣赏竹林的秀丽风光。《穆天子传》记载,周朝时,"天子西征,至于玄池,乃树之林,是曰竹林。"这是记录竹子与皇家活动有关联的文献。《战国策·乐毅传》载:"蓟丘之植,植于汶篁。"这是迄今为止最早记录竹子引种的资料。秦朝时,"始皇起虚明台,穷四方之珍,得云冈素竹"(《拾遗记》)。近年来,在秦威阳第三号宫殿建筑遗址中,出土的宫廷壁画残片有一幅竹图,竹叶披针形,类似于紫竹,这是秦代皇家园林栽培竹子的考古学证据。这一时期,由于原始先民的认识有限,大自然在人们心目中始终是神秘的,人们对于大自然山水风光尚处在简单审美意识阶段,对竹子的欣赏处于低级水平,竹子造园还在萌芽状态。

魏晋、南北朝时期,竹子造景在皇家园林已相当普遍,并逐步扩展到私家园林和寺庙园林。山水田园诗人谢灵运《山居赋》中对自家庄园有详细描写:"三里许沿途所径见也,则乔木茂竹","路人行于竹径,半路阔以竹","绿崖下者密竹蒙径,从北至南悉是竹园,东西百丈,南北百五十五丈","四山周回,溪涧交过,水石竹林之美,备尽之矣。"《水经注》介绍北魏著名御苑"华林园"称:"竹柏荫于层石,绣薄丛于泉侧。"《洛阳伽蓝记》记录了洛阳显宦贵族私园"莫不桃李夏绿,竹柏冬青"。这一时期由于儒、道、佛、玄诸家争鸣,形成以自然美为核心的时代美学,游览、观景成了园林的主要功能,人们开始追求视觉美的享受;同时部分文人如"竹林七贤"等受老庄哲学"无为而至,崇尚自然"的影响,不满现实,隐逸山林,寄情山水,流连自然,这种风尚体现了文人超然尘外的隐逸情调,促进了私家园林的兴起,这是竹子应用园林造景的发展阶段。

随着社会经济和文化的进一步发展,山水田园诗画艺术大行其道,文人把诗情、画趣赋予园林景物,以诗入景、以画成园日渐成为时尚,王维、白居易、杜甫等诗人都曾参与园林的设计和建造,便是为将来退隐林下独善其身打算的。当时文人的园林观可以概括为"以泉石竹树养心,借诗酒琴书怡性",凭借他们对大自然风景的深刻理解和对自然美的高度鉴赏能力来进行园林的规划,同时也把他们对人生哲理的体验、宦海浮沉的感怀融注于造园艺术中,比较有代表性的如庐山草堂、烷花溪草堂、辋川别业等。竹子景观占据相当重要的地位,白居易的《池上篇》颇能道出这个营园主旨:"十亩之宅,五亩之固;有水一池,有竹千竿勿谓土狭,勿谓地偏;足以容膝,足以息肩。有堂有庭,有桥有船;有书有酒,有歌有弦","灵鹤怪石,紫菱白莲;皆吾所好,尽在吾前。"辋川别业是唐代著名诗人王维在陕西终南山麓修建的名园,据王维和裴迪唱和的《辋川集》描写,其中以竹为名、以竹景为主的景区有两个,即"竹里馆"和"斤竹岭"。"独坐幽篁里,弹琴复长啸。深林人不知,明月来相照。"(王维《竹里馆》)"檀栾映空曲,青翠漾涟漪。暗入商山路,樵人不可知。"(王维《斤竹岭》)"来过竹里馆,口与道相亲。出入唯山鸟,幽深无世人。"(裴迪《竹里馆》)"明流纡且直,绿筱密复深。一径通山路,行歌望旧岑。"(裴迪《斤竹岭》)这个时期,文人造园、竹子造景进入了成熟时期。

宋代是一个国势羸弱的朝代,一方面是城乡经济的高度繁荣,另一方面则是国破家亡的忧患困扰。而经济发达与国势羸弱的矛盾状况滋长了宫廷和社会的生活侈靡和病态繁华。因此,园林大量修建,其数量之多,分布之广,较之隋唐时期有过之而无不及。宋代是中国历史上最以绘画艺术为重的朝代,尤其是山水画受到的重视程度已达到最高,因而对于园林的发展产生了重大影响,在园林中融入诗画意趣比之唐代就更为自觉,同时也开始重视园林意境的创造。北宋赵佶的寿山艮岳是宋代写意山水园的代表,园中以竹子景观为特色的景点有"斑竹麓"和"胜绮庵"。另外还有沈括的"梦溪园"、叶梦得的"叶氏园"及辛弃疾的"带湖新居"等。洛阳名园处处,绝大多数都有竹子景观,所谓"三分水、二分竹、一分屋"(宋·李格非《洛阳名园记》)。南宋定都临安后,皇家宫苑、私家园林鼎盛之际,南宋周密《吴兴园林记》写吴兴的宅园是"园园有竹"。园林意境与诗意、画意融为一体,写意山水园发展到了顶峰。

到明清时期,文人更广泛地参与造园,文人园林风格成为园林艺术的最高标准,竹子景观成为园林艺术的一大特色。江南园林取代北方园林成为主体,其中以宅园为代表的江南园林是中国封建社会后期园林发展的一个高峰,竹子与水体、山石、园墙建筑结合及竹林景观,是江南园林、岭南园林的最大特色之一。最能体现江南园林雅秀风格的有个园的"春山"、留园的"碧梧栖凤"、拙政园的"海棠春坞"、沧浪亭的"翠玲珑"和网师园的"竹外一枝轩"等,这些景观说明竹子在造园上的运用相当成功,许多造园手法仍为今人造园所采用。明清时期刊行多册造园技术理论书籍,有王象晋《群芳谱》、屠隆《山斋清闲供笺》、李渔《闲情偶寄·居室部》等,最有影响的是计成的《园冶》、文震亨的《长物志》,这些论著都对竹子造园作了较为全面而精辟的论述,总结了许多经典造园之法,为后人所传承。

12.7.2　竹在近现代园林中的栽培应用

1. 北京紫竹院公园

紫竹院公园位于北京市海淀区白石桥路南端,明代始建紫竹院庙宇,清朝乾隆在庙内供奉观音像,赐名"紫竹禅院"。此后这一带即被民间传名为"紫竹院"。

紫竹院公园始建于 1953 年,以华北地区最大的竹园而闻名。该园现有各类竹子 80 余个品种约 100 万株,形成了以竹造景、以竹取胜的山水园林。公园里有竹楼、竹亭、竹桌、竹椅,连大大小小的桥都用竹子装扮起来。壮观的侗寨风雨竹桥,可使游人亲身体会贵州侗族在桥上躲风避雨的习俗;上船桥则是一艘大竹船,竹篷竹窗,船舷边挂着大红灯笼,豪华气派。各式各样的竹建筑以其独特的风格尽显中华民族的文化风采,更让人感到竹是人民生活中不可缺少的部分。公园里竹水车带着哗哗的水声慢慢转着,不停撑动的竹篙使竹筏在湖面上划出一道水痕;坐竹轿子,抖空竹,和着苗族芦笙的节奏跳竹竿舞,让不少人玩得开心。竹子搭起的舞台上云南白族、傣族的歌舞表演更是吸引了大批的游人,湖岸边用竹子搭建的竹市一条街上人头攒动,人们在这里饮茶,品尝竹膳,购买各种竹制日用品、工艺品,此景象,恰似南国"清明上河图"。

2. 上海古猗园

古猗园位于上海市西北郊嘉定区南翔镇,占地 10 公顷,始建于明嘉靖年间,距今 400 余年,为明代万历时河南通判闵士籍的私家花园,原名"猗园",取"绿竹猗猗"之意。后由嘉定竹刻家朱三松精心设计,以"十亩之园"的规模营造,又在立柱、椽子、长廊上刻着千姿百态的竹盆景,显得生动典雅。清乾隆十一年(1746)扩建重葺,更名"古猗园"。

古猗园划分为逸野堂、戏鹅池、松鹤园、青清园、鸳鸯湖、南翔壁 6 个景区,以绿竹猗猗、曲水幽静、建筑典雅、韵味隽永的楹联诗词以及优美的花石小路等五大特色闻名,具有古朴、意雅、清淡、洗练的独特风格,有"苏州园林甲天下,沪有南翔古猗园"的声誉。

以竹为主是古猗园的传统特色。清沈元禄《猗园》记:"据一园之形胜者,莫如山。"山,指园内竹枝山,它体现了竹叶青山,竹山青青,"绿竹猗猗"的意境。竹以常绿、素雅、清秀之姿,给人以淡雅秀美之感。

《猗园》记载,竹圃有方亭,为"怡翠亭",临水的竹枝山下有"浮筠阁",竹园中有"翠霭楼",小溪水边有"荷风竹露亭",曲廊两侧有修竹。现在,除在老区的部分空闲处,或石旁路边、屋前宅后、粉墙边角零星点缀丛竹三五群和小片竹圃外,还在东边扩地 30 余亩新辟竹园,名为"青清园",成为园中之园。除明代建园时就有的方竹、紫竹、佛肚竹外,园内还有小琴丝竹、凤尾竹、黄金间碧玉竹、孝顺竹、哺鸡竹、龟甲竹、罗汉竹等,运用竹的不同色彩和姿态,创造多种多样的景色。竹与石相结合,形成竹石立体画。丛竹三五成群,配以曲折道路,构成了"竹径通幽"的景观。竹与建筑、小溪相结合,运用各种手法,创造了自然、宁静、幽美的空间,突出了以竹造景,使古猗园的园名与园景相统一。

独到精巧的艺术构思,使古猗园更显出古朴、素雅、清淡、洗练的气韵。园中保存的唐代经幢、宋代普同塔,尤为珍贵。"八一三"事变后,当地爱国人士重修补阙亭,独缺一角。名"缺角亭",以志国耻,象征我国反帝民族之魂,与之意象暗合。

3. 成都望江楼公园

望江楼公园位于成都市东门外九眼桥锦江南岸一片茂林修竹之中,面积 176.5 亩,园内岸柳石栏,波光楼影,翠竹夹道,亭阁相映,主要建筑有崇丽阁、濯锦楼、浣笺亭、五云仙馆、流杯池和泉香榭等,是明清两代为纪念唐代著名女诗人薛涛而先后在此建起来的。民国时辟为望江楼公园,成为市内著名的风景点。

据记载,薛涛有诗 500 首,与她同时的著名诗人元稹、白居易、令狐楚、裴度、杜牧、刘禹锡、张籍等都对她十分推崇,并写诗互相唱和。因薛涛一生爱竹,常以竹子的"苍苍劲节奇,虚心能自持"的美德来激励自己,后人便在园中遍植各类佳竹,遂成国内名竹荟萃之地,也被称为"竹子公园"或"锦城竹园"。

目前园内的竹子品种有 150 余种,不仅有四川产的各类名竹,还引进有中国南方各省及日本、东南亚一带所产的稀有竹子,主要品种有人面竹、佛肚竹、方竹、鸡爪竹、紫竹、绵竹、胡琴竹、麦竹、实心竹等。走进竹林深处,上不见天,微雨不透。满地青苔,抬眼四望,一片青翠,好像没有尽头,使人感到宁静而幽深。古来许多形容竹子的妙语"苍翠欲滴""凤尾森森"都不足以形容这浩瀚柔媚的竹的海洋。园内还有传为薛涛取水制笺的"薛涛井",井旁立有碑石,上书"薛涛井"三字,为清康熙时成都知府冀应熊的手迹。

4. 扬州个园

个园，是一处典型的私家住宅园林，两淮盐业商总黄至筠于清嘉庆二十三年出资建造。1988年个园被国务院定为第三批"全国重点文物保护单位"。个园以竹石取胜，连园名中的"个"字，也是取了竹字的半边，应和了庭园里的各色竹子。主人名"至筠"，"筠"亦借指竹，以"个园"为名，点明主题，主人的情趣和心智都在里面了。此外，它的取名也因为竹子顶部的每三片竹叶都可以形成"个"字，在白墙上的影子也是"个"字。从住宅进入园林，首先映入眼帘的是月洞形园门，门上石额书写"个园"二字，"个"者，竹叶之形。园门两侧各种竹子枝叶扶疏，"月映竹成千个字"，与门额相辉映；白果峰穿插其间，如一根根苗壮的春笋。主人以春景作为游园的开篇，取意"一年之计在于春"，透过春景后的园门和两旁典雅的一排漏窗，又可瞥见园内景色，楼台、花树映现其间，引人入胜。进入园门向西拐，是与春景相接的一大片竹林。竹林茂密、幽深，与那几棵琼花一起展现出了生机勃勃的春天景象。

个园四季假山各具特色，表达出"春山艳冶而如笑，夏山苍翠而如滴，秋山明净而如妆，冬山惨淡而如睡"和"春山宜游，夏山宜看，秋山宜登，冬山宜居"的诗情画意。竹丛中，插植着石绿斑驳的石笋，以"寸石生情"之态，状出"雨后春笋"之意。这幅别开生面的竹石图，运用惜墨如金的手法，点破"春山"主题，即"一段好春不忍藏，最是含情带雨竹"，同时还巧妙地传达了传统文化中的"惜春"理念，提醒游园的人们，春景虽好，短暂易逝，需要用心品赏，加倍珍惜，才能获得大自然的妙理真趣。

5. 西双版纳热带植物园

西双版纳热带植物隶属于中国科学院，始建于1959年，位于云南省勐腊县勐仑，距离景洪市96公里。占地面积900平方公里。有引自国内外的近万种热带植物，分布在棕榈园、榕树园、龙血树园、苏铁园、民族文化植物区、稀有濒危植物迁地保护区等35个专类园区，其中的竹园占地面积5.3平方公里，收集了云南南部、广东、广西、海南以及东南亚热带地区的大多数种类以及云南的少数种类约250种，如巨龙竹、佛肚竹、黄金间碧竹、香糯竹、高肩梨藤竹等。

6. 瑞丽植物园

瑞丽植物园，位于云南省瑞丽市铜壁关自然保护区内，园内的竹藤繁育基地种植的竹类品种已达450余种。其始建于2007年，占地10平方公里，共分为7个种植区，分别是丛生竹区、散生竹区、藤本竹区、微型竹区、棕榈藤区、优质竹笋区、种源扩繁区，以种植云南珍稀特有竹种为主，收集保存国内外和省内外竹藤种质资源38属400多种，是世界上最大的竹藤种质资源收集保存及保育实验研究基地，其中很多竹种具有极高的观赏价值，如七彩红竹，竹竿紫红色而鲜艳，叶片有不规则金色、银色条纹。

7. 北京植物园

北京植物园中的竹区位于植物园西北部，卧佛寺的西侧。该园是北方竹类园中品种较多的一个，栽有竹子40多种，主要观赏竹有石竹、石绿竹、美竹、红哺鸡竹、安吉金竹、白哺鸡竹、巴山木竹、短穗竹、阔叶箬竹、柳江箬竹、黄古竹、岁汉竹、黄槽竹、黄秆京竹、京竹、金镶玉竹、五月季竹、斑竹、寿竹、甜竹、淡竹、筠竹、水竹、木竹、红壳竹、花竹、紫竹、毛金竹、龟甲竹等，园内还配有松柏、梅花，与山石组合造景。

12.7.3 竹在国外的专类园营造和园林栽培

1. 法国巴黎拉·维莱特公园的竹园

拉·维莱特公园,建于 1987 年,坐落在法国巴黎市中心东北部,占地 55 平方公里,城市运河流经,为巴黎最大的公共绿地,全天 24 小时免费开放,是法国三个最适于孩子游玩的公园之一、巴黎十大最佳休闲娱乐公园之一。公园内环境美丽而宁静,是集花园、喷泉、博物馆、演出、运动、科学研究、教育于一体的大型现代综合公园。拉·维莱特公园融入田园风光结合的生态景观设计理念,以独特的设计手法,为市民提供了一个宜赏、宜游、宜动、宜乐的城市自然空间。

竹子是拉·维莱特公园种竹园的主题,更是其环境中的主角,园中种植各类竹子达 40 多种,主要有毛竹、刚竹、紫竹、黄槽竹和菲黄竹等,它们形态、颜色各异,形成了竹内绿色的协奏曲。

2. 英国皇家植物园邱园的竹园

英国皇家植物园邱园是世界上最知名的植物园之一,是第二个被列为世界文化遗产的植物园,她不仅有悠久的历史、古老的建筑、优美的景观,还拥有丰富的植物、合理的规划,在长期的发展过程中,邱园将景观的艺术性与科学性相结合,形成了各专类园区布置合理、植物种类丰富多样、建筑风格新颖独特、道路交通方便快捷、游览服务周到完善的体系。

邱园内设有 26 个专业花园和 6 个温室园,其中包括水生花园、树木园、杜鹃园、杜鹃谷、竹园、玫瑰园、草园、日本风景园、柏园等。园内还有与植物学科密切相关的设施,如标本馆、经济植物博物馆和进行生理、生化、形态研究的实验室。此外,邱园还有 40 座具有历史价值的古建筑物。经过了几百年的发展和进步,邱园已经从单一从事植物收集和展示的植物园成功转型为集教育、展览、科研、应用为一体的综合性机构。

竹园位于杜鹃谷旁,是邱园主任威廉·西斯顿一戴尔在 1891 年建立的,当时栽种了产自日本和印度的 40 种竹子,园内小道蜿蜒,景色幽深。经过不断收集,现在已栽植了 135 种竹子,成为英国竹种最为丰富的专类园之一。

3. 日本京都岚山的嵯峨野竹林

大堰川绕岚山脚下潺潺流过,河水晶莹、清澈见底,两岸山上松柏青翠茂密,山下竹林片片、村舍幢幢,一阵细雨过后,轻纱似的薄雾飘忽飘忽地缭绕在岚山峰顶,"岚山"名字由此而来。

岚山山麓有个龟田公园,挺拔的青松、樱花环抱着周恩来总理的诗碑,京都的岚山景色秀丽,但中国人来此多为拜谒周恩来诗碑,这座诗碑是 1978 年 10 月为纪念中日两国缔结和平友好条约,由日本十几个友好团体自发集资建立的。石质诗碑镌刻着由廖承志书写的周恩来在 1919 年 4 月 5 日游岚山时写下的《雨中岚山——日本京都》,诗曰:雨中二次游岚山,两岸苍松,夹着几株樱。到尽处突见一山高,流出泉水绿如许,绕石照人。潇潇雨雾蒙浓,一线阳光穿云出,愈见娇艳。人间的万象真理,愈求愈模糊,模糊中偶然见着一点光明:真愈觉娇艳。

嵯峨野竹林位于日本京都的国家指定古迹——岚山。竹林小径长约 500 米,从日本国内最著名的竹林中穿过,也难怪日本文化厅会将岚山誉为"风光秀美"之地。驻足在竹林中,你可以听到风吹过竹叶发出的天籁之音,这一声音也被评为日本 100 种最值得保留的声音之一。

12.7.4　我国竹的主要园林应用形式

竹类植物在园林中具有十分重要的作用,竹类植物能达到绿化环境的目的,陶冶人们情操,竹类植物具备较快的生长速度,繁衍容易,能实现一次造林的目的,确保在经营下,获得更为稳定的应用。竹类植物的绿化能改变污浊空气,消除其噪声,也能为人口较为密集的城市带来新鲜感,达到人们情操的陶冶,促进文明社会的建设和形成。竹类植物也能达到美化生活的作用,因为竹子为竹林的主要部分,对竹林景观的形成具备十分重要意义,也能保证实现良好的清凉效果。在竹园内,对其收集,促进各个竹种的一体化,能为科研、教学和生产等提供有效依据。其中,竹径通过不同风格的园林道路,对空间分离,也能给人一种画中行的感觉。竹篱将竹子作为篱,方便、简单形成,也容易和周边环境协调。竹坛也是竹子形成的,通过高矮、颜色的搭配,达到层次分明,也可以丛生为主,获得的景色更好,也可以将竹子作为配景,与假山等结合,作为公园的陪衬,将获得良好的风景效果。在这种搭配形式下,不仅能促进景观的生动与高雅,也有将其应用到制作盆景中。竹类植物的应用,也有维护净化空间的作用,有益于人们的健康。竹类植物叶面积大,光合作用能力强,能吸收二氧化碳和释放氧气。竹类植物能将空气中的二氧化硫、氟化氢等有毒气体清除掉,吸收粉尘,达到净化空气和维护人身体健康的作用。竹类植物也能蓄水保土,对气候进行调整,竹类植物生长密集,枝叶更繁荣,根系较为发达,不仅能防风固沙、涵养水源,也能达到调节空气和保持水土的作用。

竹类植物的配置,在形式上分为自然式和规则式。其中的自然式配置是模仿自然,促使整体变化,促进自然景色的结合。其形式的不同,能加强整体的调整,也能促使方法的结合应用。

1. 群植

群植为株数较多的栽植方式,多在路径的转弯处,或草地旁、建筑物后大面积栽植,在逐渐成林方式下,为其创造出不同的景观效果。

2. 丛植

在大面积的庭院内,使用竹林和成林,实现各个形态的混合栽植,都能促使竹类植物在园林中的充分应用。

3. 列植

基于一定规则的线条,按照一定距离栽植,能达到空间的协调,促进整体的形成。这种方式多强调局部风景,能展示其庄严宏伟效果。列植模式多应用在园林界面四周,期间要注意,保证视线的通透性,可能存有曲度,但要禁止呆板。

4. 孤植

孤植即为单植,其存在的竹种具备较为神秘色彩,形态更独特,尤其是黑竹、花竹、金竹等,五颜六色,对其单独种植,能展现出种植的特色,达到空间的渲染和点缀作用。

5. 独立造景

(1)打造竹林景观。在风景和公园地区,通过对竹类植物的改造能获得竹林。比如,选择大型竹类植物,能促使其发展规模的形成和实现。在使用竹类植物过程中,一般使用的大型竹类为长江流域的散生竹,特别是毛竹等。但是,在景点和建筑附近,为了达到更高的观赏价值,可以选择中小型竹类植物,尤其是紫竹。

(2)竹子专类园。将竹类植物作为主要的造景材料,应用到植物园或者城市公园内,能根据不同的地形变化,为其打造不同的景园。基于传统的造景方法,达到不同的景色。比如,沿着道路两侧,为其栽植竹类植物,能在自然地形下,促进整体的起伏变化,也能为其展示出不同的独特美。专类园内,在山石、厅堂的周边,利用观赏价值更高的竹类植物,如龟甲竹、美竹、紫竹等。

(3)庭院造景。在庭院内,为其选择观赏价值更高的中小型竹类植物。在池边、景门和厅堂周边,为其应用竹类植物,将获得色彩的和谐性,也能对建筑进行陪衬,保证景物效果的优化获取。在房屋和墙恒的角落,达到紫竹、方竹的结合,能促使层次的丰富化,也能为其提供更为活泼的景色。竹类植物的使用,也能弥补建筑结构中存在的缺陷,达到有效的遮挡和隐藏作用。促进竹石之间的结合,可以将浅色调作为背景,为其提供配置,保证天然图画的形成,促使其趣味性的获取。粉墙竹影是在传统绘画艺术形式上获取的,能体现出竹子造景效果,将其作为我国典型,并应用到庭院中,将促进竹类植物配置方式的形成。

(4)竹篱。在绿篱设计中,基于中小型竹类植物的应用,在道路的两旁和景点的周边种植,能为观赏提供有效景色。高篱能促进遮挡和防风作用的实现,也能在一定要求下,实现竹类植物的快速生长。一般情况下,竹篱为自然式,尤其是紫竹、苦竹等,都可以作为中高篱,如果不对其修剪,达到整体的自然生长,将获得更为有效的发展效果。一些矮小的丛生竹类,构成矮篱,要对其进行修剪和整形,尤其是凤尾竹、大明竹等,都可以修剪成球形,为园林发挥有效的点缀作用。

(5)地被。较为低矮的竹类植物为优良的地被植物,将其放在林内树下、假山石间、坡地、岩石等不适合草坪种植的地方,达到自然效果的形成,促进绿色层次的丰富性。最为常见的为鹅毛竹、赤竹、翠竹等,都可以应用在园林中。如一些玉山竹、少穗竹等,很少应用在栽培中,这些竹类植物茎叶较为密集,方便繁殖,具备较强的覆盖面,适合养护管理,能促进景观的长期和稳定,该竹类植物多应用在北京颐和园、苏州古典园林中。同时,还存在不同的竹类植物,在对其设计的时候可以基于图案与组字,能达到有效的宣传和标志作用。

6. 竹和其他植物造景

竹类植物为植物群体中的一部分,其存在的杆、叶、色、形等多方面都存在很大不同,竹类植物和高大乔木相比,整体上更为纤柔,不仅比低矮灌木更修长,也高于开花植物的青翠性。将竹类植物和其他的植物相比较,在视觉上看更为丰富,其属性和自然相互结合,内涵也更为丰富。比如,将梅花作为景色,将苍松作为背景,促进景色的结合性,保证多方面的结合性,具备更高的造景目的。

7. 竹与山石和建筑的造景

竹子和园林山石之间的配合,能在相互整合下形成综合景观,也是我国古典园林景色中的主要部分和手法。比如,竹类植物和建筑之间的结合,不仅能展现出建筑物的起伏、平衡和遮挡作用,也能促进画镜式景观的形成。又比如,在古典范围内,形成移竹当窗和粉墙竹影,其中的移竹当窗是对竹类植物的框景处理,在各个取景框下,为其图画。粉墙竹影是促进竹类植物和白粉墙之间的结合,打造更为合适的艺术手法,以促使其景色的获取。

我国的竹类植物资源丰富,品种多样化,存有不同的色彩和形态。我国的传统文化博大精深,将竹类植物应用到园林中,将获得特色化景色,也可以将其作为造景的主要材料,促使其在园林中的广泛应用。在这种情况下,不仅能达到文化和园林的结合,也能为其打造独具特色的艺术风格。

13 西方重要园林花卉文化

13.1 石蒜欣赏与花卉文化

石蒜(*Lycoris radiate*)，中文学名红花石蒜，别名曼珠沙华、蟑螂花、龙爪花、平地一声雷、老鸭蒜、乌蒜，为石蒜科、石蒜属植物。石蒜为野生资源，原产中国，主要分布于福建、浙江、江西、湖北、湖南、广西、河南、陕西、四川等地。多年生宿根草本，鳞茎宽椭圆形近球形，外皮紫褐色；叶细带状，先端钝，深绿色，于花期后自基部抽出，5~6 片，叶冬季抽出，夏季枯萎。9 月从鳞茎上抽生翠绿的花茎，平地耸起，高 30~60cm，刚劲挺拔，气势旺盛。顶生伞形花序，有花 4~6 朵，花鲜红色或具白色边缘。石蒜花开不见叶，叶是在花谢后，11 月上旬迅速从地下鳞茎抽生，破土而出，形如细带。石蒜的生长习性是夏季植株枯萎，进入鳞茎休眠期和花芽形成，秋季抽薹开花而后发叶。石蒜多野生于林下沟谷、河岸边的石缝和沙堆边。喜阳，耐半阴，喜湿润，耐干旱，稍耐寒，宜排水良好、富含腐殖质的沙质壤土，可栽培于果树或林荫下。

石蒜冬季叶色翠绿，夏、秋季红花怒放，是布置花境、假山、岩石园和做林下地被的好材料，也可作切花之用。鳞茎可作为农药，石蒜粉可作为建筑涂料。石蒜碱可供药用，但有毒，应慎用。

13.1.1 石蒜花名考和栽培历史

1. 石蒜花名考
野生石蒜长在山野阴湿的石隙岩缝之中，其叶和鳞茎酷似蒜，故得名"石蒜"。

曼珠沙华，这个名字出自梵语"摩诃曼珠沙华"，原意为天上之花，大红花，是佛经中描绘的天界之花，天降吉兆四花之一。根据《佛光大辞典》记载，曼珠沙华，梵语 manjusaka，巴利语 manjusaka，又译作柔软华、白圆华、如意华、槛花、曼珠颜华。其花大者，称为摩诃曼珠沙华。此外，南朝梁代法云所著法华义记卷一载，曼珠沙华又译为赤团花。

石蒜开花被 6 裂，裂片宽展，边缘皱缩，向后反卷，显得挺有精神，如张开的龙爪，又像蟑螂，故得名"龙爪花"、"蟑螂花"。此外，石蒜还有一个鲜为人知的别名，叫"平地一声雷"。这是因为石蒜开花时无叶陪伴，花基破土而出，顶托着造型优美、花色鲜红的花朵，颇令人惊奇，即"平地一声雷"。

红花石蒜、金花石蒜与粉红石蒜的属名是 *Lycoris*，来自于希腊神话中海之女神的芳名；

而种名 *radiate*,希腊语为"放射状"之意,乃因其花朵呈放射状之故。

2. 石蒜花栽培简史

石蒜在中国有较长栽培历史,《花镜》中有记载,石蒜冬季叶色深绿,覆盖庭院,打破了冬日的枯寂气氛。夏末秋初花茎破土而出,花朵明亮秀丽,雄蕊及花柱突出甚长,非常美丽,可成片种植于庭院,也可盆栽。其在园林中可做林下地被花卉,花境丛植或山石间自然式栽植。因其开花时无叶,所以应与其他较耐阴的草本植物搭配为好。此外还可供盆栽、水养、切花等用。

红花石蒜与金花石蒜、粉红石蒜同属于石蒜科,为多年生鳞茎植物。美妍俏丽的红花石蒜,常有人误以为它是新引进的外来植物。事实上,它的芳踪遍及澳门,每当红花石蒜盛开,成片成片的花海,漂亮得难以形容。

台湾省虽曾于 1920 年间引进过红花石蒜,但当时引种技术未成气候,未能普遍栽培。到了 1975 年 3 月,欧阳禹氏亲自将红花石蒜从澳门引进台湾省,这其间台湾岛上也仅有零星的栽培。一直到近十年,切花业者方自日本大量引进,供切花之用;淡水枫树湖一带的金花石蒜栽培专业区,由于栽培环境适宜,成了红花石蒜的重要栽培场所。

13.1.2 石蒜花的诗和歌曲

三月十七日以檄出行赈贷旬日而复反自州门至

宋 赵蕃

参军出郭匪幽寻,使者移文播德音。

石蒜榆皮那得饱,刀耕火种岂能任。

义仓政尔因饥发,赈历兹焉遣吏临。

比屋故知难户晓,分行聊得尽吾心。

临江仙 喜重晤仰山同志

近现代 钟敬文

石蒜香中重把晤,殷殷恰似初逢。百千情事莽盘胸。

话澜纷涌处,日影暗移中。

余事诗人编尚在,词坛更策新功。燕飞掠地雨情浓。

相期同奋足,青咒振雄风。

咏龙爪花

近现代 刘夜烽

猎猎红旗漫卷风,长缨在手缚苍龙。

当年斫断苍龙爪,爪上于今血尚红。

(注:红花石蒜也称"龙爪花")

13.1.3 石蒜花的奇闻轶事

中国人特别喜欢金色、红色,因为这两种色彩意味着吉祥、如意与福气,而红色更是老一辈的最爱。然而同属于东方的日本人,却又是另外一种看法。这里就有一则关于"入境随俗"的真实故事。

日本人是一个非常喜欢白色的民族,在他们的心目中,白色是神圣、纯洁的象征;而红花石蒜在日本,是一种生命力极强劲的野花,不论在山麓间、河堤边、草地或乡间的路旁、小道上,处处都有它的踪迹,日本人称它为"彼岸花",意为"分离"、"伤心"、"不吉祥"的花。因此,红花石蒜在日本是一种不受欢迎且被强烈拒绝的花。

话说数年前,有位女孩,无意间在校中发现了亭亭玉立盛开的彼岸花,高高兴兴地将它采回去插于瓶中观赏,不料恰巧这天房东来访,一看到这种"红花",马上破口大骂,因为在日本红花石蒜是不宜插在室内的。在此也提醒读者,如果有机会到国外参加花展或比赛时,请别忘了先研究一下东道国的民俗,否则一旦用错了色彩或花卉,那可是很失礼的事哦!

13.1.4　石蒜花的园林文化

石蒜是一种栽培容易而且非常美丽的球根花卉,园林中可用作林下地被植物、花境丛植或山石间自然式栽植。石蒜花朵色彩丰富而柔和,花形优美而多变,与一些著名的球根花卉相比,有其独特之处。它有夏季休眠的习性,花先于叶出土、开放,因而石蒜在开花时无叶陪伴,花茎突然从裸露的地面出现,并放出美丽的花朵,颇令人惊奇。叶是在花谢后,10月上旬迅速从地下鳞茎抽生,破土而出,形如细带,颜色深绿,青翠诱人,经冬不凋,生机勃勃。翌年5月,叶方枯萎,进入越夏的休眠期。古人对此谓之"叶花不见",国外有人称它为"魔术花"。石蒜花色鲜艳,形态雅致,最适宜作庭院地被布置,也可成丛栽植,配饰于花境、草坪外围。因其叶片稀疏,尤其开花时无叶,为避免地面裸露,应与垂盆草及其他夏季枝叶繁茂、耐荫的草本花卉混种,可相得益彰。石蒜盆栽、水养及切花均可。可群植作地被植物,或点庭园小院,亦可作盆栽或插花材料。

石蒜素有"中国郁金香"之称。石蒜属植物因为花型高雅别致,花色丰富艳丽,造型优美怡人,且适应性强,被视为园林中一重要的观赏植物而受人青睐。石蒜的花色有鲜红、玫瑰红、紫红、桃红、粉红、淡黄、金黄、橙黄、乳白、纯白等颜色,还有白中带红条或红晕,紫中具蓝色晕或黄白相嵌的杂色,若在草地上种植,五彩斑斓,美不胜收。

石蒜的花形奇特,又为其增添不少的吸引力。如花瓣强烈反卷的红花石蒜、白花石蒜;花瓣宽而平展,花筒似百合的大型石蒜——长筒石蒜;花瓣皱缩而反卷的中国石蒜、忽地笑;花瓣平展先端略反卷的鹿葱、换锦花;以及花型小巧,开花稻草黄色的稻草石蒜,同样优雅别致,耐人寻味。福建省厦门市、台湾省等把石蒜作为花卉进行盆栽、水养,其花红艳、金黄,形似龙爪,是制作切花的良好材料。

1. 切花栽培

石蒜因其有诸多优点而成为深具发展潜力的新兴切花资源,还可用作插花、束花。据报道,荷兰自20世纪60年代就开始了石蒜的商业性切花和种球生产,为世界上石蒜切花和球根的主要生产国,日本也有商业栽培。我国石蒜资源相当丰富,但是石蒜作为一种难得的切花材料用于商业性切花生产才刚刚起步。多数种类常年沉睡于山野而无人问津。江苏省石蒜资源最为丰富,种类数目占我国全部种类数目的77%,几乎包括了所有的花色和形状。可想,石蒜用作切花生产,前景相当广阔。

2. 盆景观赏

石蒜不仅可以用作鲜切花的良好材料,还可以用作盆栽观赏。石蒜对土壤要求不严,对环境的适应性强,恰好花期适逢秋季淡花季节,盆栽用于点缀教师节、中秋节、国庆节等大型节日,颇有利用价值。另外,石蒜抗逆性强,耐旱耐涝,亦无病虫害,栽培管理方便。

3. 地被植物

在公园绿地中,生长在阴湿的树荫下而开出鲜艳花朵的植物为数不多,而石蒜可植于草地边缘、林缘、稀疏林下或成片种植作为路边、花坛、花境等镶边材料,也可点缀岩石缝间组成岩生园景,因此是一种理想的耐荫观花地被植物。石蒜可以和其他观赏植物配合种植形成丰富多彩的轮廓线和层次分明的植物景观。如将石蒜成片或丛植于香樟、银杏、结香、水杉等疏林灌丛下,或混植于马蹄金、红花酢浆草等多年生花卉中,构成初秋佳境,也可以利用石蒜开花时无叶的特性与沿阶草、麦冬、万年青等常绿地被植物混栽组成鲜花绿叶的自然景观。还可以在草地边缘与结缕草混植,改变结缕草地冬季枯黄一片,缺乏生机的景象。此外,石蒜还可以建立石蒜专类园,秋季观花,冬季观叶,形成一道亮丽的风景线。

13.2　玫瑰欣赏与花卉文化

玫瑰($Rosa\ yugosa$)是我国传统名花,它与月季是同科同属的灌木花卉。其花朵艳丽,香味浓郁,深受人们的青睐,原产我国,各地都有栽培。其为落叶直立灌木,枝干多刺,奇数羽状复叶,小叶5～9片,椭圆形至椭圆倒卵形,表面多皱纹,托叶大部和叶柄合生。花单生或数朵聚生,紫红色,有芳香;果扁球形,红色。花期4～5月,果期9～10月。

玫瑰是城市绿化和园林布置中理想的观赏花木。在园林和庭院中最适宜做花篱、花境、大型花坛和专类玫瑰园。鲜花盛开时艳丽芬芳,但有刺扎手,寓意可赏而不可折,赏花时要爱惜花木。此外,玫瑰还有很高的经济价值。玫瑰花瓣可制作风味独特的蜜饯和高级饮料(如玫瑰露),还可作食品、熏茶、酿酒等的辅料。花朵可提取芳香油,还可煮茶、酿酒等。花蕾、花瓣晒干后可入药。

13.2.1　玫瑰名考与栽培简史

1. 玫瑰名考

玫瑰,原是良玉美珠的名字,故字从玉旁。《史记·司马相如传》里,就有"其石则赤玉玫瑰"的描述。西汉史游撰的《急就篇》中也有"璧碧珠玑玫瑰瓮"的记载,后在唐代颜师古亦注:"玫瑰,美玉名也……或曰,珠之尤精者曰玫瑰。"由此看来,古时色泽红赤、温润明洁的美玉,晶莹珍奇的明珠,都叫作玫瑰。

古代人们喜欢把珍贵的物件佩戴在身边作为装饰。《诗经》有"贻我佩玟"的诗句,说明当时玫瑰作为珍贵的礼物,相互馈赠。可见玫瑰自古以来在人们的情感中就有无比纯洁美好的象征。

"玫瑰"两字在什么时候成植物的名字,尚无考证。不过早在汉代的文献上,已经出现了"玫瑰"的字样。司马相如《上林赋》有"其石赤玉玫瑰",而在《西京杂记》一书中亦有"东游苑中有,自生玫瑰树"的记载。今花名玫瑰,或如《群芳谱》所谓:"玫瑰,美珠也,今花中亦有玫瑰,盖贵之,因以为名。"

2. 玫瑰栽培简史

玫瑰属蔷薇科、蔷薇属的一种，种名为 *Rosa rugosa*，原产于中国、日本和朝鲜，在我国具有悠久的栽培历史。汉代的典籍中就有玫瑰花的记载。汉武帝曾经对他的宠妃丽娟说："此花绝胜佳人笑也。"唐代温庭筠在其诗中有"玫瑰拂地红"的描述；诗人徐夤有玫瑰花诗，诗中写道："秾艳尽怜胜彩绘，嘉名谁赠作玫瑰？"诗人不仅赞赏它的鲜润艳丽，而且把它命名为玫瑰，比作花中的美玉明珠，何其相宜。同时也足以反映玫瑰花在人们思想感情上的位置。宋代杨万里在其诗中亦写道："非关月季姓名同，不与蔷薇谱牒通。"说明我国很早就对玫瑰进行栽培，且把玫瑰与蔷薇、月季严格区分开来。明代周文华的《汝南圃史》一书中写道："玫瑰王之香而有色者，以花之色与香相似故名，今人呼为梅桂，……制作方圆扇坠，香气袭人，经岁不改。"说明我国人民很早就认识到玫瑰最宝贵的价值就是香味和颜色。

玫瑰最早由野生蔷薇分化而来，同时分化形成的还有月季和蔷薇，同属于蔷薇属植物，号称蔷薇植物"三杰"。野生蔷薇原种是一种非常古老的植物，我国辽宁省抚顺地区所发现始新世的蔷薇原种叶片化石表明，该植物起源于地质年代第三纪，距今大约有 6000 万年；1883 年在美国科罗拉多州发现的渐新世蔷薇化石，距今约有 4000 万年。亚洲是蔷薇属植物的分布中心，我国则是蔷薇属植物的发源地。目前全世界约有蔷薇属植物 200 种，其中有82 种原产于中国。我国蔷薇植物不仅在数量上占优势，而且一些珍稀品种，例如四季开花品种和黄色品种等均出自我国。

唐朝诗作中有"移自越王台"，人们就以为浙江是它的原产地，《花镜》上也说，玫瑰"惟江南独盛"。但是杭州西湖其实不是玫瑰的原产地，玫瑰的原产地是北方。《西京杂记》上就记有"东游苑中有，自生玫瑰树"，这说明早在西汉以前，玫瑰就已经在西安附近安家落户。根据《西湖游览志余》中记载："玫瑰花，类薇，紫艳馥郁。宋时宫院多采之，杂脑柱以为香囊，芬菌袅袅不绝，故又名徘徊花。"可知，唐宋以来江南一带，特别是江、浙，才普遍栽培。

据记载，外国很早已有玫瑰种植。在汉代通西域以前，中东各国已经有了玫瑰。在世界奇迹——西亚两河流域巴比伦的"空中花园"里就有种植玫瑰的历史记载，由于玫瑰美丽、芳香，并可作药用，公元前古希腊已广泛种植，在古希腊的建筑装饰、铸造的钱币和克里特岛的壁画中，都发现有用玫瑰花作主题的雕刻及绘画。公元前 6 世纪，希腊女诗人沙孚在诗词中就赞誉玫瑰为"花中之后"。

公元初期，罗马帝国开始兴盛，古埃及人把西南亚的玫瑰贩往罗马。罗马处于著名的尼禄皇帝统治时期（公元 37—68 年），无论节日、庆典、婚丧都普遍使用玫瑰，还用玫瑰花沐浴和酿酒做菜。罗马帝国除了在本国大量种植玫瑰外，还从埃及大量购进玫瑰。12 世纪后，欧洲各国兴起玫瑰种植业，玫瑰生产发展很快，尤其在英国，玫瑰已成为皇家花园和全国主要种植花卉，从英国爱德华一世就开始采用玫瑰作徽章，多个州用玫瑰作州徽。历史上著名的玫瑰战争，约克与兰卡斯特两个家族为争夺王位双方各用红色及白色玫瑰为旗号标志，这场战争历时 30 年，于 1485 年因双方缔结婚姻而结束，战后又用红、白玫瑰组成大马士革国徽。

18 世纪以后，欧洲玫瑰的生产，出现了历史性的飞跃发展。首先是中国的红茶香、黄茶香、中国朱红及中国月月红 4 种月季被引入欧洲，通过杂交培育出现了很多新的品种，促进了欧洲玫瑰的发展。

目前，世界上有 2 万多种玫瑰花，而新的品种仍在增加。一个新品种的培育成功，大约需要 10 年的时间。过去,园艺大师把精力主要放在玫瑰花的颜色上,培育了蓝色系的,甚至是黑色的玫瑰,但是它们往往香味不足。现今市场上,人们向往的是那香味浓郁的玫瑰花,所以园艺大师们的工作重点转到"香"字上来了。世界上玫瑰的栽培中,西方国家的玫瑰切花生产发展较快,产量高,规模大。国际上玫瑰切花生产规模最大的是荷兰,栽培面积为898 公顷,其次是德国 626 公顷,日本 605 公顷,法国 452 公顷,美国 366 公顷,意大利 200 公顷,瑞典 150 公顷。另外还有墨西哥、肯尼亚、西班牙、摩洛哥等国也是玫瑰切花的主要生产国和出口国。

我国玫瑰切花生产从 20 世纪 80 年代才开始,生产规模正在不断扩大。现在,我国栽培玫瑰更为广泛,品种更多,特别是经过杂交试验、品种改良等,优良品种层出不穷,而且形成了多处玫瑰产地。如北京妙峰山上就有千亩玫瑰园;甘肃兰州苦水川是我国黄土高原的红玫瑰之乡;山东平阴县栽培玫瑰历史悠久,花大色艳,香浓恰人,在国外极负盛名。特别 17 世纪后半叶,中国玫瑰传到欧洲后,给欧洲的玫瑰带来了一个划时代的变化。因为中国玫瑰花期长,开花不断,花层次多,花株大,色艳丽。中国玫瑰在欧洲经过杂交后,产出了很多新品种。据资料统计,现在全世界有致瑰品种达 7000 余种,这些现代玫瑰大多是由中国玫瑰杂交育种和有性繁殖而来的。

应该说明的是,我国将蔷薇属的蔷薇、月季、玫瑰作为三个种来对待,合称"蔷薇园三杰",在中国很早的古书中则统称为"蔷薇",而在西方国家和我国港、澳地区则至今仍把整个蔷薇属的花统称为"Rose",译为中文则为玫瑰,所以说欧洲人所说的玫瑰是指蔷薇、月季、玫瑰三个种。本书中所说玫瑰是单指玫瑰种。

13.2.2　玫瑰的诗词和相关文化典籍

1. 玫瑰的诗词

唐朝

唐彦谦

玫瑰

麝烓腾清燎,鲛纱覆绿蒙。

官妆临晓日,锦段落东风。

无力春烟里,多愁暮雨中。

不知何事意,深浅两般红。

徐　夤

司直巡官无诸移到玫瑰花

芳菲移自越王台,最似蔷薇好并栽。

秾艳尽怜胜彩绘,嘉名谁赠作玫瑰。

春藏锦绣风吹拆,天染琼瑶日照开。

为报朱衣早邀客,莫教零落委苍苔。

司空曙

和李员外与舍人咏玫瑰花寄徐侍郎

仙吏紫薇郎，奇花共玩芳。

攒星排绿蒂，照眼发红光。

暗妒翻阶药，遥连直署香。

游枝蜂绕易，碍刺鸟衔妨。

露湿凝衣粉，风吹散蕊黄。

蒙茏珠树合，焕烂锦屏张。

留客胜看竹，思人比爱棠。

如传采蘋咏，远思满潇湘。

宋朝

宋　祁

玉玫瑰

瑶楮镂空濛，冰纨捲重叠。

寒光欲冲斗，回秀难藏叶。

谁碎辟邪香，氤氲飞作蝶。

杨万里

红玫瑰

非关月季姓名同，不与蔷薇谱牒通。

接叶连枝千万绿，一花两色浅深红。

风流各自燕支格，雨露何私造化功。

别有国香收不得，诗人熏入水沉中。

项安世

郢州道中见刺玫瑰花

酴醾雨后飘春雪，芍药负前散晚霞。

一种繁香伴行客，只应多谢刺玫花。

明朝

陈　淳

玫瑰

色与香同赋，江乡种亦稀。

邻家走儿女，错认是蔷薇。

徐　渭

画玫瑰花

画里看花不下楼，甜香已觉入清喉。

无因摘向金陵去，短撅长丁送茗瓯。

高 濂

醉红妆 玫瑰

胭脂分影湿玻璃。香喷麝，色然犀。一般红韵百般奇。
休错认，是蔷薇。绣囊佩剪更相宜。匀百和，藉人衣。
把酒对花须尽醉，莫教醒眼，受花欺。

黄渊耀

题玫瑰

新叶烟中冉冉，轻香风外离离。
朱英半染蝶翅，绿刺故牵人衣。

杨 慎

玫瑰花

庭际玫瑰树，含芳当坐隅。
春盘红玛瑙，晓帐紫珊瑚。
风信翻霞锦，天香缀露珠。
仙壶春酝好，留著醉麻姑。

欧大任

沈山人二画为张叔龙题 其一 玫瑰花

露蕊濯菊裳，风香度兰牖。
采之赠佳人，不用持琼玖。

清朝
王 策

乌夜啼 庭中玫瑰一丛，秋来忽发数花

浓香艳紫重重。小阑中。夜半苔根露下、响秋虫。
伤薄命。怜孤韵。一般穷。生把东风背了、受西风。

沈 栗

踏莎行 玫瑰

日暖蜂喧，群芳开足。药栏烂漫非金谷。柔条弱刺惹罗衣，摘来蛱蝶犹相逐。
蕊绽骊珠，花凝紫玉。秦楼初度霓裳曲。香分太乙殿中烟，相公服色新妆束。

沈 纕

误佳期 玫瑰花

曲槛徒惊春去。忽听卖花声腻。梦回酒醒嗅偏宜，香更无浓处。

梳掠是天然，爱把新妆试。紫云轻压绿云边，越样添娇媚。

陈维崧

河传 玫瑰

疏篱半掩。轻风斜飐。浓香几点。药阑边，才绽。盈盈紫艳，粉蛾匀睡脸。
频呼小玉私搴取。提笼去。小摘盈阶雨。扑幽芬。沿藓痕。
缤纷。刺兜金缕裙。

陈维崧

念奴娇 咏玫瑰花

陡惊春去，算风光此际，又逢樱笋。拂晓谢娘帘阁畔，忽逗卖花声韵。
篮底氤氲，担头狼籍，紫艳浓香喷。佳人竞撚，看来和露尤俊。
最爱别样心情，天然梳掠，偏厌红英衬。挼得花魂魂尽碎，另作一番安顿。
焙入衾窝，薰归裙缝，细细调红粉。玉郎不觉，错疑戴向云鬓。

2. 玫瑰的相关文化典籍

《广群芳谱》第四十三卷·玫瑰

(明)王象晋

原文：

玫瑰又名徘徊花，灌玫瑰花生，细叶多刺，类蔷薇，茎短。花亦类蔷薇，色淡紫，青橐黄蕊，瓣末白。娇艳芬馥，有香有色。

译文：

玫瑰花，又叫徘徊花，是灌木丛生的花，花叶细小，枝上有很多刺，很像蔷薇，但花茎比较短。花朵也和蔷薇很像，开花时为淡紫色，花苞为青色，花蕊为黄色，花瓣的末端则发白。开花的时候娇艳欲滴芳香浓郁，花色花香均有其魅力。

《花经》第三章观赏木 第十八节·玫瑰

原文：

四月花事阑珊，玫瑰始发，浓香艳紫，可食可玩。江南独盛，灌生作丛，其木多细刺，与月季相映，分香斗艳，各极其胜。

译文：

四月份的时候很多花都已经凋谢了，而这时候玫瑰才开始绽放，花香浓郁，花朵艳紫色，既可以食用，也可以用来观赏。玫瑰花在江南很多很茂盛，为灌木丛生的花，花枝上有很多细小的刺，这种花和月季相呼应，争奇斗艳而不分伯仲。

《闲情偶寄》种植部 藤本第二·玫瑰

原文：

花之有利于人，而无一不为我用者，芰荷是也；花之有利于人，而我无一不为所奉者，玫瑰是也。芰荷利人之说见于本传；玫瑰之利同于芰荷，而令人可亲可溺，不

忍暂离,则又过之。群花止能娱目,此则口眼鼻舌以至肌体毛发,无一不在所奉之
中。可囊可食,可嗅可观,可插可戴,是能忠臣其身,而又能媚子其术者也。花之能
事,毕于此矣

译文:

花当中有利于人,而且全都能被我使用的,是荷花;花当中有利于人,而且我愿意接受它
一切侍奉的是玫瑰。荷花对人有利,本书中已经说过。玫瑰的好处同荷花一样,而让人觉得
可亲可爱,不忍心同它分离一会儿,这一点玫瑰超过了荷花。群花只能愉悦人的眼睛,玫瑰
则使人的口眼鼻舌,以至肌体毛发,无一不受到她的侍奉。玫瑰可带可吃,可闻可看,可插可
戴,既能做忠臣,又能施展媚人妙术。花的本领,全都集中在它身上了。

13.2.3　玫瑰的传说与典故

玫瑰是一种招人喜爱的花。自古以来,人们就把它作为美好愿望、崇高希望、高贵精神、
光明幸福、纯洁爱情的象征,流传有很多有趣的故事。

玫瑰在西方为何是爱情的象征? 这和阿多尼斯的神话有关系。阿多尼斯是维纳斯的爱
人,据说第一束红玫瑰就是从他的鲜血中长出来的,因此后来玫瑰成了超越死亡的爱情以及
复活的象征。

1. 保加利亚玫瑰节

绚丽、芬芳、雅洁的玫瑰花,象征着保加利亚人民的勤劳、智慧和酷爱自然的精神。满身
芒刺,是保加利亚人民在奥斯曼帝国、德国法西斯和其他奴役者面前英勇不屈与坚韧不拔的
化身。

保加利亚适宜的气候和肥沃的土壤,为玫瑰的繁殖、生长提供了得天独厚的条件。早在
16 世纪,保加利亚就是誉满天下的“玫瑰之国”,漫山遍野地栽种玫瑰花,人们喜爱这一花色
红艳、气味芬芳的“花中之王”,并且把它奉为自己国家的“国花”。

每年 6 月的第 1 个星期日,保加利亚人民要在闻名于世的“玫瑰谷”中,欢庆盛大的传统
民族节日——“玫瑰节”。

举行庆祝活动的地方,叫作“玫瑰的首都”,参加活动的人们穿着盛装,从四面八方来到
这里。这时青年男女,翩翩起舞。接着一群美丽的“玫瑰姑娘”身穿鲜艳的民族服装,满怀激
情、兴高采烈地向客人赠献花环,向周围的人抛撒玫瑰花瓣,真成了一个令人眼花缭乱的玫
瑰花的世界。

玫瑰节在玫瑰谷的各大城镇轮流举行,庆祝活动前后历时约一周。有时恰逢保加利亚
的烈士节(6 月 2 日),人们便采集玫瑰花,扎制花圈,献给为反抗奥斯曼帝国和德国法西斯
而壮烈牺牲的民族英雄,并且表演许多传统的文艺节目,反映保加利亚人民高举自由的旗
帜,维护民族独立的斗争历史。

2. 法国皇后爱玫瑰

关于中国玫瑰引入欧洲,还有一段有趣的历史故事。1809 年,英国和法国正在交战,恰
在此时,中国的 4 个玫瑰品种经印度运送英国,然后再运抵法国。拿破仑的妻子约瑟芬十分
喜欢玫瑰,急于想得到中国运来的这 4 种玫瑰。为了保护这 4 种玫瑰,于是两海军宣布立即
停战。英国的摄政王还亲自下令把这 4 个品种的中国玫瑰派船护送到法国约瑟芬皇后手
中。约瑟芬得到中国玫瑰这 4 个品种后,亲自培育出一种称为“蓝月”的玫瑰新品种。这种

开紫蓝色花的"蓝月"玫瑰,就含有中国血统,中味清醇,姿态轻徹,正像一位身穿雅致蓝色晚装、披着轻纱的妖娆少女。也因此,约悲芬获得"玫瑰夫人"的佳号,她所著的《玫瑰集》在书店一套就卖 10 万马克。

3. 冰心与玫瑰的不解之情

玫瑰花象征高贵、纯洁、幸福、美好,得到世人喜爱和青睐。我国现代著名女作家冰心,更是钟爱玫瑰。冰心原名谢婉莹,福建长乐人。她少年时即天资聪颖,才思敏捷。有一次,课堂上教书先生出了一个五言上句"春风红杜鹃",让学生对下句。冰心立即就对出下句"秋霜白玫瑰",受到先生的赞扬。后来冰心所写的《繁星》《春水》自由体散文诗集,就是因玫瑰而点燃灵感的,直接以玫瑰入题。1982 年,她还把自己与玫瑰花的情缘写成一篇散文《我和玫瑰花》发表。由此可见冰心老人对玫瑰花的不解之情。

4. 玫瑰,英国的王室之花

英国人爱花,尤爱玫瑰。玫瑰是英国的国花,也是英国王室的象征,在那里也流传着许多关于玫瑰的故事。英国十六七世纪铸造的钱币上,我们可以看到女王伊丽莎白头像,头像的耳边佩戴着一朵玫瑰。耳边戴玫瑰花的风俗倒不是女王所创,而是从民间传到宫廷。16世纪时,女王规定,演艺人员平时可以穿一般服饰,但要在鞋子上别一朵玫瑰作为标志。这种装束很快为追星族们仿效,并逐渐在民间流行起来,后来出于对玫瑰的爱惜和尊重。人们将玫瑰插于耳边,这种流行风尚不久即从民间传到宫廷,连女王也跟着仿效起来。对于维多利亚女王来说,玫瑰花对她更有特殊的意义。当她还是少女时,在一次皇室特地为她举办的舞会上,长相英俊、风度翩翩的艾伯特王子,引起她的好感。在跳舞时,她将胸前佩戴的玫瑰花送给了王子。他接过花,立即用小刀在非常珍贵的衣服上划了一个十字形口子,将玫瑰花小心翼翼地插到进胸口的地方。艾伯特的举动进一步赢得了少女的芳心,促成了美满姻缘。至于英王爱德华七世,对玫瑰的钟爱,更是至死不渝。他无论在宫中还是外出,周围总要放上玫瑰花,就在他生命的最后一刻,也念念不忘玫瑰,直到皇后将一枝带露的白玫瑰放到他的手中,他才静静地离去。

13.2.4　玫瑰的饮食与医药文化

玫瑰不仅有很高的观赏价值,还有很高的经济价值。玫瑰可提炼香精油,玫瑰油是香料工业和制药工业的重要原料,极为昂贵。据说提炼 1 公斤玫瑰油,要用 3000 公斤的玫瑰花瓣,价格超过黄金。当然,用玫瑰油制作的香水,香味也浓郁持久,深受人们欢迎。所以种植玫瑰化之风,已风行世界各地。此外,玫瑰还可直接食用、泡茶、制酒和制作各种食品。我国古代就常用玫瑰作蜜饯、糕点配料,制作出香甜可口的玫瑰糕、玫瑰酱等。《梦粱录》中就记有宋人用玫瑰"制作饼儿供筵"。清代长篇小说《红楼梦》中就记有很多用玫瑰花制作的"玫瑰元宵饼"、"玫瑰八仙糕"、"玫瑰糖腌卤子"等。《食物本草》曰:"玫瑰花食之,芳香甘美,令人神爽。"玫瑰除食用外,还可药用,《本草纲目拾遗》记曰:"玫瑰露能和血、平肝、养胃、宽胸散郁。"《少林拳经》也记有:"玫瑰花治疗跌打损伤。"

1. 玫瑰与膳食

在古代,玫瑰不仅可以制成香料或中药,还可做成色香味俱全的食品。及至明代,据《群芳谱》记载:"采初开花、去其囊蕊并白色者,取纯紫花瓣,捣成膏,白梅水浸泡时,顺研,细布除去涩汁,加白糖再研极匀,瓷器收贮任用。"《金瓶梅》里写到的点心种类就有关于这种玫瑰馅的,如玫瑰元宵饼、玫瑰八仙糕等。清代《食宪鸿秘》有记载"内府玫瑰火饼"的做法:"面一斤、香油四两、白糖四两(热水化开)和匀,做饼。用玫瑰糖加胡桃白仁、榛仁、松瓜子仁、杏仁(煮七次,去皮尖)、薄荷及小茴香末擦匀作馅。两面粘芝麻煨熟。"《红楼梦》中也写到一种叫作"玫瑰卤子"的。还有种叫玫瑰酱,《花镜》中载:"(玫瑰)因其香美,或作扇坠香囊,或以糖霜同乌梅捣烂,名曰玫瑰酱,收于瓷瓶内曝过,经年色香不改,任用可也。"此外,清代"鲜花玫瑰饼"很著名,产地在承德,据说乾隆时期,承德一个叫张顺的面点师做的"鲜花玫瑰饼"遐迩闻名,人称"玫瑰张",他因此被招进皇宫内,为御膳房的厨师传授技艺。当时,鲜花玫瑰还是祭神点心的必备品,乾隆五十三年《驾幸热河哨鹿节次照常膳底档》载乾隆批示:"以后祭神点心用鲜花玫瑰饼亦不必再奏,钦此。"此后承德的鲜花玫瑰饼铺子越来越多,名声最响的是"铭远斋"。这种饼的原料除了玫瑰花之外,还有桃仁、青梅、精粉、白糖、香油等八种原料,制作工序复杂,做工精细。

【玫瑰粥】

食材:干玫瑰花15克,粳米100克,红糖适量。

做法:①将粳米淘洗干净后倒入锅中,加适量水烧开,改小火煮20分钟,放入玫瑰花继续煮15分钟。②盛入碗中,调入红糖拌匀即可。每日早晚温热食用。

【玫瑰牛肉】

食材:黄牛肉、玫瑰花蜜。

做法:①选黄牛肉洗净除尽筋络,切成条块。②用盐、料酒、姜、八角、山、肉桂、花椒拌匀,腌48小时使充分入味后,晾去水分切成长4厘米,宽3厘米的片,入五成热的菜油锅中炸至酥软时捞出。③锅先洗净,放清水,放白糖,用小火熬,再下制成的玫瑰蜜、红辣油、下牛肉片烧至收汁,再淋辣油,起锅晾凉即成。

特点:色泽红亮,爽口化渣,咸鲜中略带甜、辣,玫瑰香味浓郁。

【玫瑰兔丁】

食材:鲜兔肉、玫瑰花蜜

做法:①鲜兔肉洗净,切成2.5厘米的大丁。②用盐、料酒、姜、葱入味后,放入七成热的菜油锅中炸呈黄色时捞出。③滤去余油,放入冰糖,炒至冰糖溶化,掺鲜汤,放兔丁烧开,用中火烧到收汁亮油时,放入玫瑰花蜜收入味起锅,晾凉而成。

特点:冷菜,色泽红亮,滋润干香,甜鲜可口。

【玫瑰锅炸】

食材:面粉,干淀粉,鸡蛋,白糖,油,蜜玫瑰。

做法:①将鸡蛋、面粉、干淀粉和清水盛入碗内,搅匀后,再加清水搅成蛋面浆。②炒锅置旺火上,放清水烧开,倒入蛋面浆,搅匀至浓缩不粘锅,起大泡时,盛入抹好油的瓷盘内,抹成1厘米厚的饼状,晾凉后,放在干淀粉内,切成粗条,并沾上一层干淀粉。③炒锅置旺火上,下菜油烧至八成热,放入蛋面条炸3分钟,捞起,待油温烧至八成热,再复炸至呈金黄色,捞起成"锅炸"。④炒锅置中火上,放清水烧沸,加白糖翻炒至糖汁冒大泡时,加蜜玫瑰炒匀,将"锅炸"倒下,继续翻炒,随后将锅端离火口,炒至玫瑰糖汁粘在"锅炸"上即成。

特点:外酥里嫩,香甜可口。

【玫瑰紫薇饼】

食材:蜜玫瑰、白砂糖、面粉、红苕、桃仁丁、糯米粉。

做法：①蜜玫瑰加白糖、桃仁丁、猪板化油，制成馅心。红苕洗净后去皮，入笼蒸熟，擂茸，加糯米粉和匀，做成剂子，包入馅心，封口微按扁。②将饼坯在蛋浆内滚一转后，再入面包粉内使两面都黏上粉，入猪油锅炸制即成。

特点：色金黄、皮酥内嫩、馅香甜。

【玫瑰枣糕】

食材：大枣、红薯、玫瑰花瓣、核桃仁、蜜瓜条、荸荠。

做法：①先将大枣、红薯煮熟制泥；核桃仁、蜜瓜条、荸荠各切丁。②再将上述各料加猪油和匀后蒸制而成。

【玫瑰糖蒜】

食材：鲜蒜 10 公斤、白糖 4 公斤、醋 205 克、精盐 700 克、玫瑰 100 克。

做法：①将鲜蒜根茎去掉，蒜长为 2 厘米，剥去老皮，投入清水里，浸泡 3～5 天，每天换水 2 次，去掉辣味。②捞出拧干，并晾一天，放进坛内，加精盐腌制 2 天，每天倒动一次，2 天后捞出蒜头，在阳光下晒 10～20 小时，翻拌 2～3 次，见蒜皮呈现皱纹时放阴凉处冷却。③冷却后将蒜头入坛，一层蒜一层糖，2 天后翻动一次，待甜味浸入蒜头，再加入青醋，次日再翻动一次，数天后可食用。

特点：色泽黄褐、透明、嫩脆、甜味浓厚。

【玫瑰酥】

食材：面粉 500 克，猪油 150 克，白糖 150 克，玫瑰酱 50 克，熟面粉 50 克，蛋清 2 个，红食色少许，炸用油 1000 克(约耗 150 克)。

做法：①白糖、玫瑰酱、熟面粉、红食色搓成红色糖馅。②将 250 克面粉加 125 克猪油搓成油酥，另 250 克面粉加 25 克油和少量水和成水油面，使两块面软硬一致。③将两块面分别摘成 20 个剂子，用皮面包入油酥面，按扁，擀成长方形，刷上油叠三层，再擀成长方片，铺上糖馅卷起来，搓成直径 1 厘米粗的条，拉长搓细，双手由两头反卷起，成双卷形，双卷中间抹点水，切段，用筷子夹紧双卷，使中间黏住，然后从双卷四角各切一刀成 8 瓣，露出馅心，即成生坯。④蛋清调匀，刷在生坯上，待油温 3～4 成热时，将生坯入锅，炸至浮起捞出。

【玫瑰粽子】

食材：江米 500 克，扇枣 250 克，蜂蜜 100 克，白糖 150 克，玫瑰 50 克，湿淀粉，粽叶。

做法：①江米淘洗干净；粽叶用清水洗净，放在开水锅内煮下，捞出晾凉。取两个粽叶用手折叠成角斗，填入江米 25 克，扇枣(切成片)15 克，包成四角形。②锅内放入包好的粽子，加水至淹没粽子，用旺火煮熟，捞入清水中冰凉后，剥去粽叶，放在盘内。③锅内加适量清水，加白糖、蜂蜜、玫瑰，烧开后用湿淀粉勾流水芡起锅，浇在粽子上即可。

特点：黏甜味美，玫瑰香浓。

【甜玫瑰酱】

食材：玫瑰花瓣 1500 克，白糖 2500 克。

做法：①挑选花朵鲜艳、色泽正常的玫瑰花瓣，取 1000 克白糖和玫瑰花瓣轻轻揉搓，揉搓完毕上下翻匀后装入坛子。②三天后将剩余 1500 克白糖倒入坛内，用木棒或竹棍向坛内搅拌均匀。以后每日搅动一次，15 天后即成。

特点：香气浓郁，秀色可餐，是制作各类面点的好作料。

【咸玫瑰酱】

食材:玫瑰花 2500 克,梅卤 500 克,食盐 200 克,白矾 20 克。

做法:①先将白矾和食盐粉碎压细,再将梅卤和揉搓后的鲜玫瑰一起倒入坛内,并搅拌均匀。②盖上盖后第三天再搅拌一次,然后封上坛盖 15 天即成。

特点:香味浓烈,是制作各种点心的好配料。

【玫瑰瓜子】

食材:西瓜子 1000 克,素油 150 克,玫瑰油 50 克。

做法:炒制方法同奶油瓜子,炒至瓜子仁呈象牙色时,拌入玫瑰油,再加入第三次素油搅拌均匀,迅速出锅即可。

特点:芳香扑鼻,风味独特。

【玫瑰西米露】

食材:西米、蜂蜜各 50 克,玫瑰花、白糖各 100 克。

做法:①将玫瑰花择取花瓣,洗净,放入煮锅中,加入白糖、蜂蜜和适量水,文火熬煮成玫瑰酱,装瓶密封保存。②西米洗净,浸泡 1 小时,待西米吸足水分再放入煮锅,加适量水,小火煮至米粒透明,盛入碗中,拌入适量玫瑰酱即可。

用法:随餐食用,或做加餐点心食用。

【解郁双花粥】

材料:玫瑰花、茉莉花、山楂各 6 克,粳米 100 克,红糖适量。

做法:将粳米淘洗干净后倒入锅中,加入山楂和适量水,大火烧开,改小火煮 20 分钟,再放入玫瑰花、茉莉花续煮 15 分钟,盛入碗中,调入红糖拌匀即可。

用法:每日早、晚分 2 次温热食用。

【玫瑰豆腐羹】

食材:干玫瑰花 10 克,豆腐 100 克。盐、鸡汁各适量。

做法:①将豆腐洗净,切成小丁。②煮锅中放入玫瑰花,加适量水,煎煮成玫瑰花水,滤掉玫瑰花,放入豆腐丁,改小火煮 15 分钟,加入盐和鸡汁调味即可。

用法:随餐食用,常食见效。

【玫瑰秋梨膏】

材料:干玫瑰花 20 克,梨 500 克,白糖、蜂蜜各 50 克。

做法:①将梨洗净,去皮、去核后切丁。②煮锅中放入梨丁,加适量水煮沸,再加入去除了花蒂的玫瑰花瓣,改小火煮至花瓣变软,加入白糖,继续煮至汤呈浓稠状,趁热装入玻璃瓶中,密封,冷却后放入冰箱冷藏。

用法:每日早晚取 1 大匙,空腹食用。

2. 玫瑰与医药

人们很早就懂得用玫瑰缓解疼痛和治疗疾病。玫瑰花有疏肝解郁、活血止痛的作用,常用于肝郁气滞所致的肝胃气痛、月经不调等症。尤其对于女性,玫瑰花是化解瘀斑、改善不良情绪的良药。

《本草正义》记载:"玫瑰花,香气最浓,清而不浊,和而不猛,柔肝醒胃,流气活血,宣通窒滞而绝无辛温刚燥之弊。"

《本草纲目拾遗》记载:"和血行血,理气,治风痹、噤口痢、乳痈、肿毒初起、肝胃气痛。"

玫瑰花可单用,用于胸胁胀痛,常与佛手、砂仁、香附搭配;用于月经不调,常与当归、白芍配伍。

【龋齿性牙痛】

玫瑰油 1 滴,滴入患处,可有立竿见影效果,且可持续数小时。

【月经过多】

玫瑰花根 3 钱、鸡冠花 3 钱,水煎去渣,加红糖服。

【月经不调、痛经】

玫瑰花 10 克、党参 15 克、金樱子根 15 克,水煎后冲入黄酒和红糖,早晚各服 1 次,连服 5～7 日。

【胃脘寒痛】

玫瑰花 90 克,研末,加红糖 250 克拌匀,每日 3 次,每次 10 克。

13.2.5 玫瑰的旅游、经济和市花文化

由于玫瑰文化具有独特又迷人的魅力,使得各个国家都纷纷着眼于玫瑰相关的旅游项目的开发,如建立玫瑰专类园、开发玫瑰主题的风景区和举办玫瑰文化节。

1. 沈阳世博园中的玫瑰园

2006 年沈阳世界园艺博览会位于风景秀丽的沈阳棋盘山国际风景旅游开发区,占地 246 公顷,园内建有 53 个国内展园,23 个国际展园和 24 个专类展园,是迄今世界历届园艺博览会中占地面积最大的一届。其中的玫瑰园占地面积 10000 平方米,荟萃全球 3000 多个玫瑰品种,是世界园艺博览会的重要展示场所。玫瑰分布于世界各地并不罕见,罕见的是将 3000 多种不同的玫瑰品种从世界各地搜集起来,栽种到一个园子里。世博园中四大主题建筑之一的玫瑰园,便能令来自五湖四海的游客看到这奇观。称其为奇观并不为过,因为在全世界,还没有哪个玫瑰园能搜集到这么多种玫瑰花,当然也没有什么人能在一个花园里看到种类如此繁多的玫瑰。更何况,根据这些玫瑰花色、生长特点的不同,或高置,或低处,或近水,或亲阳,错落有致地栽种出独特的景致。

园中 3000 多种玫瑰,每个品种都不多,仅三五棵,其中不乏世界珍稀的玫瑰品种。这边一片,那边一簇,单棵的,连株的,成排的,扎堆的,织进花篱的,掩上小桥的,姹紫嫣红,让游客在这万株玫瑰所营造出的梦幻奇景中流连忘返。

玫瑰园不仅值得一看,还是新人举办婚礼的难得场所。这里,万余株娇艳欲滴的玫瑰会为新人举办新婚典礼增添喜庆气氛。由于有了地热采暖,即使是室外大雪纷飞的隆冬季节,这里仍然温暖如春。

2. 保加利亚的国花与玫瑰节

位于欧洲南部的巴尔干半岛,全境西高东低,平原、丘陵和山地交替排列,山地和丘陵占国土面积的 70%,平均海拔约 470 米。北部为多瑙河流域形成的平原,属温和的大陆性气候,中部大半由巴尔干山脉占据。而南部属地中海气候,天空晴朗、海水碧蓝,优越的气候条件和丰润的土壤,被称为"巴尔干果园"。早春,这里是蔬菜和果品的收获季节,并大量出口。白雪覆盖的山脉,使果园的背景更加迷人。

保加利亚的国花是大马士革蔷薇,是 19 世纪以前欧洲栽培蔷薇中的一个品系,由于香味纯正而浓郁,保加利亚历来以该种为中心作香料栽培。而从植物分类学上看,它是与原产

于中国并用来提取香料用的玫瑰及月季是同属的姊妹花,因各国习用"玫瑰"代称,因此也誉称保加利亚为"玫瑰之国"。

在索菲亚东南40多千米处有一个狭长的山谷,绵延130多千米,正置巴尔干山脉南麓。那里冬无严寒、夏无酷暑,土肥而水足,是著名的"玫瑰谷"。通常的观赏品种多数是花朵大、色彩鲜施,一年盛花两次。而保加利亚所种植的是供提炼玫瑰油的品种,其花型小、花色有粉红和白花两个品种,花期仅在六七月间,花开20～30天。

每年6月玫瑰花盛开的第一个星期,在玫瑰谷举行盛大的玫瑰节。人们穿着鲜艳的民族服装,在和煦的气候中载歌载舞,互赠花束和花环。索菲亚更是一个以花迷人的城市,街道上、商店里和公园中处处可见芳香的玫瑰花,广告、商标、各式图案以及受人喜爱的纪念品无不以玫瑰花为主题,那玫瑰之魂牵动着每一个前来旅游者的心。

3. 中国枣阳首届国际玫瑰文化节

2012年10月11日,中国枣阳国际玫瑰文化节在湖北枣阳启动。该"玫瑰综合开发项目"由倪氏国际构想并建造,有占地560亩的玫瑰产业园区、1500亩的玫瑰文化主题公园和10万亩玫瑰种植园区,形成集研发、种植、生产、展销、餐饮、旅游、文化为一体的全景式循环产业链条,富含经济价值、社会价值、文化价值和生态价值。

4. 以玫瑰为市花的城市

玫瑰在我国是吉祥、幸福、和平、美好的象征,其花香浓郁,独异群芳,世人为之心动。在我国古代,人们就将玫瑰花作为最佳礼品,互相馈赠。正是因为玫瑰这种独特的魅力与深厚的文化,所以玫瑰也被许多城市选定为市花来作为自己城市的精神文化的象征。

我国有10个城市将玫瑰定为市花,它们分别是辽宁的沈阳市、抚顺市,新疆的乌鲁木齐市、牟屯市,甘肃的兰州市,宁夏的银川市,西藏的拉萨市,广东的佛山市,河北的承德市,吉林的延吉市。

13.2.6　玫瑰的园林文化

玫瑰品种众多,花型有单瓣、半重瓣、重瓣,花色有白、黄、粉红、红、紫红等,适应性极强,耐干旱瘠薄、耐寒冷,具有很强的抗性,宜北方气候,是城市绿化和园林中形、色、香俱佳的理想花木,成片配植于草坪边缘、山麓坡地,亦可布置为玫瑰园。最适宜作为花篱,也是街道庭院园林绿化、花境、花坛及百花园材料,是绿化、美化和香化环境的优良灌木,在园林植物遗传育种和环境美化观赏中的作用也正愈来愈受到重视。

平阴玫瑰生长健壮,根系发达,其保持水土的作用已引起有关水土保持部门的注意,并在大西北作为经济效益显著的水土保持树种予以推广。在北欧,随着消费者对干花和干燥植物材料的兴趣的增加,观果玫瑰受到了特别的欢迎,它们瓶插寿命很长,在花卉装饰中用途广泛。在意大利,观果玫瑰的市场也在缓慢而稳定地成长。在庭园和城市园林风景美化中,观果玫瑰是一种装饰性强,对环境美化很有用处的植物,它们不仅能吸引鸟类等动物群,而且能加固路边的坡道。

四季玫瑰在酒泉地区城市园林中应用极其广泛,如市政广场、丝路公园、北大桥河道风情线、世纪大道隔离带、阳光家园、玉门油田生活基地等处均有栽植。主要有以下几种配置形式:市政广场周边将其培养成大冠幅或数株丛植后,剪成圆球状、圆柱状等,突出植物的造型美;群植于世纪大道道路绿化带内,上有高大乔木(国槐、白蜡、圆冠榆、刺柏、樟子松、云杉等),下有低矮地被植物(宿根、草花、草坪等)共同搭配,乔、灌、草结合,形成完整的植物群落;阳光家园、酒泉公园将其列植于开阔绿地或花坛边缘做花篱,起到有效隔离空间的作用;与黄刺玫、榆叶梅、丁香等搭配,片植于北大桥风情线的花坛、花境中,强调整体美,形成花期错落、色彩丰富的多层次景观效果。

13.3　郁金香欣赏与花卉文化

郁金香(*Tulipa gesneriana*)是百合科郁金香属多年生草本植物,别名"洋荷花"、"旱荷花"、"郁香"等。由于它的地下部生长着圆锥形的茎球,因此说它是球根花卉。郁金香植株高 30～40cm,叶片通常是 3～5 枚,叶呈椭圆形。郁金香的花期一般为三月至五月,因各地区纬度的不同而稍有不同。花朵单生直立,花容端庄,形似一个高脚酒杯。每朵 6 片花瓣,花色鲜艳夺目、五彩缤纷。郁金香喜冷凉气候,生长开花时的适宜温度为 17℃～20℃,炎热和不通风的环境对郁金香的生长最为不利,且只在天气晴好的白天开放,傍晚或阴雨天闭合。

关于郁金香的原产地:一说是地中海沿岸的土耳其、北非一带,另一说是我国的新疆和西藏。从现存记载比较详实的文字资料推断,土耳其应该是最早栽培郁金香的国家,时间可以追溯到 15 世纪 40 年代,那时就已栽培了数百个品种。郁金香原名 Tulipa,在土耳其语是"美丽的头巾"之意。17 世纪奥斯曼帝国的御花园中,就曾有专门种植以供皇室贵族观赏。

郁金香在欧美一些国家中,被视为胜利和美好的象征。从 20 世纪 30 年代起,我国的南京、北京、上海、广州等地就进行过郁金香的引种驯化。1977 年,荷兰女王贝亚特丽克丝访问中国时,曾将郁金香作为上等礼物馈赠,作为中荷两国人民友好的象征。这些花一直种在北京的中山公园内。自此,我国各地开始大规模种植郁金香。我国常用花茎高 10～20 厘米的矮性种,布置庭院和园林的花坛、花境,还可盆栽观赏,是点缀春景的美丽花卉。将花茎高达 30 厘米以上的高性种,用于切花,作花束、花篮和插花的主体花卉,点缀室内,可增添快乐和热烈的气氛。

此外,郁金香对氟化物很敏感,就是微量的氟化氢气体,也会使叶尖出现黄褐色伤斑,因此,郁金香又可以作为大气中氟污染的指示花卉、"侦察兵"。

郁金香以其历史悠久、品种多、花色艳丽而闻名于世。在某些传说中认为郁金香是失恋情人的眼泪落到沙土中开出的花朵。凡此种种美丽的故事给郁金香的应用注入了丰实的文化底蕴。

13.3.1　郁金香名考和栽培历史

1. 郁金香名考

郁金香是古代最稀有、最名贵的花之一,它也是供贵族享用的一种花。这种芬芳馥郁的紫色花朵在秋季开放。郁金香的起源地显然是在波斯附近和印度西北的地区。从郁金香深橙色的柱头里提炼出来的芳香染料,是古代商业贸易中的一宗重要的商品。在普林尼的时代,郁金香生长在希腊和西西里,罗马人用它来调配甜酒,作为一种优质的喷雾剂,它还被当作香水洒在剧场里。

据推测,这种植物在中世纪传入中国。在唐代,郁金香香粉在中国有很好的销路,被人称为"郁金"。它在当时是作为一种治疗内毒的药物和香料来使用的,但是唐朝人是否已经将郁金香作为染料,目前还无法断定。

汉语中将这种植物称作"郁金香",意思是一种金黄色的物质,香气馥郁,就像古代用来酿制祭神酒的郁草。虽然"郁金"的名称里没有"香"字,但是它和"郁金香"还是常常混淆在一起的。在世界上的其他地区,这两种物质也仅仅是以粉末状商品为世人所知,所以在这些地区它们也是经常被混的。

贞观十五年和天宝二年,天竺国和安国分别向唐朝贡献郁金香,但是我们不知道他们的是干柱头,还是整枝的郁金香。贞观二十一年,有一条关于郁金香的弥足珍贵的记载,即"伽毗国献郁金香,叶似麦门冬。九月花开,状如芙蓉,其色紫碧,香闻数十步。华而不实,欲种取其根。"显然这里所记载的是送到唐朝的整枝的郁金香。说明及至此时,郁金香已经不再是指外国来的香料,而是郁金香这一种花卉了。

2. 郁金香栽培简史

郁金香原产地中海沿岸及中亚细亚、土耳其等地。最早的栽培历史,未见系统的文字记载。1554 年土耳其发现栽培的郁金香,由 A. G. Busbeguius 将球根带回维也纳,送到维也纳王宫,很快受到欧洲其他国家园艺家的赞赏。17 世纪中叶,比利时、英国、荷兰出现了郁金香热,在阿姆斯特丹的一座纪念碑上,至今仍保留着"1634 年,在这里用三头郁金香种球换取了两所石屋"的文字记载。19 世纪法国著名作家大仲马在其小说《黑郁金香》中,用"艳丽得使人睁不开眼,完美得让人透不过气"这样的言辞来赞美郁金香的姿色。郁金香的花形酷似酒杯,因此有"迷人的高脚杯"的美称。在欧洲,郁金香的栽培已有 400 多年的历史。在中国,从 20 世纪 30 年代开始,南京、上海、庐山、广州等地已有郁金香的栽培。现今已经在我国各地广泛栽培,除用于园林绿地成片分色种植以供观赏外,也可盆栽置室内观赏,或切取花枝作为插花作品的材料,其形、其色可谓百看不厌,尤以黑郁金香为当今万花丛中的稀世之宝。

13.3.2　郁金香的诗词

忆王孙

清　纳兰性德

暗怜双绁郁金香,欲梦天涯思转长。

几夜东风昨夜霜,减容光,莫为繁花又断肠。

郁金香

近现代　傅义

重洋远徙异domain来,碧眼纷随门户开。

五色斑斓娇艳甚,牡丹休诩是花魁。

郁金香红黄二畦

近现代　傅义

一朝邂逅初惊艳,千里奔波始识卿。

绝色天成谁仿佛？胭脂队外又群莺。

郁金香

张华云

爆竹连宵报岁残，窗前玉立郁金香。

一枝带露红于火，别有新妆宠寿阳。

郁金香

岭海

小盆袅袅瘦腰肢，红若葡萄酒一榼。

不识是花还是酒，想看酩酊立多时。

《魏略》

郁金生大秦国，二月、三月有花，状如红蓝，四月、五月采花即香也。

译文：

郁金香原产于大秦国，在二月三月花朵绽放，其花朵形状就像红蓝花一样，到了四月五月，可以采摘其花朵制成香料。

《南州异物志》

郁金香出罽宾，国人种之，先以供佛数日萎然后取之，色正黄，与芙蓉花果嫩莲者相似，可以香酒。

译文：

郁金香产出于罽宾国，该国人种植这种花，先用它来供佛。数日之后，待其枯萎，才取来使用。其色泽纯黄，与芙蓉花果和嫩莲相似，可以增添酒的香味。

《唐会要》

唐太宗时伽毗国献郁金香，叶似麦门冬，九月花开，状如芙蓉，其色紫碧，香闻数十步，花而不实，欲种者取根。

译文：

唐太宗时，伽毗国进献郁金香，叶子像麦门冬，九月开花，花的形状如同芙蓉，呈紫碧色，香气远播，数十步之外也能闻到。郁金香开花而不结果实，想要种植它的人，取其根部移栽。

《方舆胜略》

撒马儿罕，西域中大国也，产郁金香，色黄似美蓉花。

译文：

撒马尔罕，是西域的大国，盛产郁金香花，这种花花色为黄颜色，形状如芙蓉花。

13.3.3　郁金香的奇闻轶事

1. "请接受我的爱"

郁金香在欧洲有"请接受我的爱"的寓意,这来源于一个浪漫的传说。据说古代荷兰有一位十分美丽的少女,三位英俊的骑士同时爱上了她,一位送她王冠,一位送她宝剑,一位送她黄金。面对三位优秀的骑士求爱,少女实在难以抉择,于是向花神求助。花神认为爱情应该出于两相情愿,不能勉强凑合,于是花神将她变成了一株郁金香,王冠为花、宝剑为叶、黄金为根茎,表示她同时接受了三位骑士的爱,而郁金香也因此成了爱的化身。此事传开后,荷兰人有了新的信念:谁轻视郁金香,谁就触犯了上帝。谁不拥有美丽的郁金香,谁就不算真正的富有。自此,郁金香成了荷兰整个国家和民族的精神支柱,成了胜利和美好的象征。

2. 郁金香时期

值得一提的是,在奥斯曼帝国历史上曾有过一段时期被称为"郁金香时期"。

18世纪初叶,苏丹阿赫迈特三世当政的后期,尽管奥斯曼帝国已开始走下坡路,但宫廷上下却沉湎于轻歌曼舞、侍花弄草的享乐之中,特别是栽种郁金香蔚然成风。宫廷中的郁金香花园成倍地扩大。达官贵人千方百计去搜罗名种郁金香,甚至不惜重金从欧洲购买并以此炫耀。当时最名贵品种的一块用来繁殖的茎竟要价100个金币,而苏丹政府为制止哄抬价格,还专门为郁金香定出官价。每逢夏日,上流社会的聚会也在郁金香花园中举行。花园张灯结彩,并在乌龟背上插上蜡烛,任其在花丛中爬行,供以取乐。这般郁金香狂热持续了12年,最后统治阶层荒淫无耻的生活引起普通民众的强烈不满。在一位澡堂搓背师傅帕特洛纳的领导下,老百姓起来暴动,并导致军队哗变,结果宰相达马特易卜拉欣帕夏被杀,阿赫梅特三世本人也被迫逊位。这就是土耳其历史上有名的"郁金香时期"。

13.3.4　郁金香旅游、经济文化

1. 郁金香:荷兰的国花

荷兰本来并不产郁金香。郁金香的老家在亚洲的土耳其、伊朗及我国新疆等地。16世纪一位奥地利驻土耳其大使将它带到欧洲,曾在欧洲掀起一股郁金香热。1634年,荷兰当局倾注全部经济力量,投入郁金香的栽培生产,逐渐使郁金香成为荷兰的"花中之王",荷兰也成了郁金香的生产大国,品种多达2700多个。每年的经济收益达十多亿美元,占了全国农业总产值的10%以上。在荷兰,荷兰人民将最接近5月15日的那个星期三定为郁金香花节。在节日里,人们用色彩各异的鲜花扎成各式各样的游行花车,车上坐着的百花仙子就是节日的主角——郁金香女王。过节的人们头戴花环,挥舞花束,拥着花车,赞美着"郁金香女王"。当浩浩荡荡的游行人群穿过街市时,远远望去,如同鲜花的彩河。

此外,以郁金香为国花的,除荷兰外,还有土耳其、伊朗、匈牙利三国。

2. 加拿大的郁金香节

加拿大冬季长,五月上中旬才开始进入温暖的冬天。经历漫长的冬季之后,绿树吐出嫩叶,四处鲜花盛开,一派和风送爽的景象。为期两周的渥太华郁金香节便在此时闪亮登场。

据说在第二次世界大战期间,荷兰国王带着王后,举家流亡海外,加拿大收留了他们一家。当时王后正有身孕,在渥太华期间生下了小公主。战争结束后,国王回到荷兰,为报答加拿大人民的恩情,送了数百万头郁金香花种给渥太华,从而成就了这一年一度的郁金

香节。

每逢郁金香节，渥太华到处都是成片的郁金香，还有如潮的人流。在河边湖畔，开放式公园树林中，上百亩的花圃里种满了各式各样的郁金香花，黄色的、红色的、紫色的、粉色的、白色的，甚至还有多色相交的，有单瓣的、重瓣的、单枝独蕾的，也有并蒂双蕾甚至三蕾的。一片片，一块块，高低错落，交相辉映，赏心悦目。期间，市中心还有各式彩车游行，欢庆的人们拥簇着一位美丽的"皇后"，在"皇后"花车的带领下，随着乐队一路吹吹打打，浩荡前行。里德运河上的游船此时也都装点上红白国旗色的郁金香花，沿着水路徐徐游弋，引得两岸行人驻足挥手。

每年这一盛事都会引来无数游人，很多都还是从三四百公里以外的多伦多、蒙特利尔或魁北克城赶来，给渥太华旅游业带来巨额进项。

3. 北京金盏郁金香花园

北京金盏郁金香花园位于北京城东北部，首都机场西南端全园占地26公顷。园内分为生产区和花卉观赏区。生产区有两栋充气温室大棚，主要生产培育名、特优、新及应季花卉。花卉观赏区内主要种植了各类不同品种的郁金香，同时还有一定比例的乔、灌木和草坪，主要有油松、雪松、青桐、法桐、云杉、玉兰、海棠、金银木、连翘等，郁金香花园内兴建了欧式风格的亭、台、楼、阁6座。这些建筑具有欧式风格特点，园内以郁金香为主的各类花卉常开不谢，群芳争秀，吸引了各地游人前来参观。

4. 南京郁金香专题展览

1995年3月30日至4月20日，南京市在玄武湖公园成功地举办了1995年南京国际郁金香艺术节。

这次活动旨在增进中荷两国人民和园艺工作者之间的友好合作，丰富人民群众的文化生活，促进南京花卉生产经背水平，探索花卉种植与展览相结合的新路子。这次1995年南京国际郁金香艺术节不同于以往的普通花展，它的布局规模之大、用花之精、内容之多、涉及面之广，在南京地区都是前所未有的。

此次艺术节所展郁金香是园林实业总公司从荷兰PO公司引进的优良品种郁金香第一代种球，共42个品种，10万个种球，分成早花、中花和晚花品种。经科技人员和员工们的精心栽植、养护，在南京地区引种栽植成功，其色彩多、颜色艳、花形美。加上玄武湖公园提供的5万盆（株）名贵春季花木、草花和观叶植物，总用花量达15万盆。在布局上采用点、线、面结合，室内外结合，大、中、小结合，景景相映，引人入胜。在艺术手法上，中西结合，又做到了以"洋"为主，充分体现欧洲风格。

展览会分室外和室内布置两部分。在室外布置了"花后迎宾"、"锦绣大道"、"花之春"、"神女骑狮"、"江海探险"、"辟邪腾飞"、"双狮戏花众"、"荷兰风情"、"白雪公主和七个小矮人"、"百合花门"等十多个特色景点，并在梁洲展览馆展出了郁金香精品，其中有珍稀的黑紫色的"黑皇后"、紫罗兰色的"少女之梦"、黄色的"玛雅"、绿白色的"青春"、蓝紫色的"蓝鹭"、深红色的"卡西民"、洋红色的"雄鹅"。

艺术节以花、景为主，动静结合开展多种游园活动，有中外风情化妆游园队表演、沛县武术气功表演、新疆的歌舞表演、江浦手狮队的手狮、腰鼓表演等，并展示了中外饮食文化、酒文化、茶文化。艺术节期间，以花为媒，还开展了各种学术交流和经贸洽谈。

南京1995年国际郁金香艺术节，节期20天，在南京及周边地区形成轰动效应，共接待游客 30 万人次,经贸洽谈项目 10 多项,产生了良好的经济效益、社会效益和环境效益。

13.3.5 郁金香的园林文化

郁金香是重要的春季球根花卉,矮壮品种宜布置春季花坛,鲜艳夺目,风姿绰约,色彩艳丽,品种繁多,是国际著名的观赏花卉。郁金香的主要功能是供人观赏,在园林中常用来配植花坛、花境或庭院栽植。也可作盆栽观赏或作切花。还可根据不同颜色组成不同的图案,广泛用于公园、街心广场、城市道路等景观设计之中。其中高茎品种适用切花或配置花境,也可丛植于草坪边缘;中、矮品种适宜盆栽,点缀室内环境,增添欢乐气氛。

1. 用于花境、花坛布置

郁金香历经几个世纪的选育,形成了早花、中花及晚花等诸多品系。花坛应用中多选用植株低矮、开花整齐一致的品种。要求种球大小一致,品系纯正,可与一、二年生草花搭配种植。而在花境设计上却可选择株形高低不同的品系构成错落有致的美丽景观。在欧洲许多国家常以郁金香和风信子等球根花卉组成面积较大的花境,景色颇为壮观。

2. 用作盆花、切花、插花

盆花郁金香是冬春季室内观赏的重要花卉之一,多采用促成栽培方法培育。栽种时选用经过低温处理的充实、肥大、无病虫害的鳞茎上盆,摆放在室内的向阳或半向阳的地方。花期可维持 7～10 天。切花多选择花茎粗挺、花梗较长的园艺品种,做成各式精美的花束、花篮。它们是礼仪活动中最主要的花艺制品之一。郁金香还可与其他园艺植物的切花和切叶互相搭配,设计各种造型的插花作品,陈列在宾馆、居室,更显其高贵典雅的气质。

3. 适合于小庭院栽培的郁金香品种

郁金香是早春开放的重要球根花卉之一。在世界许多国家的公寓区和私人别墅的门前、门廊、信箱前多用郁金香作早春栽培,能给宅院带来无限的温馨和暖暖的春意。用作小庭院布置的郁金香品种繁多,色彩缤纷,多选择花茎短小的矮生品种与其他园林植物搭配种植,能在狭小的空间中产生多种美丽的景观。

参考文献

[1] 衰建国.中国市花[M].北京:中国农业出版社,2013.

[2] 衰建国,管康林.中国市花[M].北京:中国农业出版社,2012.

[3] 安鼎.饮食本草现代家庭膳食指南[M].北京:航空工业出版社,2004.

[4] 安钢,张慧光.北京乡村旅游节庆活动指南[M].北京:北京出版社,2010.

[5] 柏原.谈花说木[M].天津:百花文艺出版社,2003.

[6] 布莉华,刘传.《诗经》中的植物文化[J].河北民族师范学院学报,2005,25(1):31-33,53.

[7] 白顺江,聂庆娟,纪惠芳.观花观果植物选择与造景[M].北京:中国林业出版社,2009.

[8] 车代弟.园林花卉学[M].北京:中国建筑工业出版社,2009.

[9] 车代弟.园林植物[M].北京:中国农业科学技术出版社,2008.

[10] 曹家树,秦岭.园艺植物种质资源学[M].北京:中国农业出版社,2005.

[11] 曹明君.树桩盆景实用技艺图说[M].北京:中国林业出版社,2013.

[12] 曹雪芹.红楼梦[M].上海:上海古籍出版社,2015.

[13] 曹雪芹,高鹗.红楼梦[M].北京:人民文学出版社,1996.

[14] 曹立波.《红楼梦》中花卉背景对女儿形象的渲染作用[J].红楼梦刊,2006,23(3):259-270.

[15] 曹广才.食用花卉200种[M].北京:中国农业科学技术出版社,2002.

[16] 陈发棣,车代弟.观赏园艺学通论[M].北京:中国林业出版社,2009.

[17] 陈璋.福建花文化[M].北京:中国林业出版社,2014.

[18] 陈会勤.观赏植物学[M].北京:中国农业大学出版社,2011.

[19] 陈志农.古今茶饮膳食方新编[M].上海:上海交通大学出版社,2016.

[20] 陈俊愉.中国梅花的研究Ⅰ.梅之原产地与梅花栽培历史[J].园艺学报,1962,1(1):69-78,99-102.

[21] 陈平平.关于南京市花(梅)及其今后发展与经济利用问题的初步研究[J].南京晓庄学院学报,1994,10(Z1):70-77.

[22] 陈裕,罗小飞,梁育勤.中国名花鉴赏[M].北京:中国建筑工业出版社,2010.

[23] 陈策,冼志权.兰花[M].广州:广东科技出版社,2007.

[24] 陈淏子.花镜[M].杭州:浙江人民美术出版社,2015.

[25] 陈图麟.中国民间传说故事[M].长春:北方妇女儿童出版社,2001.

[26] 陈俊愉,程绪珂.中国花经[M].上海:上海文化出版社,1990.

[27] 陈俊愉.中国花卉品种分类学[M].北京:中国林业出版社,2001.

[28] 陈俊愉,王彩云,周杰,等.菊花起源汉英双语[M].合肥:安徽科学技术出版社,2012.

[29] 陈维东,邵玉铮.中华梅兰竹菊诗词选菊[M].北京:学苑出版社,2003.

[30] 陈卫元,赵御龙.扬州竹[M].北京:中国林业出版社,2014.

[31] 陈其兵.观赏竹与景观[M].北京:中国林业出版社,2016.

[32] 陈进勇.邱园的规划和园林特色[J].中国园林,2010,26(1):21-26.

[33] 陈瑞云.南方紧俏中草药栽培[M].福州:福建科学技术出版社,2006.

[34] 陈贻焮.增订注释全唐诗[M].北京:文化艺术出版社,2001.

[35] 陈辉,黄战生.中国吉祥符[M].海口:海南出版社,1992.

[36] 陈策.玫瑰鉴赏与文化[M].广州:广东科技出版社,2007.

[37] 陈大卫.花野情海花卉与盆景艺术鉴赏[M].南宁:广西人民出版社,1990.

[38] 陈裕,梁育勤,李世全.中国市花培育与欣赏[M].北京:金盾出版社,2005.

[39] 程杰.梅文学论集[M].北京:北京联合出版公司,2017.

[40] 蔡晓红,刘晓娟,秦性英.牡丹的园林美化应用研究[J].安徽农业科学,2007,35(17):5135-5136.

[41] 常晓静.兰科植物专类园规划设计研究[D].福州:福建农林大学,2013.

[42] 蔡洪兰.减肥菜肴瘦身茶[M].合肥:安徽科学技术出版社,2000.

[43] (清)陈之遴,(清)徐灿.浮云集·拙政园诗馀·拙政园诗集[M].哈尔滨:黑龙江大学出版社,2010.

[44] 崔建聪.点墨斋书迹[M].太原:北岳文艺出版社,2014.

[45] 储农,刘守明.养花治病[M].上海:上海科学技术文献出版社,1991.

[46] 董汉良.赏花与药用趣谈[M].北京:人民军医出版社,2006.

[47] 都市农夫.我的花草小茶馆全彩[M].北京:电子工业出版社,2013.

[48] 戴松成.牡丹花开动天下[M].开封:河南大学出版社,2012.

[49] 戴敦邦图,陈诏文.红楼梦群芳图谱[M].天津:天津杨柳青画社,1987.

[50] 戴松成.国花牡丹档案[M].开封:河南大学出版社,2008.

[51] 戴凯之.竹谱[M].北京:中华书局,1985.

[52] 段续,任广跃.牡丹深加工技术[M].北京:化学工业出版社,2014.

[53] 段成式.酉阳杂俎[M].济南:齐鲁书社,2007.

[54] 丁朝华,武显维.桂花栽培与利用[M].北京:金盾出版社,2002.

[55] 刁慧琴,居丽.花卉布置艺术[M].南京:东南大学出版社,2001.

[56] 方明光,于丽莎.红楼女儿花[M].银川:宁夏人民出版社,2006.

[57] 范成大.梅谱[M].北京:中华书局,1985.

[58] 范文琳,朱凌云.紫薇的应用设计[J].金陵科技学院学报,2007,23(1):86-90.

[59] 傅大立.玉兰属的研究[J].武汉植物学研究,2001,(3):191-198.

[60] 高明乾,卢龙斗.寻找《诗经》中的植物[J].生命世界,2014,40(1):42-49.

[61] 贡树铭.《水浒传》中的茶及保健饮料[J].中医药文化,2002,19(4):12-14.

[62] 耿玉英.中国杜鹃花属植物[M].上海:上海科学技术出版社,2014.

[63] 耿玉英.中国杜鹃花解读[M].北京:中国林业出版社,2008.

[64] 耿玉英.再现自然美的杰作——爱丁堡皇家植物园[J].植物杂志,2000,27(3):42-44.

[65] 耿卫忠.西方传统节日与文化[M].太原:书海出版社,2006.

[66] 郭榕.花文化[M].北京:中国经济出版社,1995.

[67] 郭成源,张鲁建.中国黄店玫瑰[M].北京:中国农业出版社,2002.

[68] 过常宝.花文化[M].北京:中国经济出版社,2013.

[69] 管康林,吴家森,蔡建国.世界上最美丽的100种花[M].北京:中国农业出版社,2010.

[70] 关文昌.中国兰花大观[M].北京:中国林业出版社,2011.

[71] 关传友.中华竹文化[M].北京:中国文联出版社,2000.

[72] 古月.国粹图典纹样[M].北京:画报出版社,2016.

[73] 关传友.风水景观风水林的文化解读[M].南京:东南大学出版社,2012.

[74] 甘智荣.新编百姓家常菜3600例[M].新疆人民卫生出版社,2016.

[75] 广东省林业厅.广东树木奇观[M].广州:岭南美术出版社,1998.

[76] 顾翠花,王守先,蔡明,等.紫薇在园林绿化中的应用[J].北方园艺,2008(4):183-185.

[77] 顾翠花.中国紫薇属种质资源及紫薇、南紫薇核心种质构建[D].北京:北京林业大学,2008.

[78] 关传友.风水景观:风水林的文化解读[M].南京:东南大学出版社,2012.

[79] 葛德宏.赏花觅药[M].上海:上海中医药大学出版社,2000.

[80] 高洪涛.许昌乡村休闲旅游研究[M].郑州:郑州大学出版社,2015.

[81] 高学敏.中药学[M].北京:人民卫生出版社,2000.

[82] 管康林,吴家森,蔡建国.世上最美的100种花[M].北京:中国农业出版社,2010.

[83] 韩雨笑.《诗经》中的植物意象[J].2014,33(20):76.

[84] 韩惊鸣.闲折两枝持在手,细看不似人间有——杜鹃意象探寻[J].新作文(中学作文教学研究),2015,12(12):59.

[85] 何卓彦,庄雪影.杜鹃花属植物在广州园林绿地中的应用[J].广东园林,2009,31(1):64-68.

[86] 何晓燕,杨丽娟,关颖丽.牛皮杜鹃叶水煎液镇痛作用的实验研究[J].通化师范学院学报,2014,35(12):18-19,45.

[87] 何晓燕,胡月,李文欣,等.牛皮杜鹃叶乙醇提取物抗炎镇痛作用的实验研究[J].通化师范学院学报,2015,36(6):12-15.

[88] 何小颜.花之语[M].北京:中国书店,2008.

[89] 黄偲奇.花文化[M].北京:中国经济出版社,2013.

[90] 黄涨明.杜鹃花花文化与中国古典园林[J].建材与装饰,2012,8(25):13-14.

[91] 黄茂如.无锡市花—杜鹃花栽培发展史[J].中国园林,1992,8(4):13-17.

[92] 黄茂如.杜鹃花[M].上海:上海科学技术出版社,1998.

[93] 黄茂高.第二届中国井冈山国际杜鹃花节开幕[J].生命世界,2011,38(5):36-37.

[94] 黄红霞.百里杜鹃国家森林公园杜鹃花属植物资源调查与旅游应用研究[D].北京:北京林业大学,2006.

[95] 黄雯.中国古代花卉文献研究[D].咸阳:西北农林科技大学,2003.

[96] 黄莹,邓荣艳.中国桂花栽培与鉴赏[M].北京:金盾出版社,2008.

[97] 黄海翔.中国兰花经济价值与文化价值研究[D].福州:福建农林大学,2012.

[98] 黄洽,刁猛,熊范孙.芳香益寿谈奇花[M].天津:天津科学技术出版社,2005.

[99] 黄岳渊,黄德邻.花经[M].上海:上海书店出版社,1985.

[100] 胡一民,骆绪美,姚剑飞.安徽省花——黄山杜鹃[J].中国花卉盆景,2005,22(3): 4-5.

[101] 胡本林.杜鹃花品种繁殖栽培及园林应用研究[D].杭州:浙江农林大学,2014.

[102] 胡献国.花中西施——杜鹃花[J].家庭中医药,2010,17(7):48-49.

[103] 胡光生.安徽省首届杜鹃花展盆景作品选登[J].花木盆景(盆景赏石),2009,26(5): 40-41.

[104] 胡献国,成汉,王娟.花花食界:花卉的食疗方法[M].济南:山东画报出版社,2016.

[105] 胡世晨.谈谈安徽的省花和合肥的市花[J].生物学杂志,1983,(2):43-44.

[106] 胡献国,陈倚天.名人用药与中医[M].武汉:湖北科学技术出版社,2016.

[107] 洪迈.容斋随笔[M].北京:中国画报出版社,2012.

[108] 贺善安,张佐双,顾姻,等.植物园学[M].北京:中国农业出版社,2004.

[109] 韩小兵.菊花在太原市园林中的应用[J].科技创新与生产力,2016,(10):118-120.

[110] 华阳.食物美容工厂[M].北京:北京理工大学出版社,2008.

[111] 湖南省教委成教处.农村实用文化技术知识读本[M].海口:南方出版社,1998.

[112] 姜楠南,汤庚国.中国海棠花文化初探[J].南京林业大学学报(人文社会科学版), 2007,7(1):56-60.

[113] 姜楠南,汤庚国.《红楼梦》海棠花文化考[C]//中国花文化国际学术研讨会,2007: 79-84.

[114] 季静,王罡.花卉事典[M].北京:化学工业出版社,2008.

[115] 江泽慧.中国杜鹃花园艺品种及应用[M].北京:中国林业出版社,2008.

[116] 江苏新医学院.中药大辞典上下[M].上海:上海科学技术出版社,1986.

[117] 蒋洪,宋纬文.中草药实用图典[M].福州:福建科学技术出版社,2017.

[118] 荆孙.植物与人类的故事[M].北京:气象出版社,2004.

[119] 贾祖璋,贾祖珊.中国植物图鉴[M].北京:中华书局,1955.

[120] 贾献慧,周铜水,郑颖,等.石蒜科植物生物碱成分的药理学研究[J].中医药学刊, 2001,(6):573-574.

[121] 敬松.中国花膳与花疗[M].成都:四川科学技术出版社,2013.

[122] 金雅琴,黄雪芳,李冬林.江苏石蒜的种质资源及园林用途[J].南京农专报,2003,26 (3):17-21.

[123] 竞鸿.北方饮食掌故[M].天津:百花文艺出版社,2004.

[124] 康用权,彭春良,廖菊阳,等.湖南杜鹃花资源及其开发利用[J].中南林业科技大学学 报,2010,30(8):57-63.

[125] 康锴.水乡古城杜鹃情——第七届中国杜鹃花展在浙江嘉善举办[J].中国花卉园艺, 2009,9(9):36-37.

[126] 李仲芳.花与中国文化[M].成都:西南交通大学出版社,2016.

[127] 李湧.中国花木民俗文化[M].郑州:中原农民出版社,2011.

[128] 李仲芳. 花与中国文化[M]. 成都：西南交通大学出版社，2016.
[129] 李万青. 花影媚红楼：《红楼梦》花文化鉴赏[M]. 北京：中国书籍出版社，2016.
[130] 李仲芳. 花与中国文化[M]. 成都：西南交通大学，2016.
[131] 李文禄，刘维治. 古代咏花诗词鉴赏辞典[M]. 长春：吉林大学出版社，1990.
[132] 李娟，陈训. 贵州百里杜鹃保护区杜鹃属植物及其园林应用[J]. 安徽农业科学，2009，37(6)：2483-2485.
[133] 李晓花，鲁顺保，刘向平，等. 庐山植物园杜鹃花植物资源及其在城市绿化中的应用前景[J]. 江西林业科技，2006，34(4)：49-51.
[134] 李丽，方芳，陈立峰，等. 满山红的化学成分及药理作用[J]. 黑龙江医药科学，2009，32(3)：64-65.
[135] 李冬妹，叶秀粦. 兰花在园林中的应用[J]. 顺德职业技术学院学报，2005，3(2)：31-33.
[136] 李渔. 闲情偶寄[M]. 昆明：云南人民出版社，2016.
[137] 李永来. 中华典藏精品中华食疗大全[M]. 哈尔滨：黑龙江科学技术出版社，2013.
[138] 李自立. 白玉兰是怎么成为市花的[J]. 上海人大，2016(3)：43.
[139] 李正时. 李正时书法作品集[M]. 北京：文物出版社，2009.
[140] 李新. 川菜烹饪事典[M]. 重庆：重庆出版社，1999.
[141] 李婷婷，王策. 菊花专类园设计——以乌鲁木齐为例[J]. 现代园艺，2016，(8)：86.
[142] 李时珍. 本草纲目[M]. 呼和浩特：内蒙古人民出版社，2008.
[143] 李湧. 中国花木民俗文化[M]. 郑州：中原农民出版社，2011.
[144] 李渔. 闲情偶寄[M]. 昆明：云南人民出版社，2016.
[145] 李心释. 修竹留风花木卷[M]. 广州：花城出版社，2009.
[146] 李时珍. 本草纲目[M]. 太原：山西科学技术出版社，2014.
[147] 李玉舒. 中国玫瑰种质资源调查及其品种分类研究[D]. 北京林业大学，2006.
[148] 李有刚. 牡丹的美丽传说[J]. 牡丹，2010，54(4)：39-48.
[149] 凌帆. 花之节花朝节[C]// 民俗非遗研讨会，2015.
[150] 蓝紫青灰. 花月令[M]. 济南：山东文艺出版社，2016.
[151] 刘世彪. 红楼梦植物文化赏析[M]. 北京：化学工业出版社，2011.
[152] 刘霜.《红楼梦》"以花喻人"研究[D]. 西宁：青海师范大学，2017.
[153] 刘智敏，王譞. 红楼观花—浅析花与红楼众女儿之关联[J]. 大众文艺，2009，53(9)：117-118.
[154] 刘夙. 植物名字的故事[M]. 北京：人民邮电出版社，2013.
[155] 刘晓惠. 文心画境——中国古典园林景观构成要素分析[M]. 北京：中国建筑工业出版社，2002.
[156] 刘延江，王洪力，曲素华. 园林观赏花卉应用[M]. 沈阳：辽宁科学技术出版社，2008.
[157] 刘秀丽. 中国玉兰种质资源调查及亲缘关系的研究[D]. 北京：北京林业大学，2012.
[158] 刘祖祺，宛成刚. 世界名花赏析[M]. 昆明：云南美术出版社，2003.
[159] 刘万朗. 中国书画辞典[M]. 北京：华文出版社，1990.
[160] 刘娟，陈月华，吴际友，等. 紫薇专类园植物景观配置[J]. 湖北农业科学，2014，53(4)：

840-843.

[161] 刘伟龙.中国桂花文化研究[D].南京:南京林业大学,2004.

[162] 刘世彬.高原茶乡黔南[M].都匀市旅游局,2002.

[163] 刘广伟.实用家庭饮食大全[M].济南:山东科学技术出版社,1991.

[164] 陆红梅,南鹤.海边森林中:"优倍"首届上海梅花节[J].园林,2014,31(5):72-77.

[165] 龙雅宜,董保华,何小唐.家庭养花与花文化与养花用花[M].北京:中国水利水电出版社,1997.

[166] 林梓,李家湘.湖南杜鹃属植物资源及园林应用初探[J].湖南林业科技,2006,33(3):48-50.

[167] 林森."花开将尔当夫人"——白居易的花木情结[J].绿化与生活,2003,19(5):27-28.

[168] 林水金.千变万化的"三彩"杜鹃[J].中国花卉盆景,2010,27(6):22.

[169] 林小峰,顾芳,陈少虹,等.玉兰花开时的思索——都市街头植物专类园刍议[J].园林,2007,(5):20-22.

[170] 林红,杨一丁.风景装配:巴黎拉维莱特公园的"竹园"[J].建筑技术及设计,2003,(4):34-39.

[171] 鲁平.园林植物修剪与造型造景[M].北京:中国林业出版社,2006.

[172] 罗军.中国茶典全图解[M].北京:中国纺织出版社,2016.

[173] 卢祥之.中华养生茶(修订版)[M].北京:人民军医出版社,2013.

[174] 临安市林业局.临安古树名木[M].北京:新华出版社,2005.

[175] 刘娟.紫薇专类园规划与设计研究[D].长沙:中南林业科技大学,2014.

[176] 梁颂成.清光绪桃源县志校注[M].长沙:中南大学出版社,2013.

[177] 陆苗耕.彩虹之国南非[M].上海:上海锦绣文章出版社,2010.

[178] 蓝晓光.竹子与中国烹饪[J].中国烹饪,1991,(6):18-21.

[179] 岭海诗社.岭海诗词选三集[M].广州:广东人民出版社,1988.

[180] 马大勇.中国人与节日用花[J].中国花卉盆景,1997,14(8):38.

[181] 马大勇.中国传统插花艺术[M].北京:中国林业出版社,2003.

[182] 马文其.观花盆景培育造型与养护[M].北京:中国林业出版社,2003.

[183] 马萍,林鹏程,吴江,等.藏药头花杜鹃挥发油化学成分的研究[J].时珍国医国药,2011,22(3):606-608.

[184] 马性远,马扬尘.中国兰文化[M].北京:中国林业出版社,2008.

[185] 孟菲,姜卫兵,魏家星,等.南京地区观赏梅在城市园林绿化中的应用[J].黑龙江农业科学,2016,39(6):93-97.

[186] 孟小华,姜卫兵,翁忙玲.月季、玫瑰和蔷薇名实辨析及园林应用[J].江苏农业科学,2013,41(7):173-176.

[187] 满歆琦.观赏植物在中国古典园林中的应用[J].长春大学学报,2011,21(8):60-63.

[188] 毛洪玉.杜鹃花[M].北京:中国林业出版社,2004.

[189] 毛文山,刘胜利.百药惠芳[M].西安:陕西科学技术出版社,1994.

[190] 莫容,胡洪涛.北京古树名木散记[M].北京:北京燕山出版社,2009.

[191] 蒙军勇.探讨竹类植物在园林中的应用[J].美与时代(城市版),2018,(7):80-81

[192] 倪圣武,王莲英.绝代只西子,众芳唯牡丹——牡丹在我国古典园林中的应用[J].广东园林,2009,31(1):17-21.

[193] 倪伟,李荣华,周巍,等.浙江兰溪市兰花文化旅游业发展探讨[J].农业科技与信息(现代园林),2009,6(08):19-22.

[194] 纳兰性德.纳兰词笺注全编[M].天津:天津人民出版社,2013.

[195] 欧阳军.冬春二梅食疗宴[J].家庭医学(下半月),2018,16(1):41-42.

[196] 欧阳修.宋元谱录丛编洛阳牡丹记外十三种[M].上海:上海书店,2017.

[197] 潘富俊.红楼梦植物图鉴[M].上海:上海书店出版社,2005.

[198] 潘富俊.诗经植物图鉴[M].北京:北京联合出版公司,2017.

[199] 潘思源,侯家玉,姜名瑛,等.头花杜鹃总黄酮对心血管系统的作用[J].中国药学杂志,1986,34(11):691.

[200] 潘富俊.草木缘情:中国古典文学中的植物世界[M].北京:商务印刷馆出版,2015.

[201] 潘富俊.楚辞植物图鉴[M].上海:上海书店出版社,2003.

[202] 彭铭泉.中国药膳大典[M].青岛:青岛出版社,2000.

[203] 鲍振兴.中国竹文化及园林应用[D].福州:福建农林大学,2011.

[204] 璞子.美丽之后的灵魂出窍——赏析胡光生杜鹃盆景《欲笺心事》[J].花木盆景(盆景赏石),2008,25(4):15.

[205] 秦牧.花街十里一城春[J].人生十六七,2016,18(6):44-46.

[206] 谯德惠.人间四月天嘉善看杜鹃——浙江嘉善举办2015中国·嘉善杜鹃花展[J].中国花卉园艺,2015,15(9):48-49.

[207] 秦启宪.回看桃李都无色,映得芙蓉不是花——上海滨江森林公园杜鹃园规划设计研究与实践[J].中国园林,2010,26(6):75-79.

[208] 青木正儿.中华名物考[M].西安:陕西人民出版社,2017.

[209] 秋实.家庭食疗[M].赤峰:内蒙古科学技术出版社,2005.

[210] 全国绿化委员会办公室.中华古树名木下[M].北京:中国大地出版社,2007.

[211] 曲春林.紫薇花的文化品格与艺术表现[J].电影文学,2009,(12):133-134.

[212] 邱庞同.中国面点史[M].青岛:青岛出版社,1995.

[213] 骆雪.历代兰花题材绘画浅说[J].中华书画家,2017,(6):4-58,2-31.

[214] 冉红梅.金平文学丛书三色棉花糖[M].昆明:云南人民出版社,2013.

[215] 宋希强.观赏植物种质资源学[M].北京:中国建筑工业出版社,2012.

[216] 孙卫明.千年花事(精)[M].广州:羊城晚报出版社,2009.

[217] 孙伯筠,张持.花间道——花木文化鉴赏[M].北京:中国农业出版社,2008.

[218] 孙伯筠.花卉鉴赏与花文化[M].北京:中国农业大学出版社,2006.

[219] 孙方涛.杜鹃专类园景观设计研究[D].长沙:湖南农业大学,2013.

[220] 孙鹏,李元阳.嘉靖《大理府志》校注与研究[D].昆明:云南民族大学,2013.

[221] 孙多全书.四季诗句四体书[M].济南:山东教育出版社,1991.

[222] 石四维.秀色美餐花卉食谱与便方[M].上海:上海科学技术文献出版社,2005.

[223] 莎仁图雅,陈翼翔.插花艺术[M].北京:北京理工大学出版社,2014.

[224] 苏本一,马文其,赵庆泉.扬州盆景[M].北京:中国林业出版社,1999.

[225] 苏定,王蔚.一花一世界传奇玫瑰香——中国枣阳首届国际玫瑰文化节启动[J].花木盆景(花卉园艺),2012,32(11):2+1.

[226] 沈德潜,周準.明诗别裁集[M].北京:中华书局出版社,1975.

[227] 沈括.梦溪笔谈[M].长春:吉林文史出版社,2017.

[228] 舒应澜.古代花卉[M].北京:农业出版社,1993.

[229] 宋晓文.新中国画家与邮票[M].福州:福建美术出版社,1988.

[230] 宋文熙,李东平.滇海虞衡志校注[M].昆明:云南人民出版社,1990.

[231] 宋策.拯救肌肤以植物、鲜花、科技的力量[M].桂林:漓江出版社,2015.

[232] 宋少江.有毒中药药理与临床应用[M].北京:人民军医出版社,2008.

[233] 司惠国.欧阳询《九成宫醴泉铭》集联[M].北京:荣宝斋出版社,2013.

[234] 圣祖敕.广群芳谱[M].商务印书馆.

[235] 陶友莲.植物象征文化研究[D].杭州:浙江农林大学,2012.

[236] 唐圭璋.全宋词[M].北京:中华书局,1980.

[237] 涂永勤,朱华李,秦伟翰.藏药毛蕊杜鹃挥发油化学成分的 GC-MS 分析[J].中国野生植物资源,2013,32(6):28-30.

[238] 涂传林.中外名花鉴赏与应用[M].安徽师范大学出版社,2016.

[239] 谭兴贵,廖泉清.中国民间饮食宜忌与食疗方[M].湖南科技出版社,2009.

[240] 威尔逊,胡启明.中国——园林之母[M].广州:广东科技出版社,2015.

[241] 王丹菲.观赏植物装饰与应用[M].北京:北京理工大学出版社,2013.

[242] 王佳仪.《诗经》里的植物[M].合肥:黄山书社,2016.

[243] 王彩云,陈瑞丹,杨乃琴,等.我国古典梅花名园与梅文化研究[J].北京林业大学学报,2012,34(S1):143-147.

[244] 王巍.花草茶的养生哲学美容养颜[M].长沙:湖南科学技术出版社,2010.

[245] 王辰.桃之夭夭——花影间的曼妙旅程[M].北京:商务印刷馆出版

[246] 王守中.杜鹃花[M].上海:上海科学技术出版社,1989.

[247] 王文姬.无锡市植物专类园建设[J].中国园林,2008,24(12):39-44

[248] 王英志.元明清诗词选[M].西安:太白文艺出版社,2004.

[249] 王厚宇,刘振永.笔精墨妙赋彩鲜活——清代书画家汪铺《杜鹃百合图》赏析[J].收藏界,2013,12(6):79-80.

[250] 王立平.创意式插花的理念与技法[M].北京:中国林业出版社,2007.

[251] 王汝涛.太平广记选[M].济南:齐鲁书社,1980.

[252] 王娟,黄成汉,胡献国.花花·食界[M].济南:山东画报出版社,2011.

[253] 王高潮,刘仲健.中国牡丹培育与鉴赏及文化渊源[M].北京:中国林业出版社,2000.

[254] 王金华.中国艺术品典藏系列丛书中国传统服饰清代服装[M].北京:纺织出版社,2015.

[255] 王世懋.学圃杂疏[M].北京:中华书局,1985.

[256] 王智敏.龙袍[M].天津:天津人民美术出版社,2003.

[257] 王小如.杭州植物园植物景观分析[D].杭州:浙江农林大学,2010.

[258] 王寒.江南草木记[M].杭州:浙江工商大学出版社,2018.

[259] 王辰.桃之夭夭——花影间的曼妙旅程[M].北京:商务印书馆,2015.

[260] 王启才.中医传统疗法大全喝对茶酒治百病[M].西安:西安交通大学出版社,2013.

[261] 王翊,戴思兰.菊花专类园景观初探[J].北京园林,2009,25(4):30-33.

[262] 王强,朱岚.咸宁桂花产业的可持续发展研究——延伸桂花产业的产业链[J].陕西农业科学,2009,55(3):106-107,114.

[263] 王平.中国竹文化[M].北京:民族出版社,2001.

[264] 王士雄,刘筑琴.随息居饮食谱[M].西安:三秦出版社,2005.

[265] 王晓桃,冯建森.酒泉地区四季玫瑰引种繁育及园林应用[J].林业科技通讯,2018,(1):72-73.

[266] 王莲英.名贵花卉宝典[M].合肥:安徽科学技术出版社,2001.

[267] 魏明果.梅文化与梅花艺术欣赏[M].武汉:武汉大学出版社,2008.

[268] 吴国志.养颜美容花草茶[M].合肥:安徽科学技术出版社,2015.

[269] 吴树良.茶饮料配方与制作[M].北京:科学技术文献出版社,2001.

[270] 吴志,刘念,王定跃,等.中国野生杜鹃花属景观资源研究进展[J].广东农业科学,2009,45(9):183-186.

[271] 吴淑芬.花的奇妙世界四季花语录160则[M].北京:中国农业出版社,2003.

[272] 吴涤新.花卉与都市环境[M].北京:中国农业出版社,2000.

[273] 万象文画编写组.本草良方[M].呼和浩特:内蒙古人民出版社,2011.

[274] 温跃戈,孔海燕,张启翔.发展梅花旅游弘扬梅花精神[A].中国花卉协会、东南大学、南京市人民政府.中国花文化国际学术研讨会论文集[C].中国花卉协会、东南大学、南京市人民政府:中国花卉协会花文化专业委员会,2007:5

[275] 温子吉,北京市旅游局,北京旅游集团.北京旅游景点纵览[M].北京:农村读物出版社,2000.

[276] 汪诗珊,王保根,房经贵,等.钟山梅及应用探讨[J].北京林业大学学报,2012,34(S1):197-200.

[277] 文昊.人与自然—植物篇[M].乌鲁木齐:新疆美术摄影出版社,2010.

[278] 汪劲武.植物的识别[M].北京:人民教育出版社,2010.

[279] 汪源,鞠波.中国野生杜鹃资源开发利用探讨[J].生物学杂志,2006,2(31):43-44.

[280] 汪蓉.抗热剂对马缨杜鹃抗热性的影响研究[D].广州:仲恺农业工程学院,2014.

[281] 韦金笙,张重民.中国川派盆景[M].上海:上海科学技术出版社,2005.

[282] 邬传光.中药汤剂内服结合壬二酸霜外用治疗黄褐斑46例疗效观察[J].中国中西医结合皮肤性病学杂志,2007,5(3):174.

[283] 韦力生,刘玉莲.爱花·赏花·养花[M].长春:吉林教育出版社,2002.

[284] 肖烁.香草美人花草改变气质和品位[M].合肥:黄山书社,2008.

[285] 谢中元,石了英.行花街[M].广州:暨南大学出版社,2011.

[286] 谢卓华.《诗经》中的"花语"[J].经济研究导刊,2009,4(33):201-202.

[287] 薛秋华.园林花卉学[M].武汉:华中科技大学出版社,2015.

[288] 薛芸,王树栋.中国梅文化及梅花在园林造景中的应用[J].北京农学院学报,2009,24

(1):69-72.

[289] 薛娇.浅议菊花专类园的设计[J].现代园艺,2013,(6):102.

[290] 雪峰.美丽女人花草茶[M].南京:凤凰出版社,2010.

[291] 邢湘臣.江南三月杜鹃红[J].江西园艺,2002,25(1):36-38.

[292] 许明英,李跃林,任海.杜鹃花在华南植物园引种栽培的初步研究[J].福建林业科技,
    2004,31(1):53-56.

[293] 许祥林.枫叶之国加拿大[M].南京:南京师范大学出版社,2008.

[294] 徐海滨.赏花指南[M].北京:中国农业出版社,1996.

[295] 徐亚琴.长兴旅游导航[M].杭州:浙江工商大学出版社,2014.

[296] 徐忠,张春英.上海杜鹃花栽培及应用[M].北京:中国林业出版社,2014.

[297] 徐弘祖.徐霞客游记[M].上海:上海古籍出版社,2010.

[298] 徐鑫.慈禧的号[J].紫禁城,2009,(12):52-54.

[299] 徐琦楠,陈友谋.识茶、购茶、品茶[M].南昌:江西科学技术出版社,2014.

[300] 徐坷.清稗类钞第十三册[M].北京:商务印书馆,1986.

[301] 徐平洲.北仑中草药图鉴[M].宁波:宁波出版社,2012.

[302] 潇雪.食疗[M].广东:广东世界图书出版公司,2004.

[303] 谢宇.植物科普馆绚丽多姿的花花世界[M].天津:天津科技翻译出版公司,2011.

[304] 谢伦.黄昏里的山冈[M].天津:百花文艺出版社,2010.

[305] 熊融.缪崇群散文选集[M].天津:百花文艺出版社,2009.

[306] 夏焕德.新编皮肤病及性病秘方大全[M].北京:北京医科大学,中国协和医科大学联
    合出版社,1994.

[307] 杨林坤.中华经典指掌文库梅兰竹菊谱[M].北京:中华书局,2017.

[308] 杨鸿勋.江南园林论[M].北京:中国建筑工业出版社,2011.

[309] 杨学军,唐东芹.园林植物群落及其设计有关问题的探讨[J].中国园林,2011,27(2):
    97-100.

[310] 杨志成.白玉兰[M].上海:上海科学技术出版社,2000.

[311] 杨霞,谷永丽,焦传兵,等.紫薇的文化意蕴及园林应用[J].安徽农业科学,2015,43
    (5):163-164,255.

[312] 杨国安.本草诗话[M].哈尔滨:黑龙江科学技术出版社,1991.

[313] 杨荫深.花草竹木[M].上海:上海辞书出版社,2014.

[314] 杨先芬.花卉文化与园林观赏[M].北京:中国农业出版社,2005.

[315] 杨亚洲.2006来沈阳看世界园艺博览会[M].沈阳:辽宁大学出版社,2006.

[316] 杨卫平,夏同珩.特色中草药及配方[M].贵阳:贵州科技出版社,2016.

[317] 俞德浚.中国花卉对世界园艺的贡献[J].中国花卉盆景,1987,15(3):5-6.

[318] 俞香顺.《红楼梦》花卉文化及其他[M].上海:上海书店,2003.

[319] 俞小平,黄志杰,郑珉永,等.中国花卉保健食谱[M].北京:科学技术文献出版
    社,2002.

[320] 余树勋.杜鹃花[M].北京:金盾出版社,1992.

[321] 余瀛鳌.一味药解情愁[M].北京:中国中医药出版社,2017.

[322] 余瀛鳌.一味药去心火[M].北京:中国中医药出版社,2017.

[323] 余瀛鳌.一味药增颜值[M].北京:中国中医药出版社,2017.

[324] 余瀛鳌.一味药舒肝郁[M].北京:中国中医药出版社,2017.

[325] 虞伊林.玫瑰活体香气和花水成分及含量变化研究[D].上海:上海交通大学,2012.

[326] 于海生.杜鹃花文化说略[J].语文天地,2009,16(22):27-28.

[327] 于明华.石蒜属植物及其在园林绿化中的应用[J].华东森林经理,2007,(1):67-68,73.

[328] 尹成富.百树颂尹成富书作集[M].北京:人民美术出版社,2011.

[329] 叶玉昶.杜鹃花太平鸟[M].北京:美术摄影出版社,2006.

[330] 闫洪杰.玉兰专类园的建设与展示——以北京国际雕塑公园玉兰花苑为例[J].北京园林,2010,26(1):31-35.

[331] 严奠烽,汤若霓.花卉鉴赏纵横谈[M].长沙:湖南科学技术出版社,2007.

[332] 严金静.静夜随笔[M].北京:中共中央党校出版社,2013.

[333] 一虹.翎毛花卉[M].杭州:西泠印社出版社,1979.

[334] 袁君,眭月华,秦秋,等.百花汇花卉的食疗与美容[M].北京:中医古籍出版社,1993.

[335] 殷广鸿.公园常见花木识别与欣赏[M].北京:中国农业出版社,2010.

[336] 朱世阳,应晓亮,王晓东.浅谈中国梅——梅的应用与栽培[J].华东森林经理,2011,25(3):62-64,78.

[337] 朱春艳,李志炎,鲍淳松,等.我国杜鹃花资源的保护与开发利用[J].中国野生植物资源,2007,26(2):28-30.

[338] 朱春艳,包志毅,唐宇力.杜鹃花赏析[J].生物学通报,2006,41(6):16-17.

[339] 朱晓艳,陈月华.井冈山杜鹃花资源初探及应用前景[J].江西园艺,2005,28(4):23-25.

[340] 赵冰,杜宇科,付玉梅,等.镇安木王国家森林公园野生杜鹃花资源调查[J].安徽农业科学,2010,38(3):4000-4001,4041.

[341] 赵祥云,冯莙,候芳梅.花坛·插花及盆景艺术[M].北京:气象出版社,2004.

[342] 赵令妹.中国养兰集成[M].北京:中国林业出版社,2007.

[343] 赵时庚.兰谱[M].郑州:中州古籍出版社,2016.

[344] 赵齐川.花卉食疗与美容[M].北京:中国社会出版社,2000.

[345] 赵金光.嘤嘤其鸣[M].郑州:中州古籍出版社,2013.

[346] 赵华路,赵阳路.花样女人二十四节气美人计[M].青岛:青岛出版社,2011.

[347] 赵天榜,田国行,傅大立.世界玉兰属植物资源与栽培利用[M].北京:科学出版社,2013.

[348] 赵天榜.河南玉兰栽培[M].郑州:黄河水利出版社,2015.

[349] 赵熙.赵熙集下[M].杭州:浙江古籍出版社,2014.

[350] 赵渤,鲁新海.药用花卉栽培和利用[M].北京:中国农业出版社,2002.

[351] 钟扬,王力峰,王协斌.浅析兰花文化旅游开发[J].辽宁行政学院学报,2007,9(3):111,113.

[352] 宗卫,费永俊.兰花及其园林应用[J].长江大学学报(自然科学版),2013,10(11):

36-38.

[353] 曾大龙,徐庭盛.紫薇为媒助推政和全域旅游发展[N].闽北日报,2018-09-26(第 4 版)

[354] 章宏伟.博雅经典菊谱[M].郑州:中州古籍出版社,2015.

[355] 詹清.周末旅游指南[M].北京:东方出版社,1995.

[356] 邹永前.神祇的印痕中国竹文化释读[M].成都:四川大学出版社,2014.

[357] 周武忠.花与中国文化[M].北京:中国农经济研究导刊业出版社,1999.

[358] 周密.齐东野语[M].济南:齐鲁书社,2007.

[359] 周丽丽,董延梅,金辉.杜鹃花植物景观的特色与营造[J].中国城市林业,2013,11(4):17-19.

[360] 周丽丽.杜鹃花植物景观调查研究[D].杭州:浙江农林大学,2013.

[361] 周泓.杜鹃花品种资源多样性研究及品种分类体系构建[D].杭州:浙江大学,2012.

[362] 周瘦鹃,周铮.盆栽趣味[M].上海:上海文化出版社,1984.

[363] 周先礼,赖永新,阿萍,等.藏药髯花杜鹃花挥发油化学成分研究[J].中药材,2010,33(1):50-53.

[364] 周裕苍,周裕幹.菊韵中国的菊文化[M].济南:山东画报出版社,2011.

[365] 周力.辽海重地辽宁[M].北京:中国旅游出版社,2015.

[366] 周良诚.桂花栽培及加工[M].武汉:湖北科学技术出版社,1984.

[367] 周嘉胄.香乘[M].北京:九州出版社,2014.

[368] 周嘉胄,洪刍,陈敬.香典天然香料的提取、配制与使用古法[M].重庆:重庆出版社,2010.

[369] 周煜.紫薇专类园景观设计研究[D].长沙:湖南农业大学,2014.

[370] 张应麟.花卉鉴赏浅识[J].园林,2000,16(11):39.

[371] 张军.《红楼梦》中的植物与植物景观研究[D].杭州:浙江农林大学,2012.

[372] 张艳芳.梅花栽培、造型及欣赏[M].合肥:安徽科学技术出版社,1999.

[373] 张狂.禅悦花草茶香[M].北京:当代世界出版社,2006.

[374] 张杰,杨炜茹,王富廷.梅花专类园设计要点——以武汉磨山梅园为例[A].中国园艺学会观赏园艺专业委员会、国家花卉工程技术研究中心.中国观赏园艺研究进展2012[C].中国园艺学会观赏园艺专业委员会、国家花卉工程技术研究中心:中国园艺学会,2012:4

[375] 张正义.清代宫廷服饰吉祥纹样之植物篇——以沈阳故宫藏织绣文物为例[J].浙江纺织服装职业技术学院学报,2017,16(3):53-59.

[376] 张永辉,姜卫兵,翁忙玲.杜鹃花的文化意蕴及其在园林绿化中的应用[J].中国农学通报,2007,24(9):376-380.

[377] 张淑梅,王兴国,郑成淑,等.长白山杜鹃花科植物资源的园林应用[J].中国野生植物资源,2001,20(2):34.

[378] 张长芹.杜鹃怒放的高原——在云南寻访野生杜鹃[J].森林与人类,2009,27(8):38-45.

[379] 张文凯.丹东市花——杜鹃花[J].兰台世界,1995,10(3):44.

［380］张德炎,程冉,夏晶晖.插花与盆景艺术［M］.北京:化学工业出版社,2009.

［381］张娟红,王荣,贾正平,等.藏药烈香杜鹃研究概况［J］.中国中医药信息杂志,2012,19(08):104-107.

［382］张德山,凌夫,王亚贤,等.汶川杜鹃的抗菌实验及镇咳作用的临床观察［J］.中医药学报,1988,16(4):36-38.

［383］张甜,王玛丽,赵鹏.基于核基因序列 JRD5680 的核桃群体遗传多样性和遗传结构研究［J］.植物研究,2016,36(2):232-241.

［384］张树林,戴思兰.中国菊花全书［M］.北京:中国林业出版社,2013.

［385］张文科.竹［M］.北京:中国林业出版社,2004.

［386］张鲁归.家庭花卉选择［M］.上海:上海科学普及出版社,2010.

［387］祝宝钧.家庭菜点大观［M］.杭州:浙江科学技术出版社,1990.

［388］张壮年.中国市花的故事［M］.济南:山东画报出版社,2009.

［389］张金政,龙雅宜.世界名花郁金香及其栽培技术［M］.北京:金盾出版社,2003.

［390］张华云.筑秋场集［M］.广州:广东旅游出版社,1988.

［391］张燕.景点园艺［M］.北京:旅游教育出版社,2006.

［392］张壮年.中国市花的故事［M］.济南:山东画报出版社,2009.

［393］张彬,李菲,黄文哲.中华国饮事典茶苑茶之类［M］.武汉:武汉大学出版社,2015.

［394］张华海.贵州古树名木［M］.贵阳:贵州科学技术出版社,2003.

［395］张辛汗.百花百咏［M］.长沙:湖南出版社,1992.